水工隧洞衬砌混凝土温度裂缝控制理论与应用

段亚辉　樊启祥 等　著

中国水利水电出版社
www.waterpub.com.cn
·北京·

内 容 提 要

本书反映了在衬砌混凝土温控防裂技术领域的科学决策、设计、研究、施工等技术进步与实践效果，对提高工程质量和安全性有重大意义。全书共分为12章，具体包括：概述、地下工程混凝土性能统计分析、温度和温度应力仿真计算理论研究、边界条件模拟及其对温度裂缝控制影响研究、门洞形断面边墙衬砌混凝土施工期温度裂缝控制要素影响、圆形断面衬砌混凝土温度裂缝控制要素影响、水工隧洞衬砌混凝土内部最高温度控制、衬砌混凝土温度裂缝全过程控制、三板溪水电站泄洪隧洞衬砌混凝土裂缝成因研究、白鹤滩水电站导流洞衬砌混凝土温度裂缝实时控制研究、乌东德水电站隧洞衬砌混凝土温度裂缝实时控制、白鹤滩水电站隧洞衬砌混凝土温度裂缝实时控制。

本书适合水利专家、学者、科研人员、技术人员、工程人员等阅读使用。

图书在版编目（CIP）数据

水工隧洞衬砌混凝土温度裂缝控制理论与应用 / 段亚辉等著. -- 北京 : 中国水利水电出版社, 2021.10
ISBN 978-7-5226-0015-4

Ⅰ. ①水… Ⅱ. ①段… Ⅲ. ①水工隧洞－隧道衬砌－混凝土－裂缝－控制－研究 Ⅳ. ①TV554

中国版本图书馆CIP数据核字(2021)第200493号

书　名	水工隧洞衬砌混凝土温度裂缝控制理论与应用 SHUIGONG SUIDONG CHENQI HUNNINGTU WENDU LIEFENG KONGZHI LILUN YU YINGYONG
作　者	段亚辉　樊启祥　等 著
出版发行	中国水利水电出版社 （北京市海淀区玉渊潭南路1号D座　100038） 网址：www.waterpub.com.cn E-mail：sales@mwr.gov.cn 电话：（010）68545888（营销中心）
经　售	北京科水图书销售有限公司 电话：（010）68545874、63202643 全国各地新华书店和相关出版物销售网点
排　版	中国水利水电出版社微机排版中心
印　刷	清淞永业（天津）印刷有限公司
规　格	184mm×260mm　16开本　28印张　681千字
版　次	2021年10月第1版　2021年10月第1次印刷
印　数	0001—1200册
定　价	**158.00**元

序 1

水工隧洞衬砌混凝土温控防裂，是关系到结构整体性、耐久性、经济性的重要问题，有时甚至会威胁到整个工程的安全。1999年三峡水利枢纽永久船闸地下输水洞发现早期浇筑的衬砌混凝土发生规律性裂缝，引起国内水电界高度重视。20余年来，围绕解决三峡、溪洛渡、向家坝、白鹤滩、乌东德巨型水电站水工隧洞（特别是其中高流速泄洪洞）流道衬砌混凝土的温控防裂和质量问题，以科学研究为基础，在管理策划、结构设计、材料性能、施工工艺等方面大胆革新，坚持理论创新和技术进步，取得了突破性的成果。

三峡水利枢纽永久船闸地下输水洞衬砌混凝土，1999年初发现规律性裂缝，立即组织开展了室内和现场试验、有限元法仿真计算和原型观测反馈分析，通过科学研究和专家论证，突破规范结构混凝土强度应采用28d龄期的规定，调整为90d龄期设计、增大粉煤灰掺量到20%，采用制冷混凝土浇筑、缩短分缝长度至8m、厚度大的部分结构段通水冷却、冬季洞口挂帘保温等措施，使2000年及以后浇筑混凝土施工期没有发生裂缝。这些成果和经验先后在三峡、溪洛渡、向家坝地下电站输水隧洞和导流洞衬砌混凝土温控防裂中不断得到应用，并取得明显效果。

为将溪洛渡建成西部水电工程典范，借鉴导流洞和三峡水利枢纽永久船闸地下输水洞的经验，在泄洪洞混凝土浇筑前即开展温控防裂专项设计和优化施工工艺研究，提出了专门温控标准和技术要求，并针对地下工程混凝土温控防裂特点有关理论和应用技术开展了深入研究。通过室内和现场浇筑试验相结合论证，进一步提高粉煤灰掺量到25%～30%、在泄洪洞龙落尾特高流速部位采用低热水泥高强度抗冲磨混凝土、取消过缝钢筋、采用制冷混凝土浇筑、部分结构段边墙与顶拱混凝土分开浇筑、全面通水冷却和流水养护等措施并在施工过程中跟进研究、持续改进。通过科学策划、理论指导、实践检验、总结提高的研究方法，采用温控防裂理论优化结构设计、改进混凝土性能的技术路线，混凝土温控防裂取得良好效果。这些成果和经验正在升华，已运用于白鹤滩和乌东德等水电站工程建设。

作者编写本书，意在与行业同仁共同分享水工隧洞衬砌混凝土温控防裂的策划、理论、实践的一些经验和体会，为我国水工隧洞衬砌混凝土温控技术的进步做出微薄的贡献。

该书的出版，将有助于我国水工隧洞衬砌混凝土温控防裂技术的科技进步。

张超然

2015年2月10日

序　2

水工隧洞，国内外通常按限裂结构设计，未计入温度作用，施工期基本没有采取温控措施防止混凝土温度裂缝。我国长江三峡水利枢纽中的水工隧洞设计，依据当时的《水工隧洞设计规范》（SD 134—84）和国内外类似工程经验，开始也是按限裂结构设计，没有明确温控防裂要求。1999年初，双线五级船闸地下输水洞早期浇筑衬砌混凝土发生规律性裂缝，由于其国际知名度和“百年大计、质量第一”的要求，这一问题引起工程建设和设计单位的高度重视，先后开展了室内、现场试验和有限元法仿真计算，通过科学研究和运行、耐久性、强度、温控防裂等方面的论证，混凝土强度采取90d龄期设计和粉煤灰掺量增至20%（突破当时规范限制），并采取制冷混凝土浇筑、缩短结构缝长度至8m、厚度较大的部分结构段通水冷却、冬季洞口挂帘保温等措施，使2000年及以后浇筑混凝土施工期没有发生温度裂缝。这些成果在三峡右岸地下电站输水隧洞进一步应用，后期浇筑混凝土粉煤灰掺量增大到30%，也取得温度裂缝明显减少的效果。

借鉴三峡双线五级船闸地下输水洞温控防裂成功的经验，在溪洛渡和向家坝地下电站输水隧洞、泄洪洞衬砌混凝土温控防裂工作中，事前开展结构优化和温控设计研究，提出防裂技术要求和温控标准指导施工，施工过程中进一步深入开展更加符合地下工程混凝土温控防裂特点的理论和技术研究，理论与实践结合、室内与现场浇筑试验相结合，实时研究优化，取消过缝钢筋、合理减小分缝分块、进一步提高粉煤灰掺量到25%～30%、部分采用低热水泥混凝土、全面采用制冷混凝土浇筑和通水冷却等，混凝土温控防裂取得良好效果。这些成果和经验不断升华，运用于白鹤滩和乌东德等水电站工程建设。

本书的编写，及时系统总结和介绍水工隧洞衬砌混凝土温控防裂的策划、理论、结构设计与混凝土性能优化的成果，有利于更经济合理有效提高水工隧洞运行寿命，可以在国内外水利水电工程建设中获得更广泛的应用和社会效益。

郑守仁

2015年2月8日

前　言

大型水工隧洞高强衬砌混凝土只要没有采取有效温控措施，大多在施工期就产生了温度裂缝。大量贯穿性温度裂缝会严重影响结构整体性、耐久性和工程造价、施工进度等，成为水工隧洞最为常见的病害之一。

水工隧洞衬砌混凝土温度裂缝控制是一个十分复杂的新兴技术领域，与结构设计、混凝土材料、围岩地质、环境温度、施工工艺技术及其温控措施等众多因素有关，国内外对此开展了大量研究，特别是近些年围绕三峡永久船闸地下输水洞、发电洞和溪洛渡、乌东德、白鹤滩水电站泄洪洞、发电洞、导流洞等工程的研究取得卓有成效成果。随着这些代表性工程衬砌混凝土温度裂缝控制问题的提出、研究与实践的步伐，继续水工隧洞衬砌混凝土温控防裂技术创新与实践，完成《水工隧洞衬砌混凝土温度裂缝控制理论与应用》著述。

本书重点介绍科学控制温度裂缝的思想、理论与方法、施工控制技术进步，以及在实践应用中的效果。研究工作由中国三峡（建工）集团有限公司重点项目（JG/18039B，JG/18040B）资助，并结合三峡、溪洛渡、白鹤滩、乌东德等巨型工程开展。全书共12章，由段亚辉、樊启祥著，总结了自1999年至今数十名博士和硕士研究生的研究成果。代表性的有：王东东、方朝阳、吴家冠、张军、喻鹏、王雍、黄明忠、陈同法、王从锋、陈丽、郭晓娜、陈浩（1）、冯克义、郭杰、马博、赵路、阳晃林、陈勤、陈叶文、张燕、冯金根、黄英豪、徐寒、郭成、黄河、李丹枫、负元璐、梁倩倩、苏芳、杜晶、李柯、圣玉兰、万晓光、邹开放、郑道宽、孙光礼、林峰、雷文娟、焦石磊、王家明、陈哲、董亚秀、黄晓波、马腾、田晶晶、程洁玲、吴瑞婷、肖彬、马博、颜锦凯、刘琨、温馨、李兴方、吴前进、庄杰敏、肖照阳、雷璇、王麒琳、陈浩（2）、李骁杰、王业震、杨思盟等。第9章由中南勘测设计研究院蔡昌光副总工程师著。中国三峡（建工）集团有限公司王孝海、付继林等参加编著。

著作参考了国内外众多专家的相关专著、教材和研究成果，在各相关章节后都已列出，在此一并表示衷心感谢。由于水平有限，难免有总结分析不够甚至缪误和不妥之处，请各位同行专家不吝赐教，以利纠正和改进。

段亚辉

2021年3月16日于珞珈山

目　录

第1章 概　　述

1.1 水工隧洞衬砌混凝土温度裂缝的表现形式

随着水利水电工程建设的发展，坝高增大，泄洪洞的水流速度越来越高，抗冲耐磨要求混凝土强度等级也越高。高强度混凝土胶凝材料量大，机械化施工泵送混凝土的坍落度大，胶凝材料用量进一步增大，水化热量和温升明显增大，温升后的温降及其产生的拉应力随之增大。西部开发区域山势险峻，总是尽可能扩大隧洞的断面来满足泄洪和地下电站发电输水的需要，水工隧洞建设规模和断面尺寸越来越大。研究和实践表明，混凝土强度等级越高，围岩越坚硬完整约束越强，越容易产生温度裂缝[1-6]；结构断面越大，高度尺寸也越大，就不能仅依靠减小结构分缝长度来减小长边尺寸与厚度比，从而达到减小约束和控制温度裂缝的目的[7-8]。因而，近些年建设的大断面水工隧洞高强度泵送浇筑衬砌混凝土，只要不采取有效的温控措施，较多工程在施工期就产生大量温度裂缝，而且一般都是贯穿性的。例如，小浪底水利枢纽孔板泄洪洞[5-6]，截流前检查发现：3条导流洞（后期改为孔板泄洪洞）132条裂缝，1/3为贯穿裂缝；2条排沙洞103条裂缝；3条明流洞703条裂缝。衬砌混凝土裂缝数量多以竖直方向为主，高强度等级混凝土的早期裂缝居多，深层和贯穿裂缝居多，而且都是温度裂缝。截流合龙导流洞过水后又对导流洞裂缝进行检查，发现裂缝比截流前的数量多很多，仅1号导流洞中闸室（0＋300～0＋700）之间400m长度内，形状各异的裂缝93条。由于各隧洞工程地质和环境、衬砌结构和混凝土及其施工温控措施等不同，裂缝具有不同的表现形式。

1.1.1 横断（铅直或者水平）衬砌结构形式

裂缝总是垂直最大主应力方向发生发展。同等条件下，薄壁衬砌结构的最大主应力，总是在结构中心，沿最大长度方向。水工隧洞衬砌厚度小、衬砌面（平面或者曲面）大，当断面小、分缝长度大时，边墙裂缝垂直长度方向铅直发展；当断面大、环向长度显著大于分缝长度时，裂缝沿轴线方向水平发展；都表现为横断（铅直或者水平）衬砌结构形式。隧洞环向长度计算，底板为宽度；边顶拱为环向长度，边墙与顶拱分开浇筑时为直墙高度，边墙与顶拱整体浇筑时为直墙高度＋1/2顶拱弧线长度（由于结构对称、应力对称，按一半计算）。隧洞结构衬砌混凝土温度裂缝多发生于边墙[1,5]。

三峡工程永久船闸输水洞，衬砌后断面宽6m、高7m、厚0.8m，分缝长度12m。分缝长度基本是高度、底宽的2倍。早期施工的北一延长段，由于没有采取特殊温控措施，有1/3以上的衬砌结构在1/2长度附近产生了贯穿裂缝[3,7]，且边墙裂缝都达到顶拱弧段（图1.1），并后期通过底板连通（采取温控措施后无裂缝）。

白鹤滩水电站导流洞洞身段采用1.0～1.5m厚度衬砌，其中Ⅱ类围岩区1.1m厚度C

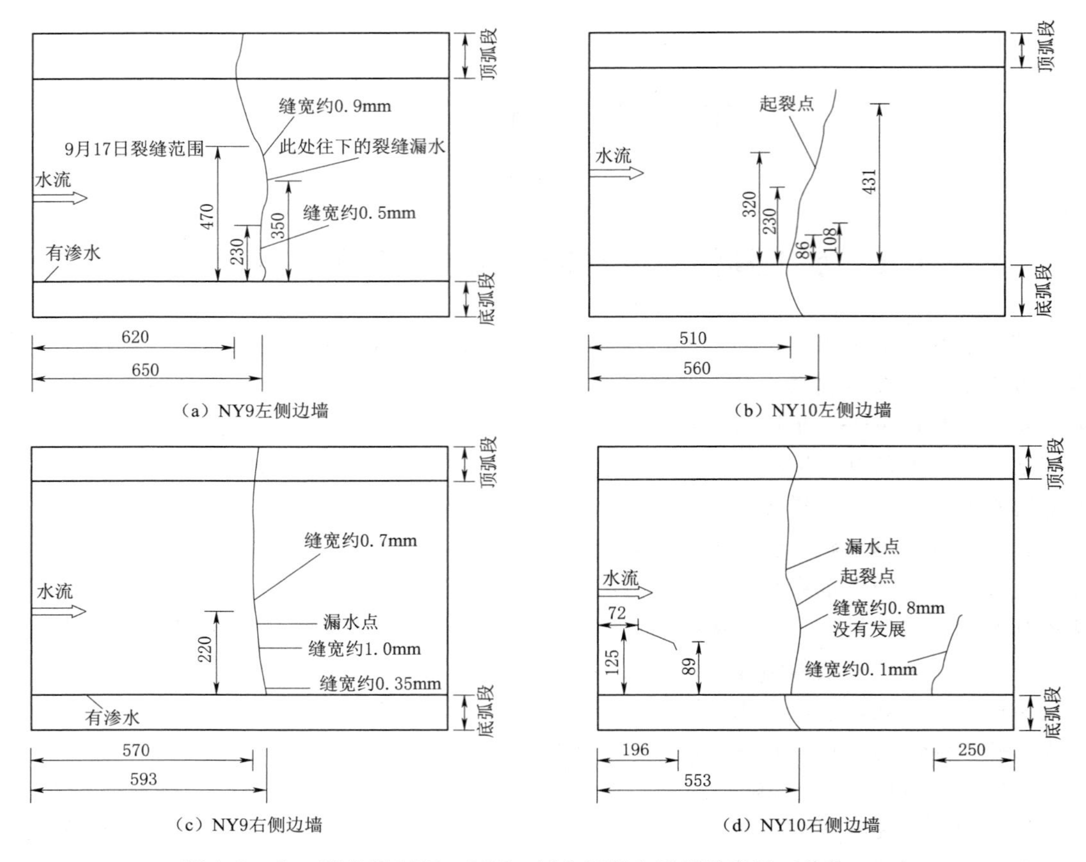

图1.1　北一延长段NY9、NY10衬砌混凝土裂缝示意图（单位：cm）

型结构断面如图1.2（a）所示。底板混凝土C_{90}40W10F150，边顶拱C_{90}30W10F150。边顶拱整体浇筑，环向长度2×26.56m，远大于分缝长度12m。施工期部分结构段在冬季发生水平状温度裂缝，左岸3条导流洞共计18条，平均高度13.2m（表10.50）；右岸4号导流洞15条，大多为3.5～7m（表10.51），见图1.2（b）。

1.1.2　斜向（或者弧线）形式

衬砌结构宽度（或者隧洞边墙高度）与长度相当时，温降产生的主拉应力方向倾斜，温度裂缝倾斜或者弧线发展。

深溪沟水电站右岸平行布置两条导流洞，城门洞形过水断面尺寸为15.50m×18.0m（宽×高），厚度1.0～2.0m。采取先底板后边顶拱的施工方式，即先通仓浇筑C30底板混凝土（二级配），然后在C30混凝土上面连续浇筑40cm厚HFC40抗冲耐磨混凝土（二级配）及边墙HFC40混凝土（100cm高），最后利用钢模台车浇筑C30边顶拱混凝土。洞身混凝土衬砌结构见图1.3（a）。裂缝普查统计显示，1号导流洞边顶拱共发现裂缝330条，2号导流洞边顶拱共发现裂缝304条，裂缝走向复杂，有水平裂缝、垂直裂缝、斜向裂缝和交叉裂缝，裂缝长度1.5～13.2m，宽度0.1～0.5mm。规模大的典型

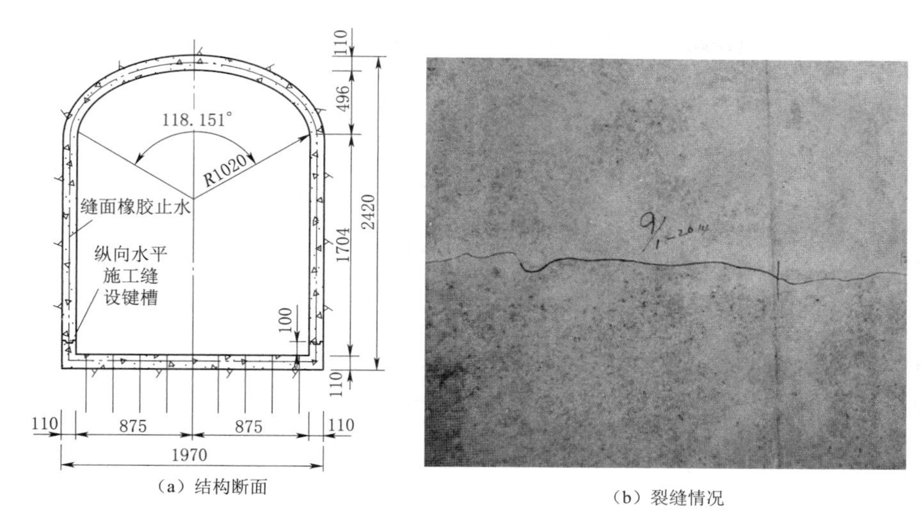

（a）结构断面

（b）裂缝情况

图 1.2 白鹤滩水电站导流洞衬砌结构断面与混凝土裂缝情况（单位：cm）

裂缝几乎都是从边墙与底板的施工缝 1/2 长度附近发起，至边墙竖直结构缝低于 1/2 高度的弧线，而且裂缝贯穿，渗水严重，见图 1.3（b）。根据分析，温度是裂缝的重要原因，包括混凝土水化热温升后的温降和低温河水沿岩层迅速到达衬砌混凝土围岩侧面冷击作用[8-9]。

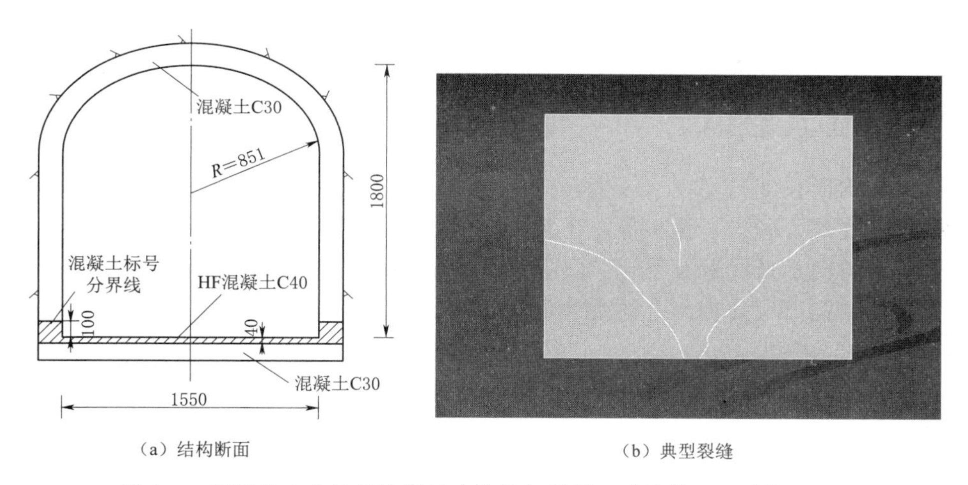

（a）结构断面

（b）典型裂缝

图 1.3 深溪沟水电站导流洞衬砌结构与混凝土裂缝情况（单位：cm）

1.1.3 龟裂形式

三板溪水电站泄洪洞布置于左岸，洞身断面形式为圆拱直墙式，边墙内侧宽度 13.00～14.00m，净高度为 13.693～20.3m，边墙和底板衬砌厚度 1.2m（顶拱 0.8m），过流面采用 C40～C45HF 抗冲耐磨混凝土，顶拱采用 C30 普通混凝土。泄洪隧洞混凝土浇筑完成后进行裂缝检查，典型裂缝情况如图 1.4 所示。可以看出，泄洪洞衬砌混凝土裂缝比较严重，每个施工段都有，多为 3～4m 长的裂缝，裂缝宽 0.1～1.0mm，且出现渗水现象的裂缝较多。裂缝形式有水平的、铅直的、倾斜的，最多的是龟裂形式。

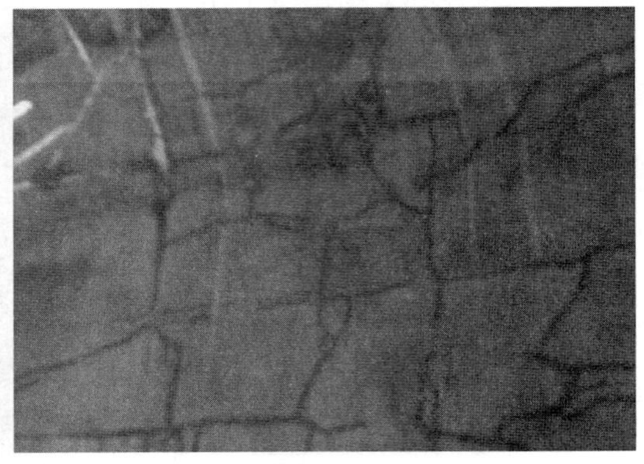

图 1.4　三板溪水电站泄洪洞衬砌混凝土裂缝情况

采用三维有限元法对裂缝原因进行了计算分析认为[10]：衬砌混凝土发生大量的、杂乱无章分布的且很多是贯穿性的裂缝，是在强约束、高温升和大而快的温降、自生体积变形（包括干缩和自生体积收缩变形等）及施工养护、拆模过早、结构分缝过长、地质条件及施工超挖等综合作用的结果。特别是自生体积变形（包括干缩、养护不当不能完全保湿、骨料自身收缩等），使得衬砌混凝土在早期便可能产生大量（龟背形）浅层裂缝，这些裂缝成为诱导缝，在早期、中后期温降产生的拉应力作用下继续发展和贯穿，形成表现为龟裂形式的贯穿性裂缝。

1.1.4　复合形式

当衬砌结构面长度与宽度（或者环向长度）相差不是特别大，还受到围岩性能突变和开挖、施工（浇筑、养护、模板等）不均匀性影响时，裂缝的走向就会比较复杂，表现为水平、垂直、斜向、弧线及其复合（交叉）形式的裂缝。如上述深溪沟水电站导流洞衬砌混凝土，衬砌结构面尺寸相当，还受到河水冷击、地质不均匀、施工均匀性等影响，有的结构段表现为水平、垂直、斜向、弧线交叉的复合形式裂缝。三板溪泄洪洞，则由于很大程度上受到养护不足和骨料自身收缩等影响，表现为收缩龟裂与温度裂缝的复合形式。

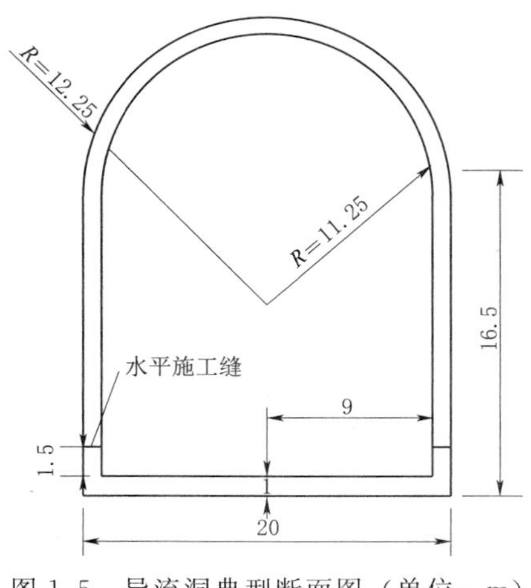

图 1.5　导流洞典型断面图（单位：m）

溪洛渡水电站两岸各布置了 3 条导流洞，自左向右，左岸为 1～3 号导流洞，右岸为 4～6 号导流洞。典型断面底板和边顶拱衬砌厚度为 1m，如图 1.5 所示。导流洞底板和边顶拱分别为 C40W8F150、C30W8F150 泵送二级配混凝土。2005 年 9 月 29 日开始底板混凝土浇筑，截至 12 月 1 日（第一阶段），左右岸共浇筑底板混凝土 44 仓，520m；边顶拱浇筑 1 仓，9.16m。至 12 月 3 日首次裂缝普查发现20仓有裂缝，12月16日普查为22仓（发生概率50%）[1,11]。裂缝无明显规律，表现为复合形式（图1.6）。

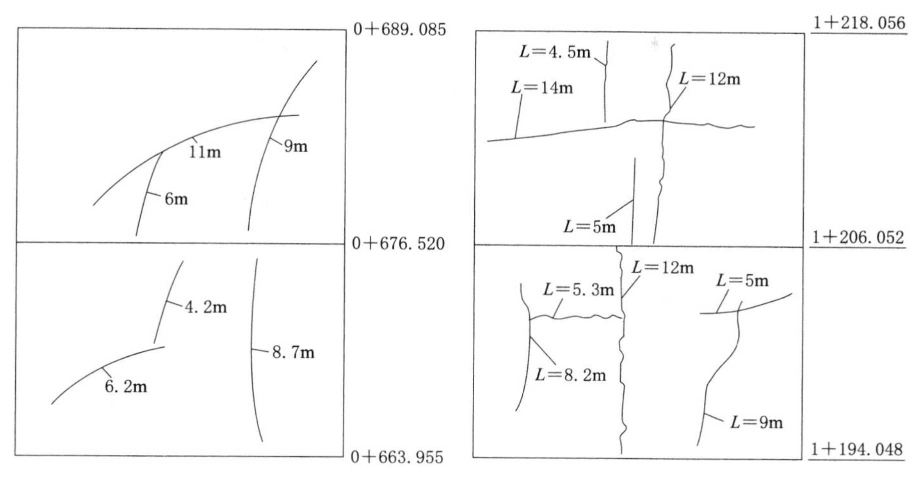

（a）3号导流洞K0+663.955～K0+687.085段　　（b）6号导流洞K1+194.048～K1+218.056段

图1.6　溪洛渡水电站导流洞底板衬砌混凝土裂缝情况

以上情况表明，一些大型工程的大型水工隧洞不同程度产生了形式多样的贯穿性裂缝，花费了较大财力、物力、人力进行修补，严重影响结构安全性、耐久性和工程造价，迫切需要深入研究解决。

1.2　水工隧洞衬砌混凝土温度裂缝控制技术的近期发展

20世纪建设的水电水利枢纽，大多是中小型工程，水工隧洞也自然是中小型，衬砌混凝土都是低强度、自然浇筑，基本没有采取温控措施。直至20世纪末期，在一些大中型水工隧洞建设中才逐渐遇到并初步认识衬砌混凝土温度裂缝的危害，开始从混凝土配合比、地质条件、开挖与支护、施工等方面进行裂缝原因分析[12-15]。国外仅有加拿大、法国、印度、美国、南非和德国的一些学者进行了热力学反应、材料老化、钢筋、干缩和徐变等因素对温控防裂影响的研究[16-23]。

1999年前后，三峡、小浪底等巨型水利枢纽的水工隧洞初期建设中发生较明显的贯穿裂缝，引起中国水电界的高度重视，衬砌混凝土的温度裂缝控制开始进入被动温控阶段（2000—2007年）[1]。三峡集团公司组织高校、科研、设计、施工有关建设单位系统开展现场施工试验、室内试验、有限元法仿真计算和温控防裂系统研究[2,7,24-32]，通过缩短分缝长度至8m、夏季降低混凝土浇筑温度（采用低温混凝土）、混凝土强度设计龄期由28d改为90d、增加粉煤灰掺量（突破当时有关规范规定）、冬季洞口挂帘保温的综合温控，在后期施工的衬砌混凝土有效避免了裂缝的产生。廖波、阎士勤等对小浪底泄洪工程高标号混凝土裂缝产生的原因与温控标准等进行了研究[5-6]。此阶段，国外仅荷兰南线高速铁路隧洞对衬砌混凝土温度和温度应力进行了分析，认识到了制冷混凝土的重要性，并提出制冷方案[33]。

2007年12月，三峡集团公司主持召开了金沙江溪洛渡和向家坝水电站地下工程混凝土温控防裂专题审查会，借鉴溪洛渡水电站导流洞[4,11,34-35]和三峡永久船闸输水洞与发电引水洞衬砌混凝土出现裂缝以及采取控制措施取得成功的经验，溪洛渡工程建设部组织参建各方和科研院校开展了地下工程混凝土温控防裂研究，并在设计研究分析和施工措施研究的基础上，提出了相应工程的温控防裂意见。这是我国水利水电工程建设中首次在混凝土浇筑前关于地下工程混凝土温控防裂召开专题审查会议。对于泄洪洞和发电洞，全部采用制冷混凝土浇筑，混凝土设计龄期由28d调整为90d，粉煤灰掺量按25%控制（经试验论证后可进一步提高到30%）。考虑到泄洪洞流量大、流速高，运行使用较频繁，必须确保混凝土抗气蚀和抗冲耐磨性能，确保安全运行，还进一步采取了通水冷却和冬季挂帘封闭洞口的综合温控措施[36]。至此，以溪洛渡水电站为标志，步入了水工隧洞衬砌混凝土温度裂缝控制的“主动防裂”阶段（2008—2013年）。在溪洛渡泄洪洞衬砌混凝土施工过程中，进一步开展了常态混凝土、底板先浇找平混凝土、无压段边墙与顶拱分期浇筑、流水养护等试验与研究，关于衬砌结构、施工及其温控措施、混凝土及其性能和环境等方面因素对水工隧洞衬砌混凝土温度裂缝控制的影响进行了系列而深入的研究；及时针对温控防裂效果和工程实际研究改进不同季节浇筑混凝土的温控防裂综合优化方案，温控防裂取得显著成效，最后还系统地进行了温控防裂总结和技术经济分析[36-41]。与此同时，刘恋等对泄洪洞混凝土抗冲耐磨性能进行了试验研究[42]。

在此阶段，适应于地下工程薄壁结构混凝土温度应力仿真计算理论和通水冷却水管等模拟技术方法等均取得显著进步[43-46]。结合江坪河、三板溪、南水北调中线、糯扎渡等工程的水工隧洞衬砌混凝土温度裂缝控制、裂缝原因与处理技术等进行了研究[47-54]。中国水利水电科学研究院、南京水利水电科学研究院、成都勘测设计研究院等单位围绕提高混凝土抗裂性能、降低水化热、改善施工性能等，以及关于掺加粉煤灰、硅粉、聚丙烯纤维、钢纤维等配置高性能混凝土进行了大量研究[55-58]。国外在此阶段仅日本的Takayama、Hirofumi等对东北地区和东南地区新干线隧洞首先通过现场观测来研究混凝土材料、施工方法和气候对衬砌混凝土开裂的影响[59]，然后通过试件来观察混凝土早期的温度和应变。通过衬砌混凝土的模型试验来研究现场观测的因素的影响，并提出了控制裂缝的方法。

2011年，乌东德、白鹤滩两座巨型水电站开始进入筹备建设，三峡集团公司等有关建设单位更加高度重视地下水工衬砌混凝土温度裂缝问题。借鉴溪洛渡水电站“主动防裂”取得成功的经验，2013年1月，华东勘测设计研究有限公司委托武汉大学全面开展白鹤滩水电站招标阶段地下工程（包括导流洞、泄洪洞、地下厂房及其发电输水系统）大体积混凝土（中热）温控研究[60]，同时长江勘测设计研究院针对乌东德水电站地下工程大体积混凝土温控也开展了大量研究，两个工程都将研究提出的温控标准、措施方案编入招标文件温控技术要求。自2013年导流洞开工建设，乌东德、白鹤滩两水电站实行更加严格的管控，地下工程衬砌混凝土温度裂缝控制进入全过程实时控制时代。

1.2.1 全面采用低热混凝土浇筑

乌东德、白鹤滩两座巨型水电站的主体工程，包括导流洞、泄洪洞、地下厂房及其发电输水系统等地下工程在内，全面采用低热（水泥）混凝土浇筑。自2013年，长江科学院等开始深入研制各工程部位低热混凝土，其中涉及泄洪洞、发电洞等衬砌混凝土有关的成果有《金沙江乌东德水电站地厂泄洪洞低热水泥抗冲耐磨混凝土试验报告》《金沙江乌东德水电站低热水泥抗冲耐磨混凝土配合比试验报告》《白鹤滩水电站导流洞低热水泥混凝土配合比设计及性能试验》《金沙江白鹤滩水电站洞室、厂房混凝土配合比设计及性能试验报告（Ⅱ2014064CL）（最终报告）》等，非常有效地降低了衬砌结构混凝土内部温度和延缓温升速度[61]，温控防裂综合性能显著提高，详细数据和效果见第11章和第12章。

1.2.2 温度裂缝实时控制

2013年5月，中国长江三峡集团公司乌东德、白鹤滩工程建设筹备组，委托武汉大学开展"乌东德、白鹤滩水电站导流洞衬砌混凝土温控防裂实时分析"研究，针对采用的低热混凝土通过仿真计算提出符合实际施工条件和低湿干热河谷环境的温控措施方案与控制标准；在施工过程中不断优化混凝土配合比，实时优化温控措施方案；针对进入冬季没有封闭洞口保温发生少量表面裂缝及时提出改进措施[62-63]；最终取得无危害性温度裂缝效果，如白鹤滩水电站跟踪裂缝检查左岸3条导流洞总共才18条温度裂缝、右岸2条导流洞总共才15条温度裂缝（见第10章）。此后进一步总结经验，在泄洪洞、发电洞工程开展实时控制[64-66]，实现基本无温度裂缝的效果（见第10～12章）。

1.2.3 温度裂缝全过程控制并探索智能控制

为进一步系统总结衬砌混凝土温度裂缝控制理论与技术，实现全过程实时控制，2018年6月中国三峡建设管理有限公司（三峡金沙江云川水电开发有限公司禄劝乌东德电厂、三峡金沙江云川水电开发有限公司宁南白鹤滩电厂）进一步委托武汉大学开展"复杂条件下乌东德、白鹤滩水电站地下水工混凝土温控防裂控制关键技术研究"[67-72]。提出了适于地下水工衬砌混凝土温度裂缝控制的实用、高精度的快速设计计算公式与方法，并经乌东德、白鹤滩水电站泄洪洞、发电洞衬砌混凝土温控设计计算检验（见第5～7、11、12章），取得了十多项发明专利[73-86]；探明了裂缝产生规律和典型地下工程结构温控防裂机理，定性定量全面分析各要素影响度、层次、作用机理，提出了衬砌混凝土全生命周期温度裂缝控制技术方法（见第8章）；提出了衬砌混凝土保湿养护时机和智能化模型，研制了结合温度、湿度监测，通过机械化管控和信息技术实现自动化、智能化有效保湿养护，并在白鹤滩泄洪洞检验应用，取得发明专利多项[87-90]；研究提出了衬砌混凝土通水冷却水温、时机控制模型，研制了自动化通水冷却与温度控制的设备，并在白鹤滩泄洪洞检验应用，取得发明专利[91-93]；进行从施工到运行全过程的仿真计算，研究全生命周期衬砌混凝土温度裂缝控制措施方案，在乌东德、白鹤滩水电站泄洪洞、发电洞衬砌混凝土温度裂缝控制施工中应用[71-72]；分别对乌东德、白鹤滩各典型地下工程采用有限元法和新提出的快速设计计算公式与方法进行计算分析，提出全年浇筑混凝土温度裂缝控制标准与精细措施方案，在施工中参考采用，取得光滑均匀、"镜面"无危害性温度裂缝效果（见第11、12章）。

1.3 水工隧洞衬砌混凝土温度裂缝控制特点

1.3.1 衬砌结构特点

水工隧洞衬砌结构多采用圆形和城门洞形，如图1.7所示。厚度相对长边（环向长度或者分缝长度）较小，比值大多在1∶10～1∶30之间，属于薄壁结构。图1.7（a）乌东德泄洪洞有压段，采取先浇筑底拱100°范围，边顶拱环向长度达到36.3m，与厚度比值达到36.3，考虑对称性按1/2计算为18.15；图1.7（b）溪洛渡泄洪洞无压段，衬砌厚度0.8m+0.05m喷砂浆层，底板单独浇筑，边墙与顶拱采取整体浇筑为48.94m，采取分期浇筑的顶拱为23.2m、边墙为12.87m，与厚度比值分别达到2×30.6、29、16.1，前二者按对称取1/2分别为30.6、14.5。显然，都属于受到围岩"极强约束区"的混凝土[1-4]。

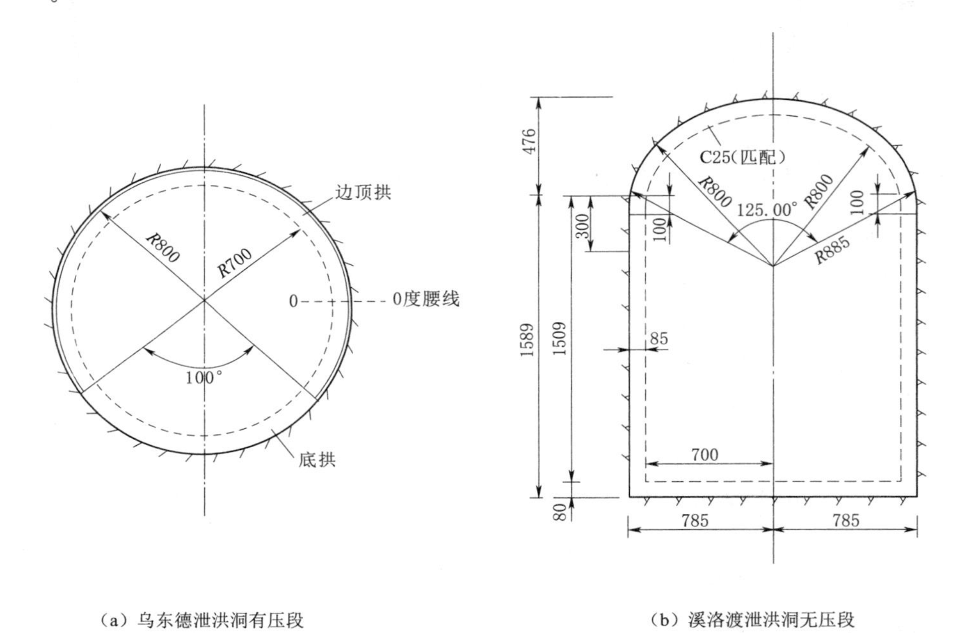

（a）乌东德泄洪洞有压段　　（b）溪洛渡泄洪洞无压段

图1.7 水工隧洞典型衬砌结构断面（单位：cm）

1.3.2 混凝土特性

（1）强度高。发电等输水洞衬砌混凝土强度相对低些，一般为C25～C30。泄洪洞由于高流速抗冲耐磨要求的强度等级高，白鹤滩和溪洛渡为C40～C60、乌东德为C30～C40、锦屏一级为C40～C50、小浪底为C30～C70（表7.1）。裂缝检查成果均表明，小浪底水工隧洞的温度裂缝主要发生在C70高强度衬砌混凝土区[15]；溪洛渡泄洪洞龙落尾$C_{90}60$混凝土温度裂缝明显多于其余$C_{90}40$结构段[1]。混凝土强度等级越高，温控防裂难度越大。

（2）混凝土泵送要求坍落度大、级配少。隧洞边顶拱混凝土机械化快速施工采取泵送浇筑，要求坍落度大、级配少，同强度混凝土胶凝材料用量明显增大，水化热量增大，温控难度增大。溪洛渡泄洪洞边墙（边顶拱）采用少级配大坍落度泵送浇筑，有较多温度裂缝；同强度的底板采用多级配小坍落度常态浇筑，基本没有温度裂缝[1]。白鹤滩水电站泄洪洞边墙，采用低热水泥低坍落度混凝土，增加级配，皮带机输送浇筑（图1.8），没有发生温度裂缝。

图1.8 白鹤滩水电站泄洪洞边墙低坍落度混凝土浇筑

1.3.3 环境特点

衬砌结构的环境，包括洞内空气温度、围岩和过水的温度，围岩、支护结构、钢筋等约束。

（1）洞内空气温度。相对自然环境年变幅小些、日变幅非常小、无寒潮。但由于衬砌混凝土浇筑期开挖基本完成、隧洞贯通、交通支洞较多、与自然环境通风条件好，仍然有15℃左右的年温差，见表1.1（详细情况见第7章）。冬季洞内最低气温，决定衬砌混凝土施工期准稳定温度和基础温差，对冬季是否会产生温度裂缝起决定性作用。

表1.1　　部分大型水工隧洞气温年变幅情况　　单位：℃

工程名称	最高温度	最低温度	年温差	备注
三峡永久船闸输水洞	27.63	9.98	17.65	实测值
溪洛渡泄洪洞	25.99	12.59	13.40	实测统计
溪洛渡发电洞	26.97	14.05	12.92	实测统计

续表

工程名称	最高温度	最低温度	年温差	备注
向家坝发电洞	25.05	12.51	12.54	实测统计
白鹤滩导流洞	28.07	15.27	12.80	实测统计
乌东德导流洞	32.00	16.70	15.30	实测值

(2) 围岩温度。在没有地热的情况下仅在较小程度影响衬砌混凝土施工期温度和准稳定温度(有地热情况需要专门研究)。在三峡永久船闸输水洞 NY9 结构段,对边墙衬砌混凝土施工期温度进行监测的同时,对 4m 深部围岩温度进行了跟踪监测(图 1.9)[2,24],表明最深部围岩温度由地温决定,随季节变化小。结合大量衬砌混凝土温度仿真计算成果,衬砌混凝土准稳定温度,围岩最深部的温度由多年平均温度决定,表面温度由洞内最低气温决定,其间接近线性分布。在冬季最低气温期,衬砌混凝土围岩侧温度大约高于表面温度 2℃,见图 1.9 和图 1.10。因此,衬砌混凝土施工期准稳定温度可以近似取洞内最低温期的月或者旬平均温度(运行期则可以取最低温期的月或者旬平均水温)。围岩温度对衬砌混凝土施工期温度、温度应力的影响相对较小[94]。

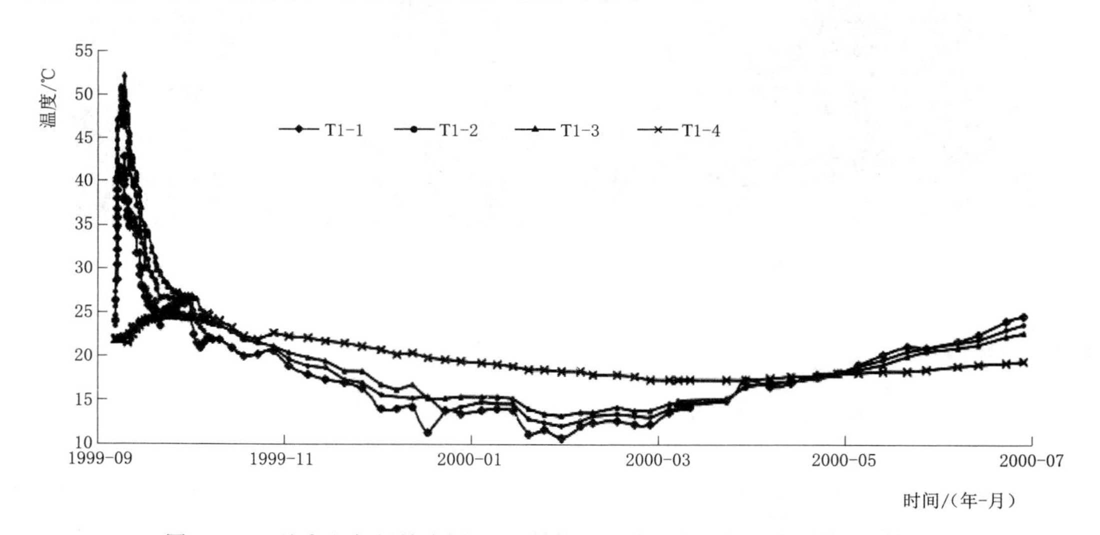

图 1.9 三峡永久船闸输水洞 NY9 结构段边墙混凝土与围岩温度历时曲线

(3) 围岩、支护等环境约束极强。一是受到围岩的强约束[11],衬砌结构属于受到围岩"极强约束区"的混凝土[1-4]。二是四周侧面,大多是新老混凝土约束面。如衬砌边墙,如果先浇筑底板,则底部受到先浇底板老混凝土约束;后浇第二段,受到第一段老混凝土的约束;顶部,如果边墙与顶拱分期浇筑,则存在新老混凝土的约束面,如果边顶拱整体浇筑则环向长度极大,约束强。三是锚杆约束。如图 1.7 围岩支护锚杆与衬砌混凝土连接,将衬砌结构牢固绑定于围岩。四是跨缝钢筋约束。为加强衬砌结构的整体性,白鹤滩和三板溪等水电站泄洪洞在浇筑块之间设置跨缝钢筋,将 2~3 个浇筑块连接成整体,轴向约束显著增强[10,47]。五是模板约束。钢模台车的刚度特大,对衬砌混凝土有极强约束，拆模瞬间约束消失，影响混凝土早期应力[37]。另外，洞壁开挖的不平整度，也会在一定程度增加围岩局部约束。在以上约束下，隧洞衬砌结构近似为固定薄板。此外，早期表面温降快，内表温差大，内部对表面混凝土约束经常是早期产生裂缝的重要原因。

为满足结构安全运行要求，一般是坚硬完整Ⅰ、Ⅱ类围岩区衬砌厚度小，软弱Ⅳ、Ⅴ类围岩区衬砌厚度大。而围岩越坚硬完整约束越强，厚度越小温升温降越快，温度的空间梯度、时间梯度都越大，在混凝土早期强度低的情况下越容易产生早期温度裂缝，而且由于厚度小容易形成危害性贯穿裂缝[1,3-4]。因此，坚硬完整Ⅰ、Ⅱ类围岩区衬砌混凝土是温控防裂的重点和难点。

(4) 初次过水运行。如果初次过水的水温低、混凝土龄期短，则可能产生冷击温度裂缝；如果龄期长，强度增长，加之松弛效应，一般不会产生温度裂缝[71]，因此初次过水是运行期温度裂缝控制关键节点。根据计算分析，建议选择在尾汛期蓄水、10月和11月较高温期初次过水发电，而且混凝土龄期宜大于设计龄期，详见第11、12章。

1.3.4 衬砌混凝土施工期内部温度分布与变化特点

衬砌混凝土的温度场一般经历了水化热温升、温降和随环境气温周期变化三个阶段，见图1.10（水平时间轴从31d开始，是边墙混凝土在底板浇筑31d后浇筑）。温升阶段，浇筑完成后，混凝土产生大量水化热，早期温度迅速升高，不同厚度衬砌结构中心在1.75～3d达到最高温度。温降阶段，混凝土内部温度达到最大峰值后，释放的水化热不断减小，通过结构表面（包括洒水养护）和围岩散失热量大于水化热，内部温度迅速降低。15d后，绝大部分水化热已释放，衬砌混凝土整体温度开始比较均匀下降，25～30d接近洞内气温，开始随环境温度周期变化。衬砌混凝土内部温度分布和演变具有如下鲜明特点：

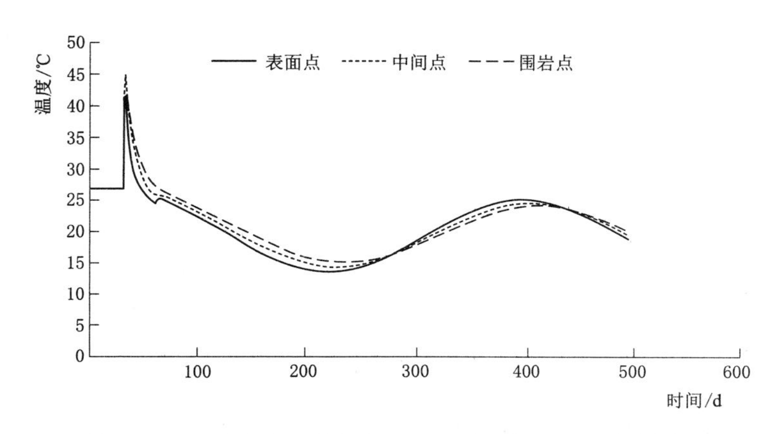

图1.10 27℃浇筑边墙衬砌中部截面混凝土温度历时曲线

(1) 温升温降快，时间梯度大。图1.10为溪洛渡泄洪洞1.0m厚度衬砌混凝土夏季浇筑情况，在1.75d达到43.245℃，温升快；温降初期的第1天内，表面温降3.4℃；15d后，由于水化热绝大部分已释放出来，整个衬砌混凝土的温度场开始比较均匀地下降，中央与表面同步温降温差都在2.0℃以内。又如三峡永久船闸输水洞衬砌混凝土，第1天（24h）温升占总温升值的77.51%～93.43%；1.5～2.0d达到最高温度52.15～53.95℃；7d龄期温降达到7.90～17.35℃；至28d龄期，混凝土温度已降至接近洞内气温[2]。

（2）表面散热快，空间梯度大。衬砌结构厚度小，表面与养护水、空气热交换温降速度比内部早而快，结构内部温度高于表面温度，温降早期空间梯度大。图1.11、图1.12混凝土内部与表面在3.5d达到最大内表温差7.44℃，空间梯度达到14.88℃/m。

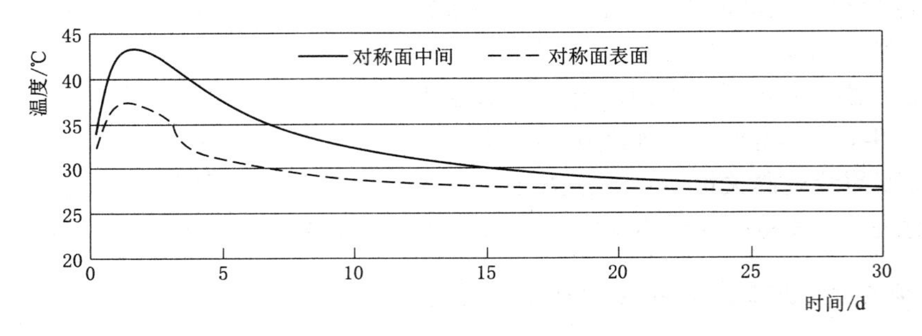

图1.11 衬砌结构对称面温度历时曲线

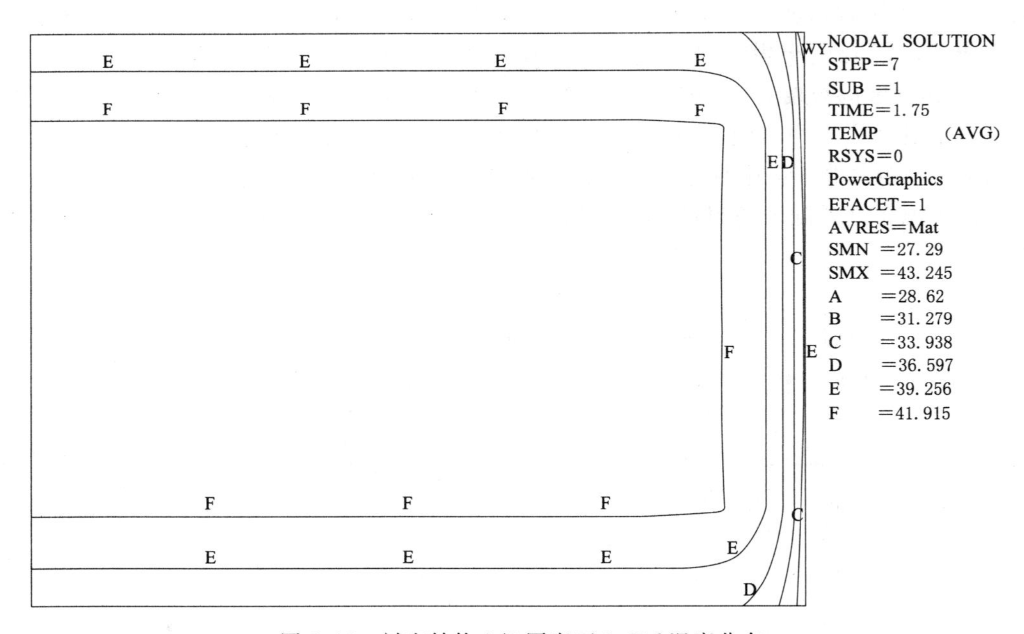

图1.12 衬砌结构1/2厚度面1.75d温度分布

（3）基础温差大。衬砌混凝土强度高，大多采取泵送浇筑，水泥用量大，施工期内部温度高，冬季洞内气温较低（尽管相对自然环境温度高些），基础温差大。如三峡永久船闸输水洞衬砌混凝土[2-3]，冬季洞内最低气温仅10℃，基础温差达42.15～43.95℃；溪洛渡泄洪洞，冬季洞内最低气温也仅10℃左右（平均12.59℃），不同季节不同部位衬砌混凝土基础温差达20～30℃[36,95-96]。

（4）养护早期和冬季最低温期是防止衬砌混凝土温度裂缝的主要阶段。养护早期的表面温降更快，内表温差大，表层空间温度梯度大，而混凝土早期强度低，容易产生表面温度裂缝，甚至发展成贯穿裂缝。冬季的基础温差大，而且内部的温差值大于表面，所以容易产生贯穿性温度裂缝。如三峡永久船闸输水洞衬砌混凝土在早期 7d 左右产生表面裂缝并贯穿，冬季发展导致边墙与底板裂缝联通[1-2,7]。

1.3.5 施工温度控制特点

约束和温差（包括温降差、内表温差）是产生温度应力的条件[10]，温差越大、约束越强，温降产生的拉应力越大，越容易产生温度裂缝。施工温控的重点是降低温差，并争取能够适当减小约束。衬砌混凝土在此温控过程中具有如下特点。

（1）低热混凝土配制是基础。采用发热量较低的水泥和减少单位水泥用量，是降低混凝土水化热的最有效措施。具体如下：

1）选用发热量低的中热硅酸盐水泥或低热矿渣硅酸盐水泥，特别是采用低热水泥混凝土在溪洛渡、白鹤滩、乌东德水电站取得非常明显的温控防裂效果[1,61]。

2）尽量采用低坍落度混凝土浇筑，改善级配设计，从而减少水泥用量。温度裂缝多发生于边顶拱泵送浇筑混凝土，同强度底板常态混凝土一般很少裂缝[1]，白鹤滩泄洪洞边墙采用低坍落度混凝土也无温度裂缝（第 12 章）。

3）在混凝土中掺加高效外加剂和粉煤灰，减少水泥用量。1999 年从三峡水利枢纽开始至现在的白鹤滩水电站一路探索，优质粉煤灰掺量可达到 30%，温控防裂效果显著[1,30,61]。

（2）减小浇筑分缝分块尺寸是关键。减小浇筑分缝分块就是增大厚度与长度的比值，减小约束，在满足施工进度和结构安全的情况下应该优先采用。对于大断面隧洞，宜边顶拱分开浇筑[1]。

（3）浇筑低温混凝土是有效措施。降低浇筑温度 1.0℃，可降低衬砌混凝土内部最高温度 0.6～0.9℃，厚度越大降幅越大，温控效果直接有效[1,24]。

（4）冬季封闭洞口保温是经济可靠措施。冬季封闭洞口保温，最低气温每提高 1.0℃衬砌混凝土施工期基础温差减小 1.0℃，效果明显可靠，而且仅需要封闭各洞口（图 1.13）就可以提高整个洞内气温，非常经济[62]。

（5）通水冷却是有效的辅助措施。Ⅰ、Ⅱ类坚硬围岩区是衬砌混凝土温度裂缝多发区[1,4-5]，厚度大多较小。厚度越小，通水冷却降低内部最高温度 $T_{\max}$ 和最大内表温差 $\Delta T_{\max}$ 效果越小。表 1.2 是文献［35］计算溪洛渡导流洞不同厚度衬砌混凝土通水冷却温控效果。

图 1.13 白鹤滩水电站泄洪洞封闭洞口保温

1.0m 厚度衬砌通 22.5℃常温水冷却仅能降低 1.75℃。由于一般情况下坚硬围岩区厚度小的混凝土是衬砌结构温度裂缝控制的重点，而通水冷却效果却相对小些，尽管也有效，但性价比相对小些，在采取其他措施还不能满足温控要求时可作为辅助措施。

表 1.2 不同厚度衬砌混凝土通水冷却温控效果

厚度/m	1.0			1.25			1.5		
水温/℃	不通水	22.5	10	不通水	22.5	10	不通水	22.5	10
T_{max}/℃	44.89	43.14	41.07	47.52	44.83	42.58	48.82	45.81	43.32
ΔT_{max}/℃	10.08	8.61	6.99	12.69	10.79	8.39	14.56	12.35	10.12

衬砌混凝土温度裂缝，关联因素众多，复杂和困难程度甚至比一般大体积混凝土更高，高流速水流区的贯穿裂缝危害程度大，需要贯穿管理、设计、施工、运行全过程的各个环节才能有效控制，必须引起各方高度重视。

参 考 文 献

[1] 樊启祥，段亚辉，等. 水工隧洞衬砌混凝土温控防裂创新与实践 [M]. 北京：中国水利水电出版社，2015.
[2] 段亚辉，方朝阳，樊启祥，等. 三峡永久船闸输水洞衬砌混凝土施工期温度现场试验研究 [J]. 岩石力学与工程学报，2006 (1)：128-135.
[3] 樊启祥，黎汝潮. 衬砌混凝土温控试验研究与裂缝原因分析 [J]. 中国三峡建设，2001 (5)：11-13.
[4] 刘亚军，段亚辉，郭杰，等. 导流隧洞衬砌混凝土温度应力围岩变形模量敏感性分析 [J]. 水电能源科学，2007 (5)：77-80.
[5] 廖波. 小浪底泄洪工程高标号混凝土裂缝产生的原因及防治 [J]. 水利学报，2001 (7)：47-50，56.
[6] 阎士勤，曹喜华，康迎宾. 小浪底工程高标号隧洞衬砌混凝土温控标准分析 [J]. 华北水利水电学院学报，2003，24 (2)：20-23.
[7] 王雍，段亚辉，黄劲松，等. 三峡永久船闸输水洞衬砌混凝土的温控研究 [J]. 武汉大学学报（工学版），2001 (3)：32-36，50.
[8] 苏华祥，徐成，白留星. 深溪沟水电站导流洞混凝土裂缝成因分析及处理措施 [J]. 四川水力发电，2009 (1)：20-23.
[9] 包色仍，白留星. 深溪沟水电站导流洞 HFC40 混凝土施工技术研究 [J]. 四川水力发电，2008 (2)：60-62.
[10] 赵路，冯艳，段亚辉，等. 三板溪泄洪洞衬砌混凝土裂缝发生与发展过程 [J]. 水力发电，2011，37 (9)：35-38，67.
[11] 邹开放，段亚辉. 溪洛渡水电站导流洞衬砌混凝土夏季分期浇筑温控效果分析 [J]. 水电能源科学，2013，31 (3)：90-93，138.
[12] 陈晓东. 盘道岭隧洞混凝土衬砌的裂缝原因分析 [J]. 水力发电学报，1996 (4)：82-92.
[13] 刘洵. 深圳供水工程混凝土箱涵裂缝成因分析及处理 [J]. 人民长江，1999 (10)：26-27.
[14] 王贤能，黄润秋. 深埋长隧洞温度场的评价预测 [J]. 水文地质工程地质，1996 (6)：6-10.
[15] 蔡晓鸿. 水工有压隧洞衬砌伸缩缝间距设计新法 [J]. 江西水利科技，1994 (4)：303-310.
[16] Lo K Y, Rowe R K, Wai R S C. Thermal-Mechanical response of a tunnel in limestone to an external heat source [C] //Proceedings of the Seventh Panamerican Conference on Soil Mechanics and

Foundation Engineering. Vancouver, Canada: Canadian Geotechnical Society, 1983.

[17] Aggoun S, Torrenti J M, Prost J, et al. Effects of heat on the mechanical behavior of concrete linings for tunnels [J]. Materiaux et constructions, 1994, 27 (167): 138-147.

[18] Kumar Prabhat, Singh Bhawani. Design of reinforced concrete lining in pressure tunnels, considering thermal effects and jointed rockmass [J]. Tunnelling and Underground Space Technology, 1990, 5 (1-2): 91-101.

[19] Kumar Prabhat, Singh Bhawani. Design of reinforced concrete lining in pressure tunnels, considering thermal effects and jointed rockmass [J]. Tunnelling and Underground Space Technology, 1990, 5 (1-2): 91-101.

[20] Nelson C R, Nelson B K, Bergson P M, et al. Design of large span highway tunnel liners [C] // Proceedings of the 10th Rapid Excavation and Tunneling Conference. States, WA, USA: Publ by Soc of Mining Engineers of AIME, 1991: 1-10.

[21] Mac Kellar, D C R. Design and construction of the transfer tunnel [J]. Civil Engineering/Siviele Ingenieurswese, 1994, 2 (9): 15-18.

[22] Koennings Heinz-Dietrich, John Max, Poettler Rudolf. Design of the Tunnel Inner Lining for the Southern Section of the New Hanover - Wuerzburg Railway Line [J]. Betonund Stahlbetonbau, 1987, 82 (12): 320-324.

[23] Pottler Rudolf. About the unreinforced inner lining of rock tunnels - stability analysis and deformation of the cracked area [J]. Betonund Stahlbetonbau, 1993, 88 (6): 157-160.

[24] 方朝阳，段亚辉. 三峡永久船闸输水洞衬砌施工期温度与应力监测成果分析 [J]. 武汉大学学报（工学版），2003 (5): 30-34.

[25] 郭晓娜，段亚辉，陈同法. 输水隧洞衬砌混凝土施工期温度观测与应力分析 [J]. 中国农村水利水电，2004 (7): 53-55.

[26] 王从锋，刘德富，段亚辉. 永久船闸输水系统混凝土温度与应力观测分析 [J]. 三峡大学学报（自然科学版），2005 (1): 11-13.

[27] 段亚辉，吴家冠，方朝阳，等. 三峡永久船闸输水洞施工期钢筋应力现场试验研究 [J]. 应用基础与工程科学学报，2008 (3): 318-327.

[28] 何真，李北星，梁文泉. 三峡工程永久船闸输水洞衬砌混凝土热学与变形性能试验研究 [J]. 混凝土，2001 (4): 60-69.

[29] 任继礼. 三峡永久船闸衬砌混凝土设计龄期探讨 [J]. 人民长江，2001 (1): 10-11, 18-47.

[30] 杨华美，李家正，王仲华. 三峡工程掺粉煤灰混凝土性能试验研究 [J]. 水力发电，2002 (12): 14-17.

[31] 张志诚，林义兴，徐云峰，等. 三峡地下电站引水洞衬砌混凝土裂缝成因分析 [J]. 人民长江，2006 (2): 9-10, 19.

[32] 张志诚，陈绪春，林义兴，等. 三峡工程右岸地下电站引水洞衬砌混凝土施工全过程监测及仿真分析 [J]. 大坝与安全，2005 (4): 44-46.

[33] Freriks Ed, Willemsen Evan. Concrete cools off [J]. Concrete Engineering, 2004, 8: 11-16.

[34] 吴家冠，段亚辉. 溪洛渡水电站导流洞边墙衬砌混凝土通水冷却温控研究 [J]. 中国农村水利水电，2007 (9): 96-99.

[35] 郭杰，段亚辉. 溪洛渡水电站导流洞不同厚度衬砌混凝土通水冷却效果研究 [J]. 中国农村水利水电，2008 (12): 119-122.

[36] 陈叶文，段亚辉. 溪洛渡泄洪洞有压段圆形断面衬砌混凝土温控研究 [J]. 中国农村水利水电，2009 (5): 116-119.

[37] 黄英豪，段亚辉. 模板材质和拆模时间对衬砌混凝土温度应力的影响 [J]. 水电能源科学，2010,

28 (4): 103-106.
[38] 冯金根，段亚辉，向国兴. 混凝土热学特性对泄洪洞衬砌温度和温度应力影响研究 [J]. 水电能源科学，2010，28 (5): 82-85，173.
[39] 焦石磊，段亚辉，张军. 泄洪洞有压段衬砌混凝土温度应力洒水对流系数敏感性分析 [J]. 中国农村水利水电，2012 (9): 115-119.
[40] 王家明，段亚辉. 围岩特性和衬砌厚度对衬砌混凝土在设置垫层下温控影响研究 [J]. 中国农村水利水电，2012 (9): 124-127，131.
[41] 林峰，段亚辉. 溪洛渡水电站无压泄洪洞衬砌混凝土秋季施工温控方案优选 [J]. 中国农村水利水电，2012 (7): 132-136，140.
[42] 刘恋，曹凯，王华. 溪洛渡水电站泄洪洞混凝土抗冲耐磨试验研究 [J]. 水电站设计，2012 (1): 65-68.
[43] 张军，段亚辉. 基于变系数广义开尔文模型的混凝土徐变和松弛 [J]. 华南理工大学学报（自然科学版），2014，42 (2): 74-80.
[44] Zhang J，Duan Y H，Wang J M. Temperature Control Research on Spiral Case Concrete of Xiluodu Underground Power Plant during Construction [J]. Applied Mechanics and Materials，2013 (328): 933-941.
[45] 张军，段亚辉. 混凝土冷却水管的有限元沿程水温改进算法 [J]. 华中科技大学学报（自然科学版），2014，42 (2): 56-58.
[46] Jun Z，Ya Hui D. Research on Xiluodu Underground Engineering Flood Discharging Tunnel Longluowei Section Lining Concrete with Cooling Pipes [J]. Journal of Applied Sciences，2013，13 (18): 3810-3814.
[47] 苏芳，段亚辉. 过缝钢筋对放空洞无压段衬砌混凝土应力影响研究 [J]. 水电能源科学，2011，29 (3): 103-106.
[48] 张军，段亚辉. 江坪河放空洞有压洞口段衬砌混凝土冬季温控方案分析 [J]. 中国农村水利水电，2011 (6): 117-120.
[49] 贠元璐，段亚辉. 江坪河水电站无压泄洪洞衬砌混凝土冬季施工温控方案优选 [J]. 中国农村水利水电，2011 (6): 125-128.
[50] 李丹枫，段亚辉. 江坪河泄洪洞洞口段衬砌混凝土遇寒潮温控研究 [J]. 中国农村水利水电，2011 (7): 84-87.
[51] 梁倩倩，段亚辉. 江坪河水电站有压放空洞衬砌混凝土温控研究 [J]. 水电能源科学，2011，29 (5): 89-92.
[52] 周涛，陈永刚. 隧洞洞身混凝土衬砌低温季节施工措施初探 [J]. 南水北调与水利科技，2007 (S1): 54-56.
[53] 王广艳，吴云良. 隧洞衬砌混凝土施工裂缝的预防 [J]. 农业与技术，2007 (4): 104-105.
[54] 梁永红，贺建国，王军. 顶山软岩隧洞底板混凝土裂缝分析及处理 [J]. 水力发电，2008 (8): 50-52.
[55] 危加阳. 掺粉煤灰（FA）和引气高效减水剂（AS-4）改善水工混凝土性能的试验探讨 [J]. 四川建筑科学研究，2007，33 (3): 147-150.
[56] 孙海燕，龚爱民，彭玉林. 聚丙烯纤维混凝土性能试验研究 [J]. 云南农业大学学报，2007 (1): 155-158.
[57] 梁甘. 天生桥二级电站引水洞混凝土裂缝分析及处理 [J]. 人民长江，2005 (5): 7-8，56.
[58] 杨美清，张尹耀. 糯扎渡水电站隧洞衬砌混凝土渗水裂缝处理 [J]. 人民长江，2008 (9): 3-4，20.
[59] Takayama Hirofumi，Nonomura Masaichi，Masuda. Yasuo，et al. Study on cracks control of tunnel

lining concrete at an early age [J]. Proceedings of the 33rd ITA - AITES World Tunnel Congress - Underground Space - The 4th Dimension of Metropolises, 2007 (2): 1409 - 1415.
[60] 李俊，方朝阳. 围岩特性与衬砌厚度对隧洞衬砌混凝土温度应力的影响 [J]. 长江科学院院报 2016, 33 (3): 132 - 136.
[61] 段寅，袁葳，岳朝俊. 低热水泥混凝土温控特性及在地下工程适用性研究 [A]. 北京：中国力学学会工程力学编辑部，2015：570 - 574.
[62] 鲁光军，段亚辉，陈哲. 水工隧洞冬季洞口保温衬砌混凝土温控防裂效果分析 [J]. 中国水运（下半月），2015，15 (3)：310 - 311，315.
[63] 王霄，樊义林，段兴平. 白鹤滩水电站导流洞衬砌混凝土温控限裂技术研究 [J]. 水电能源科学，2017，35 (5)：77 - 81.
[64] 肖照阳，段亚辉. 白鹤滩输水系统进水塔底板混凝土温控特性分析 [J]. 水力发电学报，2017，36 (8)：94 - 103.
[65] 温馨，段亚辉，喻鹏. 白鹤滩进水塔底板混凝土多层浇筑秋季施工温控方案优选 [J]. 中国农村水利水电，2017 (2)：154 - 158.
[66] 杜立强，卢艳杰，张祥. 乌东德水电站泄洪洞混凝土温控防裂施工技术 [J]. 人民黄河，2019，41 (S2)：211 - 213.
[67] 雷璇，段亚辉，李超. 不同结构形式水工隧洞温控特性分析 [J]. 中国农村水利水电，2017 (12)：180 - 184.
[68] 马腾，段亚辉. 通水冷却对隧洞衬砌温度应力的影响 [J]. 人民黄河，2018，40 (1)：133 - 137.
[69] 王业震，段亚辉，彭亚，等. 白鹤滩泄洪洞进水口段衬砌混凝土温控方案优选 [J]. 中国农村水利水电，2018 (7)：124 - 127，134.
[70] 赵宁，方朝阳，吴向阳. 考虑日照影响乌东德水垫塘边坡混凝土温度应力研究 [J]. 中国农村水利水电，2019 (10)：166 - 179.
[71] 王麒琳，段亚辉，彭亚，等. 白鹤滩发电尾水洞衬砌混凝土过水运行温控防裂研究 [J]. 中国农村水利水电，2019 (1)：137 - 141，147.
[72] 程洁铃，段亚辉，刘琨. 温度裂缝对水工隧洞安全运行的影响分析 [J]. 中国水运（下半月），2015，15 (8)：332 - 334.
[73] 段亚辉，樊启祥. 一种用于圆形断面结构衬砌混凝土温控防裂设计计算方法：ZL201510715456.0 [P]. 2017 - 03 - 29.
[74] 段亚辉，樊启祥. 一种用于门洞形断面结构衬砌混凝土温控防裂设计计算方法：ZL201510713721.1 [P]. 2017 - 11 - 28.
[75] 段亚辉，樊启祥. 一种门洞形断面衬砌混凝土施工期允许最高温度的计算方法：CN105677939B [P]. 2019 - 03 - 19.
[76] 段亚辉，樊启祥. 一种圆形断面衬砌混凝土施工期内部最高温度的计算方法：CN105260531B [P]. 2019 - 03 - 19.
[77] 段亚辉，樊启祥. 一种圆形断面衬砌混凝土施工期允许最高温度的计算方法：CN105354359B [P]. 2019 - 03 - 19.
[78] 段亚辉，樊启祥，方朝阳，等. 门洞形断面衬砌边墙混凝土温度裂缝控制的抗裂安全系数设计方法：CN109918763A [P]. 2019 - 06 - 21.
[79] 段亚辉，樊启祥，段次祎，等. 圆形断面衬砌混凝土温度裂缝控制抗裂安全系数设计方法：CN109992832A [P]. 2019 - 07 - 09.
[80] 段亚辉，樊启祥，方朝阳，等. 门洞形断面衬砌混凝土温控防裂拉应力安全系数控制设计方法：CN109977480A [P]. 2019 - 07 - 05.
[81] 段亚辉，樊启祥，段次祎，等. 圆形断面衬砌混凝土温控防裂拉应力安全系数控制设计方法：

CN109992833A [P]. 2019-07-09.
[82] 段亚辉，樊启祥，方朝阳，等. 门洞形断面衬砌边墙混凝土温控防裂温度应力控制快速设计方法：CN110008511A [P]. 2019-07-12.
[83] 段亚辉，樊启祥，方朝阳，等. 圆形断面衬砌混凝土温控防裂温度应力控制快速设计方法：CN109977484A [P]. 2019-07-05.
[84] 段亚辉，樊启祥，方朝阳，等. 隧洞底板衬砌混凝土温控防裂温度应力控制快速设计方法：CN109837873A [P]. 2019-06-04.
[85] 段亚辉，樊启祥，段次祎，等. 隧洞底板衬砌混凝土温控防裂拉应力 K 值控制设计方法：CN109815614A [P]. 2019-05-28.
[86] 段亚辉，樊启祥，段次祎，等. 隧洞底板衬砌混凝土温度裂缝控制抗裂 K 值设计方法：CN109885914A [P]. 2019-06-14.
[87] 段亚辉，段次祎，温馨. 复杂环境结构混凝土养护和表面湿度快速计算方法：CN107571386B [P]. 2019-03-19.
[88] 段亚辉，段次祎，温馨. 混凝土保湿喷淋养护温湿风耦合智能化方法：CN107759247B [P]. 2019-09-17.
[89] 段亚辉，樊启祥，段次祎. 温湿风耦合作用复杂环境混凝土保湿喷淋养护自动化方法：CN107584644B [P]. 2019-04-05.
[90] 段亚辉，樊启祥，段次祎. 复杂环境混凝土喷淋保湿养护过程实时控制方法：CN107806249B [P]. 2019-06-25.
[91] 段亚辉，段次祎，方朝阳，等. 衬砌混凝土通水冷却龄期控制方法：CN110516285A [P]. 2019-11-29.
[92] 段亚辉，樊启祥，段次祎，等. 衬砌结构混凝土通水冷却水温控制方法：CN110409387A [P]. 2019-11-05.
[93] 段亚辉，樊启祥，段次祎，等. 衬砌混凝土内部温度控制通水冷却自动化方法以及系统：CN110413019A [P]. 2019-11-05.
[94] 陈勤，段亚辉. 洞室和围岩温度对泄洪洞衬砌混凝土温度和温度应力影响研究 [J]. 岩土力学，2010，31 (3)：986-992.
[95] 颜锦凯，聂庆华，段亚辉. 某水电站泄洪洞无压段衬砌混凝土施工期温控监测分析 [J]. 水电能源科学，2013，31 (8)：125-128.
[96] 董亚秀，聂庆华，段亚辉. 某水电站泄洪洞龙落尾段温控防裂实施效果统计分析 [J]. 中国水运，2013，13 (9)：197-198.

第2章 地下工程混凝土性能统计分析

为适应高坝枢纽地下工程特别是高流速水工隧洞现代技术建造和安全运行要求，混凝土不断变革改良，掺合料不断优化进步，如掺硅粉、各类纤维、钢纤维、粉煤灰、多种类型高效外加剂等，物理、力学、热学与变形性能等不断提升和优化。为进一步了解其各项性能指标的进步和变化规律，以利于结构优化和施工质量控制参考使用，对三峡集团公司建设的三峡、向家坝、溪洛渡、白鹤滩、乌东德等巨型水电站地下工程中的大约300组混凝土性能试验成果收集整理和统计分析。

2.1 物理性能

混凝土的物理性能主要是密度与骨料级配、岩性、强度等级的关系，统计结果列于表2.1。结果表明，地下工程混凝土密度在2320.0～2659.0kg/m^{3}之间，平均密度为2476.2kg/m^3，高于过去常态混凝土[1]，与其中大多是溪洛渡水电站玄武岩骨料混凝土试验值有密切关系。其中玄武岩骨料78组，混凝土平均密度2553.39kg/m^3，明显高于灰岩骨料（63组）混凝土平均密度2394.28kg/m^3，说明混凝土密度主要受骨料密度影响。此外，混凝土密度与级配有明显关系，随级配增加混凝土的密度增大，一级配（25组）平均密度为2403.0kg/m^3，二级配（89组）平均密度为2488.9kg/m^3，三级配（27组）平均密度为2528.3kg/m^3。混凝土密度有随强度等级增大的趋势，但比较发散，是因为各强度等级混凝土骨料、级配的试验组数不等，还没有达到统计平均的数量。

表2.1 不同强度等级和级配的混凝土平均密度 单位：kg/m^3

强度等级										级配		
C15	C20	C25	C30	C35	C40	C45	C50	C60	平均	一级	二级	三级
2460.4	2432.8	2525.1	2429.1	2397.4	2507.4	2438.8	2583.6	2586.9	2476.2	2403.0	2488.9	2528.3

2.2 抗压强度

力学性能是混凝土重要性能之一，包括抗压强度、轴向抗拉强度和劈裂抗拉强度等。抗压强度是混凝土主要设计指标，与其他力学性能均密切相关，而且与水泥强度、水灰比、骨料种类、级配、养护条件、施工工艺和质量控制等也密切相关。这里关于一些主要因素的影响规律和各力学性能之间的关系进行统计分析。

2.2.1 抗压强度与龄期的关系

朱伯芳院士通过统计分析，发现混凝土抗压强度随着龄期τ而增长，其发展规律可由式（2.1）表示[1]。

$$R_c(\tau)=R_{c28}[1+m\ln(\tau/28)] \tag{2.1}$$

式中：$R_c(\tau)$ 为龄期 τ 的混凝土抗压强度，MPa；R_{c28} 为龄期28d混凝土的抗压强度，MPa；τ 为龄期，d；m 为系数，与水泥品种、混凝土类型、掺合料种类及其数量等有关。

对常态混凝土试验结果及其与水泥品种的关系统计得[1]（$\tau=7\sim365$d）：矿渣硅酸盐水泥，$m=0.2471$；普通硅酸盐水泥，$m=0.1727$；普通硅酸盐水泥掺60%粉煤灰，$m=0.3817$。

采用式（2.1）对上述水电站地下工程305组混凝土抗压强度与龄期的关系（表2.2）进行统计分析，得平均值 $m=0.2062$。与文献［1］的统计结果比较，m 值介于矿渣硅酸盐水泥和普通硅酸盐水泥常态混凝土之间，低于掺60%粉煤灰硅酸盐水泥混凝土，与表2.2数据大多是掺20%左右粉煤灰泵送衬砌混凝土有密切关系。由于混凝土类型多，掺粉煤灰比例各异，式（2.1）用单一 m 值反映抗压强度与龄期的关系误差较大。为此，进一步对不同类型不同粉煤灰掺量混凝土采用式（2.1）分别进行统计分析，结果示于表2.2。

表2.2 不同类型混凝土抗压强度与龄期关系统计结果

混凝土类	粉煤灰/%	试验组数	m	相关系数	均方差	最大绝对误差	相对误差/%
常态	0	1	0.108	0.975	0.025(1.64)	0.058(3.73)	5.74
	10	4	0.180	0.981	0.050(2.37)	0.105(4.93)	9.13
	15	2	0.160	0.949	0.059(2.80)	0.180(8.71)	16.22
	20	45	0.219	0.978	0.065(2.35)	0.195(6.54)	25.15
	25	10	0.175	0.984	0.046(2.62)	0.134(8.68)	16.93
	30	6	0.194	0.969	0.072(3.63)	0.195(10.68)	17.71
	35	1	0.252	1	0	0	0
	40	4	0.230	0.975	0.071(3.71)	0.146(7.25)	10.25
泵送	0	1	0.165	0.964	0.049(1.73)	0.112(3.94)	12.26
	10	3	0.173	0.989	0.016(0.73)	0.025(1.26)	3.30
	20	38	0.226	0.978	0.060(2.52)	0.105(4.54)	12.40
	25	8	0.191	0.986	0.050(2.64)	0.152(9.12)	12.19
	30	23	0.275	0.991	0.049(2.97)	0.124(7.84)	16.31
	40	1	0.246	1	0	0	0
常态低热水泥	25	5	0.248	0.988	0.058(2.93)	0.151(7.43)	22.95
泵送低热水泥	25	3	0.264	0.978	0.078(3.88)	0.140(6.47)	16.56
常态抗冲磨	0	1	0.101	1	0	0	0
	15	1	0.141	1	0	0	0
	20	4	0.204	0.991	0.033(1.91)	0.115(6.71)	16.01
	25	7	0.179	0.989	0.033(2.14)	0.138(8.97)	11.43
	30	4	0.190	0.969	0.076(4.03)	0.190(10.79)	15.09
	40	4	0.210	0.983	0.056(2.87)	0.121(6.83)	15.21

续表

混凝土类	粉煤灰/%	试验组数	m	相关系数	均方差	最大绝对误差	相对误差/%
泵送抗冲磨	20	3	0.202	0.990	0.034(1.96)	0.105(6.14)	14.54
	25	3	0.192	0.991	0.030(1.55)	0.094(4.86)	12.79
常态纤维	25	7	0.167	0.972	0.054(2.96)	0.166(8.98)	13.93
常态 HF 抗冲磨	20	7	0.096	0.871	0.021(1.01)	0.054(2.53)	4.84
	25	6	0.175	0.988	0.033(2.17)	0.131(8.48)	13.53
泵送 HF 抗冲磨	25	3	0.180	0.984	0.038(2.24)	0.121(7.75)	15.85
常态硅粉	20	4	0.085	0.998	0.003(0.16)	0.004(0.227)	0.35
	25	25	0.177	0.992	0.027(1.51)	0.093(5.79)	11.56
	30	4	0.191	0.969	0.079(4.04)	0.253(13.61)	34.36
泵送硅粉	25	3	0.186	0.984	0.039(2.23)	0.120(7.57)	13.88
	30	3	0.201	0.988	0.051(2.65)	0.131(6.74)	18.10
常态低热硅粉	30	7	0.245	0.974	0.093(4.67)	0.256(12.15)	38.75
泵送低热硅粉	30	3	0.225	0.980	0.093(4.47)	0.284(13.46)	35.83
常态硅粉纤维	20	10	0.090	0.998	0.003(0.19)	0.004(0.235)	0.37
	25	7	0.177	0.990	0.030(1.67)	0.106(6.61)	13.76
	30	4	0.205	0.964	0.081(4.29)	0.220(10.51)	27.58
泵送硅粉纤维	25	3	0.184	0.983	0.040(2.04)	0.106(5.47)	13.93
	30	3	0.209	0.991	0.045(2.37)	0.122(6.41)	17.10
泵送低热硅粉纤维	30	3	0.268	0.982	0.086(3.84)	0.254(10.88)	40.32
溜槽	30	21	0.302	0.969	0.065(4.04)	0.127(7.92)	21.76

注 ①每组试验成果，除少量仅有 28d 或者 28d、90d 强度外，大多包括 7d、28d、90d 抗压强度，部分有 180d 抗压强度；②括号中的值为换算抗压强度相应的均方差和最大绝对误差。

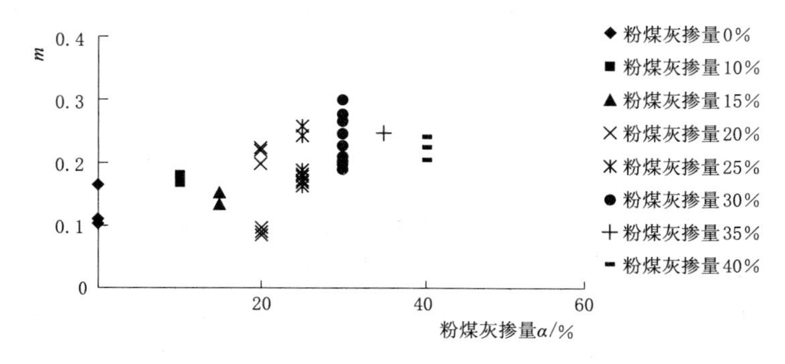

图 2.1 不同粉煤灰掺量的 m 值散点图

由表 2.2 可知，不同粉煤灰掺量的不同类型混凝土的 m 值不同，在 0.0849～0.3016 范围内变化。①随着粉煤灰掺量的增加，m 值有增大的趋势，见图 2.1；②相同粉煤灰掺量的常态混凝土 m 值比泵送混凝土 m 值略小，可能与泵送混凝土胶凝材料用量相对较大有关；③同类混凝土相同粉煤灰掺量采用低热水泥会使混凝土 m 值增加，说明低热水泥混凝土早期强度稍微低些，后期增长率大些[5]；④HF 混凝土的 m 值小于掺粉煤灰、纤维、硅粉混凝土；⑤抗冲磨混凝土中，掺硅粉和粉煤灰的 m 值相对较大些，掺纤维和 HF 混凝土相对小些，当然主要应根据其抗冲磨性能选择混凝土类型。

表 2.2 的统计结果还表明，详细分类和按粉煤灰掺量的统计公式，大多（特别是常态和泵送混凝土两大类）相关系数值较大，误差较小。仅少数情况的相对误差较大，可能与其混凝土强度试验量少有关，如掺硅粉、掺纤维混凝土等。

近些年地下工程混凝土粉煤灰掺量不断提高，以改善混凝土强度和温控防裂及泵送施工性能等，为此进一步以粉煤灰掺量为参数，对抗压强度与龄期的关系统计分析得

$$\frac{R_c}{R_{c28}}=1+(0.1696+0.0014\alpha)\ln(\tau/28) \tag{2.2}$$

式中：α 为混凝土中粉煤灰掺量与总胶凝材料的比值的百分数；其余符号意义同前。

式（2.2）的精度较式（2.1）有较大提高，但误差仍然较大。进一步分为常态（图 2.2）和泵送混凝土（图 2.3）引入粉煤灰掺量为参数，得

常态：
$$\frac{R_c}{R_{c28}}=1+(0.1789+0.0011\alpha)\ln(\tau/28) \tag{2.3}$$

泵送：
$$\frac{R_c}{R_{c28}}=1+(0.1616+0.0024\alpha)\ln(\tau/28) \tag{2.4}$$

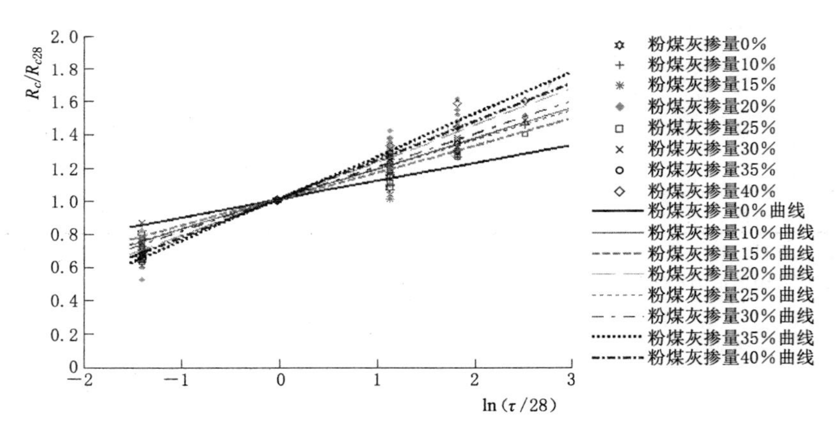

图 2.2　常态混凝土抗压强度与 28d 抗压强度比值和龄期关系曲线

综合以上成果分析，常态、泵送混凝土的试验量大，统计规律较好，特别是分类进行不同粉煤灰掺量为参数的统计公式，较好地反映了地下工程粉煤灰掺量不断增大对混凝土性能的影响。但其他一些特种混凝土，如掺硅粉、纤维、HF、溜槽和低热水泥混凝土等，由于试验组数较少，有的误差较大，即使误差小也不一定能反映普遍规律。因此说明，在结构优化设计和混凝土施工质量控制中，泵送和常态混凝土（包括不同粉煤灰掺量）抗压强度全龄期计算式（2.3）、式（2.4）可以较好参考应用，其他类型混凝土全龄期计算仅供参考。所以，在以下各性能的统计分析中只对常态、泵送及不同粉煤灰掺量影响进行。

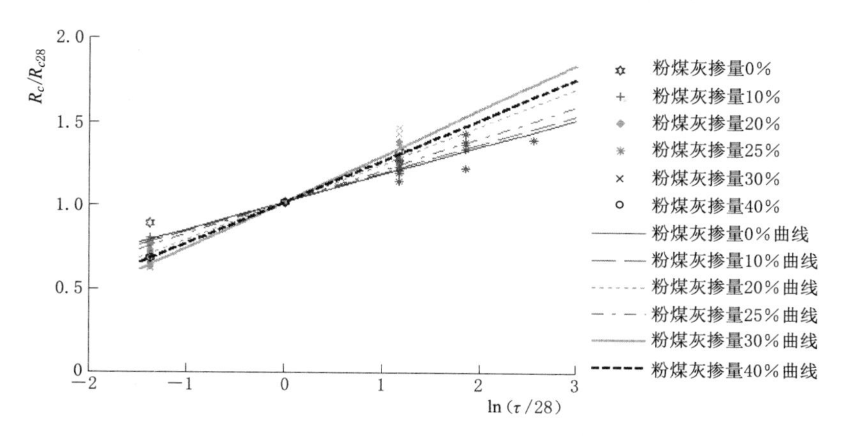

图 2.3 泵送混凝土抗压强度与 28d 抗压强度比值和龄期关系曲线

2.2.2 不同龄期抗压强度之间的关系

不同龄期抗压强度之间的关系，是抗压强度发展规律在一些典型设计龄期的表征。一般以 28d 龄期（近些年三峡集团公司建设的水电站地下工程多采用 90d 龄期）为强度设计标准值，7d 和 90d 龄期与 28d 强度的比值预示着早期和后期强度的发展变化。分别将 7d 龄期与 28d 龄期抗压强度、28d 龄期与 90d 龄期抗压强度关系示于图 2.4 和图 2.5，可见其具有较良好的线性关系。统计分析得

$$R_{c28}=8.2535+1.2561R_{c7} \tag{2.5}$$

$$R_{c90}=10.3944+0.9898R_{c28} \tag{2.6}$$

式中：R_{c7}、R_{c28}和 R_{c90}为混凝土 7d、28d 和 90d 龄期抗压强度，MPa。

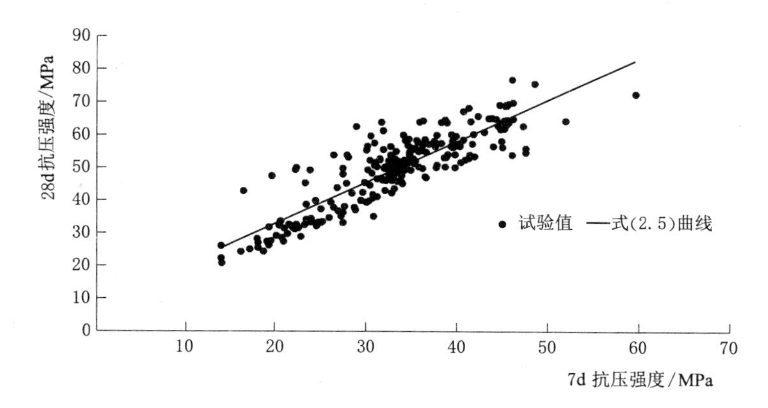

图 2.4 混凝土 28d 抗压强度与 7d 抗压强度关系曲线

由以上两式可看出，R_{c7}、R_{c28}、R_{c90}之间的比值关系，表现出强度越高比值越大，强度增长率较高，可能与近些年高强混凝土性能优化和外加掺合料及其进步有关。

引入粉煤灰掺量对 28d 与 7d 抗压强度、90d 与 28d 抗压强度关系的影响统计分析得

$$R_{c28}=5.7811+(1.0482+0.0102\alpha)R_{c7} \tag{2.7}$$

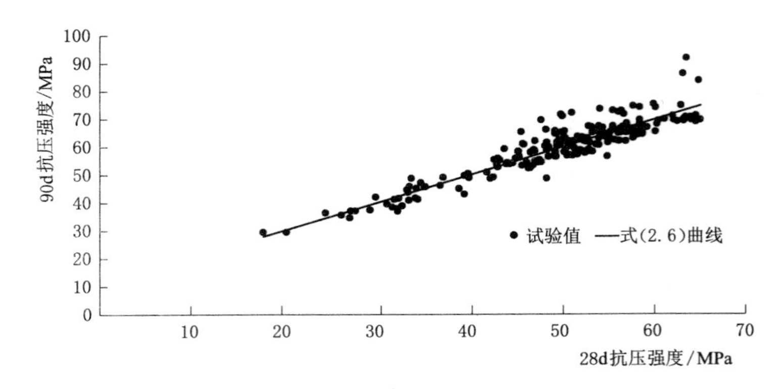

图2.5　混凝土90d抗压强度与28d抗压强度的关系曲线

$$R_{c90}=11.3515+(0.8568+0.0044\alpha)R_{c28} \tag{2.8}$$

由图2.4、图2.5可以看出，式（2.5）、式（2.6）已经较好反映了28d与7d抗压强度、90d与28d抗压强度关系。引入粉煤灰掺量的式（2.7）和式（2.8）计算精度又有进一步提高。为更进一步提高精度，再分常态、泵送两类型混凝土分析28d与7d抗压强度、90d与28d抗压强度的关系，得

常态：
$$R_{c28}=5.2401+(1.1557+0.0035\alpha)R_{c7} \tag{2.9}$$
$$R_{c90}=11.2376+(0.8937+0.0028\alpha)R_{c28} \tag{2.10}$$

泵送：
$$R_{c28}=3.6812+(1.0272+0.0144\alpha)R_{c7} \tag{2.11}$$
$$R_{c90}=3+(1.0712+0.0055\alpha)R_{c28} \tag{2.12}$$

常态、泵送混凝土不同粉煤灰掺量情况28d与7d抗压强度、90d与28d抗压强度关系如图2.6～图2.9所示。可以看出，分常态和泵送两类型并引入粉煤灰掺量参数进行统计分析，与混凝土抗压强度试验结果吻合很好。

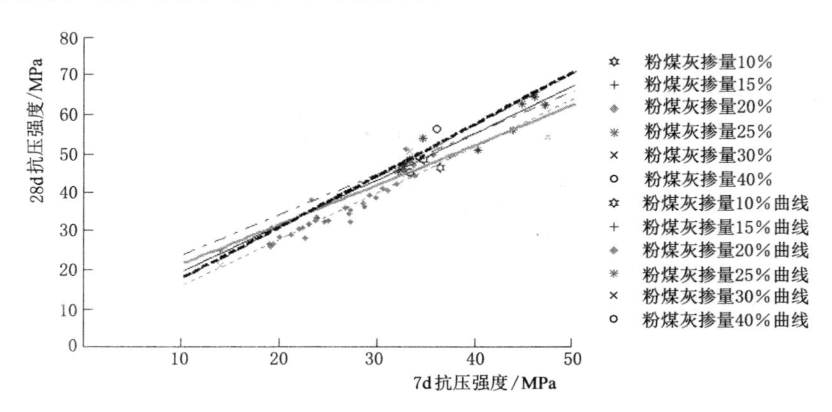

图2.6　常态混凝土28d抗压强度与7d抗压强度关系曲线

进一步对常态、泵送混凝土比较，泵送混凝土常数项要小得多，但随粉煤灰掺量增长率要大得多，因此，R_{c28}与R_{c7}的比值和R_{c90}与R_{c28}的比值，都是泵送混凝土在低强度等级和低掺粉煤灰时略小，高强度等级与高粉煤灰掺量略大，与高掺粉煤灰强度增长系数和后期强度增长率增大有密切关系[6-10]。

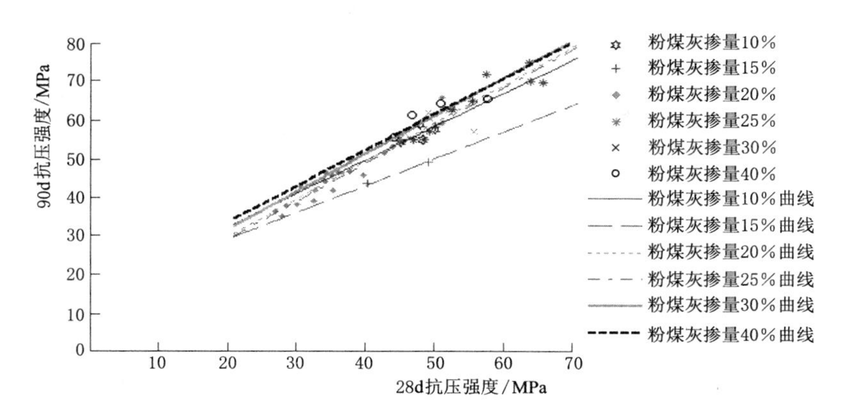

图 2.7 常态混凝土 90d 抗压强度与 28d 抗压强度关系曲线

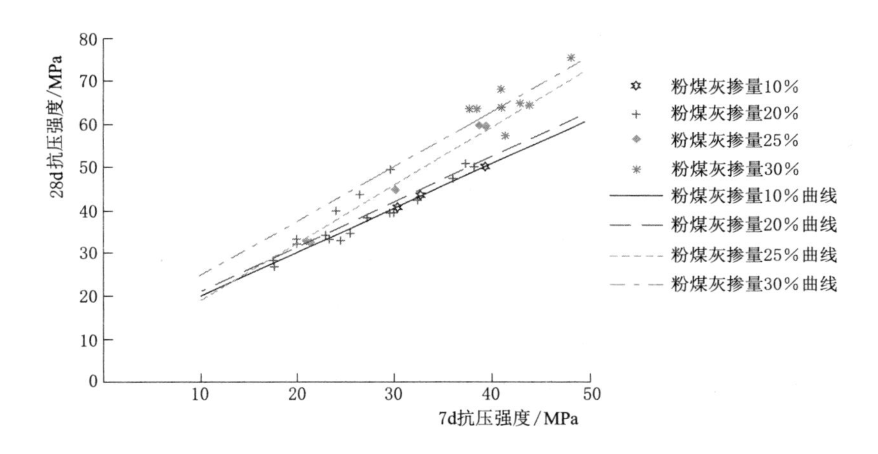

图 2.8 泵送混凝土 28d 抗压强度与 7d 抗压强度关系曲线

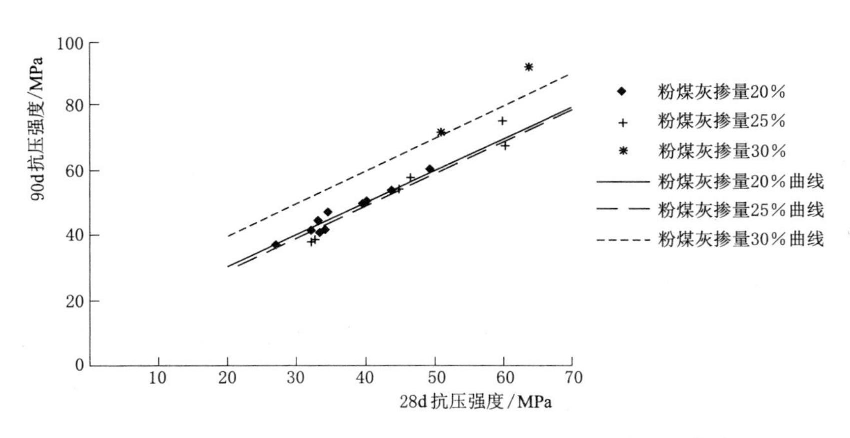

图 2.9 泵送混凝土 90d 抗压强度与 28d 抗压强度关系曲线

2.3 轴向抗拉强度

2.3.1 轴向抗拉强度与抗压强度的关系

轴向抗拉强度直观反映了混凝土的抗裂性能，一般远低于抗压强度，共收集 167 组轴向抗拉强度，每组试验一般包括 7d、28d、90d 和部分 180d 成果。统计表明，28d 轴向抗拉强度和 28d 抗压强度的比值一般在 1/10～1/24 之间，比以往大体积常态混凝土统计值[1]的 1/18～1/10 略小。

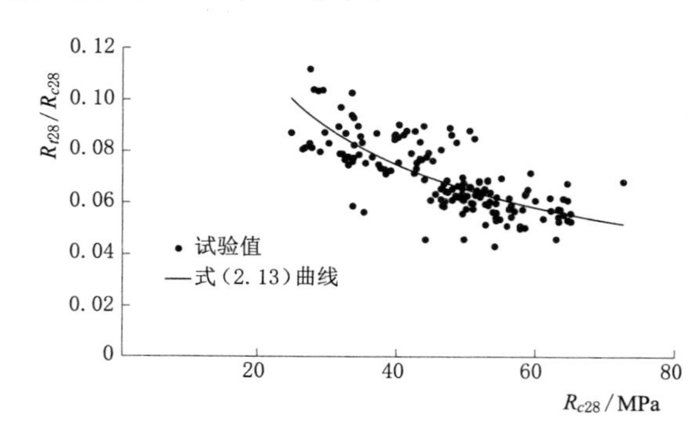

图 2.10　混凝土 28d 轴向抗拉强度与 28d 抗压强度关系曲线

采用文献［1］的幂函数关系，对混凝土 28d 轴向抗拉强度 R_{t28} 与 28d 抗压强度 R_{c28} 进行统计（图 2.10）得

$$R_{t28}=0.3139R_{c28}^{0.6} \tag{2.13}$$

图 2.10 表明，拉压强度试验比值较发散，式（2.13）计算误差较大。与文献［1］计算公式相比较，系数增大，指数减小，说明地下工程混凝土低强度时拉压强度比值增大，而高强度时减小。同时，由于拉压强度比值随强度非线性降低，强度等级越高，比值越小，单位抗压强度的抗裂性能越低，与实际工程中高强混凝土更容易产生温度裂缝的事实相符。

引入粉煤灰掺量对混凝土的 28d 轴向抗拉强度与 28d 抗压强度的关系的统计分析得

$$R_{t28}=(0.6679-0.0054\alpha)R_{c28}^{0.4601} \tag{2.14}$$

引入粉煤灰掺量后，相关系数有所增大，计算精度提高。式（2.14）的结果表明，随粉煤灰掺量的增加，28d 拉压强度比值有所减少[11]。

对常态、泵送两种混凝土引入粉煤灰掺量进行 28d 轴向抗拉强度与 28d 抗压强度的关系统计分析（图 2.11 和图 2.12），得

常态：
$$R_{t28}=(0.7826-0.0049\alpha)R_{c28}^{0.4171} \tag{2.15}$$

泵送：
$$R_{t28}=(0.3933-0.0019\alpha)R_{c28}^{0.5847} \tag{2.16}$$

比较式（2.15）与式（2.16），拉压强度比值，系数项是常态混凝土大于泵送混凝土，指数项是常态混凝土小于泵送混凝土。

2.3.2 轴向抗拉强度与龄期的关系

混凝土轴向抗拉强度随着龄期的增长而增加，发展规律与抗压强度相似。采用式（2.1）对地下工程混凝土轴向抗拉强度与龄期的关系进行统计分析，得

$$\frac{R_t}{R_{t28}}=1+0.1927\ln(\tau/28) \tag{2.17}$$

以粉煤灰掺量为参数，进行轴拉强度与龄期关系（图 2.13）拟合得

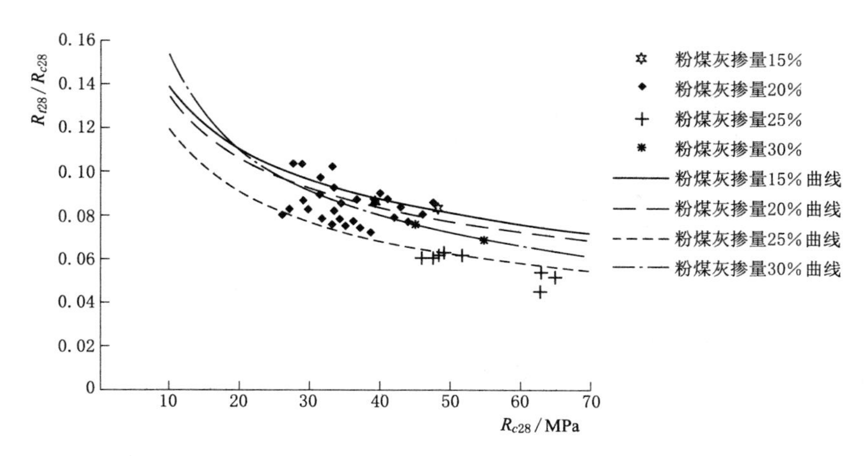

图 2.11 常态混凝土 28d 轴向抗拉强度与 28d 抗压强度关系曲线

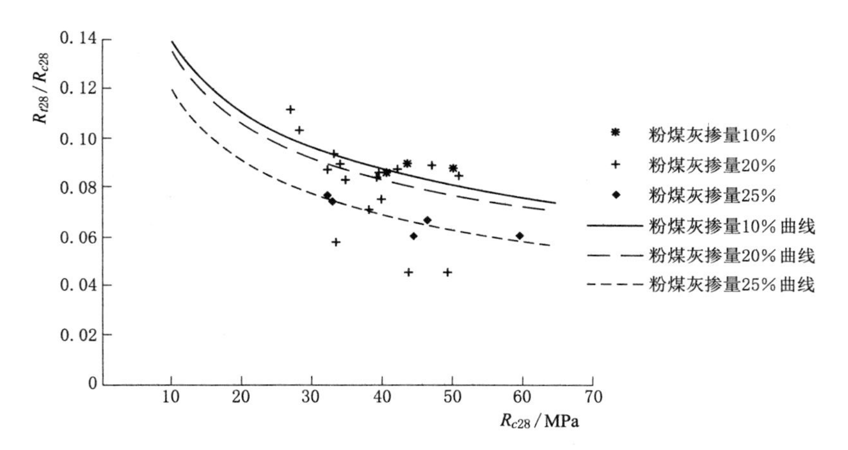

图 2.12 泵送混凝土 28d 轴向抗拉强度与 28d 抗压强度关系曲线

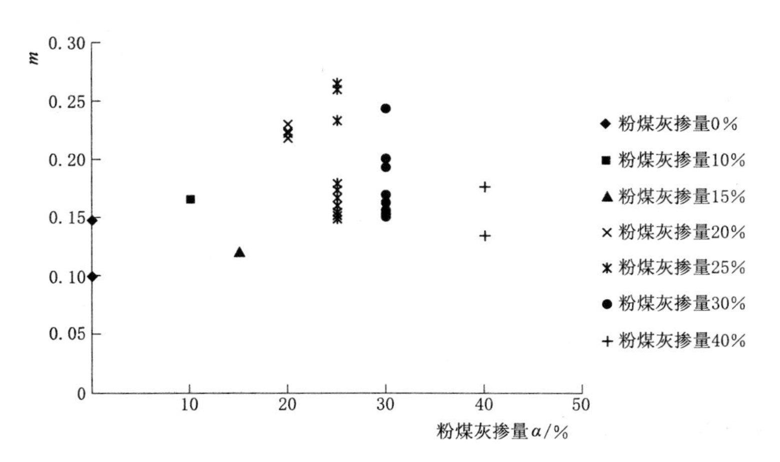

图 2.13 不同粉煤灰掺量的 m 值散点图

$$\frac{R_t}{R_{t28}}=1+(0.1899-0.00004\alpha)\ln(\tau/28) \tag{2.18}$$

式（2.18）结果表明，粉煤灰掺量增大，后期抗拉强度的增长率减小。

对常态混凝土和泵送混凝土分类引入粉煤灰掺量进行轴拉强度与龄期的关系统计分析得

常态
$$\frac{R_t}{R_{t28}}=1+(0.1695+0.0009\alpha)\ln(\tau/28) \tag{2.19}$$

泵送
$$\frac{R_t}{R_{t28}}=1+(0.1902-0.0005\alpha)\ln(\tau/28) \tag{2.20}$$

结果表明，随着粉煤灰掺量的增大，常态混凝土后期抗拉强度有所增大，而泵送混凝土后期抗拉强度有所减小；而早期抗拉强度则相反（图 2.14、图 2.15）。

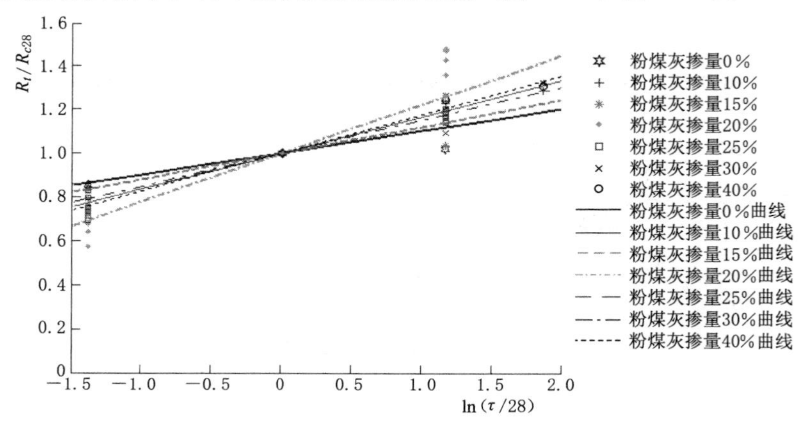

图 2.14　常态混凝土轴拉强度与 28d 轴拉强度比值与龄期关系

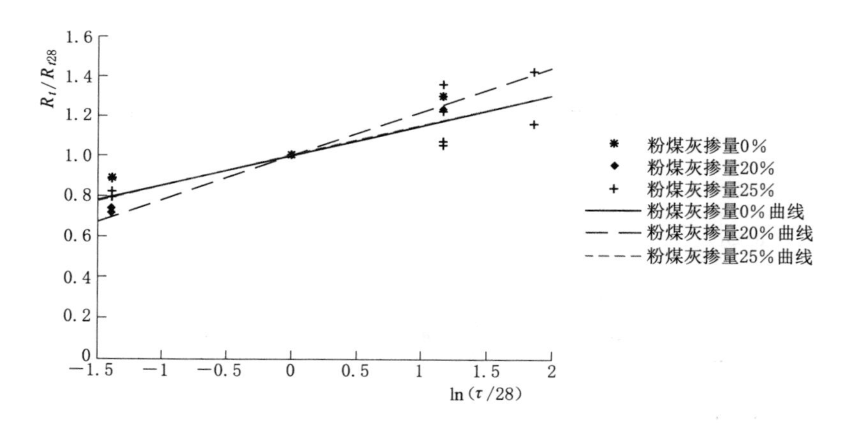

图 2.15　泵送混凝土轴拉强度与 28d 轴拉强度比值与龄期关系

2.3.3　不同龄期轴向抗拉强度之间的关系

对 7d 轴向抗拉强度 R_{t7} 与 28d 的轴向抗拉强度 R_{t28} 统计分析（图 2.16），得

$$R_{t28}=0.7088+1.0386R_{t7} \tag{2.21}$$

结果表明，R_{t28}与R_{t7}正比增长，增长率为1.0386，规律性良好。

统计90d龄期轴向抗拉强度R_{t90}与28d龄期轴向抗拉强度R_{t28}的关系（图2.17）得

$$R_{t90}=1.2525+0.8068R_{t28} \tag{2.22}$$

式（2.22）表明，R_{t90}随R_{t28}的增长率为0.8068，小于R_{t28}随R_{t7}的增长率1.0386，即后期强度的增长慢些。

进一步将式（2.21）与式（2.5）比较、式（2.22）与式（2.6）比较可知，轴向抗拉强度的增长速率明显小于抗压强度，而且强度等级越高，拉压强度比越小（图2.10），说明强度等级越高的混凝土单位抗压强度抗裂性能越弱。

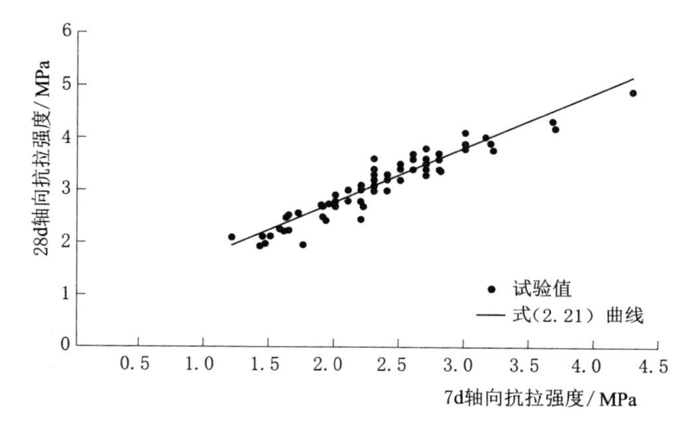

图2.16 混凝土28d与7d轴向抗拉强度拟合曲线

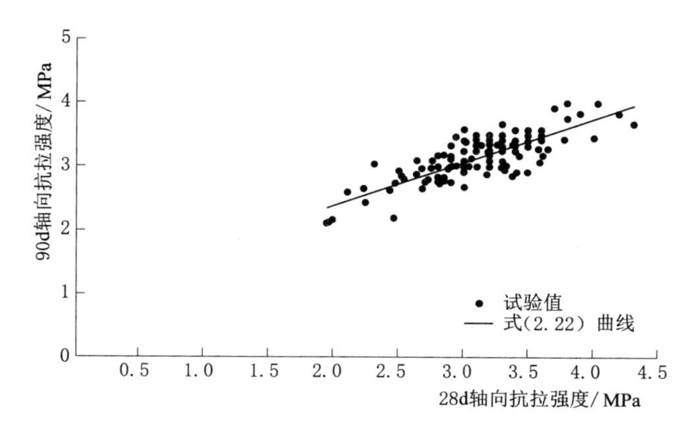

图2.17 混凝土90d与28d轴向抗拉强度关系曲线

引入粉煤灰掺量对28d与7d轴拉强度、90d与28d轴拉强度关系的影响，统计分析得

$$R_{t28}=0.7185+(1.0062+0.0014\alpha)R_{t7} \tag{2.23}$$

$$R_{t90}=1.2355+(0.8267-0.0006\alpha)R_{t28} \tag{2.24}$$

进一步分常态、泵送两种混凝土分析粉煤灰掺量的不同对28d与7d轴拉强度、90d与28d轴拉强度关系（图2.18～图2.21）的影响，得

常态：

$$R_{t28}=0.9455+(0.9598-0.0000111\alpha)R_{t7} \tag{2.25}$$

$$R_{t90}=1.7354+(0.6396+0.0007\alpha)R_{t28} \tag{2.26}$$

泵送：
$$R_{t28}=0.5650+(0.8803+0.0049\alpha)R_{t7} \tag{2.27}$$
$$R_{t90}=0.4559+(1.1237-0.0027\alpha)R_{t28} \tag{2.28}$$

常态、泵送两种混凝土不同粉煤灰掺量时 28d 与 7d 轴向抗拉强度、90d 与 28d 轴拉强度关系见图 2.18～图 2.21。误差分析表明，式（2.25)～式（2.28）的最大绝对误差小于 0.5MPa，最大相对误差小于 15%，可以应用于实际工程初步设计和强度估算。

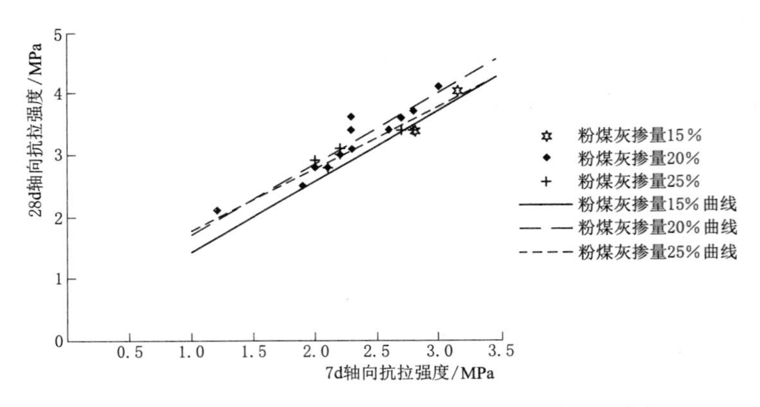

图 2.18　常态混凝土 28d 与 7d 轴向抗拉强度关系曲线

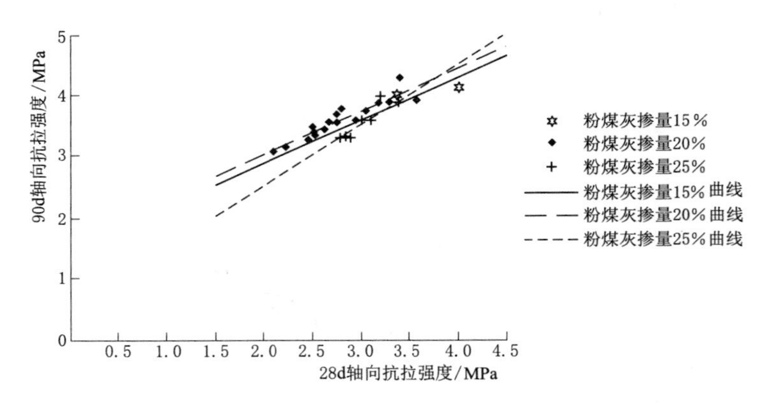

图 2.19　常态混凝土 90d 与 28d 轴向抗拉强度关系曲线

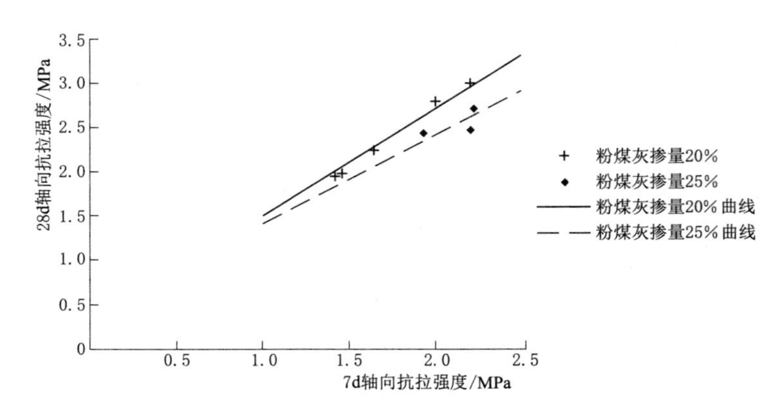

图 2.20　泵送混凝土 28d 与 7d 轴向抗拉强度关系曲线

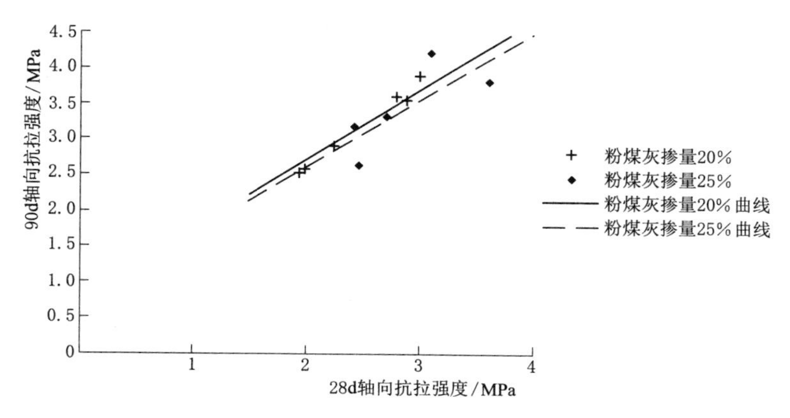

图 2.21 泵送混凝土 90d 与 28d 轴向抗拉强度关系曲线

由图 2.18～图 2.21 和式（2.23）～式（2.28）可以看出，混凝土轴向抗拉强度，随着粉煤灰掺量增大，R_{t28} 与 R_{t7} 的比值增大［式（2.23）］，R_{t90} 与 R_{t28} 的比值减小［式（2.24）］。其中，常态混凝土，随着粉煤灰掺量的增大，R_{t28} 与 R_{t7} 的比值有所减小，R_{t90} 与 R_{t28} 的比值增大［式（2.25）、式（2.26）］。泵送混凝土则与常态混凝土相反，随着粉煤灰掺量增大，R_{t28} 与 R_{t7} 的比值增大，R_{t90} 与 R_{t28} 的比值减小［式（2.27）、式（2.28）］，但影响度不太大。

进一步分析可知，①掺 20%以上粉煤灰情况，泵送混凝土轴拉强度增长率大于常态混凝土，可能与泵送坍落度值要求大、胶凝材料量（特别是粉煤灰量大）大于常态混凝土、一般超强较多有关；②常态混凝土 90d 强度增长率小于 28d，而泵送混凝土 90d 轴拉强度增长率仍大于 28d，同样与其胶凝材料用量大、粉煤灰掺入有关。

2.4 劈裂抗拉强度

劈裂抗拉强度也是反映混凝土力学性能的一个重要指标。劈裂抗拉强度试验方法比轴心拉伸强度要简单，结果较稳定，因此在不具备轴拉试验条件的现场试验室，常采用劈拉强度代替轴拉强度。但劈拉强度是非直观反应混凝土的抗拉特性。

2.4.1 劈裂抗拉强度与抗压强度的关系

共收集 181 组劈裂抗拉强度，每组试验一般包括 7d、28d、90d 和部分 180d 成果。对 28d 劈裂抗拉强度 R_{ts28} 与 28d 抗压强度 R_{c28} 统计分析（图 2.22），得

$$R_{ts28}=0.3587R_{c28}^{0.5702} \tag{2.29}$$

引入粉煤灰掺量对混凝土的 28d 劈裂抗拉强度与 28d 抗压强度的关系统计分析得

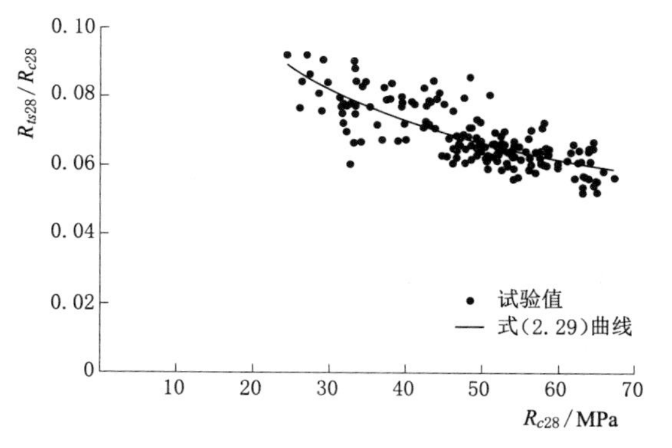

图 2.22 混凝土 28d 劈裂抗拉强度与 28d 抗压强度的关系

$$R_{ts28}=(0.3357-0.0014\alpha)R_{c28}^{0.6156} \tag{2.30}$$

分为常态、泵送两种混凝土关于粉煤灰掺量对 28d 劈裂抗拉强度与 28d 抗压强度的关系（图 2.23、图 2.24）的统计，得

常态：
$$R_{ts28}=(0.3475-0.001\alpha)R_{c28}^{0.6020} \tag{2.31}$$

泵送：
$$R_{ts28}=(0.3-0.0045\alpha)R_{c28}^{0.7273} \tag{2.32}$$

结果表明，粉煤灰掺量增大，28d 劈裂抗拉强度减小；泵送混凝土的劈裂抗拉强度小于常态混凝土。实际工程中，常态混凝土相比泵送混凝土施工期温度裂缝要少些，可能与此也有一定关系。

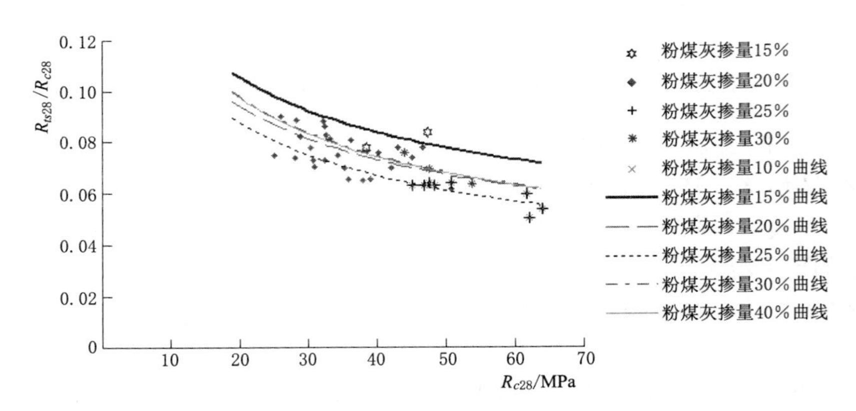

图 2.23　常态混凝土 28d 劈裂抗拉强度与 28d 抗压强度的关系

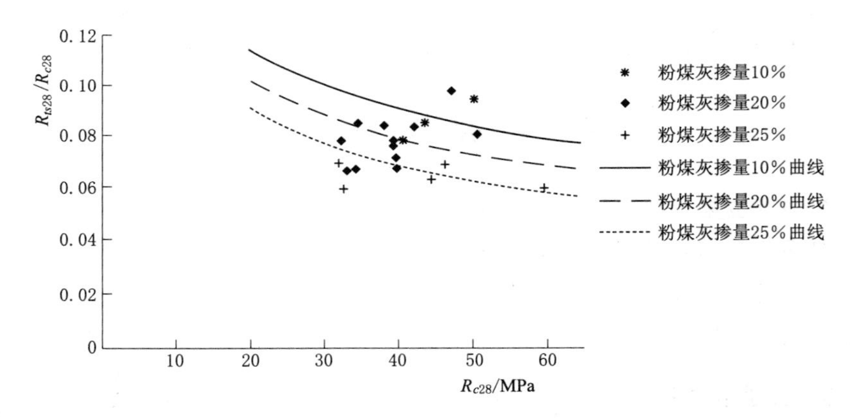

图 2.24　泵送混凝土 28d 劈裂抗拉强度与 28d 抗压强度的关系

2.4.2　劈裂抗拉强度与龄期的关系

依照式（2.1）对混凝土劈拉强度与龄期的关系进行统计分析，得

$$\frac{R_{ts}}{R_{ts28}}=1+0.2098\ln(\tau/28) \tag{2.33}$$

以粉煤灰掺量为参数，进行劈拉强度与龄期关系的统计分析，得

$$\frac{R_{ts}}{R_{ts28}}=1+(0.1652+0.0017\alpha)\ln(\tau/28) \tag{2.34}$$

对常态和泵送混凝土引入粉煤灰掺量进行劈拉强度与龄期关系的统计分析，得

常态：
$$\frac{R_{ts}}{R_{ts28}}=1+(0.1656+0.001\alpha)\ln(\tau/28) \tag{2.35}$$

泵送：
$$\frac{R_{ts}}{R_{ts28}}=1+(0.1550+0.0037\alpha)\ln(\tau/28) \tag{2.36}$$

以上各式表明，粉煤灰掺量增大，劈裂抗拉强度增大，而且泵送混凝土的增长率略大于常态混凝土。

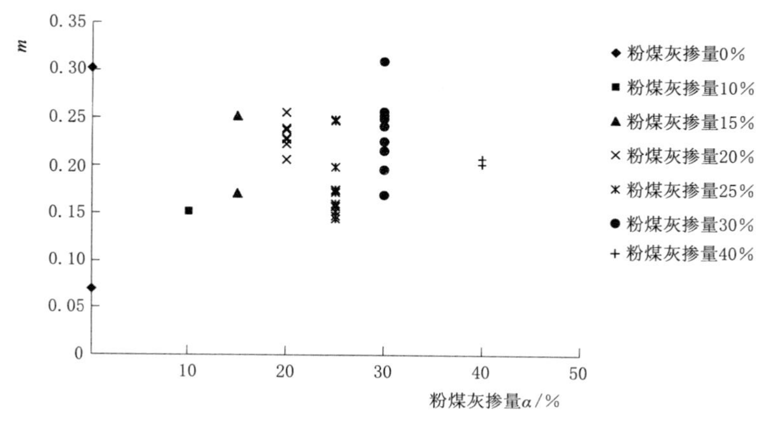

图 2.25　不同粉煤灰掺量的 m 值散点图

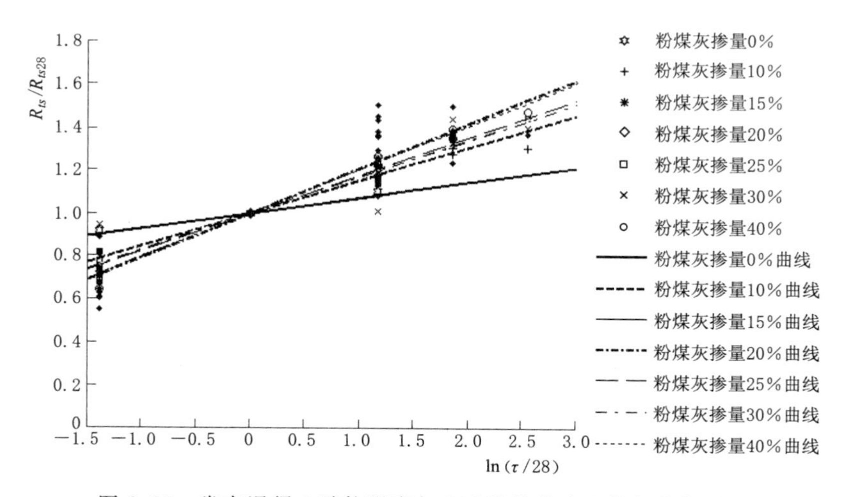

图 2.26　常态混凝土劈拉强度与28d劈拉强度比值与龄期关系

2.4.3 不同龄期劈裂抗拉强度之间的关系

分别对28d龄期劈裂抗拉强度 R_{ts28} 与7d龄期劈裂抗拉强度 R_{ts7}（图 2.28）、90d龄期劈裂抗拉强度 R_{ts90} 与28d龄期劈裂抗拉强度 R_{ts28}（图 2.29）进行回归分析，得

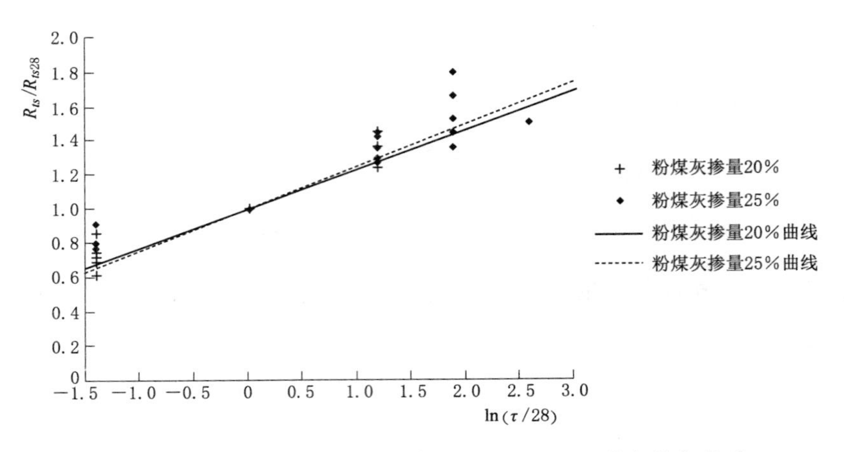

图 2.27　泵送混凝土劈拉强度与28d劈拉强度比值与龄期关系

$$R_{ts28}=1.2502+0.8551R_{ts7} \tag{2.37}$$

$$R_{ts90}=0.9088+0.9531R_{ts28} \tag{2.38}$$

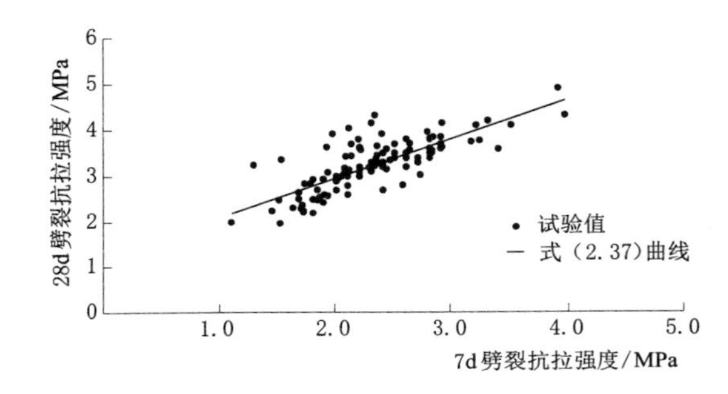

图 2.28　混凝土 28d 与 7d 劈裂抗拉强度关系曲线

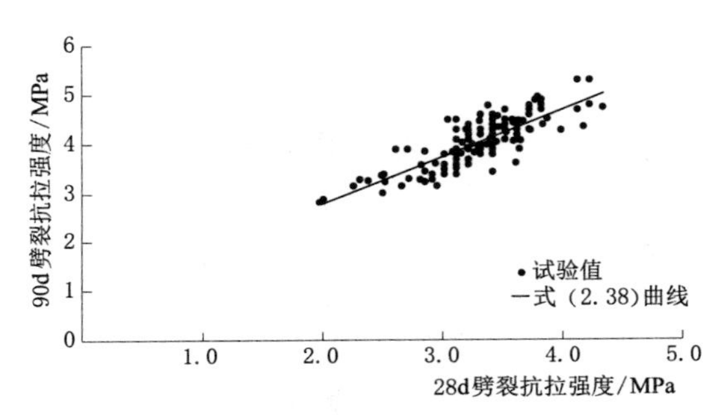

图 2.29　混凝土 90d 与 28d 劈裂抗拉强度关系曲线

统计分析粉煤灰掺量对 28d 与 7d 劈拉强度、90d 与 28d 劈拉强度关系的影响，得

$$R_{ts28}=1.3047+(0.6246+0.0086\alpha)R_{ts7} \tag{2.39}$$

$$R_{ts90}=0.8774+(0.9868-0.0010\alpha)R_{ts28} \tag{2.40}$$

对常态、泵送两种混凝土分析粉煤灰掺量对 28d 与 7d 劈拉强度、90d 与 28d 劈拉强度关系（图 2.30～图 2.33）的影响，得

常态：

$$R_{ts28}=0.9992+(0.8620+0.0028\alpha)R_{ts7} \tag{2.41}$$

$$R_{ts90}=1.1522+(0.8278+0.001\alpha)R_{ts28} \tag{2.42}$$

泵送：

$$R_{ts28}=0.8697+(1.4957-0.0263\alpha)R_{ts7} \tag{2.43}$$

$$R_{ts90}=0.8043+(1.0492-0.0003\alpha)R_{ts28} \tag{2.44}$$

以上成果表明，劈裂抗拉强度：①不区分泵送、常态混凝土时，随着粉煤灰掺量的增大，R_{ts28} 与 R_{ts7} 的比值增大［式（2.39）］，R_{ts90} 与 R_{ts28} 的比值减小［式（2.40）］；②常态混凝土，R_{ts28} 与 R_{ts7} 的比值和 R_{ts90} 与 R_{ts28} 的比值都随粉煤灰掺量增加而增大［式（2.41）、式（2.42）］，泵送混凝土则相反，这些比值都是随着粉煤灰掺量增大而减小［式（2.43）、式（2.44）］。

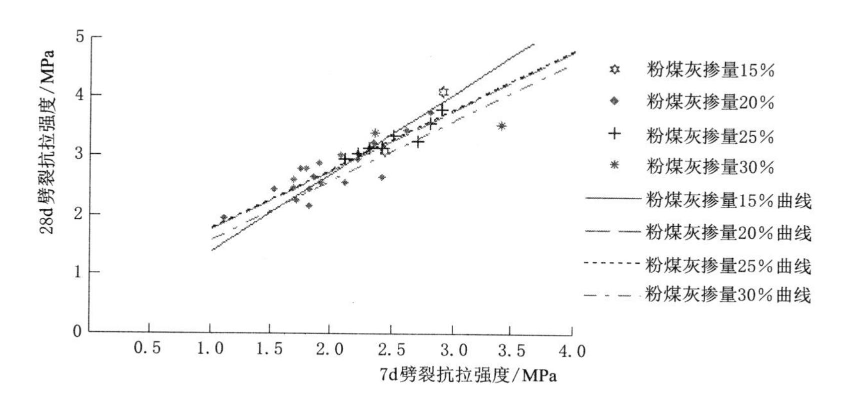

图 2.30 常态混凝土 28d 与 7d 劈裂抗拉强度关系曲线

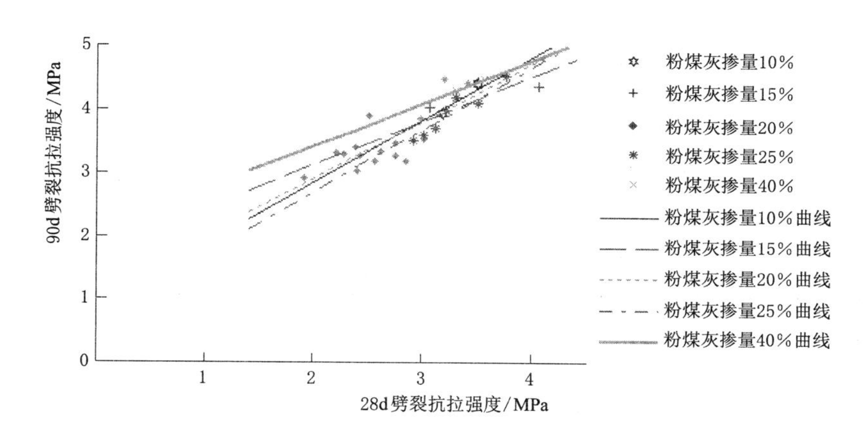

图 2.31 常态混凝土 90d 与 28d 劈裂抗拉强度关系曲线

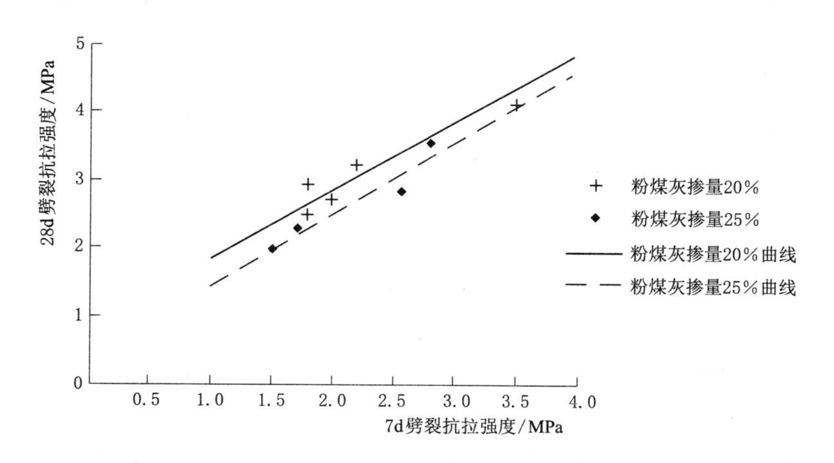

图 2.32 泵送混凝土 28d 与 7d 劈裂抗拉强度关系曲线

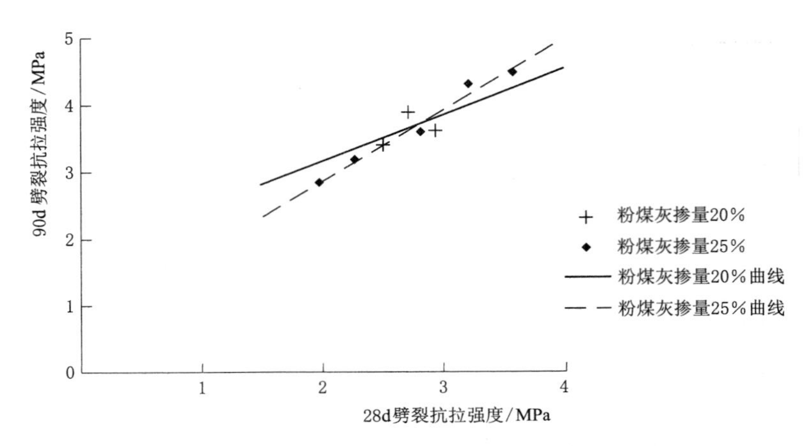

图 2.33　泵送混凝土 90d 与 28d 劈裂抗拉强度关系曲线

2.5　热　学　性　能

共收集混凝土热学性能包括绝热温升曲线、导热系数和线膨胀系数等 67 组试验数据，不同粉煤灰掺量、不同抗压强度等级的试验量见表 2.3 和表 2.4。其中，常态混凝土 36 组，泵送混凝土 31 组。

表 2.3　不同粉煤灰掺量混凝土热学参数试验量

粉煤灰掺量/%	0	15	20	25	30	35	40
试验量/组	1	2	20	21	16	5	2

表 2.4　不同强度等级混凝土热学参数试验量

强度等级	$C_{90}20$	$C_{90}25$	$C_{90}30$	$C_{90}35$	$C_{90}40$	$C_{90}45$	$C_{90}50$	$C_{90}60$
试验量/组	1	9	11	1	11	7	22	5

2.5.1　绝热温升

混凝土绝热温升是指在绝热条件下由胶凝材料水化放热导致的温度升高。绝热温升是混凝土施工期温度和温度应力场计算的重要参数。

对绝热温升曲线的拟合一般有三种曲线形式[1]：

双曲线式　$$T=T_0\tau/(n+\tau) \tag{2.45}$$

指数式　$$T=T_0(1-e^{-m\tau}) \tag{2.46}$$

复合指数式　$$T=T_0(1-e^{-a\tau^b}) \tag{2.47}$$

式中：T 为绝热温升值,℃；T_0为最终温升值,℃；τ 为混凝土的龄期，d；n 为混凝土热量散发一半时的龄期，d；m、a、b 为试验参数。

一般来讲，影响绝热温升的因素很多，包括水泥品种和用量、掺合料品种与掺量、环境温度等。水泥品种对水化热的影响主要由于水泥中各矿物成分的水化速率和放热量明显不同，低热水泥的水化速率慢，总放热量低，中热水泥的水化速率和放热量适中，硅酸盐和普通硅酸盐水泥水化快，水化放热也多。水泥细度也会明显影响放热速率，水泥越细水化越快。掺入掺合料替代部分水泥可降低胶凝材料体系的放热量和放热速率，其中掺粉煤灰的效果优于矿渣。

混凝土最终绝热温升与混凝土 28d 抗压强度关系示于图 2.34，表现出非线性增长的态势，但关系离散，采用指数公式统计得

$$T_0 = 29.6387e^{0.0073R_{28}} \tag{2.48}$$

引入粉煤灰掺量为变量，研究粉煤灰掺量对最终绝热温升与 28d 抗压强度之间的关系的影响，得

$$T_0 = (27.5401 + 0.1031\alpha)e^{6.9709R_{28} \times 10^{-3}} \tag{2.49}$$

结果表明，粉煤灰掺量增加，最终绝热温升反而增大。根据后面的统计分析，是由于常态混凝土性能的影响。另外，与式（2.49）的误差大有密切关系。因此，对常态和泵送混凝土不同粉煤灰掺量对绝热温升最终值与 28d 抗压强度之间的关系统计，得

常态：
$$T_0 = (4.7923 + 1.2179\alpha)e^{5.6497R_{28} \times 10^{-3}} \tag{2.50}$$

泵送：
$$T_0 = (30.7493 - 0.0032\alpha)e^{6.9959R_{28} \times 10^{-3}} \tag{2.51}$$

结果表明，常态混凝土最终绝热温升随粉煤灰掺量的增大而增大；泵送混凝土最终绝热温升随粉煤灰掺量的增大而减小，但影响较小。对于常态、泵送混凝土最终绝热温升与粉煤灰掺量增加表现出不同的规律的机理，还有待更深入研究。

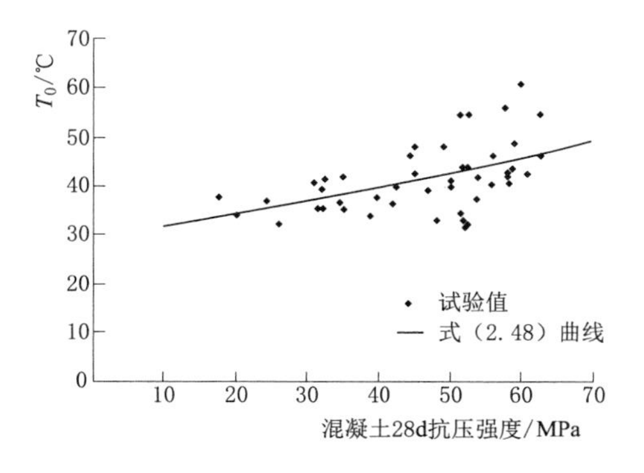

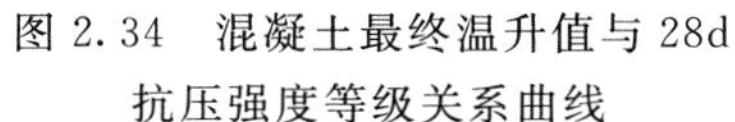
图 2.34 混凝土最终温升值与 28d 抗压强度等级关系曲线

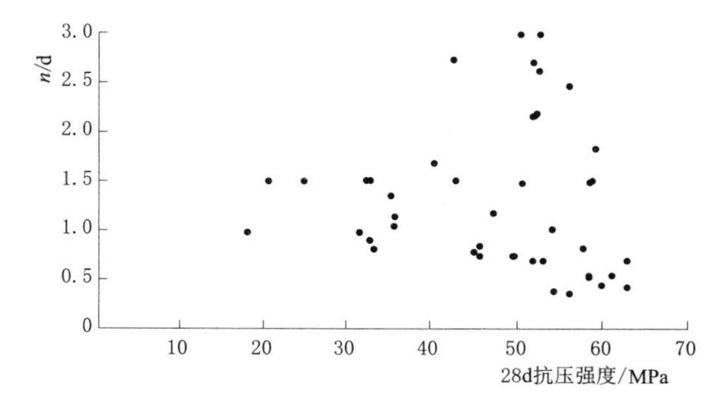

图 2.35 混凝土 n 值与 28d 抗压强度的关系图

式（2.45）参数 n 的物理意义是混凝土绝热温升值达到最大值的一半所需要的时间，是混凝土水化热释放速率表征的一个重要参数。各混凝土绝热温升值达到最大值一半的时间与 28d 抗压强度的关系，如图 2.35 所示，但过于发散，难以统计分析。进一步分 28d 和 90d 龄期设计混凝土（图 2.36）、常态与泵送混凝土（图 2.37）分类进行统计分析，结果也是很离散，说明绝热温升试验量过少，还不能达到分类统计分析的要求。其中粉煤灰掺量为 20%的泵送混凝土的 n 与 28d 抗压强度的关系规律性相对较好，统计得

$$n=1.4572+0.0011R_{28} \tag{2.52}$$

但实际工程 20%泵送混凝土温度观测曲线温升速率却非常快，溪洛渡、白鹤滩等水电站温控反分析计算的 n 值大都在 0.9～1.1 之间，远小于式（2.52）统计值。分析原因，可能与溪洛渡、白鹤滩等水电站地下工程洞室温度、湿度与实验室有较大差异有关[12-14]。因此，进行地下工程混凝土温控计算时，需要考虑洞室温度、湿度的耦合影响。

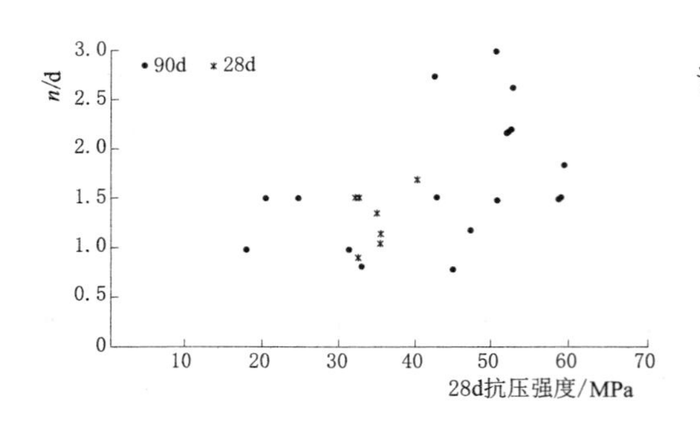

图 2.36　设计龄期为 28d 和 90d 的混凝土 n 值与 28d 抗压强度的关系图

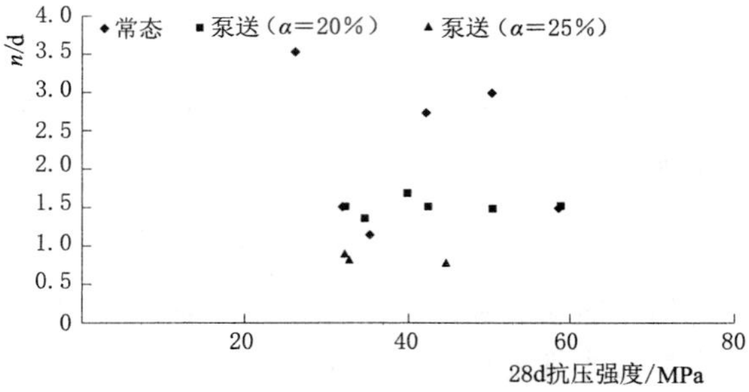

图 2.37　常态、泵送混凝土 n 值与 28d 抗压强度的关系图

由图 2.37 还可以看出，常态混凝土的 n 值在 2.5d 以上，远大于泵送混凝土 0.75～2.0d，放热慢，对温控防裂有利。

2.5.2　导热系数

导热系数反映材料对热的传导能力，一般通过试验确定，与混凝土的导温系数、比热、密度关系密切。地下工程混凝土导热系数试验值在 4.68～9.94kJ/(m·h·℃) 范围变化。

采用线性方程拟合导热系数与 28d 抗压强度之间的关系（图 2.38），得

$$\lambda=3.668+0.0579R_{28} \tag{2.53}$$

式中：λ 为导热系数，kJ/(m·h·℃)；

式（2.53）表明，导热系数有随混凝土 28d 抗压强度增加而增大的趋势，但关系较离散（图 2.38）。

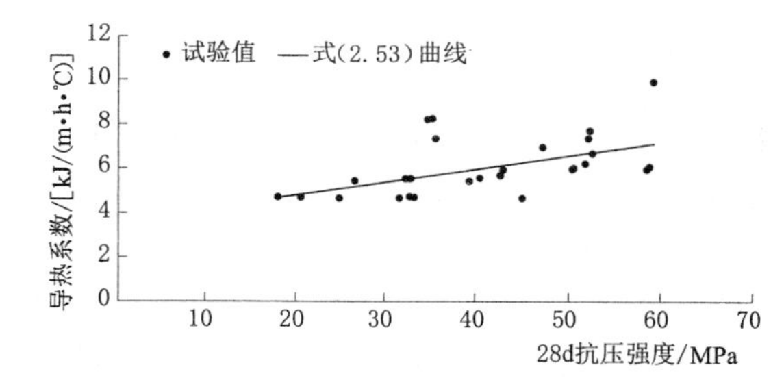

图 2.38　混凝土导热系数与 28d 抗压强度关系曲线

2.5.3　线膨胀系数

混凝土的线膨胀系数与骨料关系密切，不同岩性骨料的线膨胀系数见表 2.5[1]。石英岩和石英砂岩混凝土的线膨胀系数值较大，玄武岩和石灰岩混凝土的线膨胀系数值较小，花岗岩骨料混凝土的线膨胀系数值在两者之间。

表 2.5　　各骨料的线膨胀系数表

骨料种类	石英岩	砂岩	玄武岩	花岗岩	石灰岩
线膨胀系数/($\times10^{-5}$/℃)	1.02～1.34	0.61～1.17	0.61～0.75	0.55～0.85	0.36～0.60

地下工程混凝土线膨胀系数与28d抗压强度关系如图2.39所示。由于线膨胀系数主要与骨料有关，所以与28d抗压强度关系较发散。溪洛渡地下工程采用玄武岩，线膨胀系数在6.8×10^{-6}～8.0×10^{-6}/℃之间，石灰岩线膨胀系数为5.86×10^{-6}/℃，明显小于玄武岩骨料混凝土。将粉煤灰掺量为20%，玄武岩骨料混凝土分为常态混凝土和泵送混凝土如图2.40所示。

由图2.39可知，混凝土线膨胀系数有随着混凝土28d抗压强度增长而增大的趋势，但关系非常离散，因此也进一步说明主要受骨料影响。由图2.40可知，同种骨料（玄武岩）的常态混凝土和泵送混凝土的线膨胀系数则表现出与28d抗压强度线性增长关系。

常态：
$$\alpha=0.0475R_{28}+5.338 \tag{2.54}$$

泵送：
$$\alpha=0.0619R_{28}+4.7521 \tag{2.55}$$

式中：α为混凝土线膨胀系数，10^{-5}/℃。

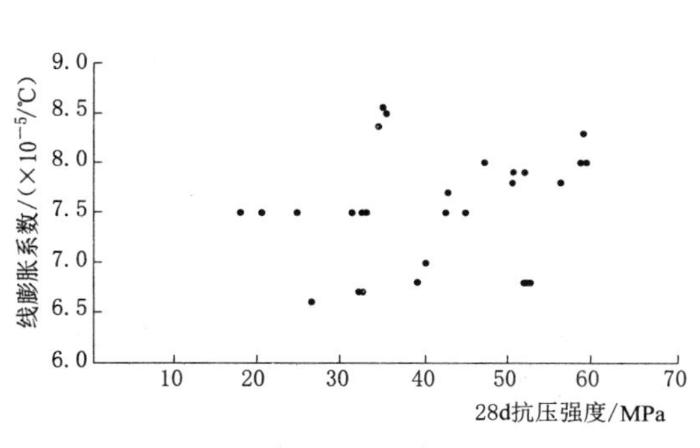

图2.39　混凝土线膨胀系数与28d抗压强度关系图

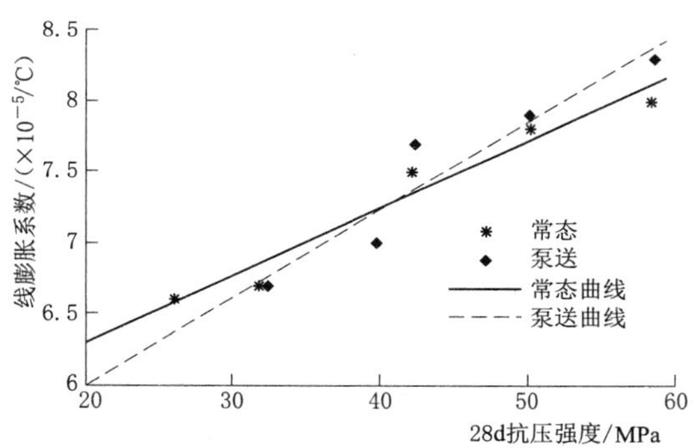

图2.40　常态和泵送混凝土线膨胀系数与28d抗压强度拟合曲线

2.6 弹 性 模 量

2.6.1 弹性模量与抗压强度的关系

共收集混凝土弹性模量158组试验数据，不同粉煤灰掺量、不同抗压强度等级的试验量见表2.6和表2.7。每组混凝土弹性模量试验，一般都包括7d、28d、90d龄期试验值。

表 2.6　　不同粉煤灰掺量混凝土弹性模量试验量

粉煤灰掺量/%	0	10	15	20	25	30	40
常态试验量/组	0	1	1	30	15	35	2
泵送试验量/组	1	3	10	30	15	17	0

表2.7 不同强度等级混凝土弹性模量试验量

强度等级	$C_{90}20$	$C_{90}25$	$C_{90}30$	$C_{90}35$	$C_{90}40$	$C_{90}45$	$C_{90}50$	$C_{90}60$
常态试验量/组	5	12	8	2	11	2	30	10
泵送试验量/组	6	10	12	1	17	5	15	6

文献[1]推荐用下式表示混凝土弹性模量(MPa)与抗压强度之间的关系

$$E=\frac{10^5}{A+B/R} \tag{2.56}$$

式中:R为混凝土标准试件抗压强度,MPa;A、B为常数,由试验资料整理得到。

常数A、B,文献[1]列出了3个单位试验值:①由中国建筑科学研究院等单位试验的混凝土基本力学性能给出$A=2.2$,$B=33.0$;②铁道建筑研究所给出$A=2.3$,$B=27.5$;③苏联给出$A=1.7$,$B=36.0$。文献[2]采用的计算公式中$A=2.2$,$B=34.7$。

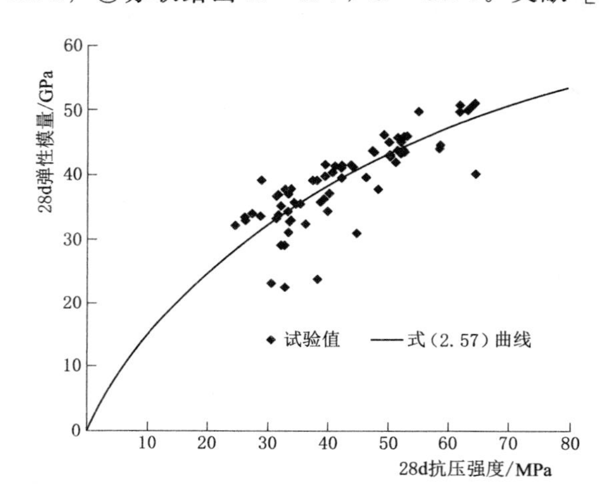

图2.41 混凝土28d弹性模量与28d抗压强度关系曲线

根据地下工程混凝土试验资料,采用式(2.56),研究混凝土28d弹性模量(GPa)与28d抗压强度(MPa)之间的关系(图2.41),得

$$E_{28}=\frac{100}{1.1463+58.5196/R_{28}} \tag{2.57}$$

式(2.57)中参数A、B与文献[1-2]给出的值差距较大,A值减小,B值增大。在试验强度范围内推算出的28d弹性模量比文献[1-2]给出的也要大些。文献[1]中提到,外加剂和粉煤灰对弹性模量的影响幅度正比于它对强度的影响幅度,这可能是式(2.57)中参数变化较大的原因。另外,地下工程泵送混凝土要求胶凝材料用量较大,超强较多,可能也有较大影响。

引入粉煤灰的掺量,研究混凝土28d弹性模量与28d抗压强度之间的关系,得

$$E_{28}=\frac{100}{1.2899+(62.5763-0.5245\alpha)/R_{28}} \tag{2.58}$$

对常态、泵送混凝土分别研究28d弹性模量与28d抗压强度之间的关系,统计分析得

常态:
$$E_{28}=\frac{100}{1.7255+(39.4529-0.1445\alpha)/R_{28}} \tag{2.59}$$

泵送:
$$E_{28}=\frac{100}{0.9338+(65+0.2850\alpha)/R_{28}} \tag{2.60}$$

其中,掺20%粉煤灰常态混凝土28d弹性模量与28d抗压强度之间的关系如图2.42所示,掺10%、20%、25%粉煤灰泵送混凝土28d弹性模量与28d抗压强度之间的关系如图2.43所示。可以看出,有的粉煤灰掺量的试验量较少,不同粉煤灰掺量常态、泵送

混凝土 28d 弹性模量与 28d 抗压强度之间的关系式（2.59）、式（2.60）的误差较大，还需要进一步的试验补充修正。

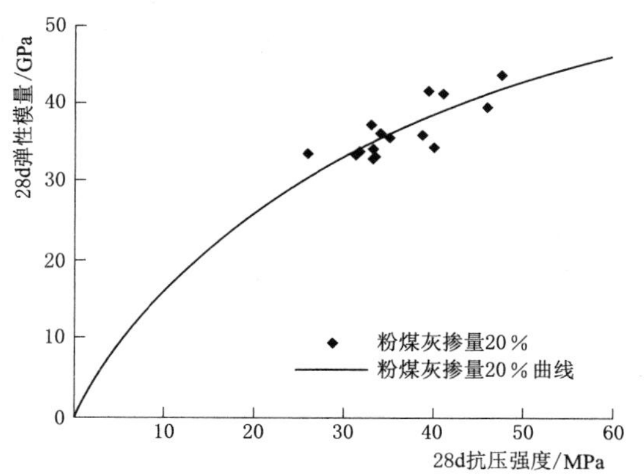

图 2.42 常态混凝土 28d 弹性模量与 28d 抗压强度关系曲线

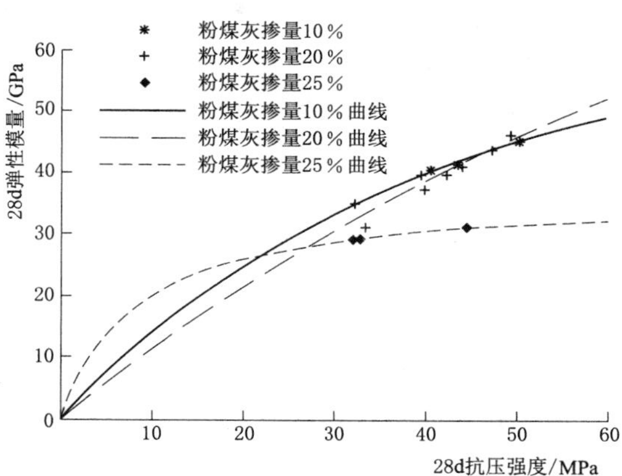

图 2.43 泵送混凝土 28d 弹性模量与 28d 抗压强度关系曲线

2.6.2 弹性模量与龄期的关系

朱伯芳院士在文献［3］中提出常态混凝土弹性模量与龄期的关系符合指数关系，并推荐取 $E_0=1.2E_{90}$。对地下工程混凝土进行统计分析，得

$$E(\tau)=1.2E_{90}(1-e^{-0.6712\tau^{0.2185}}) \tag{2.61}$$

式中：$E(\tau)$ 为弹性模量，GPa；τ 为龄期，d；E_0 为 $\tau\to\infty$ 时的弹性模量，近似取为 90d 弹性模量的 1.2 倍，GPa。

常态、泵送等不同类型不同粉煤灰掺量的混凝土均采用式（2.61）计算时，误差较大。引入粉煤灰掺量作为变量，得

$$E(\tau)=1.2E_{90}[1-e^{-(0.6515+0.0012\alpha)\tau^{0.2167}}] \tag{2.62}$$

对常态和泵送混凝土以粉煤灰掺量为参变量进行统计分析，得到不同粉煤灰掺量的混凝土的弹性模量与龄期的关系（图 2.44、图 2.45），得

常态：
$$E(\tau)=1.2E_{90}[1-e^{-(0.5585+0.0023\alpha)\tau^{0.2436}}] \tag{2.63}$$

泵送：
$$E(\tau)=1.2E_{90}[1-e^{-(0.4865-0.0007\alpha)\tau^{0.2964}}] \tag{2.64}$$

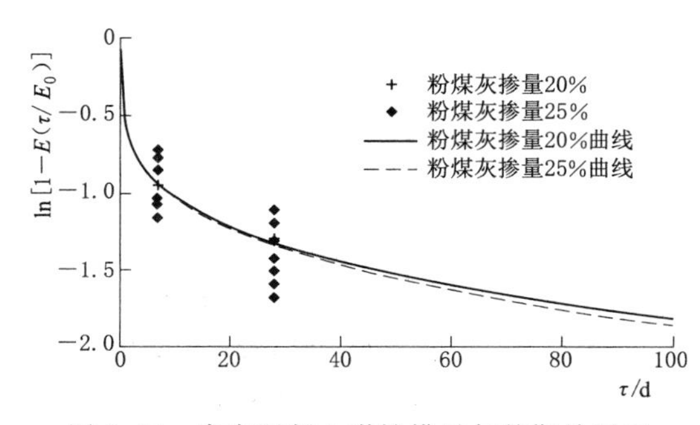

图 2.44 常态混凝土弹性模量与龄期关系图

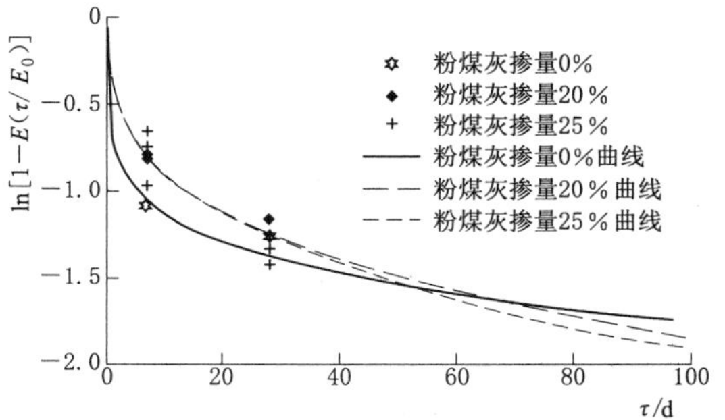

图 2.45 泵送混凝土弹性模量与龄期关系图

2.6.3　不同龄期弹性模量之间的关系

不同龄期弹性模量之间的关系，是弹性模量发展规律表征。7d 和 90d 龄期与 28d 弹性模量的比值预示着早期和后期弹性模量的发展变化。分别对 28d 龄期与 7d 龄期弹性模量、90d 龄期与 28d 龄期弹性模量进行统计分析，得

$$E_{28}=10.4055+0.8877E_7 \tag{2.65}$$

$$E_{90}=3.3375+1.0260E_{28} \tag{2.66}$$

式中：E_7、E_{28}和E_{90}为混凝土 7d、28d 和 90d 龄期弹性模量，GPa。

结果表明，混凝土 28d 龄期与 7d 龄期弹性模量、90d 龄期与 28d 龄期弹性模量之间的线性相关性（图 2.46、图 2.47）较好。E_{28}对E_7的增长率略小于E_{90}对E_{28}，可能与近些年来外加剂的掺入性能优化密切相关。

引入粉煤灰掺量参数 α 统计分析得

$$E_{28}=12.4161+(0.7675+0.0030\alpha)E_7 \tag{2.67}$$

$$E_{90}=4.0608+(1.0231-0.0007\alpha)E_{28} \tag{2.68}$$

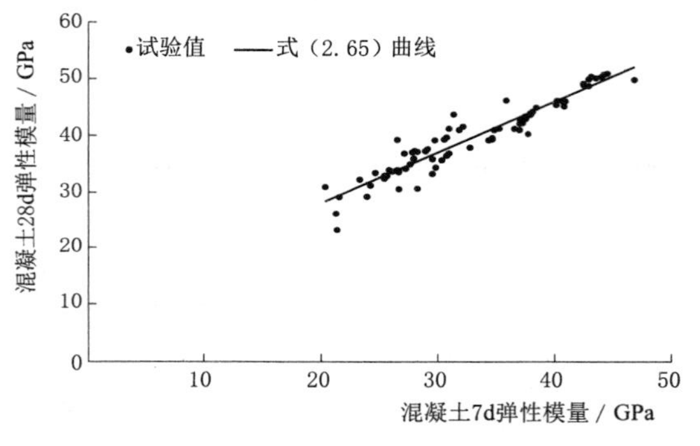

图 2.46　混凝土 28d 弹性模量与 7d 弹性模量关系曲线

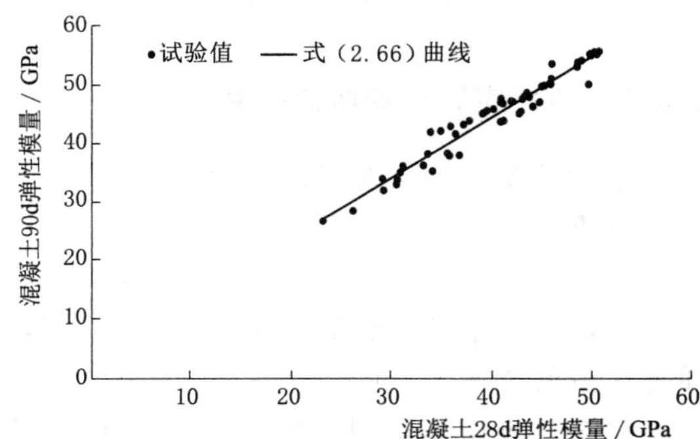

图 2.47　混凝土 90d 弹性模量与 28d 弹性模量关系曲线

进一步对常态和泵送混凝土引入粉煤灰掺量进行统计分析（图 2.48～图 2.51），得

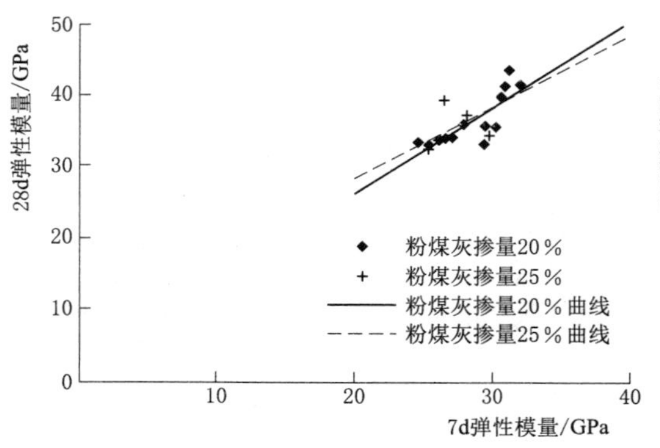

图 2.48　常态混凝土 28d 弹性模量与 7d 弹性模量关系曲线

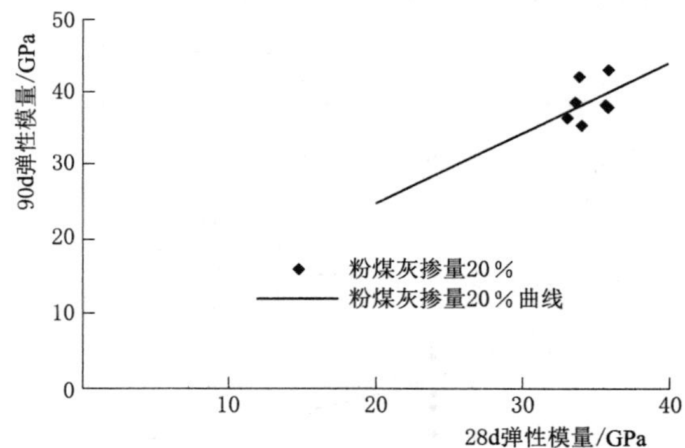

图 2.49　常态混凝土 90d 弹性模量与 28d 弹性模量关系曲线

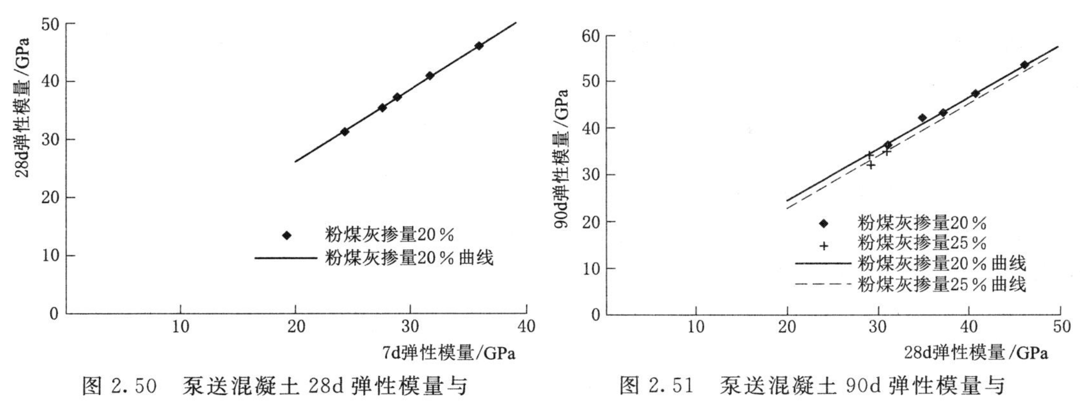

图 2.50 泵送混凝土 28d 弹性模量与 7d 弹性模量关系曲线

图 2.51 泵送混凝土 90d 弹性模量与 28d 弹性模量关系曲线

常态：

$$E_{28}=5.8548+(0.9406+0.0062\alpha)E_7 \quad (2.69)$$

$$E_{90}=5.9113+(1.079-0.0066\alpha)E_{28} \quad (2.70)$$

泵送：

$$E_{28}=2.2453+(0.9877+0.0108\alpha)E_7 \quad (2.71)$$

$$E_{90}=1+(1.1456-0.007\alpha)E_{28} \quad (2.72)$$

上述结果表明，①E_{28}与E_7的比值，随粉煤灰掺量的增加而增大，E_{90}与E_{28}的比值，则随粉煤灰掺量的增加而减小，即后期增长速率明显减小；②泵送与常态混凝土相比，随粉煤灰掺量增大，E_{28}增长的速率大些，E_{90}减小的速率大些。

2.7 极 限 拉 伸

极限拉伸变形是温控设计中的重要参数，一般通过试验测定。对于一般工程，如果可以通过混凝土的其他参数来估算极限拉伸变形，将有益于简化和快速进行结构变形与温度裂缝控制等设计。

2.7.1 极限拉伸变形与轴向抗拉强度的关系

收集混凝土极限拉伸变形等 153 组试验数据，不同粉煤灰掺量、不同抗压强度等级的试验量见表 2.8 和表 2.9。每组混凝土极限拉伸变形试验，一般都包括 7d、28d、90d、180d 龄期试验值。

表 2.8　　不同粉煤灰掺量混凝土极限拉伸变形试验量

粉煤灰掺量/%	0	10	15	20	25	30	40
常态试验量/组	0	1	1	30	15	35	2
泵送试验量/组	1	3	10	25	15	17	0

表 2.9　　不同强度等级混凝土极限拉伸变形试验量

强度等级	$C_{90}20$	$C_{90}25$	$C_{90}30$	$C_{90}35$	$C_{90}40$	$C_{90}45$	$C_{90}50$	$C_{90}60$
常态试验量/组	5	12	8	2	11	2	30	10
泵送试验量/组	6	9	10	0	16	4	15	6

混凝土的极限拉伸变形 ε_t 随着抗拉强度 R_t 的增加而增长，极限拉伸值与抗拉强度之间的关系如下[4]：

$$\varepsilon_t = aR_t^b \tag{2.73}$$

式中：a，b 为常数。朱伯芳院士在文献［4］中推荐取 $a=55.0$，$b=0.50$。

采用式（2.73）模型，统计分析地下工程混凝土28d极限拉伸变形 ε_{t28} 与28d轴向抗拉强度 R_{t28} 之间的关系（图2.52），得

$$\varepsilon_{t28} = 51.3446R_{t28}^{0.5298} \tag{2.74}$$

式中：ε_{t28} 为28d极限拉伸变形，10^{-6}；R_{t28} 为28d龄期轴向抗拉强度，MPa。

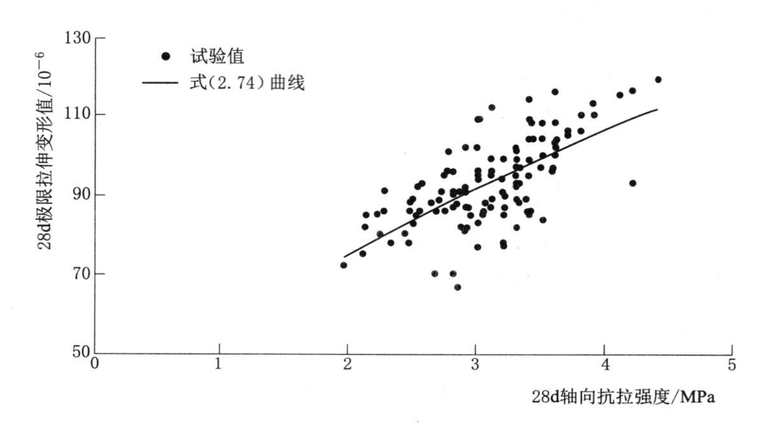

图2.52　混凝土28d极限拉伸变形与28d轴向抗拉强度关系曲线

图2.52表明，式（2.74）基本反映了地下工程混凝土28d极限拉伸变形与28d轴向抗拉强度的关系，系数51.8761、0.5236和朱伯芳院士给出常态混凝土的参数55、0.50也比较一致。但试验值的离散性较大，与混凝土的类型和粉煤灰掺量不同有关。

引入粉煤灰掺量进行混凝土28d极限拉伸变形与28d轴向抗拉强度之间关系统计分析，得

$$\varepsilon_{t28} = (54.8213 - 0.1679\alpha)R_{t28}^{0.5390} \tag{2.75}$$

对常态和泵送混凝土，引入粉煤灰掺量进行28d极限拉伸变形与28d轴向抗拉强度之间关系统计分析，得

常态：
$$\varepsilon_{t28} = (51.2683 - 0.1256\alpha)R_{t28}^{0.5819} \tag{2.76}$$

泵送：
$$\varepsilon_{t28} = (46.3567 - 0.0965\alpha)R_{t28}^{0.6560} \tag{2.77}$$

为减小式（2.77）的误差，引入粉煤灰掺量的二次项，得

$$\varepsilon_{t28} = (24.6053 + 1.9105\alpha - 0.0398\alpha^2)R_{t28}^{0.6211} \tag{2.78}$$

式（2.78）引入粉煤灰掺量的二次项后，最大相对误差8.2%。以上各式均表明，随粉煤灰掺量的增大，极限拉伸值减小。

式（2.76）常态和式（2.78）泵送混凝土28d极限拉伸变形与28d轴向抗拉强度之间的关系见图2.53、图2.54。比较图2.52可知，计算精度有明显提高。

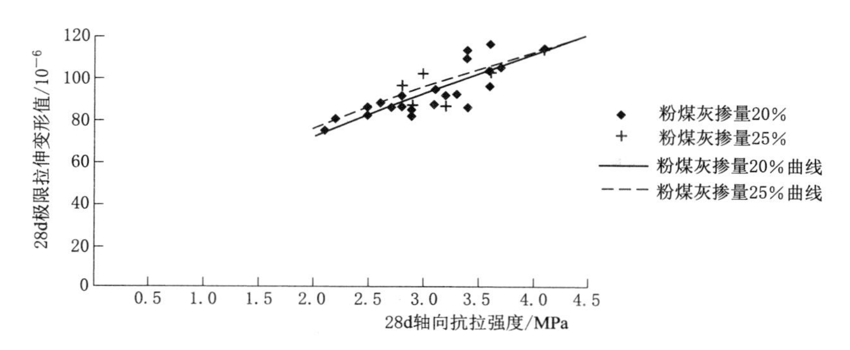

图 2.53 常态混凝土 28d 极限拉伸变形与 28d 轴向抗拉强度关系曲线

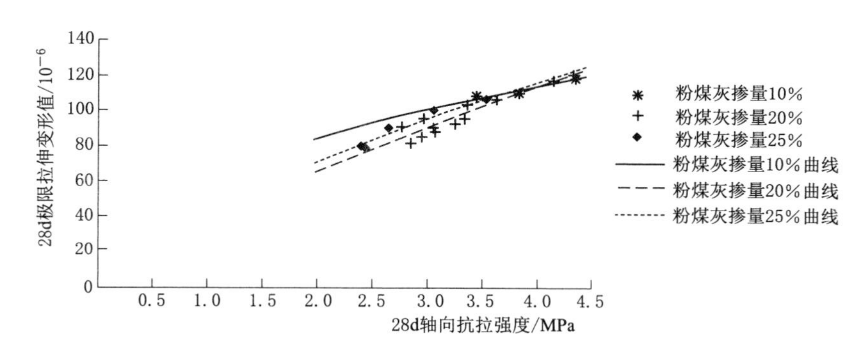

图 2.54 泵送混凝土 28d 极限拉伸变形与 28d 轴向抗拉强度关系曲线

2.7.2 极限拉伸变形与抗压强度的关系

采用文献［1］的指数关系式对地下工程混凝土 28d 极限拉伸变形 ε_{t28} 与 28d 抗压强度 R_{c28} 的关系（图 2.55）拟合得

$$\varepsilon_{t28}=57.1385R_{c28}^{0.1306} \tag{2.79}$$

引入粉煤灰掺量对混凝土 28d 极限拉伸变形与 28d 抗压强度之间关系进行统计分析，得

$$\varepsilon_{t28}=(50.2910-0.2529\alpha)R_{c28}^{0.1974} \tag{2.80}$$

对常态和泵送混凝土引入粉煤灰掺量对混凝土 28d 极限拉伸变形与 28d 抗压强度之间关系（图 2.56、图 2.57）进行统计分析，得

常态：
$$\varepsilon_{t28}=(31.8427-0.0398\alpha)R_{c28}^{0.3064} \tag{2.81}$$

泵送：
$$\varepsilon_{t28}=(15.1440-0.0849\alpha)R_{c28}^{0.5309} \tag{2.82}$$

以上各式表明，随着粉煤灰掺量的增大，28d 极限拉伸值减小，对混凝土抗裂不利。但必须结合抗拉弹性模量变化综合分析。

2.7.3 极限拉伸变形与龄期的关系

朱伯芳院士提出以下三个公式来描述极限拉伸与龄期 τ 之间的关系[4]：

双曲线公式：
$$\varepsilon_t(\tau)=\varepsilon_{t0}\tau/(s+\tau) \tag{2.83}$$

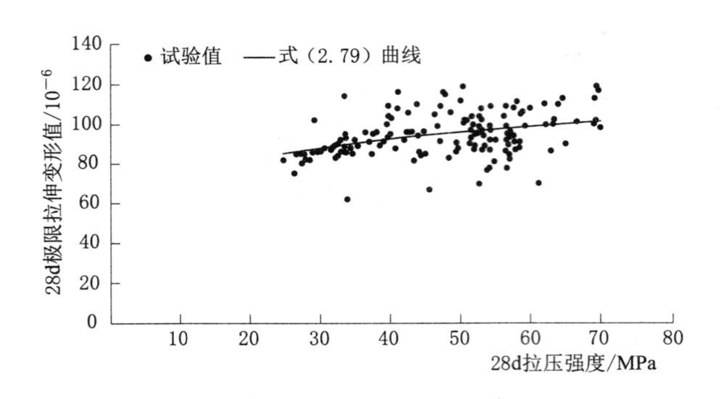

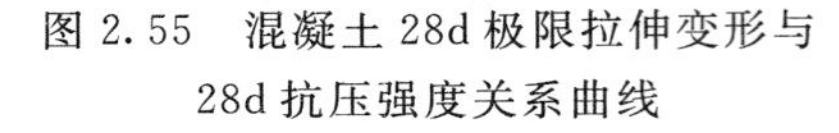
图 2.55　混凝土 28d 极限拉伸变形与 28d 抗压强度关系曲线

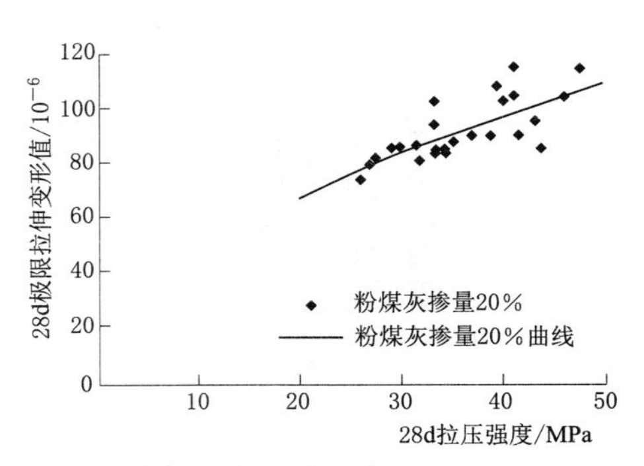

图 2.56　常态混凝土 28d 极限拉伸变形与 28d 抗压强度关系曲线

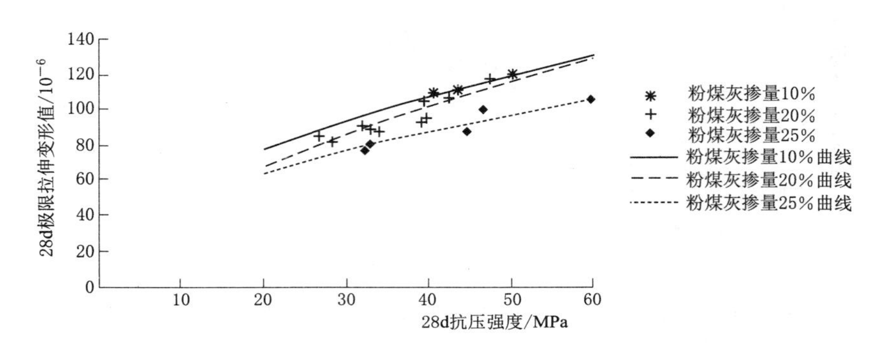

图 2.57　泵送混凝土 28d 极限拉伸变形与 28d 抗压强度关系曲线

修正对数公式：
$$\varepsilon_t(\tau)=c\ln(\tau^r+1) \tag{2.84}$$
复合指数公式：
$$\varepsilon_t(\tau)=\varepsilon_{t0}(1-e^{-a\tau^b}) \tag{2.85}$$
式中：$\varepsilon_t(\tau)$ 为龄期 τ 时的极限拉伸；ε_{t0} 为最终极限拉伸；τ 为龄期；s、r、a、b 为材料常数。

朱伯芳院士得到常态和碾压混凝土的极限拉伸值与龄期的关系如下[1]：

常态：
$$\varepsilon_t(\tau)=1.414\tau/(6.24+\tau)\quad(\times10^{-4}) \tag{2.86}$$
碾压：
$$\varepsilon_t(\tau)=0.860\tau/(5.10+\tau)\quad(\times10^{-4}) \tag{2.87}$$

依照式（2.83）模型，统计分析地下工程混凝土极限拉伸变形值与龄期的关系，得
$$\varepsilon_t(\tau)=101.77\tau/(1.943+\tau)\quad(\times10^{-6}) \tag{2.88}$$

进一步以粉煤灰掺量为参数，进行混凝土极限拉伸与龄期关系统计分析，得
$$\varepsilon_t(\tau)=(110.63-0.3695\alpha)\tau/(6.3278-0.1850\alpha+\tau)\quad(\times10^{-6}) \tag{2.89}$$

对常态和泵送混凝土引入粉煤灰掺量为参数（图 2.58、图 2.59），进行混凝土极限拉伸与龄期关系的统计分析，得

常态：
$$\varepsilon_t(\tau)=(108.62-0.2782\alpha)\tau/(1.1+0.0736\alpha+\tau)\quad(\times10^{-6}) \tag{2.90}$$
泵送：
$$\varepsilon_t(\tau)=(96.13-0.2656\alpha)\tau/(5.4980-0.1227\alpha+\tau)\quad(\times10^{-4}) \tag{2.91}$$

图 2.58、图 2.59 表明，引入粉煤灰掺量参变量，式（2.90）、式（2.91）较好描述

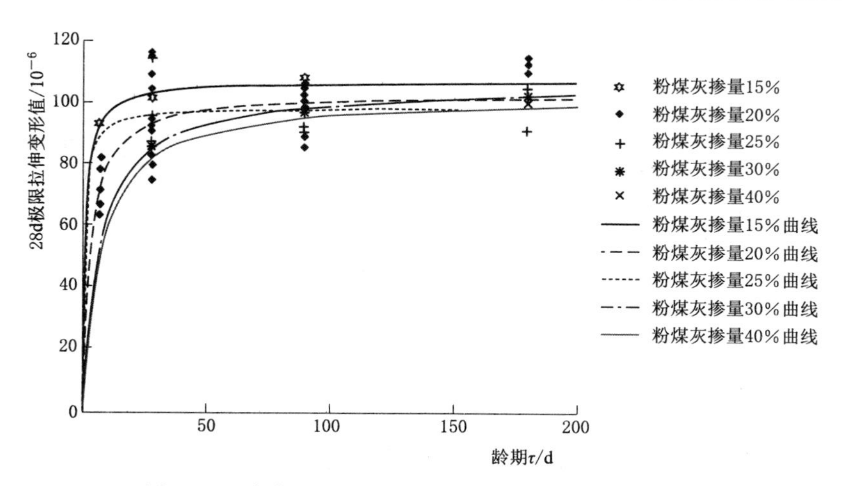

图 2.58 常态混凝土极限拉伸变形值与龄期关系曲线

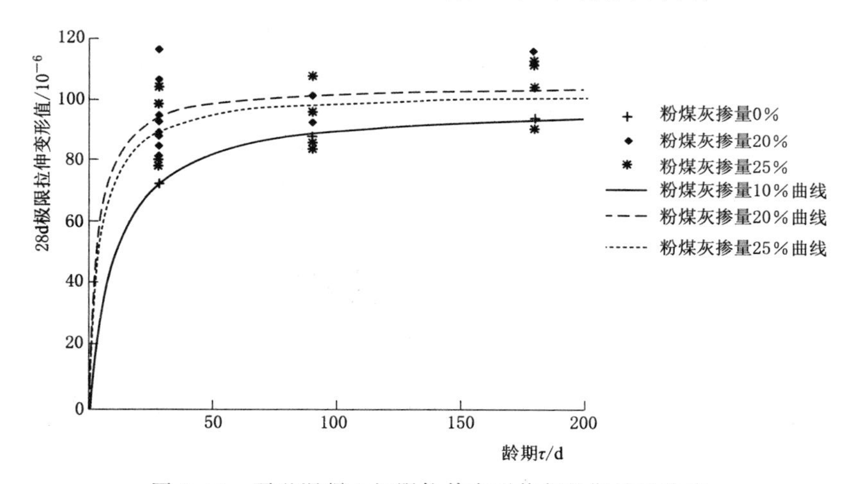

图 2.59 泵送混凝土极限拉伸变形值与龄期关系曲线

了常态和泵送混凝土极限拉伸与龄期关系。

2.7.4 不同龄期极限拉伸变形值之间的关系

28d 龄期与 7d 龄期的极限拉伸变形值之间关系见图 2.60，两者之间存在线性关系，统计分析得

$$\varepsilon_{t28}=13.5317+0.97751\varepsilon_{t7} \tag{2.92}$$

引入粉煤灰掺量为参变量，得 28d 极限拉伸变形与 7d 极限拉伸变形的关系：

$$\varepsilon_{t28}=17.4115+(0.9397+0.0002\alpha)\varepsilon_{t7} \tag{2.93}$$

引入粉煤灰掺量为参变量的式（2.93）比式（2.92）计算的精度有进一步提高，最大误差仅 5.6%。

统计 28d 龄期与 90d 龄期的极限拉伸变形值之间的关系（图 2.61），得

$$\varepsilon_{t90}=11.1247+0.9814\varepsilon_{t28} \tag{2.94}$$

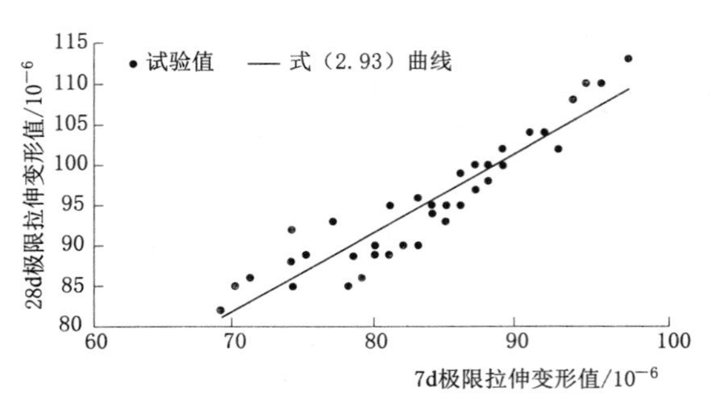

图2.60 混凝土28d极限拉伸变形与7d极限拉伸变形关系曲线

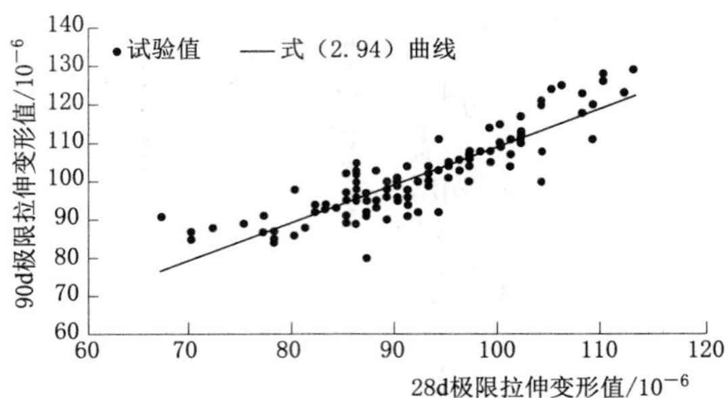

图2.61 混凝土90d极限拉伸变形与28d极限拉伸变形关系曲线

引入粉煤灰掺量为变量，得不同粉煤灰掺量的混凝土90d极限拉伸变形与28d极限拉伸变形的关系：

$$\varepsilon_{t90}=10.0836+(1.0377-0.0018\alpha)\varepsilon_{t28} \tag{2.95}$$

分为常态和泵送混凝土引入粉煤灰掺量为变量，得90d极限拉伸变形与28d极限拉伸变形的关系（图2.62、图2.63），得

常态：
$$\varepsilon_{t90}=50.2131+(0.5715-0.0014\alpha)\varepsilon_{t28} \tag{2.96}$$

泵送：
$$\varepsilon_{t90}=10.3745+(1.0377-0.0018\alpha)\varepsilon_{t28} \tag{2.97}$$

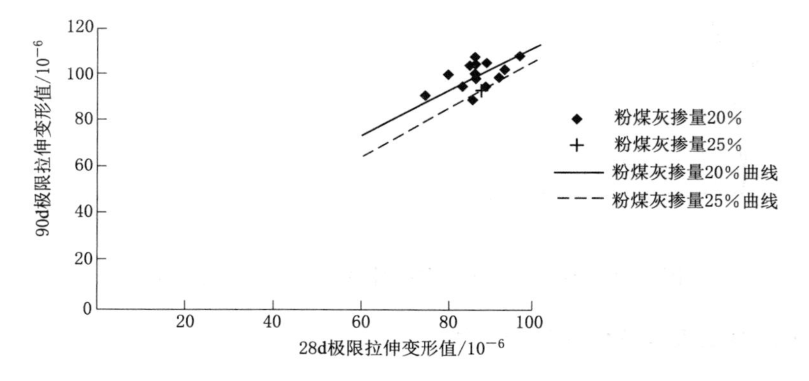

图2.62 常态混凝土90d极限拉伸变形与28d极限拉伸变形关系曲线

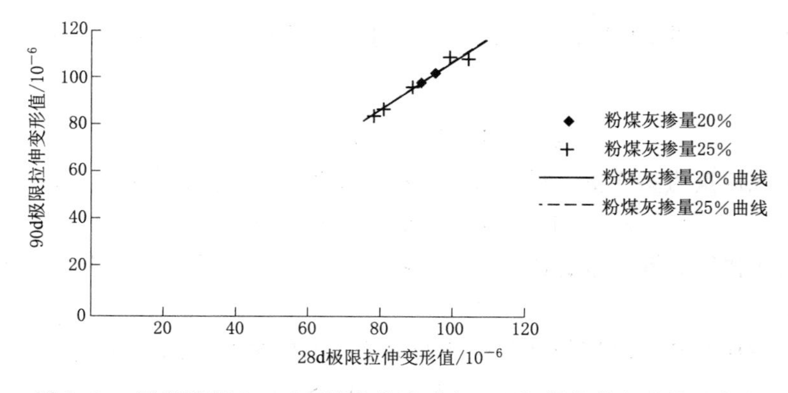

图2.63 泵送混凝土90d极限拉伸变形与28d极限拉伸变形关系曲线

以上统计分析结果表明，随着粉煤灰掺量的增大，ε_{t28}与ε_{t7}的比值增大，而ε_{t90}与ε_{t28}的比值减少。

参 考 文 献

[1] 朱伯芳. 大体积混凝土温度应力与温度控制 [M]. 北京：中国电力出版社，1999.

[2] 中华人民共和国住房和城乡建设部. 混凝土结构设计规范（GB 50010—2010）[S]. 北京：中国建筑工业出版社，2010.

[3] 朱伯芳. 混凝土的弹性模量、徐变度与应力松弛系数 [J]. 水力学报，1985（9）：54-61.

[4] 朱伯芳. 混凝土极限拉伸变形与龄期及抗拉、抗压强度的关系 [J]. 土木工程学报，1996（5）：72-76.

[5] 段寅，袁葳，岳朝俊. 低热水泥混凝土温控特性及在地下工程适用性研究 [A]. 北京：中国力学学会工程力学编辑部，2015.

[6] 杨华全，李家正，王仲华. 三峡工程掺粉煤灰混凝土性能试验研究 [J]. 水力发电，2002（12）：14-17.

[7] 朱蓓蓉，杨全兵. 高掺量粉煤灰混凝土强度发展潜力 [J]. 粉煤灰综合利用，2005，5：12-14.

[8] 曹诚，孙伟，等. 粉煤灰对碾压高掺量粉煤灰混凝土强度的贡献分析 [J]. 粉煤灰，2001，5：21-23.

[9] 赵瑜，靳彩，等. 大掺量粉煤灰混凝土在工程中的应用研究 [J]. 新型建筑材料，2002，8：34-35.

[10] 鲁丽华，潘桂生，等. 不同掺量粉煤灰混凝土的强度试验 [J]. 沈阳工业大学学报，2009，1：107-111.

[11] 徐强. 大掺量粉煤灰混凝土温度应力及抗裂能力的分析 [J]. 粉煤灰，2003，2：3-6.

[12] 房皓，王迎辉. 粉煤灰对水泥水化热的影响规律研究 [J]. 西部探矿工程，2005，4.

[13] 温馨，段亚辉，喻鹏. 白鹤滩进水塔底板混凝土多层浇筑秋季施工温控方案优选 [J]. 中国农村水利水电，2017（2）：154-158，162.

[14] 田开平，郑晓晖，黄耀英，等. 基于光纤传感技术的低热水泥混凝土温度监测及热学参数反演 [J]. 水力发电，2014，40（4）：50-53.

第3章　温度和温度应力仿真计算理论研究

3.1　温度和温度应力场计算原理

3.1.1　混凝土热传导问题及其方程

混凝土通常可以看作是各向同性、连续均匀的固体。试验证明，传热的过程中，单位时间内通过单位面积混凝土的热量即热流量与温度梯度呈正比，即

$$q_n = -k_n \frac{\partial T}{\partial n} \tag{3.1}$$

式中：q_n为外法线方向上热流量；k_n为外法线方向导热系数，均匀各向同性体各方向导热系数相等，$k_n = k$；$\partial T/\partial n$为单位面积外法线方向上的温度梯度，在直角坐标系下，n可表示为x、y、z三个方向。

由于温度总是从高温处往低温处传导，故式右端项为负号。在直角坐标系中微元体热量传导如图3.1所示。

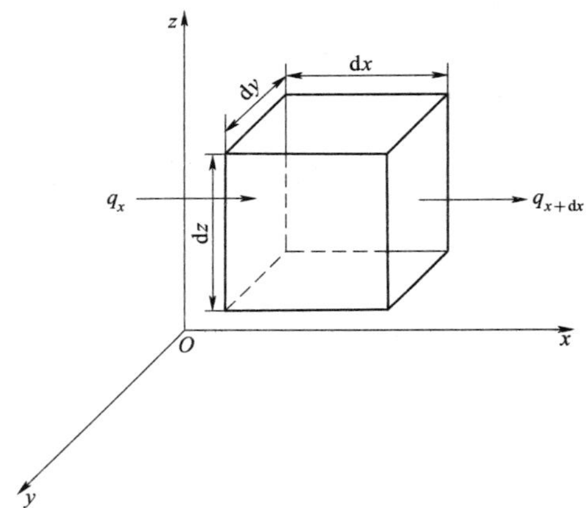

图3.1　微元体热量传导图

可得到单位时间内x方向上，从左面流入的热流量q_x、传递到右面流出热流量$q_{x+\mathrm{d}x}$和净热流量$\mathrm{d}q_x$满足：

$$q_x - q_{x+\mathrm{d}x} = -\frac{\partial q_x}{\partial x}\mathrm{d}x - o[(\mathrm{d}x)^2] = -\mathrm{d}q_x \tag{3.2}$$

其中，$o[(\mathrm{d}x)^2]$为Peano余项，一般可不考虑。

将式（3.1）代入式（3.2），再乘以x方向的截面面积$\mathrm{d}y\mathrm{d}z$，可得单位时间x方向流入的热量Q_x，得

$$Q_x = k\frac{\partial^2 T}{\partial x^2}\mathrm{d}x\mathrm{d}y\mathrm{d}z \tag{3.3}$$

同理，y、z方向的Q_y和Q_z为

$$Q_y = k\frac{\partial^2 T}{\partial y^2}\mathrm{d}x\mathrm{d}y\mathrm{d}z, Q_z = k\frac{\partial^2 T}{\partial z^2}\mathrm{d}x\mathrm{d}y\mathrm{d}z \tag{3.4}$$

混凝土在水化阶段会产生化学反应而释放出大量的热量，将单位时间单位体积内混凝土放出的热量定为Q_v，则单位时间内的放出热量Q_r为

$$Q_r = Q_v\mathrm{d}x\mathrm{d}y\mathrm{d}z \tag{3.5}$$

单位时间内，混凝土小方块由于温度升高而吸收的热量 Q_θ 为

$$Q_\theta = c\rho \frac{\partial T}{\partial t} \mathrm{d}x\mathrm{d}y\mathrm{d}z \tag{3.6}$$

式中：c 为比热；ρ 为密度；t 为时间。

依据热量平衡原理，混凝土温度升高所吸收的热量等于从外面流入的净热量与水化放出的热量之和，故有

$$Q_\theta = Q_x + Q_y + Q_z + Q_r \tag{3.7}$$

结合式（3.3）～式（3.6）并化简可得

$$\frac{\partial T}{\partial t} = \frac{\partial}{\partial x}\left(a_x \frac{\partial T}{\partial x}\right) + \frac{\partial}{\partial y}\left(a_y \frac{\partial T}{\partial y}\right) + \frac{\partial}{\partial z}\left(a_z \frac{\partial T}{\partial z}\right) + \frac{Q_v}{c\rho} \tag{3.8}$$

对于均匀各向同性体，$a_x = a_y = a_z = a = \dfrac{k}{c\rho}$，$a$ 为导温系数。

混凝土绝热时认为在微元体内没有热量流入和流出，故 k 和 a 为 0，此时式（3.8）为

$$\frac{\partial \theta}{\partial t} = \frac{Q_v}{c\rho} \tag{3.9}$$

式中：θ 为混凝土绝热温升。

为了求解式（3.8），已知混凝土比热 c、密度 ρ、绝热温升 θ 均可通过试验得出。但满足式（3.8）的解有无限多，为了得到所需要的温度分布结果，还必须知道边值条件。边值条件包括初始条件和边界条件，初始条件即 $t=0$ 时，混凝土内部的温度分布规律，边界条件即混凝土在边界 C 上与周围介质（如空气或水）间热传导规律。边值条件可表示如下：

当 $t=0$ 时，$T(x,y,z,t)$为指定温度 $T_0(x,y,z)$：

$$T(x,y,z,0) = T_0(x,y,z) \tag{3.10}$$

当 $t>0$ 时，温度 $T(x,y,z,t)$只与时间 t 有关（在边界 C_1 上）：

$$T(x,y,z,t) = \varphi(t) \tag{3.11}$$

当 $t>0$ 时，热流量 $q(x,y,z,t)$只与时间 t 有关（在边界 C_2 上）：

$$q(x,y,z,t) = \phi(t) \tag{3.12}$$

当 $t>0$ 时，热流量 $q(x,y,z,t)$满足牛顿冷却定律（在边界 C_3 上）：

$$q(x,y,z,t) = -h[T(x,y,z,t) - T_a] \tag{3.13}$$

式中：$\varphi(t)$、$\phi(t)$ 为 t 时刻的温度和热流量；h 为对流传热系数；边界 C_1、C_2、C_3 之和为求解域 Ω 内的全部边界 C；$T_a(t)$ 为边界 C_3 上的已知温度。

依据变分原理，上述三维非稳定温度场问题即式（3.8）的求解问题可化为泛函求极值的问题，取如下泛函：

$$\begin{aligned} I(T) = & \iiint_\Omega \left\{ \frac{a}{2}\left[\left(\frac{\partial T}{\partial x}\right)^2 + \left(\frac{\partial T}{\partial y}\right)^2 + \left(\frac{\partial T}{\partial z}\right)^2\right] + \left(\frac{\partial T}{\partial t} - \frac{\partial \theta}{\partial t}\right) T \right\} \mathrm{d}x\mathrm{d}y\mathrm{d}z \\ & - \iint_{C_2} \phi T \mathrm{d}s + \iint_{C_3} \left(\frac{1}{2} h T^2 - h T_a T\right) \mathrm{d}s \end{aligned} \tag{3.14}$$

3.1.2　有限元法温度场计算原理

将求解域 Ω 划分成有限个单元，相应的泛函为 $I=\sum I^e$，单元内任意点的温度可由构成单元的 n 个节点温度和节点上的形函数 N_i 进行插值如下：

$$T^e=\sum_{i=1}^{n}N_i(x,y,z)T_i(t) \tag{3.15}$$

令 $\Delta\Omega$ 为单元 e 内的求解域，则该求解域内的泛函 I^e 为

$$\begin{aligned}I^e(T)=&\iiint\limits_{\Delta\Omega}\left\{\frac{a}{2}\left[\left(\frac{\partial T}{\partial x}\right)^2+\left(\frac{\partial T}{\partial y}\right)^2+\left(\frac{\partial T}{\partial z}\right)^2\right]+\left(\frac{\partial T}{\partial t}-\frac{\partial \theta}{\partial t}\right)T\right\}\mathrm{d}x\mathrm{d}y\mathrm{d}z\\&-\iint\limits_{\Delta C_2}\phi T\mathrm{d}s+\iint\limits_{\Delta C_3}\left(\frac{1}{2}hT^2-hT_aT\right)\mathrm{d}s\end{aligned} \tag{3.16}$$

其中，ΔC_1 和 ΔC_2 只有分别落在边界 C_1 和 C_2 上才有效。

求解泛函 I 的极值条件，相当于求各个单元内的泛涵之和，并对其求微商且令其为 0，则有

$$\frac{\partial I(T)}{\partial T_i}=\sum_{e}\frac{\partial I^e(T)}{\partial T_i}=0 \tag{3.17}$$

式（3.16）求微商并结合式（3.15）可得如下结果：

$$\begin{aligned}\frac{\partial I^e(T)}{\partial T_i}=&h_{i1}^eT_1+h_{i2}^eT_2+\cdots+h_{in}^eT_n+f_i\frac{\partial T}{\partial t}-f_i\frac{\partial \theta}{\partial t}\\&-o_i^e\phi+g_{i1}^eT_1+g_{i2}^eT_2+\cdots+g_{in}^eT_n-p_i^eT_a\end{aligned} \tag{3.18}$$

其中

$$\left.\begin{aligned}h_{in}^e&=a\iiint\limits_{\Delta\Omega}\left(\frac{\partial N_i}{\partial x}\frac{\partial N_n}{\partial x}+\frac{\partial N_i}{\partial y}\frac{\partial N_n}{\partial y}+\frac{\partial N_i}{\partial z}\frac{\partial N_n}{\partial z}\right)\mathrm{d}x\mathrm{d}y\mathrm{d}z\\f_i^e&=\iiint\limits_{\Delta\Omega}N_i\mathrm{d}x\mathrm{d}y\mathrm{d}z\\o_i^e&=\iint\limits_{\Delta C_2}N_i\mathrm{d}s\\g_{in}^e&=h\iint\limits_{\Delta C_3}N_iN_n\mathrm{d}s\\p_i^e&=h\iint\limits_{\Delta C_3}N_i\mathrm{d}s\end{aligned}\right\} \tag{3.19}$$

式（3.18）的完整求解，需要对 $\partial T/\partial t$ 进行时间方向上的离散。离散方法包括显式和隐式两种，显式法认为单元充分小时，$\partial T/\partial t$ 在单元内均匀分布，而隐式解法仍采取节点的形函数进行插值计算。随着计算机的发展，目前一般采用隐式解法，此时根据式（3.15）有

$$\frac{\partial T}{\partial t}=N_1\frac{\partial T_1}{\partial t}+N_2\frac{\partial T_2}{\partial t}+\cdots+N_n\frac{\partial T_n}{\partial t} \tag{3.20}$$

式（3.20）代入式（3.18）有

$$\frac{\partial I^e(T)}{\partial T_i}=h_{i1}^eT_1+h_{i2}^eT_2+\cdots+h_{in}^eT_n+r_{i1}^e\frac{\partial T_1}{\partial t}+r_{i2}^e\frac{\partial T_2}{\partial t}+\cdots+r_{in}^e\frac{\partial T_n}{\partial t}$$
$$-f_i\frac{\partial\theta}{\partial t}-o_i^e\phi+g_{i1}^eT_1+g_{i2}^eT_2+\cdots+g_{i3}^eT_n-p_i^eT_a \tag{3.21}$$

其中，$r_{in}^e=a\iiint\limits_{\Delta\Omega}N_iN_n\mathrm{d}x\mathrm{d}y\mathrm{d}z$，其他表达式见式（3.19）。

式（3.21）代入式（3.17）有

$$\boldsymbol{H}\{T\}+\boldsymbol{R}\left\{\frac{\partial T}{\partial t}\right\}+\boldsymbol{F}=0 \tag{3.22}$$

其中，矩阵 $\boldsymbol{H}$、$\boldsymbol{R}$、$\boldsymbol{F}$ 各元素表示如下：

$$\left.\begin{aligned}H_{in}&=\sum_e(h_{in}^e+g_{in}^e)\\T_{in}&=\sum_e(T_{in}^e+g_{in}^e)\\R_{in}&=\sum_e r_{in}^e\\F_i&=\sum_e\left(-o_i^e\phi-f_i^e\frac{\partial\theta}{\partial t}-p_i^eT_a\right)\end{aligned}\right\} \tag{3.23}$$

其中，$\sum\limits_e$ 为与节点 i 有关的单元的和。

考虑时间离散过程，分别令 $t=t_m$ 和 $t=t_{m+1}$，代入式（3.22）有

$$\boldsymbol{H}\{T_m\}+\boldsymbol{R}\left\{\frac{\partial T}{\partial t}\right\}_m-\boldsymbol{F}_m=0 \tag{3.24}$$

$$\boldsymbol{H}\{T_{m+1}\}+\boldsymbol{R}\left\{\frac{\partial T}{\partial t}\right\}_{m+1}-\boldsymbol{F}_{m+1}=0 \tag{3.25}$$

令

$$\Delta T_m=T_{m+1}-T_m=\left[\alpha\left(\frac{\partial T}{\partial t}\right)_m+(1-\alpha)\left(\frac{\partial T}{\partial t}\right)_{m+1}\right]\Delta t_m \tag{3.26}$$

根据 α 取值的不同，可分为向前差分法、向后差分法和中点差分法，向后差分法计算效果相对较好，目前已广泛采用，此时 $\alpha=0$ 且有

$$\left\{\frac{\partial T}{\partial t}\right\}_{m+1}=\frac{\{T_{m+1}\}-\{T_m\}}{\Delta t_m} \tag{3.27}$$

将式（3.27）代入式（3.25），有

$$\left(\boldsymbol{H}+\frac{1}{\Delta t_m}\boldsymbol{R}\right)\{T_{m+1}\}-\frac{1}{\Delta t_m}\boldsymbol{R}\{T_m\}+\boldsymbol{F}_{m+1}=0 \tag{3.28}$$

在求解的过程中，$\boldsymbol{F}_{m+1}$ 和 $\{T_m\}$ 是已知量，故式（3.28）是未知量 $\{T_{n+1}\}$ 的线性方程组，对其求解就可以得到在 $t=t_{n+1}$ 时刻各节点的温度值。

3.1.3　混凝土应力计算原理

3.1.3.1　一维应力状态下的应力应变增量计算

混凝土在一维应力作用下的应变一般可表示如下：

$$\varepsilon(t)=\varepsilon^{e}(t)+\varepsilon^{c}(t)+\varepsilon^{T}(t)+\varepsilon^{o}(t)+\varepsilon^{s}(t) \tag{3.29}$$

式中：$\varepsilon^{e}(t)$ 为弹性应变；$\varepsilon^{c}(t)$ 为徐变应变；$\varepsilon^{T}(t)$ 为自由温度应变；$\varepsilon^{o}(t)$ 为自生体积变形；$\varepsilon^{s}(t)$ 为干缩应变。

根据式（3.29），时段 $\Delta\tau_{n-1}=\tau_n-\tau_{n-1}$ 内的应变增量为

$$\Delta\varepsilon_n=\Delta\varepsilon_n^{e}+\Delta\varepsilon_n^{c}+\Delta\varepsilon_n^{T}+\Delta\varepsilon_n^{o}+\Delta\varepsilon_n^{s} \tag{3.30}$$

弹性应变增量表示如下：

$$\Delta\varepsilon_n^{e}=\frac{\Delta\sigma_n}{E(\overline{\tau}_n)} \tag{3.31}$$

式中：$\overline{\tau}_n=\dfrac{\tau_{n-1}+\tau_n}{2}$；$E(\overline{\tau}_n)$ 为 $\overline{\tau}_n$ 时刻的弹性模量；$\Delta\sigma_n$ 为时段 $\Delta\tau_{n-1}$内的应力增量。

线性徐变应变增量表示如下：

$$\Delta\varepsilon_n^{c}=\eta_n+\Delta\sigma_n C(\tau_n,\overline{\tau}_n) \tag{3.32}$$

其中，η_n 为记忆函数，$C(\tau_n,\overline{\tau}_n)$ 为线性徐变的徐变度，表达式如下

$$C(\tau_n,\overline{\tau}_n)=\sum_s \Psi_s[1-e^{-r_s(\tau_n-\overline{\tau}_n)}] \tag{3.33}$$

$$\eta_n=\sum_s(1-e^{-r_s\Delta\tau_n})\omega_{sn} \tag{3.34}$$

$$\omega_{sn}=\omega_{s,n-1}e^{-r_s\Delta\tau_{n-1}}+\Delta\sigma_{n-1}\Psi_s(\overline{\tau}_{n-1})e^{-0.5r_s\Delta\tau_{n-1}} \tag{3.35}$$

$$\omega_{s1}=\Delta\sigma_0\Psi_s(\overline{\tau}_0) \tag{3.36}$$

将式（3.31）和式（3.32）代入式（3.30），有

$$\Delta\varepsilon_n=\frac{\Delta\sigma_n}{E(\overline{\tau}_n)}+\eta_n+\Delta\sigma_n C(\tau_n,\overline{\tau}_n)+\Delta\varepsilon_n^{T}+\Delta\varepsilon_n^{o}+\Delta\varepsilon_n^{s} \tag{3.37}$$

化简后可得一维应力作用下应力应变增量的关系：

$$\Delta\sigma_n=\overline{E}_n(\Delta\varepsilon_n-\eta_n-\Delta\varepsilon_n^{T}-\Delta\varepsilon_n^{o}-\Delta\varepsilon_n^{s}) \tag{3.38}$$

其中，$\overline{E}_n$ 为混凝土的等效弹性模量，得

$$\overline{E}_n=\frac{E(\overline{\tau}_n)}{1+E(\overline{\tau}_n)C(\tau_n,\overline{\tau}_n)} \tag{3.39}$$

3.1.3.2　三维应力状态下的应力应变增量计算

三维空间问题的应力应变增量在直角坐标系下可表示为

$$\{\Delta\sigma\}=[\Delta\sigma_x,\Delta\sigma_y,\Delta\sigma_z,\Delta\tau_{xy},\Delta\tau_{yz},\Delta\tau_{zx}]^T \tag{3.40}$$

$$\{\Delta\varepsilon\}=[\Delta\varepsilon_x,\Delta\varepsilon_y,\Delta\varepsilon_z,\Delta\gamma_{xy},\Delta\gamma_{yz},\Delta\gamma_{zx}]^T \tag{3.41}$$

与式（3.31）类似，弹性应变增量在多维情况下可用矩阵形式表达：

$$\{\Delta\varepsilon_n^{e}\}=\frac{1}{E(\overline{\tau}_n)}[Q]\{\Delta\sigma_n\} \tag{3.42}$$

其中，矩阵［Q］在三维应力和应变状态下：

$$[\boldsymbol{Q}]=\begin{bmatrix} 1 & -\mu & -\mu & 0 & 0 & 0 \\ & 1 & -\mu & 0 & 0 & 0 \\ & & 1 & 0 & 0 & 0 \\ & 对 & & 2(1+\mu) & 0 & 0 \\ & & & & 2(1+\mu) & 0 \\ & & & 称 & & 2(1+\mu) \end{bmatrix} \tag{3.43}$$

同理，线性徐变应变增量用矩阵形式表示：

$$\{\Delta\varepsilon_n^c\}=\{\eta_n\}+C(\tau_n,\overline{\tau}_n)[\boldsymbol{Q}]\{\Delta\sigma_n\} \tag{3.44}$$

其中，

$$\{\eta_n\}=\sum_s(1-e^{-r_s\Delta\tau_n})\{\omega_{sn}\} \tag{3.45}$$

$$\{\omega_{sn}\}=\{\omega_{s,n-1}\}e^{-r_s\Delta\tau_{n-1}}+[\boldsymbol{Q}]\{\Delta\sigma_{n-1}\}\Psi_s(\overline{\tau}_{n-1})e^{-0.5r_s\Delta\tau_{n-1}} \tag{3.46}$$

混凝土在单位温度下引起的自由温度应变称为热膨胀系数，自由温度应变为体积变形，即

$$\{\Delta\varepsilon_n^T\}=[\alpha\Delta T_n,\alpha\Delta T_n,\alpha\Delta T_n,0,0,0]^T \tag{3.47}$$

与式（3.29）类似，多维条件下的应力应变状态下的增量关系可表示为

$$\{\Delta\varepsilon_n\}=\{\Delta\varepsilon_n^e\}+\{\Delta\varepsilon_n^c\}+\{\Delta\varepsilon_n^T\}+\{\Delta\varepsilon_n^o\}+\{\Delta\varepsilon_n^s\} \tag{3.48}$$

将式（3.42）和式（3.44）代入式（3.48），有

$$\{\Delta\sigma_n\}=[\overline{\boldsymbol{D}}_n](\{\Delta\varepsilon_n\}-\{\eta_n\}-\{\Delta\varepsilon_n^T\}-\{\Delta\varepsilon_n^o\}-\{\Delta\varepsilon_n^s\}) \tag{3.49}$$

其中，$[\overline{\boldsymbol{D}}_n]=\overline{E}_n[\boldsymbol{Q}]^{-1}$，$[\overline{\boldsymbol{D}}_n]$ 为弹性矩阵，$[\boldsymbol{Q}]^{-1}$ 为 $[\boldsymbol{Q}]$ 的逆矩阵。

3.1.4　有限元法应力场计算原理

有限元法构建的整体平衡方程组如下：

$$[\boldsymbol{K}_n]\{\Delta\delta_n\}=\{\Delta P_n\}^c+\{\Delta P_n\}^T+\{\Delta P_n\}^o+\{\Delta P_n\}^s+\{\Delta P_n\} \tag{3.50}$$

$$\left.\begin{aligned} [K_n] &= \iiint[B]^T[\overline{\boldsymbol{D}}_n][B]\mathrm{d}V \\ \{\Delta P_n\}^c &= \iiint[B]^T[\overline{\boldsymbol{D}}_n]\{\eta_n\}\mathrm{d}V \\ \{\Delta P_n\}^T &= \iiint[B]^T[\overline{\boldsymbol{D}}_n]\{\Delta\varepsilon_n^T\}\mathrm{d}V \\ \{\Delta P_n\}^o &= \iiint[B]^T[\overline{\boldsymbol{D}}_n]\{\Delta\varepsilon_n^o\}\mathrm{d}V \\ \{\Delta P_n\}^s &= \iiint[B]^T[\overline{\boldsymbol{D}}_n]\{\Delta\varepsilon_n^s\}\mathrm{d}V \end{aligned}\right\} \tag{3.51}$$

式中：$[K_n]$ 为整体刚度矩阵；$\{\Delta\delta_n\}$ 为位移增量；$\{\Delta P_n\}^c$ 为徐变应变导致的荷载增量；$\{\Delta P_n\}$ 为外荷载导致的荷载增量；$\{\Delta P_n\}^T$ 为自由温度应变导致的荷载增量；$\{\Delta P_n\}^o$ 为干缩应变导致的荷载增量；$\{\Delta P_n\}^s$ 为自生体积变形导致的荷载增量；$[B]$ 为几何矩阵。

式（3.50）解出各节点的位移增量 $\{\Delta\delta_n\}$ 后，然后计算出单元应变增量：

$$\{\Delta\varepsilon_n\}=[B]\{\Delta\delta_n\} \tag{3.52}$$

将式（3.52）代入式（3.50）便可计算出单元应力增量 $\{\Delta\sigma_n\}$，最后对其对进行累加，可得到各单元应力：

$$\{\sigma_n\}=\{\Delta\sigma_1\}+\{\Delta\sigma_2\}+\cdots+\{\Delta\sigma_n\}=\sum\{\Delta\sigma_n\} \tag{3.53}$$

3.2　基于变系数广义开尔文模型的混凝土徐变和松弛研究

混凝土徐变是指混凝土在应力长期作用下，应变随时间不断增加的特性。徐变改变了混凝土的受力特性，使得应力在混凝土结构中重分布，同时也缓解了局部应力集中现象。混凝土在温升和温降过程中，应力不断变化且一般会经历先受压后受拉的过程。为正确计算应力条件下混凝土早期徐变和松弛的作用，近些年国内外开展了深入研究[1-2]。徐变计算模型有很多种，如有效模量法模型及其改进模型[3]，徐变固化理论模型及其改进模型[4-7]，时间微分形式下的 Maxwell 模型、Kelvin 模型和 Burgers 模型[8-10]、老化理论模型、弹性徐变理论模型及弹性徐变老化理论模型等[11]。工程上一般建议采用文献［11］提出的弹性徐变老化理论模型，它可以较好地反映早期混凝土在卸载作用下徐变的部分可恢复性质。弹性徐变老化理论模型中的徐变度一般用 Dirichlet 级数表示，相应的 Dirichlet 级数中函数项 Ψ 的表达式至关重要。以往文献［12－15］通常从数学角度进行拟合，在某些情况下可能出现负徐变。

由于松弛试验比较烦琐，因此关于松弛系数的计算，一般是根据徐变试验资料获取徐变系数，然后通过徐变系数来推求松弛系数。推求松弛系数的方法则可与徐变计算理论模型相对应，文献［16－17］利用试验数据比较了有效模量法模型、徐变率法（老化理论）模型、叠加法（弹性徐变理论）模型和继效流动理论法模型[18-19]的特点，最后建议工程上采用叠加法模型比较适合。叠加法模型中松弛系数下一步增量值的计算需要用到前面所有的增量值，故误差会随着计算步数（即持载时间）的增加而不断地传递下去，这种误差往往都是很难估计的。因此，为了避免负徐变和计算松弛系数时的误差传递现象，这里以变系数广义开尔文模型为基础，研究与该模型严格对应的徐变度公式，并进一步研究基于该公式所得到的模型元件在不同参数取值下的物理规律和参数取值优化方法，然后，推导该模型的松弛系数率，研究松弛系数的率型叠加算法在避免误差传递计算上的优势。针对水工隧洞衬砌混凝土，进一步研究不同徐变度公式在不同计算步长下的徐变温度应力结果。最后，提出元件系数受初始加载时间、观测时长、作用龄期和作用时长等综合影响的改进徐变模型，对其适用性进行分析[20]。

3.2.1　混凝土变系数广义开尔文模型的徐变

混凝土的变系数广义开尔文模型如图 3.2 所示。

模型中用一个胡克体代表瞬时弹性变形，弹性模量 $E(\tau)$ 为混凝土龄期 τ 的函数，每个元件的弹性模量 $E_i(\tau)$ 和黏滞系数 $\eta_i(\tau)$ 也是龄期 τ 的函数。单向应力 σ 作用下的应力-应变-时间关系可表示为[11]

$$\dot{\varepsilon}(t)=\frac{\dot{\sigma}(t)}{E(t)}+\sum_{i=1}^{n}\dot{\varepsilon}_i^c(t) \tag{3.54}$$

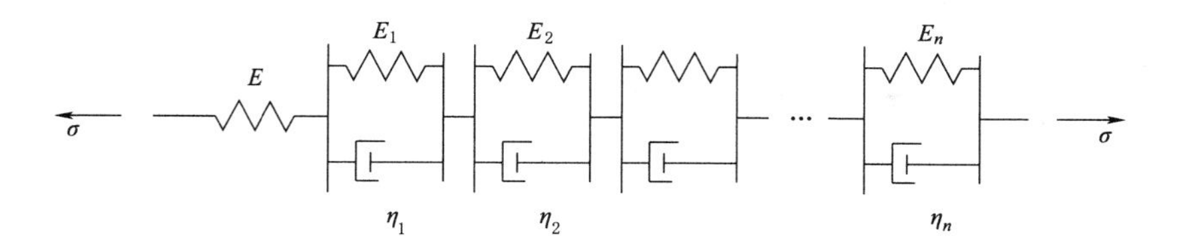

图 3.2 混凝土的变系数广义开尔文模型

$$\dot{\varepsilon}_i^c(t)=\frac{\sigma_i(t)}{\eta_i(t)} \tag{3.55}$$

$$\dot{\sigma}(t)-\dot{\sigma}_i(t)=E_i(t)\dot{\varepsilon}_i^c(t),i=1,2,\cdots,n \tag{3.56}$$

式中：$\varepsilon(t)$ 和 $\sigma(t)$ 分别为总应变和总应力；$\dot{\varepsilon}(t)$ 和 $\dot{\sigma}(t)$ 分别为总应变速率和总应力速率；$\varepsilon_i^c(t)$ 和 $\sigma_i(t)$ 分别为第 i 个元件的应变和黏性部分的应力；$\dot{\varepsilon}_i^c(t)$ 和 $\dot{\sigma}_i(t)$ 分别为第 i 个元件的应变速率和黏性部分的应力速率。

由式（3.55）可知，$\sigma_i(t)=\eta_i(t)\dot{\varepsilon}_i^c(t)$，对时间 t 求导可得 $\dot{\sigma}_i(t)=\dot{\eta}_i(t)\dot{\varepsilon}_i^c(t)+\eta_i(t)\ddot{\varepsilon}_i^c(t)$，代入式（3.56）中，得到第 i 个元件的基本方程：

$$\ddot{\varepsilon}_i^c(t)+\frac{\dot{\varepsilon}_i^c(t)}{\tau_i'}=\frac{\dot{\sigma}(t)}{\eta_i(t)} \tag{3.57}$$

其中

$$\frac{1}{\tau_i'}=\frac{E_i(t)+\dot{\eta}_i(t)}{\eta_i(t)} \tag{3.58}$$

当 $E_i(t)$ 和 $\eta_i(t)$ 为龄期 τ 的函数时，开尔文体的基本方程属于二阶微分方程。

开尔文体在单位常应力作用下变形，受力状态为

$$\sigma(t)=\begin{cases}0,当\ t<\tau\\1,当\ t\geqslant\tau\end{cases} \tag{3.59}$$

其中，0 代表混凝土在龄期 τ 之前没有加载。

初始条件：当 $t=\tau$ 时，$\varepsilon_i^c(\tau)=0,\dot{\varepsilon}_i^c(\tau)=1/\eta_i(\tau)$，此时式（3.57）变成

$$\tau_i'\ddot{\varepsilon}_i^c(t)+\dot{\varepsilon}_i^c(t)=0 \tag{3.60}$$

若 τ_i' 为常量，则有

$$\frac{1}{\tau_i'}=\frac{E_i(t)+\dot{\eta}_i(t)}{\eta_i(t)}=\frac{E_i(\tau)+\dot{\eta}_i(\tau)}{\eta_i(\tau)} \tag{3.61}$$

不考虑 $E_i(t)$ 和 $\eta_i(t)$ 同为常量的情况；由于指数函数的导数仍为指数函数，故 $E_i(t)$ 和 $\eta_i(t)$ 若满足 $C_ie^{d_it}$，式中 C_i、d_i 分别为参数，则上式无条件满足；当不满足

这种特殊形式时，则需满足在持载时间 $t-\tau$ 内，$\dot{\eta}_i(t)=\partial\eta_i(t)/\partial t=\partial\eta_i(\tau)/\partial\tau=\dot{\eta}_i(\tau)$，$E_i(t)=E_i(\tau)$，$\eta_i(t)=\eta_i(\tau)$。当各元件系数为龄期 τ 或时间 t 的单值函数且非定常时，上述条件是不满足的。

式（3.60）进一步求解可得到：

$$\dot{\varepsilon}_i^c(t,\tau)=\frac{1}{\eta_i(\tau)}\mathrm{e}^{-(t-\tau)/\tau_i'} \tag{3.62}$$

上式两端再对时间 t 积分，可得

$$\varepsilon_i^c(t,\tau)=\frac{\tau_i'}{\eta_i(\tau)}[1-\mathrm{e}^{-(t-\tau)/\tau_i'}] \tag{3.63}$$

由上式可知 τ_i' 为第 i 个开尔文体的推迟时间。用 Dirichlet 级数表示混凝土的徐变度

$$C(t,\tau)=\sum_{i=1}^{n}\frac{1}{\hat{E}_i(\tau)}[1-\mathrm{e}^{-(t-\tau)/\tau_i'}] \tag{3.64}$$

对比式（3.63）和式（3.64）可知，只有当 τ'_i 为常量且 $\tau'_i/\eta_i(\tau)=1/\hat{E}_i(\tau)$ 时，式（3.64）才能表示广义开尔文体的徐变柔量。再由式（3.61）可知，广义开尔文体的变形参数值为

$$\eta_i(\tau)=\tau_i'\hat{E}_i(\tau) \tag{3.65}$$

$$E_i(\tau)=\hat{E}_i(\tau)-\tau_i'\frac{\mathrm{d}\hat{E}_i(\tau)}{\mathrm{d}\tau},i=1,2,\cdots,n \tag{3.66}$$

3.2.2　变系数广义开尔文模型的 Dirichlet 级数表达式

文献［11］提出的徐变度 $C(t,\tau)$ 计算公式

$$C(t,\tau)=\sum_{i=1}^{n}\Psi_i(\tau)[1-\mathrm{e}^{-m_i(t-\tau)}] \tag{3.67}$$

式中：$\Psi_i(\tau)=f_i+g_i\tau^{-p_i}$，$i=1$，2，…，$n-1$ 表示可恢复徐变；$\Psi_i(\tau)=D\mathrm{e}^{-m_i\tau}$，$i=n$ 表示不可恢复徐变；f_i、g_i、p_i、D、m_i 为参数。

采用上式求式（3.66）中元件的弹性模量，会使得龄期 τ 需要满足一定的条件才能避免出现负值[11]。为了克服这种复杂因素的影响，考虑将弹性模量表示成指数形式，取 $\hat{E}_i(\tau)=C_i\mathrm{e}^{a_i\tau/\tau_i'}$，式中 C_i、a_i 分别为参数。代入式（3.66）有

$$E_i(\tau)=\hat{E}_i(\tau)-\tau_i'\frac{\mathrm{d}\hat{E}_i(\tau)}{\mathrm{d}\tau}=(1-a_i)C_i\mathrm{e}^{a_i\tau/\tau_i'}=(1-a_i)\hat{E}_i(\tau) \tag{3.68}$$

考虑物理概念，模型中各元件弹性模量应为非负值，故有 $a_i\leqslant1$。考虑到各项弹性模量为常量或者随龄期的增长而不断增加，可取 $a_i\in[0,1]$。该徐变度模型克服了龄期 τ 需满足一些复杂条件的缺陷，且使式（3.61）恒成立即 τ_i' 恒为常量，故该徐变度模型较其他 Dirichlet 级数形式的徐变度模型能更严格地对应混凝土的变系数广义开尔文模型。

Dirichlet 级数下的徐变柔量可变换为

$$J(t,\tau)=\frac{1}{E(\tau)}+\sum_{i=1}^{n}\frac{1}{E_i(\tau)}[1-e^{-(t-\tau)/\tau_i'}]=\frac{1}{E(\tau)}+\sum_{i=1}^{n}\frac{1}{C_i e^{a_i\tau/\tau_i'}}[1-e^{-(t-\tau)/\tau_i'}] \tag{3.69}$$

相应的徐变度表达式为

$$C(t,\tau)=\sum_{i=1}^{n}\frac{1}{C_i e^{a_i\tau/\tau_i'}}[1-e^{-(t-\tau)/\tau_i'}] \tag{3.70}$$

令 $1/C_i=D_i$，$1/\tau_i'=r_i$，式（3.70）可变换为

$$C(t,\tau)=\sum_{i=1}^{n}\Psi_i(\tau)[1-e^{-(t-\tau)/\tau_i'}]=\sum_{i=1}^{n}D_i e^{-a_i r_i\tau}[1-e^{-r_i(t-\tau)}] \tag{3.71}$$

式中：$\Psi_i(\tau)=D_i e^{-a_i r_i\tau}$，$i=1$，2，…，$n$，$a_i\in[0,1]$。

模型中各元件相应的弹性模量、黏滞系数和延迟时间的表达式分别为

$$E_i(\tau)=\frac{(1-a_i)}{D_i}e^{a_i r_i\tau},\eta_i(\tau)=\frac{1}{D_i r_i}e^{a_i r_i\tau},\tau_i'=\frac{1}{r_i},i=1,2,\cdots,n \tag{3.72}$$

分析式（3.71）和式（3.72）有：当 $a_i=0$ 时，$E_i(\tau)=1/D_i$、$\eta_i(\tau)=1/D_i r_i$、$\Psi_i(\tau)=D_i$，即用经典的开尔文体模拟非老化黏弹性变形；当 $a_i\in(0,1)$ 时，$E_i(\tau)$、$\eta_i(\tau)$、$\Psi_i(\tau)$ 为龄期的函数，即用受龄期影响的开尔文体模拟老化黏弹性变形；当 $a_i=1$ 时，$E_i(\tau)=0$、$\eta_i(\tau)=e^{r_i\tau}/D_i r_i$，即用受龄期影响的黏性元件模拟老化黏性变形。

式（3.71）可以解释文献［64］提出的表达式，即

$$C(t,\tau)=\sum_{i=1}^{n}\Psi_i(\tau)[1-e^{-m_i(t-\tau)}] \tag{3.73}$$

式中：$\Psi_i(\tau)=f_i+g_i e^{-p_i\tau}$，$i=1$，2，…，$n-1$ 表示可恢复徐变；$\Psi_i(\tau)=De^{-m_i\tau}$，$i=n$ 表示不可恢复徐变。

若可恢复徐变和不可恢复徐变各取一项即 $n=2$，此时式（3.73）在变系数广义开尔文模型中表示一个 $a_i=0$ 的非老化黏弹性元件与一个 $a_i\in(0,1)$ 的老化黏弹性元件以及一个 $a_i=1$ 的老化黏性元件串联，前两个元件具有相同的推迟时间。

式（3.67）的参数一般选取 8 个（以下称为朱伯芳式）[11]，模拟可恢复徐变的徐变度公式表示如下：

$$C(t,\tau)=(x_1+x_2\tau^{-x_3})[1-e^{-x_4(t-\tau)}]+(x_5+x_6\tau^{-x_7})[1-e^{-x_8(t-\tau)}] \tag{3.74}$$

其中：$x_i>0$，$i=1\sim8$。

依据文献［21-22］提出的延迟范围思想，可取 $r_{i+1}=10r_i$。国内的徐变试验数据一般选取持载时间在 1～1000d 范围内的相关数据，由于混凝土持载晚期的徐变发展较慢，故延迟时间可选取 1d、10d 和 100d。相应的 $r_1=1d^{-1}$、$r_2=0.1d^{-1}$ 和 $r_3=0.01d^{-1}$。式（3.71）的参数可选取 9 个，即用 6 个元件来模拟，得出新提出的徐变度模型如下：

$$\begin{aligned}C(t,\tau)=&(x_1+x_2e^{-0.01x_3\tau})[1-e^{-0.01(t-\tau)}]+(x_4+x_5e^{-0.1x_6\tau})[1-e^{-0.1(t-\tau)}]\\&+(x_7+x_8e^{-x_9\tau})[1-e^{-(t-\tau)}]\end{aligned} \tag{3.75}$$

其中：$x_i>0$，$i=1\sim9$，x_3、x_6、$x_9\in[0,1]$。

3.2.3　松弛系数的率型叠加算法

开尔文体在单位常应变作用下受力，应变状态为

$$\varepsilon(t)=\begin{cases}0,\text{当 } t<\tau \\ 1,\text{当 } t\leqslant\tau\end{cases} \tag{3.76}$$

由于 $\dot{\varepsilon}(t)=0$，故式（3.54）为

$$\frac{\dot{\sigma}(t)}{E(t)}+\sum_{i=1}^{n}\frac{\sigma_i(t)}{\eta_i(t)}=0 \tag{3.77}$$

结合式（3.55）～式（3.56）和式（3.77）有

$$E(t)\sum_{i=1}^{n}\frac{\sigma_i(t)}{\eta_i(t)}+E_i(t)\frac{\sigma_i(t)}{\eta_i(t)}+\dot{\sigma}_i(t)=0 \tag{3.78}$$

上式为一阶变系数线性齐次微分方程组，采用矩阵形式的表达式如下：

$$\dot{\boldsymbol{\sigma}}=\boldsymbol{A\sigma} \tag{3.79}$$

式中：$\dot{\boldsymbol{\sigma}}=[\dot{\sigma}_1\quad \dot{\sigma}_2\quad \cdots\quad \dot{\sigma}_n]^{\mathrm{T}}$，$\boldsymbol{\sigma}=[\sigma_1\quad \sigma_2\quad \cdots\quad \sigma_n]^{\mathrm{T}}$，

$$\boldsymbol{A}=\begin{bmatrix} -\dfrac{E_1+E}{\eta_1} & -\dfrac{E}{\eta_2} & \cdots & -\dfrac{E}{\eta_n} \\ -\dfrac{E}{\eta_1} & -\dfrac{E_2+E}{\eta_2} & \cdots & -\dfrac{E}{\eta_n} \\ \vdots & \vdots & \ddots & \vdots \\ -\dfrac{E}{\eta_1} & -\dfrac{E}{\eta_2} & \cdots & -\dfrac{E_n+E}{\eta_n} \end{bmatrix}$$

按照文献［23］给出的矩阵解法，在任意时刻 t_1 和 t_2，n 阶方阵 $\boldsymbol{A}(t_1)$ 和 $\boldsymbol{A}(t_2)$ 均满足 $\boldsymbol{A}(t_1)\boldsymbol{A}(t_2)=\boldsymbol{A}(t_2)\boldsymbol{A}(t_1)$，结合初始条件：当 $t=\tau$ 时，$\sigma_i(\tau)=E(\tau)$，即 $\boldsymbol{\sigma}(\tau)$ 为非奇异矩阵，此时，式（3.79）可以得到如下解：

$$\boldsymbol{\sigma}(t)=\mathrm{e}^{\int_{\tau}^{t}\boldsymbol{A}(\theta)\mathrm{d}\theta\boldsymbol{\sigma}(\tau)} \tag{3.80}$$

式中：$\boldsymbol{\sigma}(\tau)=[E(\tau)\quad E(\tau)\quad \cdots\quad E(\tau)]^{\mathrm{T}}$。

令 $a_{ij}(t,\tau)$、$b_{ij}(t,\tau)$分别表示积分矩阵 $\int_{\tau}^{t}\boldsymbol{A}(\theta)\mathrm{d}\theta$ 和指数矩阵 $\mathbf{e}^{\int_{\tau}^{t}A(\theta)\mathrm{d}\theta}$ 的第 i 行和第 j 列的元素。则式（3.77）有

$$\dot{\sigma}(t)=-E(t)\sum_{i=1}^{n}\frac{\sigma_i(t)}{\eta_i(t)}=-E(t)E(\tau)\sum_{i=1}^{n}\frac{1}{\eta_i(t)}\sum_{j=1}^{n}b_{ij}(t,\tau) \tag{3.81}$$

上式的积分求解十分复杂，这里给出松弛系数率，即

$$\dot{K}(t,\tau)=\frac{\dot{\sigma}(t)}{E(\tau)}=-E(t)\sum_{i=1}^{n}\frac{1}{\eta_i(t)}\sum_{j=1}^{n}b_{ij}(t,\tau) \tag{3.82}$$

为了避免直接求解松弛系数 $K(t,\tau)$，考虑工程上允许有一定的误差，故采用小时间段逼近，进行积分求解的表达式如下：

$$K(t,\tau)=1+\int_{\tau}^{t}\dot{K}(\theta,\tau)\mathrm{d}\theta=1-\sum_{k=1}^{s}\left[\int_{\theta_{k-1}}^{\theta_k}E(\xi)\sum_{i=1}^{n}\frac{1}{\eta_i(\xi)}\sum_{j=1}^{n}b_{ij}(\xi,\tau)\mathrm{d}\xi\right]$$

$$=1-\sum_{k=1}^{s}E(\bar{\theta}_k)\sum_{i=1}^{n}\frac{1}{\eta_i(\bar{\theta}_k)}\sum_{j=1}^{n}b_{ij}(\bar{\theta}_k,\tau)\Delta\theta_k \tag{3.83}$$

式中：$\bar{\theta}_k=\alpha\theta_{k-1}+(1-\alpha)\theta_k$，$\alpha\in[0,\ 1]$，$k=1,\ 2,\ \cdots,\ s$，$k=1$ 时，$\theta_{k-1}=\theta_0=\tau$，$k=s$ 时，$\theta_k=\theta_s=t$，一般取 $\alpha=1/2$；$\Delta\theta_k=\theta_k-\theta_{k-1}$，即时间步长。根据松弛曲线的变化特点，时间步长在短持载时间内可取短，持载时间较长时可逐渐取长。

该解法是通过先求出松弛系数率，然后再利用松弛系数率来近似求解松弛系数，求解时用到了叠加法，故书中称之为率叠加法。该方法明显不同于叠加法，它是由流变模型推导而来，具有明确的物理意义，同时，它能利用徐变度拟合结果严格地计算出任意持载时间内的松弛系数随时间的变化率，从而避免了叠加法中下一步增量值的计算需要用到前面所有的增量值而导致的误差传递现象。

推求式（3.80）中的积分项并不困难，将式（3.72）代入式（3.80），求得结果如下：

$$a_{ij}=\sum_{m=1}^{p}A_mD_j(c_{ij}-d_{ij})-e_{ij},i=1,2,\cdots,n,j=1,2,\cdots,n \tag{3.84}$$

式中：A_m 为参数，D_j 概念与D_i 同；c_{ij}、d_{ij}、e_{ij} 均为t 和τ 的函数；c_{ij} 的取值对a_j 有要求，a_j 概念与a_i 同，$a_j\neq0$ 时，$c_{ij}=[\exp(-a_jr_jt)-\exp(-a_jr_j\tau)]/a_j$，$a_j=0$ 时，$c_{ij}=-r_j(t-\tau)$；$d_{ij}=r_j\{\exp[-(B_m+a_jr_j)t]-\exp[-(B_m+a_jr_j)\tau]\}/(B_m+a_jr_j)$；$e_{ij}=\delta_{ij}(1-a_j)r_j(t-\tau)$，$\delta_{ij}$ 为克罗内克符号；$E(t)=\sum_{m=1}^{p}A_m[1-\exp(-B_mt)]$，一般取 $p=2$ 即与试验资料吻合得很好。

3.2.4 徐变度公式拟合过程中的复合形法

用 Dirichlet 级数公式拟合徐变度，是一个非线性拟合的有约束的问题，可用复合形法进行求解。基本思路是在可行域内构造一初始复合型，然后通过比较各顶点目标函数值，在可行域中找一目标函数值有所改善的新点，并用其替换目标函数值较差的顶点，构成新的复合形。不断重复上述过程，复合形不断变形、转移、缩小，逐渐地逼近最优点。当复合形各顶点目标函数值相差不大或者各顶点相距很近时，则目标函数值最小的顶点即可作为最优点。具体步骤如下：

（1）构造初始复合形。

取 n 维列向量$\boldsymbol{x}^{(0)}$可行点，令

$$\boldsymbol{x}^{(0)}=\boldsymbol{d}+\boldsymbol{rand}(n\times1)(\boldsymbol{u}-\boldsymbol{d}) \tag{3.85}$$

式中：$\boldsymbol{u}$、$\boldsymbol{d}$ 为自变量 x 的取值上限和下限，$\boldsymbol{rand}(n\times1)$ 为各元素取值在［−1，1］间的伪随机向量。

生成初始复合形的 m 个顶点，有

$$\boldsymbol{x}^{(i)}=\boldsymbol{x}^{(0)}+\beta(\boldsymbol{rand}(n\times1)\times2-1)^{(i)}/\|(\boldsymbol{rand}(n\times1)\times2-1)^{(i)}\|_2,i=1,2,\cdots,m-1 \tag{3.86}$$

式中：β 为步长因子，一般根据约束条件进行优化。

（2）计算除去最差点后的各顶点形心。

通过比较 $\boldsymbol{x}$ 所对应的因变量最大函数值 $f[\boldsymbol{x}^{(j)}]$，$j\in[0,\ m-1]$，继而求出去掉 $\boldsymbol{x}^{(j)}$

后各点的形心如下：

$$x_c=\frac{1}{m-1}\left(\sum_{i=0}^{m-1}x^{(i)}-x^{(j)}\right) \tag{3.87}$$

（3）反射计算。

利用形心和$x^{(j)}$，进行反射计算如下：

$$x_r=x_c+\lambda(x_c-x^{(j)}) \tag{3.88}$$

式中：x_r 为反射点；λ 为反射系数。

若满足约束条件且 $f(x_r)<f(x^{(j)})$，则将x_r 替换成 $x^{(j)}$ 再执行第（4）步。若x_r 不满足约束条件或 $f(x_r)<f(x^{(j)})$，则执行第（5）步。

（4）延伸计算。

延伸计算是在第（3）步的基础上进行的：

$$x_e=x_r+\gamma(x_r-x_c) \tag{3.89}$$

式中：x_e 为延伸点；γ 为延伸系数。

若满足约束条件且 $f(x_e)<f(x_r)$，则将x_e 替换成x_r 再返回第（2）步。若x_e 不满足约束条件或 $f(x_e)<f(x_r)$，则执行第（5）步。

（5）收缩计算。

收缩计算是在第（3）步和第（4）步的基础上进行的：

$$x_s=x^{(j)}+\omega(x_c-x^{(j)}) \tag{3.90}$$

式中：x_s 为收缩点；ω 为收缩系数。

若满足约束条件且 $f(x_s)<f(x^{(j)})$，则将x_s 替换成 $x^{(j)}$ 再返回第（2）步。若x_e 不满足约束条件或 $f(x_s)<f(x^{(j)})$，则执行第（6）步。

（6）以最小值进行重新计算。

在反射、延伸和收缩计算均无效时，计算因变量最小函数值 $f(x^{(v)})$，$v\in[0,m-1]$，然后以$x^{(v)}$为新的顶点，返回第一步进行计算。

迭代计算格式为

$$\| x^{(j)}-x^{(v)} \| \leqslant \varepsilon_1 \text{ 且 } \| f(x^{(j)})-f(x^{(v)}) \| \leqslant \varepsilon_2 \tag{3.91}$$

式中：ε_1、ε_2 为指定的极小数。

3.2.5　徐变度公式与松弛系数算法对比分析

衬砌混凝土多采用泵送技术，其强度一般较高，徐变较小。然而，由于目前衬砌混凝土缺乏一套完整的徐变度和松弛系数数据，考虑其有时也会采用较低强度的常态混凝土，故论文借鉴大坝混凝土的徐变和松弛数据，依据文献［11，17］中的龚嘴重力坝基础部分混凝土的徐变试验数据，整理试验数据、采用式（3.74）和式（3.75）对28d龄期内的混凝土的徐变度的拟合结果见图3.3。松弛系数的计算方案列于表3.1。采用式（3.84）建议的多项指数式和文献［11］建议的复合指数式对弹性模量的拟合结果见图3.4。各方案松弛系数的对比结果如图3.5所示。其中，式（3.74）拟合系数为：$x_1=7.0$，$x_2=64.4$，$x_3=0.45$，$x_4=0.30$，$x_5=16.0$，$x_6=27.2$，$x_7=0.45$，$x_8=0.005$。式（3.75）的拟合系数为：$x_1=14.6$，$x_2=8.7$，$x_3=0.188$，$x_4=0.002$，$x_5=26.65$，$x_6=0.157$，

$x_7=6.21$，$x_8=45.03$，$x_9=0.366$；式（3.74）和式（3.75）在龄期360d、持载时间720d内的平均相对误差分别为13.4%和6.6%；弹模的复合指数式为$E(\tau)=38.5[1-\exp(-0.402\tau^{0.335})]$GPa，多项指数式为$E(\tau)=16.1[1-\exp(-0.015\tau)]+20[1-\exp(-0.569\tau)]$GPa；方案一、方案二、方案三和方案四在龄期360d、持载时间720d内的平均相对误差分别为6.5%、4.7%、4.9%和3.2%；其他数据详见文献[11，17]。

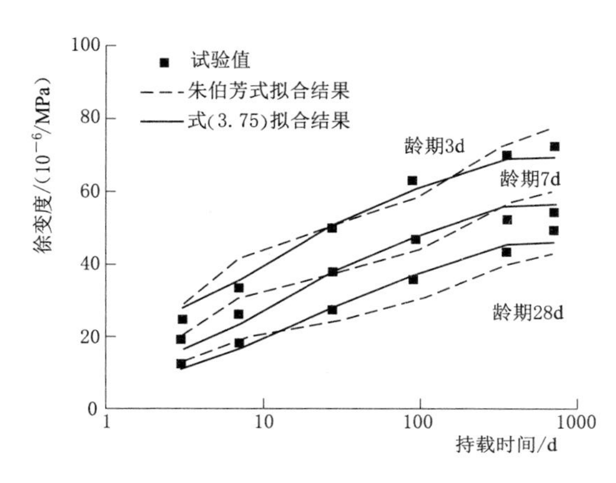

图3.3 徐变度试验值和不同徐变度公式的拟合结果

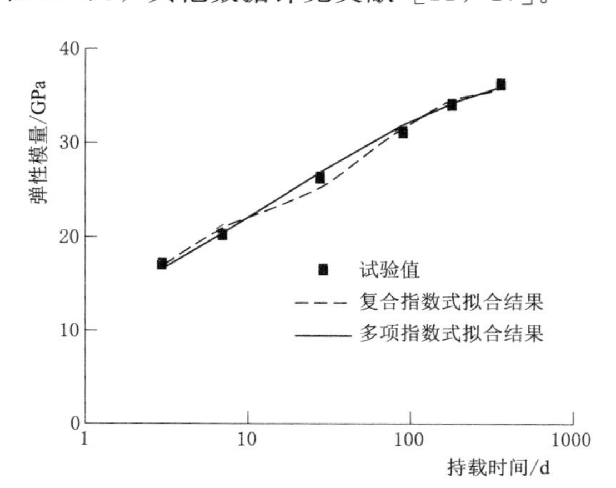

图3.4 弹性模量试验值及采用不同弹性模量公式的拟合结果

表3.1 **松弛系数计算方案**

方 案	弹性模量公式	徐变度公式	计算方法
方案一	复合指数式[11]	朱伯芳式（3.74）	叠加法（0.1d）
方案二	复合指数式[11]	式（3.75）	叠加法（0.1d）
方案三	多项指数式	式（3.75）	叠加法（0.1d）
方案四	多项指数式	式（3.75）	式（3.83）（0.1d）

由图3.3可知，新提出的徐变度公式［式（3.75）］虽然比式（3.74）多了一个参数，但拟合精度得到较大提高。由图3.4可知：多项指数式对弹性模量的拟合结果与复合指数式没有太大差别，两者的拟合精度都很好。由图3.5（a）、（c）和（e）可知：龄期3d和7d时，不同弹性模量计算公式的松弛系数拟合结果基本没有变化；龄期28d时，复合指数式的计算结果稍微偏小，这是由于偏小的弹模拟合结果所致，这种偏差在0.016之内。由图3.5（b）、（d）和（f）可知：龄期3d和7d时，方案三和方案四在短持载时间内的拟合结果基本一样，而当持载时间较长时，方案三的拟合结果高于方案四的拟合结果，这种差距随着持载时间的延长逐渐增大，且龄期3d的差距最大，为0.064。比较四种方案的平均相对误差可知，方案一的拟合精度最低，说明徐变度的拟合精度直接影响了松弛系数的拟合精度，方案二和方案三的拟合精度相当，也说明不同的弹性模量公式对拟合精度的影响较小，提出的率叠加法（方案四）由于避免了误差的传递现象，得到了比叠加法（方案二和方案三）更高的拟合精度。

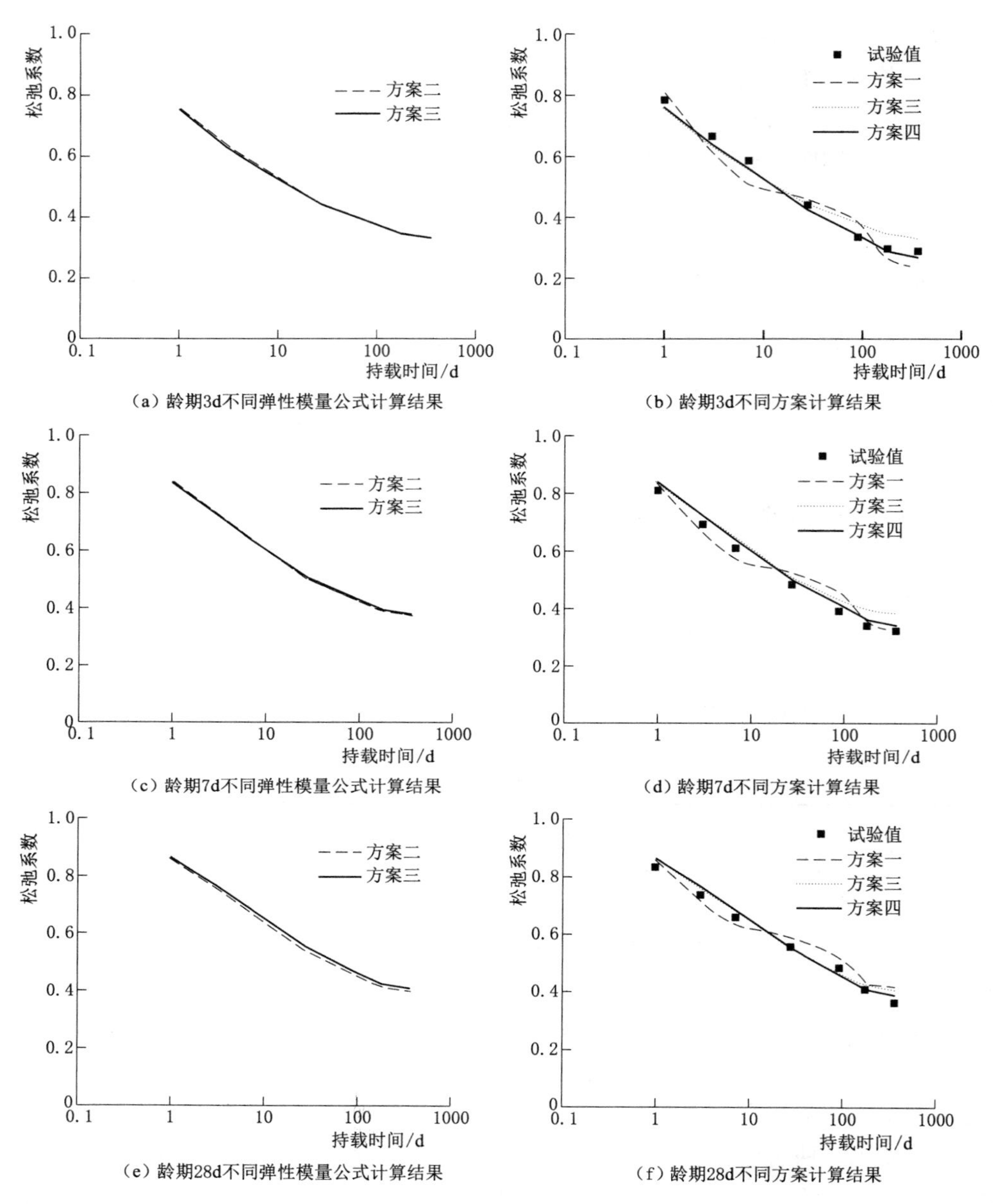

(a) 龄期3d不同弹性模量公式计算结果
(b) 龄期3d不同方案计算结果
(c) 龄期7d不同弹性模量公式计算结果
(d) 龄期7d不同方案计算结果
(e) 龄期28d不同弹性模量公式计算结果
(f) 龄期28d不同方案计算结果

图 3.5　松弛系数对比图

3.2.6　徐变延迟范围理论在衬砌混凝土徐变温度应力计算中的应用

水工隧洞薄壁结构的衬砌混凝土，半熟龄期短且早期温降速度快，使得早期温度变化剧烈，因此要求温度场计算过程中应尽可能缩短计算时间步长来保证计算精度，同时要求在徐变温度应力的计算过程中，徐变度公式能较好地反映早期徐变的快速发展，为了较为精确地计算衬砌混凝土的徐变温度应力，对不同的徐变度公式在不同计算步数下的徐变温度应力研究具有重要的意义。

式（3.75）用延迟时间1d来反映早期徐变的快速发展，而以往的8参数模型中，并未提及这种概念，现将式（3.71）的参数选取8个作为对比（由于朱伯芳式可能在数值计算中出现负的徐变，这里不做比较），公式如下：

$$C(t,\tau)=(x_1+x_2\mathrm{e}^{-x_3x_4\tau})[1-\mathrm{e}^{-x_4(t-\tau)}]+(x_5+x_6\mathrm{e}^{-x_7x_8\tau})[1-\mathrm{e}^{-x_8(t-\tau)}] \quad (3.92)$$

其中：$x_i>0$，$i=1\sim8$，x_3、$x_7\in[0,1]$。

依据成都勘察设计研究院提供的溪洛渡地下工程泄洪洞泵送高强衬砌混凝土C60的徐变试验资料，整理试验数据、采用式（3.75）和式（3.92）对混凝土的徐变度的拟合结果见图3.6。其中：式（3.75）的拟合系数为：$x_1=1.49$，$x_2=23.67$，$x_3=1$，$x_4=4.74$，$x_5=35.96$，$x_6=1$，$x_7=0.79$，$x_8=98.96$，$x_9=0.782$；式（3.92）的拟合系数为：$x_1=2.82$，$x_2=56.35$，$x_3=1$，$x_4=0.245$，$x_5=6.13$，$x_6=29.51$，$x_7=1$，$x_8=0.02$；式（3.75）和式（3.92）在龄期360d、持载时间720d内的平均相对误差分别为11.3%和12.1%；由式（3.92）拟合系数可知，其最小延迟时间为4.08d。图3.7对比了式（3.75）和式（3.92）在龄期30d内，持载时间分别为0.1d、1d的徐变度拟合结果。

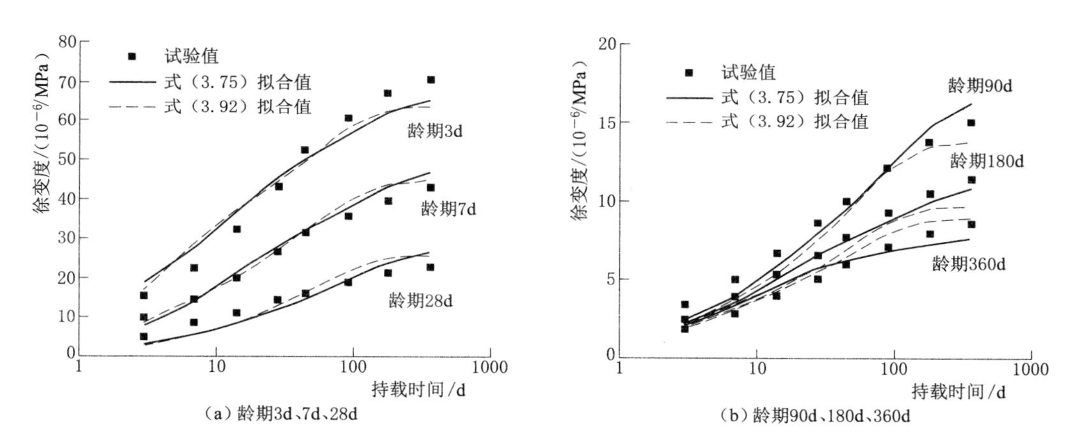

图3.6 徐变度试验值和不同徐变度公式的拟合结果

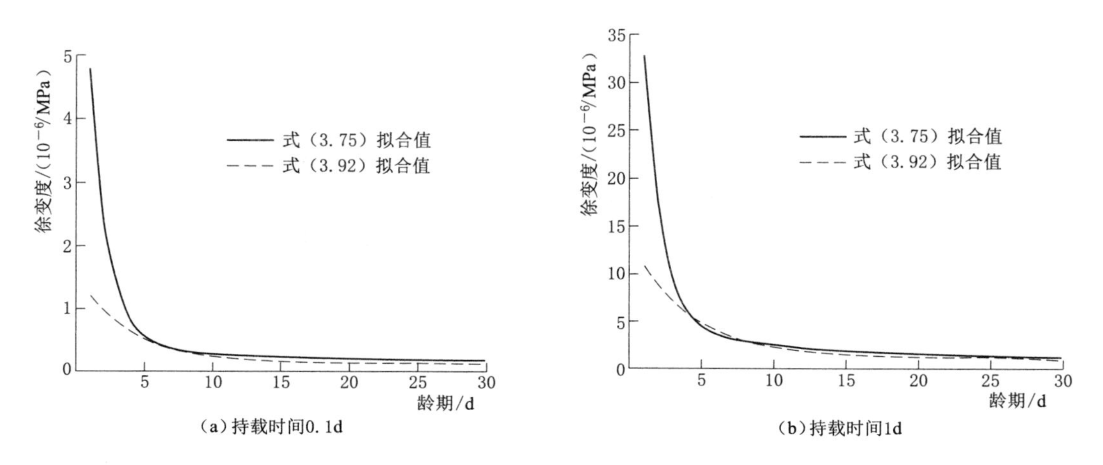

图3.7 龄期30d内不同徐变度公式在持载时间分别为0.1d和1d的拟合结果

由图3.6可以看出，当持载时间较大时（不小于3d），式（3.75）与式（3.92）的拟合结果相差并不是很大，式（3.75）的拟合精度稍微高些，式（3.75）的拟合参数中x_3、x_6均等于1，使得6个元件中有2个元件模拟了老化黏性变形（不可恢复徐变），式（3.92）的拟合参数中x_3、x_7均等于1，使得4个元件中有2个元件模拟了老化黏性变形（不可恢复徐变）。可见，采用式（3.75）与式（3.92）模拟高强衬砌混凝土会出现较强的粘性行为。当持载时间较小时，由图3.7可以明显看出两者在5d内的徐变度计算结果相差较大，且龄期越小，差距越大。式（3.75）的徐变度拟合结果明显大于式（3.92）的拟合结果，这是由于延迟时间为1d时［式（3.75）］，较延迟时间为4.08d［式（3.92）］更能反映早期徐变的快速发展。

对溪洛渡水电站泄洪洞龙落尾段边墙衬砌C60（低热水泥）混凝土的徐变温度应力进行计算分析，计算结构断面和模型见图3.8，浇筑长度为9m，高×厚=14.37m×1.5m，洞内气温满足余弦函数$T_a=23.5+1.5\cos[2\pi(t-210)/365]$℃，围岩温度夏季为24℃。混凝土热力学参数：混凝土密度2550kg/m^3，导热系数143.28kJ/(m·d·℃)，比热0.865kJ/(kg·℃)，水化热温升计算公式：$T(t)=34t/(1.032+t)$，线膨胀系数为8.3×10^{-6}/℃，泊松比0.21，90d弹性模量为54.9GPa。围岩的密度为2700kg/m^3，导热系数为161.16kJ/(m·d·℃)，比热为0.716kJ/(kg·℃)，线膨胀系数为8.5×10^{-6}/℃，泊松比为0.2，Ⅱ类围岩的弹性模量为30GPa。计算条件为夏季18℃浇筑，3d拆模，拆模后7d洒水养护，洒水完后28d流水养护，计算代表点选取边墙中央断面表面点和中间点。为了比较早龄期混凝土的徐变温度应力，计算时间步长分别选取0.1d和1d，计算时间为30d，计算方法为变应力作用下的隐式解法。温度场的计算结果应保持一致，即在进行时间步长为1d的徐变温度应力计算时，采用0.1d时间步长计算的相应天数的温度数据。各代表点温度历时曲线见图3.9，徐变温度应力历时曲线见图3.10。典型龄期的应力对比见表3.2。

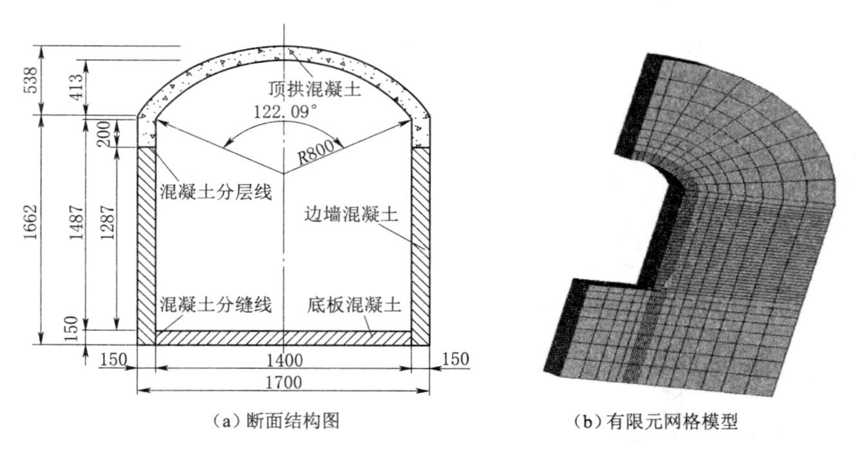

(a) 断面结构图　　(b) 有限元网格模型

图3.8　计算结构段断面图与有限元模型（单位：cm）

由图3.10以及表3.2可看出，式（3.75）计算应力结果均大于式（3.92），主要是因为式（3.75）的延迟范围大于式（3.92），而由式（3.92）计算的早期温升产生的压应力偏小，当温降产生拉应力时，减去该部分压应力后的计算拉应力偏大。在0.1d计算步长下，式（3.75）和式（3.92）的表面点应力差别不大，龄期3d时，相差0.09MPa，之后曲线基本呈平行的趋势，相差在0.05MPa左右；中间点应力在龄期3d时，相差0.08MPa，之后曲线基本呈平行的趋势，相差在0.15MPa左右；在1d的计算步长下差别显著，表面点差值最大达0.43MPa，中间点发展到15d左右，逐渐呈平行趋势，最大差值达0.7MPa。分析原因可知，是由于徐变度公式在5d后差别不大，应力累积一般位于5d前所致；计算步长1d

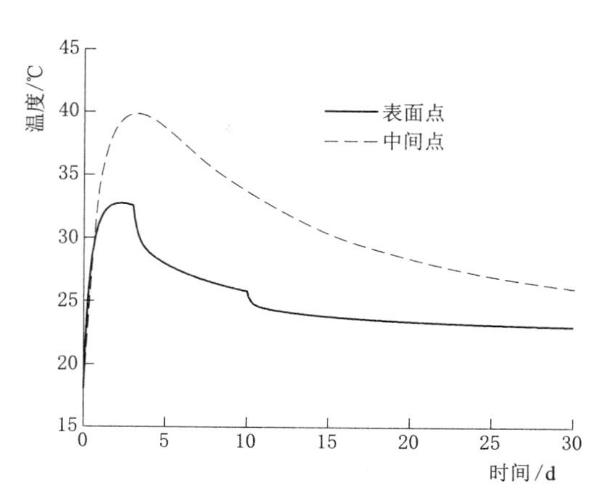

图3.9　代表点温度历时曲线

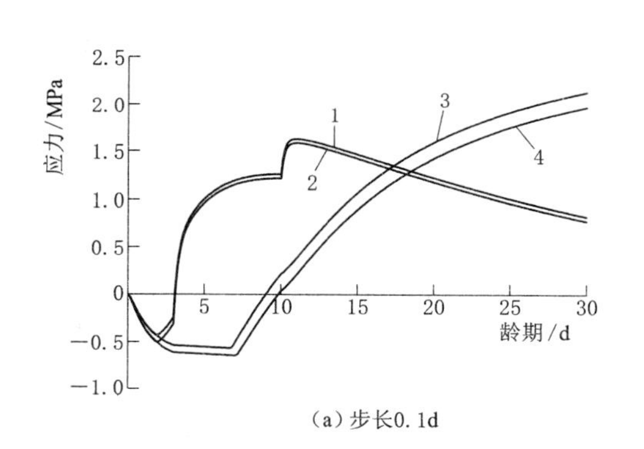

(a)步长0.1d

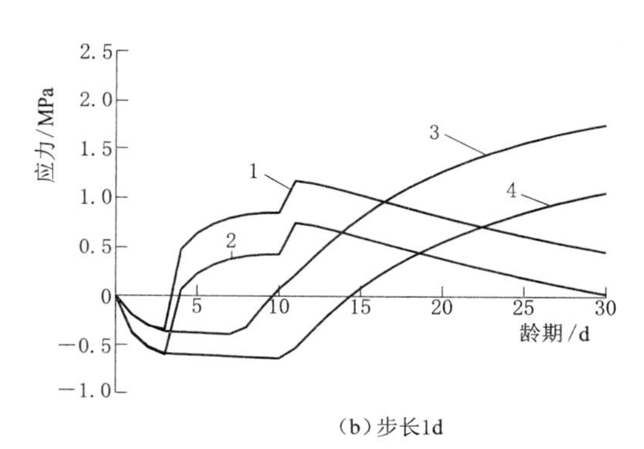

(b)步长1d

图3.10　徐变温度应力历时曲线

1—表面点［式（3.75)］；2—表面点［式（3.92)］；3—中间点［式（3.75)］；4—中间点［式（3.92)］

表3.2　　**典型龄期应力对比**　　单位：MPa

位置	计算步长	数据来源	龄期/d			
			3d	7d	15d	28d
表面点	0.1d	式（3.75）	−0.24	1.19	1.47	0.9
		式（3.92）	−0.31	1.15	1.45	0.85
	1d	式（3.75）	−0.34	0.8	1.03	0.53
		式（3.92）	−0.6	0.38	0.61	0.09
中间点	0.1d	式（3.75）	−0.53	−0.51	1.06	2.05
		式（3.92）	−0.61	−0.64	0.89	1.9
	1d	式（3.75）	−0.36	−0.39	0.81	1.69
		式（3.92）	−0.59	−0.62	0.09	0.99

与0.1d的应力发展规律相似，但应力计算结果偏小，由表3.2可知，式（3.75）和式（3.92）的表面点28d的应力计算结果差值（0.1d计算步长结果－1d计算步长结果）分别为0.76MPa、0.38MPa，而中间点28d的应力计算结果差值分别为0.91MPa、0.36MPa，这是由于式（3.75）和式（3.92）所拟合的延迟时间的范围均不能很好地反映持载时间为0.1d的徐变快速发展，故其应力计算结果偏大。

3.2.7　结论

以上分析了基于变系数广义开尔文模型的混凝土徐变度在对应Dirichlet级数时延迟时间需满足的条件，即必须在满足持载时间内各元件系数保持不变的情况下才恒为常量，在严格满足该条件下得出了模型元件函数形式为指数函数的表达式。该表达式各参数物理意义明确且使判别产生负徐变的关系式变得简单，其计算表达式直接包含了可恢复徐变和不可恢复徐变项，因而显得十分简洁。随后，依据延迟范围思想提出了基于该表达式的九参数徐变度公式，通过比较可知九参数徐变度公式具有较高的拟合精度。

推导了松弛系数率的表达式，并在此基础上提出了一种新的计算松弛系数的率型叠加算法。该方法各项元件的参数均来自所建议的徐变模型，物理意义明确，通过比较该方法与目前常用的叠加法比较，优势在于它能严格计算出任意持载时间内的松弛系数随持载时间增长而降低的速率，因而能避免叠加法中下一步增量值的计算需要用到前面所有增量值而导致的误差传递现象。随后，基于试验数据进行拟合对比了这两种方法。拟合结果表明，率型叠加法的拟合精度比叠加法更高的地方主要位于早龄期持载时间较长的阶段。

针对水工隧洞衬砌混凝土，为了更好地反映其在早期温度变化剧烈的情况下，必须保持徐变在早龄期短持载时间内的精度较高，即能反映早期徐变快速发展，从而提出了依据延迟范围理论的徐变模型来计算衬砌混凝土的徐变温度应力。基于试验数据比较了九参数徐变模型和没有考虑延迟范围理论的徐变模型的拟合结果，指出高强衬砌混凝土的徐变在九参数徐变模型中表现出较强的老化粘性行为，在早期能较好地反映徐变的快速发展。分析徐变温度应力计算结果，得出徐变对早期混凝土的温度应力影响显著。由于早期徐变温度应力发展较快，需缩短计算时间步长控制计算误差，然而计算时间步长的选取并非越短越好，实际计算过程中应根据徐变模型的延迟范围来选取合理的计算时间步长。因此，合理地选取计算步长和能反映徐变早期快速发展的徐变度公式非常重要。

3.3　消除负徐变的改进徐变模型研究

3.3.1　改进的变系数广义开尔文模型

文献［24－25］讨论了混凝土使用过程中的徐变问题，在进行新的加载前，徐变试件是否已有加载历史，这就考虑了初始加载时间 τ_0 的影响，同时还讨论了观测时长 $t-\tau_0$（t 为观测时间）、作用龄期 τ 和作用时长 $\tau-\tau_0$ 对Dirichlet级数中函数项 $\Psi(\tau)$ 的影响，但他们主要从试验的角度出发进行分析，很少从物理概念上进行详细解释，且仅是用数学方法模拟这些因素的影响。现假定每个元件的弹性模量 $E_i(t)$ 和黏滞系数 $\eta_i(t)$

如下：

$$E_i(t,\tau,\tau_0)=E_i(\tau_0)g_i(t-\tau_0),\tau\in[\tau_0,t] \tag{3.93}$$

$$\eta_i(t,\tau,\tau_0)=\eta_i(\tau_0)f_i(t-\tau_0),\tau\in[\tau_0,t] \tag{3.94}$$

与式（3.58）类似，有

$$\frac{1}{\tau_i''}=\frac{E_i(t,\tau,\tau_0)+\dot{\eta}_i(t,\tau,\tau_0)}{\eta_i(t,\tau,\tau_0)}=\frac{E_i(\tau_0)g_i(t-\tau_0)+\eta_i(\tau_0)\partial f_i(t-\tau_0)/\partial t}{\eta_i(\tau_0)f_i(t-\tau_0)} \tag{3.95}$$

其中：用 τ_i''来表示不同于 τ_i' 常量；函数 $f_i(t-\tau_0)$、$g_i(t-\tau_0)$ 对任意 $t\geqslant\tau_0$ 均连续可导，且当 $t=\tau_0$ 时，$f_i(t-\tau_0)=g_i(t-\tau_0)=1$。

假定 $f_i(t-\tau_0)=g_i(t-\tau_0)$，求解上式可得

$$f_i(t-\tau_0)=\mathrm{e}^{\left(\frac{1}{\tau_i''}-\frac{E_i(\tau_0)}{\eta_i(\tau_0)}\right)(t-\tau_0)} \tag{3.96}$$

分析常量 τ_i''和 $\eta_i(\tau_0)/E_i(\tau_0)$：当 $\tau_i''=\eta_i(\tau_0)/E_i(\tau_0)$时，$f_i(t-\tau_0)\equiv1$，此时 $E_i(t,\tau,\tau_0)=E_i(\tau_0)$，$\eta_i(t,\tau,\tau_0)=\eta_i(\tau_0)$，故各元件系数不受观测时长 $t-\tau_0$ 的影响；当 $\tau_i''<\eta_i(\tau_0)/E_i(\tau_0)$时，$f_i(t-\tau_0)$为观测时长 $t-\tau_0$ 的递增函数；从物理概念上看，应有 $t-\tau_0\to\infty$时，$E_i(t,\tau,\tau_0)\to\infty$或为非零常量，故有 $\tau_i''\leqslant\eta_i(\tau_0)/E_i(\tau_0)$。

与式（3.62）类似并结合初始条件：当 $t=\tau_0$ 时，$\eta_i(t,\tau,\tau_0)=\eta_i(\tau_0,\tau_0)=\eta_i(\tau_0)$，则有

$$\dot{\varepsilon}_i^c(t,\tau,\tau_0)=\frac{1}{\eta_i(\tau_0)}\mathrm{e}^{-(t-\tau_0)/\tau_i''} \tag{3.97}$$

上式两端对时间 t 积分，可得

$$\varepsilon_i^c(t,\tau,\tau_0)=\frac{\tau_i''}{\eta_i(\tau_0)}[1-\mathrm{e}^{-(t-\tau_0)/\tau_i''}] \tag{3.98}$$

考虑再次加卸载情况，即在作用时间 τ 时刻卸载。黏滞系数连续时，则考虑了初始加载时间 τ_0 的影响，此时初始黏滞系数应采用 $\eta_i(t,\tau,\tau_0)=\eta_i(\tau,\tau,\tau_0)=\eta_i(\tau,\tau_0)$，反向应力 $\sigma=-1$ 作用下的应变率为

$$\dot{\varepsilon}_i^c(t,\tau,\tau_0)=-\frac{\mathrm{e}^{-\left(\frac{1}{\tau_i''}-\frac{E_i(\tau_0)}{\eta_i(\tau_0)}\right)(\tau-\tau_0)}}{\eta_i(\tau_0)}\mathrm{e}^{-(t-\tau)/\tau_i''} \tag{3.99}$$

若采用叠加原理则相应的黏滞系数可能会产生突变，采用的是 $\eta_i(\tau)$ 而不是 $\eta_i(\tau,\tau_0)$，反向应力 $\sigma=-1$ 作用下的应变率为

$$\dot{\varepsilon}_i^c(t,\tau)=-\frac{1}{\eta_i(\tau)}\mathrm{e}^{-(t-\tau)/\tau_i''} \tag{3.100}$$

当$\dot{\varepsilon}_i^c(t,\tau,\tau_0)=\dot{\varepsilon}_i^c(t,\tau)$时，即满足受初始加载时间、观测时长、作用龄期和作用时长（以下简称改进因素）影响的叠加原理。此时有

$$\eta_i(\tau)=\eta_i(\tau,\tau_0)=\eta_i(\tau_0)\mathrm{e}^{\left(\frac{1}{\tau_i''}-\frac{E_i(\tau_0)}{\eta_i(\tau_0)}\right)(\tau-\tau_0)} \tag{3.101}$$

上式对比式（3.94）可知：$\eta_i(t,\tau,\tau_0)=\eta_i(t)$，即为时间 t 的函数。

式（3.99）两端对时间 t 积分，结合式（3.98）可得卸载后的应变为

$$\varepsilon_i^c(t,\tau,\tau_0)=\frac{\tau_i''}{\eta_i(\tau_0)}[1-\mathrm{e}^{-(t-\tau_0)/\tau_i''}]-\frac{\tau_i''}{\eta_i(\tau_0)}\mathrm{e}^{-\left(\frac{1}{\tau_i''}-\frac{E_i(\tau_0)}{\eta_i(\tau_0)}\right)(\tau-\tau_0)}[1-\mathrm{e}^{-(t-\tau)/\tau_i''}] \tag{3.102}$$

若需对应 Dirichlet 级数的广义开尔文体的变形参数，则式（3.65）中的 $\hat{E}_i(\tau)$ 不能只用作用龄期 τ 的函数来表示，应表示为 $\hat{E}_i(\tau,\tau_0)$，取值如下：

$$\eta_i(\tau,\tau_0)=\tau_i''\hat{E}_i(\tau,\tau_0) \tag{3.103}$$

$$\eta_i(t,\tau,\tau_0)=\tau_i''\hat{E}_i(\tau_0)\mathrm{e}^{\left(\frac{1}{\tau_i''}-\frac{E_i(\tau_0)}{\eta_i(\tau_0)}\right)(t-\tau_0)} \tag{3.104}$$

$$E_i(\tau_0)\leqslant\frac{\eta_i(\tau_0)}{\tau_i''}=\hat{E}_i(\tau_0) \tag{3.105}$$

若 $\tau=\tau_0$，即无再次加卸载时，式（3.103）和式（3.104）即化简为

$$\eta_i(\tau_0)=\tau_i''\hat{E}_i(\tau_0) \tag{3.106}$$

$$\eta_i(t,\tau_0)=\tau_i''\hat{E}_i(\tau_0)\mathrm{e}^{\left(\frac{1}{\tau_i''}-\frac{E_i(\tau_0)}{\eta_i(\tau_0)}\right)(t-\tau_0)} \tag{3.107}$$

3.3.2　改进徐变模型的 Dirichlet 级数表达式

式（3.68）中为了保证模型中各元件弹性模量为非负值，须满足 $a_i\leqslant1$。对于改进的徐变模型，令 $E_i(\tau_0)=b_i\hat{E}_i(\tau_0)$，其中 $b_i\in[0,1]$。由于参数 b_i 不影响徐变度各拟合参数的取值范围，因而可消除负的徐变。为了同未改进的徐变模型比较，研究无再次加卸载即 $\tau=\tau_0$ 的情况，同样取 $\hat{E}_i(\tau_0)=C_i\mathrm{e}^{a_i\tau_0/\tau_i''}$，此时改进的徐变模型在 Dirichlet 级数下的徐变柔量可变换为

$$J(t,\tau_0)=\frac{1}{E(\tau_0)}+\sum_{i=1}^{n}\frac{1}{\hat{E}_i(\tau_0)}\left[1-\mathrm{e}^{-(t-\tau_0)/\tau_i''}\right]=\frac{1}{E(\tau_0)}+\sum_{i=1}^{n}\frac{1}{C_i\mathrm{e}^{a_i\tau_0/\tau_i''}}\left[1-\mathrm{e}^{-(t-\tau_0)/\tau_i''}\right] \tag{3.108}$$

令 $1/C_i=D_i$，$1/\tau_i''=r_i''$，相应的徐变度表达式可以简化为

$$\begin{aligned}C(t,\tau_0)&=\sum_{i=1}^{n}\Psi_i(\tau_0)\left[1-\mathrm{e}^{-(t-\tau_0)/\tau_i''}\right]=\sum_{i=1}^{n}\frac{1}{C_i\mathrm{e}^{a_i\tau_0/\tau_i''}}\left[1-\mathrm{e}^{-(t-\tau_0)/\tau_i''}\right]\\&=\sum_{i=1}^{n}D_i\mathrm{e}^{-a_ir_i''\tau_0}\left[1-\mathrm{e}^{-r_i''(t-\tau_0)}\right]\end{aligned} \tag{3.109}$$

式中：$\Psi_i(\tau_0)=D_i\mathrm{e}^{-a_ir_i''\tau_0}$，$i=1, 2, \cdots, n$。

模型中各元件相应的弹性模量和黏滞系数的表达式为

$$E_i(t,\tau_0)=\frac{b_i}{D_i}\mathrm{e}^{a_ir_i''\tau_0}\mathrm{e}^{r_i''(1-b_i)(t-\tau_0)},\eta_i(t,\tau_0)=\frac{1}{D_ir_i''}\mathrm{e}^{a_ir_i''\tau_0}\mathrm{e}^{r_i''(1-b_i)(t-\tau_0)},$$

$$\tau_i''=\frac{1}{r_i''},i=1,2,\cdots,n \tag{3.110}$$

各公式比较列于表 3.3。

表 3.3　各公式比较表

公式	a_i	b_i	E_i	η_i	$\Psi_i(\tau)$	徐变类型
式（3.71）和式（3.72）	0	—	$1/D_i$	$1/D_ir_i'$	D_i	C^{na}
	(0, 1)	—	$\mathrm{e}^{a_ir_i't}$ $(1-a_i)/D_i$	$\mathrm{e}^{a_ir_i't}/D_ir_i'$	$D_i\mathrm{e}^{-a_ir_i'\tau}$	C^a
	1	—	0	$\mathrm{e}^{r_i't}/D_ir_i'$	$D_i\mathrm{e}^{-r_i'\tau}$	C^f

续表

公式	a_i	b_i	E_i	η_i	$\Psi_i(\tau)$	徐变类型
式（3.109）和式（3.110）	0	(0，1]	$e^{r_i''(1-b_i)(t-\tau_0)}b_i/D_i$	$e^{r_i''(1-b_i)(t-\tau_0)}/D_ir_i''$	D_i	C^{na}
	(0，$+\infty$)	(0，1]	$e^{a_ir_i''\tau_0}e^{r_i''(1-b_i)(t-\tau_0)}b_i/D_i$	$e^{a_ir_i''\tau_0}e^{r_i''(1-b_i)(t-\tau_0)}/D_ir_i''$	$D_ie^{-a_ir_i''\tau_0}$	C^a
	(0，$+\infty$)	0	0	$e^{a_ir_i''\tau_0}e^{r_i''(t-\tau_0)}/D_ir_i''$	$D_ie^{-a_ir_i''\tau_0}$	C^f
	0	0	0	$e^{r_i''(t-\tau_0)}/D_ir_i''$	D_i	C^{nf}

注 C^{na}为非老化黏弹性变形，C^a 为老化黏弹性变形，C^f 为老化黏性变形，C^{nf}为非老化黏性变形。

分析表 3.3 可知：改进的徐变模型与未改进的徐变模型主要区别在于模拟老化黏弹性变形 C^a 和老化黏性变形 C^f 时参数 a_i 的取值范围以及对非老化黏性变形 C^{nf} 的模拟，仅通过 b_i 的选取来对模拟 C^a 或 C^f，由于两者 Dirichlet 级数中函数项 $\Psi_i(\tau)$ 结果是一致的，因此改进的徐变模型弱化了老化黏弹性变形和老化黏性变形的区别。非老化黏性变形 C^{nf} 与一般意义上的常系数黏性元件不同，由于考虑了改进因素的影响，由 $\Psi_i(\tau)=D_i$ 可知，其模拟的徐变与非老化黏弹性变形 C^{na} 相同。由此可知，改进的徐变模型的优势在于扩大了参数 a_i 的取值范围和对一些变形模拟区分时的弱化。应当注意，上述分析必须满足无再次加卸载情况，对于再次加卸载的情况，则要复杂得多。

当元件系数添加受改进因素影响时，对于无再次加卸载情况，将式（3.75）的各参数限制去掉，得到徐变度公式如下：

$$C(t,\tau)=(x_1+x_2e^{-0.01x_3\tau})[1-e^{-0.01(t-\tau)}]+(x_4+x_5e^{-0.1x_6\tau})[1-e^{-0.1(t-\tau)}]+(x_7+x_8e^{-x_9\tau})[1-e^{-(t-\tau)}] \tag{3.111}$$

其中：$x_i>0$，$i=1\sim9$。

3.3.3 算例分析

同样，依据成都勘察设计研究院提供的溪洛渡泄洪洞泵送高强衬砌混凝土 C60 的徐变试验资料，整理试验数据、采用式（3.75）和式（3.111）对混凝土的徐变度的拟合结果见图 3.11。其中：式（3.111）的拟合系数为：$x_1=4.41$，$x_2=27.64$，$x_3=2.95$，$x_4=4.63$，$x_5=71.96$，$x_6=2.82$，$x_7=0$，$x_8=5.24$，$x_9=0.007$；在龄期 360d、持载时间 720d 内的平均相对误差分别为 7%。

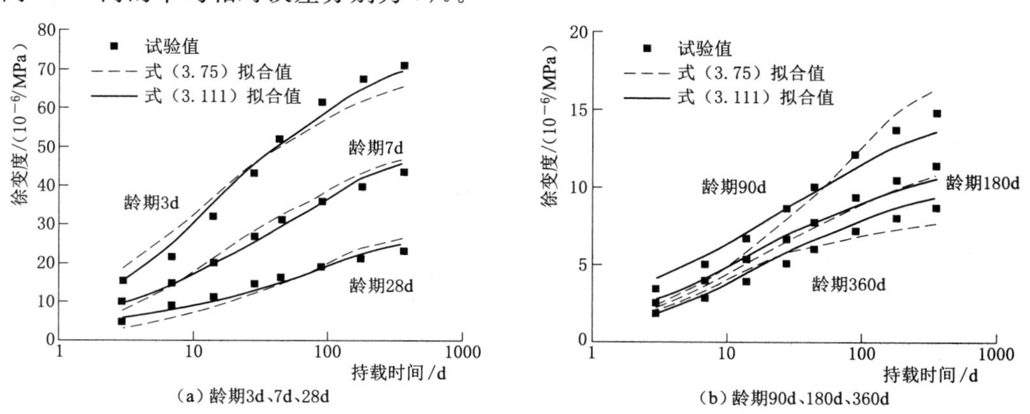

图 3.11 徐变度试验值与各徐变度公式拟合值对比图

由图 3.11（a）可知：式（3.111）由于取消了式（3.75）的各参数限制，使得拟合结果的精度得到一定的提高，其中短持载时间内的精度提高的较为明显，分析式（3.111）的拟合数据可知：由于徐变在式（3.75）中表示出强烈的老化黏性行为，而对于式（3.111），其 x_3、x_6的参数为 2.95、2.82 均大于 1，它既可表示为老化黏弹性变形，也可用老化黏性变形来表示。故当 a_i 的拟合系数明显大于 1 时，可认为混凝土徐变受初始加载时间、观测时长、作用龄期和作用时长等影响明显。

3.3.4　结论

为了从根本上消除负徐变，在广义开尔文模型各元件系数考虑龄期的基础上，提出了元件系数受初始加载时间、观测时长、作用龄期和作用时长等综合影响的改进徐变模型[26]。分析得出该模型考虑了初始加载时间对再次加卸载的影响，各元件系数与满足叠加原理的各元件系数在再次加卸载的情况下不一定连续，而当满足考虑初始加载时间、观测时长、作用龄期和作用时长等影响的叠加原理时，各元件系数连续且仅随时间变化，然后给出了该模型对应 Dirichlet 级数的各元件的一般表达式和针对无再次加卸载的简化表达式，分析得出该徐变模型可完全突破之前建议的徐变模型的参数限制，从而彻底解决了负徐变的问题。

针对无再次加卸载情况，建议了改进徐变模型的一种徐变度表达式。该表达式的徐变度类似于之前建议的徐变模型，但各元件表达式完全不同。分析指出：改进的徐变模型不仅突破了参数上的限制，还可以模拟非老化黏弹性变形、老化黏弹性变形、老化黏性变形、非老化黏性变形；弱化了老化黏弹性变形和老化黏性变形的区别［$\Psi(\tau)$ 值一致］；非老化黏性变形与常数项黏性元件模拟的非老化黏性变形不同，由于黏性元件的表达式不一致，该黏性元件最终模拟的变形与非老化黏弹性变形相同［$\Psi(\tau)$ 值一致］。最后，将九参数徐变模型的各参数上限取消，并基于高强衬砌混凝土的徐变试验数据，对比了拟合精度得出：由于高强衬砌混凝土在九参数徐变模型表现出强烈的黏性行为，去掉参数限制后，精度得到一定的提高。

3.4　水管冷却的有限元沿程水温改进算法研究

混凝土内部用水管通冷却水可以有效带走内部生成的热量。水管尺寸较小，冷却水温较低，水温和混凝土内部温度差距较大。因此，在混凝土含冷却水管的有限元法计算中，需考虑水管附近大温度梯度导致的计算精度问题。关于混凝土含有冷却水管的温度场计算，国内学者进行了大量深入研究[27-31]。研究成果虽有其优点，但也有不足。等效热传导有限元法已较为完善[11,32-33]，国内学者则重点对精细有限元法进行改进。文献［34］提出了有限元内嵌单元法，不考虑水管的位置，将水管对混凝土的作用内嵌到常规单元上以实现等效处理。文献［35］提出了有限元的直接求解法，利用空间离散的伽辽金法，将水管和混凝土的未知量直接进行迭代计算，不必求解温度梯度，并用共轭梯度迭代法求解所产生的非对称矩阵方程。文献［36－38］也做了相关研究。朱伯芳院士提出的等效负热源法[11]，不考虑上述问题，因而极大地提高了计算速度，现已被广泛用于混凝土的温度场和温度应力场的计算。然而，等效算法只是热源意义上的等效，不能精确模拟混凝土内部尤其是水管附近的温度场及其应力场。根据多年运用的经验，这种等效对于大体积（大坝等）混凝土温度场计算的误差是可以接受的（只要水温不过低，不会导致管周混凝土裂缝），但对于经常只采用一层水管冷却的薄壁结构衬砌混凝土则可能会带来大的误差。朱伯芳院士和朱岳明等提出的有限元冷却水管的直接模拟法，由于需对水管附近单元尺寸进行细密划分而导致节点大大增多，对于复杂的大体积混凝土结构的应用是十分困难的，同时建模过程中尤其是水管转弯等部位等较为复杂，且在分析温度场后往往还需计算温度应力场，故实际工程中采用的并不多。这里综合该两种方法的优势，提出一种能较为准确地反映实际温度场且有效地降低节点数量的改进算法[39]。

3.4.1　金属水管附近混凝土的热量平衡方程的构建

金属水管的导热能力极强，忽略水管壁厚的影响。水管附近的断面结构见图3.12（a），图3.12（b）为面积等效处理后的水管圆柱断面结构。其中r_0为水管外缘半径，r_m为混凝土外缘半径，r_j为水管外缘与混凝土外缘之间混凝土的任意半径。水管长度方向单元长度为ΔL。

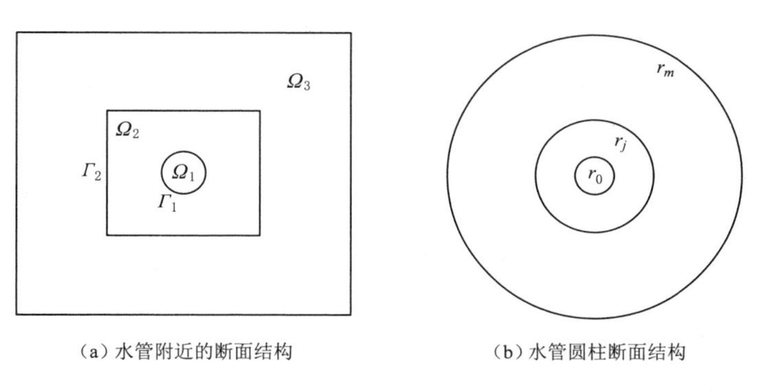

图3.12　断面结构图

若忽略水管区域Ω_1和区域Ω_2沿程温升后分别倒灌到区域Ω_2和区域Ω_3的热量，则Ω_2单位时间内的热量平衡方程为

$$\rho_c c_c \iiint_{\Omega_2} \frac{\partial T}{\partial t}\mathrm{d}V = \rho_c c_c \iiint_{\Omega_2} \frac{\partial \theta}{\partial t}\mathrm{d}V - \lambda_c \iint_{\Gamma_2} \frac{\partial T}{\partial n}\mathrm{d}S - c_w \rho_w q_w \Delta T_w \tag{3.112}$$

式中：$\rho_c c_c \iiint_{\Omega_2} \frac{\partial T}{\partial t}\mathrm{d}V$为区域$\Omega_2$的最终生热量；$\rho_c c_c \iiint_{\Omega_2} \frac{\partial \theta}{\partial t}\mathrm{d}V$为区域$\Omega_2$绝热时的生热量；$-\lambda_c \iint_{\Gamma_2} \frac{\partial T}{\partial n}\mathrm{d}S$为区域$\Omega_3$沿曲面$\Gamma_2$传给区域$\Omega_2$的热量；$-c_w \rho_w q_w \Delta T_w$为区域$\Omega_1$沿曲面$\Gamma_1$传给区域$\Omega_2$的热量；$c_w$、$\rho_w$、$q_w$为水的比热、密度和流量；$\Delta T_w$为长度$\Delta L$内水的温升；$\lambda_c$、$c_c$、$\rho_c$为混凝土的导热系数、比热和密度；$\partial T/\partial n$为沿曲面的外法向温度梯度；$\theta$为绝热温升。

3.4.2　任意两半径间的平均温度

为求等式（3.112）左端项，将图 3.12（a）等效成图 3.12（b）的断面形式，其热传导方程为

$$\frac{\partial T}{\partial \tau}=a\left(\frac{\partial^2 T}{\partial r^2}+\frac{1}{r}\frac{\partial T}{\partial r}\right) \tag{3.113}$$

其中：$a=\lambda_c/\rho_c c_c$，为导温系数。

边界条件：当 $\tau=0$，$r_0\leqslant r\leqslant r_m$ 时，$T(r,0)=0$，当 $\tau>0$，$r=r_0$ 时，$T(r_0,\tau)=T_0$，当 $\tau>0$，$r=r_m$ 时，$\frac{\partial T}{\partial r}=0$。

按照文献［11］给出的水管平面问题的热传导方程及边界条件的拉普拉斯解，可知任意半径的温度计算结果如下：

$$T(r,\tau)=T_0\sum_{n=1}^{\infty}\frac{2\exp(-\alpha_n^2 a\tau)}{\alpha_n r_m}\frac{Y_0(\alpha_n r)J_1(\alpha_n r_m)-Y_1(\alpha_n r_m)J_0(\alpha_n r)}{R(\alpha_n r_m)} \tag{3.114}$$

$$\begin{aligned}R(\alpha_n r_m)=&(r_0/r_m)[J_1(\alpha_n r_m)Y_1(\alpha_n r_0)-J_1(\alpha_n r_0)Y_1(\alpha_n r_m)]\\&+[J_0(\alpha_n r_0)Y_0(\alpha_n r_m)-J_0(\alpha_n r_m)Y_0(\alpha_n r_0)]\end{aligned} \tag{3.115}$$

式中：J_0、J_1 为零阶和一阶第一类贝塞尔函数；Y_0、Y_1 为零阶和一阶第二类贝塞尔函数；$\alpha_n r_m$ 为特征方程 $J_1(\alpha_n r_m)Y_0(\alpha_n r_0)-J_0(\alpha_n r_0)Y_1(\alpha_n r_m)=0$ 的根。

可以求得平均温度，即

$$T_m=\int_{r_0}^{r_m}2\pi r T(r,\tau)\mathrm{d}r\Big/\int_{r_0}^{r_m}2\pi r\,\mathrm{d}r=T_0\sum_{n=1}^{\infty}H_n\exp(-\alpha_n^2 a\tau) \tag{3.116}$$

$$H_n=\frac{4r_m r_0}{r_m^2-r_0^2}\frac{Y_1(\alpha_n r_m)J_1(\alpha_n r_0)-J_1(\alpha_n r_m)Y_1(\alpha_n r_0)}{\alpha_n^2 r_m^2 R(\alpha_n r_m)} \tag{3.117}$$

任意两半径间的平均温度为

$$T_{mj}=\int_{r_{j-1}}^{r_j}2\pi r T(r,\tau)\mathrm{d}r\Big/\int_{r_{j-1}}^{r_j}2\pi r\,\mathrm{d}r,j=1,2,\cdots,m \tag{3.118}$$

同样可以求得

$$T_{mj}=T_0\sum_{n=1}^{\infty}H_{nj}\exp(-\alpha_n^2 a\tau) \tag{3.119}$$

$$H_{nj}=\frac{4r_m}{r_j^2-r_{j-1}^2}\frac{r_j\Psi_j-r_{j-1}\Psi_{j-1}}{\alpha_n^2 r_m^2 R(\alpha_n r_m)} \tag{3.120}$$

$$\Psi_j=Y_1(\alpha_n r_j)J_1(\alpha_n r_m)-J_1(\alpha_n r_j)Y_1(\alpha_n r_m) \tag{3.121}$$

若级数 n 取一项，则式（3.116）和式（3.119）可以简化为

$$T_m=T_0 H_1\exp(-\alpha_1^2 a\tau) \tag{3.122}$$

$$T_{mj}=h_{1j}T_m \tag{3.123}$$

其中：$h_{1j}=H_{1j}/H_1$。

考虑混凝土的绝热温升，朱伯芳院士提出了近似求解方法，即在时间 $\mathrm{d}\tau$ 内的绝热温升为 $\mathrm{d}\theta$，到时间 t 的平均温度为

$$\mathrm{d}T_m=H_1\exp[-\alpha_1^2 a(t-\tau)]\mathrm{d}\theta \tag{3.124}$$

考虑沿程水温上升的影响，朱伯芳院士还给出了更为精确的算法，这里就不详述。但修改后的表达式形式上与式（3.122）和式（3.123）格式一致，因此可近似认为任意两半径间的平均温度与整体平均温度的比值为 h_{1j}。故 Ω_2 内的平均温度满足：

$$T_{m\Omega_2}=T_w+h_{1j}[(T_0-T_w)\phi+\theta_0\psi] \tag{3.125}$$

式中：T_w 为水温；T_0 为混凝土初始温度；θ_0 为最终绝热温升；ϕ、ψ 详见文献［11］。

3.4.3　水管沿程水温的改进迭代算法

假定水管附近 Ω_2 的温度场只受水管的影响，故由上式可得到如下方程：

$$\frac{\partial T}{\partial t}=h_{1j}(T_0-T_w)\frac{\partial \phi}{\partial t}+h_{1j}\theta_0\frac{\partial \psi}{\partial t} \tag{3.126}$$

结合式（3.112）和式（3.126）有

$$\Delta T_w=-\frac{\lambda_c}{c_w\rho_w q_w}\iint_{\Gamma_2}\frac{\partial T}{\partial n}\mathrm{d}S-\frac{\rho_c c_c}{c_w\rho_w q_w}\left[h_{1j}(T_0-T_w)\frac{\partial \phi}{\partial t}+h_{1j}\theta_0\frac{\partial \psi}{\partial t}-\frac{\partial \theta}{\partial t}\right]V_{\Omega_2} \tag{3.127}$$

其中：上式右端积分项是沿着曲面 Γ_2 的积分，V_{Ω_2} 为区域 Ω_2 内体积。

迭代计算方法假定在 i 和 $i+1$ 截面之间，积分 $\iint_{\Gamma_2}\frac{\partial T}{\partial n}\mathrm{d}S$ 沿水管长度呈线性变化，故有

$$\begin{aligned}\Delta T_{wi}=&-\frac{\lambda_c}{2c_w\rho_w q_w}\left[\left(\iint_{\Gamma_2}\frac{\partial T}{\partial n}\mathrm{d}S\right)_i+\left(\iint_{\Gamma_2}\frac{\partial T}{\partial n}\mathrm{d}S\right)_{i+1}\right]\\&-\frac{\rho_c c_c}{c_w\rho_w q_w}\left[h_{1j}(T_0-T_w)\frac{\partial \phi}{\partial t}+h_{1j}\theta_0\frac{\partial \psi}{\partial t}-\frac{\partial \theta}{\partial t}\right]V_{\Omega_2}\end{aligned} \tag{3.128}$$

$$\Delta T_{wi}=T_{w1}+\sum_{j=1}^{i-1}\Delta T_{wj},i=2,3,\cdots \tag{3.129}$$

迭代计算采用如下控制标准：

$$\max_i=\left|\frac{T_{wi}^k-T_{wi}^{k+1}}{T_{wi}^{k+1}}\right|\leqslant\varepsilon \tag{3.130}$$

式中：k 为迭代次数；ε 为控制误差的一个极小数。

3.4.4　非金属水管沿程水温改进迭代算法的修正

经济快速施工的要求，越来越多的工程采用非金属水管通水冷却。非金属管的导热能力相对金属水管明显较差，相当于内外壁间存在一层隔热材料，内外壁之间存在一定的温差，如图 3.13 所示，其中 r_0、r_m 见图 3.12（b），c 为水管内半径。

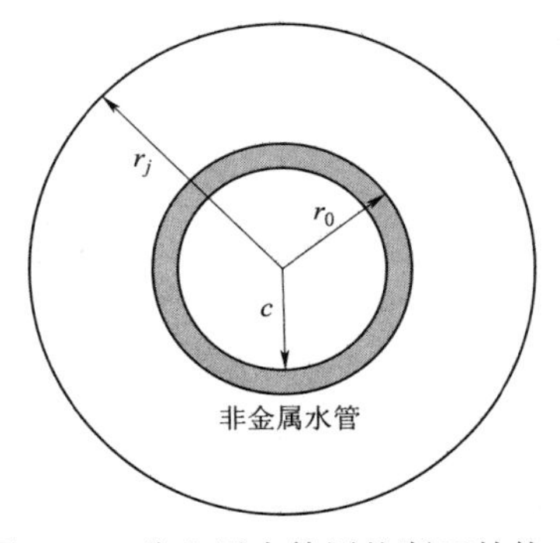

图 3.13　非金属水管圆柱断面结构

对于非金属水管，Ω_2 单位时间内的热量平衡方程式（3.112）修改为

$$\rho_c c_c \iiint_{\Omega_2} \frac{\partial T}{\partial t} \mathrm{d}V = \rho_c c_c \iiint_{\Omega_2} \frac{\partial \theta}{\partial t} \mathrm{d}V - \lambda_c \iint_{\Gamma_2} \frac{\partial T}{\partial n} \mathrm{d}S - c_w \rho_w q_w \Delta T_w - Q_p \tag{3.131}$$

式中：Q_p 为水管内外壁间的热容量。水管壁厚度一般较薄，其间的热容量可以忽略。

混凝土含非金属水管的问题可近似当作第三类边界条件处理，采用等效对流传热系数来考虑水管对温度的影响

$$h_s = \frac{1}{1/h + (r_0 - c)/\lambda_1} \tag{3.132}$$

式中：h 为混凝土与水之间的对流传热系数；h_s 为混凝土通过塑料水管的等效对流传热系数；λ_1 为塑料水管的导热系数。

采用上述新提出的改进算法[39]，在式（3.127）的整个求解过程中，只需要将 α_n 替换为非金属水管的特征参数 β_n（朱伯芳院士给出了详细的等效替换方法，由于计算过程较为复杂，这里不做详述），也是比较简便的。

3.4.5　金属水管算例分析

水管冷却的有限元迭代算法和等效算法都具有很强的适用性，既可用于大体积混凝土的计算，同时也可用于衬砌混凝土的计算。对于衬砌结构，各水管之间的衬砌混凝土一般呈对称分布，为了方便分析，取水管间距为 2.0m 建立有限元模型，水管取直后的混凝土长 L 为 100m，宽×高＝2m×2m，在混凝土横截面中心布置一根外径为 32mm 的冷却铁水管，顶面散热，其他面为绝热边界。混凝土初始温度取 20℃，环境温度为 $T_{\mathrm{cir}} = 17.5 + 10.8\cos[2\pi(t-61)/365]$℃，时间 t 单位为 d，冷却水入口温度为 10℃，通水 10d，混凝土绝热温升表达式为 $\theta(t) = 25.3[1-\exp(-0.315t)]$℃，混凝土的密度为 2400kg/m^3，比热为 0.955kJ/(kg·℃)，导热系数为 203.76kJ/(m·d·℃)，表面放热系数为 665.52kJ/(m^2·d·℃)。水的密度为 1000kg/m^3，比热为 4.187kJ/(kg·℃)，流量为 24m^3/d，有限元网格和断面典型节点如图 3.14 所示，不同网格尺寸的有限元网格断面图见图 3.15，其中较粗网格离水管中心 0.1m 处划分一个单元，共 4000 个单元。而加密网格则将其到水管外径的距离进行了三等分处理，共 4800 个单元。计算方案见表 3.4。L＝50m 和 L＝100m 的各典型节点的温度历时曲线见图 3.15。图 3.16～图 3.21 给出了不同龄期不同方案下 L＝50m 截面处的温度云图。

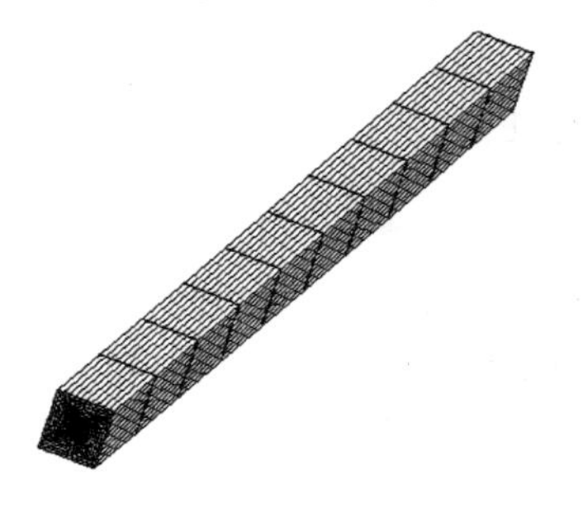

(a) 有限元网格

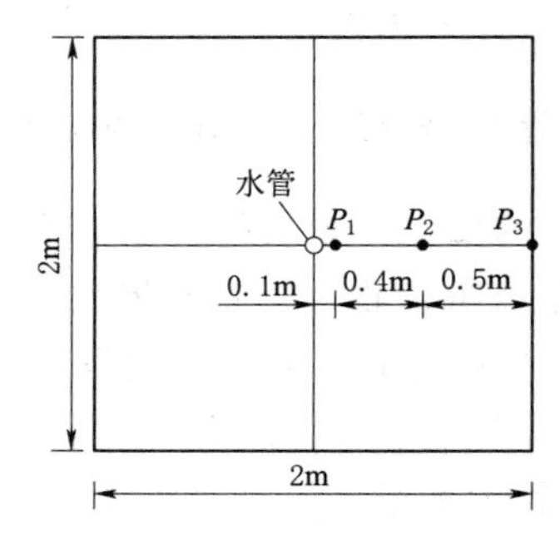

(b) 断面典型节点

图 3.14　有限元网格模型与断面典型节点

表 3.4　　**温度场计算方案表**

方案	网格模型	计算方法	通水期间计算耗时（0.5d一步）/s
方案一	较粗网格	精细有限元法	33
方案二	较粗网格	改进方法（水管外一层单元）	34
方案三	较粗网格	改进方法（水管外二层单元）	34
方案四	加密网格	精细有限元法	37

注　在 ThinkPad E520 上计算，i3 处理器，4G 内存。

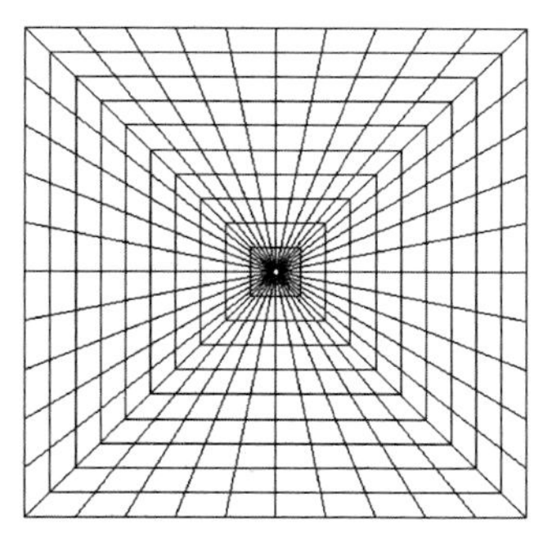

（a）较粗网格

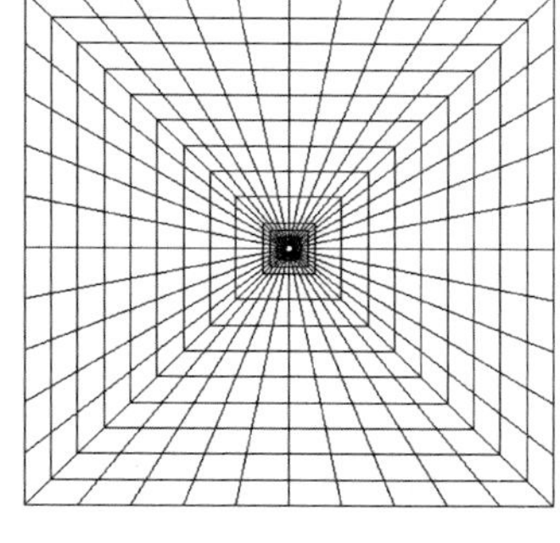

（b）水管中心附近0.1m内三等分加密网格

图 3.15　不同网格尺寸的有限元网格断面图

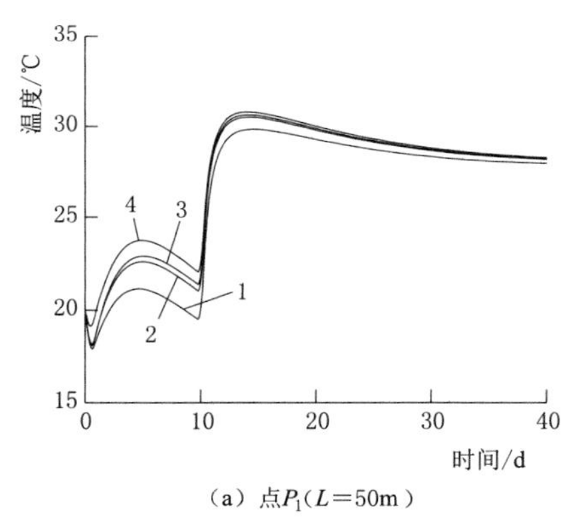

（a）点P_1(L=50m)

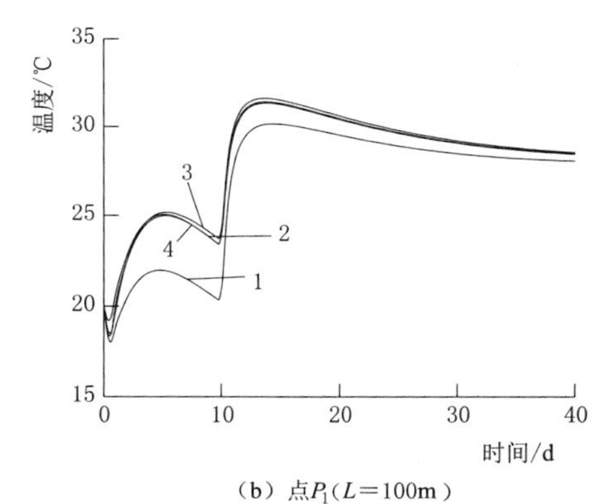

（b）点P_1(L=100m)

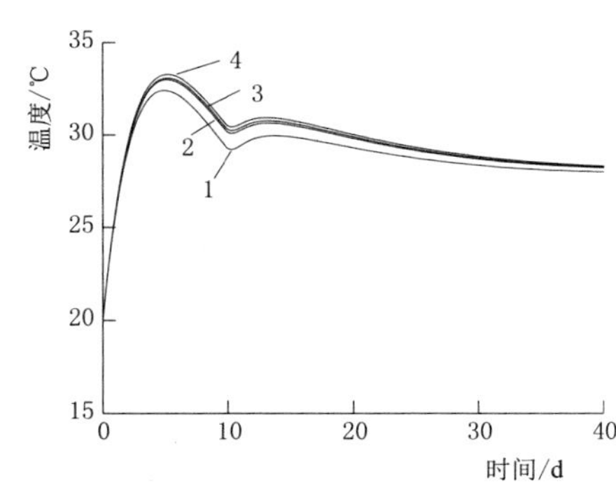

（c）点P_2(L=50m)

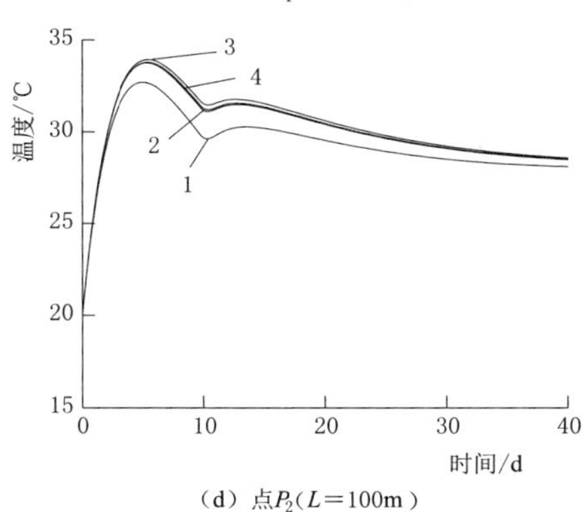

（d）点P_2(L=100m)

图 3.16（一）　各典型节点不同水管长度处的温度历时曲线

1—方案一；2—方案二；3—方案三；4—方案四

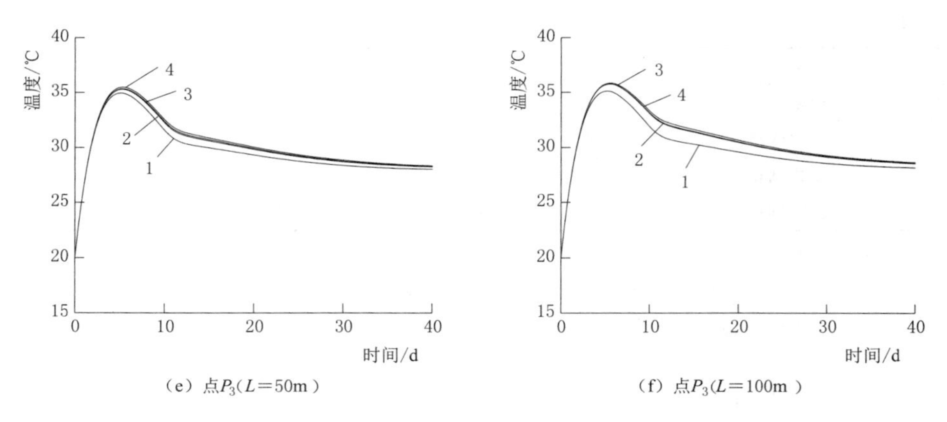

图 3.16（二）　各典型节点不同水管长度处的温度历时曲线

1—方案一；2—方案二；3—方案三；4—方案四

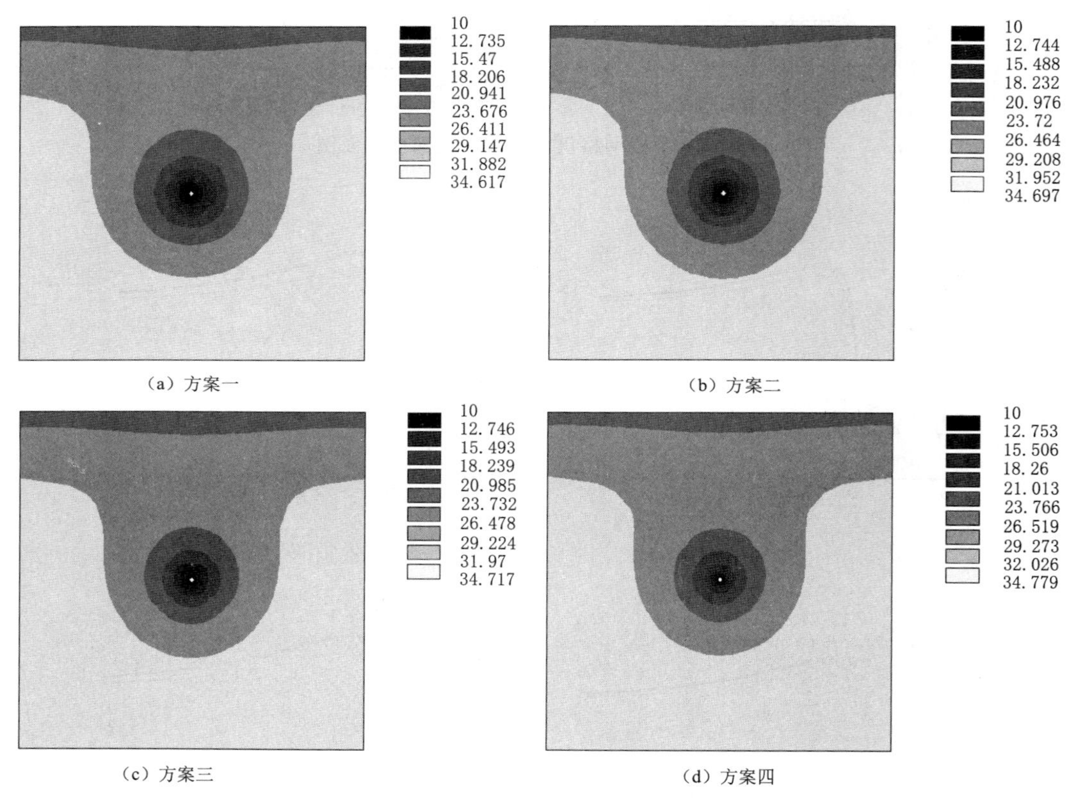

图 3.17　龄期 3d 不同方案 $L=50$m 截面处的温度云图

由图 3.16～图 3.21 可见，采用改进的方案二和方案三计算方法的温度场计算结果相差不大，这说明文中的假定对离水管不远距离处的情况是基本满足精度要求的。对于节点 P_1，由图 3.16（a）和（b）可知，在通水期间，改进方法和方案一在 $L=50$m 处的计算结果均低于方案四，但改进方法的计算结果要好些，且随着水管长度位置的增加，改进方

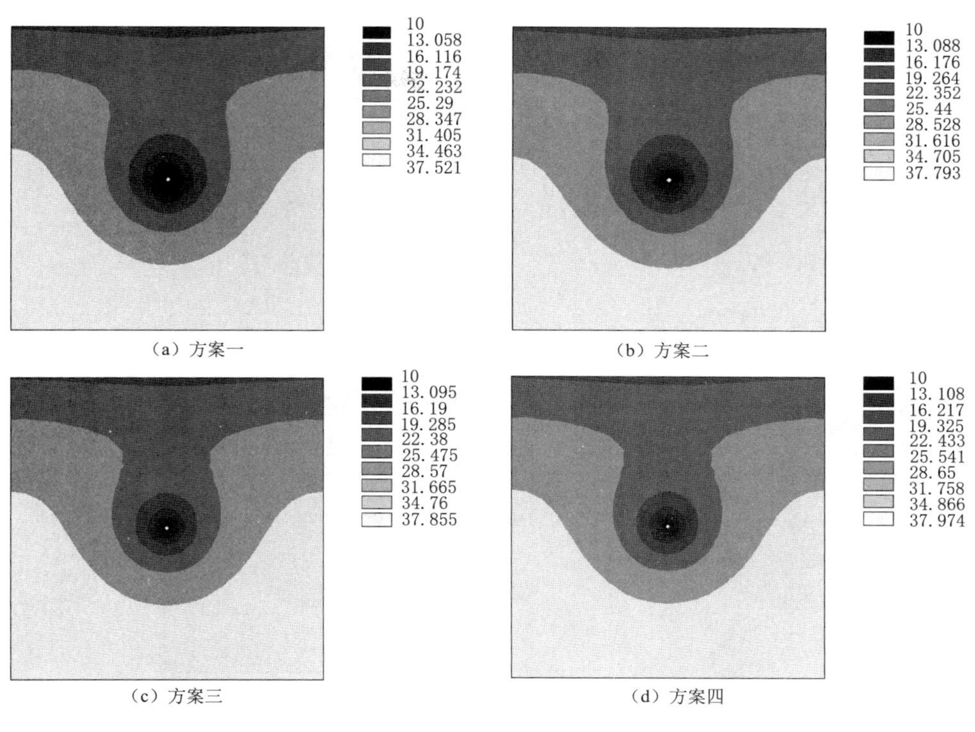

(a) 方案一　(b) 方案二　(c) 方案三　(d) 方案四

图 3.18　龄期 5d、$L=50$m 截面处不同方案的温度云图

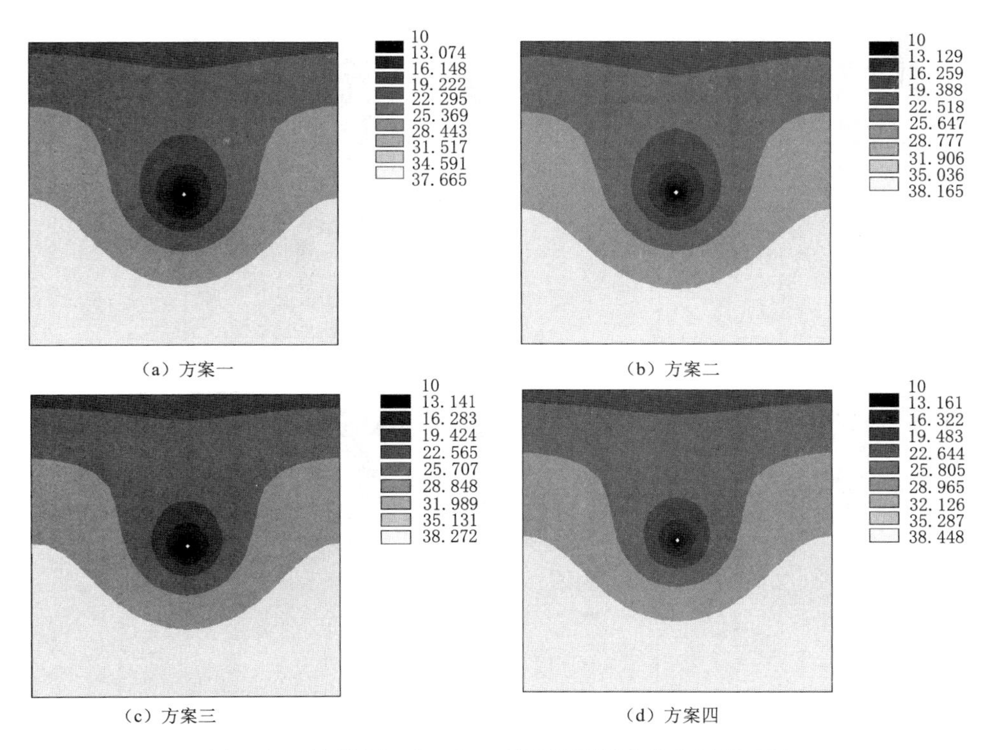

(a) 方案一　(b) 方案二　(c) 方案三　(d) 方案四

图 3.19　龄期 7d、$L=50$m 截面处不同方案的温度云图

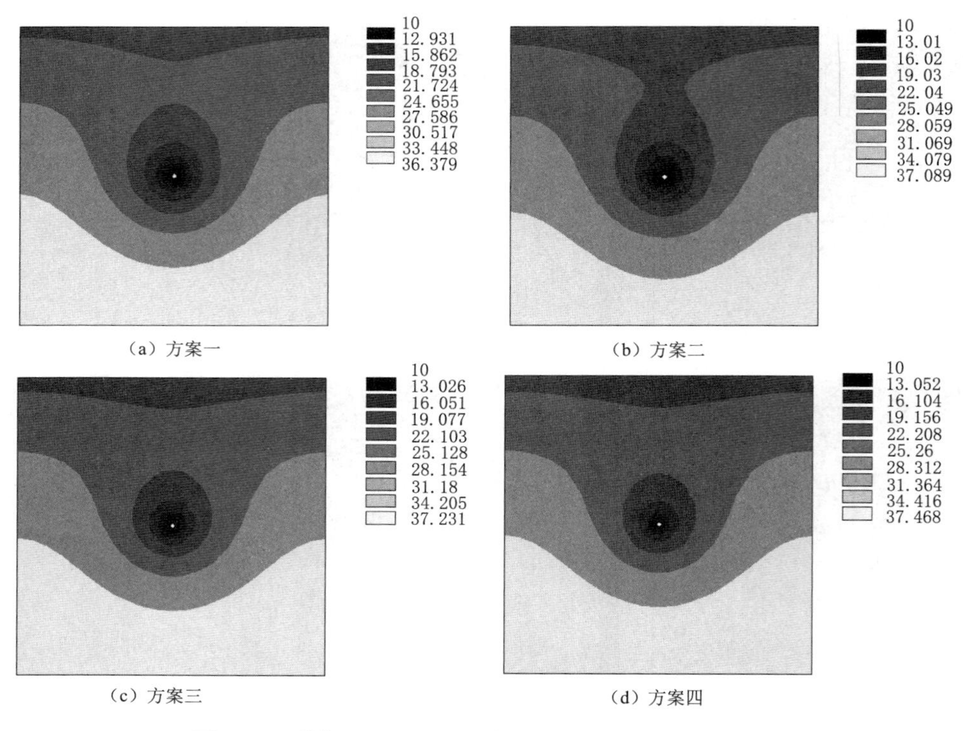

（a）方案一　（b）方案二

（c）方案三　（d）方案四

图 3.20　龄期 9d、$L=50$m 截面处不同方案的温度云图

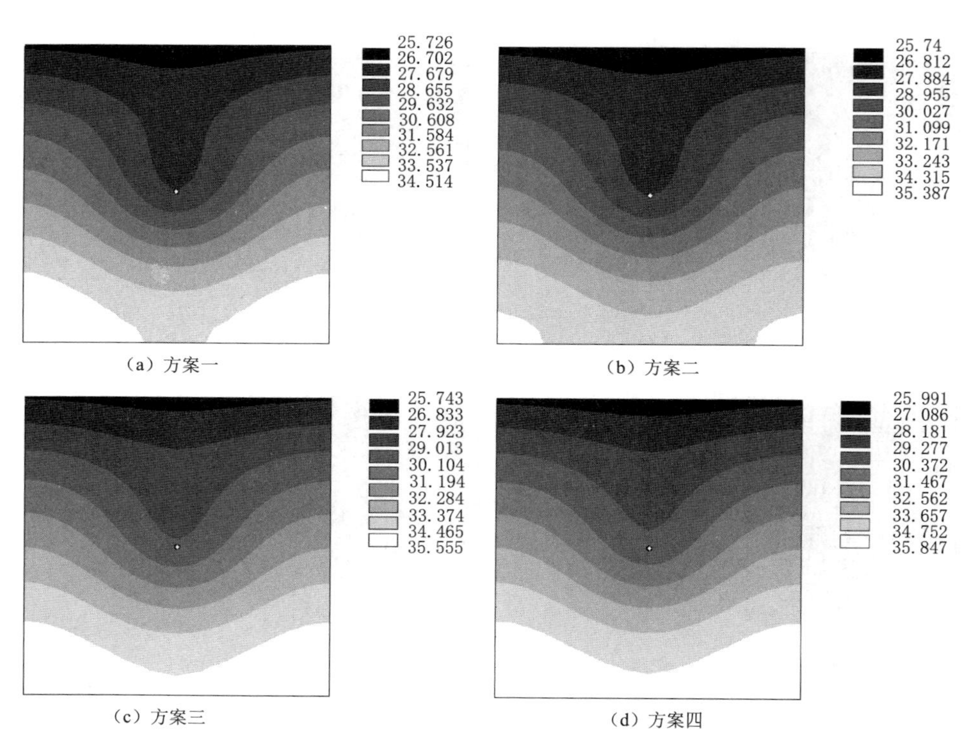

（a）方案一　（b）方案二

（c）方案三　（d）方案四

图 3.21　龄期 11d、$L=50$m 截面处不同方案的温度云图

法与方案四的计算结果逐渐趋于一致，而方案一与方案四的温度计算结果差距却逐渐增大；通水结束后，改进方法与方案四的温度计算结果相差不大，而方案一则要经过一段时间才能逐渐趋近于方案四，这是由于网格划分不够细密时，采用精细有限元法会导致混凝土出现“假冷”的现象。对于节点 P_2 和 P_3，由图 3.16（c）、（d）、（e）和（f）可知，在通水期间，改进方法和方案四的温度计算结果差距较小，而方案一的温度计算结果仍然偏低，这种偏低的程度随着离水管距离的增加而逐渐减小，随着水管长度位置的增加而逐渐增大。

3.4.6　非金属水管算例分析

在上述算例的基础上，仅改变水管材料特性，即将铁管改为聚乙烯管，聚乙烯管外半径与铁管相同，内径为 28mm，导热系数为 39.84kJ/(m·d·℃)。计算方案见表 3.5。L＝50m 和 L＝100m 的各典型节点的温度历时曲线见图 3.22。

表 3.5　　　　温 度 场 计 算 方 案 表

方案	网格模型	水管材料	计　算　方　法
方案一	加密网格	铁管	精细有限元法
方案二	加密网格	聚乙烯管	精细有限元法调整
方案三	较粗网格	聚乙烯管	改进迭代算法调整（水管外一层单元）

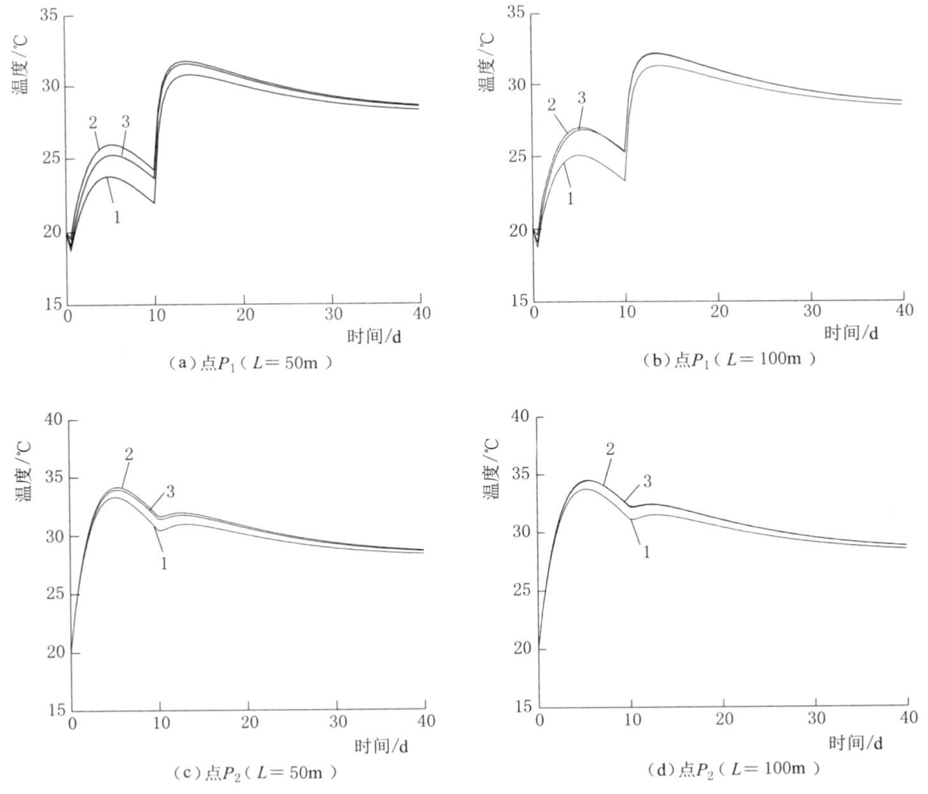

图 3.22（一）　各典型节点不同水管长度处的温度历时曲线

1—方案一；2—方案二；3—方案三

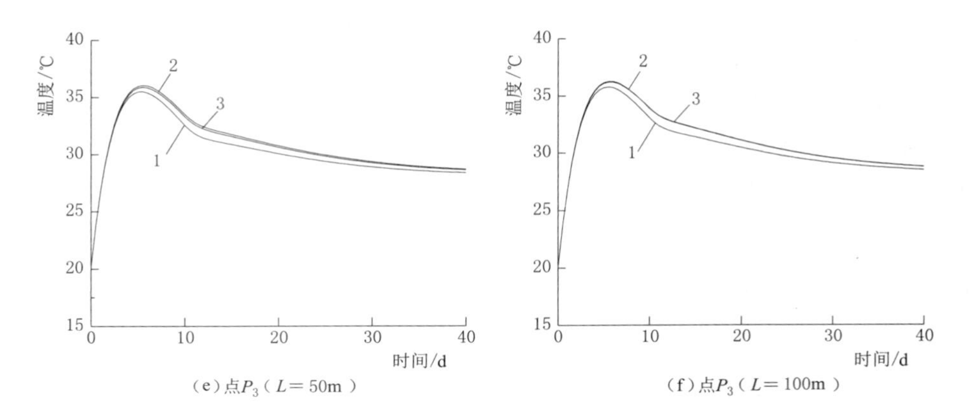

(e)点P_3($L=50$m)

(f)点P_3($L=100$m)

图3.22(二)　各典型节点不同水管长度处的温度历时曲线

1—方案一；2—方案二；3—方案三

由图3.22可见，比较方案一和方案二可知：方案一在$L=50$m和$L=100$m处的计算结果要低于方案二，且距离水管越近，温度越低；随着水管长度位置的增加，温度逐渐增大，但两种材料的温度差距并没有进一步拉大，这主要是由于方案二在水管外缘处温度得到提升后，使得温度梯度有所下降，而温度梯度下降会导致沿程温升降低。比较方案一和方案三可知，改进算法和铁管算例的规律保持一致，故改进算法在非金属水管中同样具有很好的计算效率。

3.5　参数最优选取方法研究

为使水工隧洞衬砌混凝土温控防裂仿真计算结果能较好地反映实际情况，经常需要依据现场温度、温度应力监测成果对计算参数进行反演分析。因此，反演分析参数值将直接影响仿真计算成果，有必要对相关参数进行优选分析。混凝土温控防裂仿真计算参数较多，且具有不确定性，一般采用卡尔曼滤波[40]方法解决这种随机性最优化问题。在大坝、桥梁等地面混凝土结构中，有些学者根据现场温度监测数据进行反演分析，确定各相关力学计算参数。文献[41-43]介绍了Byaes参数估计理论、人工神经网络方法、可变容差法在混凝土热学参数反演分析中的应用。在岩土工程中，一些学者[44-46]从分析岩土参数空间变异特征出发，将岩土参数视为具有随机性与结构性的区域化变量，通过变异函数描述区域化变量的空间变异性，运用地质统计学理论和方法，给出了岩土参数结构性的数学模型。然而，在现实施工中由于人为、自然等因素的干扰，导致计算参数的不稳定性，因此有必要综合考虑随机因素影响下概率统计最优的参数取值。

这里在获得较可靠的热学、力学参数反演分析数据后，根据各组参数中每个参数的分布情况，从概率统计的角度找出最优参数组合值进行数值模拟计算，研究和解决如何从一切可能的方案中寻找最优方案。即根据反演分析情况，统计出每个参数概率分布，计算其均值与协方差等，并通过神经网络训练出在各参数共同影响下，每个参数与计算结果的非线性映射关系，再将各监测结果作为输入神经元，反算出每个参数的值，由此可以计算出每个参数在考虑参数间交互作用下的取值波动范围。最后按一定的变化率改变主参数（自变量），并根据交互作用系数计算其他影响因素（因变量）值；在确定各参数概率分布型的基础上，计算出每次调整参数所对应的各参数组合概率密度值，对比每次调整的情况可确定出最理想的参数组合。

3.5.1 随机过程的数字特征

（1）中位数：将数据排序后，位置在最中间的数值。

（2）偏度：其计算公式为

$$g_1=\frac{n}{(n-1)(n-2)s^3}\sum_{i=1}^{n}(x_i-\overline{x})^3=\frac{n^2u_3}{(n-1)(n-2)s^3} \tag{3.133}$$

式中：s 为标准差；u_3 为三阶中心矩，$u_k=\frac{1}{n}\sum_{i=1}^{n}(x_i-\overline{x})^k(k=3)$。

（3）峰度：其计算公式为

$$\begin{aligned}g_2&=\frac{n(n+1)}{(n-1)(n-2)(n-3)s^4}\sum_{i=1}^{n}(x_i-\overline{x})^4-3\frac{(n-1)^2}{(n-2)(n-3)}\\&=\frac{n^2(n+1)u_4}{(n-1)(n-2)(n-3)s^4}-3\frac{(n-1)^2}{(n-2)(n-3)}\end{aligned} \tag{3.134}$$

（4）检验统计量为

$$JB=\frac{n-m}{6}\left[g_1^2+\frac{1}{4}(g_2-3)^2\right] \tag{3.135}$$

式中：n 为序列样本量；m 为产生样本序列时用到的估计系数的个数。

在零假设下，JB 统计量服从 $\chi^2(2)$ 分布。

3.5.2 交互作用强度及敏感性分析原理

根据文献［47］关于神经网络对输出的相对作用强度（RSE）的定义，文献［48］将输入样本作为输出目标样本的处理方法来构建神经网络并进行训练，计算出各因素间的交互作用强度，即神经网络中，各输入单元对某一个输出单元相对影响的一种度量。

神经网络某输入 i 对某输出 k 的 RSE 的计算式可以写为

$$RSE_{ki}=A\sum\sum\cdots\sum W_{j_nk}G(e_k)W_{j_{n-1}j_n}G(e_{j_n})W_{j_{n-2}j_{n-1}}G(e_{j_n-1})\cdots W_{ij_1}G(e_{j1}) \tag{3.136}$$

式中：W 为网络任意节点与其临层节点的连接权值，任意隐层或输出层节点上的激励函数的导函数为 $G(e)$，e 为该节点上所接收的前层节点的加权输入。

由于规范化系数 A 的作用，使得 $|RSE_{ki}|\leqslant 1$。

各因素存在着复杂的相互作用关系，可通过以下公式[48]计算因某一因素 i 变化所引起的其他因素 j 取值 H_{ij}：

$$H_{ij}=D_j\pm\eta_iD_iRSE_{ij} \tag{3.137}$$

式中：D_i、D_j 分别为第 i、j 个影响因素基准值；η_i 为因素 i 的变化率；RSE_{ij} 为因素 i 对因素 j 的作用强度。

通过以上公式，分别按一定的变化率 η_i 改变因素 i 的值，可得到其他因素的值。在完成各因素变化及相应其他因素值的变化后，将各组参数值作为之前训练成熟的神经网络的输入样本进行计算，可输出目标样本。而后，根据敏感性系数 S 的定义，推出影响因素的敏感度：

$$S_i=\frac{\left|\frac{\Delta T}{T}\right|}{\left|\frac{\Delta x_i}{x_i}\right|} \tag{3.138}$$

式中：$\frac{\Delta T}{T}$为目标样本的相对变化率；$\frac{\Delta x_i}{x}$为影响因素 x_i 的相对变化率。

3.5.3 参数组合优选方法

根据提供参数值计算结果（图3.23）与现实监测值有偏差，有时偏差过大，说明所提供参数值是经验意义上的数值，并不一定是严格意义上的概率最优值。由于人为、自然等因素的干扰，导致计算参数存在不稳定性，因此有必要综合考虑随机因素影响下概率统计最优的参数取值。多参数反演分析计算迭代中，因为有多个自变量对应一个目标函数，为使目标函数达到潜在最优值，在调整参数时，有可能个别参数过大偏离实际。由于参数之间存在交互作用，各组合参数中，每个参数取值并不一定都为单参数统计概率分布型最大概率对应的数值。因此，在进行各参数交互作用和各参数对关注结果作用的神经网络（图3.24）训练后，反推各参数在一定概率水平下的置信区间；在对参数组合中每个参数进行取值时，根据置信区间在整个概率分布型中的位置情况，确定所取参数组合最大概率对应的各参数取值。

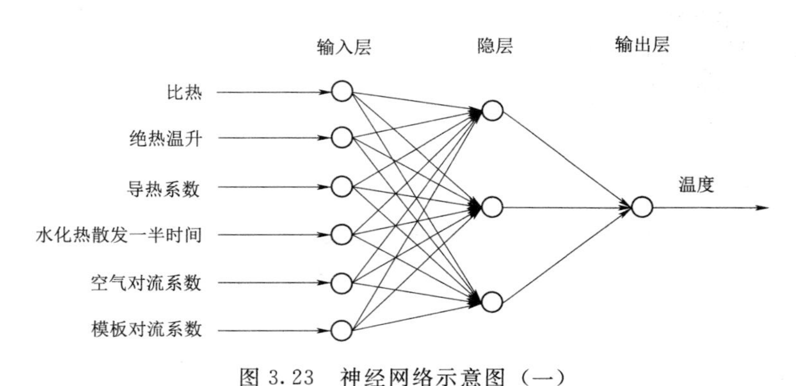

图3.23 神经网络示意图（一）

因此，在确定参数过程中：

第一，根据监测数据对各参数进行反演分析，统计各参数的反演分析样本，并确定各参数的概率分布情况，即确定每个参数在一定概率水平下的置信区间。

第二，依据主导参数的分析，排列出敏感度从高到低原则对各计算参数进行排序。

第三，在进行参数组合取值试算时，先确定主导因素（取统计分布型中概率最大的值），然后根据参数的相互作用强度确定次导因素值，其余参数值以此类推。

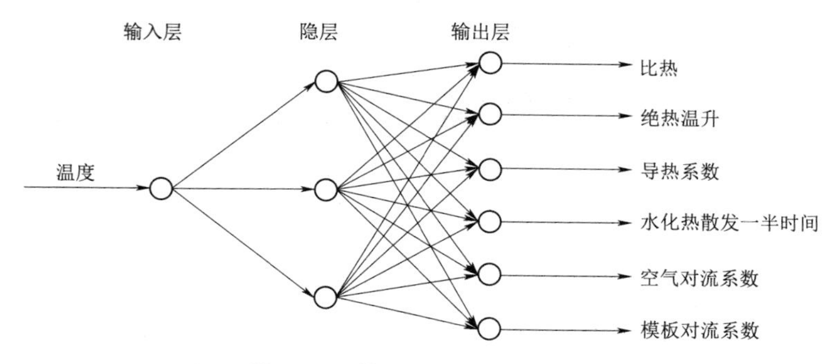

图 3.24 神经网络示意图（二）

第四，各参数值确定后，计算参数组合概率密度值。每试算一次，都可以得到一个参数组合概率密度值（这些组合中的参数值都是考虑参数同时变动情况得出的值，不同于之前的单参数反演分析得到的数值），取历次试算参数组合取值中，概率最大值对应的参数组合。

对于正态分布，连续型随机变量 X 的密度函数为

$$f(x)=\frac{1}{\sqrt{2\pi\sigma}}\mathrm{e}^{-\frac{(x-m)2}{2\sigma^2}},-\infty<x<\infty \tag{3.139}$$

$$\begin{aligned} P_1&=P_{11}*P_{12}*\cdots*P_{1p} \\ P_2&=P_{21}*P_{22}*\cdots*P_{2p} \\ &\vdots \\ P_i&=P_{i1}*P_{i2}*\cdots*P_{ip} \\ &\vdots \\ P_s&=P_{s1}*P_{s2}*\cdots*P_{sp} \end{aligned} \tag{3.140}$$

式中：P_i 为第 i 组合参数选取概率；P 为参数个数；P_{ip} 为第 i 组合第 p 个计算参数取值概率。取众计算步参数联合取值概率最大值所对应的参数组合：

$$P=\max(P_1,P_2,\cdots,P_i,\cdots P_s) \tag{3.141}$$

$$P_{sp}=\int_{-\infty}^{X_p}f(t)\mathrm{d}t \tag{3.142}$$

其中，置信区间概率为

$$P'_{sp}=\int_0^{x_2}f(t)\mathrm{d}t-\int_0^{x_1}f(t)\mathrm{d}t=\int_{x_1}^{x_2}f(t)\mathrm{d}t \tag{3.143}$$

3.5.4 工程算例

（1）参数反分析统计。三峡水利枢纽永久船闸地下输水隧洞衬砌 C30 混凝土，1999 年 9 月在北一延长段 NY9、NY10 结构段埋设安装温度计、应变计、无应力计和钢筋计，并进行了浇筑温控混凝土的现场试验研究（详细情况见文献［49］第 4.2 节）。以 NY9、NY10 结构段建立三维有限元模型，采用上述参数组合优选方

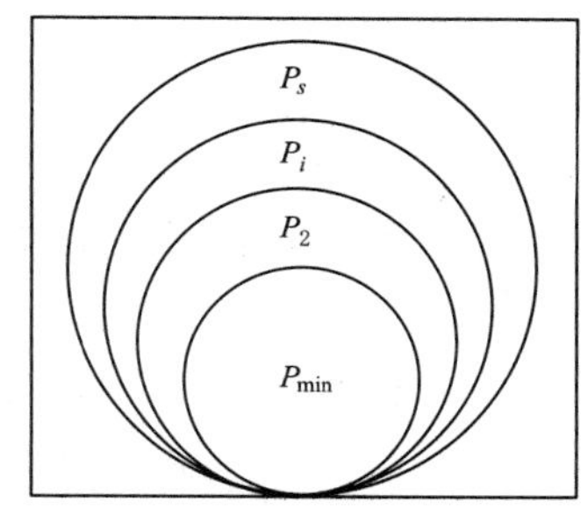

图 3.25 参数组合选取概率示意图

法进行参数反演分析数据统计，结果见表3.6。

表3.6 各平稳参数反演分析数据统计结果

统计特征	比热/[kJ/(kg·℃)]	最终绝热温升/℃	导热系数/[kJ/(m·d·℃)]	水化热散发一半时间/d	与空气对流系数/[kJ/(m²·d·℃)]	与模板对流系数/[kJ/(m²·d·℃)]
均值	0.99	48.56	145	1.40	678	468
中位数	0.98	48.26	146	1.38	680	468
最大值	1.10	54.45	154	1.64	698	491
最小值	0.91	41.79	134	1.15	654	452
标准差	0.04	2.90	4.69	0.11	10	8.46
偏度	0.37	−0.04	−0.59	0.11	−0.52	0.18
峰度	3.06	2.48	3.01	2.82	2.98	2.84
*JB*值	0.60	0.77	0.28	0.93	0.37	0.86

从数据统计表3.6中可以看出，虽然各参数反演分析数据样本并不是严格意义上的正态分布，有些参数右侧数据更分散，有些参数左侧数据更分散。有些参数分布较正态分布的尾部更分散，两侧极端数据较多，有些参数则相反。在5%显著水平下，对应的临界值为5.99，即$P(X>5.99)=0.05$。而表中JB值小于5.99，则接受零假设，即接受H_0：$u=u_0$，H_0：$\sigma=\sigma_0$。总体来说，可认为接近正态分布。

（2）主参数分析。通过温度场数值模拟计算，将各参数影响敏感度列于表3.7。从表3.7可以看出，首先是混凝土最终绝热温升值对计算温度值影响最敏感，其次是混凝土比热。因此可认为在所分析的6个热学参数中，最终绝热温升、比热是主导因素。

表3.7 各参数影响敏感度

比热	最终绝热温升	导热系数	水化热散发一半时间	与空气对流系数	与模板对流系数
0.5530	0.6810	0.1620	0.3220	0.2260	0.211

（3）根据参数的相互作用强度确定次主导因素。在热学参数对温度场计算结果敏感度分析的过程中发现，热学参数间存在着相互影响的复杂关系，即某个热学参数的波动能够引起其他热学参数的变化。热学参数间的相互影响程度不一，各参数间的相互作用强度值列于表3.8。表中，正号表示输出单元的增值方向与输入单元相同，即输入单元上的值的增加将导致输出单元在其所定义的正的方向上也增加；而负号则表示输出单元的增值方向与输入单元相反，即输入单元上的值的增加将导致输出单元在其所定义的正的方向上减少。

表 3.8　　　　　　　　　　　　各参数的交互作用强度值

参数	比热 /[kJ/(kg·℃)]	最终绝热温升/℃	导热系数 /[kJ/(m·d·℃)]	水化热散发一半时间/d	与空气对流系数 /[kJ/(m²·d·℃)]	与模板对流系数 /[kJ/(m²·d·℃)]
比热	1	−0.037	0.061	0.02	−0.126	0.073
最终绝热温升	−0.037	1	−0.027	0	−0.164	0.126
导热系数	0.061	−0.027	1	0.139	0.109	−0.013
水化热散发一半时间	0.02	0	0.139	1	0.01	0.064
与空气对流系数	−0.126	−0.164	0.109	0.01	1	−0.021
与模板对流系数	0.073	0.126	−0.013	0.064	−0.021	1

(4) 计算参数组合概率密度值并确定最优参数组合。主导因素在其 95%置信区间范围内变动，其他各因素取值也会随之减小或增大，并且每个因素取值都对应着一个概率密度值。将主导因素按一定变化率取值，并计算此时主导因素及其他因素的联合概率密度值，选择概率密度值最大的组合。

通过计算，最终确定混凝土热学参数取值：比热 [0.99kJ/(kg·℃)]；最高绝热温升 (49℃)；导热系数 [147kJ/(m·h·℃)]；水化热散发一半时间 (1.47d)；与空气对流系数 [669kJ/(m²·h·℃)]；与模板对流系数 [473kJ/(m²·h·℃)]。

(5) 计算成果分析。采用以上计算确定的热学参数，并通过有限元法仿真计算整理得到的衬砌混凝土边墙各代表点温度历时曲线示于图 3.26～图 3.28。

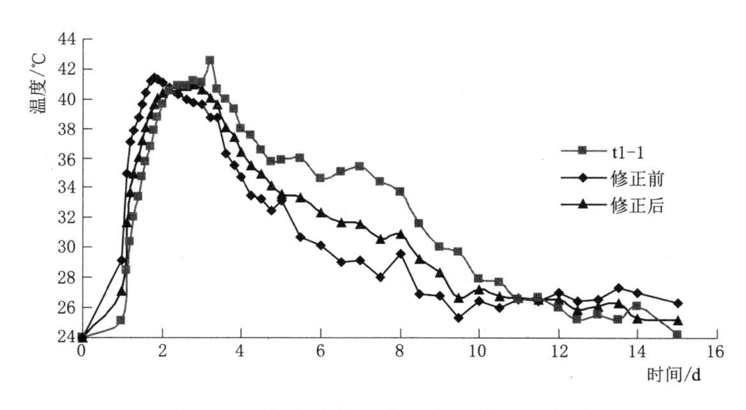

图 3.26　边墙混凝土表面点温度历时曲线

温度计监测成果说明，衬砌混凝土温度在浇筑后 3d 内出现最高温度，最高温度值随结构部位的不同而有变化。3d 后由于热交换作用，温度持续下降，7d 内降幅随结构部位不同一般在 8～17℃之间，靠近表面部分降幅较大。

NY9 结构段边墙衬砌混凝土的温度监测值中：最高温度 53.90℃，最大温升 29.9℃，最大温降 24.75℃，发生在边墙靠近内缘钢筋附近；参数组合优选前，最高温度 50.30℃，最大温升 26.30℃，最大温降 20.90℃，发生在边墙靠近内缘钢筋附近；参数组合优选后，

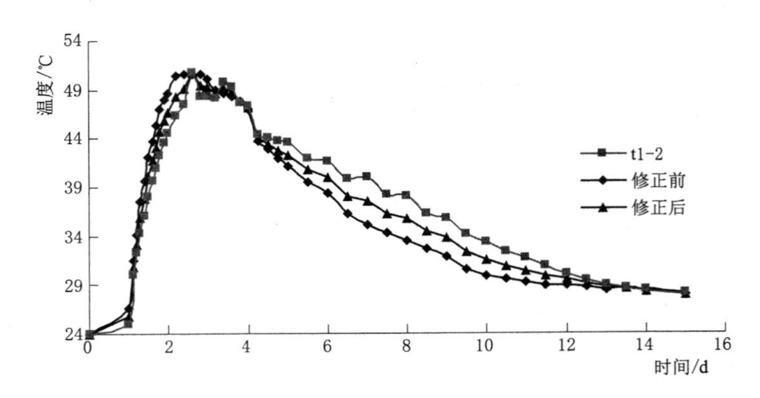

图 3.27　边墙混凝土中间点温度历时曲线

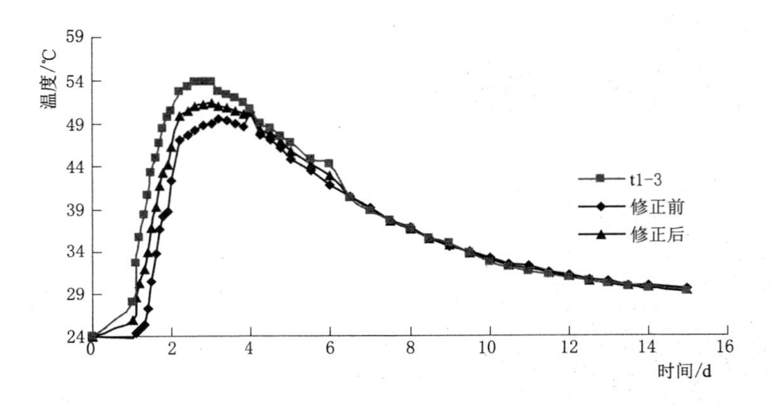

图 3.28　边墙混凝土围岩侧点温度历时曲线

最高温度 51.43℃，最大温升 26.43℃，最大温降 22.15℃，发生在边墙靠近内缘钢筋附近。可以看出参数组合优选后，最高温度、最大温升及最大温降较参数组合优选前更为逼近现场监测值。

由于边墙衬砌混凝土最高温度和温降速度最慢的点是 t1－3 温度计，最高温度最小值的是围岩侧点 t1－1 温度计，所以按 t1－3 与 t1－1 之差计算内表温差（历时曲线示于图 3.29～图 3.31），进一步分析其合理性。

从内表（t1－3 和 t1－1）两个监测点温度历时曲线可以看出，大概在第 3 天内表温差达到最大值。参数组合优选前，边墙衬砌混凝土内表温差普遍较现场监测值大，参数组合优选后，虽然内表温差和现场监测值仍然有差异，但差异值较优选前减小，且差异值随时间过程规律也和监测值更为一致。

综合以上分析可知，在热学参数中，混凝土最终绝热温升、比热以及水化热散发一半时间对温度场总体计算结果影响最大，为主导参数。通过参数优选修正能够获得更符合工程实际的热学参数值。

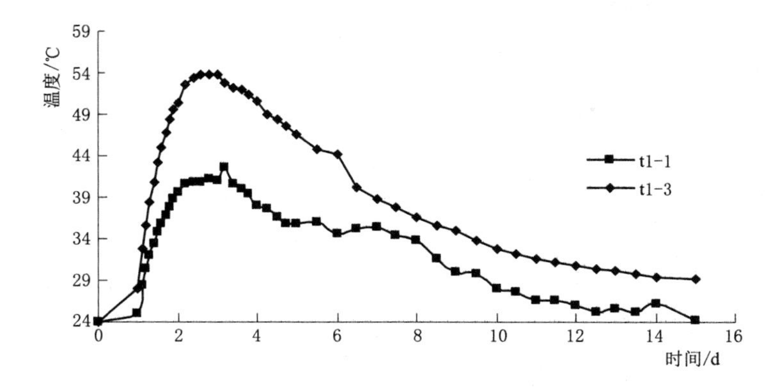

图 3.29　边墙衬砌混凝土 t1－3 与 t1－1 监测温度值历时曲线

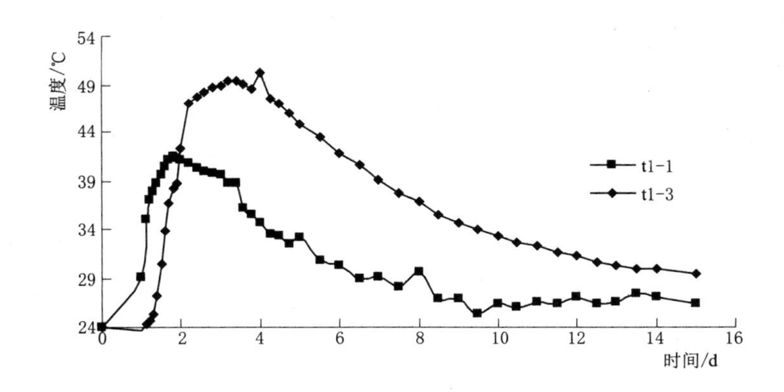

图 3.30　参数修正前边墙衬砌混凝土 t1－3 与 t1－1 计算温度值历时曲线

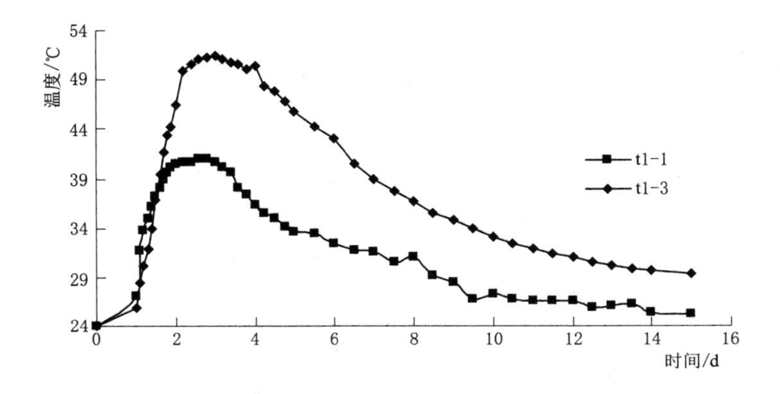

图 3.31　参数修正后边墙衬砌混凝土 t1－3 与 t1－1 计算温度值历时曲线

3.6　混凝土等效弹性模量时间序列分析

3.6.1　时间序列的基本概念

时间序列是指按时间顺序排列的一组有序随机或非随机数据[50]。时间序列分析是概率统计学科的一个分支，是一种处理随时间变化而又相互关联、揭示时间序列本身结构与规律的数学方法[51]。其主要手段是选择恰当的数学模型，进行参数估计，对模型定阶，通过研究分析数据所体现的客观事物与物理背景，以达到预测的目的。

时间序列在日常生活、生产中比比皆是。时间序列相邻观测值之间的依赖性体现了观察信息的总体性质。时间序列分析就是探究有序数据的这种依赖性质[52]，因而在自然界、社会界、工程界有着广泛用途。

对于工程现场监测数据，已有关于时间序列应用的描述。朱永全等用时间序列组合模型描述隧道施工过程洞室的位移变化规律，依据监测数据可近似获得施测前洞室位移释放值[53]。张永兴等基于时间序列分析方法建立温度影响下裂纹扩展模型，预测了裂纹的短期发展情况[54]。而在混凝土等效弹性模量研究中，还未见有关文献报道。

在水工隧洞衬砌混凝土施工中，由于人为、自然等因素的干扰，导致计算参数的不稳定性。混凝土浇筑初期状态很不稳定，混凝土等效弹性模量不单纯和时间有关，不同时刻混凝土自身状态及外部环境因素也有影响，相应时期的弹性模量随时间呈现非线性变化，不易被测定。非平稳时间序列方法不仅可以从带有随机干扰因素的数据中提取出有用的信息，还可以利用非平稳时间序列表达式来拟合、预测被干扰的非线性物理性能参数。

这里运用 ARIMA 模型模拟混凝土初期等效弹性模量，用非平稳时间序列来拟合不同时刻混凝土等效弹性模量。在温度应力场反演分析中，运用非线性时间序列原理，尝试将混凝土等效弹性模量看成非平稳时间序列，剔除或降低随机干扰因素的作用，使其表达式更有代表性，为研究混凝土初期等效弹性模量提供了一种有效途径。将建立水工隧洞衬砌混凝土早期（前 15d）等效弹性模量的 ARIMA 模型，并通过三峡永久船闸地下输水隧洞衬砌混凝土现场监测分析检验。

3.6.2　时间序列的特性

时间序列特征一般包括随机性、平稳性和季节性三个方面。

（1）时间序列随机性：时间序列纯随机性意味这序列没有任何规律性，序列各项之间不存在相关，这样的序列称之为白噪声序列，其自相关系数与 0 没有显著差异[55]。

（2）时间序列平稳性：通俗地讲，平稳时间序列各观测值围绕其均值上下波动，且该均值与时间 t 无关，并且序列振幅变化不剧烈。平稳时间序列有两种定义，根据限制条件的严格程度，分为严平稳时间序列和宽平稳时间序列。严平稳认为只有当序列所有的统计性质都不会随着时间的推移而发生变化时，该序列才能被认为平稳。宽平稳是使用序列的特征统计量来定义的一种平稳性。它认为序列的统计性质主要由它的低阶矩决定，所以只要保证序列低阶矩平稳（二阶），就能保证序列的主要性质近似稳定。

（3）时间序列季节性：时间序列季节性是指在某一固定时间间隔上，序列周期性出现某种特性。

3.6.3 线性时间序列[56]

（1）滑动平均过程。

滑动平均过程是随机过程 $\{Y_t\}$，满足

$$Y_t=\mu+\varepsilon_t+\theta_1\varepsilon_{t-1}+\cdots+\theta_q\varepsilon_{t-q} \tag{3.144}$$

式中：$E(\varepsilon_t)=0$，$E(\varepsilon_t^2)=\sigma^2$，$E(\varepsilon_t\varepsilon_s)=0$，$t\neq s$。$\mu$ 和 $\theta_i(i=1,2,\cdots,q)$ 为系数。其中 $\theta_q\neq 0$；称 $\{Y_t\}$ 为 q 阶滑动平均过程，用 $MA(q)$ 表示。

式（3.144）中的参数具有如下特征：

$$\begin{aligned}
&E(Y_t)=\mu\\
&\gamma_0=(1+\theta_1^2+\cdots+\theta_q^2)\sigma^2\\
&\gamma_j=(\theta_j+\theta_{j+1}\theta_1+\cdots+\theta_q+\theta_{q+1})\sigma^2,1\leqslant j\leqslant q\\
&\gamma_k=0,k>q\\
&\rho_j=(\theta_j+\theta_{j+1}\theta_1+\cdots+\theta_q+\theta_{q-j})/(1+\theta_1^2+\cdots+\theta_q^2),1\leqslant j\leqslant q\\
&\rho_k=0,k>q
\end{aligned} \tag{3.145}$$

$MA(q)$ 的自相关函数特征是有限步之后自相关系数等于 0，这种特征称截尾。根据定义可知 $MA(q)$ 是平均随机过程。

（2）自回归过程。

$AR(p)$ 过程定义如下：

$$Y_t=c+\varphi_1Y_{t-1}+\varphi_2Y_{t-2}+\cdots+\varphi_pY_{t-p}+\varepsilon_t \tag{3.146}$$

定义：如果算子运算是将一个时间序列的前一期值转化为当期值，则称此算子为滞后算子，记为 L，满足 $L(Y_t)=Y_{t-1}$，$L^2(Y_t)=Y_{t-2}$，…，$L^p(Y_t)=Y_{t-p}$，则

$$(1-\varphi_1L-\varphi_2L^2-\cdots-\varphi_PL^p)Y_t=\varepsilon_t+C \tag{3.147}$$

其中 $\Phi(L)=(1-\varphi_1L-\varphi_2L^2-\cdots-\varphi_PL^P)$，$\Phi(L)$ 是滞后算子多项式，所以

$$\Phi(L)Y_t=c+\varepsilon_t \tag{3.148}$$

$AR(p)$ 的参数特征

$$\begin{aligned}
&E(Y_t)=\mu=c/(1-\varphi_1-\varphi_2-\cdots-\varphi_P)\\
&\gamma_j=\varphi_1\gamma_{j-1}+\varphi_2\gamma_{j-2}+\cdots+\varphi_p\gamma_{j-p},j=1,2,3,\cdots\\
&\rho_j=\varphi_1\rho_{j-1}+\varphi_2\rho_{j-2}+\cdots+\varphi_p\rho_{j-p},j=1,2,3,\cdots\\
&\gamma_0=\varphi_1\gamma_1+\varphi_2\gamma_2+\cdots+\varphi_p\gamma_p+\sigma^2
\end{aligned} \tag{3.149}$$

满足以上差分方程，当 $\gamma^p-\varphi_1\gamma^{p-1}-\varphi_2\gamma^{p-2}-\cdots-\varphi_p\gamma^{p-2}+\cdots\varphi_p=0$ 的根不同时，有

$$\rho_j=c_1\gamma^j+c_2\gamma^j+\cdots+c_p\gamma^j \tag{3.150}$$

可以证明

$$\rho_j<g_1\mathrm{e}^{g_2j} \tag{3.151}$$

其中，g_1，g_2 为常数。因此，自相关函数的特征是指数衰减，称为拖尾。

（3）自回归滑动平均过程[52]（Autoregressive Moving Average Process）。

ARMA 过程的意义在于，可以用有限的参数来表示高阶的 AR 和 MA 过程。

定义和性质：

$$Y_i = c + \varphi_1 Y_{t-1} + \varphi_2 Y_{t-2} + \cdots + \varphi_p Y_{t-p} + \varepsilon_t + \theta_1 \varepsilon_{t-1} + \cdots + \theta_q \varepsilon_{t-q} \tag{3.152}$$

其中：$E(\varepsilon_t)=0$，$E(\varepsilon_t^2)=\sigma^2$，$E(\varepsilon_t \varepsilon_s)=0$，$t \neq s$。

用滞后算子表示为

$$(1-\varphi_1 L-\varphi_2 L^2-\cdots-\varphi_p L^p)Y_t = c+(1+\theta_1 L+\theta_2 L^2+\cdots+\theta_q L^q)\varepsilon_t$$

$$\Phi(L)Y_t = c+\Theta(L)\varepsilon_t \tag{3.153}$$

注：$\Phi(L)$，$\Theta(L)$ 没有公共因子，$\varphi_p \neq 0$，$\theta_q \neq 0$。

满足式（3.153）的随机过程是 p 阶自回归 q 阶滑动平均过程，记为 ARMA(p，q)，p 是自回归阶数，q 是滑动平均阶数。φ_1，…，θ_q 是滑动平均系数。

3.6.4　非线性时间序列

ARIMA 模型可称为自回归求和滑动平均（Autoregressive Intergrated Moving Average）模型，它是一类非平稳的时间序列。ARIMA 模型和 ARMA 模型有本质区别。ARIMA 模型的 d 阶差分属于平稳性质的 ARMA 模型[57]。将 ARIMA 模型经过一次或多次差分处理后，可用 ARMA 模型来描述；即差分处理是实现平稳化的一种特殊措施。ARIMA 模型的实质就是差分运算与 ARMA 模型的组合。

ARIMA 建模通常包括以下步骤：

（1）数据预处理。求出该观察值序列的样本自相关系数和样本偏自相关系数的值，利用自相关函数判别法[58]、ADF 单位根检验法[59]、通过观察时序图等检验判断序列是否具有平稳性。如果通过平稳性检验，则直接进行下一步的模型的识别；否则需进行序列平稳化处理，并求出 $I(d)$。

（2）模型的识别。根据样本自相关系数和偏相关系数所表现出来的性质，确定序列数据的自相关系数 p、移动平均阶数 q 的值，并结合 $I(d)$ 选择适当的 ARIMA 模型拟合观察值序列。

（3）模型参数的估计。采用矩估计、极大似然估计或最小二乘估计等方法对初步确定模型形式的参数进行估计。

（4）诊断与检验。一个模型是否显著有效主要看它提取的信息是否充分。如果模型的某些参数估计值不能通过显著性检验，或者残差序列不能近似为一个白噪声过程，说明拟合残差项中还含有相关信息未被提取，则拟合模型不够有效，需要选择其他模型。

（5）序列拟合预测。利用序列已观测到的样本值对序列在未来某个时刻的取值进行估计。

3.6.5　时间序列拟合算例

仍然以三峡永久船闸地下输水隧洞北一延长段 NY9 结构段建立三维有限元模型，以现场试验研究（详细情况见文献［49］4.2 节）监测成果进行时间序列拟合计算，对衬砌混凝土初期等效弹性模量进行反演分析结果列于表 3.9。

表 3.9　　**混凝土等效弹性模量反分析值**

时间/d	反演值/GPa	时间/d	反演值/GPa	时间/d	反演值/GPa
0.5	0.036	5.5	16.324	10.5	18.630
1	0.107	6	17.254	11	19.530
1.5	1.244	6.5	17.463	11.5	19.942
2	4.099	7	17.462	12	20.370
2.5	7.287	7.5	17.719	12.5	20.538
3	10.206	8	18.280	13	20.617
3.5	12.573	8.5	18.950	13.5	20.986
4	13.597	9	18.671	14	21.553
4.5	14.902	9.5	18.226	14.5	21.967
5	15.514	10	19.642	15	22.690

在反演分析过程中，以数值计算值与监测值的误差为目标函数，基于 ARIMA 模型，利用 EViews 软件对混凝土等效弹性模量进行拟合分析。

第一步，对等效弹性模量反演分析数据样本进行数据预处理。时间序列观察：C30 混凝土浇筑初期（前 15d），以 0.5d 为一个计算步长反演分析等效弹性模量，作弹性模量与时间关系曲线，得到三峡水利枢纽永久船闸衬砌 C30 混凝土等效弹性模量的时间序列（y 序列）如图 3.32 所示。从图 3.32 可以看出，曲线呈单调增长趋势，即在进入浇筑 0.5d 以后等效弹性模量呈现出明显的指数增长趋势，每个时间段内的均值逐渐增大，是非平稳时间序列。

经典线性回归假定总体回归函数中的随机误差项都有相同的方差，即同方差性。图 3.32 曲线呈现指数形式增长，在图 3.33 中（*AC*，即 Autocorrelation 自相关系数；*PAC*，即 Partial autocorrelation correlation 偏自相关系数，下同），第 8 序列点前非平稳时间序列显然带有异方差性，可通过数据转换，对数据取自然对数消除其异方差性。

通常对有指数增长趋势的函数，对数据取自然对数消除其异方差性，令 $x=\lg y$。

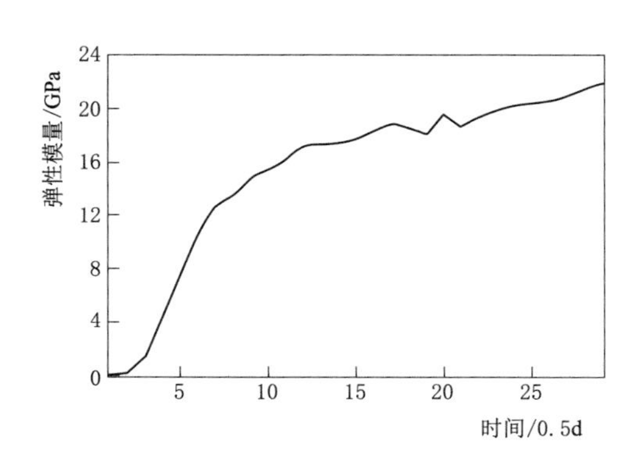

图 3.32　C30 混凝土等效弹性模量时间序列

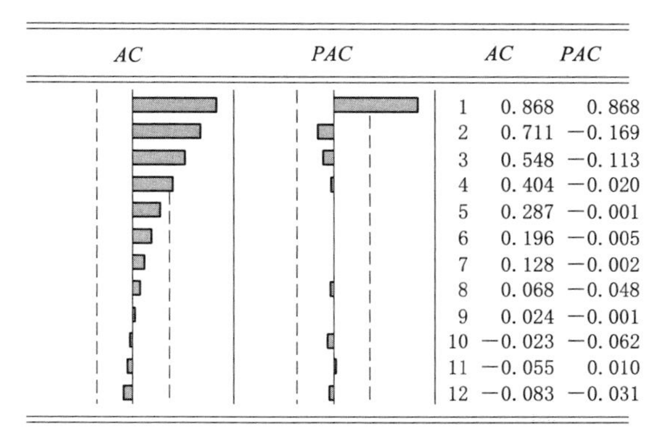

图 3.33　C30 混凝土等效弹性模量相关系数

于是对 x 序列进行差分平稳化处理，发现 x 序列一阶差分后仍含有增长趋势，说明趋势信息提取不充分，而二阶差分后的 z 序列自相关系数（图 3.34）很快地趋于 0，且 z 序列各观测值围绕均值上下波动（图 3.35），表明 z 序列无明显趋势，其均值随时间变化过程基本不变，符合宽平稳时间序列的统计特征，可认为该序列在 5% 置信水平下是平稳序列。

	AC	PAC
1	−0.223	−0.223
2	−0.119	−0.178
3	−0.027	−0.107
4	−0.008	−0.070
5	−0.044	−0.092
6	0.017	−0.037
7	−0.023	−0.059
8	0.007	−0.030
9	0.011	−0.014
10	−0.019	−0.035
11	−0.012	−0.034
12	−0.007	−0.036

图 3.34　z 序列相关系数图

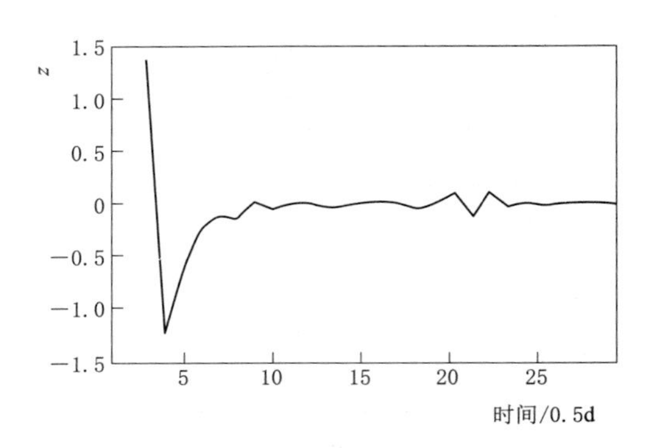

图 3.35　z 序列的折线图

零均值检验：

$$S_{\bar{z}} \approx \left[\frac{\sigma_w^2}{n}\left(1+2\sum_{k=1}^{M}\rho_k\right)\right]^{\frac{1}{2}} \tag{3.154}$$

式中：ρ_k（$k=1, 2, \cdots, M$）为序列前 M 个显著不为零的样本自相关系数。

经计算得 $\bar{z}=-0.03964$，$S_{\bar{z}}=0.03827$，因 $\bar{z}\in[-2S_{\bar{z}}, 2S_{\bar{z}}]$，所以 z 序列均值为 0，说明 x 序列在二阶差分后平稳，即 $d=2$，记为 $I(2)$。故 x 序列用 ARIMA（p，2，q）建模。ARIMA(p，2，q）表示自回归求和滑动平均模型。p 为序列数据的自相关系数（自回归项）、q 为移动平均阶数（移动平均项数），z 表示 2 阶差分（差分次数）。

第二步：模式识别。从图 3.34 可以看出，偏自相关系数在 $k=3$ 或 $k=5$ 后很快地趋于 0，因此取 $p=3$ 或者 5；自相关系数在 $k=1$ 或 $k=2$ 显著不为 0，可考虑 $q=1$ 或 $q=2$。综上分析建立 ARIMA（3，2，1）、ARIMA（3，2，2）、ARIMA（4，2，1）、ARIMA(4，2，2)、ARIMA(5，2，1)、ARIMA(5，2，2) 模型。

第三步：参数估计。对 Z 序列按照以上的 6 种模型进行估计（表 3.10）。

表 3.10　　时间序列模型特征根表

时间序列模型		1	2	3	4	5
ARIMA(3，2，1)	*AR*	0.53	−0.19+0.18i	−0.19−0.18i		
	MA	1				
ARIMA(3，2，2)	*AR*	0.53	−0.19−0.17i	−0.19+0.17i		
	MA	1	0.08			
ARIMA(4，2，1)	*AR*	0.54	−0.21	−0.23+0.33i	−0.23−0.33i	
	MA	1.95				

续表

时间序列模型		1	2	3	4	5
ARIMA(4，2，2)	*AR*	0.53	−0.24	$-0.26+0.31i$	$-0.26-0.31i$	
	MA	1.91	−0.03			
ARIMA(5，2，1)	*AR*	0.54	0.13	$-0.30+0.58i$	$-0.30-0.58i$	−0.59
	MA	0.97				
ARIMA (5，2，2)	*AR*	0.5	0.19	$-0.20+0.43i$	$-0.20-0.43i$	−0.53
	MA	1.79	−0.1			

从表3.10可看出，只有ARIMA(5，2，1）模型迭代所得到的自回归和滑动平均特征根绝对值都小于1，而其他模型相应的特征根大于等于1，不满足可逆性条件。因而推断用ARIMA(5，2，1）模型拟合混凝土初期等效弹性模量较适合。

第四步：诊断检验。

平稳性检验：对于ARIMA(5，2，1）模型，自回归部分特征根是0.54、0.13、$-0.30+0.58i$、$-0.30-0.58i$和−0.59；移动平均部分特征根为0.97，虚根的模和实根的绝对值都小于1，模型是平稳可逆的。

残差白噪声检验：利用直观方法观察残差序列自相关系数图3.34。如果一个时间序列是纯随机序列，意味着序列没有任何规律性，序列各项之间不存在相关，即序列为白噪声序列，其自相关系数与0没有显著差异。由图3.34可以看出，几乎所有自相关系数都落入随机区间，残差里已没有剩余有价值信息，可认为序列是纯随机的。

综上分析，可确定C30混凝土浇筑初期（前15d）等效弹性模量的非线性时间序列表达式子如下：

根据时间序列ARIMA(5，2，1）模型：

$$z_t=-0.529z_{t-1}-0.064z_{t-2}+0.189z_{t-3}+0.115z_{t-4}-0.018z_{t-5}-0.974U_{t-1}+U_t$$

得

$$y_t-y_{t-1}-(y_{t-1}-y_{t-2})=z_t \tag{3.155}$$

即

$$\begin{aligned} y_t &=2y_{t-1}-y_{t-2}+z_t \\ &=2y_{t-1}-y_{t-2}-0.529z_{t-1}-0.064z_{t-2}+0.189z_{t-3}+0.115z_{t-4} \\ &\quad -0.018z_{t-5}-0.974U_{t-1}+U_t \end{aligned}$$

则

$$\begin{aligned} x_t=\exp(&2y_{t-1}-y_{t-2}-0.529z_{t-1}-0.064z_{t-2}+0.189z_{t-3} \\ &+0.115z_{t-4}-0.018z_{t-5}-0.974U_{t-1}+U_t) \end{aligned}$$

在进行当前项预测拟合时，通常将当前项随机干扰忽略。

3.6.6　时间序列拟合结果分析

图3.36表明，前4d的拟合值较拟合前大。第4天之后拟合值与反演分析值基本一致，后期拟合值略为偏大。这一现象也可由图3.37说明。其中，横坐标为时间序列点，

本次拟合期为 15d，即在横坐标中 8 代表第 4 天。图中 4d 前的 2 倍标准差波动幅度明显大于第 4 天之后的标准差波动幅度。

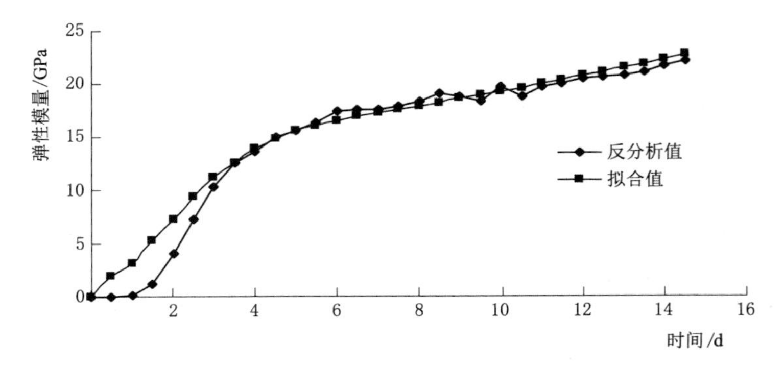

图 3.36　ARIMA(5，2，1) 模型对 C30 混凝土等效弹性模量拟合图

对 x 序列 $x=\log y$ 进行差分平稳化处理，发现序列一阶差分后仍含有增长趋势，说明趋势信息提取不充分，而二阶差分后的 z 序列很快地趋于 0，且 z 序列各观测值围绕均值上下波动表明 z 序列无明显趋势，其均值随时间变化过程基本不变，符合宽平稳时间序列的统计特征，可认为该序列在置信水平下是平稳序列。如图 3.38 中 z 序列拟合值 ZF 和 2 倍标准差 $2S.E.$。

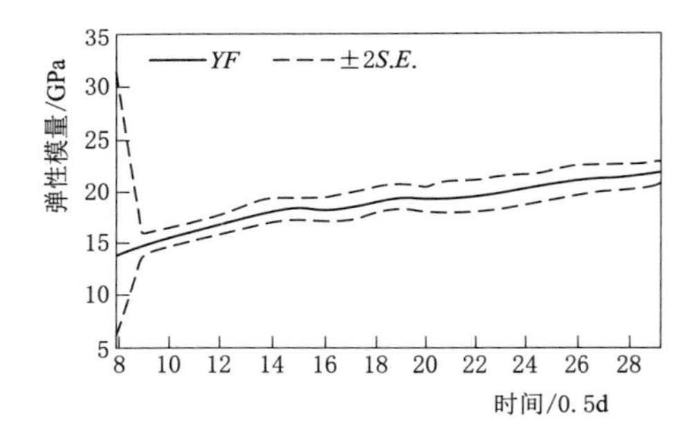

图 3.37　y 序列拟合值及 2 倍标准差曲线

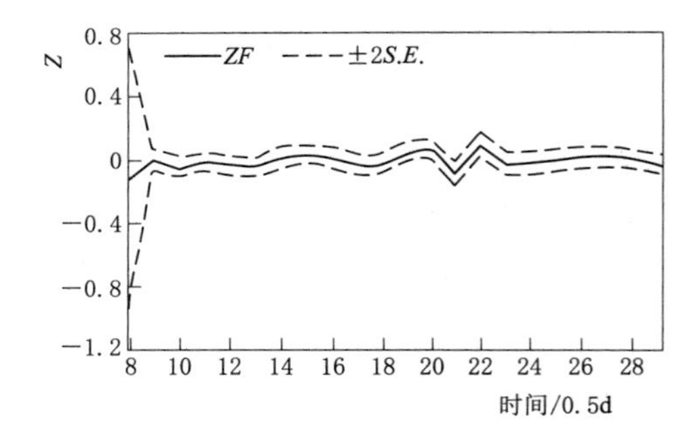

图 3.38　z 序列拟合值及 2 倍标准差曲线

根据以上计算 C30 混凝土等效弹性模量，通过仿真计算得到边墙特征部位代表点应变历时曲线，如图 3.39 和图 3.40 所示，图中同时示出实际监测应变历时曲线。

分析图 3.39 和图 3.40 可以看出，采用混凝土等效弹性模量的时间序列拟合值之后，边墙表面点应变数值计算值较等效弹性模量值修正前大，特别是前 4d，边墙表面点应变计算值与现场监测值误差有较大的减小。

混凝土浇筑初期状态不稳定，弹性模量不易测定。用 ARIMA 模型模拟混凝土初期等效弹性模量，认为混凝土的等效弹性模量不单纯和时间有关，还和不同时刻混凝土自身状态有关，并用非平稳时间序列模型来体现这一特征。非平稳时间序列方法不仅可以从带有随机干扰因素的数据中提取出有用的信息，还可以利用非平稳时间序列表达式来拟合、预测混凝土前期性能参数。这种方式可以剔除或降低随机干扰因素的影响，使其表达式更具

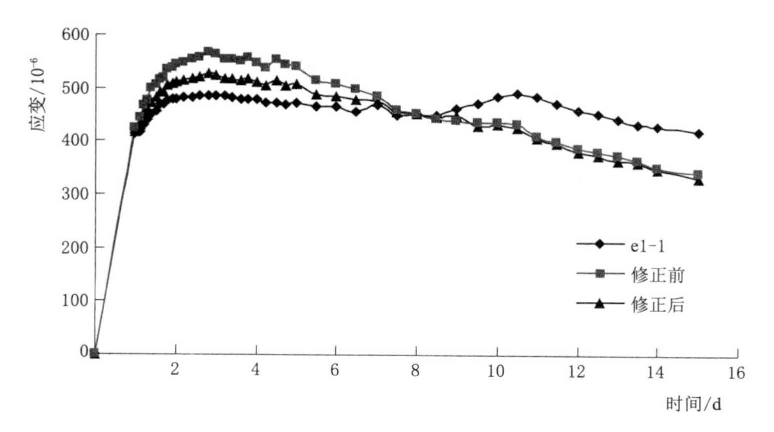

图 3.39　边墙表面点环向应变时间历程曲线

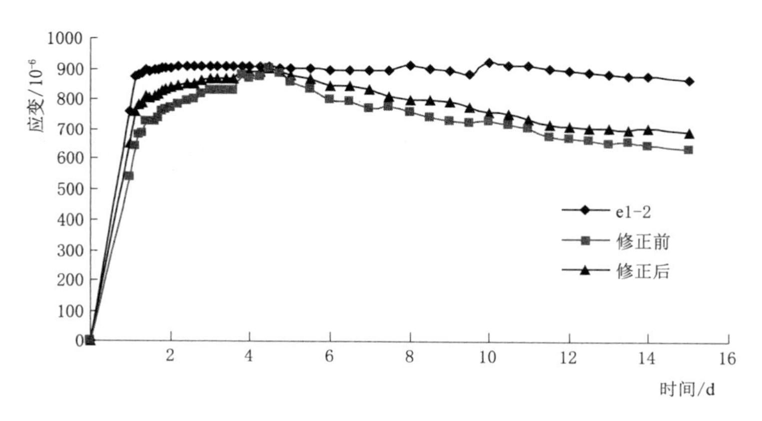

图 3.40　边墙表面点轴向应变时间历程曲线

代表性。本节通过实例验证了混凝土等效弹性模量时间序列拟合后，监测点应变数值计算结果与现场监测值误差减小。

参 考 文 献

[1] 孙海林，叶列平，丁建彤. 混凝土徐变计算分析方法［C］//高强与高性能混凝土及其应用——第五届学术讨论会论文集. 青岛：中国土木工程学会，2004：180-186.

[2] Ba zant Z P. Prediction of concrete creep and shrinkage past，present and future［J］. Nuclear Engineering and Design，2001（203）：27-38.

[3] Ba Zant Z P，Hubler M H，Jirásek M. Improved estimation of long-term relaxation function from compliance function of aging concrete［J］. Journal of Engineering Mechanics，2013，139（2）：146-152.

[4] Ba Zant Z P，Prasannan S. Solidification theory for concrete creep（I）：formulation［J］. Journal of Engineering Mechanics，1989，115（8）：1691-1703.

[5] Havlásek P，Jirásek M. Modeling of concrete creep based on microprestress-solidification theory［J］. Acta Polytechnica，2012，52（2）：34-42.

[6] Wei Y, Hansen W. Tensile creep behavior of concrete subject to constant restraint at very early ages [J]. Journal of Materials in Civil Engineering, 2012, 25 (9): 1277 - 1284.

[7] Wendner R, Hubler M H, Ba Zant Z P. The B4 model for multi - decade creep and shrinkage prediction [C] //roceedings of CONCREEP - 9. Cambridge: MIT, 2013: 429 - 436.

[8] Anders Boe Hauggaard, Lars Damkilde, Per Freiesleben Hansen. Transitional thermal creep of early age concrete [J]. Journal of Engineering Mechanics, 1999, 125 (4): 458 - 465.

[9] 刘杏红，周伟，常晓林，等. 改进的非线性徐变模型及其在混凝土坝施工期温度应力仿真分析中的应用 [J]. 岩土力学，2009，30 (2): 440 - 446.

[10] 黄耀英，郑宏，周宜红. 考虑混凝土龄期及弹塑性模型徐变的大体积混凝土温度应力研究 [J]. 四川大学学报：工程科学版，2011，43 (2): 22 - 27.

[11] 朱伯芳. 大体积混凝土温度应力与温度控制 [M]. 北京：中国电力出版社，1999.

[12] 黄娟，周建春. 共轭斜量法在 BP2 模式 Dirichlet 级数参数辨识中的应用 [J]. 华南理工大学学报（自然科学版），2009，39 (2): 128 - 131.

[13] 黄永辉，刘爱荣，傅继阳. 基于 PCG 法的 BP3 模式基本徐变度的 Dirichlet 级数拟合 [J]. 广州大学学报（自然科学版），2013，12 (3): 30 - 33.

[14] 林南薰. 关于混凝土徐变理论 [J]. 力学学报，1979 (2): 178 - 181.

[15] H. X. 阿鲁久捏扬. 蠕变理论中的若干问题 [M]. 邬瑞锋，译. 北京：科学出版社，1961.

[16] 黄国兴，惠荣炎，易冰若. 大体积混凝土的应力松弛 [J]. 水利学报，1989 (1): 61 - 65.

[17] 黄国兴，惠荣炎，王秀军. 混凝土徐变与收缩 [M]. 北京：中国电力出版社，2011.

[18] 唐崇钊. 混凝土的继效流动理论 [J]. 水利水运科学研究，1980 (4): 1 - 12.

[19] Neville A M. Creep of plain and structural concrete [M]. New York: Construction Press, 1982.

[20] 张军，段亚辉. 基于变系数广义开尔文模型的混凝土徐变和松弛 [J]. 华南理工大学学报（自然科学版），2014，(2): 74 - 80.

[21] Bažant Z P, Xi Y. Continuous retardation spectrum for solidification theory of concrete creep [J]. Eng. Mech., 1995, 121 (2): 281 - 288.

[22] M Jirásek, P Havlásek. Accurate approximations of concrete creep compliance functions based on continuous retardation spectra [J]. Computers and Structures, 2014, 135: 155 - 168.

[23] 曹玉平. n 阶线性变系数微分方程初值问题的矩阵解法 [J]. 甘肃联合大学学报：自然科学版，2006，20 (6): 36 - 41.

[24] 赵祖武，林南薰，陈永春. “混凝土非线性徐变理论问题”讨论 [J]. 土木工程学报，1984，14 (1): 85 - 90.

[25] Bazant Z P, Kim S S. Nonlinear creep of concrete adaptation and flow [J]. Journal of the Engineering Mechanics Division, 1979, 105 (3): 429 - 446.

[26] Zhang J, Duan Y H, Wang J M. Temperature Control Research on Spiral Case Concrete of Xiluodu Underground Power Plant during Construction [J]. Applied Mechanics and Materials, 2013, 328: 933 - 941.

[27] 郭利霞，朱岳明，陆天石. 混凝土水管冷却计算方法综述 [J]. 三峡大学学报：自然科学版，2010，32 (8): 34 - 37.

[28] 邓检强，朱岳明. 基于超单元形函数坐标变换的有限元网格剖分和冷却水管网格的二次剖分方法 [J]. 三峡大学学报：自然科学版，2008，30 (5): 8 - 12.

[29] 黄耀英，周宜红. 两种不同水管冷却热传导计算模型相关性探讨 [J]. 长江科学院院报，2009，26 (6): 56 - 59.

[30] 黄耀英，周宜红. 水管冷却热传导计算模型能量分析 [J]. 水利水运工程学报，2012 (1): 78 - 81.

[31] 黄耀英，赖斯芸，严寒柏，等. 网格尺寸对混凝土水管冷却计算结果的影响 [J]. 人民黄河，

2010，32（9）：89－90.
[32] 朱伯芳．混凝土坝水管冷却仿真计算的复合算法［J］．水利水电技术，2003，34（11）：47－50.
[33] 朱伯芳．考虑外界温度影响的水管冷却等效热传导方程［J］．水利学报，2003（3）：49－54.
[34] 陈国荣，许文涛，杨昀，等．含冷却水管大体积混凝土温度场计算的一种新方法［J］．计算物理，2012，29（3）：411－416.
[35] 刘晓青，李同春，韩勃．模拟混凝土水管冷却效应的直接算法［J］．水利学报，2009，40（7）：892－896.
[36] 刘宁，刘光廷．水管冷却效应的有限元子结构模拟技术［J］．水利学报，1997（12）：43－49.
[37] 梅甫良，曾德顺．一期水管冷却效应的数值模拟新方法［J］．计算力学学报，2003，20（4）：508－510.
[38] 颉志强，强晟，许朴，等．水管冷却混凝土温度场和应力场计算的有限元子结构法［J］．农业工程学报，2011，27（5）：13－17.
[39] 张军，段亚辉．混凝土冷却水管的有限元沿程水温改进算法［J］．华中科技大学学报（自然科学版），2014（2）：56－58.
[40] 颜华，顾梦楠，王伊凡．基于基函数逼近和卡尔曼滤波的温度场重建［J］．沈阳工业大学学报，2021，43（1）：55－60.
[41] 刘宁，张剑，赵新铭．大体积混凝土结构热学参数随机反演方法初探［J］．工程力学，2003，20（5）：114－120.
[42] 王成山，韩敏，史志伟．RCC 坝热学参数人工神经网络反馈分析［J］．大连理工大学学报，2004，44（3）：437－441.
[43] 黎军，朱岳明，何光宇．混凝土温度特性参数反分析及其应用［J］．红水河，2003，22（2）：33－36.
[44] 张征，刘淑春，鞠硕华．岩土参数空间变异性分析原理与最优估计模型［J］．岩土工程学报，1996，18（4）：40－47.
[45] 张征，刘淑春．邹正盛．岩土参数的变异性及其评价方法［J］．土木工程学报，1995，28（6）：43－51.
[46] 胡小荣，唐春安．岩土力学参数随机场的离散研究［J］．岩土工程学报，1999，21（4）：450－455.
[47] 杨英杰，张清．岩石工程稳定性控制参数的直觉分析［J］．岩石力学与工程学报，1998，6（3）：336－340.
[48] 周佳荣，易发成，侯莉．多因素作用下边坡稳定影响因素敏感性分析［J］．西南科技大学学报，2008，23（2）：31－36.
[49] 樊启祥，段亚辉，等．水工隧洞衬砌混凝土温控防裂创新与实践［M］．北京：中国水利水电出版社，2015.
[50] 杨叔子，吴雅，轩建平．时间序列分析的工程应用［M］．武汉：华中科技大学出版社，2007.
[51] 陈志荣，吴峻．ARMA 模型参数估计的格林函数法［J］．天津大学学报，1986（4）：45－49.
[52] Pandit S M，Wu S M. Time series and system analysis with applications［M］. New York：John Wiley and Sons，1983.
[53] 朱永全，景诗庭，张清．时间序列分析在隧道施工监测中的应用［J］．岩石力学与工程学报，1996，12：353－359.
[54] 张永兴，彭念，徐洪，等．温度影响下城市隧道衬砌裂缝扩展的时间序列分析［J］．土木工程学报，2009，42（11）：109－114.
[55] 易丹辉．数据分析与应用 Eviews 应用［M］．北京：中国统计出版社，2005.
[56] 潘红宇．时间序列分析［M］．北京：对外经济贸易大学出版社，2006.
[57] 张树京，齐立心．时间序列分析简明教程［M］．北京：清华大学出版社，2003.
[58] 高少强，隋修志．隧道工程［M］．北京：中国铁道出版社，2003.
[59] 张晓峒．Eviews 使用指南与案例［M］．北京：机械工业出版社，2007.

第 4 章　边界条件模拟及其对温度裂缝控制影响研究

4.1　有压隧洞衬砌混凝土与围岩间设置垫层的作用

隧洞衬砌是受到围岩等极强约束的薄壁结构，在水化热温升后的温降作用下会产生很大的拉应力，混凝土易产生温度裂缝而且大多是贯穿性的[1-6]。如果能够消除或减小围岩对衬砌混凝土变形的约束，将极有利于减小温降拉应力和提升温控防裂效果[7-8]。如公路铁路等隧洞设置防水层，一定程度减少了衬砌混凝土裂缝的产生。为此，这里对衬砌混凝土与围岩间设置垫层对温度、温度应力的影响进行计算分析，探讨水工隧洞新的衬砌结构形式[9]。垫层的模拟采用薄层单元，通过改变其物理力学、热学参数实现对不同材料（砂浆、沥青混凝土、沥青油毛毡）垫层的模拟。通过对不同垫层计算所得温度场、应力场分析，研究其影响程度，进一步推荐合理的温控方案和采用的可能性。

模拟计算分析以溪洛渡泄洪洞有压段 E1 型结构为例，采用夏季 7 月 1 日施工底拱，浇筑温度 18℃、22.5℃常温水通水冷却的工况。E1 型计算模型、有关物理力学参数和成果整理断面与代表点见参考文献［6］第 7 章。垫层材料的热学、物理力学参数列于表 4.1 和表 4.2。

表 4.1　垫层热学参数

垫层材料	比热/[kJ/(kg·℃)]	导热系数/[kJ/(m·d·℃)]	线膨胀系数/10^{-6}
沥青混凝土	0.95	150	8.5
砂浆	0.95	150	8.5
沥青油毛毡	0.794	4.008	4.8

表 4.2　垫层物理力学参数

垫层材料	密度 ρ_0/(g/cm³)	弹性模量 E_0/GPa	泊松比 μ
沥青混凝土	2.7	1	0.20
砂浆	2.7	10	0.20
沥青油毛毡	2.53	0.2	0.20

根据以上计算分析，整理各计算方案最高温度、最大拉应力、最小抗裂安全系数汇总列于表 4.3。其中抗裂安全系数采用下式计算：

$$\text{抗裂安全系数}=\frac{\text{抗拉强度}}{\text{混凝土的拉应力}} \tag{4.1}$$

式中：抗拉强度＝弹性模量×极限拉伸值。在缺乏试验资料的初步计算中，可以近似采用混凝土的轴拉强度。

在进行最小抗裂安全系数计算时，是对混凝土浇筑后的全龄期任意时刻 t 的弹性模量、极限拉伸值、主拉应力代入式（4.1）计算该时刻 t 的抗裂安全系数值，然后取全过程的最小值。以后的计算均如此，不再说明。

比较分析以上成果，可获得如下认识：在有压泄洪洞衬砌混凝土与围岩之间设置沥青混凝土、砂浆、沥青油毛毡垫层，边拱衬砌混凝土 0 度断面（腰线）的最大拉应力值分别为 3MPa、3.43MPa、3.01MPa，比无垫层情况的 3.77MPa 均有明显降低（表 4.3），降低幅度达 10%～26%。说明在衬砌混凝土与围岩之间设置弹性模量低的垫层，可以有效削弱围岩对衬砌混凝土的约束，明显降低温降产生的拉应力。与此对应，抗裂安全系数明显提高，从无垫层情况的 0.97 分别提高至 1.35、1.28、1.37，提高了 0.38～0.4，增幅达 39%～41%。其中，设置砂浆垫层提高效果相对较小，也提高了 0.3，增幅 32%；沥青油毛毡提高最大，为 0.4，增幅达 41%。

表 4.3　各技术方案衬砌混凝土温度与温度应力特征值

垫层材料	最高温度/℃	最大拉应力/MPa	最小抗裂安全系数
不设垫层	39.12	3.77	0.97
沥青混凝土	37.58	3	1.35
砂浆	37.58	3.43	1.28
沥青油毛毡	40.93	3.01	1.37

从设置不同材料垫层的温度和温度应力分析比较来看，垫层材料的弹性模量与导热系数对衬砌混凝土温度、温度应力的影响十分敏感。垫层材料弹性模量越大，对衬砌混凝土的约束越强，衬砌混凝土温度应力值越大，最小抗裂安全系数越小，其中砂浆垫层的弹性模量最大，最大拉应力也最大，最小抗裂安全系数最小；垫层导热系数越小，越不利于混凝土早期水化热向围岩传递，衬砌混凝土内部最高温度和最大内表温差越大，其中沥青油毛毡垫层的导热系数最小，内部最高温度和最大内表温差都最大。导热系数最小的沥青油毛毡的温度最高达 40.93℃，比不设垫层升高了 1.81℃；砂浆和沥青混凝土的最高温度相当，比不设垫层情况降低 1.45℃。但由于沥青油毛毡的弹性模量最小，所以最大拉应力和最小抗裂安全系数都与沥青混凝土垫层情况相当。

综上所述，采用在衬砌混凝土与围岩间设置垫层的新型结构，可以有效降低围岩约束，从而减小温度应力和提高抗裂安全系数，有利于温控防裂，并且采用弹性模量小、导热系数大的材料作为垫层更加有利。目前工程中常用砂浆垫层（或者由于喷锚支护需要）对于衬砌混凝土的温控防裂也是有益的。但必须说明的是，厚度大的、弹性模量小的垫层材料对于高流速水工隧道脉动压力作用下的安全不利，因此必须综合分析确定垫层材料的厚度和弹性模量的选择。综上分析可以设想，如果采用厚度小的薄膜或刷沥青等材料，基本不影响脉动压力作用下衬砌结构的安全，而且能有效降低围岩约束和热传导，是非常有利的。根据对溪洛渡泄洪洞有压段运行期应力校核计算，设置垫层使得衬砌结构受脉动压力作用的安全性降低，岩性越软弱安全性能降低越多[10]。Ⅱ类、Ⅰ类和完整坚硬的Ⅲ类围岩，采用沥青油毛毡和沥青混凝土垫层，运行期安全性满足要求；一般Ⅲ类、Ⅳ类的软弱岩体，只能采用砂浆垫层，运行期安全性才能满足要求。同时表明，在进行水工隧洞衬砌混凝土温控防裂有限元法仿真计算时，必须真实模拟衬砌混凝土与围岩间砂浆等垫层的实际情况（厚度、变形模量、热传导性能等）。以往大多数研究者都没有模拟砂浆垫层，计算结果必然是对温控防裂措施提出了更高要求。

4.2　钢筋的模拟技术与影响

对水工隧洞衬砌混凝土进行温控防裂等问题的研究或者仿真计算中，一般都没有计入钢筋的作用或影响。这样的计算结果，对通过仿真计算能否正确获得混凝土的真实应力，以及提出的温控方案能否经济安全防止温度裂缝等具有不确定性，因此需要引起重视。文献［11］通过对三峡永久船闸地下输水洞NY9和NY10衬砌混凝土温控试验，深入分析了钢筋对温度应力的影响。结果表明，钢筋对隧洞衬砌混凝土温控防裂影响不大，对限制混凝土裂缝开展有良好的作用。这里进一步借助有限元法进行研究，以利于进一步深化了解和进行有限元法仿真计算时合理模拟钢筋的作用。

运用ANSYS软件进行钢筋混凝土结构计算时，钢筋的模拟有两种方法。一种是作为附加弥散钢筋分布在一个指定方向，即整体式。钢筋作为附加弥散钢筋加入SOLID45单元中，通过输入实常数，给定SOLID45单元在三维空间各个方向的钢筋材料编号、位置、角度和配筋率。这种方法主要用于有大量钢筋且钢筋分布较均匀的构件中，譬如剪力墙或楼板结构，对于钢筋分布均匀的水工隧洞也可以采用。另一种是把混凝土和钢筋作为不同单元来处理，即分离式。混凝土与构件各自被划分成足够小的单元，混凝土采用SOLID45D单元模拟，钢筋通常用LINK8单元模拟。LINK8单元是有着广泛的工程应用杆单元，可以用来模拟桁架、缆索、连杆、弹簧等。这种三维杆单元是杆轴方向的拉压单元，每个节点具有三个自由度：沿节点坐标系 X、Y、Z 方向的平动（图4.1）。就像在铰接结构中的表现一样，具有塑性、蠕变、膨胀、应力刚化、大变形、大应变等功能，但不承受弯矩。利用空间杆单元LINK8建立钢筋模型和混凝土单元共用节点，建模比较方便，可以任意布置钢筋并可直观获得钢筋的内力。但是建模需要考虑共用节点的位置，且容易出现应力集中拉坏混凝土的问题。由于附加弥散钢筋方法相当于均匀化，不能反映钢筋对混凝土应力和温度场的影响，而分离式可以分别计算钢筋和混凝土的应力，可以分析钢筋的影响，所以这里进行钢筋影响研究时采用分离式。

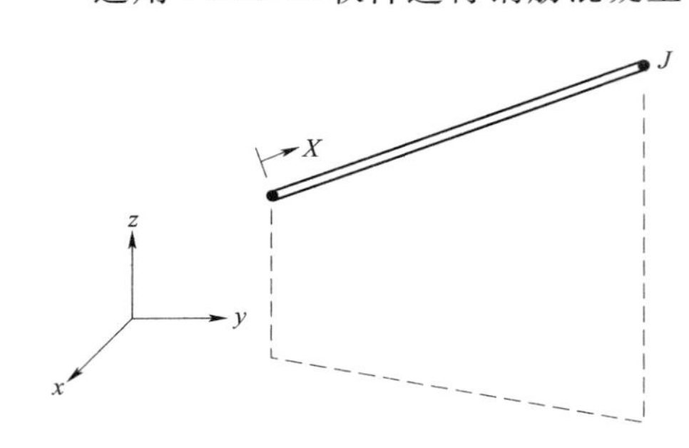

图4.1　LINK8单元几何模型

以溪洛渡水电站泄洪洞龙落尾1.5m厚度（XL3型）结构段为例，进行加钢筋、不加钢筋两个方案的温度、温度应力仿真计算。计算条件：7月1日浇筑边墙，浇筑温度18℃，不通水冷却，3d后拆模，7d洒水养护，90d常温水流水养护。其他参数和资料见参考文献［6］第7章。整理温度、温度应力特征值列于表4.4～表4.6，边墙中间点温度与温度应力历时曲线如图4.2、图4.3所示。

表 4.4　　边墙中间断面代表点最高温度和最大内表温差

钢筋模拟	表面点		中间点		最大内表温差	
	峰值/℃	出现时间/d	峰值/℃	出现时间/d	温差/℃	出现时间/d
不加钢筋	32.67	2.25	39.75	3.25	11.18	4.5
加钢筋	32.64	2.25	39.71	3.25	11.15	4.5

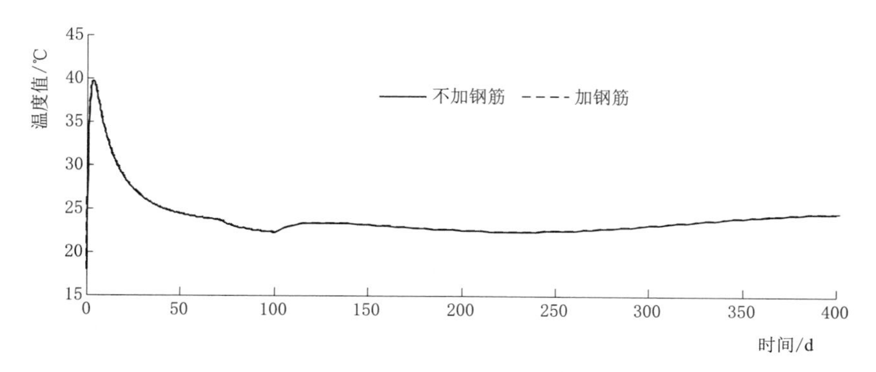

图 4.2　边墙衬砌混凝土中间点温度历时曲线

表 4.5　　边墙衬砌混凝土中间断面代表点典型龄期应力

龄期/d	抗拉强度/MPa	不加钢筋				加钢筋			
		表面点		中间点		表面点		中间点	
		应力/MPa	安全系数	应力/MPa	安全系数	应力/MPa	安全系数	应力/MPa	安全系数
3	1.07	−0.38	−2.82	−0.6	−1.78	−0.37	−2.87	−0.6	−1.79
7	2.5	1.2	2.08	−0.39	−6.45	1.2	2.09	−0.38	−6.51
28	3.6	0.78	4.6	2.12	1.7	0.77	4.65	2.11	1.71
90	4.5	0.28	15.82	2.9	1.55	0.27	16.44	2.89	1.56
110	4.5	−0.51	−8.75	2.81	1.6	−0.52	−8.6	2.8	1.61

表 4.6　　边墙衬砌混凝土中间断面代表点最大拉应力和最小抗裂安全系数

是否加钢筋	表面点				中间点			
	最小安全系数	龄期/d	最大拉应力/MPa	龄期/d	最小安全系数	龄期/d	最大拉应力/MPa	龄期/d
不加钢筋	1.7	4.25	1.28	11	1.51	220	2.98	225
加钢筋	1.7	4.25	1.28	11	1.52	220	2.97	225

计算结果表明，尽管水工隧洞衬砌混凝土配筋率相对大坝等大体积混凝土要高得多，而且钢筋的强度比混凝土高得多，但占结构体积和面积率仍然很小，因而钢筋对衬砌混凝土的温度和温度应力影响很小，内部最高温度仅相差 0.04℃，所以图 4.2 历时曲线基本重合，最大拉应力仅减小 0.01MPa（图 4.3 曲线基本重合），一般不足 1%，所以在进行温控防裂仿真分析计算中可以不考虑钢筋的作用。由于计算抗裂安全系数都大于 1.0，即没有产生温度裂缝，所以钢筋的影响很小，与参考文献 [10] 的结论一致。但由于钢筋对限制裂缝开度即裂缝后的限裂有较大作用，因此在研究钢筋混凝土结构限裂问题时宜模拟钢筋。

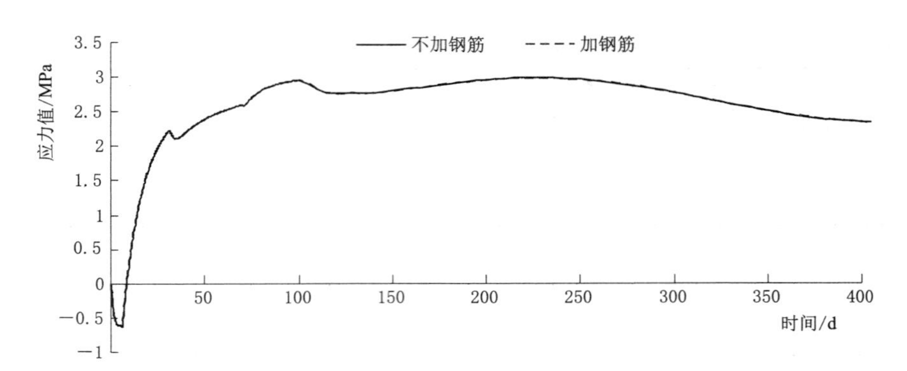

图 4.3　边墙衬砌混凝土中间点主应力历时曲线

4.3　锚杆模拟技术与影响

水工隧洞一般都采用喷锚支护，而且锚杆都有露头，混凝土浇筑后锚杆与衬砌混凝土形成整体，会对衬砌混凝土产生约束作用。

ANSYS 软件模拟锚杆有 LINK8、BEAM4 两种单元。LINK8 单元在 4.2 节中已有介绍。BEAM4 是一种可用于承受拉、压、弯、扭的单轴受力单元。这种单元在每个节点上有六个自由度：x、y、z 三个方向的线位移和绕 x、y、z 三个轴的角位移（图 4.4）。可用于计算应力硬化及大变形的问题。通过一个相容切线刚度矩阵的选项用来考虑大变形（有限旋转）的分析。

以溪洛渡水电站泄洪洞有压段 E1 型衬砌结构进行仿真计算。计算条件和有关资料同 4.1 节。锚杆截面面积均取 491m^2（直径 25mm），分别采用 LINK8、BEAM4 单元对锚杆进行模拟，并对锚杆插入衬砌（有露头）和锚杆未插入衬砌（无露头）两种结构形式进行应力计算［不计锚杆的热学属性，瞬态温度场与不模拟锚杆的素混凝土（无锚杆）衬砌条件下计算结果一致］，有限元模型如图 4.5、图 4.6 所示。由于温度场相同，只整理各个计算方案应力及其历时曲线。各方案计算最大拉应力情况列于表 4.7。采用 LINK8 单元模拟锚杆有、无锚杆露头及素混凝土衬砌 0°断面中间点的主应力历时曲线如图 4.7 所示，有、无锚杆露头衬砌混凝土主拉应力包络图如图 4.8、图 4.9 所示。采用 BEAM4 单元模拟锚杆有、无锚杆露头及素混凝土衬砌 0°断面中间点的主应力历时曲线如图 4.10 所示，有、无锚杆露头衬砌混凝土主拉应力包络图如图 4.11、图 4.12 所示。

表 4.7　　**各方案计算最大拉应力**　　单位：MPa

计算方案		最大主拉应力	水平最大拉应力	垂直最大拉应力	轴向最大拉应力
无锚杆		3.77	3.77	3.57	2.42
LINK8 单元	有锚杆露头	3.77	3.75	3.58	2.43
	无锚杆露头	3.77	3.77	3.57	2.42
BEAM4 单元	有锚杆露头	3.77	3.75	3.58	2.43
	无锚杆露头	3.77	3.77	3.57	2.42

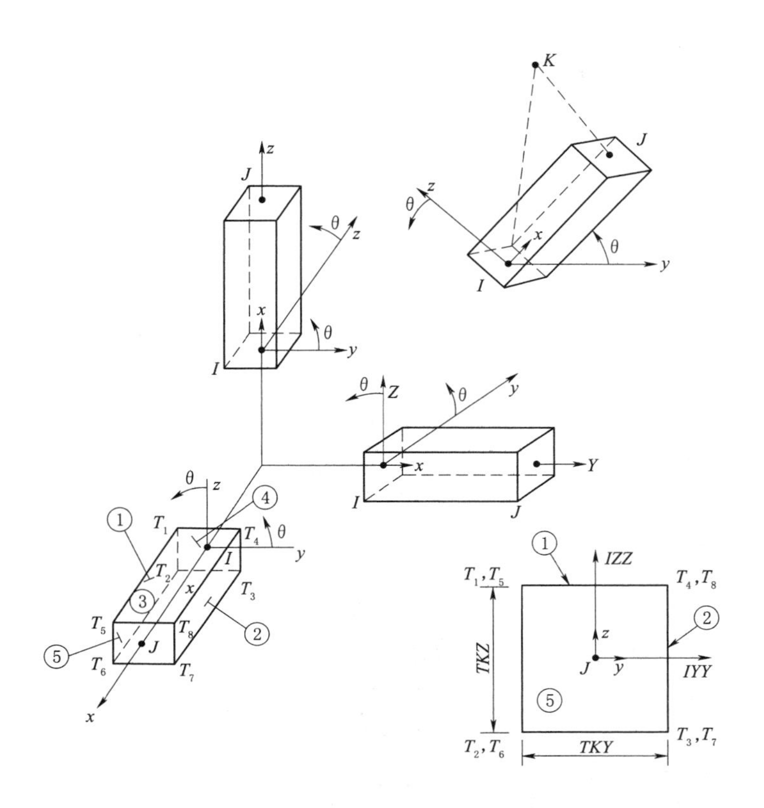

图 4.4 BEAM4 单元几何模型

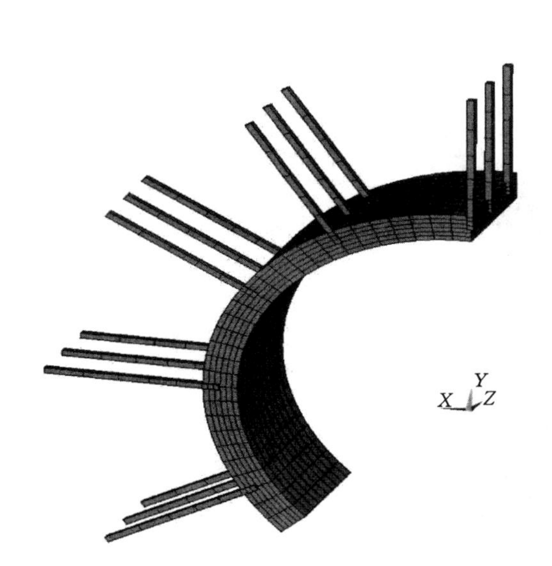

图 4.5 锚杆与边顶拱衬砌混凝土有限元模型（锚杆插入衬砌）

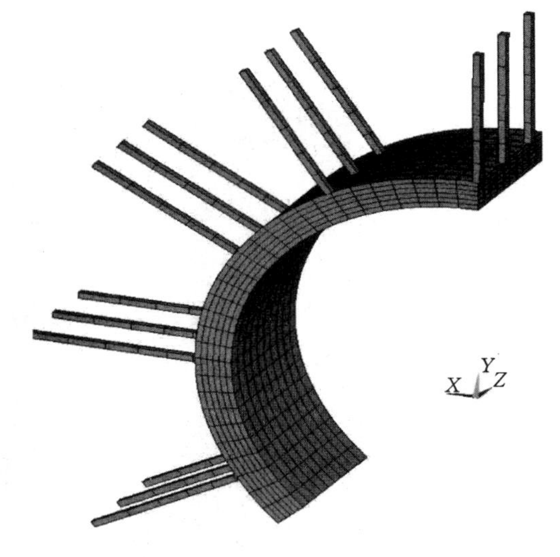

图 4.6 锚杆与边顶拱衬砌混凝土有限元模型（锚杆未插入衬砌）

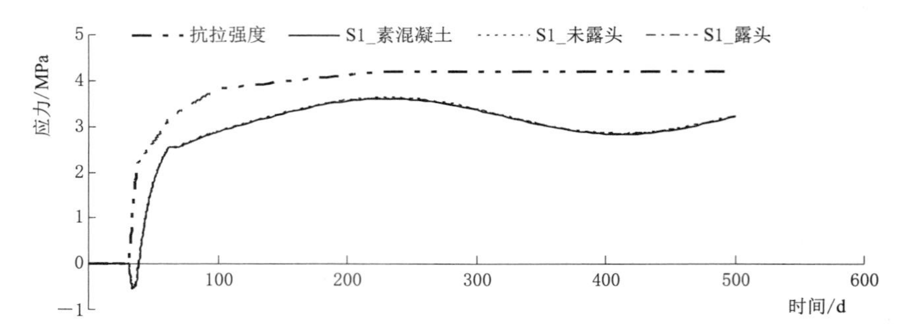

图 4.7　LINK8 单元模拟锚杆时边顶拱 0°断面中间点第一主应力历时曲线

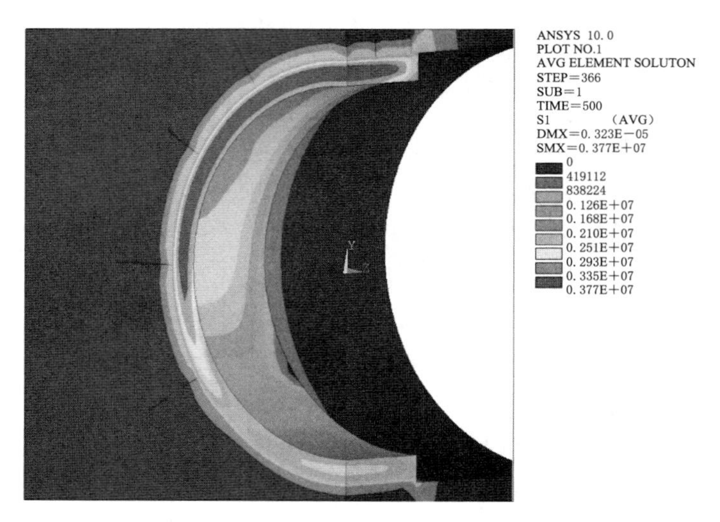

图 4.8　LINK8 单元模拟锚杆边顶拱衬砌混凝土第一主应力包络图（锚杆未露头）

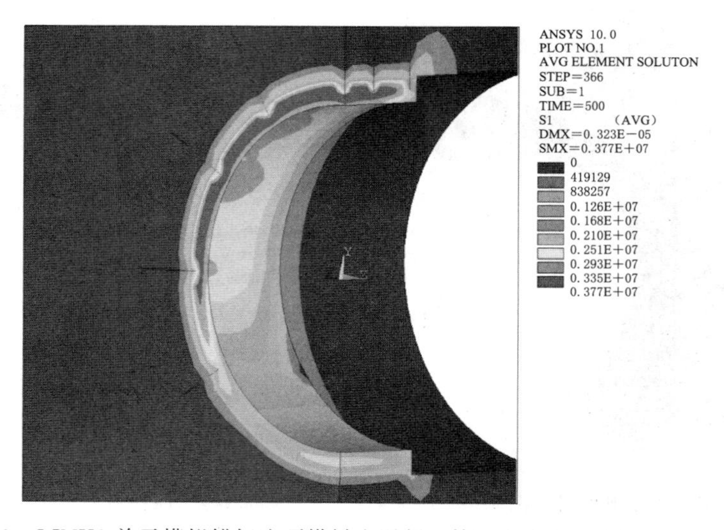

图 4.9　LINK8 单元模拟锚杆边顶拱衬砌混凝土第一主应力包络图（锚杆露头）

以上计算结果表明：

(1) 采用 LINK8 和 BEAM4 单元模拟锚杆进行仿真计算，最大拉应力（表 4.7）大小一致，最大拉应力的变化发展、分布和影响范围也一致（图 4.7～图 4.12），而且其规律都正常良好，所以 LINK8 和 BEAM4 单元都可以有效模拟锚杆作用机理。

(2) 采用 LINK8 和 BEAM4 单元模拟锚杆，如果锚杆无露头，计算各最大拉应力都与无锚杆情况相同（表 4.7），是因为锚杆无露头则对衬砌结构混凝土没有约束作用。

(3) 采用 LINK8 和 BEAM4 单元模拟锚杆，如果锚杆有露头，与无锚杆情况相比，计算最大主拉应力值都是 3.77MPa 不变，水平向最大拉应力减小 0.02MPa，垂直向和轴向最大拉应力均增大 0.01MPa（表 4.7），从图 4.9 和图 4.12 也可以看出锚杆露头仅在锚杆附近很小的范围形成应力集中现象（符合圣维南原理），因此锚杆仅影响所在局部的应力，对衬砌结构整体的温度应力影响很小，在进行温控防裂计算分析时可以不模拟锚杆的作用。

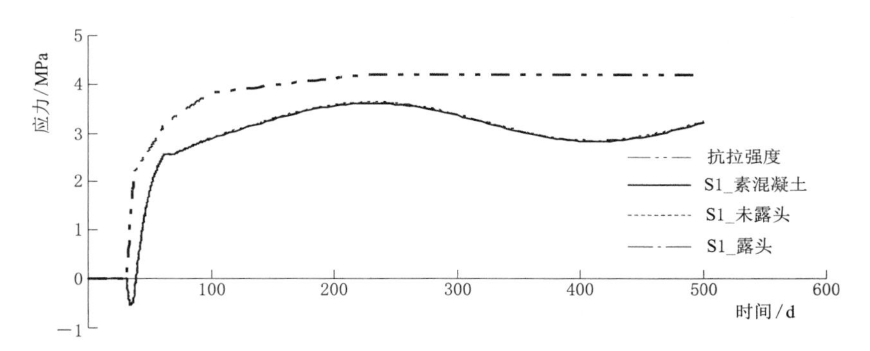

图 4.10 BEAM4 单元模拟锚杆时顶拱 0°断面中间点第一主应力历时曲线

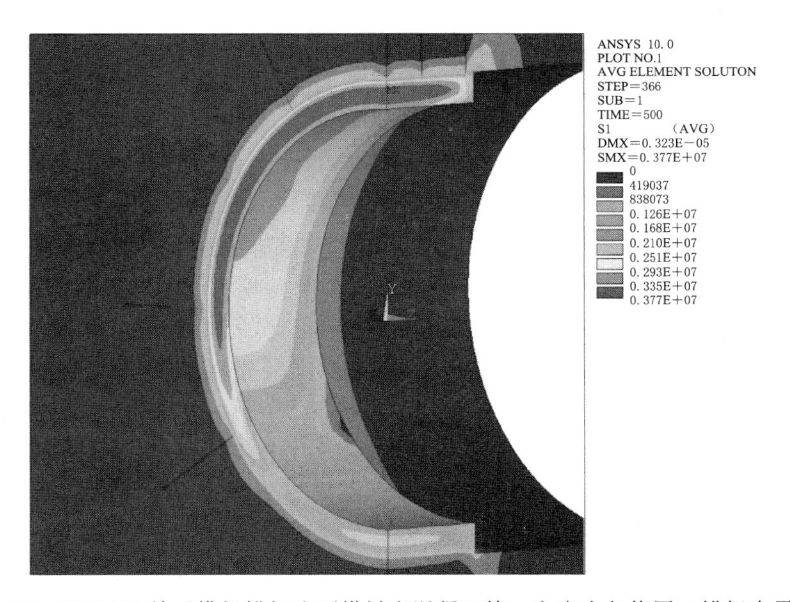

图 4.11 BEAM4 单元模拟锚杆边顶拱衬砌混凝土第一主应力包络图（锚杆未露头）

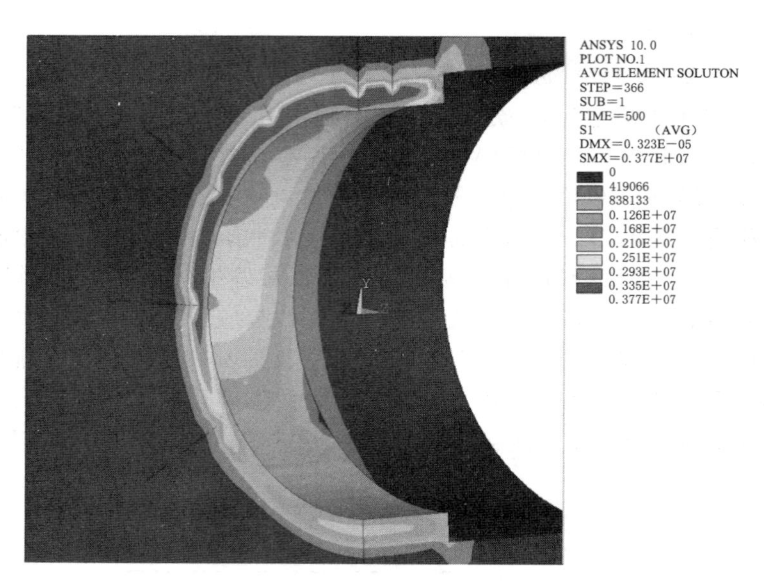

图 4.12　BEAM4 单元模拟锚杆边顶拱衬砌混凝土第一主应力包络图（锚杆露头）

4.4　隧洞衬砌顶部脱空的影响

水工隧洞（有压、无压）衬砌结构，由于混凝土浇筑难以保证顶部中心附近完全充填密实，与围岩总存在一定程度的空隙（脱空），或者混凝土自生体积变形（包括干缩变形）收缩等原因，洞顶在混凝土浇筑完成后、回填灌浆前经常存在程度不等的空隙或收缩缝的现象，改变了围岩与衬砌混凝土的约束条件，会对衬砌结构混凝土温度与温度应力产生影响。为此，选取溪洛渡水电站泄洪洞有压段 1.0m 厚度（E2 型）衬砌建立模型进行仿真计算，分别取顶部脱空 2.0m 和 4.5m，计算结果与未脱空模型进行比较分析，研究脱空对有压隧洞衬砌混凝土温度应力的影响。

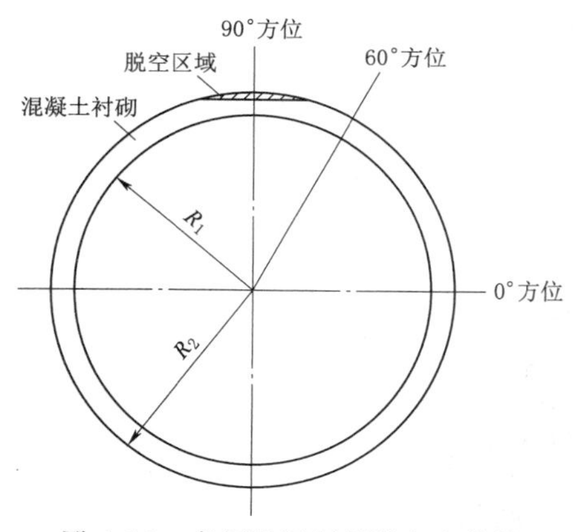

图 4.13　有压隧洞顶部脱空和特征点选取示意图

计算条件为：7 月 1 日开浇，浇筑温度为 16℃，并用 16℃水通水冷却 7d，3d 后拆模，表面洒水养护 28d，底拱和边顶拱浇筑的间隔期为 31d（详细资料见参考文献［6］第 7 章）。计算分析洞顶脱空的影响时，仅改变脱空范围大小（脱空 2m 是指洞顶脱空部位最大水平长度为 2m，如图 4.13 所示），其余计算条件不变。

根据计算分析，整理温度应力、抗裂安全系数特征值列于表 4.8～表 4.10，洞顶脱空 2m 情况对各角度衬砌断面应力的影响度见表 4.11 和图 4.14。由于洞顶脱空对脱空范围外衬砌断面温度场没有影响，从而不进行温度场分析。

表 4.8　边顶拱 0°断面代表点典型龄期第一主应力值　单位：MPa

龄期/d	表面点应力			中间点应力		
	方案 1	方案 2	方案 3	方案 1	方案 2	方案 3
3	−0.39	−0.37	−0.37	−0.42	−0.39	−0.4
4	0.31	0.34	0.34	−0.4	−0.37	−0.37
7	0.8	0.84	0.84	−0.03	0.14	0.14
14	1.28	1.3	1.3	1.17	1.26	1.26
28	1.56	1.57	1.57	2.15	2.15	2.15
32	1.26	1.27	1.27	2.27	2.24	2.24
62	1.29	1.3	1.3	2.43	2.33	2.32
90	1.48	1.48	1.48	2.59	2.49	2.48
95	1.51	1.52	1.52	2.62	2.52	2.51
110	1.61	1.62	1.62	2.71	2.6	2.6

注　方案编号 1、2、3 分别对应洞顶无脱空、脱空 2m、脱空 4.5m 三种条件，下同。

表 4.9　边顶拱 0°断面代表点典型龄期抗裂安全系数

龄期/d	表面点			中间点		
	方案 1	方案 2	方案 3	方案 1	方案 2	方案 3
3	−2.33	−2.5	−2.45	−2.15	−2.34	−2.3
4	3.9	3.56	3.57	−3.05	−3.33	−3.28
7	2.76	2.63	2.62	−68.25	15.76	15.72
14	1.96	1.93	1.93	2.14	1.98	1.98
28	1.98	1.97	1.97	1.44	1.44	1.44
32	2.66	2.64	2.64	1.48	1.5	1.5
62	3.07	3.05	3.06	1.64	1.71	1.71
90	2.84	2.83	2.83	1.62	1.69	1.69
95	2.79	2.78	2.78	1.61	1.68	1.68
110	2.66	2.64	2.64	1.58	1.64	1.65

表 4.10　各方案最大主拉应力 σ_{max} 和最小抗裂安全系数 K_{min}

方案	表面点 σ_{max}/MPa	中间点 σ_{max}/MPa	表面点 K_{min}	中间点 K_{min}
无脱空	1.59	3.01	1.90	1.44
脱空 2m	1.60	2.90	1.88	1.44
脱空 4.5m	1.60	2.89	1.88	1.44

表 4.11　各方位最大主拉应力值与脱空 2m 相对影响率

角度方位/(°)	无脱空最大主应力/MPa		脱空 2m 最大主应力/MPa		脱空相对影响率/%	
	表面点 σ_{max1}	中间点 σ_{max1}	表面点 σ_{max2}	中间点 σ_{max2}	表面点	中间点
0	1.89	3.01	1.90	2.90	0.56	3.78
10	1.98	3.09	1.99	2.98	0.30	3.81

续表

角度方位/(°)	无脱空最大主应力/MPa		脱空 2m 最大主应力/MPa		脱空相对影响率/%	
	表面点 σ_{max1}	中间点 σ_{max1}	表面点 σ_{max2}	中间点 σ_{max2}	表面点	中间点
20	2.03	3.15	2.04	3.03	0.32	3.81
30	2.05	3.17	2.06	3.05	0.46	3.80
40	2.05	3.20	2.06	3.06	0.54	4.17
50	2.05	3.20	2.03	3.05	0.94	4.65
60	2.04	3.20	1.94	3.00	5.11	6.29
70	2.04	3.20	1.76	2.92	13.64	8.64

注　脱空相对影响率（%）为：$|\sigma_{max1}-\sigma_{max2}|/\sigma_{max1}\times100$。

比较分析以上温度应力成果可以看出，有压洞洞顶脱空对于0°方向衬砌混凝土温度应力影响很小。一方面，无脱空和洞顶脱空 2m 比较，表面点第一主应力相差约为0.01MPa，无脱空情况下的拉应力稍大；另一方面，脱空 2m 和脱空 4.5m 相比较，无论是表面点还是中间点的各龄期第一主应力均基本一样；对于中间点最小抗裂安全系数，三种方案情况均为 1.44。鉴于此，可以认为洞顶有无脱空及脱空范围大小对 0°方向的温度应力基本无影响。

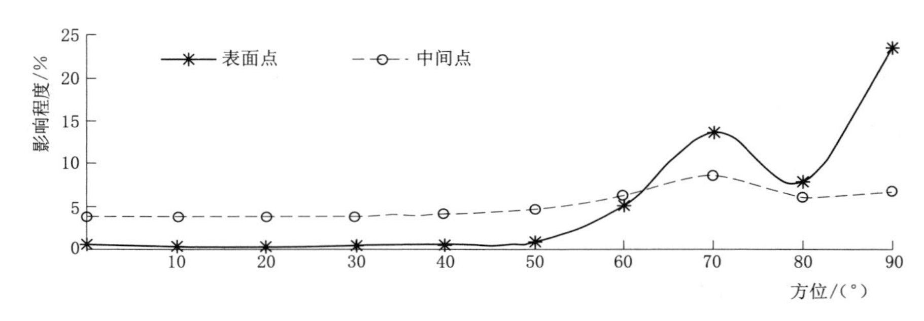

图 4.14　洞顶脱空 2m 对有压洞各方位衬砌混凝土第一主应力影响程度

在分析有压洞洞顶脱空影响时，除考虑洞顶脱空部位靠近围岩衬砌的热学边界条件之外，可以近似看作是不规则孔口应力集中问题。由弹性力学圣维南原理可知，洞顶脱空部对附近范围影响较大，对超过 5 倍脱空区范围基本无影响。从图 4.14 中第一主应力影响程度曲线可以看出，对于大于 60°角度区域的表面和中间点的应力影响较大，0°～60°角度区域影响较小。即有压洞洞顶脱空对其衬砌混凝土的温度应力影响区域大概在脱空范围（即洞顶）左右各 30°的范围内，在此区域之外，脱空对温度应力影响很小。另外，是对最大拉应力出现部位的影响，无洞顶脱空时最大拉应力出现在 40°～90°；有洞顶脱空 2m 时在 30°～40°，洞顶脱空 4.5m 时在 10°～20°。顶拱脱空范围越大，脱空影响范围越大，最大拉应力出现的部位越向 0°（腰线附近）移动，如果洞顶脱空范围更大将移至 0°，这就是溪洛渡泄洪洞有压段和三峡右岸发电引水洞衬砌混凝土温度裂缝大多发生在 0°附近的重要原因[5]。因此，在进行衬砌混凝土温控防裂问题研究和仿真计算时宜模拟洞顶实际脱空情况。在事先无法获知洞顶脱空范围的情况下进行衬砌混凝土温控防裂仿真计算时，对于有压隧洞，考虑到至今调查的情况都是温度裂缝发生在0°附近而且水平方向发展，可以采用0°应力作为控制值；对于无压隧洞，根据大量计算经验，最大拉应力一般发生在直边墙顶部与顶拱连接附近（稍低，距直墙顶约2.0m），洞顶是否有小范围脱空对此基本没有影响，可以用该区域应力控制。

4.5 过缝钢筋的模拟研究

水工隧洞结构设计中，为加强混凝土浇筑块之间的结构强度和整体性，一般都在混凝土浇筑块之间设置过缝钢筋将若干结构块连成整体。如溪洛渡泄洪洞在原结构设计中，设置过缝钢筋将2个浇筑块连接；江坪河和三板溪泄洪洞则是设置过缝钢筋将3个浇筑块连成整体。虽然设置过缝钢筋对混凝土衬砌结构整体强度提高有一定积极意义，但过缝钢筋设置意味着增加浇筑块之间的约束，对混凝土的温控防裂可能产生一定的影响。为了解过缝钢筋对混凝土温控防裂的影响和合理确定过缝钢筋约束边界条件，在对江坪河水电站泄洪洞、放空洞有压与无压段衬砌混凝土温控防裂的仿真计算中[12]，进行了有、无过缝钢筋的温度应力计算分析。为减少篇幅，这里仅介绍泄洪洞的计算成果。

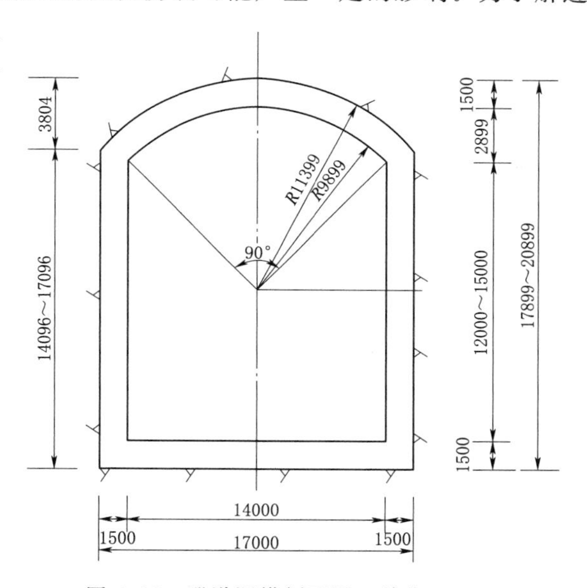

图4.15 泄洪洞横剖面图（单位：mm）

泄洪洞浇筑段长度12m，断面结构如图4.15，按对称条件截取1/2建立有限元模型如图4.16所示。规定沿洞轴线往洞外为z轴正向，垂直边墙水平向右为x轴正向，垂直向上为y轴正向。围岩厚度取3倍洞径左右，沿x和y轴围岩厚度均取40m。岩体和衬砌统一采用空间八结点等参单元，采用杆单元模拟过缝钢筋和锚杆。衬砌混凝土6月15日开浇，浇筑温度28℃，分别进行在$z=12.0$m处有、无过缝钢筋的温度应力计算分析。

以边墙为代表，将远离过缝钢筋端$z=2.0$m、中间$z=6.0$m、拟设置过缝钢筋端$z=10.0$m三个断面有、无过缝钢筋代表点主应力成果汇总列于表4.12～表4.14。比较分析可知：过缝钢筋对衬砌混凝土端部有较大的约束作用，使得有过缝钢筋端的应力发生较大（表4.14）的改变，结构中部的应力也受到较大的影响（表4.13），而远离过缝钢筋端的影响很小（表4.12）。早期混凝土温升阶段，过缝钢筋的约束作用，使得该端部至中间区域的压应力增大；早期温降阶段，无过缝钢筋端出现拉应力早些，有过缝钢筋端在抵消压应力后出现拉应力晚些、量值也小于无过缝钢筋端，如3d龄期无过缝钢筋端主拉应力1.77MPa，有过缝钢筋端主拉应力为0；中后期，过缝钢筋的约束作用使得温降产生的拉应力增大，有过缝钢筋端至中部的主拉应力比无过缝钢筋端明显增大，边墙$z=10.0$m表

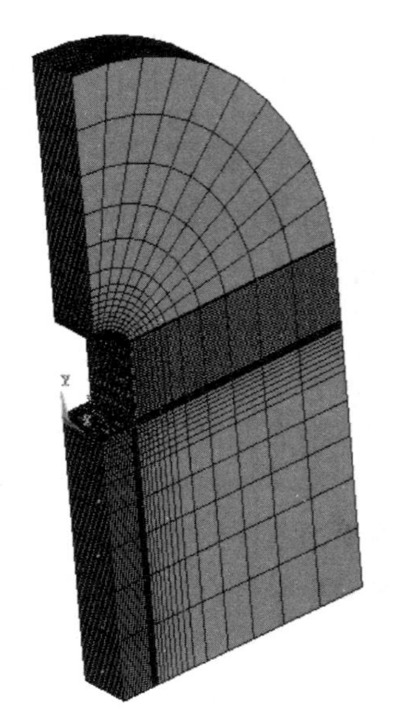
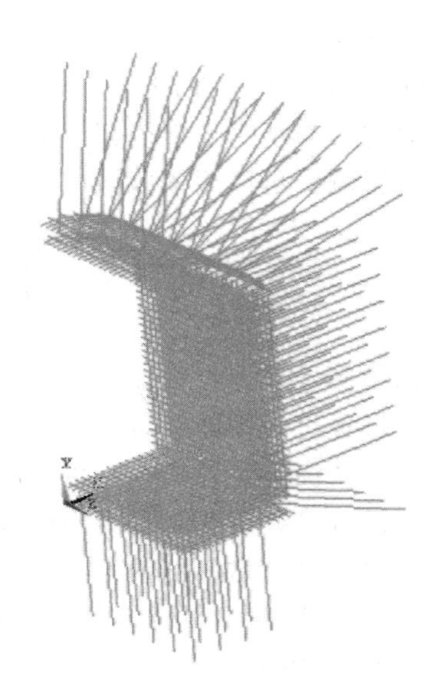

图 4.16　有限元仿真计算模型

面点增大了约 0.8MPa，中部增大约 0.1MPa，有过缝钢筋端的最大主拉应力已经与中部相当，甚至由于应力集中现象导致主拉应力更大些。

以上分析说明，有过缝钢筋情况端部和中部的最大主拉应力都有增大，因此在温控防裂研究中应该模拟过缝钢筋，在采用通用程序 ANSYS 仿真计算时，采用杆单元可以有效模拟过缝钢筋作用。如果不是跨越断层等结构整体性要求，宜尽可能钢筋不过缝。

表 4.12　　$z=2$m 断面边墙特征点第一主应力　　单位：MPa

龄期/d	表　面		中　间		围　岩　侧	
	有	无	有	无	有	无
3	1.74	1.77	0.11	0.10	0.51	0.48
7	2.42	2.45	−0.11	−0.12	−0.05	−0.08
28	3.41	3.43	2.18	2.19	1.37	1.38
90	3.71	3.78	3.55	3.61	3.49	3.54
326	4.45	4.57	3.36	3.45	3.79	3.87
最大	5.06	5.26	4.65	4.8	4.88	4.98

表 4.13　　$z=6$m 断面边墙特征点第一主应力　　单位：MPa

龄期/d	表　面		中　间		围　岩　侧	
	有	无	有	无	有	无
3	0.00	0.00	0.04	0.05	0.14	0.18
7	0.78	1.10	0.04	0.04	0.11	0.14
28	3.41	3.54	2.18	1.93	1.37	0.85
90	4.25	4.18	3.84	3.79	3.54	3.50

续表

龄期/d	表面		中间		围岩侧	
	有	无	有	无	有	无
220	4.92	4.82	4.98	4.89	5.04	4.96
326	5.17	5.08	3.91	3.83	4.13	4.07
最大	5.98	5.88	5.24	5.14	5.11	5.03

表 4.14　z=10m 断面边墙特征点第一主应力　单位：MPa

龄期/d	表面		中间		围岩侧	
	有	无	有	无	有	无
3	0.00	1.77	−0.12	0.10	−0.27	0.48
7	1.10	2.45	−0.19	−0.12	−0.50	−0.08
28	3.58	3.43	2.30	2.19	1.44	1.38
90	4.26	3.78	3.96	3.61	3.73	3.54
220	4.98	4.23	5.10	4.54	5.08	4.87
326	5.22	4.57	3.94	3.45	4.13	3.87
最大	6.04	5.26	5.4	4.8	5.3	4.98

4.6 养护方式和对流系数取值对衬砌混凝土温控防裂影响

水工隧洞衬砌混凝土常采取流水或洒水方式养护[6]。但在冬季流水养护水温低，会造成混凝土内表温差过大，对早期防裂不利，需要控制水温或者采取洒水养护。在温度与温度应力仿真计算的过程中，洒水养护的对流系数的取值至关重要，它是流体与固体表面之间的换热能力，与影响换热过程的诸因素有关，比如洒水流量、风速、混凝土表面的形状、尺寸和相对位置等，并且会在很大范围内变动，实际取值难以准确确定，以往主要根据工程经验进行取值。这里在溪洛渡泄洪洞有压段衬砌混凝土温控防裂研究的基础上，计算分析洒水（流水）对流系数对衬砌混凝土温度与温度应力变化影响规律，力图提出洒水（流水）对流系数的合理建议取值，为类似工程衬砌混凝土的温控研究提供参考。

4.6.1 计算方案

水工隧洞内部风速小，一般在1m/s以内。当混凝土与空气接触时，粗糙表面的对流系数β为30～40kJ/(m^2·h·℃)，与水接触（即流水养护）时，β为8000kJ/(m^2·h·℃)左右。洒水养护的对流系数取值显然介于30～8000kJ/(m^2·h·℃)之间。取表4.15中6个方案反映不养护、不同程度洒水养护至流水养护的影响。混凝土夏季18℃浇筑，16℃制冷水通水冷却7d，3d后拆模，拆模后23℃常温水养护28d。计算模型、有关参数和施工情况详见参考文献［6］第7章。

表 4.15　　各计算方案对流系数　　单位：kJ/(m² · h · ℃)

计算方案	1	2	3	4	5	6
对流系数	30	92	280	856	2618	8000

4.6.2 温度场分析

养护对衬砌混凝土表面点温度和温度应力影响较大。以边顶拱为例，整理中央断面各方案的表面点温度历时曲线如图 4.17 所示，内表温差历时曲线如图 4.18 所示（仿真计算 400d，为便于分析比较，只取浇筑完成后 100d 的数据）。

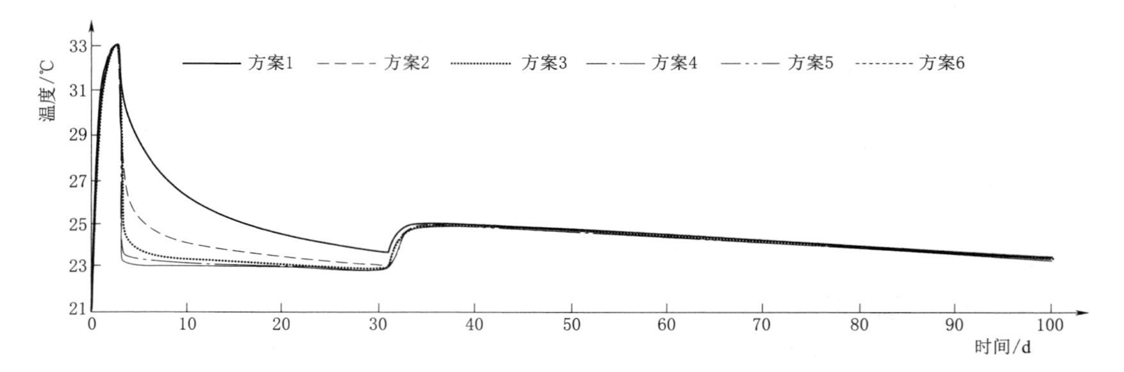

图 4.17　各计算方案情况表面点温度历时曲线

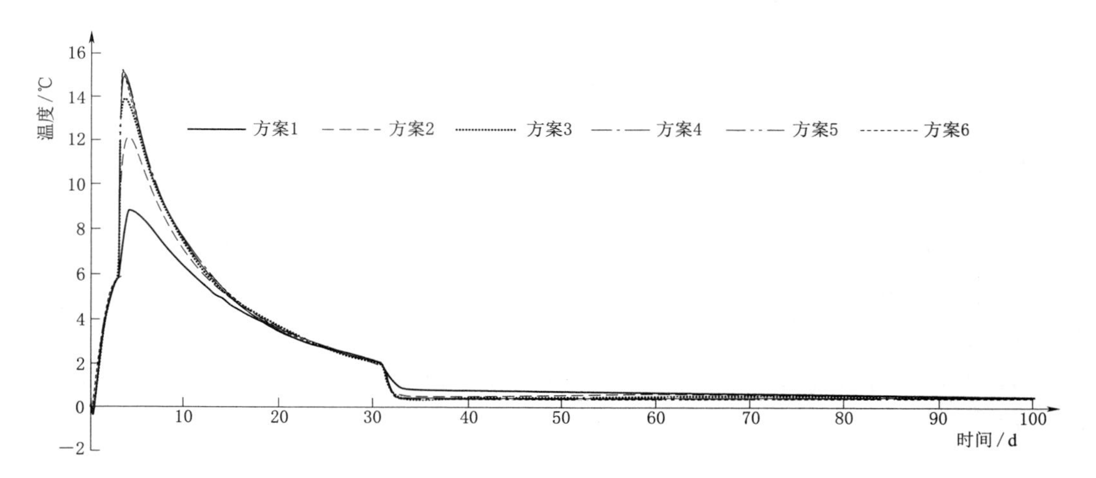

图 4.18　各计算方案情况内表温差历时曲线

由图 4.17 可知，边顶拱浇筑完成后，衬砌混凝土温度开始上升，在 3d 拆模前混凝土表面点温度达到峰值 33.02℃，拆模后由于养护和表面散热等导致混凝土温度骤降。不同的养护方式和洒水对流系数，对温降速率影响有明显差别。洒水越频繁，对流系数越大，温降的速率和幅度越大。如流水养护方案 6，表面点温降速率最大，由最高的 33.02℃，迅速降到流水养护水温 23℃；对流系数 β 为 30kJ/(m² · h · ℃) 的不洒水养护情况，温降速度最慢。由于养护水温低于洞内空气温度，6 个方案在养护结束有小幅上升至环境温度，此后呈现随周围环境温度周期变化规律。

由图 4.18 可看出，由于养护对衬砌结构内部温度值影响不大，对表面温度值影响很大，不同养护方式和洒水对流系数对混凝土内表温差影响显著。最大内表温差与养护方式和洒水对流系数具有良好的对应关系，洒水对流系数越大，内表温差越大。如流水养护方案 6，内表温差最大，达到 15.2℃；对流系数 β 为 30kJ/(m^2 · h · ℃) 的不洒水养护情况，内表温差最小，为 8.8℃。养护结束逐渐趋于一致，表面温度回升逐渐趋于环境气温，内表温差从 0.5℃左右趋于 0℃。

4.6.3 应力场分析

各计算方案边顶拱衬砌混凝土表面点主拉应力历时曲线如图 4.19 所示，各计算方案表面点代表龄期拉应力和对应的抗裂安全系数见表 4.16。

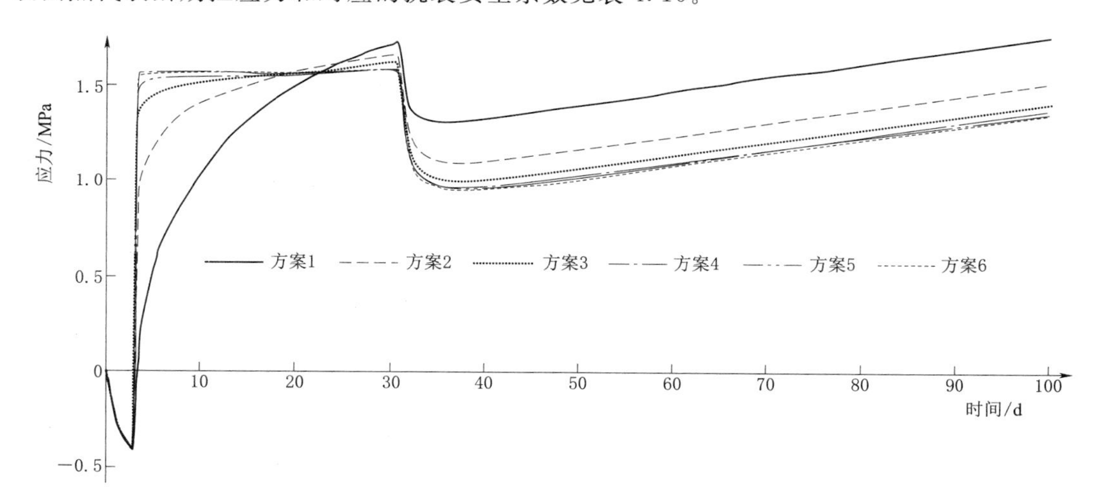

图 4.19 各计算方案表面点主拉应力历时曲线

表 4.16 不同洒水（流水）对流系数情况代表龄期表面拉应力与抗裂安全系数

龄期/d	方案 1		方案 2		方案 3		方案 4		方案 5		方案 6	
	应力	安全系数	应力	安全系数	应力	安全系数	应力	安全系数	应力	安全系数	应力	安全系数
3	−0.41	−2.21	−0.41	−2.21	−0.41	−2.21	−0.41	−2.21	−0.41	−2.21	−0.41	−2.21
4	0.32	3.81	1.04	1.17	1.39	0.88	1.51	0.81	1.55	0.79	1.57	0.78
7	0.78	2.83	1.29	1.71	1.47	1.49	1.53	1.43	1.55	1.42	1.56	1.41
14	1.27	1.97	1.48	1.68	1.54	1.63	1.55	1.61	1.55	1.61	1.55	1.61
28	1.68	1.85	1.64	1.89	1.60	1.94	1.58	1.96	1.57	1.97	1.57	1.97
32	1.41	2.38	1.25	2.69	1.17	2.87	1.14	2.95	1.13	2.97	1.13	2.98
62	1.49	2.67	1.25	3.18	1.15	3.47	1.11	3.58	1.10	3.63	1.09	3.64
90	1.68	2.49	1.44	2.92	1.33	3.14	1.30	3.24	1.28	3.27	1.28	3.28
95	1.72	2.45	1.47	2.86	1.37	3.08	1.33	3.17	1.32	3.20	1.31	3.21
110	1.82	2.35	1.58	2.71	1.47	2.90	1.44	2.98	1.42	3.01	1.42	3.02

由图4.19可知，洒水对流系数大的（如方案6）表面点温降较快，内表温差较大，从而使得表面点拉应力增长最快，早期拉应力值也最大。由温度历时曲线可知，较大的对流系数下，表面点温度骤降到流水温度，然后基本保持不变，此时表面点对应的拉应力值上升到峰值之后也基本保持不变；而较小的洒水对流系数下，混凝土表面温度逐渐降低，应力值相应逐渐上升，同时，由于混凝土的弹性模量随着时间不断增大，将导致应力增幅随着时间不断增大，如此便出现了大约在22d时拉应力值反而要大些。比如，由图4.19可知，方案1洒水28d结束以后拉应力值超过了方案6的计算结果。洒水养护结束以后，各方案的表面点拉应力均骤减，但是由于不同的洒水对流系数条件下，28d的洒水养护使混凝土表面出现不一样的温度，比如方案1的总温降值较方案6小，所以各方案下混凝土表面的温度从洒水结束时的值上升到气温值的幅度不一样，因此拉应力骤减的幅度也不一样，之后拉应力呈现随周围气温周期变化的规律。

由表4.16可知，方案1（即较低的洒水对流系数）的抗裂安全系数变化最小，并且从方案1到方案6，前期（即28d龄期以前）相应龄期的抗裂安全系数依次呈递减趋势。比较4d龄期，抗裂安全系数从3.81降到0.78，并且洒水对流系数大于一定值后，再增加对温度应力的影响减小。而后期安全系数则有所增加，主要由于不同的计算方案在洒水结束以后呈现的不同的温升规律。过大的洒水对流系数条件下，混凝土会在早期产生过大的温降，拉应力值会很大，抗裂安全系数就会很低，表面点很容易产生裂缝，这对混凝土温控是不利的。而洒水对流系数取值太小，混凝土前期温度散发慢，也就意味着对混凝土后期温控不利。

以上分析结果表明，温控研究中的洒水对流系数是决定混凝土表面点温度应力的重要因素之一，洒水对流系数越大，前期混凝土温降较快，会引起过大的内表温差，从而在早期会产生较大的拉应力，在洒水结束后，对温控反而有利；洒水对流系数越小，则呈现相反的规律。因此，一方面，仿真计算应该根据实际工程养护方式（洒水、流水或者蓄水）和水温、洒水频率合理选取洒水对流系数；另一方面，混凝土养护应该采取合适水温与洒水频率，例如冬季采取低温水流水养护显然是不利的。

参 考 文 献

[1] 樊启祥，黎汝潮．衬砌混凝土温控试验研究与裂缝原因分析［J］．中国三峡建设，2001（5）：11－13.

[2] 段亚辉，彭亚，罗刚，等．门洞形断面衬砌混凝土温度裂缝机理及其发生发展过程［J］．武汉大学学报（工学版）．2018，51（10），847，853.

[3] 廖波．小浪底泄洪工程高标号混凝土裂缝产生的原因及防治［J］．水利学报，2001（7）：47－50，56.

[4] 赵路，冯艳，段亚辉，等．三板溪泄洪洞衬砌混凝土裂缝发生与发展过程［J］．水力发电，2011，37（9）：35－38，67.

[5] 张志诚，林义兴，徐云峰，等．三峡地下电站引水洞衬砌混凝土裂缝成因分析［J］．人民长江，2006（2）：9－10，19.

[6] 樊启祥，段亚辉，等．水工隧洞衬砌混凝土温控防裂创新与实践［M］．北京：中国水利水电出版社，2015，9.

[7] 郑道宽，段亚辉. 围岩特性对泄洪洞无压段衬砌混凝土温度和温度应力的影响 [J]. 中国农村水利水电. 2014 (10)：116-119.

[8] 刘亚军，段亚辉，郭杰，等. 导流隧洞衬砌混凝土温度应力围岩变形模量敏感性分析 [J]. 水电能源科学，2007，25 (5)：77-81.

[9] 段亚辉. 一种有压水工隧洞混凝土防裂衬砌结构：CN204609908U [P]. 2015-09-02.

[10] 王家明，段亚辉. 围岩特性和衬砌厚度对衬砌混凝土在设置垫层下温控影响研究 [J]. 中国农村水利水电，2012 (9)：124-127.

[11] 段亚辉，吴家冠，方朝阳，等. 三峡永久船闸输水洞施工期钢筋应力现场试验研究 [J]. 应用基础与工程科学学报，2008，16 (3)：318-327.

[12] 苏芳，段亚辉. 过缝钢筋对放空洞无压段衬砌混凝土应力影响研究 [J]. 水电能源科学，2011，29 (3)：103-106.

第5章　门洞形断面边墙衬砌混凝土施工期温度裂缝控制要素影响

5.1　衬砌混凝土施工期温度裂缝控制要素分析

衬砌混凝土施工期温度裂缝影响因素众多而非常复杂，包括衬砌结构、混凝土性能、环境条件、施工温控措施、混凝土养护和施工工艺等方面，要全面进行研究和掌握其影响度是非常困难的。这里的重点是研究衬砌混凝土在施工期的温度裂缝机理，探明各要素的影响规律及其影响度，掌握各要素与温度裂缝控制的关系，以利于在设计和施工中经济、有效地开展温度裂缝控制。所以，只对有较大影响度的设计和施工控制要素进行研究，一些影响度不大或者不属于温控防裂设计范畴的因素不予考虑。由于温度裂缝是温度应力超过抗拉强度（或者温度拉伸变形超过极限拉伸值）产生的，因此也是重点分析对施工期温度应力有较大影响度的施工温控设计要素。

结构方面，包括隧洞结构断面型式和分缝长度 L、环向长度（或者宽度、高度）H_0、衬砌厚度 H。隧洞结构断面型式影响，本章以城门洞形断面为代表，第6章以圆形断面为代表。对于城门洞形隧洞，以温度裂缝多发的边墙为例，环向长度 H_0 为边墙高度，边顶拱分开浇筑情况为浇筑块直墙高度，边顶拱整体浇筑情况为直墙＋顶拱1/2弧长（考虑到结构和力学对称性的合理计算有效尺寸）。内部钢筋、锚杆等的影响较小，见第4章与文献［1-2］，不进一步研究。过缝钢筋，主要是增加有过缝钢筋端应力，其影响度见第4章与参考文献［3］。

混凝土材料方面，包括所有原材料（包括掺合料）的种类及其性能、混凝土的配合比，以及生产、浇筑、施工工艺等，在应力计算中由混凝土弹性模量 E_c（MPa）及其徐变性能综合体现。根据有关研究（见第2章），混凝土弹性模量 E_c 与抗压强度有较好的统计关系，在应力和抗裂安全系数估算时可以由混凝土强度等级 C（MPa）体现。对于水泥品种（如低热水泥混凝土的绝热温升明显较低），对温控防裂影响较大，有待进一步深入研究。

环境因素包括地质条件（包括水文地质、地温）、开挖方式和表面平整度、洞内气温、过水运行水温等。地质条件，一是地温的影响[4]，在没有地热的条件下，由于混凝土浇筑一般是在隧洞开挖几个月后，围岩表面范围的温度（地下水温基本与围岩温度一致）近似为洞内气温，可以由混凝土浇筑时洞内气温 T_a(℃）体现，有地热情况应专门研究；二是围岩变形模量 E(MPa)。隧洞的开挖方式和表面平整度，一是超挖，导致厚度增大，衬砌厚度按照计入超挖的实际厚度 H(m）计算；二是表面平整度，由于受到强约束的衬砌结构不会产生相对于围岩的滑移，就如锚杆约束只会影响局部，所以不计算表面平整度影响（见第4章）。洞内气温 T_a(℃)，一是在混凝土浇筑期至达到最高温度时对最高温度的影响，可以用混凝土浇筑期气温 T_a 综合代表；二是洞内气温的全年变化过程，一般是采用余弦函数表达，可以采用 T_a 余弦函数或者 T_a 及其洞内最低气温 T_{min} 两个参数综合表达。过水运行水温，不影响衬砌混凝土施工期 σ_{max}。另外，浇筑时的洞内气温 T_a 也反映了混凝土浇筑日期的影响。

混凝土浇筑温控措施，范围很广，各个工程和各个季节甚至每一天的不同时段的温控效果的差异都非常大。为了简单、可控，用浇筑温度 T_0(℃) 综合反映至浇筑混凝土初凝时全部温控措施的综合影响。混凝土浇筑后，主要温控措施是通水冷却，包括其水温、流量，以及水管密度。由于实际工程通水冷却时间都长于 T_{max} 发生龄期，不影响 T_{max}；在温度下降过程需要控制温降速度，而且衬砌厚度小混凝土温降速度快，实践经验表明即使在此阶段不通水冷却其温降速度一般也容易超过大体积混凝土有关规范允许值，宜控制通水冷却水温。所以不考虑通水冷却时间的影响（对此，将在第 8 章专题进行深入研究）。由于衬砌混凝土结构厚度相对较小，一般在厚度方向只布置一根水管，间距 1.5m 左右，不计水管密度的影响（如果有较大变化，另行计算）。通水冷却流量，溪洛渡、白鹤滩、乌东德等大型工程都是按照 36～48m^3/d 控制。所以，通水冷却只考虑是否通水冷却及水温 T_w(℃) 影响。

另外，为有效提高洞内冬季气温，防止穿堂风，有效提高温控防裂效果，冬季都封闭洞口保温（如溪洛渡、白鹤滩、乌东德），对衬砌混凝土温控防裂是重要影响因素，也是必须采取的措施，这时应该采用冬季封闭洞口情况洞内气温年变化曲线计算 T_a 和 T_{min}。混凝土养护（包括养护方式与水温）和施工工艺，在按照规范和设计技术要求施工情况下对温控防裂有较小的影响，可忽略不计。

综上分析，隧洞边墙衬砌混凝土温控防裂影响的主要设计因素，分别是分缝长度 L(m)、边墙高度 H_0(m)、衬砌厚度 H(m)、混凝土强度等级 C(MPa)、混凝土浇筑期洞内气温 T_a 及其变化过程（T_a 及其洞内最低气温 T_{min} 两个参数）、围岩变形模量 E、混凝土浇筑温度 T_0、是否通水冷却及其通水冷却水温 T_w，共 9 个要素。

5.2 有限元法计算分析

以溪洛渡泄洪洞无压段门洞形断面结构及其有关参数为基础，并结合三峡永久船闸地下输水洞和向家坝发电尾水洞，白鹤滩、乌东德、江坪河等大型水电站泄洪洞等实际工程及其有关参数进行。包括上述 9 个要素：分缝长度 6～12m、边墙高度 8.87～14.87m、衬砌厚度 0.8～1.5m；混凝土强度等级 C_{90}30～C_{90}60；混凝土浇筑期洞内气温 12～28℃（包括 T_a、T_{min} 不同组合，覆盖 1—12 月）；围岩变形模量 5～30GPa；混凝土浇筑温度 16～27℃、是否通水冷却及其通水冷却水温 15～22℃，具体计算方案见表 5.1。

有限元计算模型，以溪洛渡泄洪洞门洞形 F_3 形断面结构段为例（图 5.1），衬砌厚度为 1.0m、分缝长度为 9m，改变结构尺寸参数建立三维有限元模型。各强度等级衬砌混凝土的弹性模量、绝热温升曲线、徐变参数和围岩性能等均采取这 6 个水电站水工隧洞的实际参数。对于 9 个要素在其拟定参数范围进行组合，共进行了 174 个方案的有限元仿真计算。整理边墙结构中部表面点、1/2 厚度中心、围岩侧 3 个代表点衬砌混凝土施工期内部最高温度 T_{max}、最大拉应力 σ_{max}、全过程最小抗裂安全系数 K_{min} 3 个温控特征值，以及早期 28d 这 3 个点的温度应力和抗裂安全系数 K 的小值（记作 $K28_{min}$）。限于篇幅，各计算方案和温控特征值不详细列出。

表 5.1　　门洞形断面边墙衬砌混凝土仿真计算方案

序号	要　素	计　算　方　案					
		a	b	c	d	e	f
1	衬砌厚度/m	0.8	1.0	1.5			
2	边墙高度/m	8.87	11.87	14.87			
3	分缝长度/m	6	9	12			
4	混凝土强度	C30	C40	C60			
5	围岩变形模量/GPa	30	20	9	5		
6	浇筑温度/℃	16	18	20	27.1		
7	通水冷却时间/d	0	2	3	4	15	
8	通水冷却水温/℃	15	16	18	20	22.5	不通水
9	洞内空气温度	平均 19.29℃，变幅±6.7℃	平均 20℃，变幅±3.5℃	平均 22℃，变幅±2℃	平均 23.5℃，变幅±1.5℃		
10	浇筑日期	11 月 1 日	8 月 1 日	5 月 1 日	4 月 1 日	3 月 1 日	2 月 1 日

注　除通水冷却时间研究方案外，其余的各方案的通水冷却时间都是 15d。

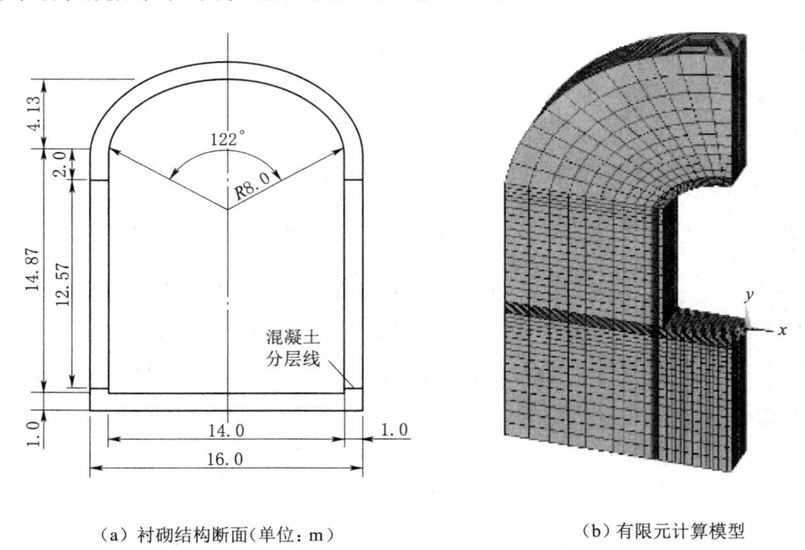

(a) 衬砌结构断面(单位: m)　　(b) 有限元计算模型

图 5.1　有限元计算结构和模型

5.3　门洞形断面衬砌混凝土温度裂缝机理与发生发展过程[5]

对夏季 7 月 1 日浇筑底板，8 月 1 日浇筑边墙 $C_{90}40$ 混凝土（围岩变形模量 20GPa），进行 27℃浇筑方案 1 和 18℃浇筑并采取 12℃水通水冷却方案 2 有限元仿真计算。由于边墙高度大于底板宽度，底板采用常态混凝土浇筑而且养护条件优于边顶拱，同等条件下边墙的温度应力大些，抗裂安全系数小些，而且溪洛渡泄洪洞门洞形断面衬砌混凝土的温度裂缝底板明显少于边墙，三峡永久船闸输水洞也是边墙先发生温度裂缝冬季连通至底板[2,5-7]，因此成果整理只对边墙中部截面。由于温度裂缝一般从表面开始，中心的温度拉应力最大，所以整理各方案衬砌混凝土表面点和中间点温度、最大拉应力和最小抗裂安全系数列于表 5.2 和表 5.3；中部截面代表点温度历时曲线如图 5.2 和图 5.3 所示，实测溪洛渡泄洪洞边墙衬砌混凝土中部中心点温度历时曲线（其中靠山侧、靠河侧是指门洞形断面靠山侧、靠河侧边墙）如图 5.4 所示，第一主应力历时曲线如图 5.5 和图 5.6 所示；27℃浇筑方案 1 中部截面代表点各龄期 σ_1 和抗裂安全系数 K 值见表 5.4。历时曲线图中，混凝土龄期为时间减 31d，是因为边墙在底板浇筑后 31d 的 8 月 1 日浇筑。

表 5.2　边墙代表点最高温度 T_{max} 及其出现时间　　单位：℃

方案	表面点	中间点	围岩点	最大内表温差
方案 1	41.83 (2.25d)	45.23 (2.25d)	42.02 (3.5d)	5.8 (4.75d)
方案 2	35.05 (2.5d)	36.97 (2.75d)	34.94 (3d)	3.43 (4.75d)

注　括号内的数值为该物理量发生的龄期。

表 5.3　边墙中部截面表面点和中间点最大拉应力 σ_{max} 与最小抗裂安全系数 K_{min}

方案	表面点				中间点					
	K_{min}	龄期/d	σ_{max}/MPa	龄期/d	K_{min}	龄期/d	σ_{max}/MPa	龄期/d	K_{28}	σ_{28}/MPa
1	0.90	179	4.68	184	0.76	194	5.57	199	1.19	3.2
2	1.25	184	3.38	184	1.13	194	3.74	199	2.36	1.61

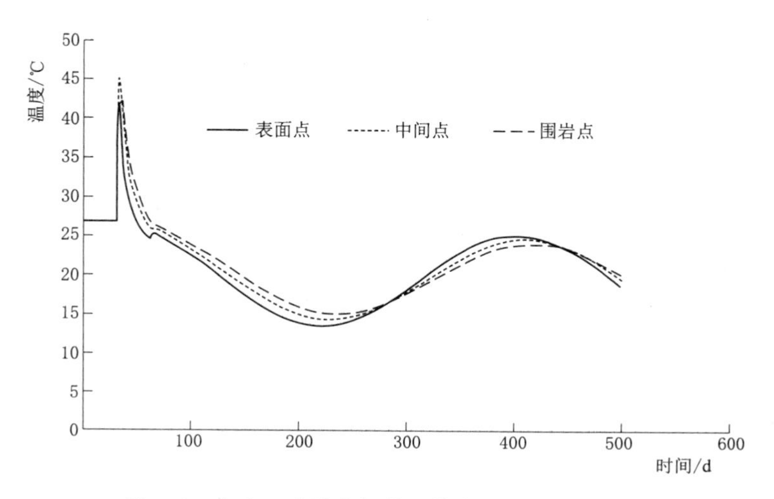

图 5.2　方案 1 边墙中部截面代表点温度历时曲线

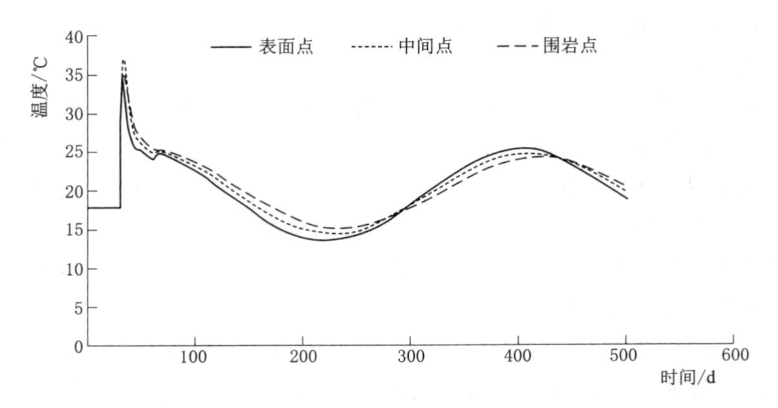

图5.3　方案2边墙中部截面代表点温度历时曲线

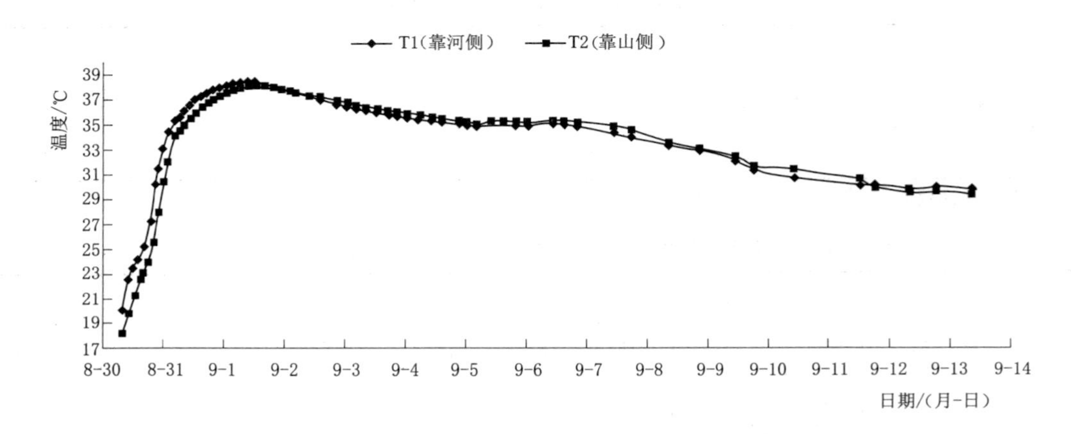

图5.4　实测溪洛渡泄洪洞边墙混凝土中部中心点施工期温度历时曲线

5.3.1　衬砌混凝土温度变化发展规律

计算和现场实测成果都表明，浇筑后衬砌混凝土温度场一般经历了水化热温升、温降、随环境气温周期变化三个阶段[8]。

温升阶段：衬砌混凝土浇筑后，由于水化热的作用，温度迅速升高，内部无散热条件温升速度最快，温度最高。27℃浇筑情况，在2.25d龄期表面达到最高温度41.83℃，最大温升14.83℃；内部最高温度45.23℃，最大温升18.23℃；3.5d龄期围岩侧达到最高温度42.02℃，最大温升15.02℃。采取降低浇筑温度和通水冷却措施的方案2，最高温度值明显减小，仅36.97℃，最大温升9.97℃，降低8.26℃，达到最高温度的龄期滞后0.5d。方案2与现场实测（图5.3、图5.4）成果曲线相比，最高温度及其达到时间都相当，温度变化与发展规律也一致。

温降阶段：衬砌混凝土温度达到最高温度后，由于混凝土内部水化热小于向空气、围岩等散发的热量，即进入温降阶段。衬砌混凝土表面温度远高于洞内空气温度，散热快，温度迅速下降。由于衬砌混凝土体积较大，中部和围岩侧温降速率相对要慢些。因此，在4.75d形成较大的内表温差，方案1为5.8℃，方案2为3.43℃。计算结果显示，10d龄期左右，表面温度逐渐由最高温度降低到接近空气温度，20d龄期后，水化热绝大部分已释放，整个衬砌温度场开始比较均匀下降。

随环境气温周期性变化阶段：浇筑约30d龄期，衬砌混凝土温度已基本趋同于洞内气温，开始随气温作周期性变化。在约170d龄期（即洞内气温最低时期），表面达到最低温度13.64℃，此时中间点温度14.48℃，中部的温度表现为滞后并略高于洞内气温（高温则略低于）的周期性变化。

与大体积（如大坝）混凝土温度历时曲线相比，由于厚度较小，温升温降极快，而且很快完成水化热温升的温降，同时表面温度空间梯度大（方案1达到11.6℃/m）。

表5.4　方案1边墙中部截面代表点各龄期 σ_1 和 K 值

龄期/d	抗拉强度/MPa	表面点		中间点		围岩点	
		σ_1/MPa	K	σ_1/MPa	K	σ_1/MPa	K
3	1.97	−0.3		−0.3		−0.3	
4	2.21	0.27	8.15	−0.3		−0.31	
7	2.66	1.09	2.08	0.64	4.14	−0.32	
14	3.23	2.16	1.5	2.12	1.52	0.95	3.39
28	3.8	2.68	1.42	3.2	1.19	2.21	1.72
32	3.89	2.6	1.5	3.34	1.16	2.43	1.6
62	4.07	2.92	1.39	3.75	1.09	2.95	1.38
89	4.12	3.38	1.22	4.18	0.99	3.36	1.23
94	4.13	3.48	1.19	4.27	0.97	3.43	1.2
109	4.14	3.79	1.09	4.54	0.91	3.68	1.13

5.3.2 衬砌混凝土温度应力变化发展规律

图5.5和图5.6表明，衬砌混凝土温度应力一般经历了早期压应力增长、经历短暂的压应力减小，产生拉应力后进入拉应力快速增长，然后进入随洞内气温周期性变化的过程，与温度变化发展规律具有良好的对应关系。

与温升对应的压应力增长阶段，温升使混凝土产生膨胀变形，受到围岩和模板的约束作用而产生压应力。但早期混凝土弹性模量低，而且模板变形约束减小，压应力不大，最大值为−0.3MPa左右。

与温降对应的拉应力快速增长阶段，衬砌混凝土由于温降（模板拆除，表面约束消除）而产生拉应力。最早是在抵消压应力后逐渐产生拉应力，然后是随着温度迅速下降拉应力快速增长。早期（4～14d），表面混凝土散热快，加上洒水养护作用，迅速收缩，最先产生拉应力，一般也大于内部（表5.4）。由于结构段端部双向散热和双向模板拆除约束消除，使得拉应力一般最先产生于端部。14～30d，则由于内部混凝土温降幅度大于表面，而且受到围岩的约束也大于表面，拉应力则明显大于表面。28d龄期最大拉应力，

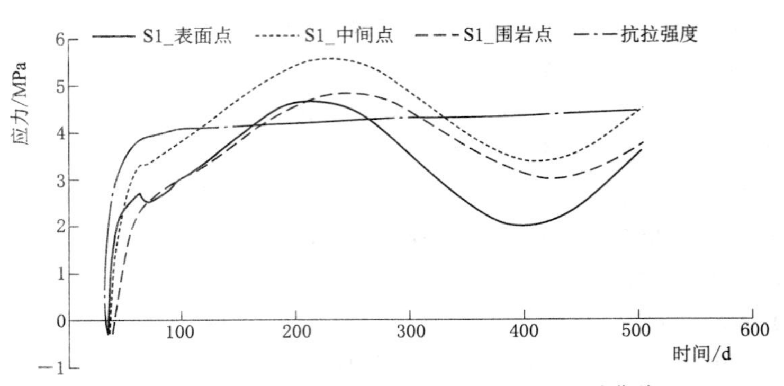

图 5.5　方案 1 边墙中部截面代表点 σ_1 历时曲线

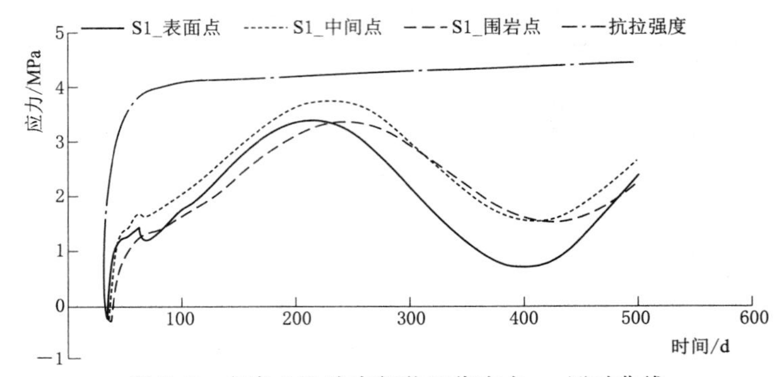

图 5.6　方案 2 边墙中部截面代表点 σ_1 历时曲线

27℃浇筑情况达到 3.2MPa；采取降低浇筑温度和通水冷却措施的方案 2，拉应力显著降低，仅 1.61MPa。

随洞内气温周期性变化阶段，洞内气温降低，衬砌混凝土温度降低，在围岩等的约束下温降产生的拉应力进一步增大，并随洞内气温周期性变化与发展。内部温降总幅度（方案 1 为 30.75℃）大于表面（方案 1 为 28.19℃），所以最大拉应力也大于表面。27℃浇筑情况，在 89d 龄期，中心最大拉应力达到 4.18MPa 超过抗拉强度，抗裂安全系数为 0.99；表面最大主拉应力 4.68MPa，出现在 184d 龄期（即洞内气温最低时期）；中心在 199d 龄期达到最大拉应力 5.57MPa。由于强度与拉应力发展不一致，抗裂安全系数最小值，表面点 0.9 出现在 179d 龄期，中间点 0.76 出现在 194d 龄期。采取降低浇筑温度和通水冷却措施的方案 2，拉应力显著降低，表面最大拉应力为 3.38MPa，中心为 3.74MPa；相应的最小抗裂安全系数明显提高，中心最小，为 1.13。此后，衬砌混凝土温度应力继续随环境温度周期变化。

5.3.3　衬砌混凝土裂缝机理与发生发展过程

计算成果表明，夏季 27℃浇筑的情况，温降产生的拉应力大，抗裂安全系数低，最小值仅 0.76，极易产生温度裂缝。

温差（包括内表温差和温降差）和约束是产生温度应力的根本条件，受到极强约束的衬砌混凝土在大的温差和温降作用下产生的拉应力超过抗拉强度或者拉伸应变超过极限拉伸值而发生温度裂缝是其根本机理[9-11]。

隧洞混凝土衬砌是一个受极强约束的薄壁结构。一是受到围岩的强约束，如厚度1.0～1.5m，高度20m，边墙衬砌厚度与高度之比为0.05～0.075，属于极强约束区混凝土；二是四周侧面，大多存在新老混凝土约束面，如边墙底部受到底板先浇老混凝土约束；三是支护锚杆（或其他支护结构）约束，为加强围岩的稳定性和围岩与衬砌结构的整体性，周边一般布置大量系统锚杆，而且一般露头50cm浇筑在衬砌混凝土中，将衬砌结构固定在围岩上；四是有的结构段还布置跨缝钢筋，大大增加轴向约束。另外，还有混凝土内部钢筋的约束。因此，衬砌混凝土结构基本成为无限或者半无限长固定板，约束极强。

衬砌混凝土的温降幅度大、温降快。夏季27℃浇筑的情况，最大温降幅度达到31℃，而且早期温降速度特别快，达到最高温度后的一天时间温降接近10℃。在如此大而快的温降作用下，受到极强约束的衬砌混凝土就会产生大的拉应力，89d龄期最大拉应力达到4.18MPa，超过抗拉强度，必然产生温度裂缝。而且内部温降空间梯度大，27℃浇筑情况达到11.6℃/m，受到内部约束的表面混凝土早期在大温降和大内部温度空间梯度作用下产生大的拉应力，使得表面混凝土早期即产生温度裂缝。

根据以上有限元法仿真计算和大量工程实践裂缝检测成果[1,2,5]，温度裂缝的发生与发展主要表现在两个阶段：早期水化热温升后的温降期和冬季空气温度温降期（又称为早期温度裂缝阶段和冬季温度裂缝阶段）。对于低温季节浇筑衬砌混凝土，这两个时期基本重合。

早期温度裂缝阶段对应于早期水化热温升后的温降阶段。衬砌混凝土在2d左右达到最高温度后，恰好是模板拆除和洒水养护时期，表面散热快，温降速度快。表层混凝土迅速收缩，温降慢的内部混凝土对表层产生相对约束作用，使之首先出现拉应力。从内表温差数值来看，5.8℃很小。但由于厚度小，温降空间梯度大，达到11.6℃/m，而且出现在4.5d龄期，早期强度低，较小的拉应力值有可能超过小的抗拉强度。与此同时，衬砌混凝土早期整体的温降幅度大，温降速度快，在围岩等的强约束下产生较大的拉应力。表面点在7d龄期拉应力达到1.09MPa，14d龄期拉应力达到2.16MPa。此后中间点拉应力超过表面点，28d龄期中间点拉应力为3.2MPa，抗裂安全系数为1.19，如果施工质量不均匀，则可能产生温度裂缝。此后，随着混凝土温度降低，拉应力进一步增大，在89d龄期，中心最大拉应力达到4.18MPa，超过抗拉强度，抗裂安全系数为0.99，势必产生温度裂缝。由于衬砌厚度小，加之应力集中于裂缝尖端，此时裂缝可能已经贯穿。

冬季温度裂缝阶段对应于冬季温降阶段。进入冬季，衬砌混凝土温度随洞内气温进一步降低，拉应力持续增大，199d龄期拉应力达到最大值5.57MPa（表面在184d龄期的冬季最低温度期达到最大值4.68MPa），远超过此时混凝土抗拉强度，最小抗裂安全系数仅0.76（194d龄期），温度裂缝会进一步扩展、贯穿，或者产生新的温度裂缝。

采取降低浇筑温度和通水冷却措施的方案2，温度、温度应力的变化发展规律与27℃浇筑方案1完全一致，因此可能产生温度裂缝的阶段也相同。但浇筑温度降低和通水冷却，衬砌混凝土内部最高温度值明显降低，拉应力显著减小，抗裂安全系数显著提高。28d（第一阶段）最大拉应力1.61MPa，抗裂安全系数2.36，不会产生温度裂缝；冬季温度裂缝阶段，最大拉应力3.74MPa，最小抗裂安全系数1.13，也基本不会产生裂缝。

进一步比较分析方案1和方案2的成果可以发现，最小抗裂安全系数值在1.0左右，温度裂缝在冬季温度裂缝阶段发生；而最小抗裂安全系数值远小于1.0的，温度裂缝在早期温度裂缝阶段发生。对于冬季浇筑衬砌混凝土，这两个阶段重合。

工程实践表明[2]，三峡永久船闸地下输水洞，早期浇筑的北一延长段等的衬砌混凝土，由于浇筑温度高，未采取有效温控防裂措施，抗裂安全系数低（一般远小于1），在7～10d即产生温度裂缝，14d左右贯穿，在冬季再次扩展贯穿与底板联通，属于早期温度裂缝。溪洛渡泄洪洞，采取了综合温控防裂措施，抗裂安全系数在1.1左右，由于有少量浇筑温度超温，少量结构段产生温度裂缝，一般都在冬季，属于冬季温度裂缝。白鹤滩导流洞采取低热水泥混凝土和综合温控防裂措施，5条导流洞总共33条温度裂缝，都是在2013年10月底首次寒潮洞口没有封闭保温和保温后的冬季发生发展。

综合以上分析，水工隧洞薄壁结构衬砌混凝土浇筑后，散热快，温升温降迅速，在较短时间内即经历水化热温升、温降，进入随环境气温周期变化阶段。与此对应，应力场也是经历短暂的压应力后进入拉应力快速增长，然后进入随洞内气温周期性变化。在大温差（包括内表温差和温降差）作用下，受到围岩、支护等极强约束的衬砌混凝土产生大的拉应力超过相应龄期的抗拉强度（或者拉伸应变超过极限拉伸值）而发生温度裂缝。温度裂缝一般发生于早期（7～30d）温降阶段和冬季温降阶段，因此施工期温度裂缝控制的重点阶段是浇筑后早期和冬季，进行温度裂缝控制设计和施工时也应该以这两个阶段温差控制为重点。其中，冬季温降阶段的抗裂安全系数都小于早期，如果该时期的抗裂安全性能得到保障，则早期和冬季都不会发生温度裂缝，即温度裂缝控制的最终条件是冬季（最低环境温度期）的最小抗裂安全系数满足温度裂缝控制要求（大于规范或者设计值）。

5.4　各要素对衬砌混凝土内部最高温度T_{max}影响

以溪洛渡泄洪洞边墙（高14.87m，分缝长度9m）为例，厚1.0m $C_{90}40$衬砌混凝土18℃ 7月1日浇筑，15℃水通水冷却15d。对于其中的要素改变情况，加以特别说明。根据上述分析，温度裂缝控制的最终条件是冬季（最低环境温度期）的最小抗裂安全系数满足温度裂缝控制要求，因此在进行各要素影响分析时，均重点整理内部最高温度T_{max}、最大拉应力σ_{max}、全过程最小抗裂安全系数K_{min}三个温控特征值。

对于大型水工隧洞，边墙高度、分缝长度远大于厚度，根据边墙高度8.87～14.87m与分缝长度6～12m变化范围仿真计算成果，不影响结构中心温度场分布和最高温度值。围岩变形模量不同的情况，没有热学性能变化，衬砌混凝土温度场和最高温度值也就不会有变化。所以不进行边墙高度、分缝长度、围岩变形模量对衬砌混凝土内部最高温度影响分析。

5.4.1 衬砌厚度 *H* 对 T_{max} 的影响

根据覆盖12个月有、无通水冷却温控措施仿真计算，整理其中4个代表季节浇筑衬砌混凝土最高温度 T_{max} 与衬砌厚度 H 关系示如图5.7所示。可以看出，内部最高温度 T_{max} 与衬砌厚度 H 近似呈线性关系，15℃水通水冷却情况，最高温度增高约4.8～7.51℃/m；无通水冷却情况，最高温度增高约7.6～9.56℃/m。冬季（洞内气温 T_a 低）浇筑衬砌混凝土 T_{max} 低些，但单位厚度 T_{max} 增量大些，说明衬砌厚度 H 与通水冷却、浇筑时洞内气温 T_a 对温度控制有交叉影响。

5.4.2 强度 *C* 对 T_{max} 的影响

同样整理其中4个代表季节浇筑1.0m、1.5m厚衬砌最高温度 T_{max} 与混凝土强度等级 C（90d龄期）关系如图5.8所示（各方案均有15℃通水冷却）。随着强度的增高，内部最高温度逐渐增大，基本近似线性关系，低强度时每个强度等级增高内部温度值略大于高强度情况。如衬砌厚度1.0m时，$C_{90}40$ 混凝土 T_{max}（36.97℃）比 $C_{90}30$ 混凝土 T_{max}（35.74℃）高1.23℃；$C_{90}60$ 混凝土 T_{max}（38.43℃）比 $C_{90}40$ 混凝土 T_{max}（36.97℃）高1.26℃，增高0.63℃/10MPa；平均约增高0.9℃/10MPa。1.5m厚度衬砌混凝土增高1.09℃/10MPa。厚度相同，不同洞室气温浇筑衬砌混凝土，强度的影响度基本相等。说明强度 C 与混凝土衬砌厚度 H 对温度控制有交叉影响，与 T_a 没有交叉影响。

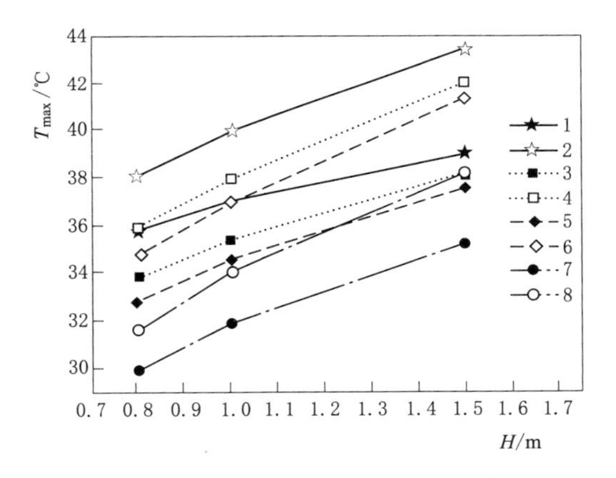

图5.7 T_{max} 与衬砌厚度 H 关系

1—T_a=25.33℃，15℃通水冷却；2—T_a=25.33℃，无通水冷却；3—T_a=19.32℃，15℃通水冷却；4—T_a=19.32℃，无通水冷却；5—T_a=16.21℃，15℃通水冷却；6—T_a=16.21℃，无通水冷却；7—T_a=13.28℃，15℃通水冷却；8—T_a=13.28℃，无通水冷却

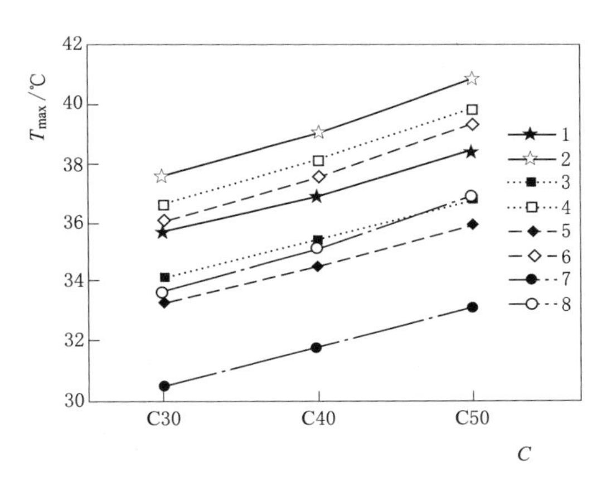

图5.8 T_{max} 与衬砌混凝土强度等级 C 关系

1—T_a=25.33℃，H=1.0m；2—T_a=25.33℃，H=1.5m；3—T_a=19.32℃，H=1.0m；4—T_a=19.32℃，H=1.5m；5—T_a=16.21℃，H=1.0m；6—T_a=16.21℃，H=1.5m；7—T_a=13.28℃，H=1.0m；8—T_a=13.28℃，H=1.5m

5.4.3 浇筑期洞内气温 T_a 对 T_{max} 的影响

不同月份浇筑衬砌混凝土，浇筑期洞内气温会有较大差别。最高温度 T_{max} 与混凝土

浇筑时洞内气温 T_a 关系如图 5.9 所示。气温越高，混凝土散热越慢，内部温度越高。T_{max}大致随混凝土浇筑期 T_a 呈非线性变化，冬季和夏季变化相对小些，春秋季变化大些。同时，不同厚度的增长幅度也不同，1.0m 厚度衬砌平均大约 0.32℃/℃；1.5m 厚度衬砌平均大约 0.19℃/℃，说明 T_a 与 H 对温度控制有交叉影响，但是否通水冷却，基本没有交叉影响。

5.4.4 浇筑温度 T_0 对 T_{max} 的影响

浇筑温度是衬砌混凝土的初始温度，随着浇筑温度的增高内部最高温度增大（图 5.10），基本呈线性关系。在采取了 15℃水通水冷却情况下，1.0m 厚度衬砌，增幅约 0.54℃/℃；1.5m 厚度衬砌，增幅约 0.63℃/℃。厚度越大，浇筑温度导致内部最高温度的升幅越大。

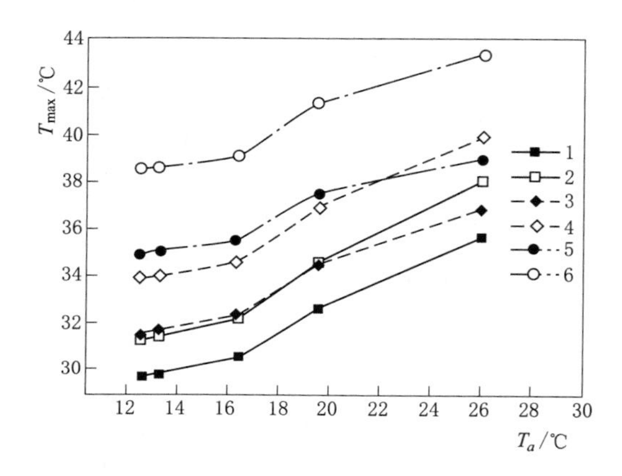

图 5.9 T_{max}与衬砌混凝土浇筑温度 T_a 关系

1—H=0.8m，通水冷却；2—H=0.8m，不通水冷却；3—H=1.0m，通水冷却；4—H=1.0m，不通水冷却；5—H=1.5m，通水冷却；6—H=1.5m，不通水冷却

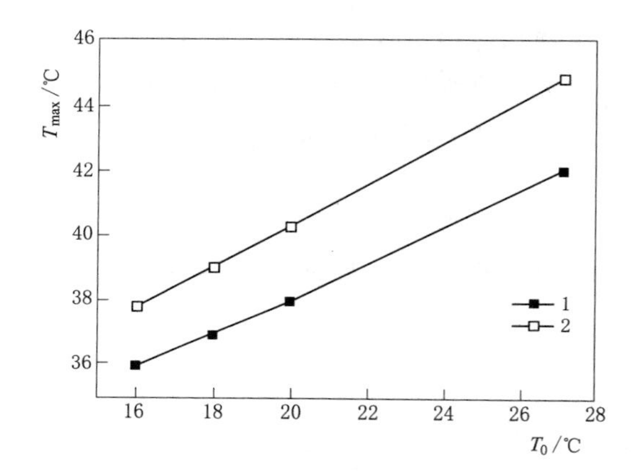

图 5.10 T_{max}与衬砌混凝土浇筑温度 T_0 关系

1—T_a=25.33℃，1.0m；2—T_a=25.33℃，1.5m

5.4.5 通水冷却水温 T_w 对 T_{max} 的影响

通水冷却水温 T_w 越低，带走混凝土内部热量越多，内部温度越低（图 5.11），基本表现为线性关系。随着水温降低，1.0m 厚度衬砌，降幅约 0.14℃/℃；1.5m 厚度衬砌，降幅约 0.18℃/℃。

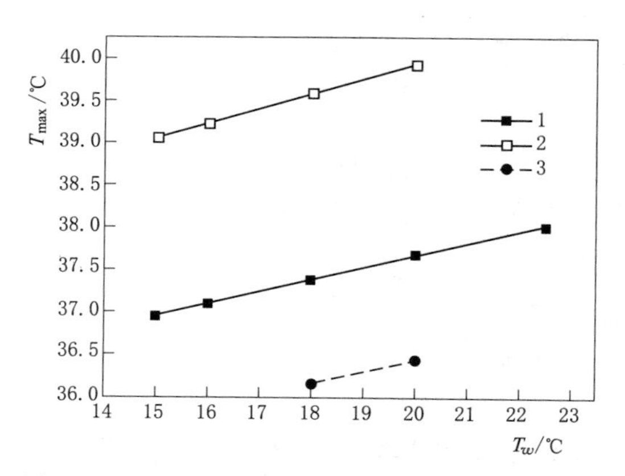

图 5.11 T_{max}与衬砌混凝土通水冷却水温 T_w 关系

1—C_{90}40，1.0m；2—C_{90}40，1.5m；3—C_{90}30，1.0m

5.4.6 通水冷却及其时间对 T_{max} 的影响

计算方案的通水冷却时间 T_j 在 0～15d 变化（0 代表不通水冷却），对 T_{max}影响的成果列于表 5.5、图 5.12。当不进行通水冷

却时，内部最高温度显著高于通水冷却情况；T_j 小于内部最高温度发生龄期时，通水冷却的削峰作用发挥不完全，T_{max} 也会高于 15d 通水冷却情况，并随着 T_j 的增大 T_{max} 降低；当 T_j 大于内部最高温度发生龄期时，不再影响内部最高温度，如图 5.12 所示。最高温度发生龄期，不通水冷却情况大于通水冷却情况。实际工程通水冷却时间务必大于最高温度发生龄期。

表 5.5　不同通水冷却时间情况内部最高温度及发生龄期

通水冷却龄期/d	0	2	3	4	15
1.0m 衬砌 T_{max}/℃	39.98 (3.25d)	38.28 (3.25d)	37.07 (3.5d)	36.97 (2.75d)	36.97 (2.75d)
1.5m 衬砌 T_{max}/℃	43.43 (4.5d)	41.49 (4.5d)	40.20 (4.5d)	39.05 (3.25d)	39.05 (3.25d)

注　括号内的数据为 T_{max} 出现龄期。

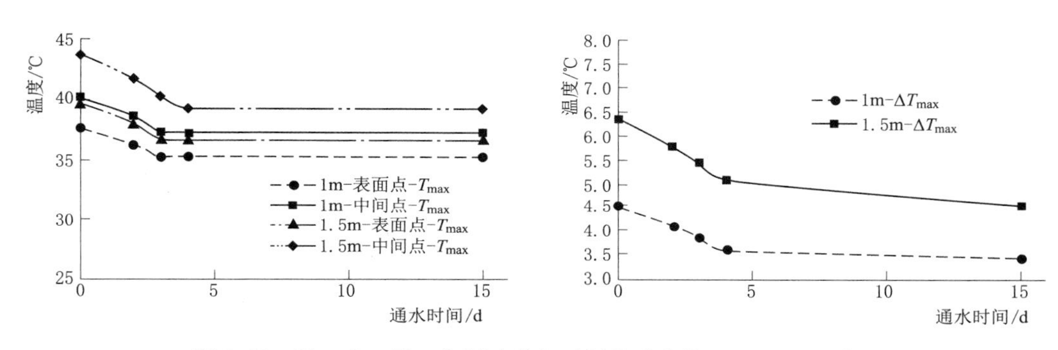

图 5.12　T_{max} 和 ΔT_{max} 与通水冷却时间关系曲线（T_a=25.33℃）

5.4.7　各要素对 T_{max} 影响度分析

根据以上计算分析，以高温季节 7 月 1 日浇筑 $C_{90}40$ 衬砌混凝土为例，归纳 5 个要素对衬砌混凝土内部最高温度 T_{max} 值的影响度列于表 5.6。表中：变化率为单位要素值变化引起的 T_{max} 变化值，即变化值（℃）/取值范围差值；影响度和影响度变化率的范围值，是厚度 1.0m 和 1.5m 的值；括号内的值是无通水冷却值；是否通水冷却的影响度 3.01℃ 是 1.0m 厚度衬砌 15℃水通水冷却 5d 与不通水冷却情况 T_{max} 的差值。

表 5.6　各要素对衬砌混凝土内部最高温度 T_{max} 值的影响度

要素	H/m	C/MPa	T_0/℃	通水冷却	T_w/℃	T_a/℃
方案取值	0.8～1.5	$C_{90}30$～$C_{90}60$	16～27.1	是、否	15～22.5	13.28～25.33
影响度/℃	3.34 (5.31)	2.69～3.14	5.99～6.99	3.01	1.05～1.31	3.9 (5.3)～2.29
影响度变化率	4.8 (7.6)	0.09～0.1	0.54～0.63		0.14～0.18	0.32 (0.44)～0.19

在衬砌混凝土浇筑施工过程中，可以根据表 5.6 灵活实时进行温控措施的优化调整，既可以灵活适应施工环境条件，又可以经济有效实现温控防裂目标。但必须注意的是，这些影响度是高温季节 7 月 1 日浇筑 $C_{90}40$ 衬砌（中热水泥）混凝土的计算成果，有通水冷却时的水温为 15℃。

5.5　各要素对衬砌混凝土施工期最大温度拉应力 σ_{max} 的影响

5.5.1　衬砌厚度 H 对 σ_{max} 的影响

整理有、无通水冷却情况 σ_{max} 与衬砌厚度 H 的关系如图 5.13 所示。结果表明，H 增大，σ_{max} 增大，σ_{max} 与 H 呈近似线性关系。高温季节 7 月 1 日 $T_a=25.33$℃浇筑混凝土，有通水冷却情况，σ_{max} 增幅 0.13MPa/m；无通水冷却情况，σ_{max} 增幅 0.41MPa/m。低温季节 3 月 1 日 $T_a=13.28$℃浇筑混凝土，有通水冷却情况，σ_{max} 增幅 0.74MPa/m；无通水冷却情况，σ_{max} 增幅 1.06MPa/m。由于通水冷却降低内部最高温度效果好，所以降低 σ_{max} 的效果较明显。无通水冷却和低温季节浇筑混凝土拉应力增幅明显增大，衬砌厚度与通水冷却及其水温 T_w、浇筑季节（洞内气温 T_a）对 σ_{max} 有交叉影响。

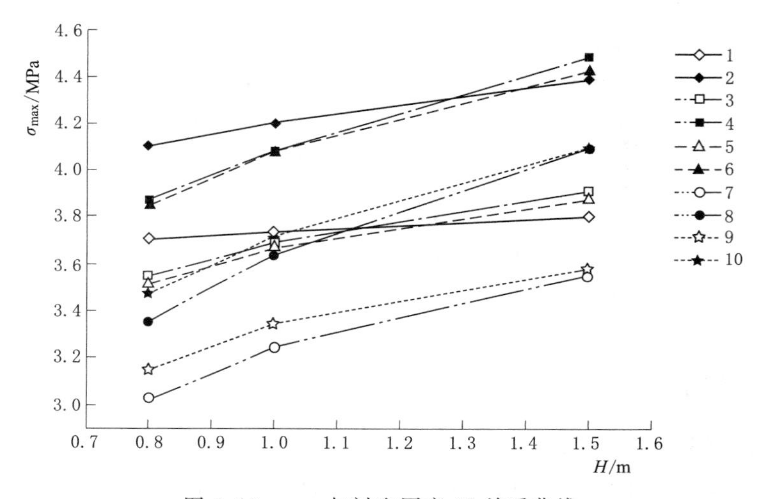

图 5.13　σ_{max} 与衬砌厚度 H 关系曲线

1—$T_a=25.33$℃，15℃通水；2—$T_a=25.33$℃，无通水；3—$T_a=19.32$℃，15℃通水；4—$T_a=19.32$℃，无通水；5—$T_a=19.55$℃，15℃通水；6—$T_a=19.55$℃，无通水；7—$T_a=13.28$℃，15℃通水；8—$T_a=13.28$℃，无通水；9—$T_a=16.21$℃，15℃通水；10—$T_a=16.21$℃，无通水

5.5.2　边墙高度 H_0 对 σ_{max} 的影响

σ_{max} 与边墙高度 H_0 的关系如图 5.14 所示。σ_{max} 随 H_0 增大，增幅为 0.035～0.046MPa/m，可以近似用线性关系表示。$L=6$m 和 12m 时，σ_{max} 增幅均为 0.046MPa/m，$L=9$m 时，σ_{max} 增幅为 0.035MPa/m。说明 L 与 H_0 有较小交叉影响。

5.5.3　分缝长度 L 对 σ_{max} 的影响

σ_{max} 与 L 的关系如图 5.15 所示。σ_{max} 随 L 基本呈线性增长，在 $H_0=11.87$m、14.87m 时，σ_{max} 都增长 0.058MPa/m，说明在计算范围 L、H_0 对 σ_{max} 基本没有交叉影响。

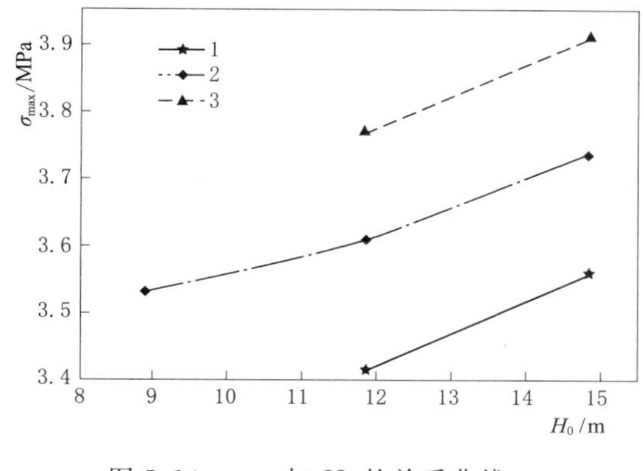

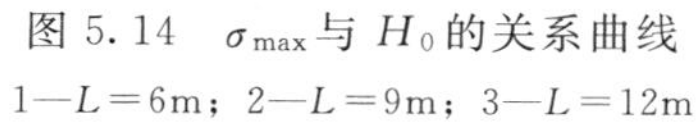
图 5.14 σ_{max} 与 H_0 的关系曲线
1—$L=6$m；2—$L=9$m；3—$L=12$m

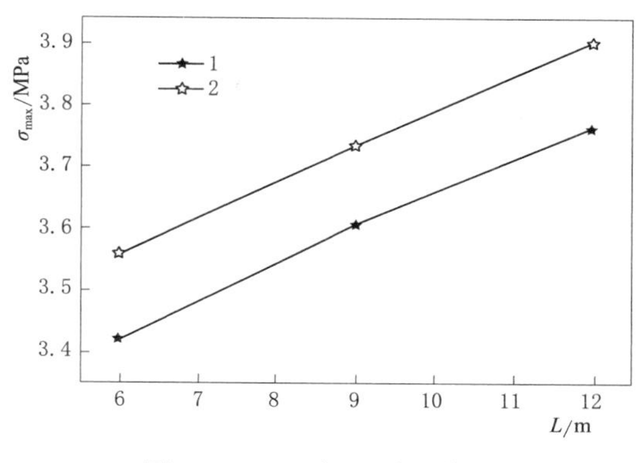

图 5.15 σ_{max} 与 L 关系曲线
1—$H_0=11.87$m；2—$H_0=14.87$m

5.5.4 混凝土强度等级 C 对 σ_{max} 的影响

σ_{max} 与混凝土强度 C 的关系如图 5.16 所示。随着 C 增大，σ_{max} 呈非线性增长，强度高时增幅减小。不同厚度 H 情况，σ_{max} 随 C 增长的幅度相当。如 7 月 1 日 $T_a=25.33$℃浇筑，1.0m 厚度衬砌混凝土 σ_{max} 增幅为 0.56MPa/10MPa；1.5m 衬砌混凝土增幅为 0.57MPa/10MPa。但低温季节浇筑混凝土 σ_{max} 随 C 增长的幅度比夏季小，3 月 1 日浇筑，1.0m 厚度衬砌混凝土增幅为 0.49MPa/10MPa；1.5m 衬砌混凝土 σ_{max} 增幅为 0.50MPa/10MPa；以上均略小于 7 月浇筑混凝土。说明 C 与 H 没有交叉影响；C 与浇筑季节（T_a）对 σ_{max} 有较小交叉影响。

5.5.5 围岩变形模量 E 的影响

σ_{max} 与围岩变形模量 E 的关系如图 5.17 所示。围岩坚硬完整变形模量大，对衬砌混凝土约束增强，σ_{max} 增大，呈明显的非线性关系，E 增大时增幅减小。不同厚度 H 情况，σ_{max} 随 E 增长的幅度基本相当。如夏季 7 月 1 日 $T_a=25.33$℃浇筑，1.0m 和 1.5m 衬砌混凝土 σ_{max} 均增幅 0.041MPa/GPa。但低温季节浇筑混凝土 σ_{max} 随 C 增长的幅度比夏季稍微小些，3 月 1 日 $T_a=13.28$℃浇筑，1.0m 衬砌 σ_{max} 增幅 0.0324MPa/GPa；1.5m 衬砌 σ_{max} 增幅 0.0368MPa/GPa。说明对 σ_{max} 影响，E 与 H 没有交叉影响；E 与浇筑季节（T_a）有较小的交叉影响。

5.5.6 浇筑温度的影响

σ_{max} 与浇筑温度 T_0 的关系如图 5.18 所示。浇筑温度 T_0 升高，内部最高温度升高，σ_{max} 随之呈线性增长，T_0 升高 1.0℃，σ_{max} 增幅为 0.14～0.16MPa/℃。衬砌厚度与 T_0 对 σ_{max} 有较小的交叉影响，即厚度大时 σ_{max} 增幅稍大。

5.5.7 通水冷却水温的影响

σ_{max} 与通水冷却水温 T_w 的关系如图 5.19 所示。随着 T_w 升高，σ_{max} 增幅为 0.018～0.03MPa/℃，基本呈线性关系。不同强度、厚度、浇筑温度情况有较小的交叉影响。

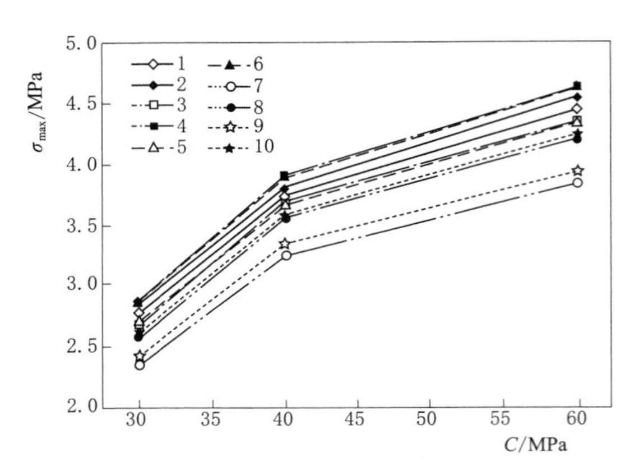

图 5.16　σ_{max}与混凝土强度 C 关系曲线

1—T_a=25.33℃，H=1.0m；2—T_a=25.33℃，H=1.5m；3—T_a=19.32℃，H=1.0m；4—T_a=19.32℃，H=1.5m；5—T_a=19.55℃，H=1.0m；6—T_a=19.55℃，H=1.5m；7—T_a=13.28℃，H=1.0m；8—T_a=13.28℃，H=1.5m；9—T_a=16.21℃，H=1.0m；10—T_a=16.21℃，H=1.5m

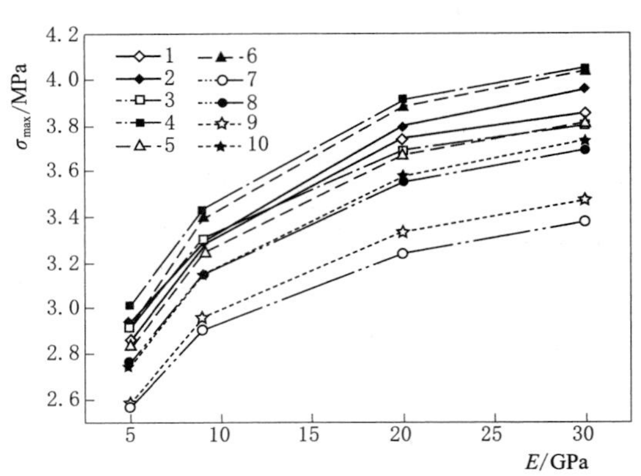

图 5.17　σ_{max}与围岩弹性模量关系曲线

1—T_a=25.33℃，H=1.0m；2—T_a=25.33℃，H=1.5m；3—T_a=19.32℃，H=1.0m；4—T_a=19.32℃，H=1.5m；5—T_a=19.55℃，H=1.0m；6—T_a=19.55℃，H=1.5m；7—T_a=13.28℃，H=1.0m；8—T_a=13.28℃，H=1.5m；9—T_a=16.21℃，H=1.0m；10—T_a=16.21℃，H=1.5m

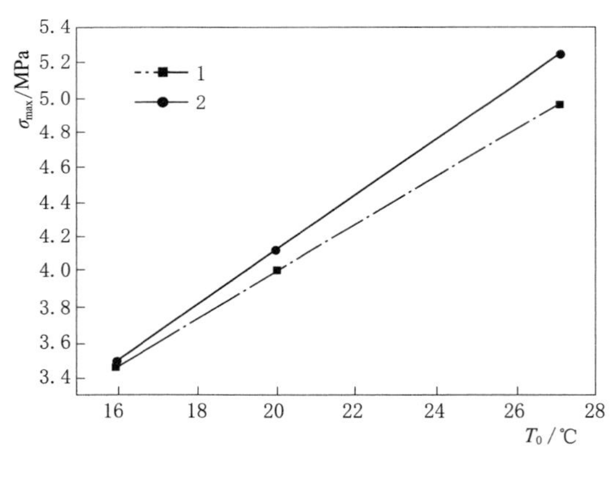

图 5.18　σ_{max}与 T_0 关系曲线

1—H=1.0m；2—H=1.5m

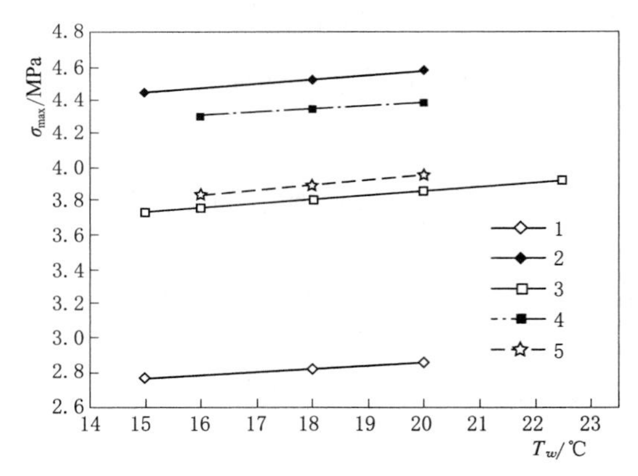

图 5.19　σ_{max}与 T_w 关系曲线

1—C=30MPa，H=1.0m；2—C=60MPa，H=1.0m；3—T_0=18℃，H=1.0m；4—T_0=22℃，H=1.0m；5—T_0=18℃，H=1.5m

5.5.8　洞内空气温度的影响

研究洞内气温对σ_{max}的影响分为两种情况：一是夏季 7 月 1 日 T_a=25.33℃浇筑混凝土，洞内气温年变化曲线不同，冬季最低温度不同，σ_{max}与冬季洞内最低气温 T_{min}的关系如图 5.20 所示；二是洞内气温年变化曲线不变，在不同月份（T_a 不同）浇筑混凝土，

σ_{max}与混凝土浇筑时洞内气温 T_a 的关系如图 5.21 所示，σ_{max}与混凝土浇筑日期的关系如图 5.22 所示。

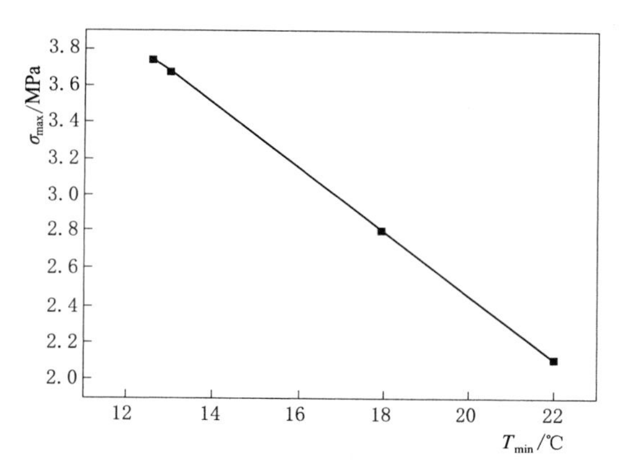

图 5.20 σ_{max}与 T_{min}关系曲线

（H=0.8m，通水）

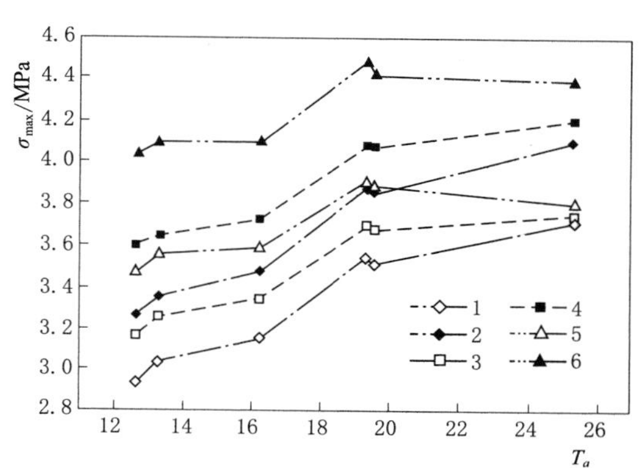

图 5.21 σ_{max}与 T_a 关系曲线

1—H=0.8m，通水；2—H=0.8m，不通水；

3—H=1.0m，通水；4—H=1.0m，不通水；

5—H=1.5m，通水；6—H=1.5m，不通水

图 5.20 表明，σ_{max}与 T_{min}成反比，T_{min}升高 1.0℃时 σ_{max}降低 0.17MPa。由于浇筑时洞内气温没变化，所以σ_{max}与浇筑时洞内气温 T_a 和冬季洞内最低气温 T_{min}的差值（T_a-T_{min}）成正比。温差（T_a-T_{min}）越大，则σ_{max}越大。

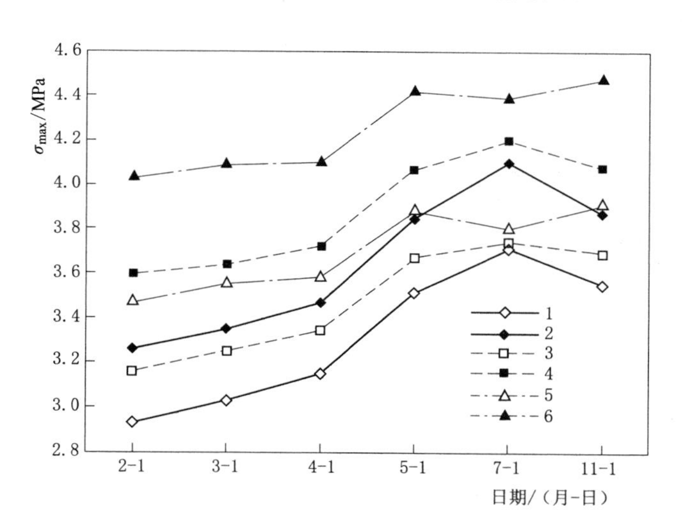

图 5.22 σ_{max}与浇筑日期的关系

1—H=0.8m，通水；2—H=0.8m，不通水；3—H=1.0m，通水；4—H=1.0m，不通水；

5—H=1.5m，通水；6—H=1.5m，不通水

从图 5.21、图 5.22 可以看出，由于不同月份浇筑，T_a（即 T_a-T_{min}）会有差异，特别是达到冬季 T_{min}时的龄期不同、气温为 T_{min}时混凝土弹性模量不同，同等温差产生

的温度应力明显不同，所以 σ_{max} 与 T_a 表现出明显的非线性关系，而且在 5 月与 11 月 T_a 相近时浇筑混凝土 σ_{max} 也会不同。例如两图所示曲线 6，1.5m 厚衬砌混凝土不通水冷却情况，5 月 1 日 T_a =19.55℃浇筑混凝土 σ_{max} =4.42MPa，11 月 1 日 T_a =19.32℃浇筑混凝土 σ_{max} =4.48MPa，反而大些。当然，如果忽略这种影响带来的误差，则可以简单表示 σ_{max} 与 T_a 为非线性关系。不同厚度情况，T_a 对 σ_{max} 的影响度有较小的差异，即它们之间有较小的交叉影响。

5.5.9　各要素对 σ_{max} 影响度分析

根据以上计算分析，以高温季节 7 月 1 日浇筑 $C_{90}40$ 衬砌混凝土为例，归纳 9 个要素对施工期最大拉应力 σ_{max} 值的影响度列于表 5.7。表中：变化率为单位要素值变化引起的 σ_{max} 变化值，即变化值（MPa）/取值范围差值。

表 5.7　各要素对衬砌混凝土内部最高温度 σ_{max} 值的影响度

要素	H/m	L/m	H_0/m	C/MPa	E/GPa	T_0/℃	T_a/℃	T_{min}/℃	T_w/℃
方案取值	0.8～1.5	6～12	8.87～14.87	30～60	5～30	16～27.1	13.28～25.33	12.59～22	15～22.5
影响度变化率	0.13～0.41	0.058	0.035～0.046	0.056	0.041	0.15	0.04	−0.17	0.14～0.18

在衬砌混凝土温控施工设计过程中，可以参考表 5.7 估计温控措施优化调整对温控防裂的影响。但必须注意的是，这些影响度是高温季节 7 月 1 日浇筑 $C_{90}40$（中热水泥）衬砌混凝土的计算成果，有通水冷却时的水温为 15℃。

5.6　各要素对衬砌混凝土施工期抗裂安全系数的影响规律

各要素对抗裂安全系数 K 的影响，与其对拉应力的影响具有良好的对应关系，拉应力增大时抗裂安全系数减小，反之亦然。

5.6.1　衬砌厚度 H 对 K 的影响

整理有、无通水冷却情况 K_{min} 值与厚度 H 的关系如图 5.23 所示。这里的 K 值是模拟衬砌混凝土浇筑、养护、冬季保温达到 400d 左右龄期的整个施工期的最小值 K_{min}。图 5.23 表明，衬砌厚度 H 增大，混凝土内部最高温度 T_{max} 增大，最大拉应力 σ_{max} 增大，抗裂安全系数 K_{min} 减小。K_{min} 值随 H 增大非线性减小，当 H 小时 K_{min} 值减小幅度大些，H 大时 K_{min} 值减小幅度小些，基本可用线性近似表达。如 7 月 T_a =25.33℃浇筑衬砌混凝土，无通水冷却情况，H=0.8m 时 K_{min}=1.03，H=1.0m 时 K_{min}=1.01，减小 0.1/m；H=1.5m 时 K_{min}=0.96，也是减小 0.1/m，即为线性减小。有通水冷却情况，H =0.8m 时 K_{min} =1.14，H =1.0m 时 K_{min} =1.13，减小 0.05/m；H =1.5m 时 K_{min} =1.11，减小 0.04/m，应该是小数点后取 2 位计算误差，即应该是接近线性减小。但通水冷却，使

得 K_{min} 值增大，随 H 增加而减小的幅度减小，所以 H 与通水冷却有交叉影响。

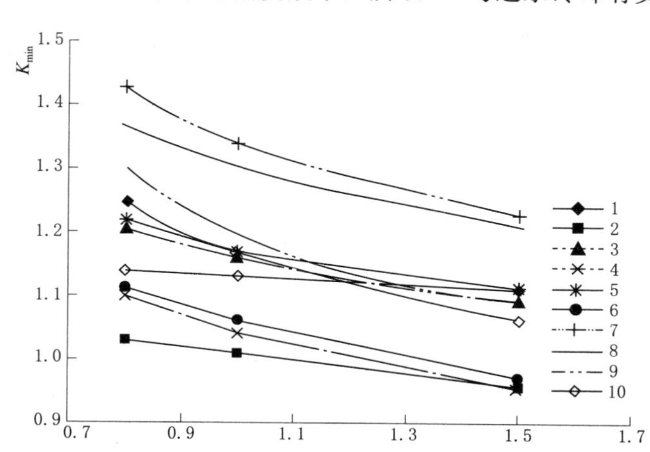

图 5.23 K_{min} 与衬砌厚度 H 关系曲线

1—T_a=25.33℃，15℃通水冷却；2—T_a=25.33℃，无通水冷却；3—T_a=19.32℃，15℃通水冷却；4—T_a=19.32℃，无通水冷却；5—T_a=19.55℃，15℃通水冷却；6—T_a=19.55℃，无通水冷却；7—T_a=13.28℃，15℃通水冷却；8—T_a=13.28℃，无通水冷却；9—T_a=16.21℃，15℃通水冷却；10—T_a=16.21℃，无通水冷却

不同季节（包括洞内气温）浇筑衬砌混凝土，低温季节（或者浇筑期洞内气温低些）的 K_{min} 值要大些，随 H 的变化也大些。如 3 月 T_a=13.28℃浇筑无通水冷却情况，H=0.8m 时 K_{min}=1.30，H=1.0m 时 K_{min}=1.19，减小 0.55/m；H=1.5m 时 K_{min}=1.06，减小 0.26/m。比 7 月浇筑情况 K_{min} 值及其变化要大，而且非线性减小明显。所以 H 与浇筑季节及其 T_a 对 K_{min} 的影响有交叉关系。

5.6.2 边墙高度 H_0 对 K 的影响

K_{min} 与边墙高度 H_0 的关系如图 5.24 所示。H_0 增大，内部约束增大，σ_{max} 增大，K_{min} 值减小，基本呈线性关系。L = 6m 时，K_{min} 值随 H_0 增大而减小 0.013/m；L = 9m 时，K_{min} 值随 H_0 增大而减小 0.017/m；L=12m 时，K_{min} 值随 H_0 增大而减小 0.013/m。在计算取值范围内，因为 H_0 值较大对衬砌结构内部约束取决定作用，K_{min} 值随 H_0 增大而减小与 L 关系较小，即 L 与 H_0 对 K_{min} 值的交叉影响较小。可以想象，如果分缝长度 L 再继续增大，改变约束的主导方向，则主应力方向改变，势必影响主应力值和安全系数 K_{min} 值。因此，这一结论适合于《水工隧洞设

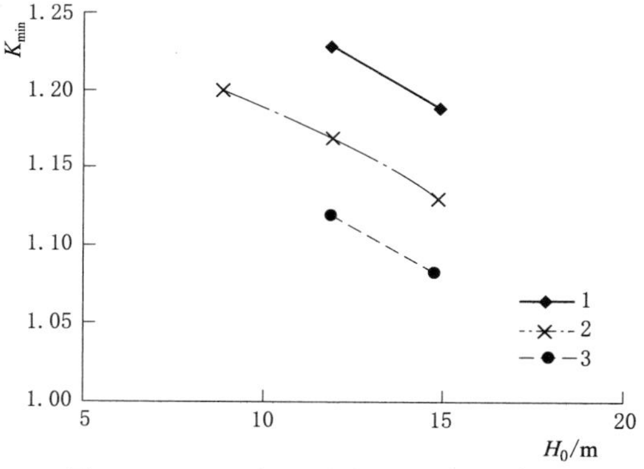

图 5.24 K_{min} 与边墙高度 H_0 关系曲线

1—L=6m；2—L=9m；3—L=12m

计规范》（SL 2079—2016）要求分缝长度采用 6～12m 的大型洞室断面衬砌结构。

5.6.3　分缝长度 L 对 K_{min} 的影响

L 和 H_0 均是平面尺寸，对 K（及 T_{max}、σ_{max}）的影响规律是相同的。K_{min} 与分缝长度 L 的关系如图 5.25 所示。L 增大，内部约束增大，σ_{max} 增大，K_{min} 值减小，基本呈线性关系。$H_0=11.87$m 和 $H_0=14.87$m 时，K_{min} 值都是随 L 增长而减小 0.018/m。在计算取值范围内，K_{min} 值随 L 增大而减小，与 H_0 关系较小，即 L 与 H_0 基本没有交叉影响。

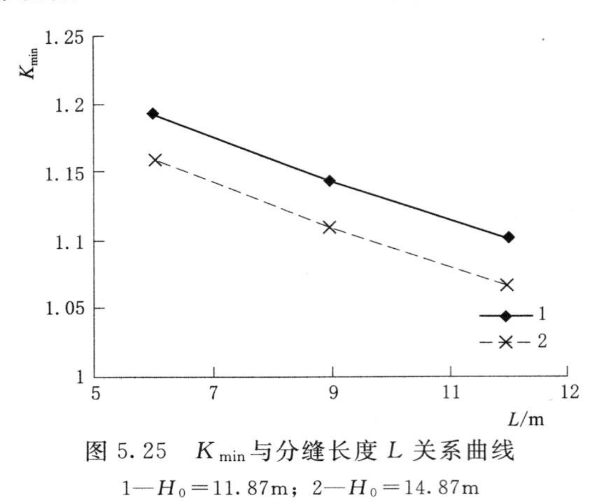

图 5.25　K_{min} 与分缝长度 L 关系曲线

1—$H_0=11.87$m；2—$H_0=14.87$m

5.6.4　混凝土强度等级 C 的影响

K_{min} 与混凝土强度等级 C 的关系如图 5.26 所示。混凝土强度高，抗裂安全系数减小，K_{min} 值与 C 基本呈线性关系。厚度 H 变化，对 K_{min} 值与 C 的关系影响较小。如 7 月 $T_a=25.33$℃浇筑衬砌混凝土，$H=1.0$m 时 K_{min} 值随 C 增高而减小 0.093/10MPa；$H=1.5$m 时 K_{min} 值随 C 增高而减小 0.09/10MPa。所以 H 与 C 基本没有交叉影响。

不同季节（包括洞内气温）浇筑衬砌混凝土，低温季节（或者浇筑期洞内气温低些）的 K_{min} 值要大些，随 C 的变化也大些。如 3 月 $T_a=13.28$℃浇筑衬砌混凝土情况，$H=1.0$m 时 K_{min} 值随 C 增高而减小 0.123/10MPa；$H=1.5$m 时 K_{min} 值随 C 增高而减小 0.117/10MPa。比 7 月浇筑情况 K_{min} 值及其变化要大，所以 C 与浇筑季节及其 T_a 对 K_{min} 有交叉影响。

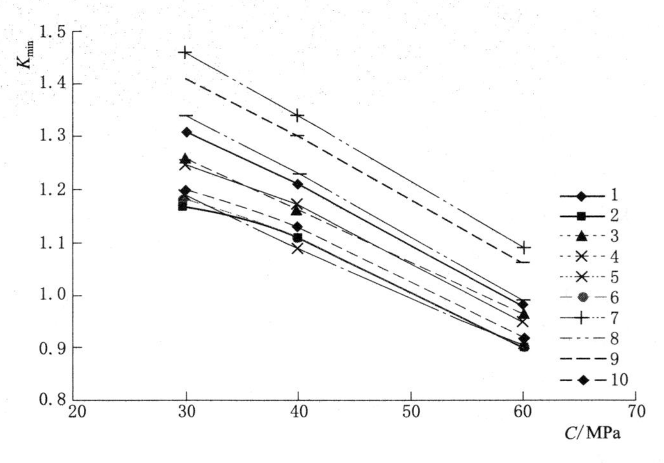

图 5.26　K_{min} 与混凝土强度等级 C 关系曲线

1—$T_a=25.33$℃，$H=1.0$m；2—$T_a=25.33$℃，$H=1.5$m；3—$T_a=19.32$℃，$H=1.0$m；4—$T_a=19.32$℃，$H=1.5$m；5—$T_a=19.55$℃，$H=1.0$m；6—$T_a=19.55$℃，$H=1.5$m；7—$T_a=13.28$℃，$H=1.0$m；8—$T_a=13.28$℃，$H=1.5$m；9—$T_a=16.21$℃，$H=1.0$m；10—$T_a=16.21$℃，$H=1.5$m

5.6.5 围岩变形模量 E 的影响

K_{min}与围岩变形模量 E 的关系如图 5.27 所示。随 E 增大，围岩对衬砌结构的约束增强，K_{min}值减小，具有明显的非线性关系。E 小时，K_{min}值随 E 增大而降低的幅度大些，E 大时，K_{min}值随 E 增大而降低的幅度小些。例如，E 从 5GPa 增大到 9GPa，K_{min}值从 1.48 降为 1.29，降速 0.0475/GPa；E 从 20GPa 增大到 30GPa，K_{min}值从 1.13 降为 1.09，降速 0.04/GPa。厚度 H 变化，对 K_{min}值与 E 的关系影响较小。如 7 月 T_a＝25.33℃浇筑衬砌混凝土，H＝1.0m 时，K_{min}值随 E 增大平均降低 0.0156/GPa；H＝1.5m 时，K_{min}值随 E 增大平均降低 0.0148/GPa。所以 H 与 E 交叉影响较小。

不同季节（包括洞内气温）浇筑衬砌混凝土，低温季节（或者浇筑期洞内气温低些）的 K_{min}值要大些，随 E 的变化也稍微大些。如 3 月 T_a＝13.28℃浇筑衬砌混凝土情况，H＝1.0m 时 K_{min}值随 E 增大平均降低 0.016/GPa；H＝1.5m 时 K_{min}值随 C 增大平均降低 0.0156/GPa。比 7 月浇筑情况 K_{min}值及其变化要稍微大些，所以 E 与浇筑季节及其 T_a 仅有较小的交叉影响，基本可以忽略。

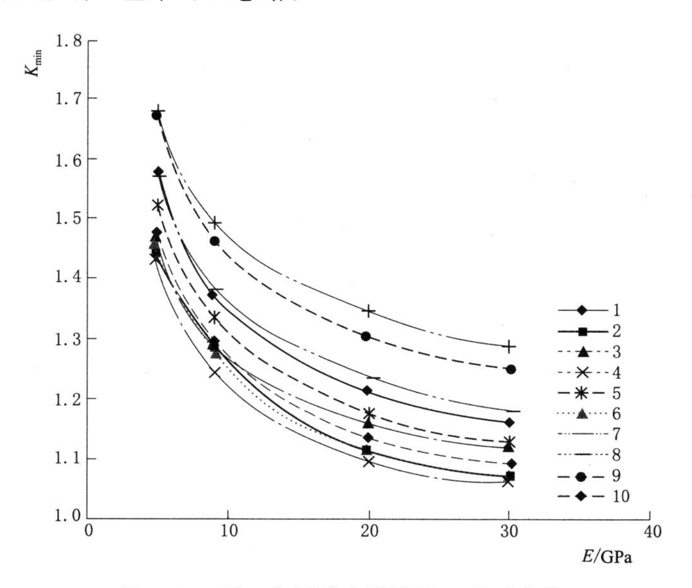

图 5.27 K_{min}与围岩变形模量 E 关系曲线

1—T_a＝25.33℃，H＝1.0m；2—T_a＝25.33℃，H＝1.5m；3—月 T_a＝19.32℃，H＝1.0m；4—月 T_a＝19.32℃，H＝1.5m；5—T_a＝19.55℃，H＝1.0m；6—T_a＝19.55℃，H＝1.5m；7—T_a＝13.28℃，H＝1.0m；8—T_a＝13.28℃，H＝1.5m；9—T_a＝16.21℃，H＝1.0m；10—T_a＝16.21℃，H＝1.5m

5.6.6 浇筑温度的影响

K_{min}与浇筑温度 T_0的关系如图 5.28 所示。随着 T_0增大，K_{min}值减小，具有较小的非线性关系。T_0小时，K_{min}值随 T_0增大而降低的幅度大些，T_0大时，K_{min}值随 T_0增大而降低的幅度小些。例如，1.0m 厚度，T_0从 16℃增大到 18℃，K_{min}值从 1.22 降为

1.13，降速 0.045/℃；T_0 从 20℃ 增大到 27.1℃，K_{min} 值从 1.05 降为 0.85，降速 0.028/℃。厚度 H 变化，对 K_{min} 值与 T_0 的关系影响较小。H=1.0m 时，K_{min} 值随 T_0 增高平均减小 0.033/℃；H=1.5m 时，K_{min} 值随 T_0 增高平均减小 0.036/℃。所以 H 与 T_0 交叉影响较小。

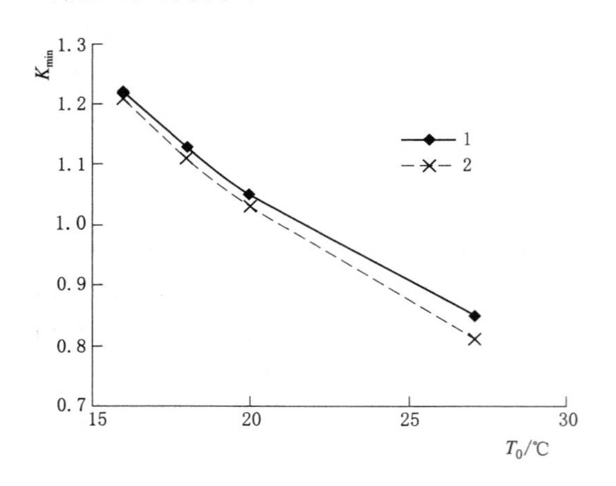

图 5.28　K_{min} 与浇筑温度 T_0 关系曲线

1—H=1.0m；2—H=1.5m

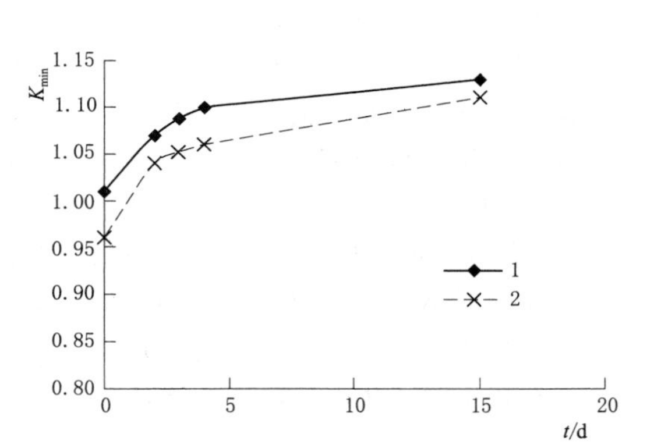

图 5.29　K_{min} 与通水冷却时间关系曲线

1—H=1.0m；2—H=1.5m

5.6.7　通水冷却及其时间的影响

K_{min} 与通水冷却及其时间的关系如图 5.29 所示，其中 $t=0$ 代表无通水冷却。通水冷却可以有效降低内部温度，降低拉应力，提高抗裂安全系数 K_{min}。通水冷却时间的增长，混凝土内部最高温度逐渐降低，但在最高温度出现（1.0m 厚度情况为 2.75d 龄期）后再延长时间，不会再降低；最大内表温差也逐渐减小，同样是在最大内表温差出现（4.75d）后再延长时间，不会再降低；σ_{max} 也是逐渐减小，K_{min} 逐渐增大，都是在最大内表温差出现（4.75d）后再延长通水冷却时间不会再有大的改变。根据图 5.28 的曲线发展趋势，H=1.0～1.5m 情况，通水冷却时间达到 10d 左右，以后 K_{min} 值基本不再增大。也就是说，结合经济和控制最高温度、温降速度要求，通水冷却时间定为 10d 左右最为合适。

5.6.8　通水冷却水温的影响

K_{min} 与通水冷却水温 T_w 关系如图 5.30 所示。水温增高，混凝土内部温度增高，σ_{max} 增大，K_{min} 值减小，K_{min} 与 T_w 近似线性关系。强度 C、浇筑温度 T_0、厚度 H 对 K_{min} 值都有影响，但对 K_{min} 随 T_w 降低速度影响不大。如强度 C=30MPa 时 K_{min} 随 T_w 降低速度 0.008/℃，C=60MPa 时 K_{min} 随 T_w 降低速度 0.006/℃；浇筑温度 T_0=18℃时 K_{min} 随 T_w 降低速度 0.0067/℃，T_0=22℃时 K_{min} 随 T_w 降低速度 0.005/℃；厚度 H=1.0m 时 K_{min} 随 T_w 降低速度 0.0067/℃，H=1.5m 时 K_{min} 随 T_w 降低速度 0.0075/℃。所以 T_w 与 C、T_0、H 的交叉影响较小。

5.6.9　洞内空气温度的影响

研究洞内气温对 K_{min} 值的影响分为两种情况：一是夏季 7 月 1 日 T_a＝25.33℃浇筑混凝土，洞内气温年变化曲线不同，冬季最低温度 T_{min} 不同，K_{min} 与 T_{min} 的关系如图 5.31 所示；二是洞内气温年变化曲线不变，在不同月份（T_a 也自然不同）浇筑混凝土，K_{min} 与混凝土浇筑时洞内气温 T_a 的关系如图 5.32 所示，K_{min} 与浇筑日期的关系如图 5.33 所示。

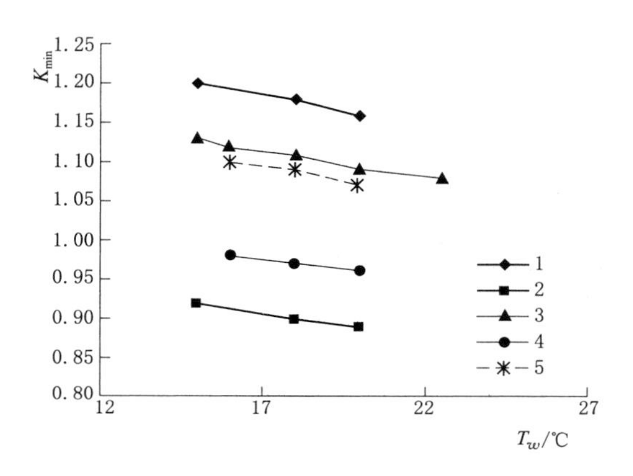

图 5.30　K_{min} 与通水温度关系曲线

1—C＝30MPa，H＝1.0m；2—C＝60MPa，H＝1.0m；3—T_0＝18℃，H＝1.0m；4—T_0＝22℃，H＝1.0m；5—T_0＝18℃，H＝1.5m

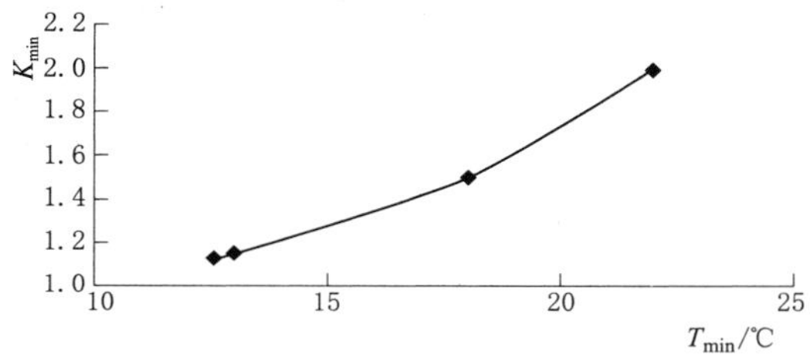

图 5.31　K_{min} 与气温 T_{min} 关系曲线

图 5.30 表明，K_{min} 与 T_{min} 成正比，T_{min} 增高 1.0℃时 K_{min} 平均提高 0.09。由于浇筑时洞内气温没变化，所以 K_{min} 与浇筑时洞内气温 T_a 和冬季洞内最低气温 T_{min} 的差值（T_a-T_{min}）成反比。温差（T_a-T_{min}）越大，K_{min} 值越小。

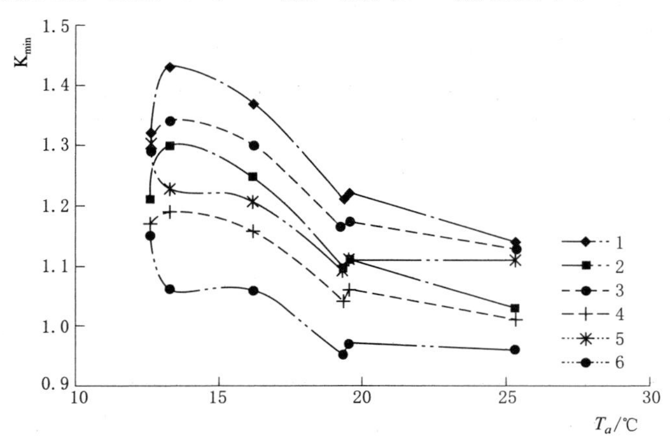

图 5.32　K_{min} 与气温 T_a 关系曲线

1—H＝0.8m，通水冷却；2—H＝0.8m，不通水冷却；3—H＝1.0m，通水冷却；4—H＝1.0m，不通水冷却；5—H＝1.5m，通水冷却；6—H＝1.5m，不通水冷却

从图 5.32、图 5.33 可以看出，由于不同月份浇筑，T_a（包括 T_a-T_{min}）会有差异，特别是达到冬季 T_{min}时的龄期不同、混凝土弹性模量不同，同等温差产生的温度应力会明显不同，所以 K_{min}与 T_a表现出明显的非线性关系，而且在 5 月与 11 月 T_a基本相等的日期浇筑混凝土 K_{min}也会大小不等。例如曲线 6，1.5m 厚衬砌混凝土不通水冷却情况，5 月 1 日 T_a=19.55℃浇筑混凝土 K_{min}=0.97，11 月 1 日 T_a=19.32℃浇筑混凝土 K_{min}=0.95 小些。当然，如果忽略这种影响带来的误差（由于仅差 0.02），则可以简单表示 K_{min}与 T_a 为非线性关系。不同厚度情况，T_a对 K_{min}的影响度有较小的差异，即厚度 H 与 T_a对 K_{min}有较小的交叉影响。

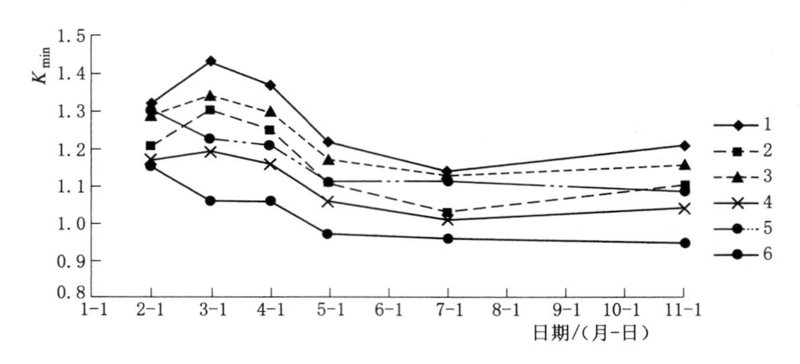

图 5.33　K_{min}与浇筑日期的关系

1—H=0.8m，通水冷却；2—H=0.8m，不通水冷却；3—H=1.0m，通水冷却；
4—H=1.0m，不通水冷却；5—H=1.5m，通水冷却；
6—H=1.5m，不通水冷却

5.6.10　各要素对 K_{min}影响度分析

根据以上计算分析，以高温季节 7 月 1 日浇筑 $C_{90}40$ 衬砌混凝土为例，归纳 9 个要素对衬砌混凝土施工期 K_{min}值的影响度列于表 5.8。表中：变化率为单位要素值变化引起的 K_{min}变化值，即变化值/取值范围差值；括号内的值是无通水冷却值。

表 5.8　各要素对衬砌混凝土内部最高温度 K_{min}值的影响度

要素	H/m	L/m	H_0/m	C/MPa	E/GPa	T_0/℃	T_a/℃	T_{min}/℃	T_w/℃
方案取值	0.8～1.5	6～12	8.87～14.87	30～60	5～30	16～27.1	13.28～25.33	12.59～22	15～22.5
影响度变化率	−0.05（−0.1）	−0.018	−0.013～−0.017	−0.01	−0.015	−0.03	−0.02	0.09	−0.007

在衬砌混凝土浇筑施工过程中，可以根据表 5.8 在保持抗裂安全性的条件下灵活适应施工环境条件实时进行温控措施方案的优化调整，经济有效实现温控防裂目标。但必须注意，这些影响度是高温季节 7 月 1 日浇筑 $C_{90}40$（中热水泥）衬砌混凝土的计算成果，有通水冷却时的水温为 15℃。

5.7　施工期内部最高温度估算与施工实时控制

5.7.1　施工期内部最高温度估算

根据5.4节的计算分析，关于内部最高温度 T_{max} 与各要素的关系有如下认识：

(1) 对于 T_{max} 有较大影响的温控设计要素是衬砌结构厚度 H、混凝土强度等级 C、浇筑期洞内气温 T_a、浇筑温度 T_0、是否通水冷却及其通水冷却水温 T_w。

(2) T_{max} 与5个要素影响基本呈近似线性关系，而且 H 与 C、T_a、T_0、T_w 对 T_{max} 有交叉影响。

(3) 强度 C 与 T_a、T_0、T_w 没有交叉影响，而且 T_a、T_0、T_w 相互之间基本没有交叉影响。

(4) 混凝土温升期气温变化率对 T_{max} 有较小影响，采用 T_a-T_{min} 反映。

采用要素组合（如 H 与 C、T_a、T_0、T_w 的乘积项）反映交叉影响，2次方反映非线性关系，根据以上分析进行要素自变量组合形成 T_{max} 的多个函数表达式，对174个方案计算成果进行优化统计分析，获得隧洞边墙衬砌混凝土内部最高温度 T_{max} 的估算公式：

$$T_{max}=10.91H+0.051C+0.712T_0+0.13T_g+0.51T_a-0.138H\times T_g-0.0061T_0\times T_g+0.0335H\times C-0.178H\times T_a-0.0295H(T_a-T_{min})+3.89 \tag{5.1}$$

式中：T_g 为通水温度效应值,℃，$T_g=35-T_w$，T_w 为通水冷却的水温（当不进行通水冷却时，取 $T_w=35$℃）；T_{min} 为冬季洞内最低气温；其他符号意义同前。

式（5.1）与上述174个方案计算值的相关系数0.99，最大绝对误差2.6℃，相对误差7.1%，精度比较高。必须指出的是，衬砌混凝土采用28d设计强度等级时，需要换算为90d设计强度等级；如果采用封闭洞口保温，则 T_a 和 T_{min} 应该采用提高后的值。计算公式适用于中热水泥混凝土，衬砌厚度0.8～1.5m，通水冷却水管单列间距1.5m布置，通水冷却水温不高于35℃情况。

5.7.2　与溪洛渡泄洪洞边墙衬砌混凝土温度观测值比较分析

溪洛渡水电站混凝土双曲拱坝的泄洪消能堪称拱坝枢纽世界之最，左右岸山体中分别布置了1～4号4条泄洪洞，泄量大、水头高，最大泄水流速近50m/s。隧洞无压段穿越Ⅱ、Ⅲ$_1$、Ⅲ$_2$、Ⅳ共四类围岩，衬砌厚度分别为0.8m、1.0m、1.0m、1.5m，浇筑后隧洞宽14.0m、直墙高度14.87m，结构分缝长度为9.0m，如图5.34所示。

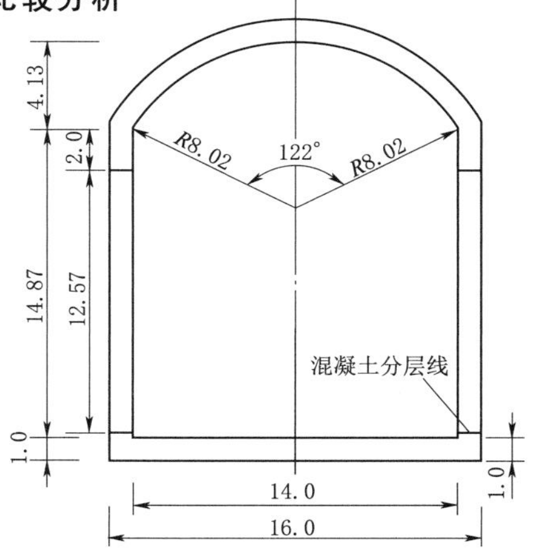

图5.34　泄洪洞无压段衬砌断面（单位：m）

泄洪洞是国内外第一个全面采取制冷混凝土浇筑和通水冷却等严厉温控措施的水工隧洞。根据施工温控周报和混凝土浇筑温控原始记录，泄洪洞无压段共进行了200多仓衬砌混凝土温度观测，其中边墙衬砌混凝土内部最高温度观测成果列于表5.9。将表5.9所列各桩号边墙衬砌混凝土的温控数据代入式（5.1），计算内部最高温度T_{max}和与观测值的误差也列入表5.9。

根据表5.9，式（5.1）计算值与观测值比较，平均高1.27℃，最大误差3.73℃，最大相对误差10.6%，绝对值平均误差1.57℃。式（5.1）计算值大多高于观测值，是因为式（5.1）是有限元法计算值，是衬砌结构中心真实T_{max}；而现场观测值，由于温度计可能不一定恰好在结构中心同时是两通水冷却水管中间，检测频率不一定能检测获得真实T_{max}，往往是小于真实T_{max}的值。

表5.9　泄洪洞无压段边墙衬砌混凝土最高温度T_{max}观测值与计算值比较

序号	衬砌边墙起点桩号	H/m	C/MPa	T_0/℃	T_w/℃	T_a/℃	T_{max}/℃	式（5.1）值/℃	误差/℃
1	1号K1+320	1	40	17.7	23.7	25.4	35.9	37.72	1.82
2	2号K1+320	1	40	17.7	23.7	25.4	35.9	37.60	1.70
3	2号K1+202	1	50	17.2	24.2	25.5	38.9	38.27	−0.63
4	2号K1+193	1	50	18.1	23.9	25.7	36.8	38.82	2.02
5	2号K0+635	1	50	16.8	23.8	26.1	36.5	38.15	1.65
6	2号K1+184	1	50	17.6	24	26.1	39.3	38.75	−0.55
7	2号K1+175	1	50	18.1	24.3	26.6	38	39.14	1.14
8	2号K1+121	1	50	19	26.2	26.6	38.2	40.01	1.81
9	2号K1+112	1	50	21.5	26.3	27.2	39.3	41.79	2.49
10	2号K0+986	1	50	20.4	16.1	15.6	33.1	36.34	3.24
11	2号K0+977	1	50	19.1	15.7	14.4	31.3	35.03	3.73
12	2号K0+968	1	50	19.6	15.2	14.1	35.4	35.24	−0.16
13	2号K0+878	1	50	16.7	13.8	12.4	32.2	32.80	0.60
14	2号K0+635	1	40	16.8	23.8	27.1	36.5	37.61	1.11
15	4号55单元	1	40	17.1	25.8	19.6	33.5	35.82	2.32
16	4号54单元	1	40	17.2	25.8	20.3	32.9	35.98	3.08
17	4号53单元	1	40	17.4	27.1	20.7	37.7	36.44	−1.26
18	4号52单元	1	40	17.1	27.1	30.5	36.8	39.14	2.34
19	4号56单元	1	40	17.8	27.1	27.5	35.8	38.81	3.01
20	4号57单元	1	40	17.5	27.1	26.6	34.9	38.23	3.33
21	4号50单元	1	40	17.1	23.9	26.4	34.3	37.60	3.30
22	4号49单元	1	40	17.5	23.9	22	34.9	36.47	1.57
23	4号48单元	1	40	17.5	23.9	21.5	36.4	36.38	−0.02
24	4号44单元	1	40	17.2	19.6	27.9	37	37.69	0.69
25	4号46单元	0.8	40	17	19.6	22.6	36.8	34.67	−2.13
26	4号45单元	0.8	40	16.8	19.6	22.2	37.5	34.46	−3.04

注　0.8m厚度衬砌在Ⅱ类围岩区；1.0m厚度衬砌在$Ⅲ_1$类围岩区。

5.7.3 泄洪洞边墙衬砌混凝土浇筑实时温度控制

为进一步发挥式（5.1）在温度控制中的作用，这里仍然以4号泄洪洞龙落尾段城门洞形断面（图5.34）为例进行实时控制分析。对于衬砌混凝土温度控制实时控制方法及相关公式，还将在第8章深入研究，并在第11章、第12章应用总结。后面最大拉应力和抗裂安全系数估算用于泄洪洞衬砌混凝土温度实时控制，也是如此。

4号泄洪洞龙落尾段，Ⅱ类（$Ⅲ_1$）围岩区衬砌厚度1.0m，分缝长度为9.0m，中热水泥混凝土强度$C_{90}60$（抗冲耐磨），设计要求浇筑温度18℃，通水冷却水温12～22℃，允许最高温度39℃。4号泄洪洞龙落尾段实时控制情况见表5.10。

（1）浇筑混凝土前，采用式（5.1）预测浇筑温控方案T_{max}值（表5.10），将T_{max}尽可能控制在设计允许值39℃。其中，T_0采用设计要求值18℃，T_a和T_w采用洞室实测值。

表5.10 4号泄洪洞龙落尾段衬砌混凝土浇筑实时温度控制计算与效果

单元号	浇筑日期/(月-日)	预测值/℃				实测值/℃				裂缝情况
		T_0	T_a	T_w	T_{max}	T_0	T_a	T_w	T_{max}	
105	3-26	18	28.6	16.2	39.5（38.6）	16.5	28.6	16.2	32.5	无
104	4-15	18	19.0	21.2	37.2（36.7）	17.2	19.0	21.2	35.8	无
103	4-25	18	23.6	22.3	38.7（39.1）	18.7	23.6	22.3	37.5	无
102	5-8	18	28.6	23.7	40.4（43.6）	23.0	28.6	23.7	39.2	无
101	5-16	18	26.3	24.0	39.7（38.5）	16.1	26.3	24.0	36.7	无
100	5-25	18	24.7	24.4	39.3（38.6）	17.0	24.7	24.4	38.9	无
99	6-5	18	27.1	24.5	40（39.1）	16.6	27.1	24.5	37.8	无
98	6-14	18	27.8	25.9	40.4（42.9）	21.8	27.8	25.9	40.9	无
97	7-16	18	27.3	19.1	39.4（40.7）	20.1	27.3	19.1	45.9	有
95	8-5	18	26.3	18.7	39.1（41.4）	21.8	26.3	18.7	36.1	无
94	8-12	18	27.9	18.8	39.6（41.7）	21.5	27.9	18.8	39.4	无
92	8-25	18	28.4	22.5	40.2（42.3）	21.4	28.4	22.5	35.5	无
90	8-19	18	28.6	18.5	39.7（42.5）	22.5	28.6	18.5	37.6	无
89	9-20	18	24.2	21.1	38.7（38.1）	17.0	26.5	21.1	34.2	无

注 括号内数值是采用实测浇筑温度T_0计算值。

根据预测计算，预测T_{max}值较多的稍大于39℃，是因为将用于通水冷却的水温大多超过设计要求，而且洞室气温高于原设计阶段取值（21～25℃）。因此，要求施工单位在混凝土浇筑过程中，严格控制浇筑温度，进一步降低通水冷却水温。

（2）混凝土浇筑完成后，对实测T_{max}和温控效果进行分析。由于实际浇筑温度有8个单元超过18℃、通水冷却水温7个单元超过22℃、洞内气温11个大于25℃，导致现场实测T_{max}值有4个单元超过39℃。如果能够更好地将浇筑温度、通水冷却水温控制在设计范围，就能够更好地实现控制目标。

事后进行裂缝检查，仅有1个单元发生温度裂缝，这是因为97单元明显是内部温度过高产生的温度裂缝。

(3) 再次用实测T_0等实际数据代入式(5.1)计算T_{max}，结果表明，式(5.1)计算值，高于实测值1～2℃。高于实测T_{max}值1～2℃的原因同上。其中的92单元计算T_{max}与实测值误差较大，估计是温度计安装位置在通水冷却水管附近，实测混凝土的温度低。

综合以上分析，对于衬砌边墙(中热水泥)混凝土施工期内部最高温度T_{max}估算，基于有限元仿真计算成果统计获得的式(5.1)，代表T_{max}真实值，一般比现场实测值高1～2℃。将其用于实际工程泄洪洞衬砌混凝土浇筑施工实时温控，估算公式的计算值精度比较高，能够实现温控目标，可以推广到实际工程应用。对于薄壁衬砌结构混凝土，采取通水冷却措施只能降低内部最高温度2℃左右，与估算式(5.1)的误差相当，式(5.1)难以用于精度要求非常高的温控防裂设计，此时宜采用有限元法仿真计算。

5.8　施工期最大温度拉应力估算与施工实时温控

5.8.1　施工期最大温度拉应力估算

根据5.5节的计算分析，关于衬砌混凝土施工期最大温度拉应力σ_{max}与各要素的关系有如下认识：

(1) 对于σ_{max}有较大影响的温控设计要素为衬砌结构厚度H、边墙高度H_0、分缝长度L、混凝土强度等级C、围岩变形模量E、浇筑期洞内气温T_a及冬季最低气温T_{min}(或者T_a-T_{min})、浇筑温度T_0、是否通水冷却及其通水冷却水温T_w。

(2) σ_{max}与各要素的关系，与C、E、T_a有明显的非线性，其余均可近似用线性关系表达。

(3) H与C、E、T_a、T_0、T_w对σ_{max}有交叉影响，C与T_a、T_0和E与T_a有较小的交叉影响，其余基本没有交叉影响。

(4) T_a表示浇筑季节和浇筑期洞内气温的影响，还需要增加变量(T_a-T_{min})。

据此分析，并进行要素自变量组合形成σ_{max}的多个函数表达式，通过进一步优选统计分析，获得隧洞边墙衬砌混凝土施工期内部最大拉应力σ_{max}的估算公式：

$$\begin{aligned}\sigma_{max}=&0.386H+0.011H_0+0.058L+0.041C+0.031E-0.0002E^2+0.1448T_0\\&-0.002T_g-0.14T_a+0.197(T_a-T_{min})+0.015H\times T_0-0.022H\\&\times T_g+0.0071H(E+C)-0.042H(T_a-T_{min})-0.882\end{aligned}\tag{5.2}$$

式中符号意义同前。式(5.2)的相关系数为0.98，最大绝对误差为0.396MPa，最大相对误差为13.84%，均方误差为0.021，较好反映了各要素对σ_{max}影响及各要素耦合关系，精度比较高，规律性较好。关于强度和封闭洞口保温后T_a和T_{min}的取值，以及适用范围同上。城门洞形边墙高度计算，边顶拱分开浇筑时为浇筑直墙高度，边顶拱整体浇筑时，取为直墙高度+1/4顶拱弧线长度。

5.8.2 泄洪洞边墙衬砌混凝土浇筑施工实时温度控制

溪洛渡泄洪洞龙落尾段基本情况见 5.7.3 节，混凝土抗拉强度，7d 为 2.86MPa，28d 为 3.82MPa，90d 为 4.15MPa。采用式（5.2）估算施工期最大拉应力 σ_{max}，进行衬砌混凝土浇筑实时温度控制[12-14]。具体方法和过程如下：

（1）衬砌混凝土浇筑前，现场实测洞内气温 T_a 和通水冷却水温 T_w。其中 4 号泄洪洞龙落尾段各结构段混凝土浇筑期 T_a、T_w 见表 5.11。

表 5.11　4 号泄洪洞龙落尾衬砌混凝土浇筑应力安全系数法实时温度控制计算与效果

单元号	浇筑日期（月-日）	围岩 E_f/GPa	预测值			实测值						裂缝情况
			T_0/℃	σ_{max}/MPa	K	T_0/℃	T_a/℃	T_w/℃	T_{max}/℃	σ_{max}/MPa	计算 K	
105	3-26	9	18	3.02	1.81	16.5	28.6	16.2	32.5	2.81	1.95	无
104	4-15	9	18	3.16	1.72	17.2	19	21.2	35.8	3.04	1.79	无
103	4-25	9	18	3.19	1.70	18.7	23.6	22.3	37.5	3.29	1.64	无
102	5-8	9	18	3.23	1.66	23	28.6	23.7	39.2	3.96	1.36	无
101	5-16	20	18	3.60	1.49	16.1	26.3	24	36.7	3.33	1.61	无
100	5-25	20	18	3.62	1.47	17	24.7	24.4	38.9	3.47	1.54	无
99	6-5	20	18	3.63	1.46	16.6	27.1	24.5	37.8	3.42	1.55	无
98	6-14	20	18	3.67	1.44	21.8	27.8	25.9	40.9	4.22	1.25	无
97	7-16	20	18	3.52	1.47	20.1	27.3	19.1	45.9	3.82	1.36	有
95	8-5	20	18	3.51	1.46	21.8	26.3	18.7	36.1	4.06	1.26	无
94	8-12	20	18	3.51	1.45	21.5	27.9	18.8	39.4	4.02	1.27	无
90	8-19	20	18	3.60	1.40	22.5	28.6	22.7	37.6	4.25	1.19	无
92	8-25	20	18	3.59	1.40	21.4	28.4	22.5	35.5	4.09	1.23	无
89	9-20	20	18	3.55	1.38	17	26.5	21.1	34.2	3.40	1.44	无

（2）预测 σ_{max}。其中 4 号泄洪洞龙落尾段各结构段 $H=1.0$m、$H_0=12.57$m（边墙与顶拱分期浇筑）、$L=9$m、$C=60$MPa、围岩 E 值见表 5.11、$T_0=18$℃、T_a 和 T_w 采用实测值（表 5.11）、$T_{min}=12.59$℃（为 4 号洞龙落尾年度实测平均值）。代入式（5.2）计算，其中 4 号泄洪洞龙落尾段各结构段衬砌混凝土预测 σ_{max} 值见表 5.11。

（3）预测抗裂安全系数 K，由式（5.3）计算：

$$K=[\sigma]/\sigma_{max} \tag{5.3}$$

式中：$[\sigma]$ 为抗拉强度，采用与 σ_{max} 龄期一致的值。由于 σ_{max} 发生在洞内最低温度期，溪洛渡泄洪洞施工期多年实测统计分析 T_{min} 一般在 1 月 26 日左右，σ_{max} 出现在混凝土内部温度最低期（这时的温降差最大），根据上述 174 个方案的统计都发生在 2 月 1 日左右，所以抗拉强度均取混凝土浇筑后至 2 月 1 日龄期值，由式（5.4）计算：

$$[\sigma]=3.82\times[1+0.1813\ln(\tau/28)] \tag{5.4}$$

式（5.4）为采用上述 $C_{90}60$ 混凝土 7d、28d、90d 抗拉强度值统计分析获得。式中 τ

为计算龄期，这里取混凝土浇筑后至 2 月 1 日龄期值。其中 4 号泄洪洞龙落尾段各结构段衬砌混凝土预测 K 值见表 5.11。

（4）确定温控措施方案。控制 $\sigma_{max}<[\sigma]$，尽可能 $K>1.3$，据此评价温控措施方案。如果不能满足要求，则实时调整温控措施，适当降低浇筑温度或者降低通水冷却水温。据此计算，各仓混凝土按照设计浇筑温度和通水冷却措施，抗裂安全系数均大于 1.3（表 5.11），其中 4 号泄洪洞龙落尾段第 89 仓 K 值最小，为 1.38。所以，实际工程按照预定措施方案浇筑衬砌混凝土。

（5）混凝土浇筑过程实时温度控制和检测。混凝土浇筑过程，施工单位对混凝土温控进行了全面检测。其中与计算有关参数，浇筑温度 T_0、洞内气温 T_a、通水冷却水温 T_w、混凝土内部最高温度 T_{max} 见表 5.11。根据施工检测成果再次进行温度应力 σ_{max} 和抗裂安全系数 K 计算，结果也列于表 5.11。

（6）温控防裂实时控制效果评价分析。通过施工现场实时控制，泄洪洞衬砌混凝土温度与温度裂缝控制取得显著成效和以下经验：

1）洞内气温明显较高，3—9 月混凝土浇筑期 T_a 最高达 28.6℃，平均达 26.5℃。由于洞内冬季平均最低温度 $T_{min}=12.59$℃，T_a-T_{min} 达到 16.01℃，显然对混凝土防裂不利。说明施工时期段受到人员与机械设备等作业影响，洞内温度会升高，需要引起高度重视。

2）浇筑温度 T_0，受到洞内气温较高等的影响，有较多的超温，实测 14 仓中有 8 仓超过设计要求 18℃，最高达 23℃，超过 5℃。

3）通水冷却水温 T_w，实测 14 仓中有 8 仓超过设计要求 12～22℃，最高达到 25.9℃。

4）内部最高温度 T_{max}，基本得到较好的控制，实测 14 仓中有 4 仓超过设计要求 39℃，而且 3 仓超值小于 2℃，仅 1 仓达到 45.9℃。

5）混凝土温度裂缝得到有效控制，仅 1 仓由于 T_{max} 达到 45.9℃产生裂缝（后期处理达到无害要求），明显少于类似工程[9-11]。

6）根据实测 T_0、T_a、T_w 及有关参数计算浇筑仓 $\sigma_{max}=2.81\sim4.25$MPa，$K=1.19\sim1.95$，表明混凝土产生温度裂缝的风险不高，与实际仅 1 仓有裂缝的结果一致，说明计算式（5.2）、式（5.3）较好反映了衬砌混凝土边墙的温度应力和抗裂安全特性。

将产生温度裂缝的 97 仓实测数据与 98 仓、95 仓比较可以看出，97 仓观测数据存在较大误差。首先，浇筑时期介于 98 仓、95 仓之间，T_a 介于它们之间，T_0、T_w 也应该介于它们之间甚至更高，否则 T_{max} 不可能达到 45.9℃。其次，如果 T_{max} 达到 45.9℃，则 σ_{max} 应该远大于 3.82MPa 计算值，K 应该远小于 1.36 计算值，所以产生了温度裂缝。

以上成果表明，采用式（5.2）、式（5.3）实时进行隧洞边墙衬砌混凝土温度控制是可行的。但施工现场情况十分复杂，浇筑段附近洞内气温往往高于平常值，混凝土温度回升快，容易导致浇筑温度和通水冷却水温超温，要引起高度重视。同时说明，温控设计和确定施工温控措施方案，适当留有安全度是应该的。根据表 5.11，抗裂安全系数大于 1.3，如果混凝土均匀性较好、保证率较高，一般不会产生温度裂缝。

基于有限元仿真计算成果统计提出隧洞衬砌边墙中热水泥混凝土最大拉应力 σ_{max} 估

算式（5.2），揭示了9个要素对σ_{max}影响规律和影响度。通过泄洪洞龙落尾结构段衬砌混凝土实例实时温度控制，检验了式（5.2）的科学性和计算精度以及实时控制方法的有效性，基本可以推广到实际工程应用。

5.9　施工期最小抗裂安全系数估算与混凝土浇筑实时温控

5.9.1　施工期最小抗裂安全系数K_{min}估算

根据5.6节计算分析，关于衬砌混凝土施工期K_{min}值与各要素的关系有如下认识：

（1）对于K_{min}有较大影响的温控设计要素同于施工期σ_{max}，共9个。

（2）K_{min}与各要素关系，与E、T_a有明显的非线性，其余均可近似用线性关系表达。

（3）H与C、E、T_a、T_0、T_w对K_{min}有交叉影响，C与T_a、T_0与T_w有较小的交叉影响，其余基本没有交叉影响。

（4）T_a表示浇筑季节和浇筑期洞内气温的影响，还需要增加变量（T_a-T_{min}）。

据此分析，并进行要素自变量组合形成K_{min}的多个函数表达式，通过进一步优选统计分析，获得隧洞边墙衬砌混凝土最小抗裂安全系数K_{min}的估算公式：

$$K_{min}=-0.3707\times H-0.0137\times H_0-0.0183\times L-0.0066\times C-0.0396\times E+0.0008\times E^2-0.0458\times T_0+0.0121\times T_g+0.0792\times T_a-0.0845\times(T_a-T_{min})+0.0121\times H\times T_0+0.0038\times H\times T_g-0.0002\times T_g\times C-0.0008\times E\times H-0.0002\times T_0\times T_g+2.2234 \quad (5.5)$$

式中符号意义同前。式（5.5）的相关系数为0.985，最大误差为0.138，均方误差为0.0018，最大相对误差9.15%，较好反映了温度控制设计各要素影响及其耦合关系，精度较高，规律性较好。关于强度和封闭洞口保温后T_a和T_{min}的取值，以及适用范围同上。城门洞型边墙高度计算，边顶拱分开浇筑时为浇筑直墙高度，边顶拱整体浇筑时，取为直墙高度+1/4顶拱弧线长度。

5.9.2　泄洪洞边墙衬砌混凝土浇筑实时温度控制

溪洛渡泄洪洞龙落尾段基本情况见5.7.3节。采用施工期衬砌混凝土K值估算公式进行混凝土浇筑实时温度控制，具体过程如下：

（1）混凝土浇筑前，现场实测洞内气温T_a和通水冷却水温T_w。其中4号泄洪洞龙落尾段混凝土浇筑期T_a、T_w见表5.12。

（2）预测K_{min}值[15]。其中4号泄洪洞龙落尾段各结构段$H=1.0$m、$H_0=12.57$m（边墙与顶拱分期浇筑）、$L=9$m、$C=60$MPa、围岩E值见表5.12、$T_0=18$℃、T_a和T_w采用实测值（表5.12）、$T_{min}=12.59$℃。代入式（5.5）计算，其中4号泄洪洞龙落尾段各结构段衬砌混凝土施工期预测K值见表5.12。

（3）验证和确定温控措施方案。根据大量工程实践，尽可能将K_{min}控制大于1.3。根据计算，按照设计要求$T_0=18$℃，并采用实测T_a和T_w值计算，有较多结构段K_{min}值小于1.3，但大于1.19，有裂缝风险。施工过程中，需要加强浇筑温度和通水冷却水温控制。

表5.12　4号泄洪洞龙落尾衬砌混凝土 K 值法实时温度控制计算与效果

单元号	浇筑日期/(月-日)	围岩 E_f/GPa	预测值		实测值					裂缝情况
			T_0/℃	K_{min}	T_0/℃	T_a/℃	T_w/℃	T_{max}/℃	计算 K_{min}	
105	3-26	9	18	1.38	16.5	28.6	16.2	32.5	1.44	无
104	4-15	9	18	1.43	17.2	19	21.2	35.8	1.46	无
103	4-25	9	18	1.41	18.7	23.6	22.3	37.5	1.38	无
102	5-8	9	18	1.38	23	28.6	23.7	39.2	1.20	无
101	5-16	20	18	1.20	16.1	26.3	24	36.7	1.27	无
100	5-25	20	18	1.21	17	24.7	24.4	38.9	1.25	无
99	6-5	20	18	1.20	16.6	27.1	24.5	37.8	1.25	无
98	6-14	20	18	1.19	21.8	27.8	25.9	40.9	1.06	无
97	7-16	20	18	1.20	20.1	27.3	19.1	45.9	1.12	有
95	8-5	20	18	1.20	21.8	26.3	18.7	36.1	1.06	无
94	8-12	20	18	1.20	21.5	27.9	18.8	39.4	1.07	无
90	8-19	20	18	1.19	22.5	28.6	22.7	37.6	1.03	无
92	8-25	20	18	1.19	21.4	28.4	22.5	35.5	1.07	无
89	9-20	20	18	1.20	17	26.5	21.1	34.2	1.25	无

（4）混凝土浇筑过程实时温度控制和检测。混凝土浇筑过程，施工单位对混凝土温控进行了全面检测。其中与计算有关参数，浇筑温度 T_0、洞内气温 T_a、通水冷却水温 T_w、混凝土内部温度最高温度 T_{max} 见表5.12。并根据施工检测成果再次进行抗裂安全系数 K_{min} 计算，结果也列于表5.12。

（5）温控防裂实时控制效果评价分析。通过施工现场实时控制，泄洪洞衬砌混凝土温度与温度裂缝控制取得显著成效，仅1仓由于 T_{max} 达到45.9℃产生裂缝（后期处理达到无害要求），明显少于类似工程。根据实测 T_0、T_a、T_w 及有关参数计算浇筑仓 K 值，$K=1.03\sim1.46$，表明混凝土有产生温度裂缝的风险，与实际仅1仓有裂缝的结果较一致，说明计算式（5.5）较好反映了衬砌混凝土边墙的抗裂安全特性。

以上成果表明，基于有限元仿真计算成果，提出隧洞衬砌边墙中热水泥混凝土 K 值估算式（5.5），揭示了9个要素对 K 影响规律和影响度，采用式（5.5）和上述方法实时进行隧洞边墙衬砌混凝土温度裂缝控制是基本可行的。根据表5.12，衬砌混凝土施工期全过程抗裂安全系数大于1.3，如果混凝土均匀性较好、保证率较高，一般不会产生温度裂缝。对于薄壁衬砌结构混凝土，采取通水冷却措施只能增加抗裂安全系数0.15左右，与估算式（5.5）的最大误差相当，所以式（5.5）难以用于精度要求很高的温控防裂设计。此时，宜采用有限元法仿真计算。

参 考 文 献

[1] 段亚辉，吴家冠，方朝阳，等. 三峡永久船闸输水洞施工期钢筋应力现场试验研究［J］. 应用基础与工程科学学报，2008，16（3）：318-327.

[2] 樊启祥，段亚辉，等. 水工隧洞衬砌混凝土温控防裂创新与实践［M］. 北京：中国水利水电出版社，2015年9月.

[3] 苏芳，段亚辉. 过缝钢筋对放空洞无压段衬砌混凝土应力影响研究［J］. 水电能源科学，2011，29（3）：103-106.

[4] 陈勤，段亚辉. 洞室和围岩温度对泄洪洞衬砌混凝土温度和温度应力影响研究［J］. 岩土力学，2010，31（3）：986-992.

[5] 段亚辉，彭亚，罗刚，等. 门洞形断面衬砌混凝土温度裂缝机理及其发生发展过程［J］. 武汉大学学报（工学版），2018，51（10）：847-852.

[6] 赵路，冯艳，段亚辉，等. 三板溪泄洪洞衬砌混凝土裂缝发生与发展过程［J］. 水力发电，2011，37（9）：35-38.

[7] 方朝阳，段亚辉. 三峡永久船闸输水洞衬砌施工期温度与应力监测成果分析［J］. 武汉大学学报（工学版），2003，36（5），30-34.

[8] 段亚辉，方朝阳，樊启祥，等. 三峡永久船闸输水洞衬砌混凝土施工期温度现场试验研究［J］. 岩石力学与工程学报，2006，25（1）：128-135.

[9] 张志诚，林义兴，徐云峰，等. 三峡地下电站引水洞衬砌混凝土裂缝成因分析［J］. 人民长江，2006，37（2）：9-10.

[10] 廖波. 小浪底泄洪工程高标号混凝土裂缝产生的原因与防治［J］. 水利学报，2001，（7）：47-50.

[11] 赵路，冯艳，段亚辉，等. 三板溪泄洪洞衬砌混凝土裂缝发生与发展过程［J］. 水力发电，2011，37（9）：35-38.

[12] 段亚辉，樊启祥，方朝阳，等. 门洞形断面衬砌边墙混凝土温控防裂温度应力控制快速设计方法：CN110008511A［P］. 2019-07-12.

[13] 段亚辉，樊启祥，方朝阳，等. 门洞形断面衬砌混凝土温控防裂拉应力安全系数控制设计方法：CN109977480A［P］. 2019-07-05.

[14] 段亚辉，樊启祥，方朝阳，等. 门洞形衬砌边墙混凝土施工期最大温度拉应力计算方法：CN109815613A［P］. 2019-05-28.

[15] 段亚辉，樊启祥，方朝阳，等. 门洞形断面衬砌边墙混凝土温度裂缝控制的抗裂安全系数设计方法：CN109918763A［P］. 2019-06-21.

第6章 圆形断面衬砌混凝土温度裂缝控制要素影响

6.1 衬砌结构形式影响与仿真计算方案

水工隧洞多采用圆形、城门洞形。以乌东德水电站发电引水洞、尾水洞1.0m厚度衬砌（分缝长度9.0m）为例[1]，采用有限元法仿真计算分析了圆形、城门洞形边顶拱和底板衬砌混凝土温控防裂特性，如图6.1、图6.2所示。计算方案列于表6.1。其中，方案3与方案4断面尺寸相同，方案4的边墙顶部与围岩间有空隙（不接触），方案3的边墙加上顶拱未脱空部分展开长度之和与方案7的平板长度相等，方案6的边顶拱未脱空部分展开长度与方案8的平板长度相等。各方案的温控防裂特征值列于表6.2，其中Y为断面距离边墙底端的高度，α为断面与水平面的夹角。

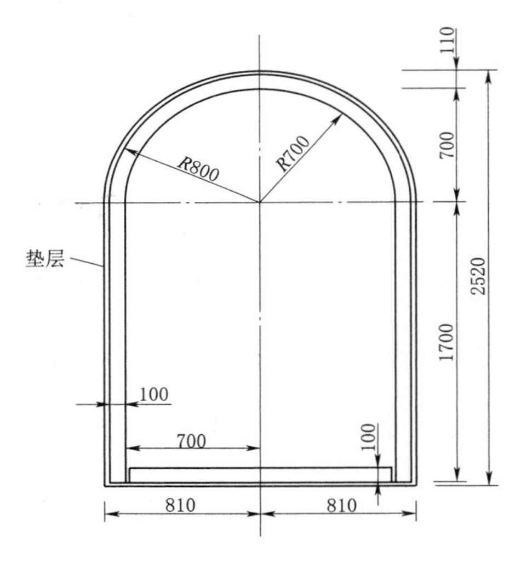

图6.1 城门洞形衬砌结构断面图（单位：cm）

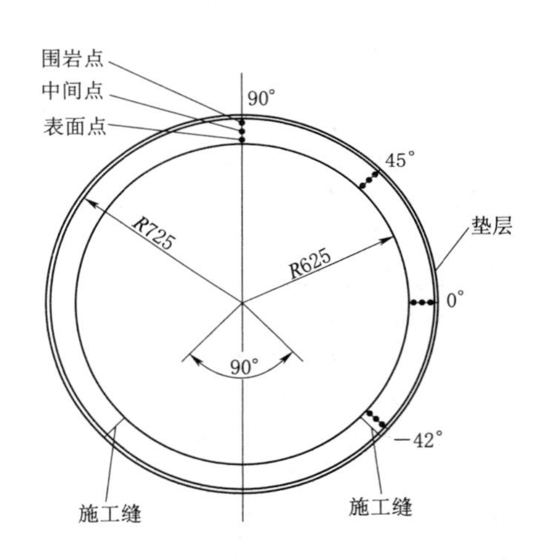

图6.2 圆形衬砌结构断面图（单位：cm）

表6.1 衬砌结构形式对混凝土温控防裂影响计算方案

方案	衬砌结构断面类型	底板长度/m	边墙高度/m	内半径/m	脱空角度/(°)
1	平板	14.0			
2	城门洞形	14.0	17.0		
3	城门洞形顶部有脱空	14.0	17.0		90
4	城门洞形顶部有脱空，边墙底端自由	14.0	17.0		90
5	圆形			6.25	
6	圆形顶部有脱空			6.25	90
7	平板	22.9			
8	平板	10.6			

表 6.2　　　　各方案温控防裂特征值

方案	衬砌结构断面类型	断面位置	最高温度/℃			最大内表温差/℃	最大拉应力/MPa			最小抗裂安全系数		
			表面点	中间点	围岩点		表面点	中间点	围岩点	表面点	中间点	围岩点
1	平板	中间	35.82	37.98	35.91	3.21	2.03	2.03	1.53	3.15	3.19	4.34
2	城门洞形	$Y=1.8$m	35.78	37.72	35.16	2.93	2.37	2.41	2.00	2.71	2.69	3.29
		$Y=9.0$m	35.78	37.71	35.14	2.93	2.93	2.98	2.42	2.18	2.17	2.71
		$Y=13.8$m	35.78	37.71	35.14	2.93	3.12	3.29	2.85	2.05	1.97	2.30
		$Y=17.0$m	35.81	37.69	35.06	2.86	3.61	3.56	2.89	1.78	1.83	2.27
		$\alpha=45°$	35.84	37.67	34.98	2.80	4.02	3.80	3.01	1.61	1.71	2.19
		$\alpha=90°$	35.84	37.67	34.98	2.80	3.96	3.78	3.02	1.63	1.73	2.19
3	城门洞形顶部有脱空	$Y=1.8$m	35.78	37.72	35.15	2.93	2.36	2.41	1.95	2.71	2.69	3.37
		$Y=10.6$m	35.78	37.71	35.13	2.92	2.80	2.85	2.29	2.28	2.27	2.86
		$Y=11.4$m	35.78	37.71	35.13	2.92	2.81	2.86	2.31	2.28	2.26	2.83
		$Y=12.2$m	35.78	37.71	35.13	2.92	2.80	2.87	2.34	2.29	2.25	2.80
		$Y=13.0$m	35.78	37.71	35.13	2.92	2.77	2.87	2.37	2.31	2.25	2.77
		$Y=17.0$m	35.80	37.69	35.06	2.86	2.94	2.69	1.88	2.18	2.41	3.51
		$\alpha=22.5°$	35.84	37.68	35.00	2.81	2.21	2.19	1.61	2.91	2.97	4.12
		$\alpha=42°$	35.89	37.81	35.15	2.79	1.25	1.66	1.73	5.12	3.91	3.79
4	城门洞形顶部有脱空边墙底端自由	$Y=1.8$m	35.78	37.73	35.19	2.94	1.90	2.01	1.53	3.37	3.23	4.33
		$Y=10.6$m	35.78	37.71	35.13	2.92	2.61	2.65	2.10	2.45	2.43	3.12
		$Y=11.4$m	35.78	37.71	35.13	2.92	2.64	2.69	2.15	2.42	2.40	3.05
		$Y=12.2$m	35.78	37.71	35.13	2.92	2.65	2.72	2.19	2.41	2.37	2.99
		$Y=13.0$m	35.78	37.71	35.13	2.92	2.65	2.75	2.24	2.42	2.35	2.92
		$Y=17.0$m	35.80	37.69	35.06	2.86	2.87	2.63	1.83	2.24	2.47	3.62
		$\alpha=22.5°$	35.84	37.68	35.00	2.81	2.21	2.18	1.60	2.91	2.98	4.14
		$\alpha=42°$	35.89	37.81	35.15	2.79	1.25	1.66	1.72	5.11	3.91	3.82
5	圆形	$\alpha=-42°$	34.90	36.38	33.89	1.96	1.83	1.78	1.32	3.50	3.61	4.92
		$\alpha=0°$	35.81	37.52	34.41	2.59	2.84	2.54	1.71	2.27	2.56	3.89
		$\alpha=45°$	35.81	37.52	34.41	2.59	3.47	3.23	2.40	1.86	2.02	2.75
		$\alpha=90°$	35.81	37.52	35.81	2.59	3.61	3.36	2.53	1.79	1.93	2.60
6	圆形顶部有脱空	$\alpha=-42°$	34.90	36.38	33.89	1.96	1.84	1.79	1.31	3.48	3.59	4.95
		$\alpha=-3°$	35.81	37.52	34.41	2.59	2.40	2.22	1.45	2.68	2.93	4.56
		$\alpha=0°$	35.81	37.52	34.40	2.59	2.40	2.22	1.46	2.68	2.93	4.56
		$\alpha=3°$	35.81	37.52	34.40	2.59	2.39	2.22	1.46	2.68	2.93	4.55
		$\alpha=42°$	35.90	37.76	34.83	2.64	1.09	1.53	1.41	5.90	4.24	4.61
7	平板	中心	35.81	37.91	35.68	3.13	2.24	2.26	1.73	2.84	2.84	3.77
8	平板	中心	35.82	37.98	35.92	3.21	1.98	2.00	1.53	3.23	3.24	4.36

以上成果表明：

（1）各计算方案情况衬砌混凝土表面点、中间点的最高温度相差很小，历时曲线基本重合，结构形式和长度对于衬砌混凝土内部温度场的影响很小。

（2）最大拉应力值和最小抗裂安全系数一般出现在中央断面附近。先浇筑边墙预留底板，四周为自由端情况，中间点最大拉应力值为 2.01MPa，小于边墙浇筑至底板基岩面情况的最大拉应力值 2.41MPa。即边墙浇筑至底板基岩面，约束增加，拉应力增大 20%左右。

（3）城门洞形断面边墙与顶拱一次性浇筑，边墙＋顶拱展开长度之和与平板（如底板）长度相同的情况，拉应力大 10%～22%。即结构（展开）长度相同的情况下，弧状衬砌拉应力大于平直底板，而且曲率越大，拉应力值越大，抗裂安全系数越小。

（4）结构或者分缝长度在 10～23m 范围，拉应力随着长度增加而增大，大约 0.02MPa/m，抗裂安全系数随之减小。

溪洛渡、白鹤滩、乌东德等水电站的泄洪洞城门洞形结构的洞顶采用 110°～120°圆弧，而不是 180°圆弧，有利于洞顶衬砌混凝土降低温度裂缝风险。溪洛渡泄洪洞衬砌混凝土温度裂缝统计结果表明[2]，按结构段比例计算，有压段最高，龙落尾段次之，无压段和出口明渠相对少些。有压段比无压段多，可能与圆形结构特点有关。

三峡水利枢纽右岸地下电站，引水隧洞为圆形断面，内径为 13.5m，衬砌厚度 1m，C25 二级配混凝土。一般浇筑段长为 8m，先浇筑圆心以下 90°范围的底拱，一段时间后再浇筑 270°范围的边顶拱。在引水洞衬砌混凝土施工中，于 2001 年 11 月之后陆续发现在边顶拱腰部附近和底拱底部出现顺水流向规律性很强的轴向裂缝[2-3]。边顶拱轴向裂缝出现在腰部附近，是由于混凝土浇筑和收缩导致洞顶混凝土与围岩之间有较大范围的脱开，洞顶衬砌混凝土约束显著减弱，温降拉应力明显减小，没有受到影响的腰线附近成为最大拉应力区（参见 4.4 节）[3]。从温差在结构受到约束产生应力的角度，按照裂缝出现腰部附近计算，边顶拱（两侧）有效环向尺寸基本与底拱相同，都是 90°范围。所以底拱和边顶拱有效约束的环向长度为 90°范围的展开长度为 10.6m，轴向分缝长度都为 8m。三峡永久船闸地下输水洞，城门洞形断面，围岩条件相同，衬砌厚度 0.6～1.65m 有的远大于引水洞，C30 二级配混凝土高于引水洞，边墙与顶拱整体浇筑取对称结构的 1/2 长度＝边墙直墙高度 7m＋1/2 顶拱（3.8m），与引水洞底拱展开长度 10.6m 相当。在后期，混凝土强度改为 90d 龄期设计，浇筑段长缩短为 8m，掺 20%粉煤灰（都与引水洞相同），衬砌混凝土没有再发生裂缝[2]，而发电引水洞仍然在同部位发生同等裂缝[2-3]。这也进一步说明，弧状（圆形断面等）衬砌拉应力大于平直底板（或者直边墙），而且曲率越大，拉应力值越大，抗裂安全系数越小。

因此，本章以圆形断面的边顶拱浇筑混凝土为例进行弯曲结构温控特性计算分析。仿真计算结构断面、混凝土和环境参数等，均以溪洛渡泄洪洞有压段圆形断面结构为基础，结合三峡、白鹤滩、乌东德、江坪河等大型水电站发电洞等实际工程，影响要素根据第 5 章的分析，包括上述 9 个要素：分缝长度 6～12m、边顶拱环向长度（在浇筑范围相同时，也可以用隧洞内半径 R 替代）R＝4.25～7.5m、衬砌厚度 0.8～1.5m；混凝土强度等级

$C_{90}30$～$C_{90}60$；混凝土浇筑期洞内气温 12～28℃（包括 T_a、T_{min} 不同组合，覆盖 1—12 月）；围岩变形模量 5～30GPa；混凝土浇筑温度 15～27℃、是否通水冷却及其通水冷却水温 12～22℃。

有限元计算模型，以溪洛渡泄洪洞有压段 E1 形断面为例（图 6.2），衬砌厚度为 1.0m、内半径 R 为 7.5m、分缝长度为 9m，改变结构尺寸参数建立三维有限元模型（图 6.3）。对于 9 个要素在其拟定参数范围进行组合，共进行了 125 个方案的有限元仿真计算。由于边顶拱浇筑范围为 240°，底拱为 120°，边顶拱环向尺度大得多，同等条件下边顶拱的温度应力大得多，抗裂安全系数小得多，而且溪洛渡泄洪洞和三峡地下电站发电引水洞圆形断面衬砌混凝土的温度裂缝一般发生在腰线 0°部位，底拱温度裂缝明显少于边顶拱，因此成果整理只对边顶拱腰线 0°截面进行。整理腰线 0°截面表面点、1/2 厚度中心、围岩侧 3 个代表点施工期内部最高温度 T_{max}、最大拉应力 σ_{max}、全过程最小抗裂安全系数 K_{min} 3 个温控特征值，以及早期 28d 这 3 个点的温度拉应力 σ 和抗裂安全系数 K 小值（分别记作 σ_{28}、K_{28}）。限于篇幅，各计算方案和温控特征值不详细列出。

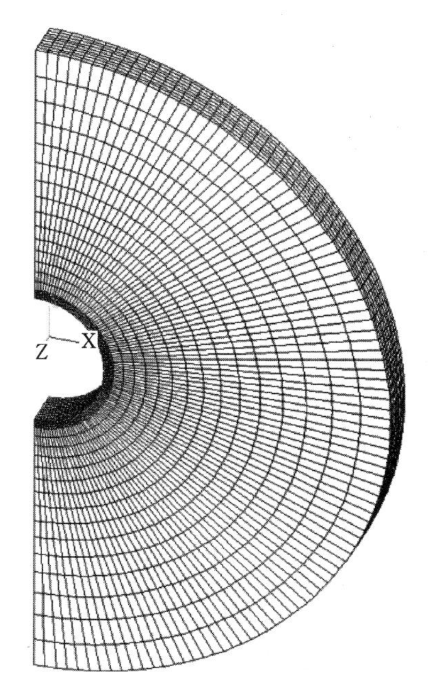

图 6.3 圆形断面衬砌混凝土温控计算有限元模型

在以下各要素对圆形断面衬砌混凝土温度裂缝控制影响的分析中，均以Ⅱ类围岩区（变形模量 30GPa）E1 形断面 $C_{90}40$ 泵送混凝土浇筑温控方案为基础，对于改变要素进行说明。E1 形断面混凝土具体浇筑温控方案：7 月 1 日浇筑底拱、8 月 1 日浇筑边顶拱，浇筑温度 16℃，采取 16℃水通水冷却 7d，3d 龄期拆模，表面洒水养护 28d。

6.2 衬砌结构尺寸的影响

6.2.1 衬砌厚度的影响

衬砌厚度 H 的影响，整理了 0.8m、1.0m、1.5m 厚度衬砌共 5 组 15 个方案的成果，边顶拱衬砌混凝土最高温度 T_{max}、最大内表温差 ΔT_{max}、最大拉应力 σ_{max} 和全过程最小抗裂安全系数 K_{min}、28d 拉应力 σ_{28} 和抗裂安全系数 K_{28} 等温控防裂特征值与 H 的关系如图 6.4 所示。

以上成果表明，厚度对衬砌混凝土温度裂缝控制有显著影响。具体情况如下：

（1）随着衬砌厚度的增大，混凝土内部最高温度 T_{max} 线性增长。高温季节 8 月 1 日浇筑混凝土，无通水冷却情况，最高温度从 0.8m 厚的 34.88℃增高至 1.5m 厚的 39.96℃，增高 7.3℃/m；有 16℃水通水冷却情况，增高 6.57℃/m。所以，通水冷却与

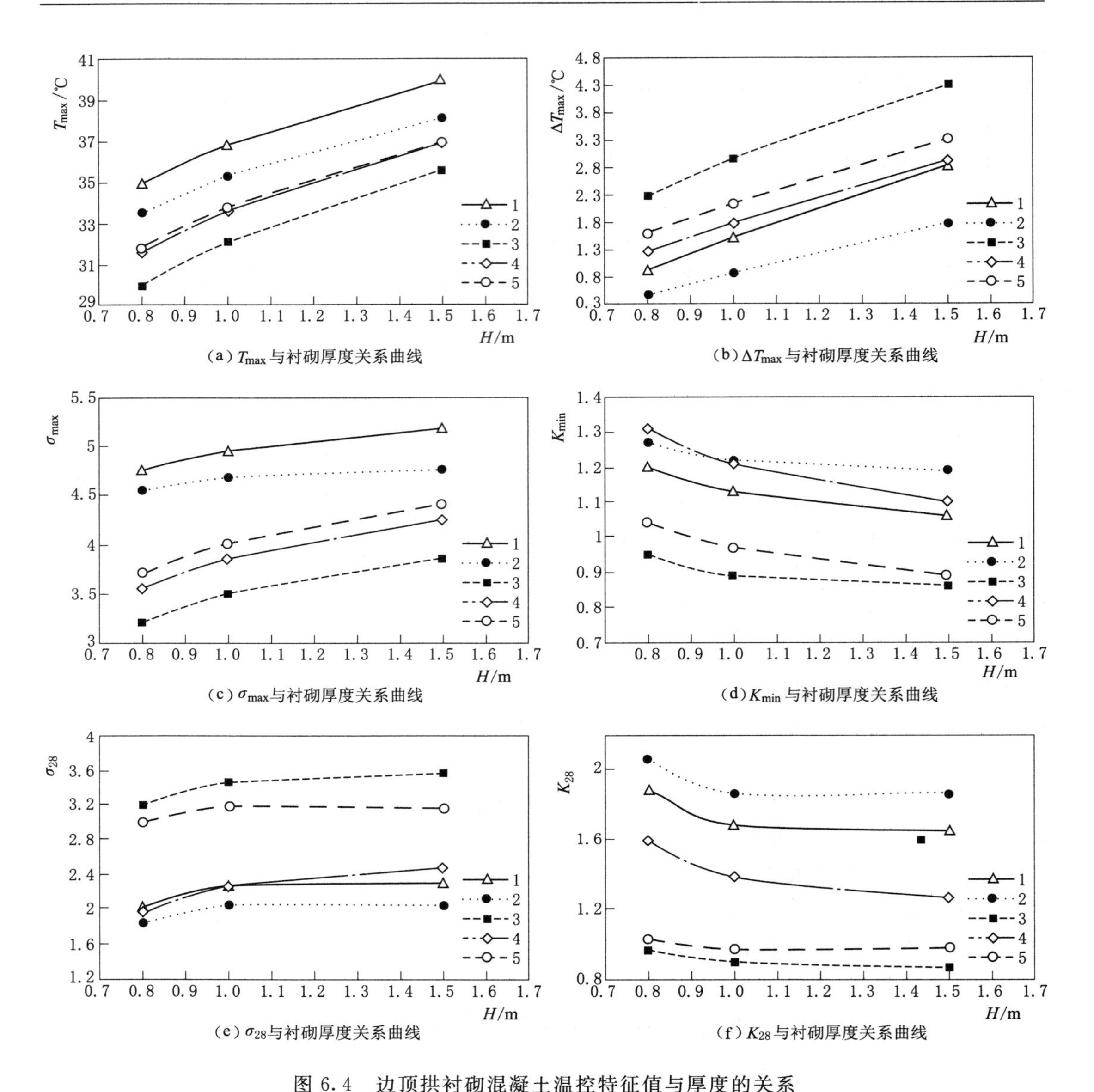

(a) T_{max}与衬砌厚度关系曲线

(b) ΔT_{max}与衬砌厚度关系曲线

(c) σ_{max}与衬砌厚度关系曲线

(d) K_{min}与衬砌厚度关系曲线

(e) σ_{28}与衬砌厚度关系曲线

(f) K_{28}与衬砌厚度关系曲线

图 6.4　边顶拱衬砌混凝土温控特征值与厚度的关系

1—8 月 1 日浇筑 T_a=25.33℃，不通水；2—8 月 1 日浇筑 T_a=25.33℃，16℃通水；3—1 月 1 日浇筑 T_a=13.28℃，16℃通水；4—4 月 1 日浇筑 T_a=16.20℃，16℃通水；5—10 月 1 日浇筑 T_a=22.62℃，16℃通水

厚度 H 对 T_{max}基本没有交叉影响。对低温季节 1 月 1 日浇筑混凝土，16℃水通水冷却情况，增高 8.06℃/m。4 月 1 日浇筑混凝土，16℃水通水冷却情况，增高 7.59℃/m。所以，浇筑期洞内气温越高，T_{max}越高，随厚度增加的幅度越小，厚度 H 与浇筑期洞内气温 T_a 对 T_{max}有交叉影响。

(2) 衬砌厚度增大，最大内表温差 ΔT_{max}近似线性增大。高温季节 8 月 1 日浇筑混凝土，无通水冷却情况，ΔT_{max}增高 2.74℃/m；有 16℃水通水冷却情况，增高 1.89℃/m。所以，通水冷却与厚度 H 对 ΔT_{max}有交叉影响。对低温季节 1 月 1 日浇筑混凝土，16℃

水通水冷却情况，增高2.89℃/m，大于8月浇筑混凝土。4月1日浇筑混凝土，16℃水通水冷却情况，增高2.4℃/m。所以，浇筑期洞内气温越高，ΔT_{max}越小，随厚度增加的幅度越小，厚度H与浇筑期洞内气温T_a对ΔT_{max}有交叉影响。

(3) 衬砌厚度增大，混凝土内部最大拉应力σ_{max}近似线性增长，与T_{max}增大具有良好的对应关系。高温季节8月1日浇筑混凝土，无通水冷却情况，σ_{max}增大0.61MPa /m；有16℃水通水冷却情况，增高0.3MPa/m。所以，通水冷却与厚度H对σ_{max}有交叉影响。对低温季节1月1日浇筑混凝土，16℃水通水冷却情况，增高0.9MPa/m，大于8月浇筑混凝土。4月1日浇筑混凝土，16℃水通水冷却情况，增高0.99MPa/m。所以，浇筑期洞内气温越高，拉应力σ_{max}越大，随厚度增加的幅度越小，厚度H与浇筑期洞内气温T_a对拉应力σ_{max}有交叉影响。

(4) 衬砌厚度增大，最小抗裂安全系数K_{min}减小，呈现较小的非线性，与最大拉应力σ_{max}具有良好的对应关系。高温季节8月1日浇筑混凝土，无通水冷却情况，K_{min}减小0.10/m；有16℃水通水冷却情况，减小0.11/m。所以，通水冷却与厚度H对K_{min}基本没有交叉影响。对低温季节1月1日浇筑混凝土，16℃水通水冷却情况，K_{min}减小0.13/m，比8月浇筑混凝土降幅大些。4月1日浇筑混凝土，16℃水通水冷却情况，K_{min}减小0.3 /m。所以，浇筑期洞内气温越高，K_{min}越大，随厚度减小的幅度越小，厚度H与浇筑期洞内气温T_a对K_{min}有交叉影响。

(5) 拉应力σ_{28}，随着衬砌厚度增大近似线性增长。高温季节8月1日浇筑混凝土，无通水冷却情况，σ_{28}增大0.4MPa/m；有16℃水通水冷却情况，增高0.3MPa/m。所以，通水冷却与厚度H对σ_{28}有交叉影响。对低温季节1月1日浇筑混凝土，16℃水通水冷却情况，增高0.53MPa/m，大于8月浇筑混凝土。4月1日浇筑混凝土，16℃水通水冷却情况，增高0.74MPa/m。所以，浇筑期洞内气温越高，早期拉应力σ_{28}越小，随厚度增加的幅度越小，厚度H与浇筑期洞内气温T_a对拉应力σ_{28}有交叉影响。σ_{28}与σ_{max}比较，气温高的8月浇筑混凝土，σ_{28}要小得多；气温低的1月浇筑混凝土，σ_{28}与σ_{max}相当，因为都出现在最低温度期附近。

(6) 抗裂安全系数K_{28}，随着衬砌厚度增大近似线性减小。高温季节8月1日浇筑混凝土，无通水冷却情况，K_{28}减小0.33/m；有16℃水通水冷却情况，减小0.29/m。所以，通水冷却与厚度H对K_{28}有较小交叉影响。对低温季节1月1日浇筑混凝土，16℃水通水冷却情况，K_{28}减小0.14/m，比8月浇筑混凝土降幅小些。4月1日浇筑混凝土，16℃水通水冷却情况，K_{28}减小0.47/m。所以，浇筑期洞内气温越高，K_{28}越大，随厚度减小的幅度越大，厚度H与浇筑期洞内气温T_a对K_{28}有交叉影响。

(7) 从可能产生温度裂缝的阶段分析，上述分析表明总体情况和冬季温度裂缝阶段，厚度大的拉应力大，抗裂安全系数小，容易产生温度裂缝。早期（28d）水化热温升后的温降阶段，也是厚度大的拉应力大，抗裂安全系数低。在其余条件相同时，减小结构衬砌厚度可以在一定程度上减小温度应力，从而减小温度裂缝发生的可能性。

6.2.2 衬砌内半径（环向长度）的影响

整理溪洛渡泄洪洞有压段（衬砌内半径$R=7.5$m，环向长度）、向家坝发电洞引水洞（$R=6.7$m）和江坪河泄洪洞有压段（$R=4.25$m）衬砌混凝土温度、温度应力仿真计算成果（均有16℃通水），边顶拱衬砌混凝土各温控防裂特征值与衬砌内半径 R 的关系如图 6.5 所示（图中 $R=7.5$m 模型计算有较小误差）。

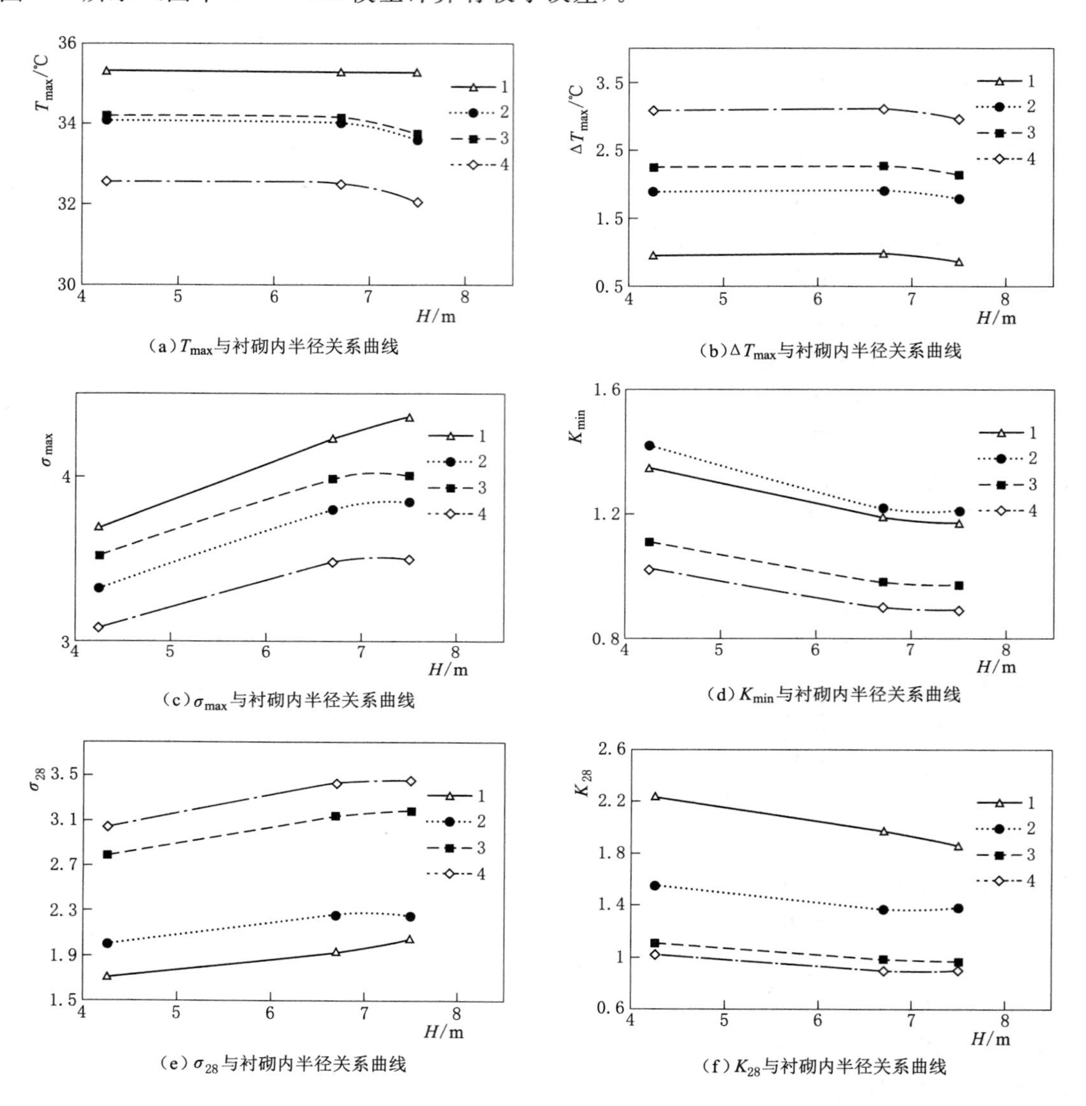

(a) T_{max}与衬砌内半径关系曲线

(b) ΔT_{max}与衬砌内半径关系曲线

(c) σ_{max}与衬砌内半径关系曲线

(d) K_{min}与衬砌内半径关系曲线

(e) σ_{28}与衬砌内半径关系曲线

(f) K_{28}与衬砌内半径关系曲线

图 6.5　边顶拱衬砌混凝土温控特征值与内半径的关系

1—8 月 1 日浇筑 $T_a=25.33$℃；2—4 月 1 日浇筑 $T_a=16.20$℃；3—10 月 1 日浇筑 $T_a=22.62$℃；4—1 月 1 日浇筑 $T_a=13.28$℃

衬砌内半径增大、厚度不变，中部截面温度场及其变化发展规律基本没有改变，T_{max}和 ΔT_{max}没有变化；环向长度增大，内部约束增强，σ_{max}随之呈较小的非线性增长，K_{min}减小，防裂性能减弱。

衬砌内半径 R 从 4.25m 增大到 7.5m，高温季节 8 月 1 日浇筑混凝土，σ_{max}从 3.69MPa 增加 4.36MPa，平均增加 0.21MPa/m；K_{min}从 1.35 减小至 1.17，平均减小

0.06/m。低温季节浇筑混凝土，σ_{max}从3.08MPa增加到3.50MPa，平均增加0.13MPa/m；K_{min}从1.02减小至0.89，平均减小0.04/m。冬季浇筑混凝土，σ_{max}和K_{min}均小些，随内半径R增大，σ_{max}增大的幅度也小些，K_{min}减小的幅度也小些。所以，衬砌内半径R（环向长度H_0）与浇筑季节（洞内气温）对σ_{max}、K_{min}有交叉影响。

28d龄期情况，高温季节8月1日浇筑混凝土，σ_{28}从1.71MPa增加至2.04MPa，平均增加0.1MPa/m；K_{28}从2.23减小至1.86，平均减小0.11/m。低温季节浇筑混凝土，σ_{28}从3.04MPa增加到3.45MPa，平均增加0.13MPa/m；K_{28}从1.02减小至0.9，平均减小0.04/m。冬季浇筑混凝土，σ_{28}大些，K_{28}小些，随内半径R增大，σ增大的幅度大些，K_{min}减小的幅度小些。冬季浇筑混凝土，28d拉应力、抗裂安全系数与σ_{max}、K_{min}接近。

因此，从温度裂缝控制的角度分析，无论是早期温度裂缝阶段还是冬季温度裂缝阶段，都是衬砌内径大的拉应力大，抗裂安全系数小，容易产生温度裂缝。所以，在其余条件相同时，减小结构衬砌内径或者将边顶拱分开浇筑可以减小温度应力，从而减小裂缝发生的可能性。例如，向家坝发电引水洞下弯段采取三期浇筑，温度裂缝比二期浇筑的上弯段减少[1]。

6.2.3 分缝长度的影响

整理内半径$R=7.5$m、4.25m边顶拱衬砌混凝土各温控防裂特征值与分缝长度L(m)的关系如图6.6所示。

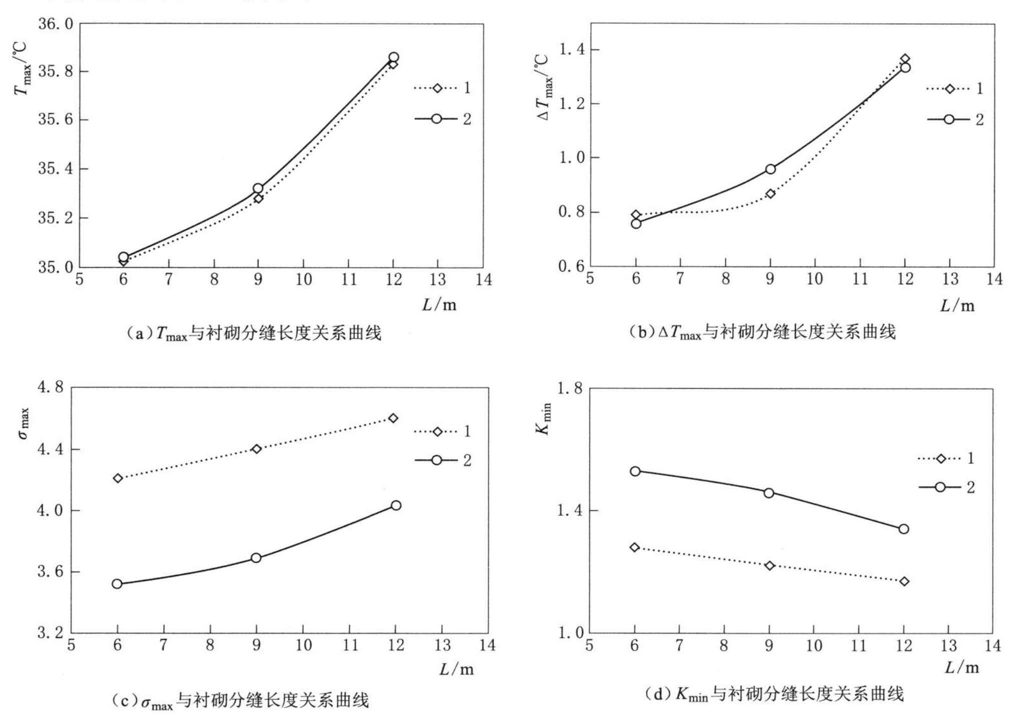

(a) T_{max}与衬砌分缝长度关系曲线

(b) ΔT_{max}与衬砌分缝长度关系曲线

(c) σ_{max}与衬砌分缝长度关系曲线

(d) K_{min}与衬砌分缝长度关系曲线

图6.6（一） 边顶拱衬砌混凝土温控特征值与分缝长度关系曲线

1—8月1日浇筑$T_a=25.33$℃，$R=7.5$m；2—8月1日浇筑$T_a=25.33$℃，$R=4.24$m

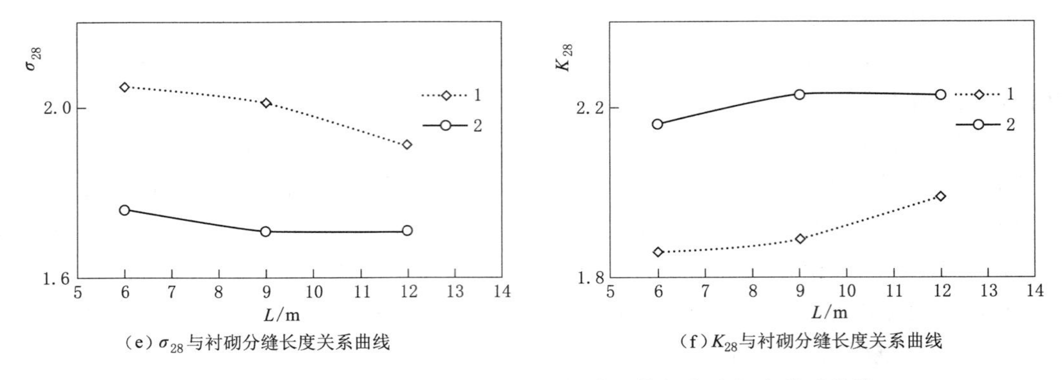

(e) σ_{28}与衬砌分缝长度关系曲线　　(f) K_{28}与衬砌分缝长度关系曲线

图 6.6（二）　边顶拱衬砌混凝土温控特征值与分缝长度关系曲线

1—8 月 1 日浇筑 $T_a=25.33℃$，$R=7.5\text{m}$；2—8 月 1 日浇筑 $T_a=25.33℃$，$R=4.24\text{m}$

分缝长度 L 与圆弧曲面的直线长度，对温控特性的影响规律也是一致的，只是因为曲率不同对温控特征值影响度不同。对 T_{max}和 ΔT_{max}基本没有影响，随着 L 增长σ_{max}近似线性增大、K_{min}近似线性减小。根据 8 月 1 日浇筑衬砌混凝土仿真计算成果，$R=7.5\text{m}$ 的情况，σ_{max}增大 0.07MPa/m，K_{min}减小 0.02/m；$R=4.25\text{m}$ 的情况，σ_{max}增大 0.085MPa/m，K_{min}减小 0.03/m。半径小时单位环向长度曲率大，应力和抗裂安全系数的变幅增大，与 6.1 节的研究结论一致。对于早期 28d 温控防裂特性影响，却是与此相反，随着分缝长度的增长，σ_{28}有所减小，K_{28}有所增大。但 28d 龄期拉应力较小，抗裂安全系数较大。因此，总体而言，分缝长度增长，内部约束增强，抗裂安全性减小，在结构设计和混凝土分缝分块浇筑时宜尽量减小尺寸。

6.3　混凝土及其浇筑施工温控措施的影响

6.3.1　混凝土强度的影响

整理温控防裂特征值与衬砌混凝土强度等级（均 16℃通水）关系曲线见图 6.7。

各温控特征值与强度等级 C 均表现较明显的非线性关系，强度低时变化量大些，强度高时变化量小些。$H=1.0\text{m}$ 的情况，强度等级每增大 10MPa（有通水冷却），高温 8 月 1 日浇筑混凝土，T_{max}平均增大 0.715℃，ΔT_{max}平均增大 0.095℃，σ_{max}平均增大 0.255MPa，K_{min}平均减小 0.075，σ_{28}平均增大 0.27MPa，K_{28}平均减小 0.27；低温 1 月 1 日浇筑混凝土，T_{max}平均增大 0.755℃，ΔT_{max}平均增大 0.09℃，σ_{max}平均增大 0.255MPa，K_{min}平均减小 0.055，σ_{28}平均增大 0.25MPa，K_{28}平均减小 0.06。

结果表明，强度等级越高，水泥用量越多，水化热温升越大，T_{max}越高，ΔT_{max}越大，σ_{max}和σ_{28}越大，而抗拉强度的增幅小于σ_{max}的增幅，所以抗裂安全系数 K_{min}和 K_{28}减小，早期和冬季温降阶段都更容易产生温度裂缝。所以，衬砌结构设计时，在满足耐久性与安全运行要求等前提下，尽可能采用低强度等级，可以在一定程度上减小温度应力，

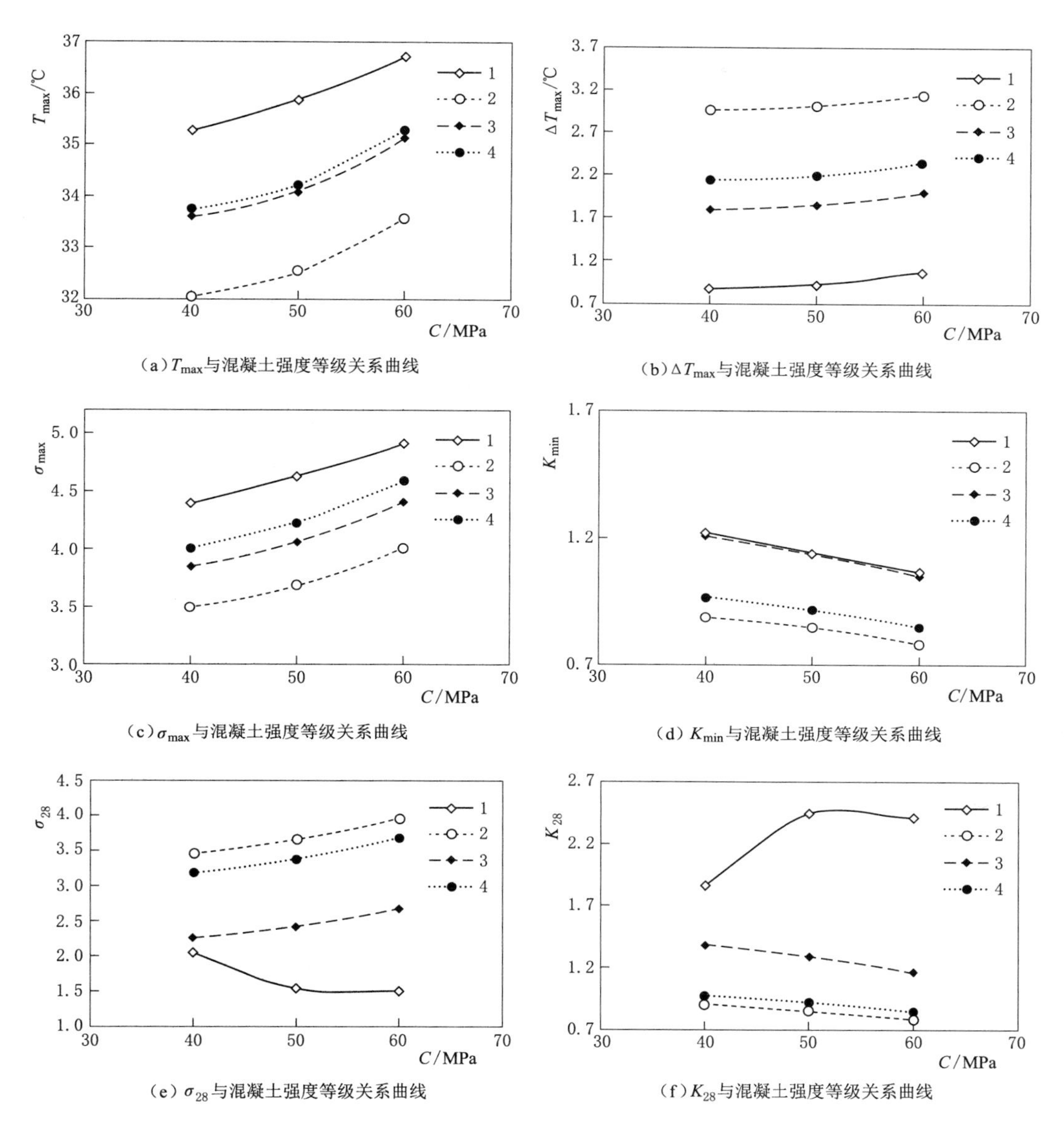

图 6.7 边顶拱衬砌混凝土温控特征值与强度等级关系曲线

1—8 月 1 日浇筑 T_a=25.33℃；2—1 月 1 日浇筑 T_a=13.28℃；3—4 月 1 日浇筑 T_a=16.20℃；4—10 月 1 日浇筑 T_a=22.62℃

减小温度裂缝发生的可能性。从三峡到溪洛渡、白鹤滩等水电站的水工隧洞衬砌混凝土采用 90d 龄期设计，减小温度裂缝风险，取得显著成效[2]。

比较 8 月、1 月浇筑混凝土温控特性，虽然 8 月浇筑混凝土的拉应力 σ_{max} 大些，但达到拉应力最大值（冬季）的龄期长些，K_{min} 也大些，σ_{max} 随 C 增长的比例和 K_{min} 随 C 减小的比例相差不大，即浇筑季节与强度等级对温度裂缝控制基本没有交叉影响。

6.3.2　浇筑温度 T_0 的影响

整理各温控防裂特征值与衬砌混凝土浇筑温度 T_0 的关系曲线如图 6.8 所示。

浇筑温度 T_0 升高，T_{max}、ΔT_{max}、σ_{max} 线性增长，K_{min} 线性减小。高温季节 8 月 1 日浇筑混凝土，$H=1.0$m（有通水冷却）的情况，T_{max} 平均增高 0.62℃/℃，ΔT_{max} 平均增大 0.07℃/℃，σ_{max} 平均增大 0.14MPa/℃，K_{min} 平均减小 0.033/℃，28d 龄期，σ_{28} 平

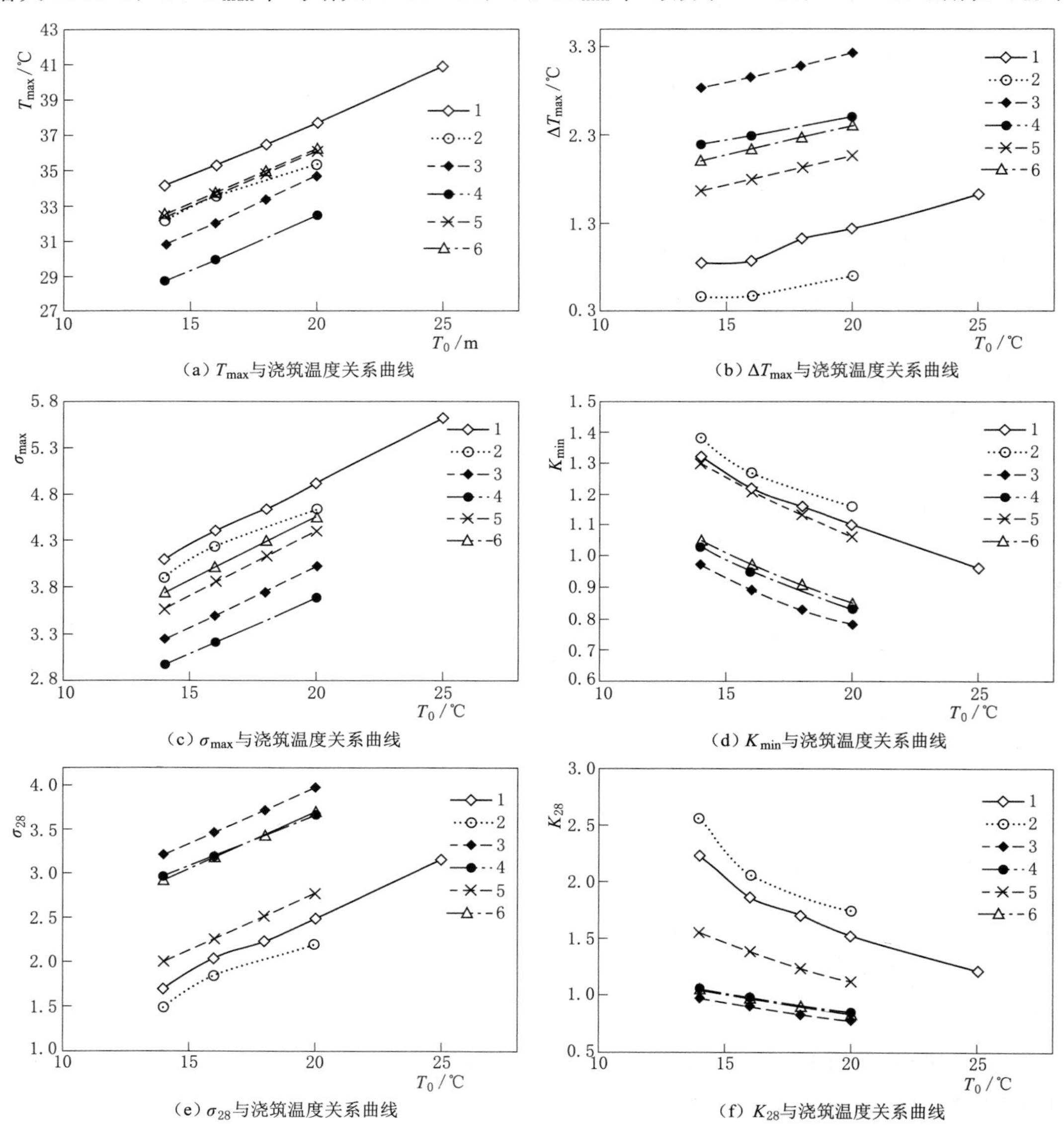

(a) T_{max} 与浇筑温度关系曲线

(b) ΔT_{max} 与浇筑温度关系曲线

(c) σ_{max} 与浇筑温度关系曲线

(d) K_{min} 与浇筑温度关系曲线

(e) σ_{28} 与浇筑温度关系曲线

(f) K_{28} 与浇筑温度关系曲线

图 6.8　边顶拱衬砌混凝土温控特征值与浇筑温度关系曲线

1—8 月 1 日浇筑 $T_a=25.33$℃，$H=1.0$m；2—8 月 1 日浇筑 $T_a=25.33$℃，$H=0.8$m；3—1 月 1 日浇筑 $T_a=13.28$℃，$H=1.0$m；4—1 月 1 日浇筑 $T_a=13.28$℃，$H=0.8$m；5—4 月 1 日浇筑 $T_a=16.20$℃，$H=1.0$m；6—10 月 1 日浇筑 $T_a=22.62$℃，$H=1.0$m

均增大 0.13MPa/℃，K_{28}平均减小 0.09/℃；H=0.8m（有通水冷却）的情况，T_{max}平均增高 0.54℃/℃，ΔT_{max}平均增大 0.04℃/℃，σ_{max}平均增大 0.12MPa/℃，K_{min}平均减小 0.037℃。28d 龄期，σ_{28}平均增大 0.12MPa/℃，K_{28}平均减小 0.14/℃。厚度小时，各温控特征值的变化幅度有所改变，说明厚度 H 与 T_0对温度裂缝控制有较小的交叉影响。

低温季节 1 月 1 日浇筑混凝土，H=1.0m（有通水冷却）的情况，T_{max}平均增高 0.66℃/℃，ΔT_{max}平均增大 0.07℃/℃，σ_{max}平均增大 0.13MPa/℃，K_{min}平均减小 0.032/℃。28d 龄期，σ_{28}平均增大 0.13MPa/℃，K_{28}平均减小 0.03/℃。与 8 月 1 日浇筑混凝土比较，有的温控特征值变化幅度仅有较小改变，说明浇筑季节与 T_0对温度裂缝控制交叉影响很小。

综上分析，浇筑温度 T_0越高，T_{max}、ΔT_{max}、σ_{max}越大，K_{min}越小，早期和冬季温降阶段都更容易产生温度裂缝。所以，浇筑温度是控制温度裂缝有效的施工措施。

6.3.3 通水冷却及其水温的影响

通水冷却也是温控防裂最常用而且有效的措施之一。根据第 5 章的分析结论，通水冷却的时间必须超过 ΔT_{max}出现龄期，因此这里仅对通水冷却及其水温的温控效果进行分析。整理各温控防裂特征值与通水冷却水温 T_w的关系曲线如图 6.9 所示。

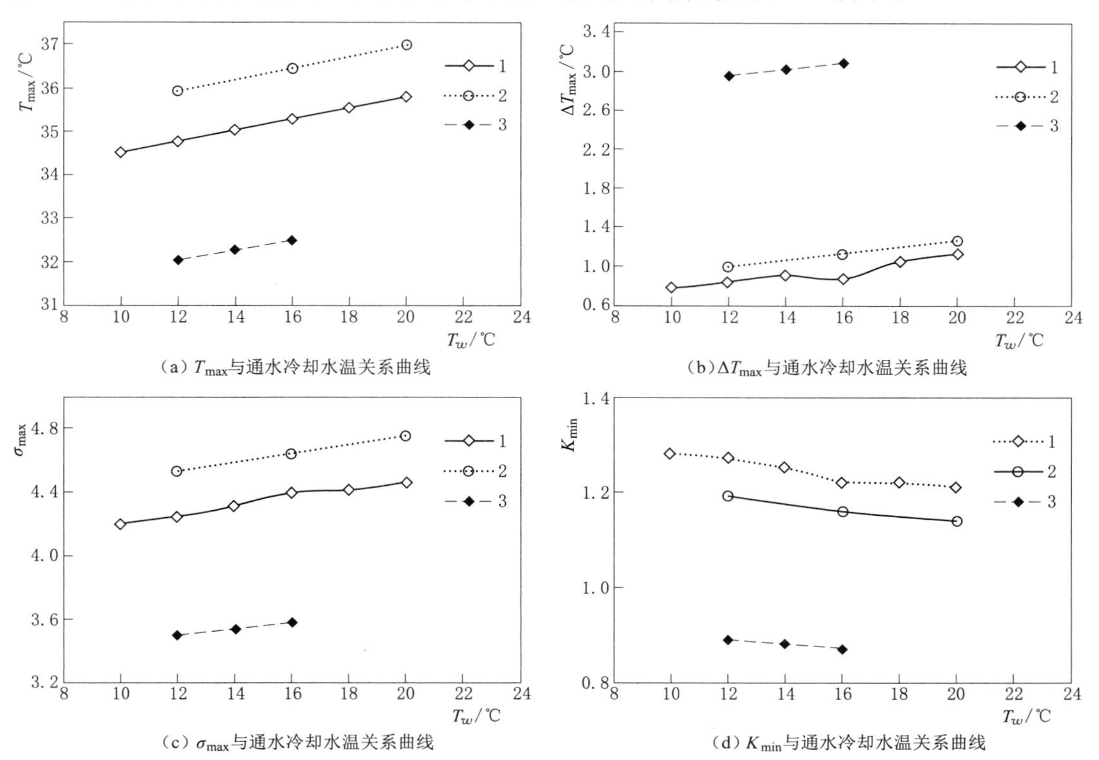

图 6.9（一） 边顶拱衬砌混凝土温控特征值与通水冷却水温关系曲线

1—8 月 1 日浇筑 T_a=25.33℃，T_0=16℃；2—8 月 1 日浇筑 T_a=25.33℃，T_0=18℃；3—1 月 1 日浇筑 T_a=13.28℃，T_0=16℃

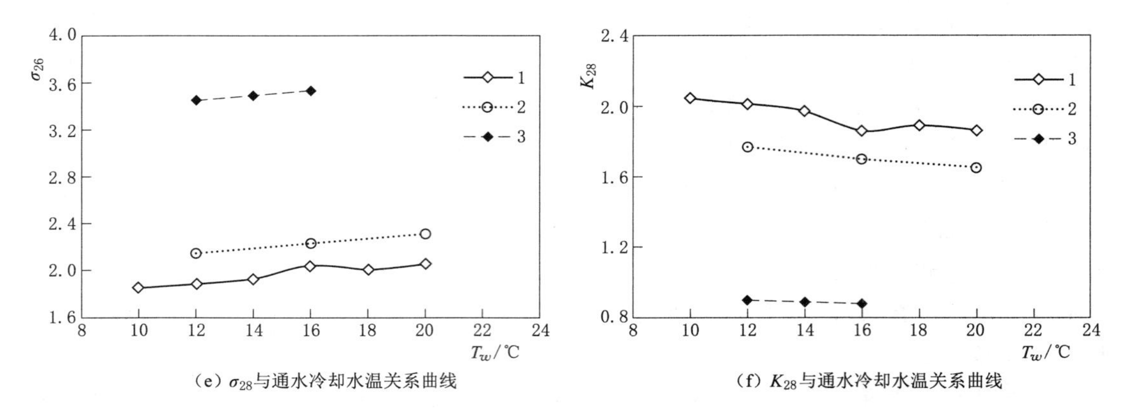

（e）σ_{28}与通水冷却水温关系曲线　　（f）K_{28}与通水冷却水温关系曲线

图 6.9（二）　边顶拱衬砌混凝土温控特征值与通水冷却水温关系曲线

1—8 月 1 日浇筑 T_a＝25.33℃，T_0＝16℃；2—8 月 1 日浇筑 T_a＝25.33℃，T_0＝18℃；3—1 月 1 日浇筑 T_a＝13.28℃，T_0＝16℃

通水冷却水温 T_w对衬砌混凝土温控有较大影响，内部温度和拉应力随之增大，抗裂安全系数随之减小，都表现出明显的线性关系。随通水冷却水温升高，8 月 1 日 16℃浇筑情况，T_{max} 平均增高 0.13℃/℃，ΔT_{max} 平均增大 0.034℃/℃，σ_{max} 平均增大 0.026MPa/℃，K_{min}平均减小 0.007/℃，28d 龄期，σ_{28}平均增大 0.02MPa/℃，K_{28}平均减小 0.019/℃；18℃浇筑情况，T_{max}平均增高 0.13℃/℃，ΔT_{max}平均增大 0.034℃/℃，σ_{max}平均增大 0.027MPa/℃，K_{min} 平均减小 0.006/℃，28d 龄期，σ_{28} 平均增大 0.02MPa/℃，K_{28}平均减小 0.015/℃。与 16℃浇筑情况相比，各温控特征值的变化幅度基本相等，即浇筑温度 T_0与 T_w基本没有交叉影响。

冬季 1 月 1 日 16℃浇筑情况，T_{max} 平均增高 0.11℃/℃，ΔT_{max} 平均增大 0.033℃/℃，σ_{max}平均增大 0.02MPa/℃，K_{min}平均减小 0.005/℃，28d 龄期，σ_{28}平均增大 0.02MPa/℃，K_{28}平均减小 0.005/℃。与 8 月浇筑情况相比，有的特征值的变化量有较小差异，即 T_w与浇筑期仅有很小的交叉影响，基本可以忽略。

因此，通水冷却水温降低，混凝土的内部温度和最大拉应力减小，抗裂安全系数提高，对温控防裂有利。对于薄壁衬砌混凝土，温升时间短，采取通水冷却措施时宜采用制冷水，尽可能快且大地降低最高温度和最大内表温差。但在最大内表温差出现后，宜采用常温水通水冷却，而且延长 2d 左右即可终止通水冷却，避免温降过快反而导致混凝土早期裂缝。

6.4　环境条件的影响

6.4.1　围岩变形模量的影响

最大拉应力 σ_{max}和最小抗裂安全系数 K_{min}与围岩变形模量 E 的关系如图 6.10 所示。最高温度 T_{max}和最大内表温差 ΔT_{max}，与围岩变形模量无关。

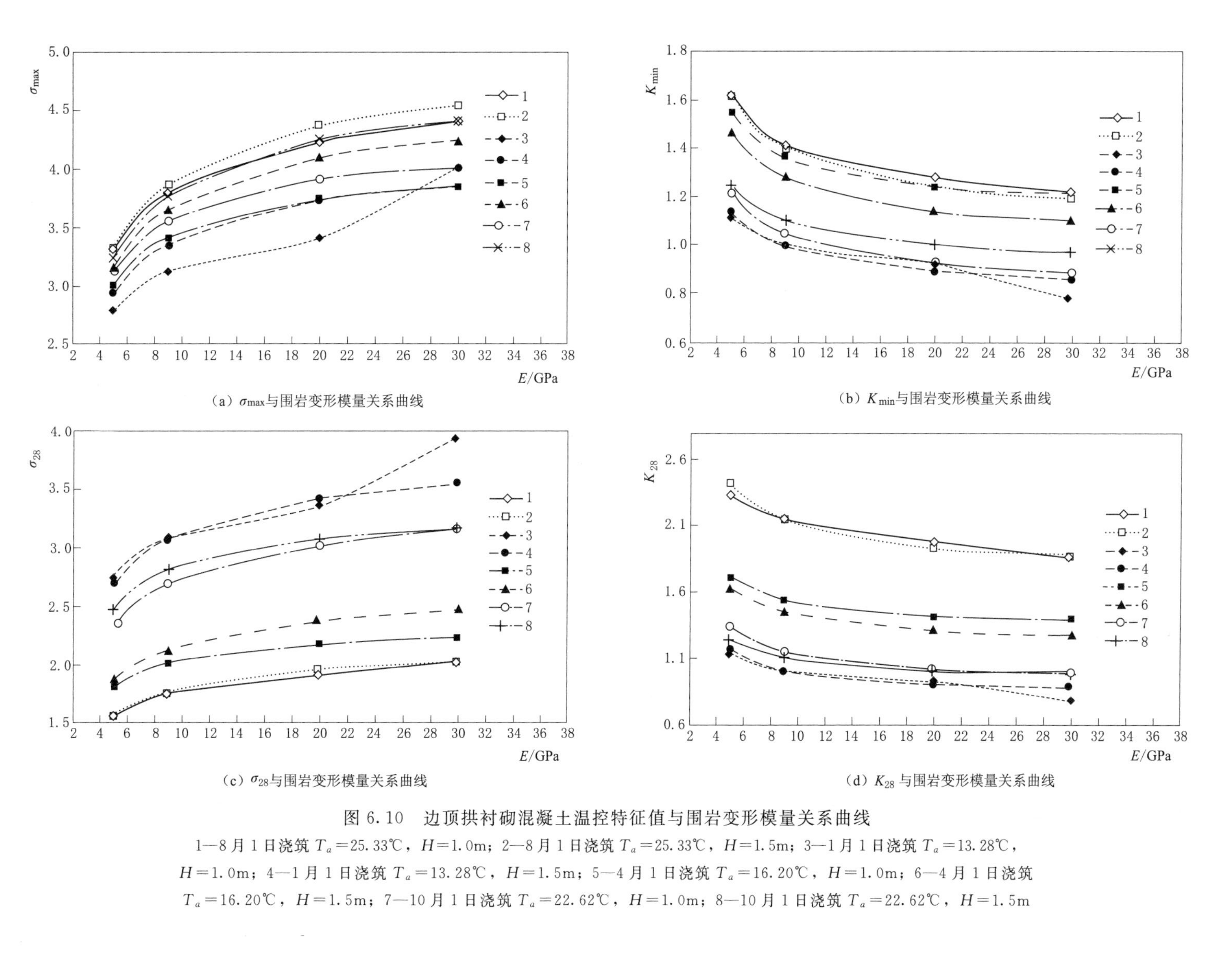

（a）σ_{max}与围岩变形模量关系曲线

（b）K_{min}与围岩变形模量关系曲线

（c）σ_{28}与围岩变形模量关系曲线

（d）K_{28}与围岩变形模量关系曲线

图 6.10 边顶拱衬砌混凝土温控特征值与围岩变形模量关系曲线

1—8月1日浇筑 $T_a=25.33$℃，$H=1.0$m；2—8月1日浇筑 $T_a=25.33$℃，$H=1.5$m；3—1月1日浇筑 $T_a=13.28$℃，$H=1.0$m；4—1月1日浇筑 $T_a=13.28$℃，$H=1.5$m；5—4月1日浇筑 $T_a=16.20$℃，$H=1.0$m；6—4月1日浇筑 $T_a=16.20$℃，$H=1.5$m；7—10月1日浇筑 $T_a=22.62$℃，$H=1.0$m；8—10月1日浇筑 $T_a=22.62$℃，$H=1.5$m

围岩类别（变形模量 E）对衬砌混凝土温度应力有明显影响，σ_{max}和 K_{min}与围岩变形模量均表现为非线性关系。夏季 8 月 1 日浇筑衬砌混凝土，$H=1.0$m 的情况，σ_{max}平均增大 0.043MPa/GPa，K_{min} 平均减小 0.016/GPa，28d 龄期时，σ_{28} 平均增大 0.015MPa/GPa，K_{28}平均减小 0.03/GPa；$H=1.5$m 的情况，σ_{max}平均增大 0.05MPa/GPa，K_{min}平均减小 0.017/GPa，28d 龄期时，σ_{28}平均增大 0.018MPa/GPa，K_{28}平均减小 0.022/GPa。与 $H=1.0$m 的情况相比，拉应力及其随 E 增长幅度都稍微大些，抗裂安全系数也都稍微小些，但量值很小，即厚度 H 与变形模量 E 对 σ_{max}、K_{min}交叉影响很小。

冬季 1 月 1 日浇筑衬砌混凝土，$H=1.0$m 的情况，σ_{max}平均增大 0.049MPa/GPa，K_{min}平均减小 0.014/GPa，28d 龄期时，σ_{28}平均增大 0.048MPa/GPa，K_{28}平均减小 0.014/GPa；$H=1.5$m 的情况，σ_{max}平均增大 0.036MPa/GPa，K_{min}平均减小 0.011/GPa，28d 龄期时，σ_{28}平均增大 0.034MPa/GPa，K_{28}平均减小 0.011/GPa。28d 应力、抗裂安全系数分别与 σ_{max}、K_{min}相当，是因为都发生在最低温度期附近，其随 E 的变化幅度也相当。与夏季浇筑衬砌混凝土相比，σ_{max}减小，K_{min}也减小；但 σ_{28}明显增大，K_{28}明显减小。所以，冬季浇筑圆形断面边顶拱比夏季浇筑更不利于防裂，同时说明浇筑季节与衬砌厚度对温度裂缝控制有交叉影响。

结果表明，围岩越坚硬完整、变形模量越大，对衬砌混凝土的约束越强，同等温降产生的拉应力随之非线性增长，抗裂安全系数非线性减小，越容易产生温度裂缝。衬砌厚度越大，拉应力和抗裂安全系数的改变量越大。因此，坚硬完整围岩区是衬砌混凝土温控防裂的重点。

6.4.2　洞内空气温度的影响

水工隧洞所处地区不同，洞内气温会有显著不同。以 1.0m 厚度衬砌 8 月 1 日浇筑为例，进行洞内气温不同年变化条件的仿真计算，各计算方案及温控特征值见表 6.3 和图 6.11～图 6.15。

表 6.3　洞内气温影响计算方案与成果

A/℃	B/℃	T_a/℃	T_{min}/℃	T_a-T_{min}/℃	T_{max}/℃	ΔT_{max}/℃	σ_{max}/MPa	K_{min}	K_{28}	σ_{28}/MPa
19.29	6.7	25.33	12.59	12.74	35.28	0.98	4.36	1.24	1.93	1.97
20	7	23.16	13	10.16	34.91	1.47	3.32	1.55	1.69	2.25
22	4	23.80	18	5.8	34.97	1.36	2.49	1.75	1.76	2.16
23.5	3	24.85	22	2.85	35.11	1.15	2.06	1.88	1.89	2.01

衬砌混凝土内部最高温度 T_{max}和 ΔT_{max}，发生在混凝土浇筑后的 2～5d 时间内，T_{max}与浇筑时洞内气温 T_a 成正比，基本呈线性增长，T_a 增高 1.0℃，T_{max}平均增高 0.16℃；ΔT_{max}与 T_a 成反比线性下降，T_a 增高 1.0℃，ΔT_{max}平均下降 0.23℃，如图 6.11 所示。

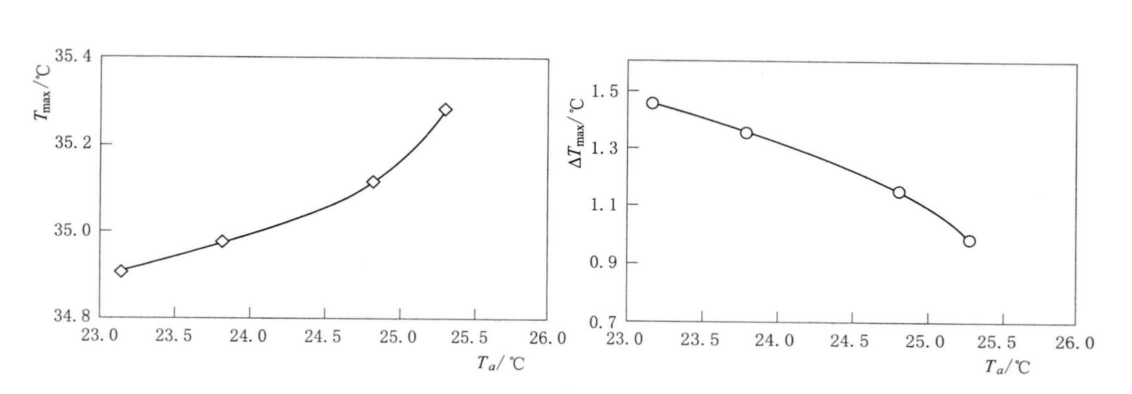

图 6.11　T_{max}和ΔT_{max}与浇筑时洞内气温 T_a 关系曲线

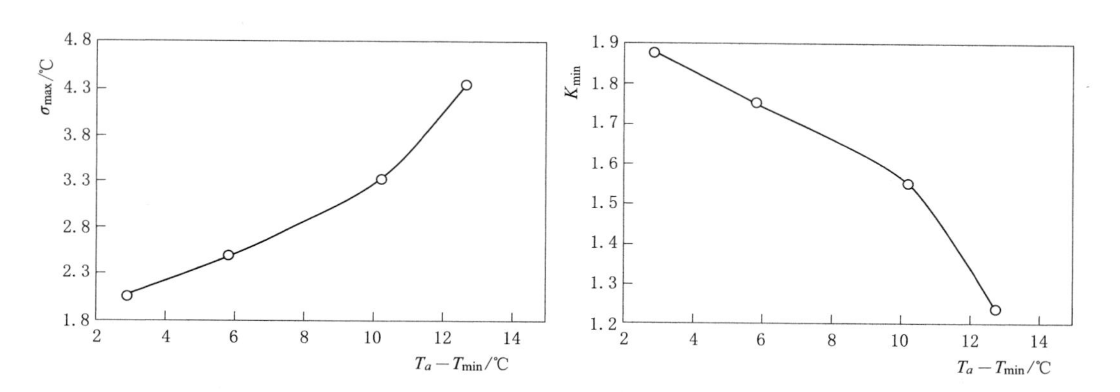

图 6.12　σ_{max}与洞内气温 T_a-T_{min}关系曲线　　图 6.13　K_{min}与洞内气温 T_a-T_{min}关系曲线

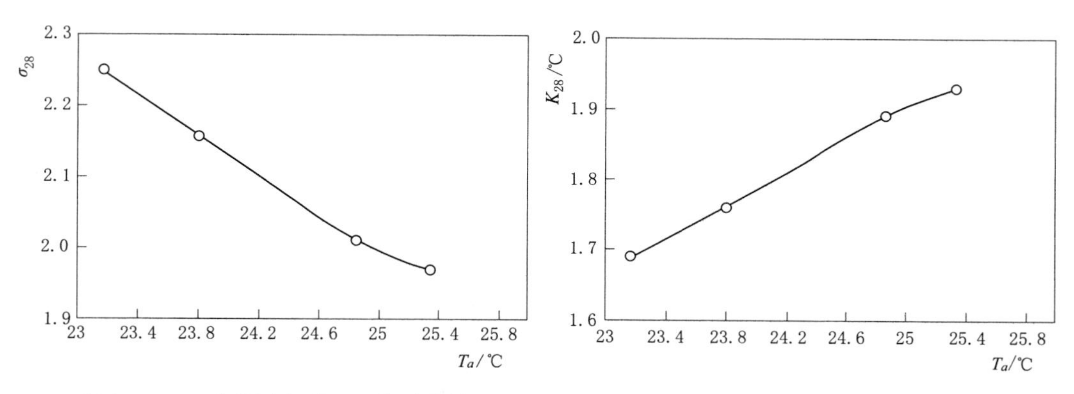

图 6.14　σ_{28}与洞内气温 T_a 关系曲线　　图 6.15　K_{28}与洞内气温 T_a 关系曲线

最大拉应力σ_{max}和K_{min}发生在冬季洞内最低温度期，由于是最高温度T_{max}与混凝土内部冬季最低温度的温差作用在围岩等强约束下产生，T_{max}与T_a成正比，混凝土内部冬季最低温度T_{cmin}基本接近洞内冬季最低气温T_{min}，所以σ_{max}与浇筑时洞内气温和冬季洞内最低气温的差值（$T_a - T_{min}$）成正比增加（图 6.12），K_{min} 与 $T_a - T_{min}$ 成反比降低（图 6.13），均呈非线性关系。随着 $T_a - T_{min}$ 增大，σ_{max} 增大 0.23MPa/℃；K_{min} 下降 0.065/℃。

早期温降阶段 σ_{28} 与 T_a 呈正比减小 0.13MPa/℃（图 6.14）；K_{28} 与 T_a 呈正比增大 0.11/℃（图 6.15）。

综合以上分析表明，洞内气温高，年变化幅度小，则 $T_a - T_{min}$ 小，对衬砌混凝土防裂有利。浇筑期的洞内气温高，尽管衬砌混凝土的最高温度也高，但早期温降产生的拉应力反而小些，抗裂安全系数大些，早期温降阶段裂缝风险小些。由此可知，如果冬夏季节温差很大而且冬季不保温时，同等条件浇筑衬砌混凝土冬季可能比夏季更容易产生早期温度裂缝。如溪洛渡泄洪洞，由于夏季浇筑采用制冷混凝土，冬季混凝土自然入仓，浇筑温度相差不大，其余条件相当，冬季浇筑施工结构段的温度裂缝更多些[2]。冬季洞内气温越高，衬砌混凝土的温降差减小，最大拉应力减小，抗裂安全系数提高，对衬砌混凝土防裂越有利。所以，工程施工中采取冬季洞口挂帘保温，提高冬季洞内气温，对衬砌混凝土防裂有利。

6.4.3　混凝土浇筑季节的影响

大型水工隧洞衬砌混凝土浇筑工期一般都需要跨年度，通过不同月份、季节浇筑混凝土温控仿真计算，整理各温控防裂特征值与浇筑期洞内气温 T_a 的关系曲线如图 6.16 所示，改为温控特征值与混凝土浇筑日期的关系曲线如图 6.17 所示。

衬砌混凝土在不同时期（月份）浇筑，洞内气温差异大，达到冬季最低温度期的龄期差异也大，因此各温控特征值有显著差异，表现出与浇筑期洞内气温 T_a、浇筑日期呈明显的非线性关系。1.0m 厚度衬砌，无通水冷却情况，随着洞内气温的升高，T_{max} 平均增高 0.21℃/℃，ΔT_{max} 平均减小 0.17℃/℃，σ_{max} 平均增大 0.07MPa/℃，K_{min} 平均增大 0.027/℃，28d 龄期，σ_{28} 平均减小 0.13MPa/℃，K_{28} 平均增大 0.07/℃；有通水冷却情况，随着洞内气温的升高，T_{max} 平均增高 0.27℃/℃，ΔT_{max} 平均减小 0.17℃/℃，σ_{max} 平均增大 0.07MPa/℃，K_{min} 平均增大 0.027/℃，28d 龄期，σ_{28} 平均减小 0.12MPa/℃，K_{28} 平均增大 0.08/℃。除了 T_{max} 的增长率通水冷却情况稍微大些外，其余温控特征值的增长率基本相等。即通水冷却与浇筑季节、T_a 基本没有交叉影响。

1.5m 厚度衬砌，有通水冷却情况，随着洞内气温的升高，T_{max} 平均增高 0.21℃/℃，ΔT_{max} 平均减小 0.21℃/℃，σ_{max} 平均增大 0.06MPa/℃，K_{min} 平均增大 0.027/℃，28d 龄期，σ_{28} 平均减小 0.13MPa/℃，K_{28} 平均增大 0.08/℃。与 1.0m 厚度衬砌相比，各温控特征值的增长率也基本相等。即厚度与浇筑季节、T_a 基本没有交叉影响。

综合以上分析，同等条件下，夏季浇筑衬砌混凝土虽然内部最高温度和最大拉应力都增大，但由于发生最大拉应力在冬季，龄期长，强度高，最小抗裂安全系数反而大些；冬季浇筑衬砌混凝土，尽管内部最高温度和最大拉应力都小些，由于早期温降阶段温降快，产生拉应力的龄期短，抗裂安全系数反而小些，更易产生温度裂缝。另外，夏季施工浇筑温度难以控制，而冬季、春季则相对容易些。综合考虑温度裂缝控制与施工难易度等，春季、秋季浇筑混凝土可能最有利于温控防裂。

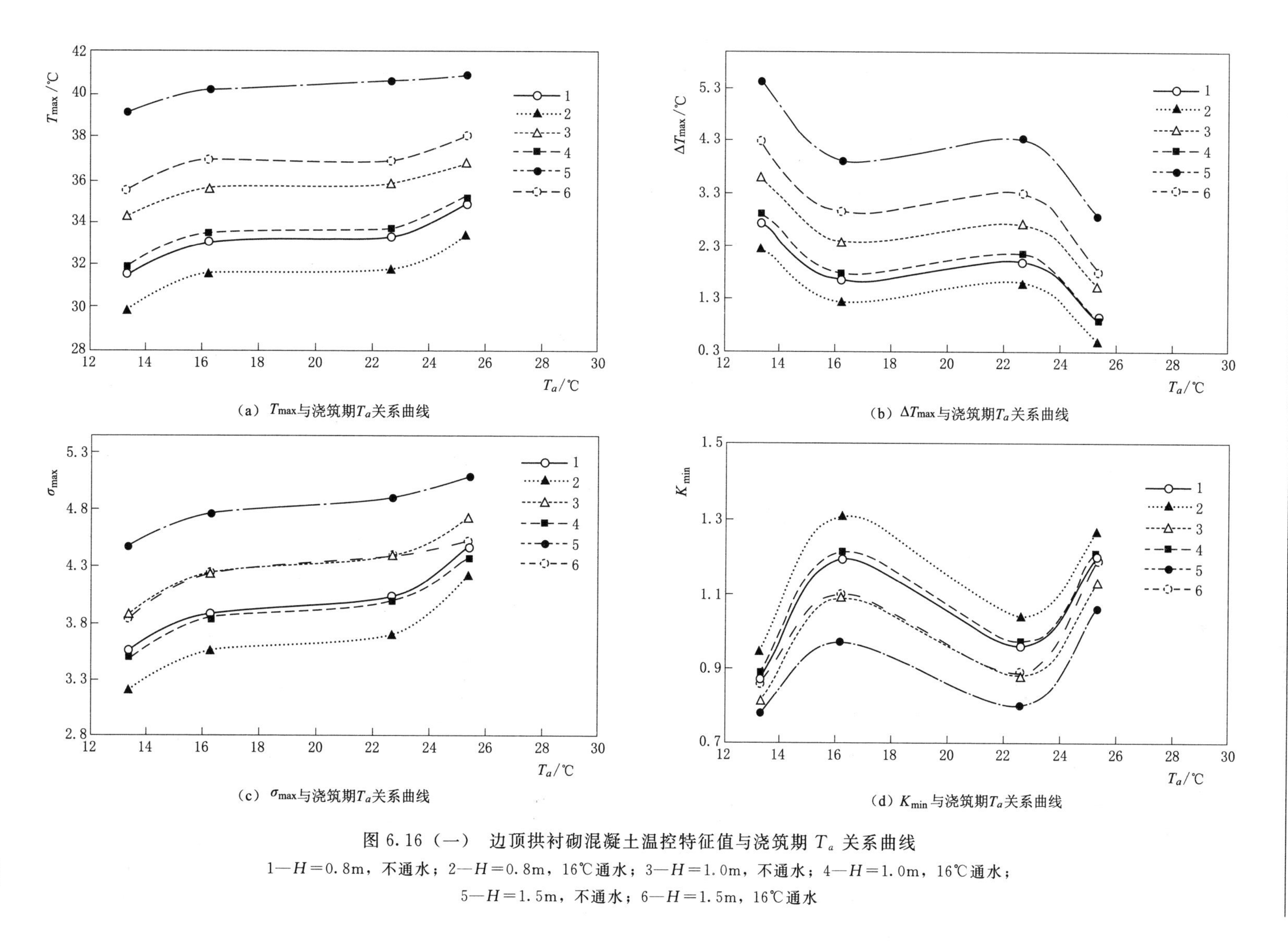

图 6.16（一） 边顶拱衬砌混凝土温控特征值与浇筑期 T_a 关系曲线

1—H=0.8m，不通水；2—H=0.8m，16℃通水；3—H=1.0m，不通水；4—H=1.0m，16℃通水；5—H=1.5m，不通水；6—H=1.5m，16℃通水

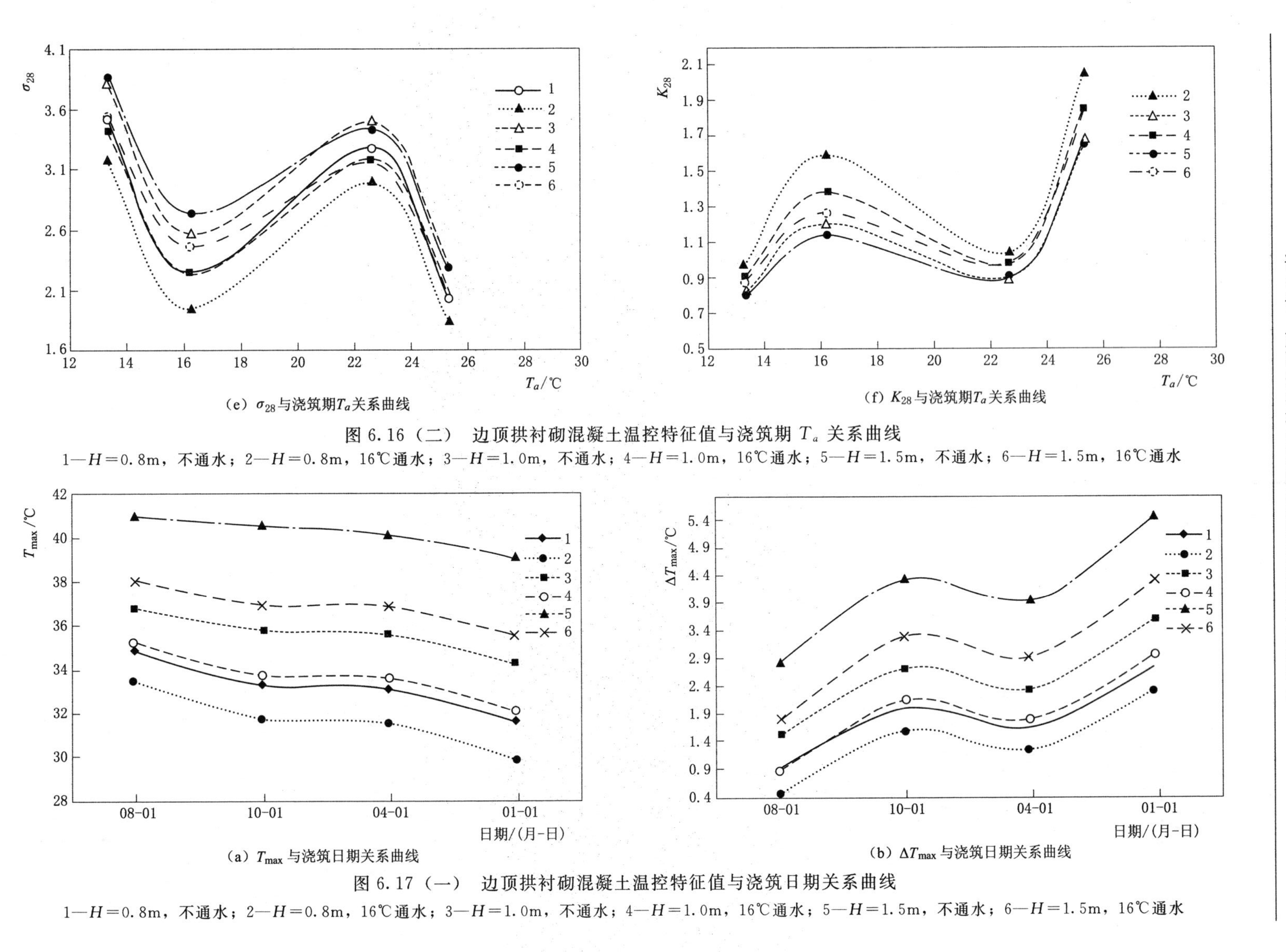

(e) σ_{28}与浇筑期T_a关系曲线

(f) K_{28}与浇筑期T_a关系曲线

图 6.16（二）　边顶拱衬砌混凝土温控特征值与浇筑期 T_a 关系曲线

1—H=0.8m，不通水；2—H=0.8m，16℃通水；3—H=1.0m，不通水；4—H=1.0m，16℃通水；5—H=1.5m，不通水；6—H=1.5m，16℃通水

(a) T_{max}与浇筑日期关系曲线

(b) ΔT_{max}与浇筑日期关系曲线

图 6.17（一）　边顶拱衬砌混凝土温控特征值与浇筑日期关系曲线

1—H=0.8m，不通水；2—H=0.8m，16℃通水；3—H=1.0m，不通水；4—H=1.0m，16℃通水；5—H=1.5m，不通水；6—H=1.5m，16℃通水

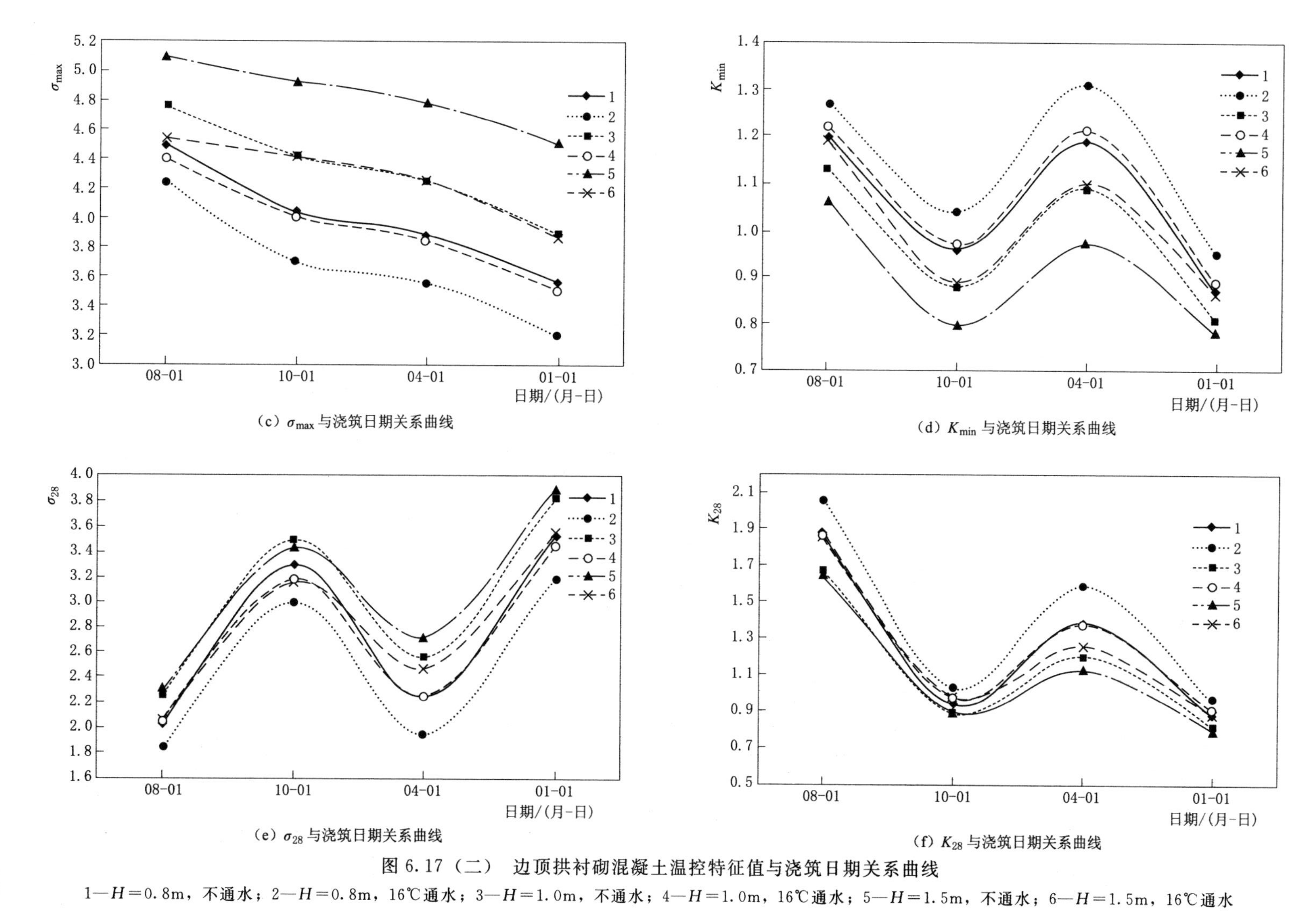

（c）σ_{max}与浇筑日期关系曲线

（d）K_{min}与浇筑日期关系曲线

（e）σ_{28}与浇筑日期关系曲线

（f）K_{28}与浇筑日期关系曲线

图 6.17（二） 边顶拱衬砌混凝土温控特征值与浇筑日期关系曲线

1—$H=0.8$m，不通水；2—$H=0.8$m，16℃通水；3—$H=1.0$m，不通水；4—$H=1.0$m，16℃通水；5—$H=1.5$m，不通水；6—$H=1.5$m，16℃通水

6.5　温控特征值统计分析

根据以上计算分析，以高温季节7月1日浇筑1.0m厚度$C_{90}40$衬砌混凝土（中热水泥）、16℃水通水冷却情况为例，归纳9个要素对衬砌混凝土施工期T_{max}、σ_{max}、K_{min}、σ_{28}、K_{28}值的影响度变化率列于表6.4。

表6.4　各要素对衬砌混凝土温控特征值的影响度

要素	H/m	L/m	R/m	C/MPa	E/GPa	T_0/℃	T_a/℃	T_w/℃
取值范围	0.8～1.5	6～12	4.25～7.5	30～60	5～30	16～25	13.28～25.33	12～22
T_{max}变化率	6.57 (7.3)			0.07		0.62	0.21	0.13
σ_{max}变化率	0.3 (0.61)	0.07	0.21	0.026	0.043	0.14	0.07	0.026
K_{min}变化率	−0.1 (−0.11)	−0.02	−0.06	−0.008	−0.016	−0.033	0.027	−0.007
σ_{28}变化率	0.30 (0.40)	−0.02	0.1	0.027	0.015	0.13	−0.13	0.02
K_{28}变化率	−0.29 (−0.33)	0.02	−0.11	−0.027	−0.03	−0.09	0.07	−0.019

注　变化率为单位要素值变化引起的特征值变化值，即变化值/取值范围差值；括号内的值是无通水冷却值。

根据以上分析和表6.4的成果，关于衬砌混凝土温控特性和各要素影响规律性有如下认识：

（1）各要素对圆形断面衬砌混凝土温度、温度应力、抗裂安全系数等温控特征值的影响，与城门洞形断面边墙、平直结构情况相同，只是影响度有所差异。在环向长度和温控等其他条件相同的情况下，弧状（圆形断面等）衬砌结构混凝土拉应力大于平直底板（或者直边墙），而且曲率越大，拉应力值越大，抗裂安全系数越小，即更容易产生温度裂缝。

（2）无论什么环境条件、结构尺寸、温控条件的衬砌混凝土，都是最低环境气温期（冬季）的温度拉应力最大、抗裂安全系数最小。即温度裂缝控制的最终条件是环境温度最低期的拉应力小于抗拉强度、抗裂安全系数满足要求。所以，在以后关于温度裂缝控制的研究和特征值分析，以及施工温控等重点是T_{max}、σ_{max}、K_{min}3个特征值。

由于σ_{max}、K_{min}都在结构中心1/2厚度附近，衬砌混凝土的厚度相对较小，如果σ_{max}超过抗拉强度K_{min}小于1.0，大多是贯穿性温度裂缝，危害性大，应该严格控制。对于早期，由于温降过快表面温度梯度过大导致表面应力超过抗拉强度，会导致表面裂缝，只要K_{min}有足够的富裕度、混凝土质量及其均匀性有保障，一般不会贯穿，危害性相对较小。而且，只要$K_{min}>1.0$，表面温降速度得到控制，表面抗裂安全系数一般也会大于1.0，不会产生温度裂缝。即表面裂缝控制的重点是控制早期温降速度。

（3）对温控防裂特征值影响较大的（温控防裂设计控制参数）要素：对于T_{max}，衬砌结构厚度H、混凝土强度等级C、浇筑期洞内气温T_a、浇筑温度T_0、是否通水冷却及其通水冷却水温T_w；对于σ_{max}和K_{min}，是此5个要素和平面环向尺寸（边墙高度）H_0、分缝长度L、围岩变形模量E及冬季最低气温T_{min}（或者T_a-T_{min}）等9个要素。

（4）T_{max}与5个要素影响基本呈近似线性关系[27]，而且H与C、T_a、T_0、T_w对T_{max}有交叉影响；强度C与T_a、T_0、T_w没有交叉影响，而且T_a、T_0、T_w相互之间基

本没有交叉影响。

(5) σ_{max}、K_{min}与各要素的关系，与 C、E、T_a 呈明显的非线性关系[28-29]，其余均可近似用线性关系表达；H 与 C、E、T_a、T_0、T_w 有交叉影响，C 与 T_a、T_0 和 E 与 T_a 有较小的交叉影响，其余基本没有交叉影响。

根据以上分析，并进行各要素自变量组合形成多个函数表达式，对 3 个温控特征值计算成果进一步优选统计分析，获得圆形断面边顶拱衬砌混凝土特征值估算公式

$$T_{max}=8.0331H+0.2035C+0.7692T_0+0.0065T_g-0.0214T_a+0.1665\Delta T-0.0843HT_g+8.977 \tag{6.1}$$

$$\sigma_{max}=-2.2057R+0.3337C+0.9354E-0.0206E^2+00437T_0-0.1517T_g-0.1068T_a+0.128\Delta T+0.0385HT_g-0.0286HE+0.0054T_0T_g \tag{6.2}$$

$$K_{min}=-0.089H-0.048R-0.0075C-0.0325E+0.00059E^2+0.026T_0+0.032T_g+0.077T_a-0.068\Delta T-0.0071HT_0+0.0055HT_g+0.00048T_gT_a-0.0025T_0T_g+0.884 \tag{6.3}$$

其中 $\Delta T=T_a-T_{min}$，其余符号意义同前。3 个公式的误差均较大，有待进一步研究与检验。

参 考 文 献

[1] 雷璇，段亚辉，李超. 不同结构形式水工隧洞温控特性分析 [J]. 中国农村水利水电，2017 (12)：180-184.

[2] 樊启祥，段亚辉，等. 水工隧洞衬砌混凝土温控防裂创新与实践 [M]. 北京：中国水利水电出版社，2014.

[3] 张志诚，林义兴，徐云峰，等. 三峡地下电站引水洞衬砌混凝土裂缝成因分析 [J]. 人民长江，2006，37 (2)：9-10.

[4] 廖波. 小浪底泄洪工程高标号混凝土裂缝产生的原因与防治 [J]. 水利学报，2001，(7)：47-50.

[5] 段亚辉，彭亚，罗刚，等. 门洞形断面衬砌混凝土温度裂缝机理及其发生发展过程 [J]. 武汉大学学报（工学版），2018，51 (10)：847-852.

[6] 赵路，冯艳，段亚辉，等. 三板溪泄洪洞衬砌混凝土裂缝发生与发展过程 [J]. 水力发电，2011，37 (9)：35-38.

[7] 方朝阳，段亚辉. 三峡永久船闸输水洞衬砌施工期温度与应力监测成果分析 [J]. 武汉大学学报（工学版），2003，36 (5)，30-34.

[8] 程洁铃，段亚辉，刘琨. 温度裂缝对水工隧洞安全运行的影响分析 [J]. 中国水运（下半月），2015，15 (8)：332-334.

[9] Jun Z，Yahui D. Research on Xiluodu Underground Engineering Flood Discharging Tunnel Longluowei Section Lining Concrete with Cooling Pipes [J]. Journal of Applied Sciences，2013，13 (18)：3810-3814.

[10] Peng Y，Yahui D，et al. Microstructure-based homogenization method for early-age creep of cement paste [J]. Construction and Building Materials，2018，188：1193-1206.

[11] 王雍，段亚辉. 三峡工程永久船闸输水洞衬砌混凝土温控研究 [J]. 武汉大学学报，2001，34 (3)：32-36.

[12] 李盛青，敖昕，李锋. 溪洛渡导流洞衬砌混凝土温控防裂研究 [J]. 长江科学院院报，2014，

31 (12): 97-100.
[13] Freriks Ed, Willemsen Evan. Concrete cools off [J]. Concrete Engineering International, 2004, 8: 11-16.
[14] Takayama Hirofumi, Nonomura Masaichi, Masuda. Yasuo, et al.. Study on cracks control of tunnel lining concrete at an early age [J]. Proceedings of the 33rd ITA-AITES World Tunnel Congress-Underground Space-The 4th Dimension of Metropolises, 2007, (2): 1409-1415.
[15] 刘强，杨敬，廖桂英. 溪洛渡水电站大型泄洪洞高强度衬砌混凝土温控设计 [J]. 水电站设计，2011，27 (3): 67-70.
[16] 蒋林魁，黄玮，阎士勤. 锦屏一级水电站泄洪洞混凝土温控设计与实施 [J]. 水电站设计，2015，31 (3): 6-9.
[17] 陈勤，段亚辉. 洞室和围岩温度对泄洪洞衬砌混凝土温度和温度应力影响研究 [J]. 岩土力学，2010，31 (3): 986-992.
[18] 段寅，胡中平，罗立哲. 大型地下洞室衬砌混凝土温控防裂研究 [J]. 水利与建筑工程学报，2015，13 (4): 107-110.
[19] 任继礼. 三峡永久船闸衬砌混凝土设计龄期探讨 [J]. 人民长江，2001，32 (1): 10-11.
[20] 段亚辉，吴家冠，方朝阳，等，三峡永久船闸输水洞施工期钢筋应力现场试验研究 [J]. 应用基础与工程科学学报，2008，16 (3): 318-325.
[21] 苏芳，段亚辉. 过缝钢筋对放空洞无压段衬砌混凝土应力影响研究 [J]. 水电能源科学，2011，29 (3): 103-106.
[22] 郑道宽，段亚辉. 围岩特性对泄洪洞无压段衬砌混凝土温度和温度应力的影响 [J]. 中国农村水利水电，2014，10: 116-119.
[23] 王家明，段亚辉. 围岩特性和衬砌厚度对衬砌混凝土在设置垫层下温控影响研究 [J]. 中国农村水利水电，2012，9: 124-127.
[24] 孙光礼，段亚辉. 边墙高度与分缝长度对泄洪洞衬砌混凝土温度应力的影响 [J]. 水电能源科学，2013，31 (3): 94-98.
[25] 刘琨，段亚辉. 垫层材料对泄洪洞衬砌混凝土施工期温度和温度应力影响研究 [J]. 中国农村水利水电，2013，12: 130-134.
[26] Nelson C R, Nelson B K, Bergson P M, Petersen D L. Design of large span highway tunnel liners [A]. In: Proceedings of the 10th Rapid Excavation and Tunneling Conference. Proceedings-Rapid Excavation and Tunneling Conference [C]. United States: Public by Society of Mining Engineers of AIME, Littleton, CO, 1991: 1-10.
[27] 段亚辉，樊启祥. 一种圆形断面衬砌混凝土施工期内部最高温度的计算方法: CN105260531B [P]. 2019-03-19.
[28] 段亚辉，樊启祥，段次祎，等. 圆形断面衬砌混凝土施工期最大温度拉应力快速计算方法: CN109885915A [P]. 2019-06-14.
[29] 段亚辉，樊启祥，方朝阳，等. 圆形断面衬砌混凝土温控防裂温度应力控制快速设计方法: CN109977484A [P]. 2019-07-05.

第7章 水工隧洞衬砌混凝土内部最高温度控制

7.1 衬砌混凝土施工期内部最高温度控制方法及其不足

衬砌混凝土内部最高温度是温控防裂的最重要控制指标之一，常采用强约束法、有限元法、差分法及经验法等计算确定其容许值。表7.1是一些代表性巨型水电站水工隧洞衬砌混凝土设计允许内部最高温度及其确定方法[1-9]。

表7.1　　地下水工衬砌混凝土设计容许内部最高温度与确定方法

水电站	工程部位	厚度/m	混凝土强度/MPa	围岩 E/GPa	容许最高温度/℃	计算方法	备注
三峡	船闸输水洞	0.6～1.0	C30	35	34～36	强约束法	边墙顶拱
	发电引水洞	1.0～1.2	C25～C30	35	38～42	强约束法	底拱顶拱
小浪底	水工隧洞	<1.0	C30（C70）	8～15	35（42）	差分法	括号内为C70值
		1.0～2.0	C30（C70）	8～15	40（48）	差分法	括号内为C70值
		>2.0	C30（C70）	8～15	42（50）	差分法	括号内为C70值
溪洛渡	泄洪洞 有压段	1.0～1.2	$C_{90}40$	5～30	38（37）	强约束法+有限元	括号内为底拱
	泄洪洞 无压与龙落尾段	0.8	$C_{90}40$～$C_{90}60$	5～30	39	强约束法+有限元	
		1.0	$C_{90}40$～$C_{90}60$	5～30	39	强约束法+有限元	
		1.5	$C_{90}40$～$C_{90}60$	5～30	40	强约束法+有限元	
向家坝	发电洞	1.0～2.0	C25	12.5～19	40	强约束法	
三板溪	泄洪洞	1.0	C40～C45	5～18	24～34	强约束法	
乌东德	泄洪发电 洞口	0.8～1.5	$C_{90}30$～$C_{90}40$	10～32	38～42	强约束法+有限元	
	泄洪发电 洞内	0.8～1.5	$C_{90}30$～$C_{90}40$	10～32	40～44	强约束法+有限元	

续表

水电站	工程部位		厚度/m	混凝土强度/MPa	围岩 E/GPa	容许最高温度/℃	计算方法	备注
白鹤滩	发电引水洞		0.8～1.0	$C_{90}25$	15～20	38～40	经验法＋有限元法	底拱顶拱
	发电尾水洞		1.0～2.5	$C_{90}25$	9～20	38～40		边墙
	泄洪洞	上平段	1.0～1.2	$C_{90}40$	9～20	37～39	经验法＋有限元法	边墙
		上平段	1.5～2.5	$C_{90}40$	9～20	39～40		边墙
		龙落尾	1.0～1.2	$C_{90}60$	9～20	38～39	经验法＋有限元法	边墙
		龙落尾	1.5	$C_{90}60$	9～20	39～40		边墙
锦屏一级	泄洪洞	有压段	0.9	C35	12	30	有限元法	底拱顶拱
		上平段	1.0	C40	12	30	有限元法	底板边墙
		上平段	1.4	C40	8	33	有限元法	底板边墙
		上平段	1.8	C40	8	36	有限元法	底板边墙
		龙落尾	1.4	C50	8	36	有限元法	底板边墙

注　1. 城门洞形顶拱混凝土强度一般较边墙和底拱低，表中没有列出容许最高温度。
　　2. 允许最高温度的范围值，小值为低温季节容许值；大值为高温季节容许值。

强约束法，是指参考采用混凝土坝强约束区混凝土，根据衬砌结构长边长度采取基础容许温差＋运行和施工期各月准稳定温度场小值，计算确定衬砌混凝土内部最高温度容许值。如三峡水利枢纽的永久船闸地下工程、三板溪水电站泄洪洞衬砌混凝土。优点是概念明确，计算简单，具有丰富的大坝工程经验。缺点是不能反映混凝土强度、衬砌厚度、围岩类别的影响，没有全面合理地反映薄壁衬砌结构的温控防裂特性。实际工程中，围岩坚硬完整区的衬砌厚度更小，约束极强，往往是高强度衬砌混凝土温度裂缝更多、更严重的区域[1-4]。

有限元法和差分法，可以很好地模拟衬砌结构、混凝土性能及其温升与温降过程、围岩和环境温度变化过程等，高精度计算确定衬砌混凝土内部最高温度和分析确定容许值[5]。但需要有混凝土性能试验成果，耗时较长、计算较复杂、需要试验费。如溪洛渡水电站和乌东德水电站，采用有限元法仿真计算并参考强约束法，详细提出不同结构部位、不同厚度、不同月份浇筑衬砌混凝土的容许最高温度。小浪底水电站水工隧洞采用差分法模拟计算，详细提出不同厚度、不同强度衬砌混凝土的容许最高温度[4]。

经验法，是借鉴国内外类似工程成功经验，参考类似衬砌结构、混凝土强度、相近围岩和环境温度条件等，确定衬砌混凝土的容许最高温度。如白鹤滩水电站地下工程，采用有限元法仿真计算并借鉴溪洛渡水电站地下工程相应结构部位温控防裂成功经验，详细提出不同结构部位、不同强度、不同月份浇筑衬砌混凝土的容许最高温度。

实际情况表明，各计算方法确定衬砌混凝土容许最高温度有着各自独特的优势，同时也存在不足。这里将借鉴强约束法概念明确、计算简单的优势，借助有限元法进行结构形式和尺寸、混凝土强度及其性能、围岩与温度环境、施工温控措施等不同的巨量仿真计算，总结实际工程检测温控数据和温度裂缝控制成功经验，统计获得衬砌混凝土内部最高温度和容许最高温度及其基础容许温差计算公式，并进而提出衬砌混凝土温度裂缝控制设计方法。

7.2 水工隧洞施工期洞内气温演变规律研究

7.2.1 概述

衬砌混凝土浇筑一般都在隧洞开挖完成数月后，在没有地热情况围岩表面温度也基本是洞内气温。洞内月平均气温也就是当月准稳定温度场，在此基础上加上基础容许温差就是当月容许最高温度。另外，洞内气温越高，混凝土散热越慢，内部最高温度也越高；气温越低散热越快，最高温度越低，而且温降快容易导致早期温度裂缝。因此，洞内气温是衬砌混凝土温度裂缝控制的重要环境条件[10]。

对于水利水电工程地下洞室的气温，工程界有不同的认识。有的认为，隧洞开挖贯通，洞内气温与自然环境月平均相当。如小浪底水利枢纽水工隧洞衬砌混凝土温控设计计算中，洞内气温取值为6.6～20.6℃[4]。有较多人认为洞内四季温度变化不大，而且衬砌厚度小散热快，衬砌混凝土不容易产生温度裂缝。特别是大型水电工程在主体工程开工前进行地质勘探的探洞气温都较高、地温也较高，而且年变幅很小，因此更加容易误导工程师们的认识。如锦屏一级水电站泄洪洞在温控设计与仿真计算中，根据洞室内实际气温监测资料，夏季最高温度21℃，冬季最低温度18℃[9]。溪洛渡水电站泄洪洞在温控设计与仿真计算中根据洞内地质勘探施工实测气温资料和当地气象部门气温资料，以及隧洞气温变化的实际特点，洞内气温设计取值22～25℃[1,11]。但在泄洪洞施工过程中，洞内气温变幅要大得多[1]。因此，收集一些大型水电站地下工程施工期洞室温度检测数据，对不同代表性地下洞室施工期气温的演变规律和冬季封闭洞口保温的效果进行分析。

7.2.2 溪洛渡泄洪洞施工期洞内气温统计分析

1990年在溪洛渡水电站设中心气象站，至1999年统计气温和20cm地下温度见表7.2。在设计阶段，地下洞室围岩温度，根据当地气象资料和地质勘探地温数据取值[5,11]，厂房围岩温度，夏季27～28℃，冬季24～25℃；泄洪洞围岩温度，夏季24～25℃，冬季21～22℃。

表7.2　溪洛渡中心气象站气候资料

月份	1	2	3	4	5	6	7	8	9	10	11	12	年平均
气温/℃	10.6	12.4	16.2	21.1	23.9	25.8	27.1	27.1	23.9	19.6	17	12.2	19.7
20cm地下温度/℃	12.4	13.5	17	21.1	24.2	25.8	27.8	29.2	25.7	20.8	18.6	14.3	20.9

溪洛渡泄洪洞衬砌混凝土浇筑期，在每仓混凝土浇筑期和温度观测过程，在仓位对洞内气温进行监测。从2009年10月28日泄洪洞有压段开始混凝土浇筑，至2011年12月31日龙落尾混凝土浇筑完成，共完成2180组气温观测。其中：左岸泄洪洞有压段1399组；左岸无压段348组；右岸有压段60组；右岸无压段34组；龙落尾段339组。

由于溪洛渡水电站两岸山体无地热，泄洪洞对称布置、同期施工期，环境条件相当，洞内气温也相差不大，而考虑到洞口段与洞内段气温环境相差较大，分为有压（进口）、无压（洞内）、龙落尾（出口）3 段进行分析，气温实测成果见图 7.1～图 7.3。有压、无压、龙落尾段气温观测特征值见表 7.3，采用余弦函数公式（7.1）进行洞内气温年周期变化统计分析，结果列于表 7.4。

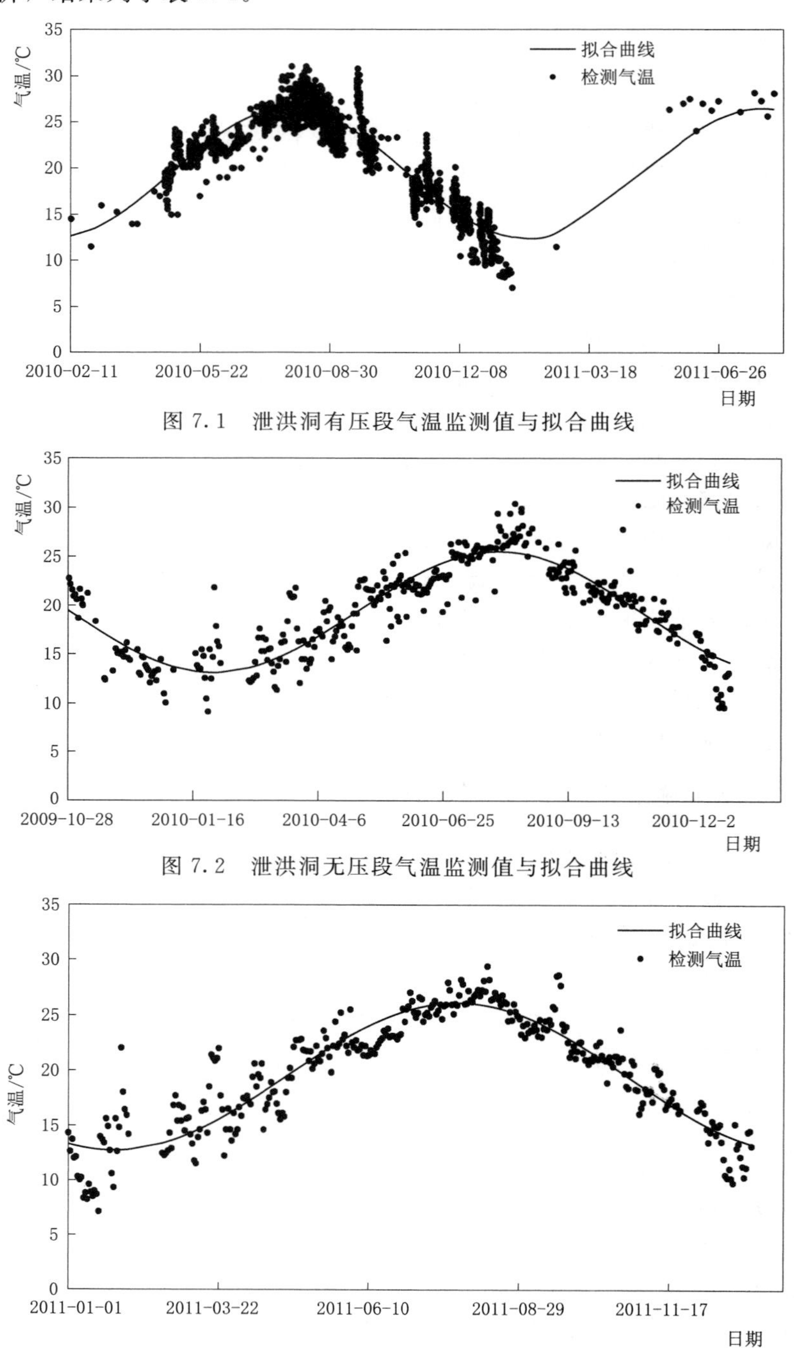

图 7.1　泄洪洞有压段气温监测值与拟合曲线

图 7.2　泄洪洞无压段气温监测值与拟合曲线

图 7.3　泄洪洞龙落尾段气温监测值与拟合曲线

$$T_a = A + B\cos\left[\frac{2\pi}{365}(t - C)\right] \tag{7.1}$$

式中：T_a 为洞内 t 时刻的环境气温，℃；A 为多年平均气温，℃；B 为多年平均气温年变幅，℃；C 为最高气温距 1 月 1 日间隔天数，d。

表 7.3　泄洪洞洞内气温观测特征

结构段	气温监测日期		气温最高值		气温最低值		最大气温差/℃
	开始	终止	日期	温度/℃	日期	温度/℃	
有压段	2010-02-11	2011-07-23	2010-07-31	31	2011-01-17	7.1	23.9
无压段	2009-10-28	2010-12-25	2010-08-9	30.5	2010-01-25	9.3	21.2
龙落尾	2011-01-1	2011-12-31	2011-08-12	29.37	2011-01-19	7.1	22.27

表 7.4　溪洛渡泄洪洞洞内气温统计结果

结构段	A/℃	B/℃	C/d	最大误差/℃	均方差	相关系数
有压段	19.42	7.0	209	7.1	3.34	0.93
无压段	19.42	6.2	210	8.78	4.19	0.89
龙落尾	19.38	6.69	207	9.3	3.88	0.92
综合	19.29	6.7	209	9.41	2.03	0.91

泄洪洞 3 个结构段的气温统计公式差别不大，所以进一步对整个泄洪洞（3 个结构段）洞内气温共 2180 组观测数据进行整理分析，见图 7.4。图中时间坐标以 2010 年 1 月 1 日为坐标零点。统计结果见表 7.4。

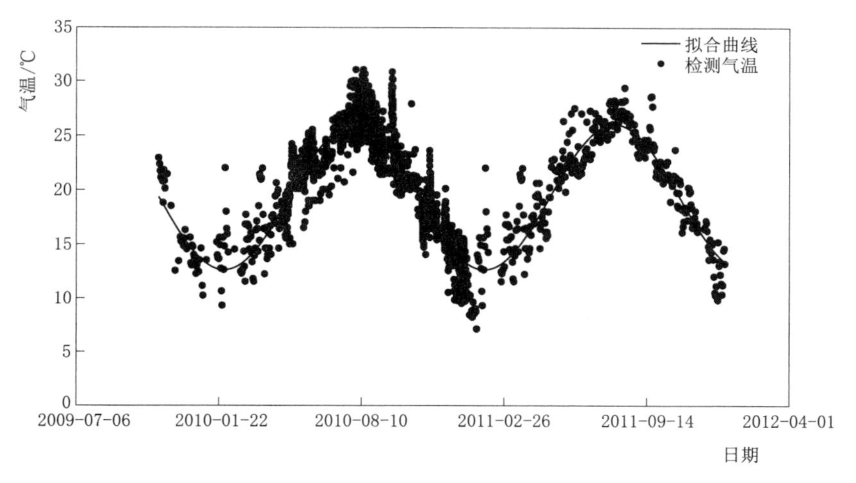

图 7.4　溪洛渡泄洪洞内气温监测与统计曲线

泄洪洞混凝土浇筑施工期实测洞内气温和统计分析结果表明：

(1) 洞内温度环境复杂，同一时刻不同洞段位置的气温相差较大，测值离散。由于泄洪洞长度达到 1625.67～1868.45m，且涉及多种复杂边界环境影响，即①进出口附近受自然环境气温影响大；②交通隧洞多，交叉口附近也会受到相邻隧洞或者外界影响；③受到施工人员、设备、混凝土散发热量影响，会导致洞内附近温度升高；④混凝土养护段，会受到水温的影响；等等原因。因此，洞内各段同一时刻的气温会有很大的差别，监测温度有较大的发散，各公式统计值与实测值的最大误差达到 7.1～9.41℃。

（2）3 个洞段环境气温相差不大，中段（无压段）稍微平稳些，变幅最小。3 个洞段气温的监测值，最大值相差不大，龙落尾为 29.37℃最小，比有压段的 31℃最大值仅小 1.63℃，处于隧洞中段的无压段为 30.5℃也居中；最小值相差大些，进出口段（有压段、龙落尾段）低些，为 7.1℃，中段高些，为 9.3℃。统计公式计算值，3 段的平均值仅相差 0.4℃；最大值也仅相差 0.8℃，中段的小些；最小值也是相差 0.8℃，中段的大些。说明泄洪洞中段变幅相对小些，但也受到隧洞连通和交通隧洞等的影响，与外界气流交换条件较好，使得隧洞中段的环境温度与进出口段差别较小。因此，也可以采用整个隧洞的气温统计曲线描述全泄洪洞气温变化规律。

（3）泄洪洞洞内气温，总体上受围岩温度和自然环境温度控制，实测最大值和最小值都介于两者之间，更加接近自然环境气温年变化曲线。围岩温度是地下洞室的基础温度，由于混凝土浇筑期隧洞基本开挖贯通，通风条件较好，自然环境逐渐增大对洞内温度的影响，逐渐更加趋近自然环境平均温度。溪洛渡泄洪洞地温为 21～25℃；自然环境各月多年平均气温为 10.6～27.1℃（表 7.2）。洞内气温统计平均值，最高温度为 25.99℃（综合统计值），最低温度为 12.59℃，介于地温和自然环境温度之间。洞内气温实测，最高温度为 31℃，高于自然环境温度月多年平均气温最高值 27.1℃，更加接近自然环境夏季日平均气温；最低温度为 7.1℃，低于自然环境温度月多年平均气温最低值 10.6℃，也更加接近自然环境冬季日平均气温。

（4）洞内气温年变幅大，是衬砌混凝土温度裂缝产生的最为重要因素之一。泄洪洞气温年变幅，实际检测最高、最低温度差值达到 21.2～23.9℃，统计平均变幅值达到 12.4～14℃。如此大的温差，极可能导致受到围岩强约束的薄壁衬砌混凝土产生贯穿性温度裂缝，必须采取有效可靠措施减小洞内环境温度变幅。完全不是少数人认为的洞内气温变化小，一般不会产生温度裂缝。

7.2.3　溪洛渡地下电站发电洞气温统计分析

溪洛渡地下电站发电洞衬砌混凝土浇筑期，于 2010 年 7 月 4 日至 2011 年 4 月 17 日共进行了 112 组洞内气温检测，见图 7.5。实测洞内最高温度为 27.75℃，发生于 2010 年 8 月 14 日；最低气温为 9.8℃，发生于 2011 年 1 月 30 日。采用式（7.1）统计分析得

$$T_a = 20.51 + 6.456\cos\left[\frac{2\pi}{365}(\tau - 210)\right] \tag{7.2}$$

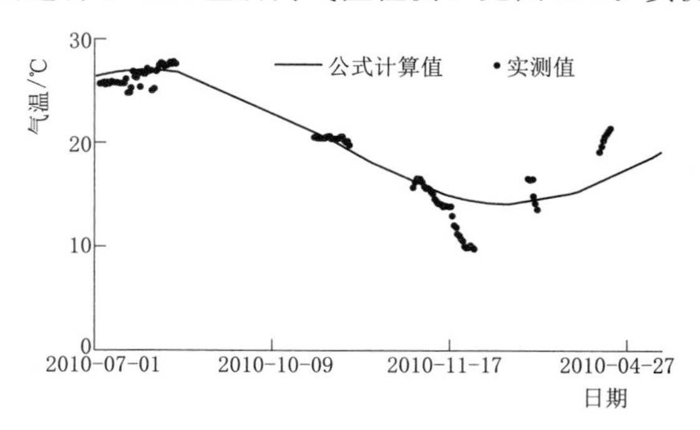

图 7.5　发电洞洞内气温检测结果与变化曲线

实测成果表明，洞内气温总体上也是受围岩温度和自然环境温度控制。与泄洪洞相比，发电洞的交通洞少些，通风条件

差些，检测气温的离散程度没有泄洪洞严重，最低温度和平均温度高些，而检测最高温度反而低些，检测年变化最大温差17.95℃比泄洪洞低3.25～5.96℃，温控防裂气温环境明显好些。发电洞衬砌混凝土基本没有温度裂缝[1]，与此洞内气温高些、年变幅小些密切相关。

7.2.4 向家坝发电洞气温统计分析

向家坝水电站施工期，设有专门气象观测站对坝区天气、气象进行观测与预报，坝区当地月平均气温见表7.5。地下电站发电洞施工期内（2010年4月2日至2011年8月7日）进行洞内气温315组检测，结果示于图7.6。其中，2010年7月25日检测温度27.9℃最高，2011年2月5日检测温度9.8℃最低。根据315组检测洞内气温，采用式（7.1）进行统计分析得：多年平均气温 $A=18.78$℃；多年平均气温年变幅 $B=6.27$℃；$C=180$d。

表7.5　　向家坝坝区环境月平均气温　　单位：℃

月份	1	2	3	4	5	6	7	8	9	10	11	12	年平均
平均气温	8.4	10.6	14.2	19.5	23.1	25.2	27.1	26.5	23	18.6	14.6	10.1	17.9

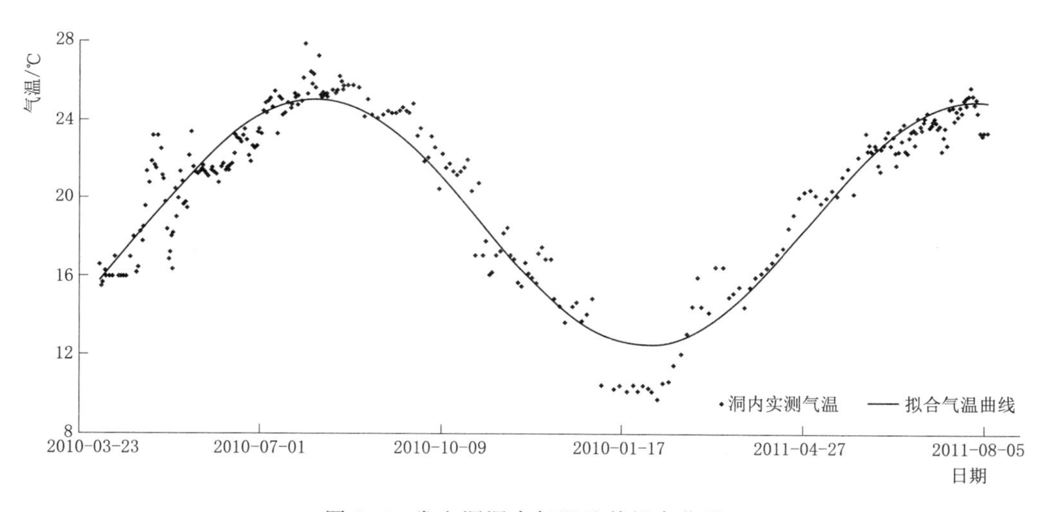

图7.6　发电洞洞内气温及其拟合曲线

比较当地气温（表7.5）和洞内实测气温（图7.6）可以看出：发电洞洞内气温表现出“冬暖夏凉”，与自然环境气温相比，平均温度和年变幅要小。实际观测的最高气温为27.9℃，出现在2010年7月25日，仅高于7月平均气温0.8℃；最低气温为9.8℃，出现在2011年2月5日，仅高于1月平均气温1.4℃。式（7.3）统计曲线平均温度18.78℃，高于当地月平均气温17.75℃，变幅6.27℃小于当地气温变幅；高温季节的最高温度为25.05℃，比当地月平均最高气温27.1℃低2.05℃；冬季最低气温为12.51℃，比当地月平均最低气温8.4℃高4.11℃。洞内气温虽然变幅小于当地自然环境气温，平均高于当地自然环境气温，但隧洞开挖贯通后，空气流通，气温变幅仍然较大，冬季较低（最低值仅略高于当地气温），对衬砌混凝土的温控防裂仍然有较大影响。

与溪洛渡发电洞气温相比，检测最高值相当、最低值相同；统计平均值大约低 2℃，变幅相当。与向家坝当地气温月平均值比溪洛渡最高值相同、最低值低 2.1℃密切相关。

7.2.5　白鹤滩导流洞气温统计分析

白鹤滩实测现场地温及洞内气温实测资料见表 7.6～表 7.8。洞身内部 7 月平均最高气温 26℃，1 月洞内平均最低温度根据白鹤滩气象站实测地温与地下厂房洞内气温成果取为 20℃。因此，白鹤滩水电站地下洞室年平均气温设计（招标设计阶段）取值为 20～26℃；围岩温度夏季多年平均值为 25℃，冬季为 23℃[12]。

表 7.6　白鹤滩气象站气象要素统计表（白鹤滩气象站：1994—2009 年）

月份	1	2	3	4	5	6	7	8	9	10	11	12	全年
气温/℃	13.3	16.6	20.7	25.5	26.8	26.8	27.5	27.2	24.8	21.6	18.2	14.4	21.95

表 7.7　不同施工时段地下厂房探洞洞内气温观测成果　　单位：℃

编　号	洞内气温	平均气温	施工期气温	施工时段/(年-月)	施工结束气温
PD61-T1	25.0～29.0	25.97	27.56	2005-06—2005-12	25.02
PD61-T2	25.0～29.0	25.96	27.44	2005-06—2005-12	25.16
PD61-T3	24.5～28.0	25.52	27.80	2005-06—2005-12	25.93
PD62-T1	25.0～28.5	25.96	27.50	2005-06—2007-01	25.78
PD62-T2	25.0～28.5	25.97	27.43	2005-06—2007-01	25.97
PD62-T3	24.5～28.0	25.10	27.43	2005-06—2007-01	25.58

表 7.8　不同埋深地下厂房探洞地温观测成果

编　号	埋深/m	最低温度		最高温度		平均温度/℃
		温度/℃	日期	温度/℃	日期	
PD61-T1	主洞 510	25.50	2007-01-08	25.85	2007-01-16	25.63
PD61-T2	主洞 710	25.45	2005-07-28	25.70	2007-08-30	25.52
PD61-T3	3 号支 163	24.50	2007-01-16	24.95	2007-04-29	24.79
PD62-T1	主洞 400	25.45	2005-07-15	25.85	2005-09-22	25.51
PD62-T2	主洞 697	25.75	2005-08-05	25.90	2007-03-20	25.85
PD62-T3	3 号支 200	24.30	2007-01-05	24.75	2007-05-15	24.58

导流洞工程洞身段混凝土从 2013 年 3 月 5 日开始浇筑试验，8 月开始大规模浇筑，2014 年 3 月 20 日混凝土施工结束。在衬砌混凝土浇筑期，筹备组与施工单位安排了专门人员对导流洞洞内气温进行了跟踪观测，自 2013 年 8 月 28 日至 2014 年 4 月 17 日共进行了 262 组洞内气温检测。

导流洞采用低热水泥混凝土浇筑，为大坝和泄洪洞混凝土温控防裂积累经验。2013 年 10—11 月，导流洞陆续开挖贯通，洞口逐渐打开，11 月洞内气温已经低至 16℃左右。2013 年 10 月 20 日左右，白鹤滩水电站当地遇第一次寒潮连续 3d 降温，施工技术人员检查发现8—9月浇筑衬砌混凝土有的发生了裂缝。10月24日筹备组紧急主持召开导流洞温控专题会，水电七局与葛洲坝工程公司分别确定了裂缝普查与裂缝精查的任务以及后期温控措施，并于11月28日再次召开导流洞温控专题会报告裂缝检查成果和讨论确定温控措施方案。其中最为重要的措施之一就是依据有限元法仿真计算成果采取封闭洞口保温，防止穿堂风和减少外界冷空气入侵。洞口封闭保温工作基本于2013年12月下旬完成，开始起到保温提高洞内气温的效果。结合现场温控防裂仿真计算分析和洞口封闭保温，分为截至2013年12月20日保温前、截至2014年2月17日洞内最低温度期前、截至2014年4月17日完工3个阶段进行洞内气温统计分析，研究洞内气温的演变规律和封闭洞口的保温效果。按照式（7.1）统计结果见表7.9和图7.6～图7.8。

表7.9　白鹤滩导流洞洞内气温统计结果

统计阶段	A/℃	B/℃	C/d	相关系数
2013-12-20前	20.85	8.24	210	0.98
2014-02-17前	21.21	6.61	210	0.88
2014-04-17前	21.67	6.40	210	0.81

（1）截至2013年12月。2013年10—11月，导流洞陆续开挖贯通，洞口打开，在11月洞内气温已经低至16℃左右，陆续发现有的结构段衬砌混凝土裂缝，为及时分析衬砌混凝土裂缝原因，用余弦函数对洞内空气温度T_a进行统计分析，拟合曲线示于图7.7。

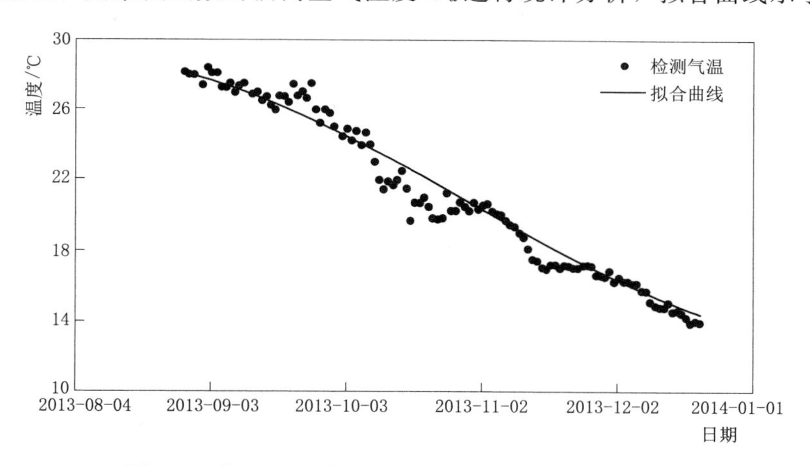

图7.7　截至2013年12月20日导流洞洞内气温曲线

（2）截至2014年2月。由于已经浇筑衬砌混凝土裂缝有发展和增加，11—12月新浇筑衬砌混凝土也陆续发生裂缝，同时2013年12月在洞口挂帘保温措施实施后洞内气温开始上升，因此及时对洞内空气温度进行统计，拟合曲线示于图7.8。该拟合曲线与实测洞内气温的误差与截至2013年12月20日的拟合曲线误差相比，有明显增大，这是因为12月洞口挂帘保温人为干扰了洞内温度变化规律，统计曲线不能精准的反映其突变（图7.8）。

（3）截至2014年4月。导流洞衬砌混凝土浇筑进入收尾阶段，2013年12月洞口挂帘保温后洞内气温明显上升，对全部洞内的气温观测数据用余弦函数拟合，拟合曲线示于图7.8。同样，拟合曲线与实测气温误差较大，也是因为12月洞口挂帘保温人为干扰了

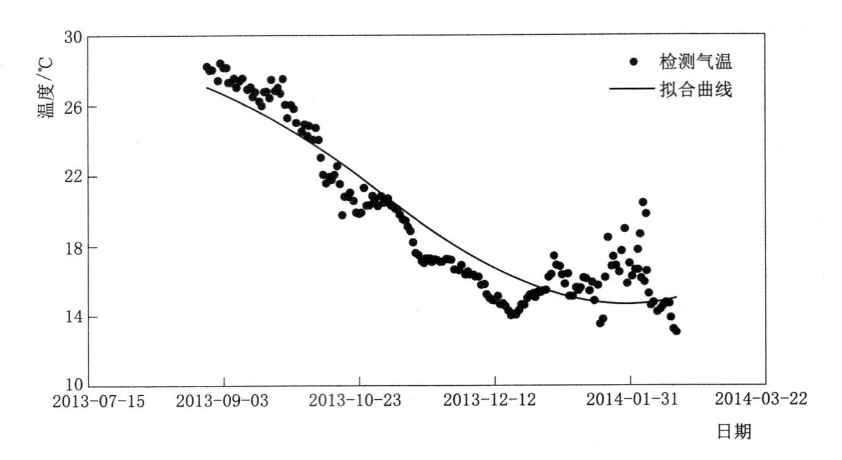

图 7.8　截至 2014 年 2 月 17 日最低温度期导流洞洞内气温曲线

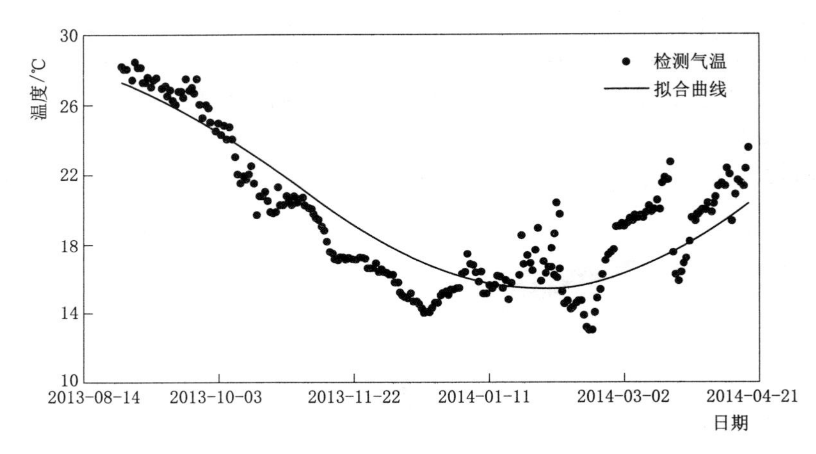

图 7.9　截至 2014 年 4 月 17 日完工导流洞洞内气温曲线

洞内温度变化规律。

根据表 7.9 和图 7.7～图 7.9 可知：

(1) 导流洞开挖贯通后，自然环境沿河向主气流顺畅进出隧洞，使得洞内气温显著降低。2013 年 12 月 18 日实测气温 13.95℃，已经接近当地自然环境最低月平均气温 13.3℃。即使是封闭洞口保温后，2014 年 2 月 17—18 日实测洞内温度为 13℃，已经低于当地自然环境最低月平均气温 13.3℃。

(2) 冬季封闭洞口保温，可以明显使得洞内最低温度提高（图 7.8）。根据统计分析，如果冬季不进行封闭洞口保温（图 7.7），冬季最低温度统计平均值将低至 12.61℃；在 12 月开始封闭洞口保温后（图 7.8），冬季最低温度统计平均值提高至 14.60℃，提高了 1.99℃，按照至 2014 年 4 月的统计公式计算（图 7.9）则提高了 2.66℃。如果提前在 10 月中旬开始封闭洞口保温，图 7.9 中 11—12 月的气温将提高，则冬季最低温度统计平均值还将进一步提高。

对于我国大部分地区，封闭洞内保温合适的时间是 10 月中旬，寒潮到来之前。在 10

月中旬至次年 4 月中旬封闭洞口保温，可以提高洞内最低温度 2～3℃；如果采取更严格有效的措施保温，提高洞内最低温度 3～4℃是有把握的。后期就在白鹤滩泄洪洞采取了有效密封的封闭措施（图 7.10），实测冬季最低气温在 16℃以上。

（3）与溪洛渡水电站相比，站址自然环境月平均气温夏季高 0.4℃，冬季高 2.7℃。导流洞洞内气温，实测洞内气温 13～28.4℃，统计平均值为 15.27～28.07℃。比溪洛渡泄洪洞实测值 7.1～30.5℃，统计平均值为 12.59～25.99℃，低温值要高得多，变幅要小得多，即保温效果要更好些。

7.2.6　白鹤滩泄洪洞气温演变及洞内温度与自然环境温度的关系

白鹤滩水电站泄洪洞洞内衬砌混凝土于 2017 年 4 月 20 日开始浇筑，至 2020 年 6 月 24 日完成。借鉴溪洛渡泄洪洞和白鹤滩导流洞冬季洞口挂帘保温的成功经验，白鹤滩泄洪洞在 2017 年 10 月开始采取较严格的全年封闭洞口保温，见图 7.10。衬砌混凝土浇筑期共进行 7598 次洞内气温检测，其中各仓混凝土气温检测“最大值、最小值、平均值”（共 1152 组×3＝3456 组）见图 7.11。采用式（7.1）统计分析得到 A＝20.12℃；B＝4.696℃，C＝210d，曲线见图 7.11。统计公式最大误差为 4.82℃，全年监测温度平均值为 20.96℃。其中，2019 年 5 月 22—27 日 2 号洞进洞口至上平段有 5 个结构段和洞口外进水塔同时期浇筑，各进行了 4～7 次气温检测，最大值、最小值、平均值与进洞深度关系曲线见图 7.12。图中进洞深度 0m 为进水塔混凝土浇筑检测洞外气温值。

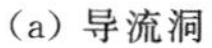

(a) 导流洞

(b) 泄洪洞

图 7.10　白鹤滩水工隧洞洞口封闭保温

进一步将上述隧洞衬砌混凝土浇筑期自然环境与洞内年平均气温及变幅情况列于表 7.10。表中：A_1 环境均值为自然环境气温年平均值；A_2 环境中值为自然环境气温月平均最大值与最小值的平均值；A_d 为检测洞内温度统计公式年平均值。导流洞 1 是截至 2013 年 12 月 20 日挂帘保温前的统计值；导流洞 2 是截至 2014 年 4 月 17 日挂帘保温后的统计值。B 为自然环境温度年变幅；B_d 为检测洞内温度统计公式年变幅。

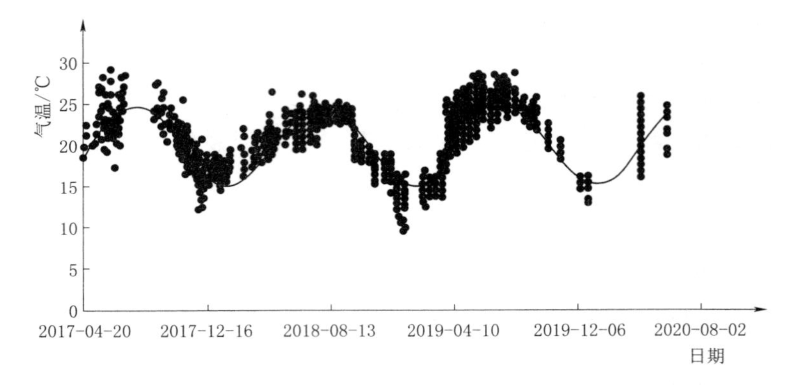

图 7.11　白鹤滩泄洪洞衬砌混凝土浇筑期洞内气温演变

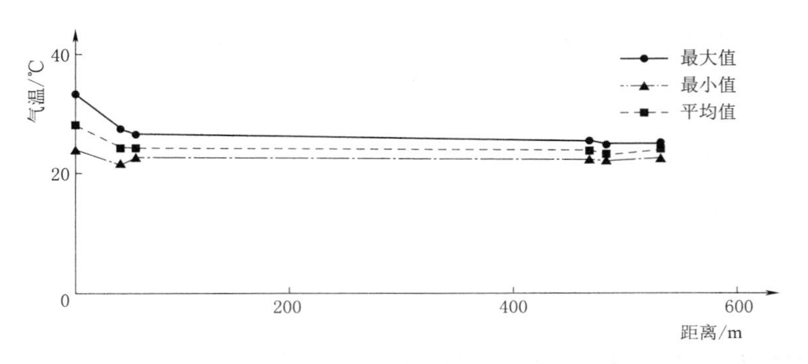

图 7.12　气温与进洞深度关系曲线

表 7.10　　　年 平 均 温 度 与 变 幅

工程部位		年平均温度/℃					气温年变幅/℃		
		A_1	A_d	差值	A_2	差值	B	B_d	差值
溪洛渡	泄洪洞	19.7	19.29	0.41	18.85	−0.44	8.25	6.70	1.55
	发电洞		20.51	−0.81		−1.66		6.46	1.79
白鹤滩	导流洞 1	21.95	20.85	1.10	20.40	−0.45	7.10	8.24	−1.14
	导流洞 2		21.67	0.28		−1.27		6.40	0.70
	泄洪洞		19.75	2.20		0.65		4.73	2.37
向家坝	发电尾水	17.9	18.78	−0.88	17.75	−1.03	9.35	6.27	3.08

根据以上成果，洞内气温与自然环境温度密切相关，具体表现如下：

（1）日变化，主要是洞口 50m 左右范围。图 7.12 表明，洞内温度昼夜随洞外气温变化，中午随之升高，夜间随之降低。在 5 月下旬，外界日气温变化对洞内影响深度达到近 600m，近洞口 50m 范围内影响较大，深度超过 50m 的日变幅小于 2.0℃，随进洞深度增加影响逐渐减小。由于长大隧洞有交通洞、施工支洞以及进出口等众多通风口，所以，事实上整个隧洞内温度均受自然环境气温影响。

（2）洞内年平均温度值 A_d，在冬季洞口简易挂帘防风情况与自然环境相当（表

7.10)。如溪洛渡水电站泄洪洞，洞内年平均温度检测值 A_d=19.29℃，比自然环境年平均气温 A_1=19.7℃低0.41℃，比自然环境年气温中值 A_2=18.85℃高0.44℃，与二者平均值19.275℃相当。埋深大、支洞少和走向拐弯不顺河道等通风条件相对弱的情况，洞内高于自然环境年平均值。如溪洛渡发电洞，洞内年平均温度检测值 A_d=20.51℃，高于自然环境年平均气温 A_1=19.7℃。

(3) 洞内温度年变幅，都小于自然环境值，上述中西部地区的隧洞一般在6.2～6.7℃之间，比自然环境低0.7～3.08℃。只有白鹤滩水电站导流洞，2013年12月20日的统计曲线年变幅达到8.24℃，反而比自然环境的7.1℃高。是因为洞内温度检测期，夏季还没有开挖贯通，通风条件差，洞内温度高；而12月20日前，洞口没有挂帘保温，洞内温度低。

(4) 全年封闭洞口保温，可以有效减小洞内温度年变幅，提高冬季洞内最低温度和降低夏季洞内最高温度。即使是简易挂帘仅挡“穿堂风”情况，也有明显效果。如白鹤滩导流洞冬季挂帘保温后，洞内温度年变幅从8.24℃降为6.4℃，降低1.84℃；年平均温度从20.85℃提高到21.67℃，提高0.82℃；冬季最低温度从12.61℃提高至15.27℃，提高2.66℃。白鹤滩水电站泄洪洞与导流洞比，全年严格封闭洞口保温而且冬季封闭更严（图7.10)，保温效果更好，夏季最高温度比导流洞显著降低，洞内温度年变幅从6.4℃降为4.73℃，进一步降低1.67℃，对混凝土温度裂缝控制非常有利。

进一步将衬砌混凝土施工期隧洞通风条件分为4类：第Ⅰ类隧洞，沿河较顺直，衬砌混凝土浇筑早期，开挖没有完全贯通，洞口冬季没有任何封闭保温措施，以白鹤滩导流洞1（表7.11）为代表；第Ⅱ类隧洞，沿河较顺直，隧洞开挖贯通，洞口冬季简易挂帘封闭保温，以溪洛渡泄洪洞和白鹤滩导流洞2为代表；第Ⅲ类隧洞，拐弯度大、不顺直沿河，隧洞开挖贯通，洞口冬季简易挂帘封闭保温，以溪洛渡、向家坝两水电站的发电洞为代表；第Ⅳ类隧洞，沿河较顺直，隧洞开挖贯通，洞口全年严格封闭保温，以白鹤滩泄洪洞为代表。根据以上分析和表7.11成果，各类隧洞在没有地热的条件下，洞内温度与自然环境气温的关系见表7.11，可供没有隧洞气温检测数据时计算洞内温度参考采用。其中第Ⅱ类隧洞，变幅 B 值根据洞口封闭情况选取，极其简易的情况取大值（溪洛渡泄洪洞），较好封闭情况取小值（白鹤滩导流洞2)；第Ⅲ类隧洞，也是如此，极其简易的尾水洞取大值（向家坝尾水洞），较好封闭情况的引水洞和洞内段取小值（溪洛渡发电洞）。

表7.11　　各类隧洞施工期温度估算　　单位：℃

隧洞类型	Ⅰ类	Ⅱ类	Ⅲ类	Ⅳ类
平均值 A	$A_1-1.1$	$(A_1+A_2)/2$	$A_1+1.0$	$A_1-2.2$
变幅 B	$B+1.1$	$B-(0.7\sim1.55)$	$B-(1.7\sim3.1)$	$B-2.37$

综合以上成果表明：水利水电枢纽工程中长大隧洞衬砌混凝土施工期，洞口开挖贯通，交通洞和施工支洞众多，而且顺河走向与河套风向一致，通风条件良好，洞内温度基本受自然环境气温控制，无热源情况下地温影响可以忽略不计。因此，洞内气温年变化可以与自然环境气温同样采用余弦函数描述，其年平均值 A 和变幅 B 与隧洞衬砌混凝土浇筑期通风环境密切相关。隧洞开挖尚未开挖贯通或者是隧洞走向不顺直的情况，通风条件

差，洞内气温偏高；开挖贯通和沿河顺直而且没有封闭洞口的情况，洞内气温冬季偏低、夏季偏高，年变幅增大；全年严格封闭洞口保温，阻挡通风，夏季温度降低，冬季温度升高，年变幅减小，极有利于温度裂缝控制，应该在隧洞混凝土施工期推广采用。进一步将衬砌混凝土施工期隧洞通风条件分为 4 类，分析确定了洞内温度年变化与自然环境气温的关系，可供没有隧洞气温检测数据时计算洞内温度参考采用。

7.3　溪洛渡泄洪洞衬砌混凝土内部最高温度统计分析

溪洛渡水电站 4 条泄洪洞均采用有压接无压的方式。有压段采用圆形断面，内径为 $R7.5$m，围岩为Ⅱ、Ⅲ1、Ⅲ2、Ⅳ4 类，相应衬砌厚度分别为 1.05m、1.0m、1.0m、1.2m。先浇筑底拱 90°范围，后浇筑边顶拱 270°范围。无压段采用城门洞形断面，衬砌后断面尺寸为 14m×19m（宽×高），围岩类别也是Ⅱ、Ⅲ1、Ⅲ2、Ⅳ4 类，相应衬砌厚度分别为 0.8m、1.0m、1.0m、1.5m。左岸泄洪洞龙落尾段围岩主要为Ⅱ、Ⅲ类围岩，其中 1 号龙落尾局部有Ⅳ类围岩；右岸泄洪洞龙落尾段围岩主要为Ⅲ1、Ⅲ2 类围岩，其中 3 号龙落尾局部有Ⅳ类围岩。有压段、无压段底板和边墙为 $C_{90}40$ 混凝土，龙落尾段及出口段底板和边墙为 $C_{90}60$ 抗冲磨硅粉混凝土，顶拱及起拱点以下 2m 范围内为 $C_{90}25$ 混凝土。结构混凝土按照“先边后顶拱（左岸一起浇筑、右岸分开浇筑）、后底板”的顺序分两次浇筑，标准段按 9m 分块。

三峡集团公司高度重视工程质量及其水工隧洞衬砌混凝土温控防裂问题。泄洪洞混凝土施工期，工程建设部在混凝土开始浇筑前就成立温控领导小组，由泄洪洞项目部牵头，各有关监理、施工单位参加。同时，为保证混凝土温控工作顺利开展，各施工单位也相应成立了温控小组，各项目管理部也安排了专人负责混凝土温控工作。各级温控小组由专人负责温控的技术、检查和督促现场温控实施、落实情况，负责温控资料、报表的整编和总结。各施工单位都有专人负责温控检测工作，包括混凝土出机口、入仓温度、浇筑温度、内部温度，通水冷却水流量、流向、压力、入口温度、出口温度，洞内空气温度以及其他检测指标。

泄洪洞衬砌混凝土浇筑（中热水泥混凝土为主，少量低热水泥混凝土），共收集 276 组内部最高温度检测成果。其中：有压段自 2010 年 2 月 11 日至 2011 年 10 月 4 日，底拱 41 组、边顶拱 68 组；无压段自 2009 年 10 月 28 日至 2011 年 10 月 4 日，底板 53 组、边墙 28 组；龙落尾自 2010 年 9 月 20 日至 2012 年 11 月 4 日，共 89 组。3 个结构段衬砌混凝土内部最高温度 T_{max}与浇筑日期的关系见图 7.13～图 7.15。横坐标浇筑日期以 1 月 1 日为起点，12 月 30 日为终点，不分年度，只取实际浇筑月日。

根据第 5、第 6 章关于衬砌混凝土内部最高温度 T_{max}影响要素及交叉影响关系的分析，进一步优选统计分析泄洪洞 276 组内部最高温度检测成果，获得各结构段典型部位 T_{max}计算的经验公式。

（1）圆形断面边顶拱。

$$T_{max}=4.8478H+0.1029C+0.9508T_0+0.0466T_g+0.1686T_a-0.017(T_0\times T_g)+9.967 \tag{7.3}$$

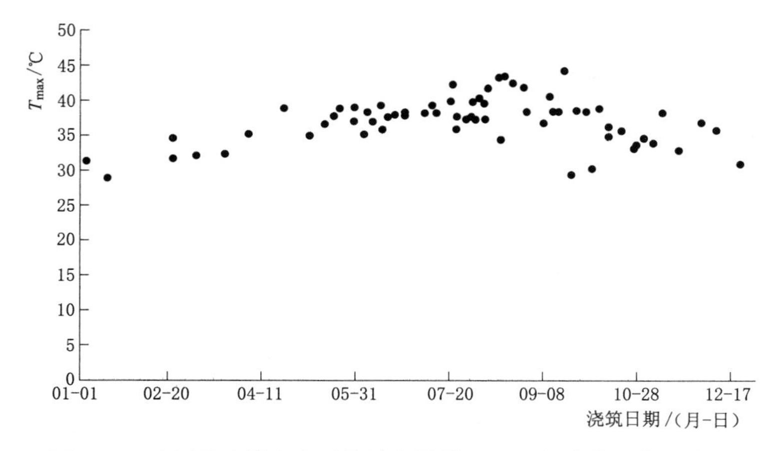

图 7.13 有压段底拱和边顶拱衬砌混凝土 T_{max} 与浇筑日期的关系

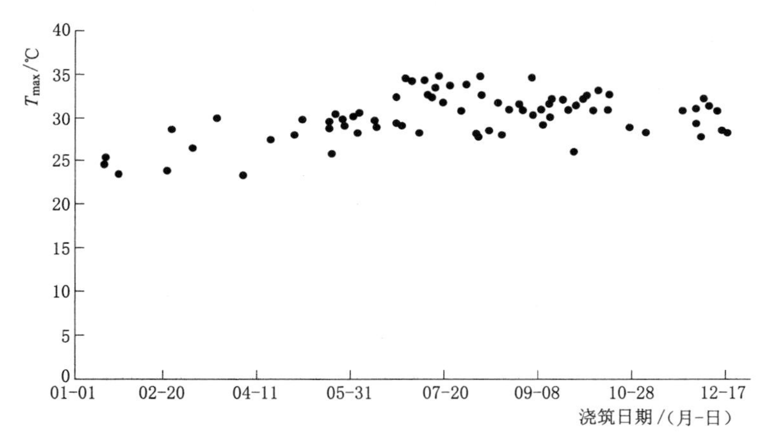

图 7.14 无压段底板和边墙衬砌混凝土 T_{max} 与浇筑日期的关系

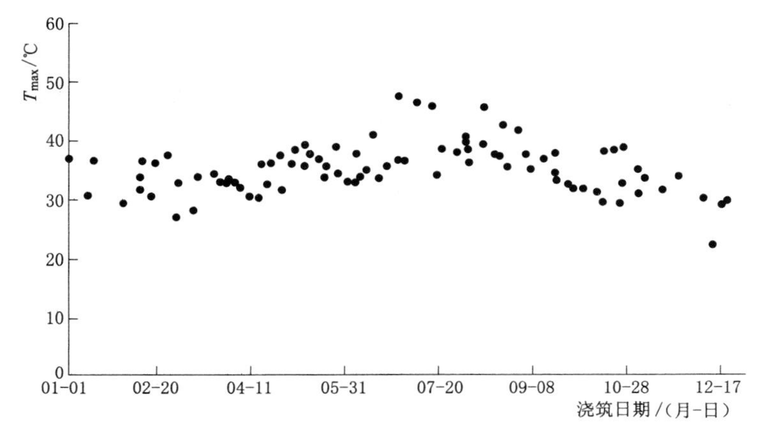

图 7.15 龙落尾段底板和边墙衬砌混凝土 T_{max} 与浇筑日期的关系

（2）城门洞形断面边墙。

$$T_{max}=5.2358H+0.0856C+0.4981T_0+0.0178T_g+0.2772T_a+0.1041HT_0-0.1091HT_g-0.0028T_0T_g+11.1046 \tag{7.4}$$

（3）龙落尾段高强硅粉衬砌混凝土。

$$T_{max}=5.19H+0.1555C+0.1547T_0-0.6764T_g+0.1408T_a+0.0189T_0T_g+20.11 \tag{7.5}$$

（4）底板（常态）衬砌混凝土。

$$T_{max}=8.12H+0.106C+1.415T_0+0.644T_g+0.447T_a-0.0438T_0T_g-6.55 \tag{7.6}$$

式中：H 为衬砌厚度，m；C 为混凝土 90d 设计龄期强度等级，MPa；T_0 为浇筑温度，℃；$T_g=35-T_w$ 代表通水冷却效应值，℃，T_w 为通水冷却水温度，℃，没有通水冷却时取 $T_w=35$℃，计算 $T_g=0$；T_a 为混凝土浇筑期环境温度，℃。

其中底板衬砌混凝土 T_{max} 计算经验式（7.6），包括了溪洛渡导流洞 25 组底板常态衬砌混凝土 T_{max} 检测成果。各经验公式的统计误差情况见表 7.12。可以看出，计算误差还比较大，与温度计埋设位置大多没有在结构厚度中心、距离通水冷却水管间距不一、观测频率较少可能没有检测到最高值以及其他误差密切相关。但能够很方便用于施工中实时快速调整或者初步设计温控措施方案。当然，以上公式是溪洛渡泄洪洞衬砌混凝土的统计结果，推广普遍适用性还需要进一步检验。

表 7.12　溪洛渡泄洪洞衬砌混凝土 T_{max} 统计公式误差情况

公式	相关系数	均方误差	最大误差/℃	相对误差/%
(7.3)	0.8243	1.6531	3.3692	9.7
(7.4)	0.6505	0.8278	2.83	7.5
(7.5)	0.7670	1.4894	3.2821	8.55
(7.6)	0.9089	1.0148	2.26	6.07

7.4　施工期（中热）衬砌混凝土内部最高温度 T_{max} 估算

7.4.1　平板衬砌混凝土温控特征值统计分析

平板（包括城门洞形断面底板）衬砌在地下、地面工程中都广泛采用，因此进一步开展关于各要素对其温控防裂影响规律仿真计算，获得特征值的统计估算公式。各要素对温控特性的影响度和影响规律，在第 5、第 6 章进行了深入分析，这里不再赘述。计算分析的影响要素如前所述共 9 个，计算方案的取值范围为：衬砌分缝长度 9～15m、宽度 10～25m、厚度 0.6～2.5m、混凝土强度等级 $C_{90}25$～$C_{90}60$、浇筑温度 16～26℃、浇筑期洞内气温 12～28℃（包括 T_a、T_{min} 不同组合及不同季节浇筑期）、围岩变形模量 5～30GPa、是否通水冷却及其水温 12～26℃。仿真计算同样以夏季 8 月 1 日浇筑为主并包含不同季节，共计 127 个不同要素组合方案。

对 127 个方案有限元法仿真计算成果，类似第 5、第 6 章进行要素自变量组合形成多个函数表达式，通过优化统计分析获得平板衬砌混凝土温控特征值的估算公式（仅列出 T_{max} 计算公式）如下：

$$T_{max}=14.96H-2.362H^2+0.0884C+0.5189T_0-0.1176T_g+0.411T_a+0.1304HT_0-0.021HT_g-0.0004T_0T_g-0.1508HT_a+6.42 \tag{7.7}$$

式中符号意义同前。

式（7.7）的相关系数为 0.998，最大绝对误差为 0.71℃，最大相对误差为 2.42%，均方误差为 0.216℃。T_{max} 误差小，满足工程设计估算要求。但推广应用有待检验。

7.4.2 按结构段分类统计的半理论半经验估算公式

现场检测 T_{max} 值具有充分的可信度和说服力，但离散性较大，结构和混凝土等参数范围受到有限工程限制，T_{max} 值大多小于真实值，而且结构类型、尺寸代表性和数据量不足。有限元仿真计算成果，具有广泛的参数选择范围和组合，T_{max} 值是结构中心的最高温度真实值，可以充分弥补现场检测 T_{max} 的这些不足，但也存在参数选择和计算误差。因此，综合有限元法仿真计算和现场温控检测成果，进行衬砌混凝土内部最高温度 T_{max} 与各要素关系的统计分析，因而称为半理论半经验估算公式。其中，中热水泥混凝土是溪洛渡水电站泄洪洞和导流洞衬砌结构现场检测成果；低热水泥混凝土是白鹤滩、乌东德水电站衬砌结构现场检测成果。归纳第 5、第 6 章，上述仿真计算和 7.3 节现场检测成果统计分析得：

（1）城门洞形断面边墙。

$$T_{max}=4.69H+0.1455C+1.144T_0+0.597T_g+0.401T_a-0.0277T_0T_g-6.36 \tag{7.8}$$

（2）圆形断面边顶拱。

$$T_{max}=6.933H+0.0391C+1.3899T_0+0.7373T_g+0.1548T_a-0.0451T_0T_g+0.019 \tag{7.9}$$

（3）高强硅粉衬砌混凝土。

$$T_{max}=4.081H+0.0939C+0.232T_0-0.4103T_g+0.218T_a+0.0226T_0T_g+17.05 \tag{7.10}$$

（4）平板衬砌混凝土。

$$T_{max}=13.35H-2.26H^2+0.0887C+0.535T_0-0.0559T_g+0.3994T_a+0.1804HT_0-0.0127HT_g-0.0043T_0T_g-0.1435HT_a+6.88 \tag{7.11}$$

式中符号意义同前。4 个公式的统计误差见表 7.13。

表 7.13　衬砌混凝土半理论半经验最高温度估算公式统计误差

公式	相关系数	最大绝对误差/℃	最大相对误差/%
(7.8)	0.809	5.27	13.56
(7.9)	0.92	3.398	9.01
(7.10)	0.718	13.2	34.15
(7.11)	0.8775	8.50	32.36

由于全面统计有限元法仿真计算和溪洛渡水电站泄洪洞、导流洞中热以及乌东德、白鹤滩水电站低热衬砌混凝土温控检测成果，数据量巨大，最大绝对误差也增大。根据前面各情况的统计误差分析，经验公式与现场检测 T_{max}值的误差不太大，基于仿真计算的半理论统计公式与有限元仿真计算 T_{max}值的误差较小。合并在一起统计分析的半理论半经验公式误差较大。主要原因是：现场实测数据一般都小于 T_{max}真实值（即有限元计算值），而且有中热、低热混凝土检测值，相互间的离散性进一步增大，最大绝对误差也进一步增大。因此有待进一步的实际工程数据修正率定。

7.4.3　按数据来源分类统计的 T_{max}估算公式

由于 T_{max}与衬砌结构平面或者曲面尺寸（包括结构形式）基本无关，所以城门洞形的边墙和平板、圆形断面的边顶拱衬砌混凝土全部计算值可以综合进行统计分析，以探讨提高计算精度和广泛适用性的 T_{max}计算公式。

（1）综合经验公式。将溪洛渡城门洞形的边墙和底板、龙落尾边墙和圆形断面边顶拱衬砌混凝土全部温控检测成果（见 7.3 节）汇总，统计得

$$T_{max}=36.45-29.39H+0.3755C-0.2054T_0-0.0455T_g-0.773T_a-0.009T_0T_g +0.4087HT_0+0.553HT_g+0.7297HT_a-0.0057T_0C -0.0077T_gC-0.0035CT_a+0.0341T_0T_a \tag{7.12}$$

式中符号意义同前。式（7.12）最大绝对误差为 7.06℃，最大相对误差为 30.278%，相关系数为 0.7855。最大绝对误差较大，与现场实测 T_{max}值离散性大密切相关。

（2）综合半理论公式（有限元法仿真计算成果）。将城门洞形的边墙和底板、龙落尾边墙和圆形断面边顶拱衬砌混凝土全部 537 个方案有限元法仿真计算成果（第 5、第 6 章、7.4.1 小节）汇总，统计得

$$T_{max}=10.114H+0.081C+1.0243T_0+0.2659T_g+0.3237T_a-0.0222HT_g -0.0154T_0T_g-0.0048HC-0.2351HT_a+0.1836H(T_a-T_{min})+1.6 \tag{7.13}$$

式中符号意义同前。式（7.13）的最大绝对误差为 4.23℃，最大相对误差为 10.59%。基本满足工程应用估算 T_{max}要求。

（3）综合半经验半理论公式。将城门洞形的边墙和底板、龙落尾边墙和圆形断面衬砌混凝土全部有限元法仿真计算成果和现场实测温控成果汇总，统计分析得

$$T_{max}=1.4338H+0.054C-0.072T_0+0.275T_g-0.1802T_a-0.008T_0T_g +0.1338HT_0+0.1026HT_g+0.0014HT_a+0.0056T_0C -0.0052T_gC+0.0003CT_a+0.0249T_0T_a+20.14 \tag{7.14}$$

式中符号意义同前。式（7.14）最大绝对误差 11.565℃，最大相对误差 37.12%，相关系数为 0.8115。

根据以上衬砌混凝土内部最高温度各类公式的统计分析，有如下基本认识：

1）有限元法计算衬砌混凝土内部最高温度的规律性强，计算值是 T_{max}真实值而且精度高，统计公式的误差相对较小。当然，由于内部最高温度 T_{max}与混凝土强度等级、洞内环境温度等都是非线性关系，而且很多要素有交叉影响关系，这些复杂的影响度和关系难以采用简单的线性和非线性关系表达，所以 T_{max}统计估算公式的最大绝对误差也较大。

2）现场实测成果的统计公式，计算误差相对更大些。由于现场施工条件非常复杂，如超挖不均、温度计埋设位置、通水冷却的水管布置和水温、洞内温度和浇筑温度等的记录、技术人员观测与整理等人为误差，等等，都在很大程度上影响 T_{max}观测值和估算公式统计误差。

3）不同结构部位、不同类型衬砌混凝土内部最高温度 T_{max}的综合统计分析，会增大统计公式的误差。由于不同结构部位浇筑混凝土的坍落度一般不同，如底板浇筑低坍落度常态混凝土、边墙与边顶拱浇筑泵送混凝土，配合比、水泥用量、外加剂等完全不同，其他条件相同的衬砌混凝土内部最高温度 T_{max}也明显不同。

4）现场实测成果与有限元法仿真计算成果混合统计，也会增大统计公式的计算误差。与现场实测数据的离散型较大而且小于真实值（有限元计算值）密切相关。

综合以上情况表明，式（7.12）～式（7.14）统计数据量巨大，适用范围广，离散性增大，因此最大绝对误差也明显增大，宜进一步检验、率定。

7.5 中热水泥衬砌混凝土最高温度 T_{max}估算公式率定

7.5.1 各估算公式要素影响度合理性分析

至此，基于现场实测和有限元仿真计算成果统计分析获得了不同结构形式衬砌混凝土（中热水泥）内部最高温度估算的经验公式、半理论公式、半经验半理论公式。根据各公式计算精度的初步分析，综合考虑到有限元仿真计算是 T_{max}真实值、精度高，实测 T_{max}偏低、离散性大、精度差些，结合衬砌结构与混凝土浇筑特点初步选择以下代表性估算公式进一步进行反映要素影响度合理性分析，以进一步率定、推荐 T_{max}估算公式。

（1）城门洞形边墙衬砌混凝土，半理论公式（5.1）；

（2）城门洞形底板衬砌混凝土，半理论公式（7.7）；

（3）圆形断面边顶拱衬砌混凝土，半理论公式（6.1）；

（4）不分结构部位，城门洞形的边墙和底板、龙落尾边墙和圆形断面边顶拱衬砌混凝土半理论公式（7.13），以下简称为综合公式。

对于龙落尾高强度边墙衬砌混凝土采用城门洞形断面衬砌混凝土公式。

对上述推荐估算公式，以 1.0m 厚度城门洞形边墙衬砌 $C_{90}30$ 混凝土夏季 8 月 1 日

20℃浇筑、20℃通水冷却情况为基础进行影响度计算，汇总列于表7.14。同时，将第5章采用有限元仿真计算各要素影响度也列于表7.14。结果表明：

表7.14　估算公式计算各要素对衬砌混凝土内部最高温度的影响度

公式	H/(℃/m)	C/(℃/10MPa)	T_0/(℃/℃)	T_w/(℃/℃)	T_a/(℃/℃)
仿真计算	4.8～6.5	0.7～0.9	0.54～0.62	0.13～0.14	0.16～0.34
(5.1)	5.1～7.17	0.843	0.5897	0.1294	0.3019
(6.1)	6.663	0.741	0.6419	−0.0282	0.1649
(7.7)	11.0228	0.884	0.6413	0.1464	0.2601
(7.13)	5.596～5.929	0.762	0.793	0.0641	0.2725
(7.15)	5.596～5.929	0.762	0.589	0.1300	0.273

注　衬砌厚度影响的范围值，前者为有通水冷却，后者为无通水冷却。

(1) 式(5.1)：各要素影响度，衬砌厚度5.1～7.17℃/m，合理；强度等级C、浇筑温度T_0、通水冷却水温T_w、洞内气温T_a的影响度值都基本合理，可以推荐采用。

(2) 式(6.1)：各要素影响度，衬砌厚度6.663℃/m、强度等级C、浇筑温度T_0的影响度值基本合理；通水冷却水温−0.0282℃/℃，不合理；洞内气温0.1649℃/℃，稍微偏小。

(3) 式(7.7)：各要素影响度，衬砌厚度11.0228℃/m，过大；强度等级C、浇筑温度T_0、通水冷却水温T_w、洞内气温T_a的值都基本合理。

(4) 式(7.13)：各要素影响度：衬砌厚度5.596～5.929℃/m、强度等级0.762℃/10MPa，基本合理；浇筑温度0.793℃/℃，根据一些工程实测T_{max}值和表中有限元计算值比较，稍微偏大，而且在不通水冷却时大于1.0是不合理的；通水冷却水温0.0643℃/℃，偏小；洞内气温0.2725℃/℃，基本在合理范围。

综合以上分析，各估算公式虽然是大量计算数据统计分析获得，有较好的总体规律，除式(5.1)外都存在个别要素的增长规律的量化精度有偏差。因此，推荐式(5.1)用于衬砌混凝土内部最高温度估算。

为了与式(5.1)比较进行优选，对于统计了各种衬砌结构537组数据而且相对较合理的式(7.13)将通水冷却水温影响度从0.0641℃/℃率定为0.1300℃/℃，即通水冷却水温效应值$0.2659T_g$率定为$0.2T_g$；不通水冷却情况浇筑温度影响度1.0243℃/℃率定为0.82℃/℃；并再次优化式(7.13)为

$$T_{max}=10.11H+0.081C+0.82T_0+0.2T_g+0.324T_a-0.022HT_g-0.0154T_0T_g-0.0048HC-0.235HT_a+0.184H(T_a-T_{min})+6.7 \quad (7.15)$$

率定后的公式(7.15)的影响度全部在合理范围，见表7.14。下一步将通过溪洛渡泄洪洞、小浪底等实际工程观测和有限元仿真计算成果进行比较检验，特别是将其运用于乌东德、白鹤滩巨型水电站泄洪洞、发电洞温度裂缝控制设计计算验证、比较，再最终推荐衬砌混凝土内部最高温度估算公式。

7.5.2　溪洛渡水电站泄洪洞衬砌混凝土实测 T_{max} 检验率定分析

为检验、率定以上最终推荐式（5.1）和式（7.15）计算衬砌混凝土内部最高温度 T_{max} 的精度，对于溪洛渡泄洪洞衬砌混凝土温控成果（包括有压段、无压段边墙与底板、龙落尾段边墙），245 组仿真计算（非统计计算部分）和 194 组现场实测数据（见 7.3 节），分别计算 T_{max} 和误差列于表 7.15～表 7.17。

表 7.15　溪洛渡泄洪洞有限元仿真计算＋现场实测内部最高温度

公式	误差绝对值最大值/℃	误差平均值/℃	误差绝对值平均值/℃	均方差	相关系数
(5.1)	8.591	0.370	1.647	2.242	0.781
(7.15)	8.867	0.965	1.682	2.176	0.791

表 7.16　溪洛渡泄洪洞现场实测内部最高温度

公式	误差绝对值最大值/℃	误差平均值/℃	误差绝对值平均值/℃	均方差	相关系数
(5.1)	9.730	1.308	2.673	3.041	0.553
(7.15)	9.102	1.626	2.668	3.385	0.591

表 7.17　溪洛渡泄洪洞有限元仿真计算内部最高温度

公式	误差绝对值最大值/℃	误差平均值/℃	误差绝对值平均值/℃	均方差	相关系数
(5.1)	4.222	0.119	1.156	1.597	0.883
(7.15)	5.132	0.772	1.114	1.705	0.892

表 7.15～表 7.17 误差分析结果表明：

（1）推荐的 2 个 T_{max} 计算公式，与溪洛渡泄洪洞有压段、无压段边墙与底板、龙落尾段边墙的 245 组仿真计算和 194 组现场实测值的误差平均值、误差绝对值平均值都不大。误差绝对值的最大值较大是因为数据量大，包括了不同坍落度、不同粉煤灰掺量等众多不同条件浇筑衬砌混凝土，离散性较大，特别是现场实测数据的离散性更大。

（2）式（5.1）比式（7.15）计算 T_{max} 值的误差小些。

（3）由于温度计和冷却水管一般都绑扎固定在围岩侧钢筋，不在结构厚度中心，温度计检测的不是结构中心最大值 T_{max}，而且检测间隔时间经常较大也难以检测到安装位置实际的最大值，计算值高于实测值 2.0～3.0℃ 是正常的。其中，有个别的误差达到 9.7℃，除此之外，可能还与超挖不均、浇筑温度和通水冷却水温以及环境温度等的观测误差有关，甚至有时温度计安装在通水冷却水管附近，检测温度就会显著低于真实内部最高温度。

最后必须指出的是，以上各公式的数据来源于衬砌厚度0.8～1.5m（见第5、第6章和7.3节，7.4.1节部分0.6～2.5m），因此只适宜小于2.5m厚度衬砌结构混凝土内部最高温度估算。大厚度、重要的大型水工隧洞衬砌混凝土温度裂缝控制设计宜采用有限元法和差分法进行更高精度的计算。

7.5.3　小浪底水利枢纽水工隧洞衬砌混凝土检验计算

文献［4］采用圆柱坐标差分法，对小浪底工程隧洞衬砌混凝土施工期的温度及温度应力进行了计算分析。小浪底主要的水工隧洞有18条，洞径6.5～14.5m，衬砌厚度1.0～4.0m。由于水沙条件和结构要求，隧洞衬砌混凝土标号为C30～C70。洞内空气温度：夏季最高温度20.6℃，冬季最低温度6.6℃。计算拟定7月混凝土浇筑温度和计算导流洞、明流洞衬砌混凝土内部最高温度见表7.18。

表7.18　　7月浇筑导流洞、明流洞最高温度

C /MPa	H/m	T_0/℃	T_a/℃	T_{max}/℃	T_{max}计算值/℃			误差/%	
					文献［4］	式（5.1）	式（7.15）	式（5.1）	式（7.15）
70	1.0	26.2	20.6	6.6	46.7	45.8	48.1	−1.93	2.99
	2.0	26.2	20.6	6.6	55.1	55.0	55.5	−0.18	0.73
		20.0	20.6	6.6	48.9	50.6	50.5	3.48	3.27
30	1.0	26.2	20.6	6.6	41.1	42.4	45.0	3.16	9.49
	2.0	26.2	20.6	6.6	47.1	50.3	52.7	6.79	11.89

采用式（5.1）和式（7.15）估算相应衬砌混凝土内部最高温度见表7.18。因为式（5.1）和式（7.15）只适宜小于2.5m厚度，所以表7.18中只列出衬砌结构厚度1.0m、2.0m混凝土内部最高温度值。

表7.18结果表明，估算衬砌混凝土内部最高温度与圆柱坐标差分法计算值比较，①式（5.1）比式（7.15）的误差小些，−1.93～6.79%；②C70混凝土比较接近，误差为−1.93～3.48%，C30混凝土误差大些，最大误差达到11.89。有的误差较大与两种计算方法均有计算误差有关。如2.0m厚度C70衬砌混凝土，在浇筑温度分别为26.2℃、20℃情况，圆柱坐标差分法计算内部最高温度值分别为55.1℃、48.9℃，浇筑温度差6.2℃，最高温度差也是6.2℃，显然是不合理的，即圆柱坐标差分法计算内部最高温度值也存在误差。

7.6　低热水泥衬砌混凝土T_{max}估算

7.6.1　估算公式修正

低热水泥混凝土自溪洛渡水电站开始试验采用，在乌东德和白鹤滩水电站全面应用，工程应用的时间还不长，水泥及其混凝土性能也在不断改进，因此采取修正中热水泥衬砌混凝土 T_{max} 估算方法。一方面是考虑低热水泥降低内部最高温度 T_{max} 的平均效果（基数），将 T_{max} 值减小一个常量；另一方面是公式中强度等级 C 线性增长比例系数，是水化热绝热温升随强度等级增长的比例，对 T_{max} 估算公式中强度等级乘以折合系数。具体折算依据如下几方面的成果：

（1）低热水泥混凝土与中热水泥水化热。根据溪洛渡关于水泥水化热检测成果，3d 龄期平均低 14%左右，7d 龄期平均低 17%。其次是根据白鹤滩水电站关于中热水泥混凝土和低热水泥混凝土最终绝热温升的检测成果，平均约为 80%。

（2）溪洛渡水电站混凝土试验墩温控检测成果[1]，使用低热水泥后，混凝土绝对温升降低了 5.8℃，并且混凝土达到最大温升所需的时间延缓了 54h。

（3）2011 年 7 月溪洛渡左岸泄洪洞无压段部分仓位进行高强 $C_{90}60$ 低热硅粉混凝土试验[1]。温度检测成果表明，在外界条件差异不大的情况下，低热水泥混凝土出机口温度相对降低 0.5℃左右，浇筑温度降低 1～1.5℃，最高温升降低 6℃左右。

（4）溪洛渡泄洪洞有压段（$C_{90}40$）和龙落尾段（$C_{90}60$）中、低热水泥衬砌混凝土温度观测成果[1]，整体平均温控效果，在外界条件差异不大的情况下，低热水泥比中热水泥混凝土，最高温度降低 2～4℃左右，最大温升降低 3～4℃，最高温升历时缩短 3～4h。

根据以上成果分析，采用推荐各公式进行低热水泥衬砌混凝土内部最高温度 T_{max} 计算时，宜重点依据溪洛渡泄洪洞有压段和龙落尾段工程浇筑混凝土温降效果，兼顾强度等级差别降低 2～4℃左右。一方面考虑强度等级 C 采用折合系数，根据绝热温升试验和水化热试验（并兼顾考虑延迟水化热对衬砌混凝土最高温度的影响）取 0.75 较合适。其降低效果，式（7.15）强度 C 的系数为 0.081，乘以系数 $\alpha=0.75$，对 $C_{90}30$ 混凝土仅降低 0.6℃，对 $C_{90}60$ 混凝土仅降低 1.2℃，不足以反映上述实际降低 2～4℃左右的效果。为此，取降低内部最高温度 T_{max} 的平均效果（基数）常数项减小 1.0℃。这样，$C_{90}30$～$C_{90}60$ 低热水泥混凝土总计降低 1.6～2.2℃，稍小于溪洛渡泄洪洞工程实际效果降低 2～4℃，是考虑到低热水泥应用时间不长，工程经验较少。

低坍落度（底板常态）衬砌混凝土设计公式率定：根据过去溪洛渡、白鹤滩、乌东德、向家坝等大量工程城门洞形断面温控防裂研究成果，底板衬砌混凝土由于采取低坍落度 3 级配常态混凝土浇筑，而且养护和温控防裂条件优于边墙、边顶拱，根据大量计算分析（见第 11、第 12 章）内部最高温度一般低 2～3℃左右。所以，采用式（5.1）和式（7.15）计算内部最高温度也比照低热水泥混凝土将强度等级 C 乘以 $\alpha=0.75$ 系数并常数项减 1.0℃。

7.6.2　与乌东德泄洪洞、发电洞衬砌混凝土现场实测值的比较

乌东德泄洪洞、发电洞衬砌结构，全部采用低热水泥混凝土浇筑。共收集现场实测温控成果 62 组，见图 7.16，同时采用推荐式（5.1）和式（7.15）（取 $\alpha=0.75$，常数项减 10℃，下同）计算内部最高温度 T_{max}，并分析误差情况见表 7.19。

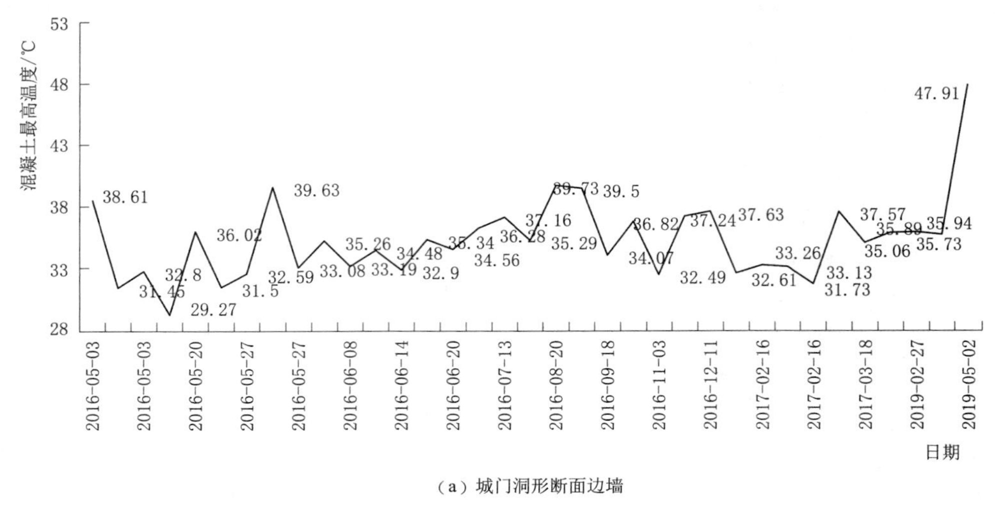

（a）城门洞形断面边墙

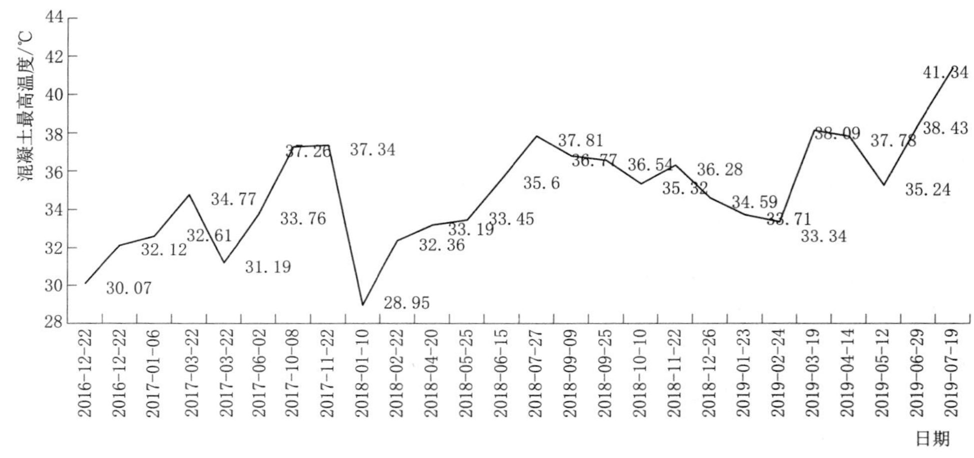

（b）圆形断面

图 7.16　乌东德泄洪洞衬砌混凝土 T_{max} 与浇筑日期关系

表 7.19　　乌东德泄洪洞、发电洞衬砌混凝土实测内部最高温度

公式	误差绝对值最大值/℃	误差平均值/℃	误差绝对值平均值/℃	均方差	相关系数
(5.1)	9.628	2.949	3.148	0.749	0.910
(7.15)	9.092	2.322	2.673	0.721	0.683

表 7.19 结果表明，公式计算值一般都大于实测值，误差平均值 2.3～3.0℃；误差绝对值平均值仅稍微大于误差平均值，2.7～3.1℃。式（7.15）的误差大约比式（5.1）小 0.5℃。

如 7.5.2 节分析，公式计算值平均高于实测值 2.0～3.0℃是正常的。其误差和误差的规律性与溪洛渡泄洪洞衬砌（中热）混凝土情况一致。其中，有个别的误差达到 9.1～9.6℃，除此之外，可能还与超挖、浇筑温度和通水冷却水温以及环境温度等的观测误差有关，甚至有时温度计安装在通水冷却水管附近，检测温度就会显著低于真实内部最高温度。最大绝对误差出现在衬砌厚度 1.0m、洞内气温 20.98℃、浇筑温度 22.12℃的 C30 泄洪洞有压段衬砌混凝土，实测内部最高温度 28.95℃，总温升仅 6.83℃，显然实测误差太大。

7.6.3 与白鹤滩泄洪洞现场实测值的比较

白鹤滩泄洪洞、发电洞衬砌结构，全部采用低热水泥混凝土浇筑。截至 2020 年 12 月共收集泄洪洞现场实测温控成果 66 组，见图 7.17，同时采用推荐公式（5.1）和式（7.15）计算内部最高温度 T_{max}，并分析误差情况见表 7.20。

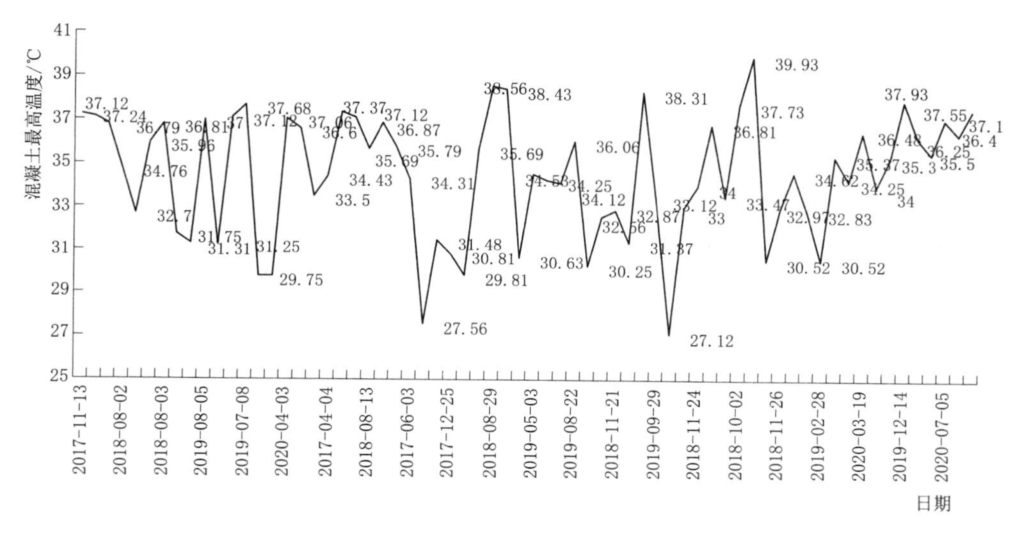

图 7.17 白鹤滩泄洪洞衬砌混凝土 T_{max}与浇筑日期关系

表 7.20 白鹤滩泄洪洞衬砌混凝土实测内部最高温度

公式	误差绝对值最大值/℃	误差平均值/℃	误差绝对值平均值/℃	均方差	相关系数
(5.1)	10.095	1.205	2.351	1.241	0.492
(7.15)	9.394	0.950	2.317	1.248	0.644

表 7.20 结果表明，公式计算值一般都大于实测值，误差平均值 0.95～1.2℃；误差绝对值平均值 2.32～2.35℃。式（7.15）的误差稍小于式（5.1）。最大绝对误差出现在泄 2+054.52～2+063.25 衬砌厚度 1.2m 龙落尾段 $C_{90}60$ 抗冲耐磨混凝土，2019 年 9 月 11—13 日浇筑，洞内气温 26.1℃，浇筑温度 16.9℃，通水冷却水温 13.6℃，实测内部最高温度 27.12℃。总温升仅 10.22℃，显然实测误差太大。公式计算值平均高于实测值 1.0℃左右，一方面是因为现场实测值往往低于真实最大值，另一方面也说明公式计算精度较高。

7.7　衬砌混凝土基础容许温差研究

7.7.1　基础容许温差关键要素

温度裂缝属于非结构性裂缝[15-18]，是受到围岩等极强约束的衬砌结构混凝土在温差（温降差和内表温差）作用下的拉伸变形超过极限拉伸变形或者拉应力超过抗拉强度产生的。有温差作用没有约束的混凝土不会产生温度应力。基础容许温差是衬砌结构混凝土系统能够安全抵抗基础温差的能力，是该系统的固有特性，包括混凝土抗裂性能和衬砌结构系统约束特性。衬砌结构系统，包括结构形式及其尺寸、围岩及其喷锚支护系统、钢筋等。系统约束包括内部约束和外部约束。《混凝土坝温度控制设计规范》[19]（NB/T 35092—2017）规定，坝体各部位混凝土的基础容许温差依据基础长边长度 l、基础面以上高度 h/l 确定，部分反映了大坝混凝土结构系统约束特性。

内部约束包括结构形式及其尺寸、钢筋，以及内部混凝土对表面混凝土的约束。内部混凝土对表面混凝土的约束，属于内表（或者内外）温差控制范畴。衬砌结构类型不同，对混凝土内部约束不同，同等温差条件产生的温度应力会不同[20]。反过来讲，其他条件相同的不同类型衬砌结构抵抗温差的能力会不等。因此，将分别对平面（隧洞底板和分块浇筑的边墙）、曲面（圆形断面边顶拱）及其组合结构（整体浇筑的城门洞形边顶拱）研究衬砌混凝土抵抗温差的能力。其次是衬砌结构包括衬砌厚度 H 及衬砌面（平面或者曲面）尺寸不同，对混凝土内部约束也会不同，抵抗温差的能力也会不等[21]，可以参考混凝土坝温度控制设计规范，采用衬砌厚度 H 与对角线长度 W 比值（H/W）反映其约束特性。内部钢筋约束，对衬砌混凝土温度应力的影响不大[22]，可以不考虑其对基础容许温差的影响。

外部约束方面，包括围岩、喷锚支护系统、过缝钢筋。溪洛渡泄洪洞衬砌混凝土温控实践表明，坚硬完整Ⅰ、Ⅱ类围岩区衬砌混凝土温度裂缝明显多于Ⅳ、Ⅴ类围岩区[1]。针对溪洛渡导流洞衬砌混凝土温度应力围岩变形模量敏感性有限元仿真计算成果进一步说明，围岩变形模量越大，温降产生的拉应力越大[23]。因此，围岩的约束，增大温降产生的拉应力[24]，降低衬砌结构系统抵抗温差的能力，围岩越坚硬完整抵抗温差的能力越弱。喷锚支护系统的约束，根据 4.3 节的研究，仅限于锚杆端部很小范围有较小影响，基本不影响衬砌结构整体的温控防裂。另外，有的隧洞工程为了加强衬砌结构的整体性，设置过缝钢筋将两个或者两个以上的衬砌块体联接起来，会增大联接端的约束和温度应力，增大联接端温度裂缝风险，因此在溪洛渡、江坪河水电站泄洪洞的设计与施工中都取消了过缝钢筋，以减小约束和减少温度裂缝[25]。但在分缝长度达到 12m 情况下，过缝钢筋对拉应力最大的块体中心的拉应力影响很小，即对温度裂缝的控制条件影响较小，为简化计算，可忽略不计。

混凝土抗裂性能，首先是强度等级 C，其次是配合比，包括水泥品种及其性能、外加剂（料）及其掺量等等，十分复杂，宜采用单一参数-强度等级综合其效果。强度越高，抗拉强度越大，但其水泥等胶凝材料越多，绝热温升越大。小浪底水利水电枢纽水工隧洞温度裂缝大多在C70高强度衬砌混凝土[26]；溪洛渡泄洪洞也是高强度厚度小Ⅱ类围岩区的衬砌混凝土裂缝多些[1]。在小浪底和锦屏一级水电站水工隧洞温度控制设计中，高强度衬砌混凝土的容许最高温度大于低强度[4,9]。

综上分析，衬砌混凝土基础容许温差的关键要素是结构类型、尺寸（厚度 H、长度 L、宽度 B 或者高度 H_0，或者由衬砌厚度 H 与对角线长度 W 比值 H/W 综合反映）、混凝土强度等级 C、围岩变形模量 E。下面将类似于混凝土内部最高温度估算，采取理论与实践相结合的方法，借鉴实际工程温控防裂经验，整理工程检测和有限元仿真计算成果进行衬砌混凝土基础容许温差的研究。

7.7.2　基于溪洛渡泄洪洞温控检测成果统计的基础容许温差

衬砌混凝土温度裂缝控制可以从两个方面借鉴成功的经验，一方面是类似工程衬砌混凝土的温度（基础温差）控制标准，而且最高温度 T_{max} 控制在容许值 $[T_{max}]$ 范围的结构段没有发生温度裂缝，则其控制标准是合理的；另一方面是类似工程采取的施工温控措施，使得衬砌结构的混凝土没有发生温度裂缝，则其温控措施方案是成功的，其检测 T_{max} 值也是可以参考的最高温度控制值。因此，可以借鉴的是成功经验，是衬砌结构混凝土没有发生温度裂缝的控制标准和措施。

溪洛渡泄洪洞是国内全面采取严格温控的第一个水工隧洞，温度裂缝得到有效控制，明显少于类似工程[1]。进行了276组温控检测（7.3节），其中105组结构段（有压段22组，无压段46组，龙落尾段37组）没有发生温度裂缝，见图7.18。之所以检测中没有温度裂缝的占比较少，是因为每个阶段（如初期浇筑试验、季节转换、结构段改变等）初期加强检测，温度裂缝被控制后较少温度检测甚至不检测。这些没有发生温度裂缝结构段的温度控制措施和最高温度控制效果（T_{max} 值）是可以借鉴的成功经验，意味着如果衬砌混凝土的最高温度（实际为基础温差）控制在这些结构段的经验范围将不会发生温度裂缝，即可以将这些结构段的基础温差作为衬砌混凝土基础容许温差控制标准的

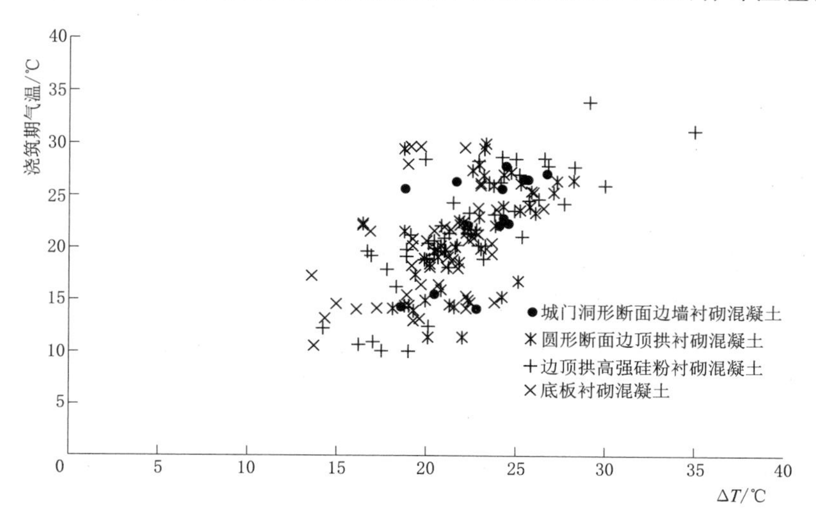

图7.18　ΔT 与衬砌混凝土浇筑期洞内气温 T_a 的关系

参考值。

由于混凝土浇筑在开挖完成后数月浇筑，在没有地热的情况，围岩表面一定深度范围的温度基本上就是洞内月平均气温，冬季温度也与洞内气温相近，可以近似取为冬季洞内最低气温。所以，施工期基础温差近似为衬砌混凝土内部最高温度与冬季洞内最低气温差。由于在温度观测时，没有分每个结构段监测冬季最低温度，而不同结构段（洞口、洞内、有支洞或者交通洞交叉）冬季最低气温有显著差别（气温观测成果大量离散也说明这一点）。为此，这里取洞内冬季最低气温为溪洛渡泄洪洞气温观测统计分析（见 7.2.2 节）的最小值 12.59℃。

按结构段分类，整理这 105 组没有发生温度裂缝的基础温差 ΔT 与 T_a 的关系，见图 7.18，并统计分析得如下公式：

（1）城门洞形断面边墙。

$$\Delta T=4.47H-0.0378H_0-0.038L+0.0976C-0.124E+0.367T_a+9.25 \tag{7.16}$$

（2）圆形断面边顶拱。

$$\Delta T=4.835H+0.1247C-0.1393E+0.2874T_a+8.93 \tag{7.17}$$

（3）龙落尾段边墙高强硅粉衬砌混凝土。

$$\Delta T=4.105H-0.0382H_0+0.1729C-0.1437E+0.4648T_a+0.412 \tag{7.18}$$

（4）泄洪洞底板。

$$\Delta T=6.905H-0.0955B+0.0896C-0.1048E+0.3085T_a+11.57 \tag{7.19}$$

式中：H_0 为衬砌结构高度，m；L 为衬砌结构分缝长度，m；E 为围岩的变形模量，GPa；其余符号意义同前。

必须指出的是，①衬砌混凝土采用 28d 龄期设计的强度等级时，需要按照规范换算为 90d 龄期设计的强度等级值；②施工期如果冬季封闭洞口保温，使得地下洞室空气温度提高，则 T_a 应该采用提高后的洞内空气温度；③溪洛渡泄洪洞有压圆形断面分缝长度为 9m、衬砌内半径 7.5m，所以式（7.17）没有衬砌结构断面尺寸参数，即只能适用于类似衬砌结构。

上述分结构段统计分析基础容许温差，由于有的数据量少、有的参数单一，将上述公式作为基础容许温差进行温度裂缝控制设计难以在更广泛的工程中采用。为此，不分结构段将这 105 组数据综合进行统计分析。根据有关研究，①拱顶一般有脱空，而且是对称结构；②圆形断面边顶拱衬砌温度裂缝一般在腰线附近轴向水平发生[2]；③溪洛渡泄洪洞圆形断面先浇筑底拱范围为 90°，后浇筑边顶拱 270°；④根据 6.1 节的计算成果，弧线结构应力稍大于平直结构；因此，圆形断面取边顶拱进行温度裂缝控制计算，环向长度 H_0 取边顶拱弧线长度的 1/2。对于城门洞形边墙，边顶拱分开浇筑时 H_0 为浇筑直墙高度；边顶拱整体浇筑时，由于对称性而且拱顶有脱空，H_0 取为直墙高度＋1/4 顶拱弧线长度（即对称结构一半的 1/2）。其余全部取自实际数据。按此计算衬砌结构的环向长度，并只用衬砌厚度与对角线长度比值（H/W）反映结构约束特性，综合统计分析得线性公式

$$\Delta T=30.298H/W+0.0009C-0.0567E+0.386T_a+13.431 \tag{7.20}$$

式中：W 为衬砌结构对角线长度，m；其余符号意义同前。

进一步增加交叉项优选，得

$$\Delta T=22.71-210.71H/W-0.2134C-0.0546E+0.3775T_a+5.694(H/W)C \tag{7.21}$$

式（7.21）增加了交叉项，与实测数据的统计精度比式（7.20）有所提高。同时，比式（7.16）～式（7.19）更全面反映各关键要素与基础容许温差的关系。

7.7.3 基于抗裂安全系数要求值推演的容许温差统计分析

采用有限元法仿真计算研究衬砌结构混凝土温控标准及温控措施方案，是先拟定若干施工可行温控措施方案，计算各温控措施方案情况衬砌结构混凝土在施工全过程（或者施工至运行全过程）温度、温度应力、抗裂安全系数等，进行最高温度和基础温差、拉应力和抗裂安全系数特别是全过程最小抗裂安全系数 K_{min} 综合分析，根据经济、优化、适用等原则，选择满足温控防裂要求（$K_{min}\geqslant[K]$）温控措施方案，并根据其对应的内部最高温度 T_{max} 及基础温差 $T_{max}-T_{min}$ 确定温控标准：容许最高温度 $[T_{max}]$ 和基础容许温差 $[\Delta T]=[T_{max}]-T_{min}$。$T_{min}$ 为设计温控期-施工期或者施工至运行期衬砌混凝土环境最低温度。所以，可以根据各种结构段各种可能情况（第5章、第6章、7.4.1节及高强硅粉衬砌混凝土总计538组）大量有限元仿真计算成果，在满足 $K_{min}\geqslant[K]$ 的条件下，统计分析获得衬砌混凝土基础容许温差的计算公式。衬砌混凝土温度裂缝控制的抗裂安全系数标准 $[K]$，至今没有规范标准，在工程设计中至今也没有统一意见。在溪洛渡水电站衬砌混凝土温控设计过程中，是参考当时大坝混凝土温控防裂要求取小值，导流洞取 $[K]=1.3$（当时混凝土坝设计规范要求为1.3～1.8）；泄洪洞取 $[K]=1.5$（当时混凝土坝设计规范修编，要求1.5～2.0）。小浪底水电站水工隧洞是根据徐变温度应力小于抗拉强度确定容许最高温度[4]。锦屏一级水电站泄洪洞是取 $[K]=1.5$ 设计确定温控标准[9]。在白鹤滩水电站水工隧洞衬砌混凝土温控设计中，设计要求 $[K]=1.8$。而在乌东德、白鹤滩水电站地下工程衬砌混凝土温度裂缝实时控制中取 $[K]=1.6$，没有发生温度裂缝[12-14]。因此，参考有关规范，结合水工隧洞衬砌结构在枢纽中的级别应该低于大坝，重点参考白鹤滩、乌东德水电站水工隧洞衬砌混凝土无温度裂缝的成功经验，宜取 $[K]=1.6$。并参考其他工程，也取 $[K]=1.3$ 进行比照分析。对前述538组仿真计算温控数据（城门洞形边墙、底板、圆形断面边顶拱、底板）进行统计分析（圆形断面边顶拱环向弧线长度计算同上）。其中：

（1）取 $[K]=1.6$（仿真计算成果 $K_{min}=1.5$～1.7）统计基础容许温差

$$\Delta T=112.66H/W+0.133C+0.0786E+0.253T_a+4.51 \tag{7.22}$$

取交叉项优选得

$$\Delta T=-908.127H/W-1.341C+0.0643E+0.28T_a+25.56(H/W)C+13.43 \tag{7.23}$$

（2）取 $[K]=1.3$（仿真计算成果 $K_{min}=1.2$～1.4）统计基础容许温差

$$\Delta T=64.166H/W+0.0843C-0.0006E+0.448T_a+7.42 \tag{7.24}$$

取交叉项优选得

$$\Delta T=24.72-210.11H/W-0.3587C+0.0084E+0.44T_a+7.047(H/W)C \quad (7.25)$$

式中符合意义同前。

7.7.4 基于衬砌混凝土允许最高温度值的基础容许温差统计

溪洛渡、白鹤滩、乌东德水电站采用有限元法详细计算确定水工隧洞衬砌混凝土温度控制标准，并取得温控防裂成功经验，这里进行统计分析供借鉴采用。

(1) 溪洛渡泄洪洞。溪洛渡泄洪洞有压段、龙落尾段通过有限元仿真计算推荐基础容许温差和容许最高温度控制标准共18组数据[1]，进行统计分析得

$$\Delta T=54.33H/W-0.1C-0.02E+0.5T_a+6.92 \quad (7.26)$$

(2) 乌东德泄洪洞、发电洞。有限元仿真计算推荐乌东德泄洪洞、发电洞最高温度控制标准共30组数据（见第11章），统计基础容许温差得

$$\Delta T=69.06H/W+0.09C-0.11E+0.4T_a+6.10 \quad (7.27)$$

(3) 白鹤滩泄洪洞、发电洞。白鹤滩泄洪洞、发电洞通过有限元仿真计算推荐容许最高温度控制标准共24组数据（见第12章），进行基础容许温差统计分析得

$$\Delta T=90.92H/W-0.06C-0.14E+0.37T_a+8.08 \quad (7.28)$$

(4) 乌东德+白鹤滩泄洪洞、发电洞。采用乌东德和白鹤滩泄洪洞、发电洞基础容许温差共54组数据进行统计分析得

$$\Delta T=91.69H/W-0.00055C-0.12E+0.40T_a+9.04 \quad (7.29)$$

(5) 溪洛渡泄洪洞+乌东德、白鹤滩泄洪洞、发电洞。溪洛渡泄洪洞、乌东德和白鹤滩泄洪洞、发电洞基础容许温差共72组数据，统计分析得

$$\Delta T=97.74H/W-0.12C-0.01E+0.34T_a+10.73 \quad (7.30)$$

7.7.5 基础容许温差计算公式关键要素影响度合理性分析

以上基于现场温控检测和温度裂缝检查成果、有限元仿真计算推荐温控标准、实际工程温控标准3个方面进行了基础容许温差统计分析。为获得科学合理的容许温差计算公式，这里进行各公式反映关键要素影响度合理性分析，计算结果见表7.21、表7.22。有交叉项的式（7.21）、式（7.23）、式（7.25）在低强度时 H/W 项的影响度会为负，不合理，所以去掉不列入表中。式（7.20）为综合溪洛渡泄洪洞各衬砌结构形式采取 H/W 项统计分析，所以列入表7.22。

表7.21　基于溪洛渡实测温控成果统计检验公式关键要素影响度

公式	H/(℃/m)	H_0/(℃/m)	L/(℃/m)	C/(℃/MPa)	E/(℃/GPa)	T_a/(℃/℃)
(7.16)	4.47	−0.0378	−0.038	0.0976	−0.124	0.367
(7.17)	4.835			0.1247	−0.1393	0.2874
(7.18)	4.105	−0.0382		0.1729	−0.143	0.4648
(7.19)	6.905	−0.0955		0.0896	−0.1048	0.3085
平均	5.079	−0.0572	−0.038	0.1212	−0.1278	0.3569

表 7.22 基于有限元仿真和实际工程温控标准基础容许温差计算公式关键要素影响度

公式	H/W/℃	C/(℃/MPa)	E/(℃/GPa)	T_a/(℃/℃)	说 明
(7.20)	30.298	0.0009	−0.0567	0.386	H/W、C 偏小
(7.22)	112.66	0.133	0.0786	0.253	E 的系数应为负
(7.24)	64.166	0.0843	−0.0006	0.448	
(7.26)	54.33	−0.1	−0.02	0.5	
(7.27)	69.06	0.09	−0.11	0.4	
(7.28)	90.92	−0.06	−0.14	0.37	
(7.29)	91.69	−0.00055	−0.12	0.40	
(7.30)	97.74	−0.12	−0.01	0.34	
平均值	75.93	0.0033	−0.0486	0.383	

根据表 7.21、表 7.22 的结果可知：

(1) 各关键要素对基础容许温差影响度的平均值：厚度 H 为 5.079℃/m、H/W 为 75.93℃、强度 C 为 0.0396℃/MPa、围岩变形模量 E 为 −0.073℃/GPa、浇筑期洞内环境温度 T_a 为 0.375℃/℃。

(2) 如果根据各关键要素对基础容许温差影响度的平均值评价各公式的合理性，则表 7.21 中基于溪洛渡水电站泄洪洞城门洞形边墙温控成果统计的式 (7.16) 基本合理，表 7.22 中基于乌东德水电站泄洪洞、发电洞各类结构衬砌混凝土容许温差（有限元法推荐值）统计的式 (7.27) 基本合理。

(3) 式 (7.29) 中 H/W 的增长率相对更合理些，而且围岩变形模量 E 和气温 T_a 的影响度也较合理，仅强度 C 的影响度为很小的负值。

(4) 根据采用抗裂安全系数估算公式对溪洛渡泄洪洞衬砌混凝土没有发生温度裂缝的结构段进行计算，抗裂安全系数大多约为 1.3～1.6（见 5.8 节、5.9 节），所以抗裂安全系数最小值宜要求大于 1.3～1.6 是比较合理的。

综上分析，考虑到简化计算公式和综合合理反映结构尺寸约束作用，进一步以式 (7.27) 和式 (7.29) 为基础，结合实际工程衬砌混凝土基础容许温差随强度增长情况，综合其他公式和容许温差成果再次统计优化提出率定公式

$$\Delta T=69H/W+0.05C-0.13E+0.37T_a+9.0 \tag{7.31}$$

$$\Delta T=91H/W+0.05C-0.12E+0.4T_a+7.0 \tag{7.32}$$

式中：H 为衬砌结构厚度，m；W 为衬砌结构对角线长度，m，$W^2=B^2+L^2$；B 为衬砌结构宽度，m，对于城门洞形或者圆形断面为环向长度$\left(对称结构按\dfrac{1}{2}计算\right)$；$C$ 为衬砌混凝土 90d 设计龄期强度等级，MPa；E 为围岩变形模量，GPa；T_a 为混凝土浇筑期洞内气温，℃。

7.8 基础容许温差计算公式检验率定

7.8.1 溪洛渡泄洪洞

为有效防止溪洛渡泄洪洞衬砌混凝土产生危害性温度裂缝，在设计阶段采用有限元法

仿真计算提出了有压段、龙落尾段（代表性结构）基础容许温差（容许最高温度）共 18 组数据。这里采用上述 2 个公式计算相应结构段基础容许温差，误差情况列于表 7.23。为进行比较发现这两个公式的合理性和优势，同时将较合理的式（7.16）和式（7.27）计算误差情况也列于表 7.23 中。

表 7.23　溪洛渡泄洪洞有压段、龙落尾段基础容许温差计算误差（T_{min}=22℃）

公式	误差绝对值最大值/℃	误差平均值/℃	误差绝对值平均值/℃	均方差	相关系数
(7.16)	13.12	8.69	8.69	7.36	0.294
(7.27)	9.97	5.94	5.94	6.46	0.285
(7.31)	9.71	5.80	5.80	6.21	0.379
(7.32)	10.401	5.901	5.901	7.358	0.361

表 7.23 结果表明，由于当时仿真计算取洞内气温年变化为 22～25℃[5,11]，根据有限元仿真计算提出的温度控制标准度是由早期温度应力控制。而事实上，施工期洞内冬季温度显著下降（见 7.2.2 节）至 T_{min}=12.59℃左右，所以各公式计算基础容许温差与设计阶段推荐基础容许温差的误差大，而且都是公式计算容许值大于有限元法推荐值。所以，不能依此计算误差判断各计算公式的合理性。

7.8.2　乌东德泄洪洞、发电洞

有限元仿真计算推荐乌东德泄洪洞、发电洞各类衬砌结构的基础容许温差共 30 组数据，采用上述 4 个公式计算基础容许温差与之比较，误差情况见表 7.24。

表 7.24　乌东德泄洪洞、发电洞衬砌混凝土基础容许温差

公式	误差绝对值最大值/℃	误差平均值/℃	误差绝对值平均值/℃	均方差	相关系数
(7.16)	4.884	2.541	2.541	8.111	0.916
(7.27)	2.867	−0.729	1.275	7.114	0.896
(7.31)	2.970	−0.268	1.132	6.983	0.890
(7.32)	2.797	−0.245	1.081	8.178	0.895

可以看出，式（7.16）的误差稍大些；式（7.27）、式（7.31）、式（7.32）的误差都较小，误差平均值小于 1.0℃（后二者小于 0.3℃），而且大多是稍微小于有限元法推荐值，误差绝对值平均值小于 1.3℃，作为工程设计误差是可以接受的。最大误差均出现在 1.0m 坚硬围岩区，洞内夏季最高温和冬季最低温期浇筑高强度衬砌混凝土。

7.8.3　白鹤滩泄洪洞、发电洞

通过有限元仿真推荐白鹤滩水电站泄洪洞、发电洞不同结构段衬砌混凝土基础容许温差 24 组，采用以上公式计算值与其误差情况见表 7.25。

表 7.25　白鹤滩泄洪洞、发电洞衬砌混凝土基础容许温差

公式	误差绝对值最大值/℃	误差平均值/℃	误差绝对值平均值/℃	均方差	相关系数
(7.16)	8.033	1.856	2.287	20.312	0.812
(7.27)	5.489	−2.292	2.889	16.243	0.811
(7.31)	4.42	−1.75	2.39	15.28	0.853
(7.32)	5.407	−1.069	1.984	21.550	0.857

表 7.25 结果表明，与乌东德水电站泄洪洞、发电洞衬砌混凝土情况类似，式（7.16）的误差稍大些，式（7.27）、式（7.31）、式（7.32）的误差较小，平均值稍微小于有限元法建议值。最大误差均出现在 2.5m 大厚度最高温和最低温期浇筑高强度衬砌混凝土。误差绝对值最大值是式（7.31）最小，为 4.42℃，出现在 2.5m 厚度衬砌混凝土，大于有限元法计算值。误差平均值是式（7.32）最小，与有限元法推荐值平均误差−1.069℃，即稍微小于有限元法推荐值，误差绝对值平均值 1.984℃，作为工程设计误差是基本可以接受的。

综合乌东德、白鹤滩水电站泄洪洞、发电洞各类衬砌结构混凝土基础容许温差有限元法推荐值与上述公式计算值的误差分析，式（7.31）、式（7.32）的误差较小，而且各关键要素对基础容许温差影响度合理，推荐为水工隧洞衬砌混凝土温度裂缝控制基础容许温差计算公式，并将通过在乌东德、白鹤滩水电站泄洪洞、发电洞进行温度裂缝控制设计应用，深入检验分析，最终推荐衬砌混凝土基础容许温差计算公式。

7.9　衬砌混凝土最高温度控制设计方法检验分析

7.9.1　最高温度控制设计计算强约束法

对于衬砌混凝土，可参照大坝等大体积混凝土，依据计算内部最高温度小于容许值的方法进行温控施工措施方案设计[28-30]，具体步骤如下：

（1）计算衬砌结构准稳定温度场及其准稳定温度（T_f）。

（2）将衬砌混凝土强度 C、结构参数 H/W、围岩变形模量 E 代入式（7.31）和式（7.32）计算基础容许温差 ΔT。

（3）计算允许最高温度。

$$[T_{max}]=T_f+\Delta T \tag{7.33}$$

式中：T_f 为衬砌结构混凝土准稳定温度的最小值，℃；其他符号意义同前。

（4）结合实际工程拟定若干施工温控措施方案，将结构、混凝土、温控措施等参数代入式（5.1）和式（7.15）计算内部最高温度 T_{max}。

（5）在满足 $T_{max}\leqslant[T_{max}]$ 的条件下，根据经济、简单、可行原则选择优化的温控防裂措施方案。

由于衬砌结构厚度小，平面（或者曲面）尺寸大，都是强约束区的混凝土，按照内部最高温度小于强约束区混凝土容许最高温度进行温控措施方案设计，因此将其简称为强约束法。

衬砌结构混凝土的准稳定温度场，包括施工期和运行期。衬砌结构厚度小，准稳定温度场由衬砌混凝土表面环境温度和洞壁围岩表层温度决定，基本为二者的平均值。由于衬砌混凝土浇筑一般都在隧洞开挖数月后进行，洞壁围岩一定深度范围的温度就是环境温度（近似为月平均值）。混凝土浇筑水化热温升完成后进入随环境温度变化阶段[2-3]，到达计算 T_f值的准稳定温度场（最低）期，混凝土表面即为环境温度（施工期为冬季洞内最低温度，运行期为过水温度的最低值）的最小值 T_{min}，洞壁围岩表层温度也是衬砌结构整体温度场演变至此时混凝土围岩侧温度。根据有限元仿真计算成果，无论是施工期[2-5]还是运行期[6]，如果岩体内部无地热，这时两侧的最大温差在2～3℃左右，在表面环境温度低于围岩温度的情况下 T_f值比表面最小值 T_{min}高1.0～1.5℃。因为计算洞内气温 T_{min}是环境温度的日最低值，低温期隧洞气温和水温的平均月变化一般在2.0℃左右（见7.2节），所以可以近似取环境最低月或者旬平均温度作为 T_f值。即，施工期准稳定温度 T_f值，近似为洞内多年月或者旬平均温度的最小值（洞口段，受自然环境气温控制，宜取为工程区自然环境多年月平均气温的最小值）；运行期准稳定温度 T_f值，取为隧洞进水口水温的月或者旬平均温度的最小值。

如前所述，上述公式适用于90d龄期设计强度混凝土，对于28d龄期设计强度衬砌混凝土，需要将强度等级 C 换算。计算基础容许温差 ΔT 时，对于顶拱弧线状结构，由于对称性而且拱顶有脱空，圆形断面边顶拱浇筑体的环向长度取1/2边顶拱弧线长；城门洞型边墙，边顶拱分开浇筑时为浇筑直墙高度，边顶拱整体浇筑时，取为直墙高度+1/4顶拱弧线总长度。

7.9.2　乌东德泄洪洞、发电洞衬砌混凝土温度控制

乌东德水电站泄洪洞、发电洞衬砌混凝土全面采用低热水泥混凝土，并采取制冷混凝土浇筑+（部分）通水冷却温控措施。为有效控制衬砌混凝土不发生危害性温度裂缝，在混凝土浇筑前，根据初期低热水泥混凝土试验成果确定性能参数，采用有限元仿真研究提出施工温控措施方案；在施工过程中，采用强约束法快速计算进行温度裂缝实时控制；具体计算成果见第11章。这里汇总两种方法的计算成果，进行强约束法及其计算公式的检验。

（1）容许最高温度。根据第11章计算分析，整理有限元法和式（7.31）和式（7.32）计算推荐乌东德泄洪洞、发电洞各类型衬砌混凝土高温季（3—10月）、低温季（11月、12月、1月、2月）容许最高温度见表7.26和表7.27。

表7.26　各方法计算推荐泄洪洞衬砌混凝土容许最高温度　单位：℃

工程部位	岩体分类	有限元法		式（7.31）		式（7.32）	
		高温季	低温季	高温季	低温季	高温季	低温季
有压段0.8m	Ⅱ	36	32	37	33.5	37	33
有压段1.0m	Ⅲ	38	34	39.5	35.5	39.5	35.5
缓坡段0.8m	Ⅱ	38	34	37.5	34	37.5	33.5
缓坡段1.0m	Ⅲ	41	36	40	35	40	36

续表

工程部位	岩体分类	有限元法		式（7.31）		式（7.32）	
		高温季	低温季	高温季	低温季	高温季	低温季
缓坡段 1.5m	Ⅳ	45	41	43	39	43	39
陡坡段 0.8m	Ⅱ	39	34	38	34	38	34
陡坡段 1.0m	Ⅲ	41	36	40	36.5	40	36
陡坡段 1.5m	Ⅳ	45	41	43	40	43.5	39.5

表 7.27　各方法计算推荐发电洞衬砌混凝土容许最高温度　单位：℃

工程部位	岩体分类	有限元法/℃		式（7.31）		式（7.32）	
		高温季	低温季	高温季	低温季	高温季	低温季
有压段 1.0m	Ⅱ	37	33	40	36	40	36
有压段 1.5m	Ⅲ	42	37	42.5	39	43	39
尾水洞 1.0m	Ⅲ	39	35	39	35	39	35
尾水洞 1.5m	Ⅱ			37.5	34	37.5	33.5
尾水洞 1.5m	Ⅲ			40	36.5	40.5	36.5
尾水洞 1.5m	Ⅳ	42	37	41.5	37.5	41.5	37.5
尾水洞 1.2m	Ⅲ	40	36	39.5	36	39.5	35.5

表 7.26 结果表明，泄洪洞衬砌混凝土容许最高温度，式（7.31）与式（7.32）计算基础容许温差和容许内部最高温度［$T_{\max}$］仅有的相差 0.5℃，大多数是相同。Ⅱ类围岩区小厚度衬砌混凝土，式（7.31）计算值高 0.5℃；Ⅳ类围岩区大厚度衬砌混凝土，式（7.31）计算值低 0.5℃。式（7.31）与式（7.32）计算［$T_{\max}$］，Ⅱ类围岩区小厚度衬砌混凝土计算值都高于有限元法推荐值；Ⅳ类围岩区大厚度衬砌混凝土，计算值都低于有限元法推荐值。所以，式（7.32）计算［$T_{\max}$］更接近有限元法推荐值，Ⅱ类围岩区小厚度衬砌混凝土高 1.0℃；Ⅳ类围岩区大厚度衬砌混凝土低 1.5℃。

表 7.27 为发电洞衬砌混凝土容许最高温度计算成果，与表 7.26 有完全类似结论，只是有压段圆形断面衬砌混凝土公式（7.31）和式（7.32）计算值都是高于有限元法推荐值，而且在Ⅱ类围岩区小厚度达到高 3℃。

（2）推荐温控措施方案。根据第 11 章计算分析，整理各方法计算分析推荐泄洪洞、发电洞各类型衬砌结构高温季（3—10 月）、低温季（11 月、12 月、1 月、2 月）浇筑混凝土的温控措施方案见表 7.28 和表 7.29。表中推荐温控措施方案“18℃浇＋制冷”“18℃浇＋常温”等，分别指温控措施方案为在冬季封闭洞口保温至洞内最低温度 18℃条件下采取“18℃浇筑温度＋通制冷水冷却”“18℃浇筑温度＋通常温水冷却”，其他类同。

表 7.28　各方法推荐泄洪洞衬砌混凝土温控措施方案

工程部位	岩体分类	有限元法		式（5.1）		式（7.15）	
		高温季	低温季	高温季	低温季	高温季	低温季
有压段 0.8m	Ⅱ	18℃浇＋制冷	16℃浇＋常温	20℃浇＋常温	18℃浇	20℃浇＋常温	18℃浇
有压段 1.0m	Ⅲ	18℃浇＋常温	16℃浇	20℃浇＋常温	18℃浇	20℃浇＋常温	18℃浇
缓坡段 0.8m	Ⅱ	18℃浇＋常温	16℃浇＋常温	20℃浇＋常温	18℃浇	20℃浇＋常温	18℃浇
缓坡段 1.0m	Ⅲ	18℃浇＋常温	16℃浇	20℃浇＋常温	18℃浇	20℃浇＋常温	18℃浇
缓坡段 1.5m	Ⅳ	20℃浇＋常温	18℃浇	20℃浇＋常温	18℃浇	20℃浇＋常温	18℃浇
陡坡段 0.8m	Ⅱ	18℃浇＋常温	16℃浇＋常温	20℃浇＋常温	18℃浇	20℃浇＋常温	18℃浇
陡坡段 1.0m	Ⅲ	18℃浇＋常温	16℃浇	20℃浇＋常温	18℃浇	20℃浇＋常温	18℃浇
陡坡段 1.5m	Ⅳ	20℃浇＋常温	18℃浇	20℃浇＋常温	18℃浇	20℃浇＋常温	18℃浇

表 7.29　各方法推荐发电洞衬砌混凝土温控措施方案

工程部位	岩体分类	有限元法		式（5.1）		式（7.15）	
		高温季	低温季	高温季	低温季	高温季	低温季
有压段 1.0m	Ⅱ	18℃浇＋常温	16℃浇	20℃浇＋常温	18℃浇	20℃浇＋常温	18℃浇
有压段 1.5m	Ⅲ	18℃浇＋常温	18℃浇	20℃浇＋常温	18℃浇	20℃浇＋常温	18℃浇
尾水洞 1.0m	Ⅲ	18℃浇＋常温	16℃浇	20℃浇＋常温	18℃浇	20℃浇＋常温	18℃浇
尾水洞 1.5m	Ⅱ	18℃浇＋制冷	16℃浇	20℃浇＋制冷	16℃浇	20℃浇＋制冷	16℃浇
尾水洞 1.5m	Ⅲ	18℃浇＋制冷	16℃浇	20℃浇＋常温	18℃浇	20℃浇＋常温	18℃浇
尾水洞 1.5m	Ⅳ	18℃浇＋常温	18℃浇	20℃浇＋常温	18℃浇	20℃浇＋常温	18℃浇
尾水洞 1.2m	Ⅲ	18℃浇＋常温	16℃浇	20℃浇＋常温	18℃浇	20℃浇＋常温	18℃浇

表 7.28 和表 7.29 的结果表明：

（1）式（5.1）和式（7.15）计算衬砌结构混凝土内部最高温度 T_{max} 与式（7.31）和式（7.32）计算允许内部最高温度 $[T_{max}]$ 配套进行温控方案设计（简称强约束法设计），最终推荐温控措施方案基本一致。

（2）衬砌混凝土温控措施方案，强约束法与有限元法推荐结果相比，总体稍微宽松，有限元法要求更严格的温控措施，但大部分是一致的。

泄洪洞和发电洞工程衬砌混凝土浇筑中，低温季节没有采取通水冷却措施（见第 11 章），与强约束法设计推荐结果一致，而有限元法推荐泄洪洞温控措施有的要求通水冷却；高温季节浇筑混凝土，少量采取了常温水通水冷却措施，强约束法设计推荐全部要求采取常温水通水冷却措施（有一种情况要求制冷水通水冷却），而有限元法推荐温控措施要求制冷水通水冷却情况更多。因此，强约束法设计推荐温控措施方案更接近工程实际。

7.9.3　白鹤滩泄洪洞、发电洞衬砌混凝土温度控制

白鹤滩水电站泄洪洞、发电洞衬砌混凝土也是全面采用低热水泥混凝土（制冷）浇筑和通水冷却温控措施。同样在混凝土浇筑前采用有限元仿真研究提出施工温控措施方案；在施工过程中，采用强约束法快速计算进行温度裂缝实时控制；具体计算成果见第 12 章。

泄洪洞和发电洞衬砌混凝土容许最高温度计算推荐值列于表 7.30；各方法计算推荐温控措施方案见表 7.31。

表 7.30　　各方法计算推荐衬砌混凝土容许最高温度　　单位:℃

衬砌结构			有限元法		式 (7.31)		式 (7.32)	
工程部位		厚度/m	夏季	冬季	夏季	冬季	夏季	冬季
泄洪洞	无压段	1.0	39	34	38	34	38	34
		1.5	41	36	41	37.5	41.5	38
	龙落尾	1.2	42	38	39.5	36	40	36
		1.5	44	40	41	37	41.5	37.5
发电洞	引水洞	0.8	38	35	36.5	32.5	36.5	32.5
		1.0	39	36	37	33.5	37.5	33.5
	尾水洞	1.0	39	35	37.5	34	37.5	33.5
		1.5	42	38	39.5	36	40	36
		2	45	41	42	38.5	43	39
		2.5	48	44	45	41	46.5	42.5
		3	51	47	46.5	43	49	45

表 7.31　　各方法计算推荐温控措施方案

衬砌结构			有限元法		式 (5.1)		式 (7.15)	
部位		厚度/m	夏季	冬季	夏季	冬季	夏季	冬季
泄洪洞	无压段	1.0	20℃浇+通水	16℃浇+通水	20℃浇+通水	18℃浇	20℃浇+通水	18℃浇
		1.5	20℃浇+通水	16℃浇	20℃浇+通水	18℃浇	20℃浇+通水	18℃浇
	龙落尾	1.2	18℃浇+通水	16℃浇	20℃浇+通水	18℃浇	20℃浇+通水	18℃浇
		1.5	18℃浇+通水	16℃浇	20℃浇+通水	16℃浇	20℃浇+通水	18℃浇
发电洞	引水	0.8	20℃浇+通水	18℃浇	20℃浇	18℃浇	20℃浇+通水	18℃浇
		1.0	20℃浇+通水	18℃浇	20℃浇	18℃浇	20℃浇+通水	18℃浇
	尾水	1.0	20℃浇+通水	18℃浇	20℃浇	18℃浇	20℃浇+通水	18℃浇
		1.5	20℃浇+通水	18℃浇	20℃浇	16℃浇	20℃浇+通水	18℃浇
		2	20℃浇	18℃浇	20℃浇	16℃浇	20℃浇+通水	18℃浇
		2.5	20℃浇	18℃浇	18℃浇	16℃浇	20℃浇+通水	18℃浇
		3	20℃浇	18℃浇	18℃浇	16℃浇	20℃浇+通水	18℃浇

表7.30和表7.31结果表明：

（1）式（7.31）与式（7.32）计算基础容许温差和依此计算的容许内部最高温度$[T_{max}]$，厚度2.0m以下情况，大多数相同，仅有上述较少情况相差0.5℃，而且与有限元法仿真计算推荐值$[T_{max}]$值基本一致；厚度2.5m及以上情况，有较大差距，且式（7.32）计算值大些。厚度越大，差距越大，3.0m厚度夏季浇筑时式（7.32）计算值大于式（7.31）2.5℃。

对于有压段圆形断面衬砌混凝土，式（7.31）和式（7.32）计算值低于有限元法推荐值，达到1.5～2.5℃。而在乌东德发电洞，计算值高于有限元法推荐值，在1.0m厚度达到高3℃。可能与圆形断面衬砌结构与边界衔接稍微复杂些，不同人员建模仿真计算带来误差有关。

（2）有限元仿真计算推荐容许内部最高温度$[T_{max}]$，总体而言都大于式（7.31）与式（7.32）计算值。$H \leqslant 2.0$m时差距小，厚度越大差距增大。软弱围岩区3.0m厚度时，高于式（7.31）计算值4.5℃；高于式（7.32）计算值2.0℃。即式（7.32）计算值介于式（7.31）与有限元仿真计算推荐值之间。

（3）推荐温控措施方案，式（5.1）和式（7.15）计算衬砌结构混凝土内部最高温度T_{max}与式（7.31）和式（7.32）计算容许内部最高温度$[T_{max}]$配套进行温控方案设计，最终推荐温控措施方案基本一致。

（4）衬砌混凝土温控措施方案，同样是强约束法总体稍微宽松，有限元法推荐温控措施有的要求更严格，较多是一致的。

7.9.4 检验分析基本结论

综合强约束法及其相关公式在乌东德、白鹤滩泄洪洞和发电洞衬砌混凝土温度裂缝实时控制中的应用检验，并与有限元仿真计算成果比较，以及前面对各计算公式的率定分析，获得如下结论：

（1）基础容许温差计算，坚硬围岩区小厚度（$\leqslant 2.0$m）衬砌结构混凝土，式（7.31）和式（7.32）与有限元法推荐值非常一致，有的仅相差0.5℃；软弱围岩区厚度2.5m及以上衬砌，有限元法推荐值最大，式（7.32）计算值居中，式（7.31）计算值最小。而且用式（7.32）计算值叠加准稳定温度计算容许内部最高温度$[T_{max}]$，用于强约束法设计温度控制措施方案，与内部最高温度计算式（5.1）和式（7.15）均能够很好配套，与有限元法推荐温控方案也能够很好一致。因此，最终推荐式（7.32）为衬砌混凝土基础容许温差计算公式。

衬砌结构宽度B，对应圆形断面边顶拱，由于是对称结构而且顶拱中部脱空，取边顶拱弧线长度的1/2；对于城门洞形边墙，边顶拱分开浇筑时为浇筑直墙高度，边顶拱整体浇筑时，由于对称性而且拱顶有脱空，取为直墙高度+1/4顶拱弧线总长度。

强度等级C，对于28d龄期设计强度衬砌混凝土，需要按规范公式换算为90d龄期强度值。

（2）衬砌混凝土内部最高温度T_{max}，式（5.1）计算值一般稍高于式（7.15），小厚度情况高0.5℃左右，大厚度情况高0.5～2.5℃（通水冷却情况相差很小）。式（5.1）是基于厚度1.5m及以下衬砌结构原始数据统计成果，没有进行任何率定修改，而且在小于2.0m厚度情况与各工程衬砌混凝土 T_{max} 计算值、观测值比较吻合，精度比式（7.15）高，在2.5～3.0m厚度情况计算值偏大；式（7.15）是基于厚度2.5m及以下衬砌结构数据统计结果，经过适当的率定，各厚度计算 T_{max} 值规律较好但稍微偏小。因此建议：

$H \leqslant 2.0$m时，采用式（5.1）计算衬砌混凝土内部最高温度 T_{max}；

$H \geqslant 2.0$m时，采用式（7.15）和式（5.1）的平均值为内部最高温度 T_{max}。

对于低热水泥混凝土、低坍落度（底板多级配常态）混凝土，强度等级 C 乘以 $\alpha=0.75$ 系数并将常数项减1.0℃。

（3）强约束法，采用推荐基础容许温差、准稳定温度和容许最高温度、内部最高温度各公式配套设计计算衬砌混凝土温度裂缝控制的方法，推荐温控措施方案与现场实际施工方案非常一致，可以推广采用。

参 考 文 献

[1] 樊启祥，段亚辉，等. 水工隧洞衬砌混凝土温控防裂创新与实践［M］. 北京：中国水利水电出版社，2015.

[2] 张志诚，林义兴，徐云峰，等. 三峡地下电站引水洞衬砌混凝土裂缝成因分析［J］. 人民长江，2006，37（2）：9-10.

[3] 王雍，段亚辉. 三峡工程永久船闸输水洞衬砌混凝土温控研究［J］. 武汉大学学报（工学版），2001，34（3）：32-36.

[4] 阎士勤，曹喜华，康迎宾. 小浪底工程高标号隧洞衬砌混凝土温控标准分析［J］. 华北水利水电学院学报，2003，24（2）：20-23.

[5] 刘强，杨敬，廖桂英. 溪洛渡水电站大型泄洪洞高强度衬砌混凝土温控设计［J］. 水电站设计，2011，27（3）：67-70.

[6] 赵路，冯艳，段亚辉，等. 三板溪泄洪洞衬砌混凝土裂缝发生与发展过程［J］. 水力发电，2011，37（9）：35-38.

[7] 王业震，段亚辉，彭亚，等. 白鹤滩泄洪洞进水口段衬砌混凝土温控方案优选［J］. 中国农村水利水电，2018（7）：124-127.

[8] 林峰，段亚辉. 溪洛渡水电站无压泄洪洞衬砌混凝土秋季施工温控方案优选［J］. 中国农村水利水电，2012（7）：132-136.

[9] 蒋林魁，黄玮，阎士勤. 锦屏一级水电站泄洪洞混凝土温控设计与实施［J］. 水电站设计，2015，31（3）：6-9.

[10] 陈勤，段亚辉. 洞室和围岩温度对泄洪洞衬砌混凝土温度和温度应力影响研究［J］. 岩土力学，2010，31（3）：986-992.

[11] 陈叶文，段亚辉. 溪洛渡泄洪洞有压段圆形断面衬砌混凝土温控研究［J］. 中国农村水利水电，2009（5）：116-119.

[12] 王霄，樊义林，段兴平. 白鹤滩水电站导流洞衬砌混凝土温控限裂技术研究［J］. 水电能源科学，2017，35（5）：77-81.

[13] 王业震，段亚辉，彭亚，等. 白鹤滩泄洪洞进水口段衬砌混凝土温控方案优选［J］. 中国农村水利水电，2018（7）：124-127.

[14] 王麒琳，段亚辉，彭亚，等. 白鹤滩发电尾水洞衬砌混凝土过水运行温控防裂研究［J］. 中国农村水利水电，2019（1）：137-141，147.

[15] 王铁梦．工程结构裂缝控制 [M]．北京：中国建筑工业出版社，1997.
[16] 李瑞华，梁斌万．混凝土施工中非结构性裂缝产生原因及防治 [J]．施工技术，2002，(4)：17－18.
[17] 朱耀台，詹树林．混凝土裂缝成因与防治措施研究 [J]．材料科学与工程学报，2003，Vol. 21 (5)：727－730.
[18] 王宗昌，屈芳民，蔡荣生．混凝土结构裂缝的分类特征及密封处理 [J]．混凝土，2002 (5)：60－62.
[19] 国家能源局．混凝土坝温度控制设计规范（NB/T 35092—2017） [M]．北京：中国电力出版社，2017.
[20] 雷璇，段亚辉，李超．不同结构形式水工隧洞温控特性分析 [J]．中国农村水利水电，2017 (12)：180－184.
[21] 孙光礼，段亚辉．边墙高度与分缝长度对泄洪洞衬砌混凝土温度应力的影响 [J]．水电能源科学，2013，(3)：94－98.
[22] 段亚辉，吴家冠，方朝阳，等，三峡永久船闸输水洞施工期钢筋应力现场试验研究 [J]．应用基础与工程科学学报，2008，16 (3)：318－327.
[23] 刘亚军，段亚辉，郭杰，等．导流隧洞衬砌混凝土温度应力围岩变形模量敏感性分析 [J]．水电能源科学，2007 (5)：77－80.
[24] 郑道宽，段亚辉．围岩特性对泄洪洞无压段衬砌混凝土温度和温度应力的影响 [J]．中国农村水利水电，2014 (10)：116－119.
[25] 苏芳，段亚辉，过缝钢筋对放空洞无压段衬砌混凝土应力影响研究 [J]．水电能源科学，2011，29 (3)：103－106.
[26] 廖波．小浪底泄洪工程高标号混凝土裂缝产生的原因与防治 [J]．水利学报，2001 (7)：47－50.
[27] 鲁光军，段亚辉，陈哲．水工隧洞冬季洞口保温衬砌混凝土温控防裂效果分析 [J]．中国水运（下半月），2015，15 (3)：310－311，315.
[28] 段亚辉，樊启祥．一种圆形断面衬砌混凝土施工期内部最高温度的计算方法：CN105260531B [P]．2019－03－19.
[29] 段亚辉，樊启祥．一种圆形断面衬砌混凝土施工期允许最高温度的计算方法：CN105354359B [P]．2019－03－19.
[30] 段亚辉，樊启祥．一种门洞形断面衬砌混凝土施工期允许最高温度的计算方法：CN105677939B [P]．2019－03－19.

第8章　衬砌混凝土温度裂缝全过程控制

针对水工隧洞衬砌混凝土的温度裂缝控制，结合三峡、溪洛渡、向家坝、乌东德、白鹤滩等巨型水电站工程，通过一系列的理论、试验和数值仿真研究，获取了从初步认识到被动温控、主动防裂再到实时控制的技术进步，清醒地认识到温度裂缝控制是一个贯穿工程管理、设计、混凝土配制、施工至运行全过程与全方位的技术难题，而且与这些过程中各方面的因素密切相关。

8.1　关键要素对衬砌混凝土温度裂缝控制影响度分析

根据第4～第6章计算分析成果，以城门洞形、圆形断面为代表结构，关于各要素对衬砌混凝土温控防裂的影响度进行比较分析。重点围绕设计与施工温控措施变量，对于影响度很小或者是温控过程中不可变参数，不进行计算分析，但在8.5节介绍全生命周期温度裂缝控制技术中结合具体情况适当予以阐述。如自身体积变形、围岩温度、养护水温、模板及其拆模时间等。汇总单一要素对温度裂缝控制特征值的影响度见表8.1。

表8.1　城门洞形断面衬砌混凝土温度裂缝控制要素影响度

序号	影响要素	要素变化范围	最高温度/℃			最大拉应力/MPa			最小抗裂安全系数			综合重要性
			基础值	增加值	排序	基础值	增加值	排序	基础值	增加值	排序	
1	衬砌厚度	0.8～1.5m	35.71	3.34	7	3.71	0.09	17	1.14	−0.03	15	主要
2	边墙高度	8.87～14.87m	36.81	0.16		3.53	0.21	14	1.20	−0.07	14	主要
3	分缝长度	6～12m	36.97	0		3.56	0.35	13	1.19	−0.11	13	主要
4	混凝土强度	$C_{90}30$～$C_{90}60$	35.74	2.69	10	2.77	1.68	1	1.20	−0.28	6	主要
5	强度龄期	90d、28d	38.44	4.38	2	1.83	0.3	12	1.06	−0.12	10	主要
6	坍落度	5～18	32.47	3.76	5	1.36	0.83	5	2.52	−0.95	1	主要
7	掺粉煤灰	0、20%	42.82	4.57	3	3.97	−0.46	6	1.05	0.13	9	主要
8	低热水泥	低热、中热	36.25	3.02	8	2.21	0.42	10	1.55	−0.25	8	主要
9	锚杆	有、无	37.58	0		3.77	0		0.97	0		可忽略
10	过缝钢筋	有、无	56.17	0		6.04	−0.78	7	0.75	0.11	12	主要
11	钢筋	有、无	39.71	0.04		2.98	−0.01		1.51	0.01		可忽略
12	顶部脱空	0、2m、4.5m	35.61	0		3.01	−0.12	16	1.88	0.02	17	可忽略
13	设置隔层	无、砂浆、沥青	37.58	3.35	6	3.77	−0.77	8	0.97	0.40	3	主要
14	围岩模量	5～30GPa	36.95	0		2.86	1	4	1.48	−0.39	4	主要

续表

序号	影响要素	要素变化范围	最高温度/℃			最大拉应力/MPa			最小抗裂安全系数			综合重要性
			基础值	增加值	排序	基础值	增加值	排序	基础值	增加值	排序	
15	浇筑温度	16～27.1℃	35.99	5.99	1	3.46	1.51	3	1.22	−0.37	5	主要
16	通水时间	0～15d	39.98	−3.01	9	4.20	−0.46	11	1.01	0.12	11	主要
17	通水温度	无通水、22.5～15℃	39.98	−3.01	9	4.20	−0.46	11	1.01	0.12	11	主要
18	洞内气温	23.5～27℃	36.97	0.49	11	2.12	1.62	2	1.13	0.86	2	主要
19	浇筑季节	夏、秋、春、冬	36.97	−3.78	4	3.74	−0.24	15	1.13	0.04	16	主要
20	封洞保温	无、有	36.97	0		3.74	0.68	9	1.13	0.26	7	不计入

必须指出的是，温度裂缝控制特征值的影响度与要素变化范围密切相关。而且是结合溪洛渡、三峡、江坪河多个工程水工隧洞及其参数的大量计算成果的汇总，与其结构形式和各参数均有交叉影响。因此，影响度的量值范围及其排序并不是绝对的，但具有重要的定性效果。

根据表 8.1 汇总的 20 个因素，有 11 个因素对衬砌混凝土施工期内部最高温度影响较大；5 个因素的影响可以忽略不计；4 个因素基本没有影响。11 个因素的影响度在 0.49～5.99℃之间，按从大至小排序为浇筑温度、强度龄期、掺粉煤灰、浇筑季节、坍落度、设置隔层、衬砌厚度、低热水泥、通水温度、混凝土强度、洞内气温。前面 10 个因素的影响度都在 2℃以上。有 14 个因素对衬砌混凝土施工期最大拉应力和抗裂安全系数的影响较大，对抗裂安全系数的影响在 0.1 以上，共计有 17 个因素的影响不能忽略；仅 3 个因素（顶部脱空、锚杆、钢筋）的影响可以忽略不计。

说明：①通水冷却影响是以 1.0m 厚度衬砌混凝土为例计算的，包括不通水冷却、水温为 15～22.5℃时通水冷却，如果衬砌厚度增大，影响度会增大；②洞内气温取值范围是夏季洞内最高温度，混凝土内部最高温度 T_{max} 值是夏季浇筑施工各方案计算值比较结果，所以仅为 0.49℃，如果将夏季、冬季浇筑混凝土 T_{max} 比较，将达 4℃左右，因此列于主要因素；③边墙高度，从温度应力、抗裂安全系数影响度来看，介于次要与主要因素之间，但因为结构分缝分块的成本相对较低，在满足安全运行和结构要求的情况下宜优先考虑，所以列于主要因素。

在进行温度裂缝控制的设计与施工过程中，可以考虑这些排序与定性分析结论，优选温控措施，更加经济有效实现温度裂缝控制目标。

8.2　衬砌混凝土通水冷却时间研究

8.2.1　衬砌混凝土通水冷却的温控目标

埋设冷却水管通水冷却是控制混凝土内部温度最常采取的措施之一，在大坝等大体积结构中广泛采用，并取得良好效果。水工有关规范对通水冷却规定：混凝土温度与水温之差一般不应超过 20～25℃，管中水的流速宜为 0.6～0.7m/s；水流方向应每 24h 调换 1 次，日降温不应超过 1℃；通水（冷却）时间，“应通过分析计算确定”[1-3]。文献 [3] 进一步提出初期冷却可取 10～20d（工程中大多按此控制），要求在低温季节前将坝体温度降至设计要求的温度，中期通水冷却宜为 1～2 个月。通水时间取值范围较大；初期与中期两次通水冷却之间的时间与混凝土浇筑期有关，可能达到半年以上，导致中期通水冷却时坝体内部温度较高，与通水冷却水温差大。朱伯芳院士针对某高拱坝在非基础约束区出现长达 100m 的贯穿裂缝，分析认为产生裂缝的主要原因是中期冷却时初始温差太大。提出混凝土坝水管冷却的方式为：小温差、早冷却、缓慢冷却，可有效降低混凝土与水温之差，大幅度提高抗裂安全度[4-5]。此后，一些学者进一步验证了其有效地减小混凝土温度梯度和拉应力的优点[6-8]。近些年，更进一步引入信息化、自动化技术与科学计算相结合进行全过程“智能监控与预报、预警”，实现温控施工的精细化，达到大体积混凝土防裂的根本目的[9-14]。

1999 年三峡永久船闸地下输水隧洞初期浇筑衬砌混凝土发生贯穿性裂缝，结合现场实测及有限元仿真计算分析，提出了缩短结构分缝、优化混凝土设计指标及配合比、制冷混凝土、T 形管等部位通水冷却综合温控措施[15]，随后三峡永久船闸闸室薄壁混凝土衬砌墙采取了内置塑料冷却水管通水冷却的综合措施，实现了衬砌混凝土全年浇筑，保证了混凝土施工质量，满足了船闸按期投用要求。2002 年国内首次在三峡右岸地下电站发电引水洞衬砌混凝土中全面采取通水冷却，取得良好温控效果[16-17]。关于通水时间，《水工隧洞设计规范》（SL 279—2002）在附录 D 中提出了一些防止裂缝的措施但没有提及通水冷却措施[18]，至今一些工程施工中采取通水时间 T_b 见表 8.2[16-17,19-21]，差别较大。原因在于：衬砌结构厚度小，散热快，过最高温度后的温降速率快，只需要初期一次通水冷却。如三峡永久船闸输水洞衬砌混凝土[22]，在没有通水冷却的情况下 3d 龄期内达到最高温度，7d 龄期温降达到 7.90～17.35℃。有通水冷却的情况下（一般也会降低浇筑温度），内部最高温度显著减小，平均温降速率减小，但初期短时温降速率与没有通水冷却情况基本相当[23]。因此，有的工程参考大坝初期通水冷却时间采取 15～20d，如向家坝发电尾水洞；有的认为通水时间只需要超过内部最高温度发生龄期，如溪洛渡导流洞；有的参考有限元仿真计算中取值确定，如溪洛渡泄洪洞、发电洞和乌东德泄洪洞，以及锦屏一级水电站泄洪洞。所以，需要深入研究确定科学的经济有效实现温度裂缝控制目标的通水时间。

表 8.2　部分大型工程地下水工衬砌混凝土通水时间

水电站	工程部位	厚度/m	混凝土强度/MPa	$[T_{max}]$ /℃	T_b/d	备注
三峡	发电洞引水洞	1.0～1.2	C25 ～C30	38～42	10	
溪洛渡	导流洞	1.0	C30～C40		3	部分
	泄洪洞	0.8～1.5	C_{90}40～C_{90}60	38～40	2+7	
	发电洞引水洞	1.0～1.5	C25	35～37	10	
向家坝	发电洞尾水洞	≥2.0	C25	40	15～20	部分
乌东德	泄洪洞	0.8～1.5	C_{90}30～C_{90}40	40～44	7	

续表

水电站	工程部位	厚度/m	混凝土强度/MPa	$[T_{max}]$ /℃	T_b/d	备注
白鹤滩	导流洞	0.8～1.0	$C_{90}25$	38～40	15	夏季
	发电洞	0.8～2.5	$C_{90}25$	38～40	15	
	泄洪洞	1.0～2.5	$C_{90}40$、$C_{90}60$	37～40	10～20	
锦屏一级	泄洪洞	0.9～1.8	C35～ C50	30～36	7	

8.2.2　通水冷却最佳时机

通水冷却时机包括通水冷却开始和结束的时间。由于衬砌结构厚度小，温升温降快，为尽可能降低内部最高温度，通水冷却开始的时间最好是混凝土覆盖冷却水管的时间，即一开始就通水冷却。所以，只需要确定通水冷却终止的时间，即为通水冷却的总时长。最佳通水冷却时机（时间）则是指经济有效实现通水冷却降低内部最高温度和最大内表温差温控目标的最短通水冷却时间。为此，整理 5.2 节Ⅲ1 围岩区厚度 H=1.0m、1.5m 边墙夏季 8 月 1 日 18℃浇筑，15℃水不同通水冷却时间 T_b 衬砌（中热）$C_{90}30$ 混凝土温控特征值（表 8.3），其中 1.0m 厚度温控特征值示于图 8.1～图 8.3。温控特征值包括最高温度 T_{max}、最大内表温差 ΔT_{max}、最大拉应力 σ_{max} 和最小抗裂安全系数 K_{min}。σ_{max} 和 K_{min} 都发生在冬季最低温度期，没有列出发生龄期，T_b=0 表示不通水冷却。

表 8.3　　不同通水冷却时间衬砌混凝土温控特征值

H/m	T_b/d	表面点		中间点		内表温差		表面点		中间点	
		T_{max}/℃	d/d	T_{max}/℃	d/d	ΔT_{max}/℃	d/d	K_{min}	σ_{max}/MPa	K_{min}	σ_{max}/MPa
1.0	0	37.4	3	39.98	3.25	4.53	5	1.15	3.65	1.01	4.20
	2	35.98	3	38.28	3.25	4.11	5.25	1.22	3.46	1.07	3.93
	3	35.05	2.5	37.07	3.25	3.85	5.25	1.22	3.45	1.09	3.88
	4	35.05	2.5	36.97	2.75	3.59	5.5	1.23	3.43	1.10	3.85
	15	35.05	2.5	36.97	2.75	3.43	4.75	1.25	3.38	1.13	3.74
1.5	0	39.46	3	43.43	4.5	6.37	6.75	1.23	3.43	0.96	4.39
	2	37.72	3	41.49	4.5	5.80	7	1.30	3.24	1.04	4.09
	3	36.43	2.75	40.20	4.5	5.44	7.25	1.30	3.23	1.05	4.03
	4	36.43	2.75	39.05	3.25	5.09	7.25	1.31	3.21	1.06	3.98
	15	36.43	2.75	39.05	3.25	4.57	5.5	1.34	3.14	1.11	3.80

可以看出，通水冷却时间对衬砌混凝土温控特征值和温度裂缝控制均有影响。

(1) 当 $T_b \leqslant T_{md}$ 时，随着通水冷却时间 T_b 的增长，内部最高温度 T_{max} 逐渐降低；当 $T_b > T_{md}$（T_{max} 发生龄期，衬砌厚度 1.0m、1.5m 情况 2.75～4.5d），延长 T_b 对 T_{max} 不再有影响，T_{max} 不变。通水冷却会缩短 T_{max} 发生龄期 0.5～1.5d，1.0m 厚度衬砌混凝土 T_{max} 发生龄期从 3.25d 缩短至 2.75d；1.5m 厚度衬砌混凝土 T_{max} 发生龄期从 4.5d 缩短至 3.25d。

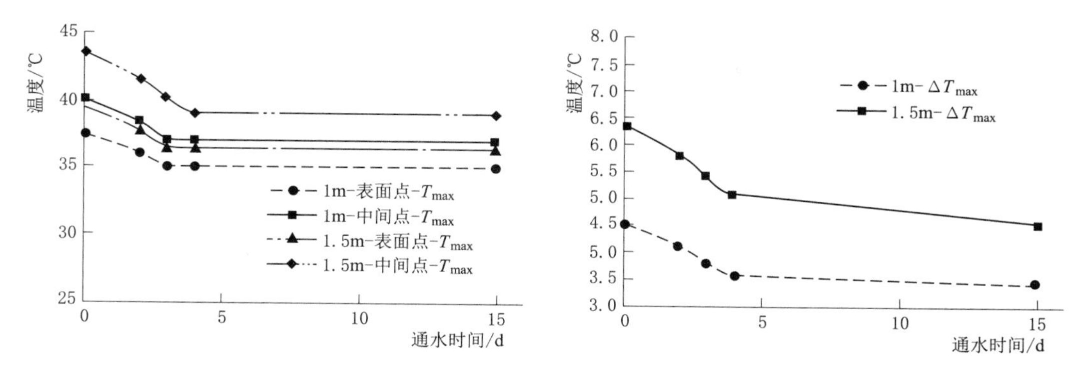

图 8.1 T_{max}和ΔT_{max}与通水冷却时间关系曲线

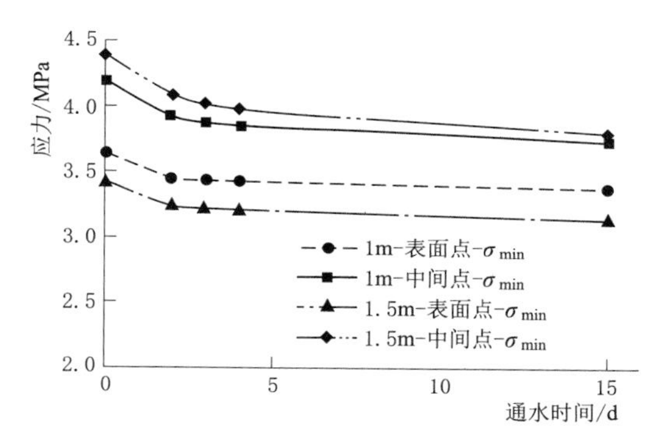

图 8.2 σ_{max}与通水冷却时间关系曲线

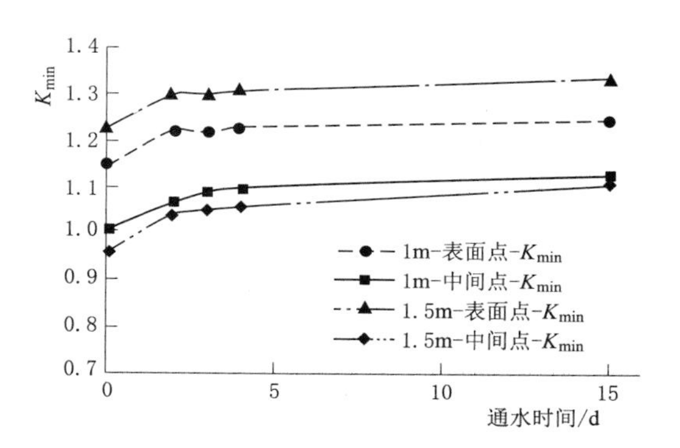

图 8.3 K_{min}与通水冷却时间关系曲线

（2）当$T_b \leqslant T_{\Delta md}$时，随着$T_b$增长，最大内表温差$\Delta T_{max}$逐渐降低；当$T_b > T_{\Delta md}$（$\Delta T_{max}$发生龄期），延长$T_b$对$\Delta T_{max}$不再有影响。$\Delta T_{max}$发生龄期，当$T_b \leqslant T_{\Delta md}$时，延长$T_b$会使$T_{\Delta md}$增大（1.0m衬砌从5.0d增大至5.5d；1.5m衬砌从6.75d增大至7.25d）；当$T_b > T_{\Delta md}$时，通水冷却会缩短ΔT_{max}发生龄期$T_{\Delta md}$（1.0m衬砌从5.5d缩短至4.75d；1.5m衬砌从7.25d缩短至5.5d）。

（3）随着T_b增长，最大拉应力σ_{max}逐渐降低。因为1.0m与1.5m厚度衬砌、中心最大拉应力和表面拉应力随T_b增长而降低的规律一致，以1.0m厚度衬砌混凝土σ_{max}为例进行具体分析。σ_{max}随T_b增长非线性降低，$T_b \leqslant T_{md}$时降低σ_{max}显著，从不通水冷却到2d通水冷却σ_{max}降低0.27MPa；$T_{md} < T_b \leqslant T_{\Delta md}$时效果仍然明显，通水冷却从2d延长至3d时$\sigma_{max}$降低0.05MPa；$T_b > T_{\Delta md}$时效果很小，通水冷却从4d延长至15d时$\sigma_{max}$降低0.11MPa，平均每延长1d降低0.01MPa，而且肯定主要是与ΔT_{max}对应降低期4～8d的效果。

（4）随着T_b增长，最小抗裂安全系数K_{min}逐渐增大。1.0m与1.5m厚度衬砌、中心K_{min}和表面K_{min}随T_b增长而增长的规律一致，以1.0m厚度衬砌混凝土中心K_{min}为例进行具体分析。K_{min}随T_b增长非线性增大，$T_b \leqslant T_{md}$时K_{min}增大显著，从不通水冷却到2d通水冷却K_{min}增大0.07；$T_{md} < T_b \leqslant T_{\Delta md}$时效果仍然明显，通水冷却从2d延长至3d时$K_{min}$增大0.02；$T_b > T_{\Delta md}$时效果很小，通水冷却从4d延长至15d时$K_{min}$增大

0.03，平均每延长 1d 增大 0.0027，而且肯定主要是与 ΔT_{max} 对应降低期 4～8d 的效果。

综合以上成果，关于衬砌结构混凝土的最佳通水冷却时间可以获得如下认识：

（1）经济有效实现通水冷却降低内部最高温度和最大内表温差温控目标的最短通水冷却时间是最大内表温差发生时间 $T_{\Delta md}$。

（2）当 $T_b \geqslant T_{\Delta md}$ 时，因为混凝土早期弹性模量小于后期，在不会产生温度裂缝等危害条件下继续通水冷却提前温降可以使得总拉应力减小，即延长 T_b 对冬季降低最大拉应力 σ_{max} 和提高最小抗裂安全系数 K_{min} 还有效果，但效果很小。结合经济性和温控防裂效果，通水冷却时间宜适当大于 $T_{\Delta md}$。

（3）由于通水冷却及在 $T_{\Delta md}$ 范围内延长时间使得 $T_{\Delta md}$ 减小，如上述 1.0m 厚度衬砌从 5.5d 减小至 4.75d，1.5m 厚度衬砌从 7.25d 减小至 5.55d。因此，为提高通水冷却控制最高温度和最大内表温差的可靠性，在依据进行通水冷却的 $T_{\Delta md}$ 确定通水冷却时间时至少需要增加 1.75～2.0d。而且不能小于可能最大的 $T_{\Delta md}$ 时间，如计算情况 1.0m 厚度衬砌不能小于 5.5d、1.5m 厚度衬砌不能小于 7.5d。

8.2.3　通水冷却时间研究

（1）最短通水冷却时间。根据上述研究，这里先整理溪洛渡泄洪洞（中热包括第 5、第 6 章数据）和乌东德、白鹤滩（第 11、第 12 章低热）衬砌混凝土大量温控措施方案有限元仿真计算成果（总共 1171 组），最大内表温差 ΔT_{max} 发生龄期 $T_{\Delta md}$ 与衬砌厚度 H 的关系见图 8.4～图 8.6（由于计算步长取 0.25d，大量方案 $T_{\Delta md}$ 值相等，在图中重合），统计分析得 $T_{\Delta md}$（即通水冷却最短时间）的计算公式

1）中热水泥混凝土。

$$d = 0.7933H + 0.0091C - 0.0208T_0 - 0.0078T_g + 3.4475 \tag{8.1}$$

2）低热水泥混凝土。

$$d = 2.1104H + 0.0042C - 0.0235T_0 - 0.0223T_g + 1.8207 \tag{8.2}$$

3）中热、低热水泥混凝土。

$$d = 2.0866H + 0.0038C - 0.0197T_0 - 0.012T_g + 2.0847 \tag{8.3}$$

式中：d 为最大内表温差 ΔT_{max} 发生龄期 $T_{\Delta md}$ 的统计值；其余符号意义同前。

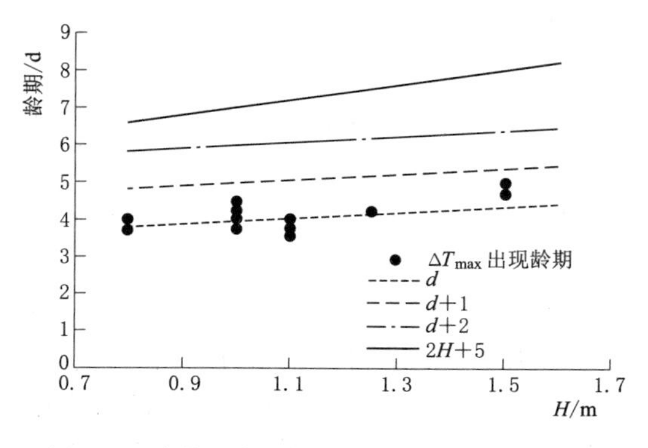

图 8.4　中热混凝土 $T_{\Delta md}$ 与厚度 H 关系曲线

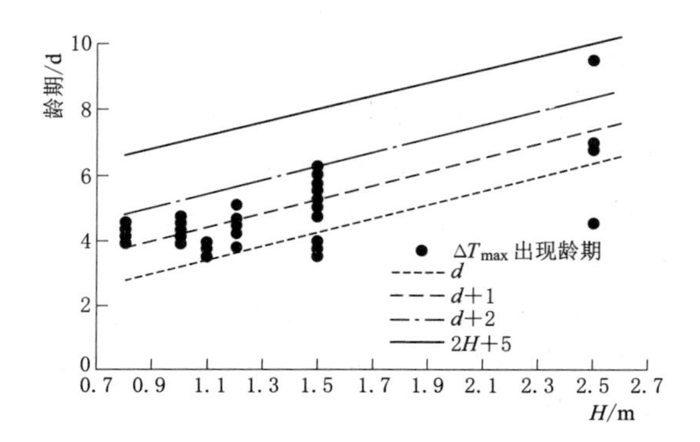

图 8.5　低热混凝土 $T_{\Delta md}$ 与厚度 H 关系曲线

(2) 自动化、智能化控制适宜通水时间。衬砌混凝土适宜通水时间宜取 $T_{\Delta md}$增加 1.75～2.0d。因此，在图 8.4～图 8.6 中进一步表示出式（8.1）～式（8.3）＋1d、式（8.1）～式（8.3）＋2d 的曲线。结果表明：采取式（8.1）～式（8.3）＋1d 作为通水冷却时间，不足以保证通水冷却时间大于所有的 $T_{\Delta md}$；式（8.1）～式（8.3）＋2d 计算通水冷却时间，低热混凝土仍然有 1 种情况小于 $T_{\Delta md}$（图 8.5）。考虑到在总共 1171 组各种可能情况下仅有 1 组没有通水冷却情况 $T_{\Delta md}$大于统计公式计算值，为此推荐式（8.1）～式（8.3）＋2d 为适宜工程采取的通水时间，称为适宜通水时间。

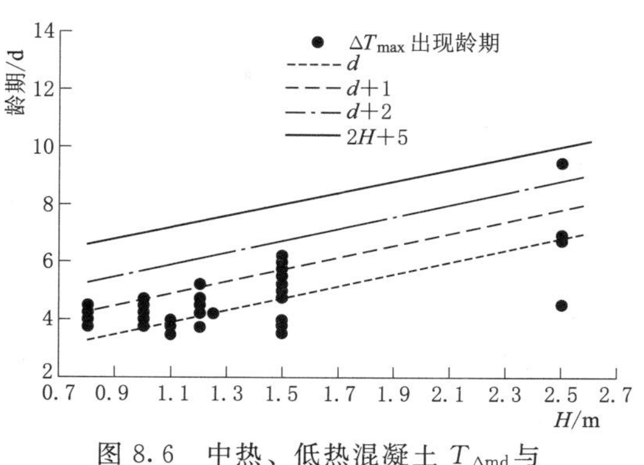

图 8.6 中热、低热混凝土 $T_{\Delta md}$与厚度 H 关系曲线

综合以上分析，衬砌混凝土通水冷却的最佳通水时间 T_j是 $T_{\Delta md}$＋2.0d。采取自动化、智能化技术进行衬砌混凝土通水冷却控制时[24]，如果安装温度计检测衬砌结构中心和表层混凝土温度，并通过计算 ΔT_{max}获得 $T_{\Delta md}$，控制通水时间，则可以取

$$T_j = T_{\Delta md} + 2.0\text{d} \tag{8.4a}$$

由于温度观测过程，$T_{\Delta md}$较难测算和准确掌握，而且实际工程中一般只在中心安装 1 支温度计观测 T_{max}，T_{max}相对容易测算和准确掌握。根据大量有限元仿真计算分析成果和现场观测成果，ΔT_{max}一般在 T_{max}出现后 2d 左右（即 $T_{\Delta md}$一般大于 T_{md}＋2d）。因此，在依据现场温度观测确定通水时间时，采取"T_{max}出现龄期＋4d"更方便。即

$$T_j = T_{md} + 4\text{d} \tag{8.4b}$$

(3) 推荐人工控制通水时间。根据式（8.1）～式（8.3）可知，混凝土强度、浇筑温度和通水冷却及其水温的影响度（该因素变化导致 $T_{\Delta md}$的改变量）都小于 0.5d，三者影响度之和小于 1.0d。因此可以采取在计算公式中不专门体现这些因素的影响，增大常数项进一步简化计算公式。并兼顾上述避免低热水泥混凝土个别情况 $T_{\Delta md}$大于公式计算值，推荐取通水时间为

$$T_j = 2H + 5 \tag{8.5}$$

根据图 8.4～图 8.6，式（8.5）计算 T_j大于式（8.4）。而且，在衬砌厚度 1.0m 时，T_j＝7d，大于上述各种情况 $T_{\Delta m}$最大值 5.5d；衬砌厚度 1.5m 时，T_j＝8d，大于上述各种情况 $T_{\Delta md}$最大值 7.25d。因此建议在实际工程人工控制（或者无温度计检测内部温度的自动化控制）衬砌混凝土通水冷却中采用式（8.5）计算通水冷却时间。

8.2.4 通水冷却时间现场试验验证

(1) 通水冷却时间验证试验方案。白鹤滩水电站泄洪洞衬砌混凝土浇筑施工温控措施见 12.1.2 节，简单概况为：设计要求浇筑温度 18℃，容许内部最高温度 39℃，采用江水

通水冷却，水管间距 1.5m，通水历时 7～20d（施工中补充要求混凝土内部温度降至洞内气温，基本在 20d 左右，以下简称施工通水冷却时间），江水流水养护 90d。

在 1 号泄洪洞选择 3 个结构段（图 12.1）同时同条件浇筑同温控措施混凝土，采取逐渐缩短通水时间，左右边墙进行不同通水冷却时间对比现场试验。共进行如下 4 个方案对比试验：

1）施工温控方案，通水冷却时间 10～15d。

2）式（8.5）计算通水冷却时间。

3）内部最高温度 T_{max} 出现 2d 后（亦即在 ΔT_{max} 出现后）停止通水。

4）最高温度 T_{max} 出现后、ΔT_{max} 出现前停止通水。

在左右侧边墙结构中心厚度方向的中间、离表面 10cm 埋设温度计，观测衬砌混凝土内部和表层温度变化过程（至通水冷却全部结束）。检查是否有表面裂缝和其他温度裂缝。做好混凝土浇筑与全部温控数据记录，包括入仓温度、浇筑温度、气温、通水冷却水温、流量、过程控制等。方案 2)～方案 4）均与方案 1）对比试验，左边墙逐渐缩短通水时间，与右边墙（方案 1）进行衬砌混凝土内部最高温度、内表温差、温降速率以及温度裂缝控制效果的对比分析，验证通水冷却的最短时间（最佳时机）、式（8.4）计算的适宜时间、人工控制时间的合理性和适用性。

（2）现场试验结构段及温控设施安装。根据当时施工进度，验证试验选择在 1 号泄洪洞上平段，衬砌结构厚度为 1.0m，混凝土强度为 $C_{90}40$。混凝土浇筑、现场试验工作由武汉大学与水电五局施工单位完成。表层混凝土温度计安装在表面轴向钢筋下侧，中心温度计架设钢筋固定安装 1/2 厚度（架设钢筋下侧），见图 8.7。

（a）右侧边墙温度计安装

（b）左侧边墙温度计安装

图 8.7　温度计安装

通水冷却水管安装在围岩侧钢筋的内侧（近中心），整个边墙上半部、下半部各布置 1 根（图 8.8），进出水口集中布置在左侧下方，通水冷却水温与流量监测见图 8.9。混凝土内部温度检测，由连接温度计的电缆引出边墙外人工测量。

（3）泄洪洞 1 号边墙衬砌混凝土第 143 单元试验。143 单元衬砌结构混凝土开展方案 1)、方案 2）对比试验验证。即右边墙采取当时施工通水冷却时间 10d、左边墙采取式（8.5）计算通水冷却时间 7d，其余参数均不变。

图 8.8　通水冷却水管布置

图 8.9　通水冷却水温与流量监测

143 单元混凝土浇筑时段为 2019 年 5 月 11 日 21：45 至 2019 年 5 月 13 日 03：15。水电五局施工期进行了温控相关检测：平均浇筑温度 15.357℃；浇筑期洞内平均气温 22.25℃；通水冷却平均水温 23℃，平均通水流量 $2m^3/h$（最高温度发生前 $2\sim3m^3/h$；发生后 $1\sim2m^3/h$，下同）。

混凝土浇筑达到边墙 1/2 高度，覆盖温度计开始通水冷却，同时开始混凝土内部温度观测，成果见图 8.10～图 8.11。左侧 5 月 19 日 15：51 停止通水冷却，通水冷却 7d；右侧 5 月 22 日 09：00 停止通水冷却，通水冷却 10d。

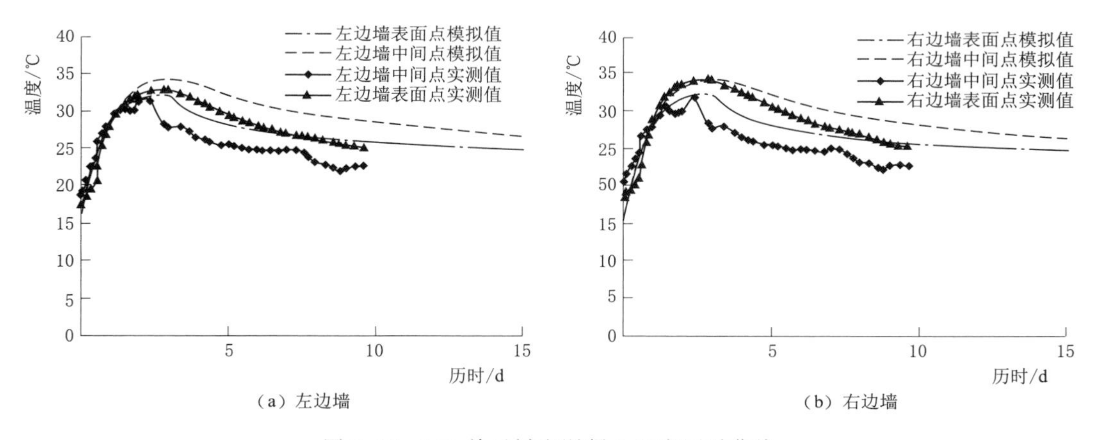

图 8.10　143 单元衬砌混凝土温度历时曲线

根据以上检测成果，整理 143 单元衬砌混凝土内部最高温度与最大内表温差见表 8.4。

比较左侧（通水冷却 7d）、右侧（通水冷却 10d）温控观测成果，可以认识到：

1）式（8.5）计算通水冷却时间 7d，大于边墙衬砌混凝土 T_{max} 发生时间 2.6d，

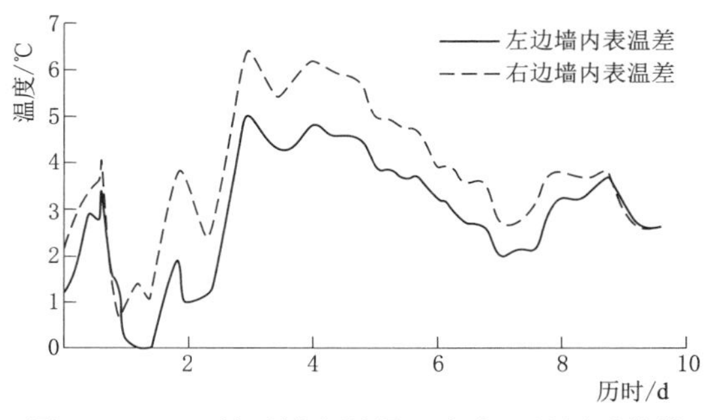

图 8.11　143 单元衬砌混凝土内表温差历时曲线

也大于 ΔT_{max}发生时间 2.96d，满足适宜通水冷却时间要求而且有富余。

2）由于通水冷却水管绑扎在围岩侧钢筋，离中心温度计大约 40cm；而表层温度计离水管大约 80cm，距离通水冷却水管是中心温度计的 2 倍。所以，通水冷却对中心温度计混凝土降温作用大，对表层温度计混凝土降温作用小。同时，表层温度计混凝土离外表面虽然距离较小，为 10cm 左右，但在最高温度发生时模板还没有拆除，有保温效果。所以，混凝土最高温度表层温度计测值大于中心测值 1～2℃。另外，也可能由于 143 单元边墙温度计是施工单位安装的，温度计安装位置有误差。

表 8.4　　143 单元衬砌混凝土内部温度与内表温差

部　位	覆盖时温度/℃	T_{max}/℃	达到时间	温升/℃	ΔT_{max}/℃	温降速度
左墙内部	18.62	31.89	62h=2.6d	13.27	5.06（2.96d）	
左墙外侧	17.43	32.97	62h= 2.6d	15.54		1.08℃/d
右墙内部	18.76	32.11	62h= 2.6d	13.35	6.43（2.96d）	
右墙外侧	18.31	34.53	61.5h=2.6d	16.22		1.29℃/d

3）右边墙混凝土覆盖时温度、最高温度、最大内表温差、温升值，都大于左边墙，与覆盖时温度高一些密切相关。但相关性、规律性非常一致。由于这些特征温度都发生在左右边墙停止通水冷却之前，所以与是否停止通水冷却无关。实测内部最高温度都远小于允许值，都得到有效控制。虽然左侧边墙混凝土最高温度、最大内表温差都小于右侧边墙混凝土，但实际上应该与通水冷却时间无关。

4）左侧边墙混凝土停止通水冷却后，至右侧边墙混凝土停止通水冷却之间的时间段，内部温度与温降速度一致；表层温度，右侧边墙一直都高于左侧边墙，温降速度大于左侧边墙，至 10d（右侧停止通水冷却时间）混凝土温度基本相同；见图 8.10。所以，温降期（即 T_{md}至 T_b 期间，下同）平均温降速度，左侧 1.08℃/d，右侧 1.29℃/d。左侧由于通水冷却时间短些，至 10d 的平均温降速度小些。所以，对于厚度较小的衬砌结构，表面散热快，温降速度快，可合理减少通水冷却时间，只要能保证最高温度和最大内表温差得到有效控制，就最有利于温控防裂。所以，推荐通水冷却时间稍大于最大内表温差出现时间是科学的。

综合以上分析，推荐通水冷却时间式（8.5）是科学的，按其计算时间 T_j进行通水冷却可以科学实现通水冷却控制混凝土内部最高温度和最大内表温差的目标，温降速度更小些，按照控制温降速度要求则比采取更长时间通水冷却更好，更经济。

（4）泄洪洞 1 号边墙衬砌混凝土第 144 单元试验。在 144 单元开展方案 1 和方案 3 对比试验验证。混凝土浇筑时段为 2019 年 5 月 18 日 02：00 至 5 月 19 日 07：00。左侧边墙最高温度出现时间 2.25d，5 月 22 日 22：00 停止通水冷却，通水冷却 4.17d；右侧 5 月 29 日 20：17 停止通水冷却，通水冷却 11d。施工期温控相关检测：平均浇筑温度 15.433℃；浇筑期洞内平均气温 25.58℃；通水冷却平均水温 23℃。混凝土达到边墙 1/2 高度覆盖温度计开始开始通水冷却和温度观测，内部温度与内表温差见表 8.5，温度历时曲线和内表温差历时曲线见图 8.12 和图 8.13。注意，施工单位只有一个流量计，还安装在 143 单元，本单元没有进行流量监测。

表 8.5　　　　　144 单元衬砌混凝土内部最高温度与最大内表温差

部位	覆盖时温度/℃	T_{max}/℃	达到时间	温升/℃	ΔT_{max}/℃
左内	20.37	32.93	64.5h=2.7d	12.56	3.19℃，3d
左外	20.81	31.68	54h=2.25d	10.87	
右内	20.12	34.25	66h=2.75d	14.13	3.5℃，3d
右外	20.06	32.62	54h=2.25d	12.56	

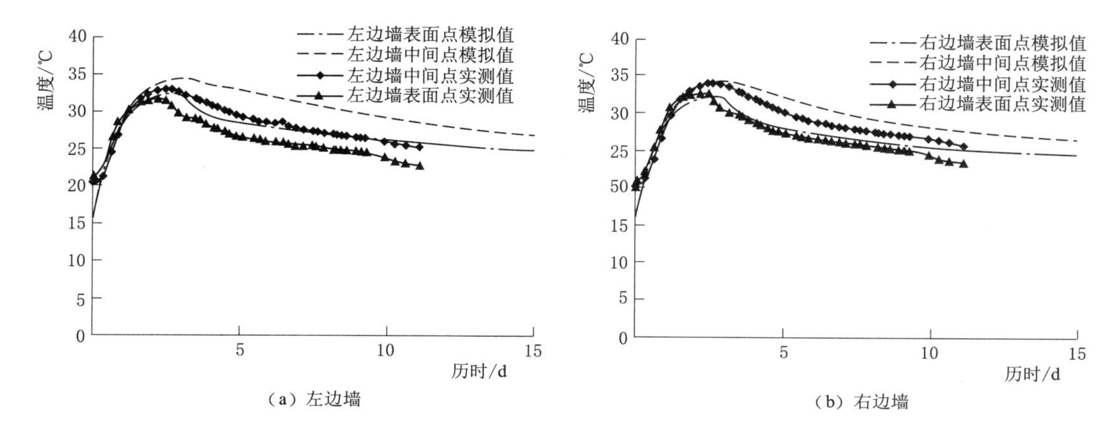

图 8.12　144 单元衬砌混凝土温度历时曲线

比较左侧、右侧温控观测成果，可以认识到：

1）由于严格控制了温度计的埋设安装，准确安装到位，左右边墙都是内部温度计监测最高温度高于表层，克服了143 单元表层温度计高于内部的问题。

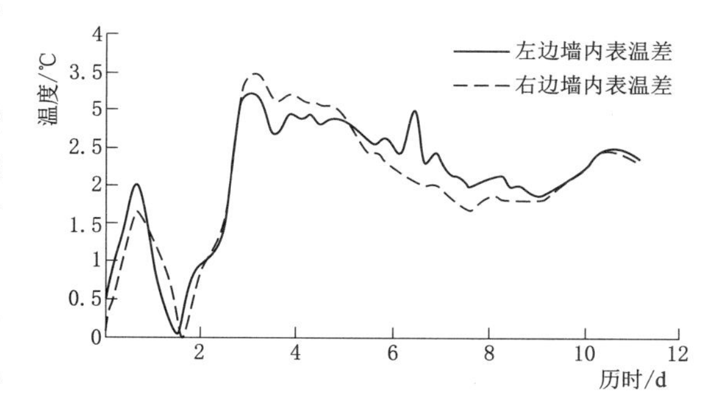

图 8.13　144 单元衬砌混凝土内表温差历时曲线

2）右边墙混凝土（通水冷却 11d）覆盖时温度低于左边墙，但内部最高温度、最大内表温差、温升值，都大于左边墙。由于左边墙通水冷却时间为最高温度出现后 2d（即 4.17d），大于最大内表温差出现时间（3d），不影响最高温度、最大内表温差和温升值，所以两个对比方案中，这 3 个温度特征值的相关性和表现规律性与 143 单元试验结论完全一致。

3）左侧边墙混凝土 4.17d 停止通水冷却后，至右侧边墙混凝土停止通水冷却之间的时间段，内部和表层温度一直是右侧边墙都高于左侧边墙，温降速度也是右侧边墙大于左侧边墙。至 11d（右侧停止通水冷却时间）混凝土左右侧边墙的内部、表层温度基本相同，见图 8.12。所以，平均温降速度，左侧 0.90℃/d，右侧 0.99℃/d。左侧由于通水冷却时间短些，温降速度小些，更符合控制温降速度要求。因此可获得同样的结论：合理减少通水冷却时间，只要能保证最高温度和最大内表温差得到有效控制，就最有利于减小温降速率和早期温控防裂。所以，推荐通水冷却时间稍大于最大内表温差出现时间是科学的，即自动化、智能化控制取适宜时间式（8.4a）或式（8.4b）是合理有效的。

4）综合以上分析，通水冷却取适宜时间式（8.4a）［或者式（8.4b）］是科学的，可以实现通水冷却控制内部最高温度和混凝土最大内表温差的目标，温控防裂效果比采取更长时间通水冷却更好、更经济。

（5）泄洪洞 1 号边墙衬砌混凝土第 145 单元试验。原选择 145 单元开展方案 1、方案 4 对比试验验证。施工中，2019 年 5 月 29 日 20：25 因为停电，左右侧边墙都于 3.42d 后停止通水。5 月 30 日 8：50 来电后进行温度检测，左右边墙的 T_{max} 已经出现，左侧边墙的 ΔT_{max} 已经发生，即在 ΔT_{max} 发生后停止通水；而右侧，ΔT_{max} 还没有出现，即在 ΔT_{max} 发生前停止通水。分析认为：恰好可以验证通水冷却时间应该在 ΔT_{max} 发生后，实现控制 T_{max} 和 ΔT_{max} 的目标。

145 单元衬砌混凝土浇筑时间为：2019 年 5 月 25 日 15：00 至 2019 年 5 月 27 日 01：30。温控相关检测：平均浇筑温度 18.41℃（4 支温度计混凝土覆盖时实测温度的平均值）；通水冷却平均水温 23℃，混凝土覆盖温度计开始通水冷却和内部温度观测，内部最高温度与最大内表温差见表 8.6，温度历时曲线和内表温差历时曲线见图 8.14、图 8.15。

表 8.6　　145 单元衬砌混凝土内部温度与内表温差

部位	覆盖时温度/℃	T_{max}/℃	达到时间	温升/℃	ΔT_{max}/℃
左内	18.43	34.12	47.5h=1.98d	15.69	4.37℃，3.22d
左外	18.21	32.5	37h=1.54d	14.29	
右内	18.55	32.56	68h=2.83d	14.01	4.81℃，3.98d
右外	18.46	30.37	46.5h=1.94d	11.91	

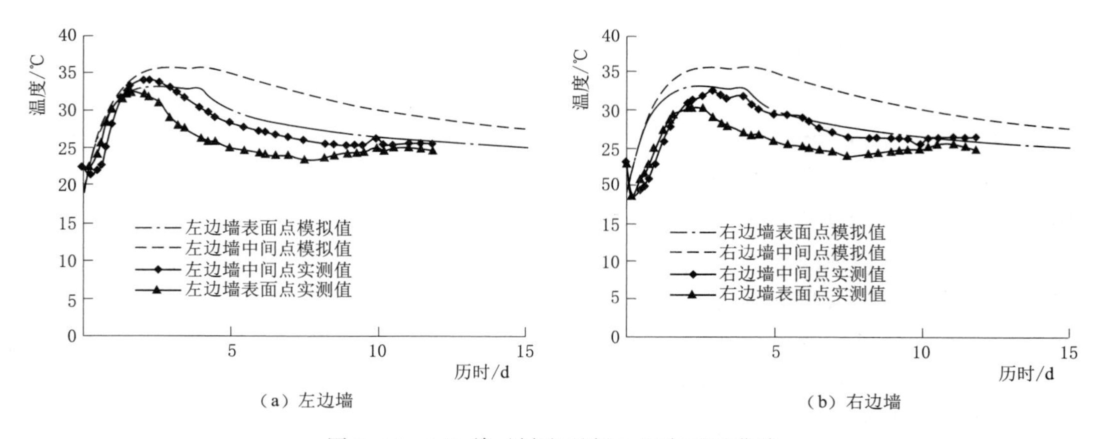

图 8.14　145 单元衬砌混凝土温度历时曲线

比较左侧、右侧边墙混凝土温控观测成果，可以认识到：

1）内部最高温度高于表层 2.3℃左右。

2）左右边墙混凝土覆盖温度计时温度基本相当（右侧略高），但内部最高温度、温升值，都是左边墙高，而最大内表温差和达到最高温度的时间是右边墙大。

3）左右侧边墙都于 3.42d 后停止通水。左侧边墙，3.42d≥3.22d，在 ΔT_{max} 发生后停止通水，内部温度曲线无回升；右侧边墙，3.42d<3.98d，在 ΔT_{max} 发生前停止通水，内部温度有回升（见图 8.14、图 8.15）。由于右侧边墙内部温度有回升，在本来内部最高温度和温升值都小于左侧边墙的情况下，最大内表温差 4.81℃，反而比左侧 4.37℃大。因此，通水冷却时间必须大于最大内表温差出现的时间。也就是说，必须控制内部最高温度和最大内表温差。即“通水冷却时间大于最大内表温差出现时间”的思想是正确的。

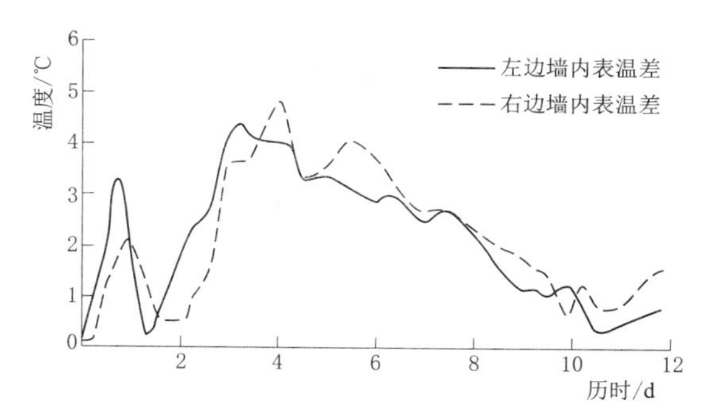

图 8.15　145 单元衬砌混凝土内表温差历时曲线

（6）试验验证结论。通过以上 3 个结构段、5 个方案、6 个边墙的试验验证，综合分析验证成果，可以得出如下基本结论：

1）通水冷却的目标是降低内部最高温度 T_{max} 和最大内表温差 ΔT_{max}，控制混凝土内部温度过程和裂缝风险。

2）通水冷却的最佳时机或者说最短时间是“稍大于最大内表温差出现时间（龄期）$T_{\Delta md}$”，才可以保障内部温度不回升，有效控制内部最高温度 T_{max} 和最大内表温差 ΔT_{max}。

3）通水冷却适宜时间是 $T_j = T_{\Delta md} + 2.0d$（或者 $T_{md} + 4.0d$），可供自动化、智能化控制采用。

4）人工控制通水冷却时间采取式（8.5）计算，可以科学实现控制衬砌混凝土内部最高温度和最大内表温差的目标，而且温降速度比采取更长时间通水冷却情况小，显然也更经济。

8.2.5　有限元法仿真计算验证

模拟 143～145 单元衬砌混凝土结构段及其浇筑施工、通水冷却等过程进行三维有限元仿真计算，整理温控特征值成果见表 8.7，温度历时曲线见图 8.10、图 8.12、图 8.14。同时进一步整理实测瞬间温降速度和 7d 平均温降速度见表 8.7。结果表明：

（1）采取制冷混凝土浇筑和通水冷却等温控措施，有效控制了衬砌混凝土内部最高温度和内表温差。3 个单元左右边墙，内部最高温度 34.21～35.69℃，都小于设计容许值 39℃；7d 平均温降速度小于 1.0℃。

（2）仿真计算与实测成果比较，内部最高温度略高于实测值，是因为精确计算两水管中间截面 1/2 厚度点瞬间最高温度，而实测值受到安装位置和观测间隔等误差影响；内表温差，143 单元小于实测值，144、145 单元大于实测值，但相差不大，与内表观测点测量均存在误差有关；温降速度，计算值小于实测值，仿真计算温度历时曲线下降相对平缓些，是因为计算采用放热系数 $\beta = 2000\mathrm{kJ/(m^2 \cdot h \cdot ℃)}$，不足以反映智能控制喷淋养护带走混凝土热量的降温作用[25]。

表 8.7　　143－145 单元边墙混凝土代表点温控特征值

单元	代表点	T_{max}/T_{md} /(℃/d)	$\Delta T_{max}/T_{\Delta md}$ /(℃/d)	瞬间温降速度/(℃/d)		7d 平均温降速度/(℃/d)	
				实测	计算	实测	计算
143 左	表面点	32.17/2.75	4.20/4.5	1.94/4.36	3.78/3.25	1.158	0.908
	中间点	34.21/3		6.78/2.83	1.28/4.5	1.268	0.823
143 右	表面点	32.17/2.75	4.20/4.5	2.25/5.02	3.78/3.25	1.32	0.953
	中间点	34.21/3		7.20/2.83	1.28/4.5	1.245	0.880
144 左	表面点	32.24/2.75	4.37/4.75	4.89/2.68	3.79/3.25	1.007	0.871
	中间点	34.4/3		4.05/6.65	1.24/4.25	0.932	0.751
144 右	表面点	32.24/2.75	4.33/4.5	4.82/2.9	3.79/3.25	1.078	0.952
	中间点	34.4/3		2.08/3.64	1.24/4.25	1.028	0.878
145 左	表面点	33.18/2.5	5.03/5.5	5.66/2.94	3.89/4.25	1.244	0.938
	中间点	35.69/4		3.26/10.19	1.21/5.75	1.217	0.800
145 右	表面点	33.18/2.5	5.03/5.5	3.91/2.94	3.89/4.25	0.800	0.938
	中间点	35.69/4		3.85/4.24	1.21/5.75	1.02	0.800

注　瞬间温降速度，分子为温降速度（℃/d），分母为其发生龄期（d）。

另外，瞬间温降速度表面大于内部，而且最大值发生龄期早于内部（表 8.7），说明早期表面温降快且早，容易引起早期表面裂缝。所以宜延迟拆模和拆模后的早期应该避免低温水流水养护甚至采取适当保温措施。

（3）表 8.7 结果表明，通水时间大于 T_{md}，则 T_{max}值得到有效控制，再增长通水时间不影响 T_{max}值。如 143、144 单元左右边墙的 T_{max}相同。145 单元左右边墙通水时间相同，T_{max}值相等，但通水时间 3.42d 小于 $T_{md}=4$d，所以温度出现反弹，最高温度 T_{max}发生在终止通水冷却之后，见图 8.14。

通水时间大于 T_{md}、小于 $T_{\Delta md}$，则 T_{max}值得到有效控制，ΔT_{max}值没有得到控制。如 144 单元左右边墙的通水时间大于 T_{md}，所以 T_{max}都是 34.4℃（表面是 32.24℃）；左侧边墙通水时间 4.17d 小于 $T_{\Delta md}=4.75$d，$\Delta T_{max}=4.37$℃，大于右侧边墙 $\Delta T_{max}=4.33$℃（通水时间 11d 大于 $T_{\Delta md}=4.5$d）。

通水时间大于 $T_{\Delta md}$（也必然大于 T_{md}），则 T_{max}、ΔT_{max}均得到有效控制。如 143 单元左右边墙的通水时间都大于 $T_{\Delta md}$，所以 T_{max}都是 34.21℃（表面是 32.17℃），ΔT_{max}都是 4.2℃。

（4）以上成果再次验证，通水冷却时间必须大于最大内表温差发生龄期 $T_{\Delta md}$，才能够有效控制内部最高温度 T_{max}和最大内表温差 ΔT_{max}，实现温控目标。由于通水冷却时间会影响最大内表温差发生龄期（如 144 单元），而且在早期适当延长通水时间可以在一定程度降低冬季最大拉应力和提高最小抗裂安全系数，因此通水时间宜适当大于 $T_{\Delta md}$。再次验证“通水时间大于 $T_{\Delta md}$”的原则是正确的。与现场试验结果一致，都说明通水冷却的最佳时机或者说是最短时间是“稍大于最大内表温差出现时间（龄期）$T_{\Delta md}$”；适宜时间是 $T_j=T_{\Delta md}+2.0$d（或者 $T_{md}+4.0$d）；人工控制通水冷却时间采取式（8.5）计算，可以科学、经济适用地实现控制衬砌混凝土内部最高温度和最大内表温差的目标。

8.3　衬砌混凝土通水冷却水温与温降速率优化控制

重力坝等大体积混凝土埋设冷却水管通水冷却，初期通制冷水或低温河水，降低混凝土最高温度；中期可通河水降温，控制坝体内外温差[1]。由于温升阶段，混凝土膨胀，目标是降低混凝土最高温度，降低幅度越大越好，所以宜在允许的条件下尽可能降低初期水温。中期，是温降阶段，水温过低温降速度过快[4]，可能导致早期低强度混凝土裂缝，也可能导致管周混凝土温度梯度过大而产生局部裂缝，所以必须控制水温并由此控制温降速率。

《水工隧洞设计规范》(SL 279—2002)[18]条文中没有关于衬砌混凝土通水冷却水温和温降速率控制的规定。《混凝土重力坝设计规范》(SL 319—2018)[1]规定：坝体混凝土与冷却水之间的温差不宜超过25℃，坝体降温速度不宜大于1℃/d。《混凝土拱坝设计规范》(DL/T 5346—2006)[2]规定：通水冷却时坝体降温速度不宜大于1℃/d，混凝土温度与冷却水之间温差不宜超过20～25℃。《水工混凝土施工规范》(SL 677—2014)[3]规定：混凝土温度与水温之差不应超过25℃，日降温不应超过1℃。

衬砌混凝土结构厚度小，表面散热快，温升温降快，特别是表面温度在模板拆除后降温更快，因而形成较大内表温差和表面空间温度梯度[23]。实际工程观测成果表明，衬砌混凝土早期温降速率大多超过上述大体积混凝土允许值。如三峡永久船闸地下输水洞衬砌混凝土温度观测结果[22,26]，1.5～2.7d龄期达到最高温度，7d龄期（4.3～5.5d温降时间）混凝土温降达到7.90～17.35℃，平均温降速率1.4～4.0℃/d。

根据唐忠敏、李松辉、张国新等模拟混凝土浇筑过程对高混凝土拱坝一期水冷温度对水管周边混凝土的影响研究[27]：对于水管下部（层）老混凝土，这一水管通水冷却前，混凝土温度较高（20℃），通水冷却时，水管周边混凝土从较高温度迅速向水温靠近，离水管越近，温降速度越快，在水管周边形成较大的温降幅度的梯度，且水温越低，温降幅度的梯度越大；对于水管上部的新浇混凝土，混凝土浇筑的同时进行通水冷却，水管周边的混凝土未升至较高温度（初期为入仓温度），保持与水温较为接近的温度。虽然与水管距离的不同也有一定的温度梯度，但是这些部位的温度与温度梯度一直保持不变，并没有发生大的变化。温度降低产生收缩变形，温降幅度不均匀就会使得这一变形不均匀，从而产生自生约束。因此，水管下部的老混凝土由于温降幅度的不均匀从而产生拉应力，而水管上部的新浇混凝土由于没有明显的温降过程，拉应力不大。所以，多层浇筑大坝等大体积混凝土的通水冷却水温（即与内部混凝土温差）由下层老混凝土管周不产生温度裂缝控制，允许水温差和温降速度较小。薄壁衬砌结构混凝土，一次性浇筑，混凝土覆盖冷却水管即开始通水冷却，与上部新浇混凝土情况相当，通水冷却水温（与内部混凝土温差）由新浇筑混凝土管周不产生温度裂缝控制，允许水温差和温降速度要大些。而且混凝土浇筑温度和通水冷却水温大多相当，经常是水温高于浇筑温度（见8.2.4节及表5.6、表5.7），比上述计算的水温低于浇筑温度情况更有利。但具体允许水温差和温降速度究竟多少合适，需要深入研究。

8.3.1　通水冷却温控防裂优化控制机理

以图 8.16 城门洞形断面衬砌结构为例建立三维有限元模型，底板 $C_{90}30$ 混凝土夏季 7 月 1 日 20℃浇筑，通水冷却水管间距为 1.0m 布置在结构厚度中心，流量为 $48m^3/d$，通水冷却时间为 10d，流水养护 90d。分别进行 1.0m、1.5m、2.0m 3 种厚度不同通水冷却水温情况有限元仿真计算。整理温控特征值见表 8.8～表 8.10，表中括号内的数据为该物理量发生龄期，单位为天（d）；σ_{max}和 K_2发生在冬季最低温度期 210d 左右，所以没有列出龄期；水温差 ΔT_{cw}＝最高温度 T_{max}－冷却水温度 T_w；通水期间温降 T_{cj}＝最高温度 T_{max}－通水终止时混凝土内部中间点温度；温降速率 T_{sd}＝通水期间温降 T_{cj}÷（通水时间 T_j－最高温度出现龄期 T_{md}）；K_1是 28d 养护期内的最小抗裂安全系数；K_2是冬季洞内最低温度期内的最小抗裂安全系数；σ_{max}是整个施工期（包括混凝土浇筑期养护期，至运行前。一般取 500d，至少包括一个冬季洞内最低温度期）的最大拉应力。仿真计算通水冷却时间 T_j确定，按 8.2 节的分析应大于 ΔT_{max}出现龄期 1.0d。

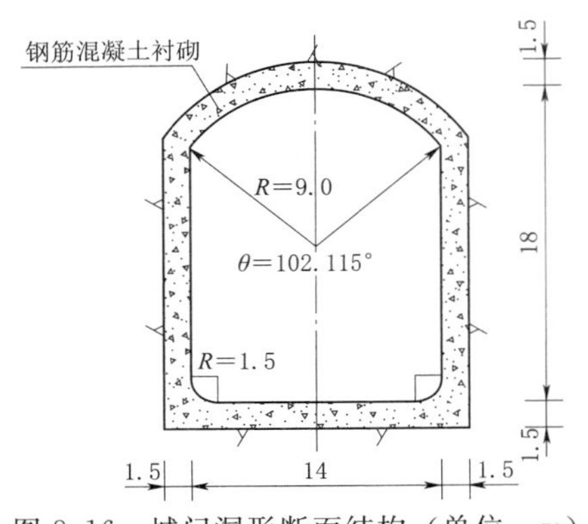

图 8.16　城门洞形断面结构（单位：m）

表 8.8　　1.0m 衬砌 $C_{90}30$ 混凝土不同水温通水冷却温控特征值

T_w /℃	ΔT_{cw} /℃	T_j /d	T_{cj} /℃	T_{sd} /(℃/d)	表面 T_{max} /℃	中间 T_{max} /℃	ΔT_{max} /℃	σ_{max} /MPa	养护期 K_1	冬季 K_2
8	26.26	4.5	7.1	2.37	31.75	34.26 (1.5)	3.01 (2.0)	3.36	1.03 (7.75)	1.31
10	24.70	4.5	6.77	2.26	31.96	34.70 (1.5)	3.25 (2.0)	3.40	1.11 (7.75)	1.30
12	23.15	4.5	6.44	2.15	32.17	35.15 (1.5)	3.49 (2.0)	3.43	1.2 (8.0)	1.28
16	20.12	4.5	5.86	2.13	32.59	36.12 (1.75)	4.01 (3.25)	3.50	1.43 (8.25)	1.26
22	15.61	4.5	5.02	1.83	33.27	37.61 (1.75)	5.22 (3.5)	3.60	1.59 (13.75)	1.22
不通水冷却				1.25	35.31	42.39 (2.5)	9.17 (3.75)	3.79	1.48 (32.75)	1.16

表 8.9　　1.5m 衬砌 $C_{90}30$ 混凝土不同水温通水冷却温控特征值

T_w /℃	ΔT_{cw} /℃	T_j /d	T_{cj} /℃	T_{sd} /(℃/d)	表面 T_{max} /℃	中间 T_{max} /℃	ΔT_{max} /℃	σ_{max} /MPa	养护期 K_1	冬季 K_2
8	26.67	5.5	8.38	2.23	33.73	34.67 (1.75)	1.77 (3.5)	3.05	1.31 (7.25)	1.45
10	25.21	5.5	7.94	2.12	33.83	35.21 (1.75)	2.39 (3.5)	3.10	1.4 (7.5)	1.43
12	23.76	5.5	7.52	2.14	33.94	35.76 (2.0)	3.02 (3.5)	3.15	1.50 (8.0)	1.4
16	20.95	5.5	6.76	1.93	34.14	36.95 (2.0)	4.27 (3.5)	3.25	1.73 (8.5)	1.36
22	18.77	5.5	6.03	1.86	34.50	38.77 (2.25)	6.14 (3.5)	3.40	1.39 (10.0)	1.3
不通水冷却				0.90	35.60	45.86 (3.5)	13.33 (4.25)	3.75	1.53 (40.25)	1.18

表 8.10 2.0m 衬砌 $C_{90}30$ 混凝土不同水温通水冷却温控特征值

T_w /℃	ΔT_{cw} /℃	T_j /d	T_{cj} /℃	T_{sd} /(℃/d)	表面 T_{max}/℃	中间 T_{max} /℃	ΔT_{max} /℃	σ_{max} /MPa	养护期 K_1	冬季 K_2
8	27.23	6.5	9.28	2.06	34.83	35.23 (2.0)	1.58 (3.5)	2.83	1.46 (8.25)	1.57
10	25.82	6.5	8.79	1.95	34.88	35.82 (2.0)	2.31 (3.75)	2.89	1.59 (8.75)	1.54
12	24.42	6.5	8.31	1.85	34.93	36.42 (2.0)	3.06 (3.75)	2.94	1.74 (9.0)	1.51
16	21.66	6.5	7.39	1.74	35.03	37.66 (2.25)	4.55 (3.75)	3.05	2.11 (9.75)	1.46
22	19.61	6.5	6.10	1.53	35.20	39.61 (2.5)	6.78 (3.75)	3.21	1.85 (34.0)	1.38
不通水冷却				0.53	35.70	48.19 (4.25)	16.25 (5.0)	3.61	1.23 (220)	1.23

(1)温度控制效果。整理 1.0m 厚度 $C_{90}30$ 混凝土采用 8℃低温制冷水、22℃常温水通水冷却情况内部温度和内表温差历时曲线见图 8.17、图 8.18，6 个不同水温情况内部中心点温度历时曲线见图 8.19。其中，内表温差最大值一般发生在 2～5d 龄期，所以仅作出 30d 龄期历时曲线，并在同图中作出中心和表面点 30d 龄期温度历时曲线；由于衬砌混凝土温度历时曲线在大约 20d 龄期以后进入随环境温度周期循环期，为兼顾清楚表达不同水温通水冷却的温控效果，6 个不同水温情况内部中心温度历时曲线仅作出 25d 龄期。

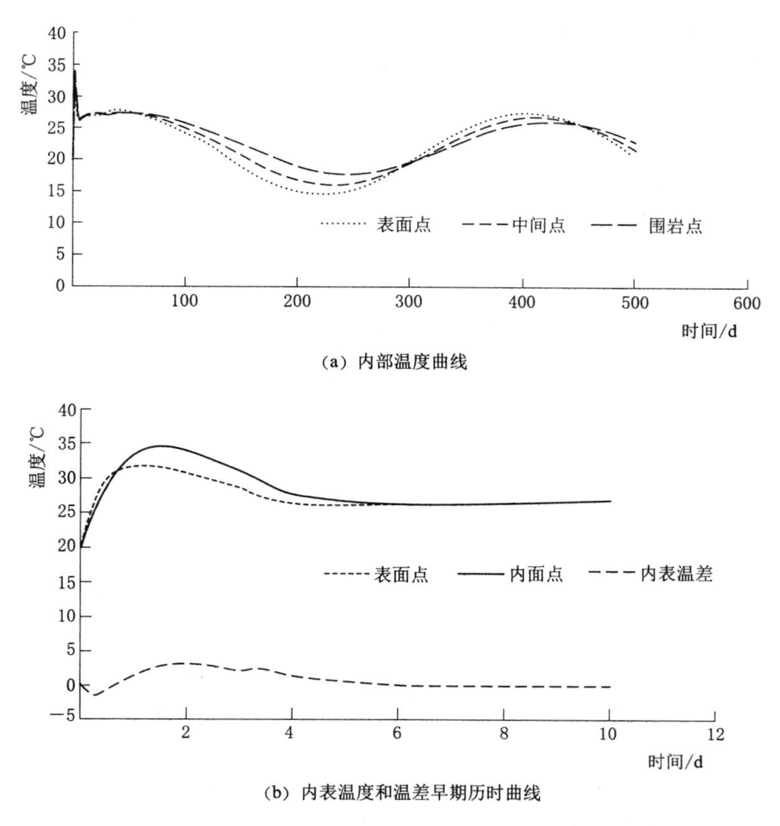

图 8.17 1.0m 厚度 $C_{90}30$ 混凝土 8℃通水冷却内部温度和温差历时曲线

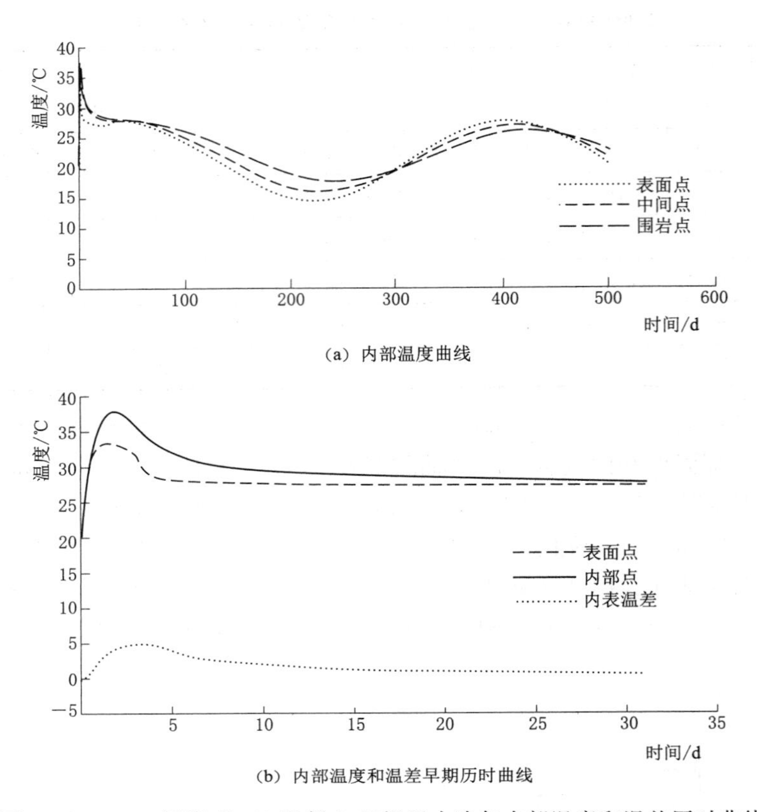

图 8.18　1.0m 厚度 $C_{90}30$ 混凝土 22℃通水冷却内部温度和温差历时曲线

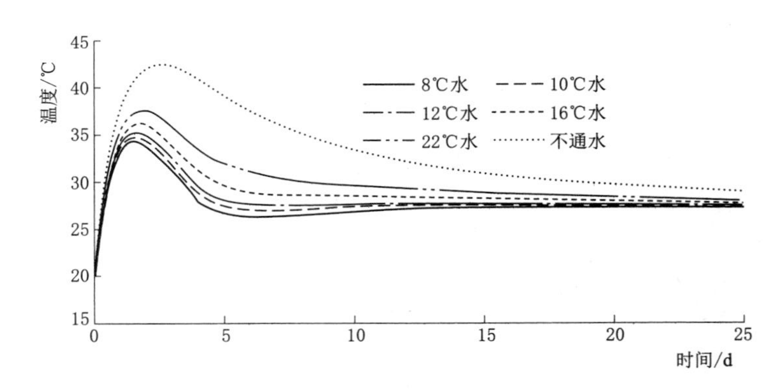

图 8.19　1.0m 厚度 $C_{90}30$ 混凝土不同水温情况内部中心点温度历时曲线

以上结果表明：

1）通水冷却主要影响早期水化热温升温降阶段（通水冷却期）的温度场，有效降低早期混凝土内部温度（图 8.19）和内表温差（图 8.17、图 8.18），不影响随环境温度周期变化阶段的发展规律（参见第 5、第 6 章和文献［23］）。内部最高温度，1.0m 厚度 $C_{90}30$ 衬砌混凝土 22℃水通水冷却情况降低 4.78℃，随着水温降低 0.24℃/℃；内表温差，1.0m 厚度 $C_{90}30$ 衬砌混凝土 22℃水通水冷却情况降低 3.95℃，随着水温降低

0.16℃/℃。表面最高温度也有所降低，但幅度明显小。如 1.0m 厚度衬砌，22℃水通水冷却情况降低 2.04℃，随着水温降低 0.11℃/℃。

2）薄壁衬砌结构的内部温度降低至环境温度的时间和温降速度，1.0m 厚度衬砌情况，22℃水情况需要大约 1 个月（图 8.16），通水冷却期间平均温降速度 1.83℃/d；8℃水情况只需要 5d 左右（图 8.18），温降速度 2.37℃/d。水温越低，温降速度越快，降低至环境温度的时间越短。

（2）温度应力控制效果。整理 $C_{90}30$ 混凝土 1.0m 厚度低温制冷水 8℃、常温水 22℃水温通水冷却情况温度主应力历时曲线见图 8.20 和图 8.21，6 个不同水温情况内部中心点主应力历时曲线见图 8.22。

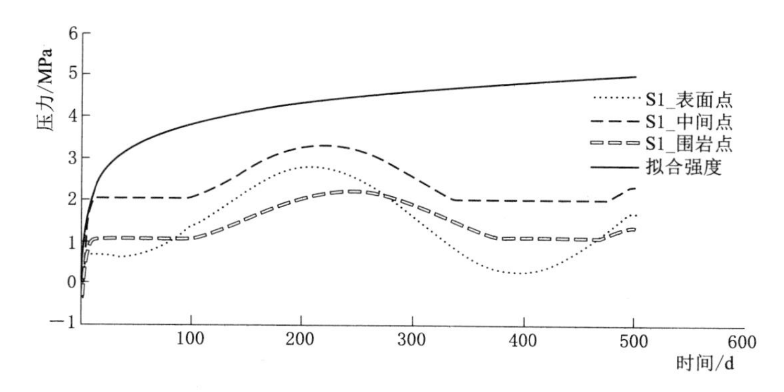

图 8.20　1.0m 厚度 $C_{90}30$ 混凝土 8℃通水冷却温度主应力历时曲线

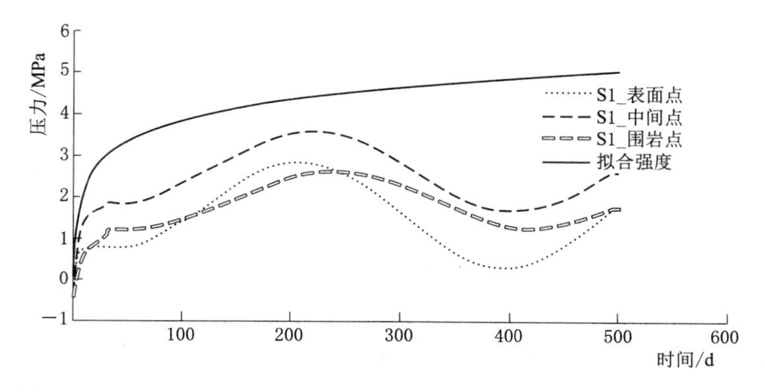

图 8.21　1.0m 厚度 $C_{90}30$ 混凝土 22℃通水冷却温度主应力历时曲线

以上结果表明：

1）通水冷却降低混凝土早期内部温度和内表温差，从而改变衬砌结构混凝土早期应力大小和分布、演变规律；同时由于内部最高温度降低，减小了与冬季最低温度的差值，即减小了温降幅度，冬季最大拉应力随之减小。

2）表面主拉应力，随水温降低，最大内表温差减小，早期表面拉应力减小。1.0m 厚度 $C_{90}30$ 衬砌混凝土，早期最大拉应力，22℃水通水冷却情况（图 8.21）下为 0.76MPa（51d），8℃水通水冷却情况（图 8.20）下为 0.68MPa（36.25d）。由于通水冷

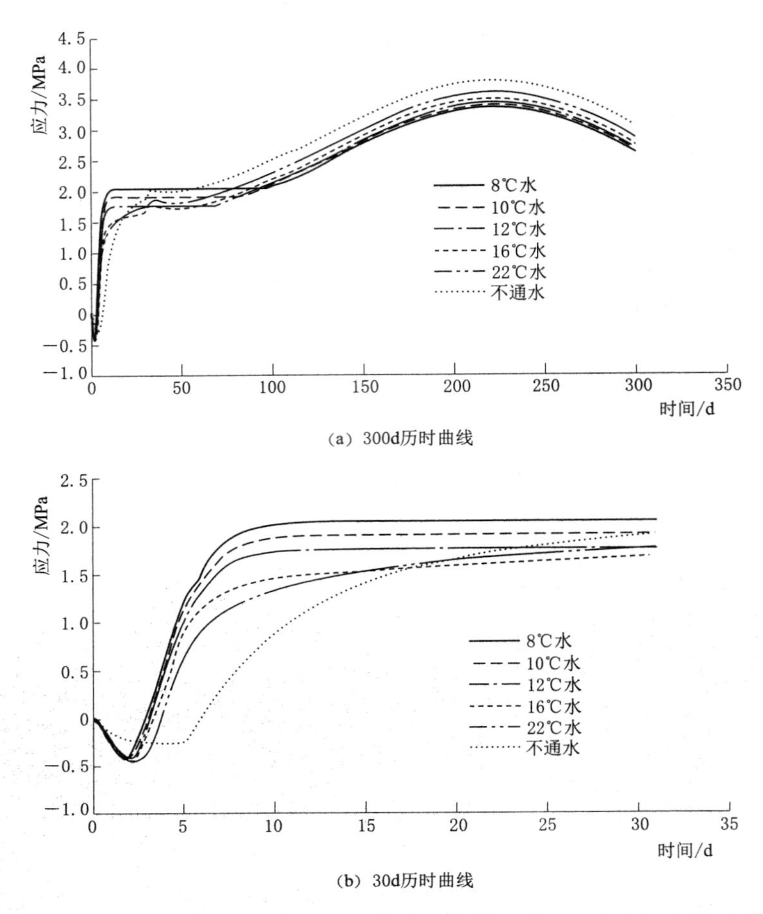

(a) 300d历时曲线

(b) 30d历时曲线

图 8.22　1.0m 厚度 $C_{90}30$ 混凝土不同水温情况内部中心点主应力历时曲线

却情况表面温度在 4d 左右即降低接近环境温度，表面拉应力主要受到环境温度周期变化降温幅度作用，所以冬季最大拉应力受到通水冷却影响较小。如 1.0m 厚度 $C_{90}30$ 衬砌混凝土，220d 主拉应力，22℃水通水冷却情况（图 8.21）下为 2.84MPa，8℃水通水冷却情况（图 8.20）下为 2.82MPa，仅减小 0.02MPa。

3）中心主拉应力在早期通水冷却使得内部温度迅速降低，拉应力增大，见图 8.22（b）。10.5d 拉应力，不通水冷却时为 0.96MPa，22℃水通水冷却时为 1.36MPa，8℃水通水冷却时为 2.03MPa。冬季最大拉应力，主要受内部最高温度与冬季洞内最低气温差值的作用，通水冷却使得混凝土内部最高温度降低，所以最大拉应力减小，而且水温越低拉应力越小，见图 8.22（a），基本呈线性关系，1.0m 厚度 $C_{90}30$ 衬砌混凝土平均减小 0.017MPa/℃（表 8.8）。

（3）温度裂缝控制效果。整理 $C_{90}30$ 混凝土 1.0m 厚度不同水温情况内部中心点抗裂安全系数历时曲线见图 8.23。

以上结果表明，抗裂安全系数表现出与温度应力具有良好对应关系的演变规律。由于通水冷却及其水温降低，早期（养护期）和冬季表面拉应力都减小，有利于防止表面裂

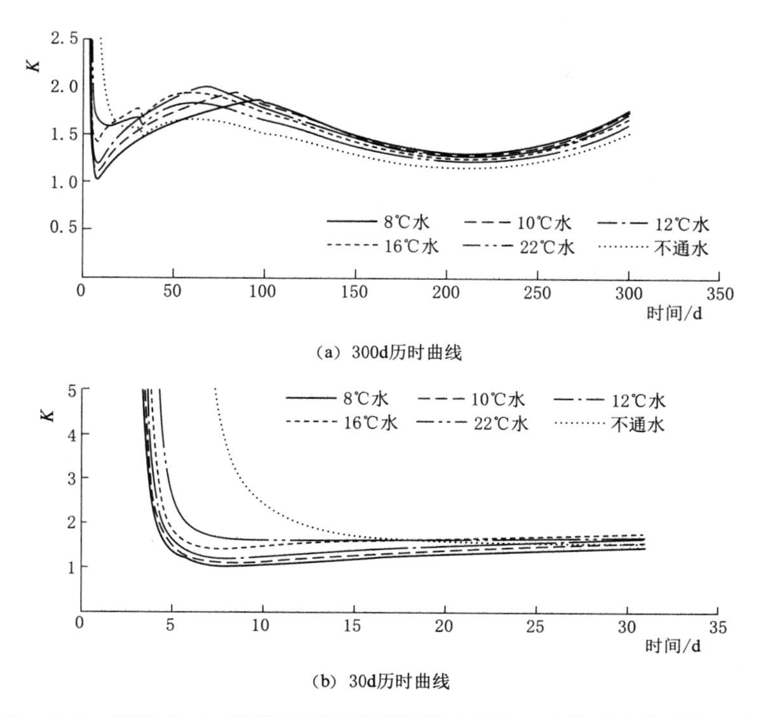

(a) 300d历时曲线

(b) 30d历时曲线

图 8.23　1.0m 厚度 $C_{90}30$ 混凝土不同水温情况内部中心点抗裂安全系数历时曲线

缝，所以仅对内部中心抗裂安全特性进行分析。

1）衬砌中心早期抗裂安全系数 K，温升期处于受压状态；温降期逐渐进入拉应力状态，并随着温降拉应力逐渐增大，K 值逐渐减小；通水冷却水温越低，内部温降越快，早期拉应力越大［图 8.22（b）］，养护期 K 值越小［图 8.23（b）］。

将不同厚度养护期 K 的最小值整理，记作 K_1，列于表 8.8～表 8.10，与水温 T_w 关系示于图 8.24。可以看出，1.0m 厚度衬砌混凝土 K_1 随 T_w 正比增大，但不通水冷却时介于 16～22℃水温之间；1.5m、2.0m 厚度衬砌混凝土 K_1 与 T_w 为非线性关系，T_w 小时 K_1 随之增大，在 T_w＝16℃水时达到最大值，此后 K_1 随之减小。因此，必须控制 T_w 为合适值，避免温降速率过快，抗裂安全性降低，导致早期裂缝。

2）衬砌中心冬季最低温度期抗裂安全系数 K，整理最小值记作 K_2，见表 8.8～表 8.10，与水温 T_w 关系示于图 8.24。可以看出，不同厚度衬砌混凝土 K_2 随 T_w 增高而降低，均近似线性关系，不通水冷却情况最小。因此，防止或者降低冬季温度裂缝风险，宜采取尽可能低温水通水冷却。

（4）温控防裂优化控制机理。综合以上分析，通水冷却能够有效降低早期混凝土内部温度和内表温差，水温越低，内部温度和内表温差降低幅度越大，温降速度越快，降低至环境温度的时间越短；早期表面和冬季低气温期拉应力越小，相应抗裂安全系数越大。因此，防止或者降低早期表面裂缝和冬季低温期温度裂缝风险，宜采取尽可能低温水通水冷却。但通水冷却使得早期中心温降加速，过低水温会导致相应拉应力增大、抗裂安全系数减小。所以，必须控制 T_w 为合适值，避免温降速率过快，抗裂安全性降低，导致早期裂缝。

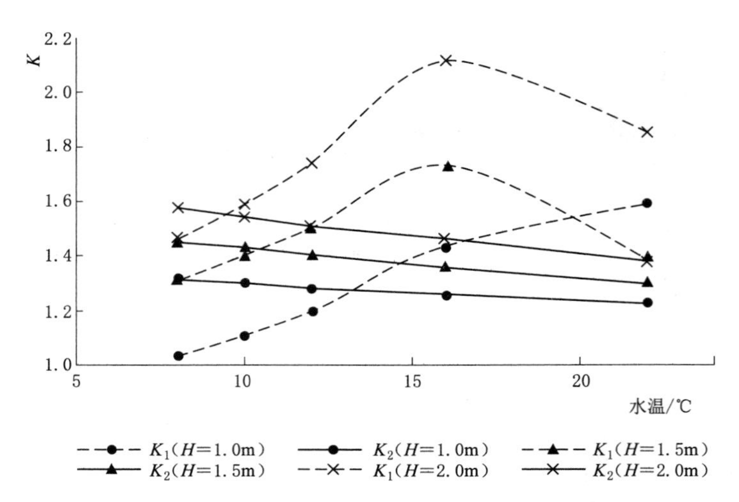

图 8.24　$C_{90}30$ 混凝土不同厚度养护期 K_1 和冬季 K_2 与通水冷却水温 T_w 的关系

因此，通水冷却温控防裂优化控制机理是：有效控制与降低内部最高温度和内表温差，防止早期表面和冬季低温期温度裂缝，优化控制通水冷却水温和中心温降速率，防止内部拉应力过大导致早期温度裂缝。即"三控一防"：控制内部最高温度、内表温差、温降速率，防止温度裂缝（或者称为控制温度裂缝风险，则称为"四控"）。

（5）水温和中心温降速率优化控制。根据以上分析，通水冷却水温过低会导致中心温降速率过快，反而拉应力过大导致中心早期温度裂缝。从控制早期温度裂缝角度看，1.0m 厚度衬砌混凝土，不通水冷却情况 K_1 最大，1.5m、2.0m 衬砌混凝土 16℃水情况 K_1 最大。而 K_2 则是水温越低时越大。因此，综合防止早期和冬季低温期温度裂缝最优的水温（以后称为优化控制水温 T_{wy}），是 K_1（T_w）与 K_2（T_w）两曲线的交点（图 8.24），即全过程抗裂安全系数取得最大值，以下称为通水冷却综合优化抗裂安全系数 K_y。相应的温降速率称为优化控制温降速率 V_y、水温差（$\Delta T_{cw}=T_{max}-T_{wy}$）称为优化控制水温差 ΔT_{wy}。根据表 8.8～表 8.10。同样可整理 K_1、K_2 与水温差 ΔT_{cw} 的关系见图 8.25。由图 8.24、图 8.25 中 K_1、K_2 交点求得 K_y、T_{wy}、ΔT_{wy} 值。V_y 则整理温降速率 T_{sd}（℃/d）与 T_w 的关系（图 8.26），由 T_{wy} 求得对应值，汇总不同厚度 H 衬砌混凝土的优化控制值见表 8.11。

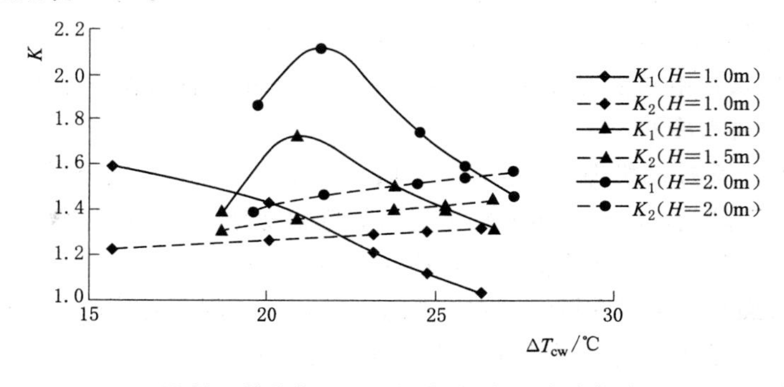

图 8.25　$C_{90}30$ 混凝土养护期 K_1 和冬季 K_2 与通水冷却水温差 ΔT_{cw} 关系

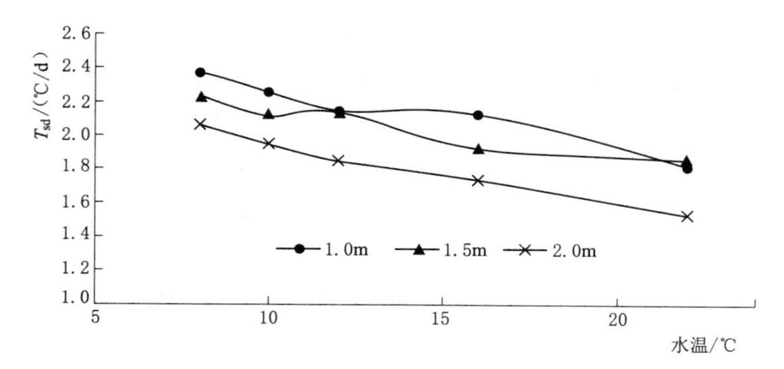

图 8.26 $C_{90}30$ 混凝土温降速率 T_{sd} 与通水冷却水温 T_w 的关系

表 8.11　$C_{90}30$ 不同厚度衬砌混凝土通水冷却优化控制值

H/m	K_y	T_{wy}/℃	V_y/(℃/d)	ΔT_{wy}/℃
1.0	1.27	13	2.17	22.2
1.5	1.42	14.7	2.0	24.8
2.0	1.56	16.5	1.72	26.2

由表 8.11 可以看出，衬砌 $C_{90}30$ 混凝土通水冷却温控防裂优化控制的水温差为 22～26℃，随着厚度的增大而增大，与现行水工有关规范[2-3]规定允许水温差基本相当；温降速率 1.7～2.2℃/d，随厚度增大而减小，大于现行水工有关规范[2-3]规定容许温降速率。

8.3.2 不同强度衬砌混凝土通水冷却水温和温降速率优化控制

进一步进行 $C_{90}25$、$C_{90}40$ 衬砌混凝土不同厚度不同通水冷却水温情况有限元仿真计算。整理 $C_{90}40$ 混凝土 1.0m 厚度不同水温通水冷却情况温控特征值历时曲线见图 8.27～图 8.29，$C_{90}25$、$C_{90}40$ 不同水温通水冷却情况 1.0m 温控特征值见表 8.12 和表 8.13。为深入直观了解不同强度衬砌混凝土通水冷却温控防裂效应，以衬砌厚度 1.0m 结构为例整理不同水温通水冷却 3 种强度温控特征值与强度的关系见图 8.30～图 8.34。

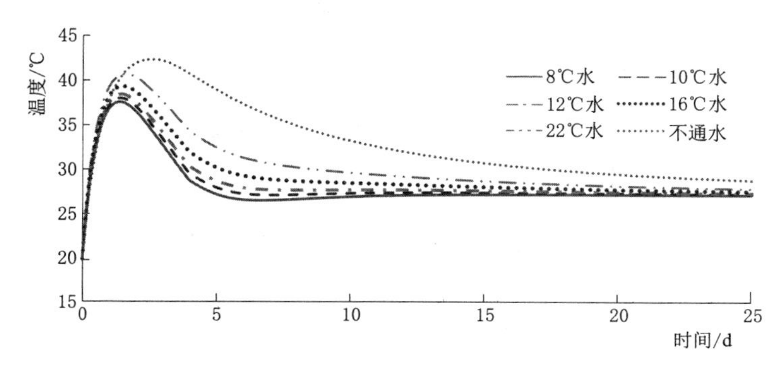

图 8.27 1.0m 厚度 $C_{90}40$ 混凝土不同水温情况内部中心点温度历时曲线

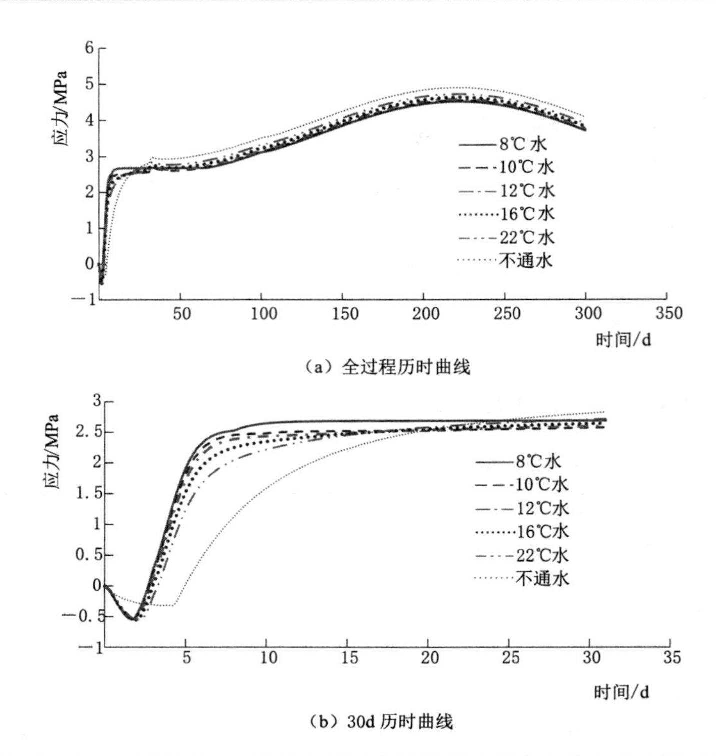

（a）全过程历时曲线

（b）30d 历时曲线

图 8.28　1.0m 厚度 $C_{90}40$ 混凝土不同水温情况内部中心点主应力历时曲线

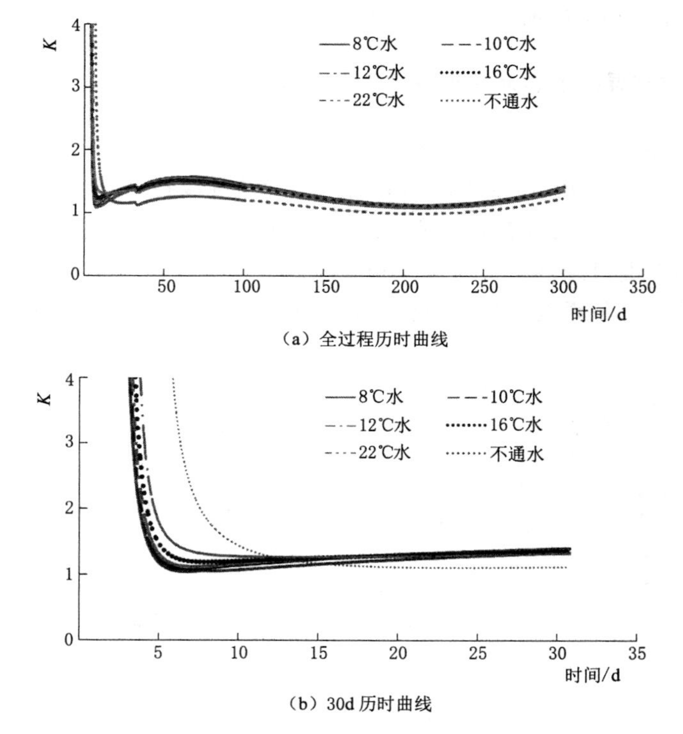

（a）全过程历时曲线

（b）30d 历时曲线

图 8.29　1.0m 厚度 $C_{90}40$ 混凝土不同水温情况内部中心点抗裂安全系数历时曲线

表 8.12　　1.0m 厚度 $C_{90}25$ 混凝土不同水温通水冷却方案温控特征值

T_w /℃	ΔT_{cw} /℃	T_{cj} /℃	T_{sd} /(℃/d)	养护期		表面 T_{max}/℃	中间 T_{max}/℃	ΔT_{max} /℃	冬季	
				σ_1/MPa	K_1				σ_{max}/MPa	K_2
8	19.652	5.653	1.615	0.864	1.805	28.080	27.652	0.114	1.436	2.53
10	18.144	5.252	1.513	0.786	1.986	28.291	28.144	0.352	1.482	2.45
12	16.677	4.162	1.501	0.345	4.552	28.502	28.677	0.590	1.519	2.39
16	13.771	3.508	1.276	0.254	6.033	28.942	29.771	1.106	1.593	2.2
22	9.400	2.616	1.046	0.271	7.946	29.693	31.400	2.355	1.750	1.96

表 8.13　　1.0m 衬砌 $C_{90}40$ 混凝土不同水温通水冷却温控特征值

T_w /℃	ΔT_{cw} /℃	T_j /d	T_{cj} /℃	T_{sd} /(℃/d)	表面 T_{max}/℃	中间 T_{max}/℃	ΔT_{max} /℃	σ_{max} /MPa	养护期 K_1	冬季 K_2
8	29.62	4.5	9.64	3.21	33.86	37.62 (1.5)	4.53 (1.75)	4.51	1.06 (7.0)	1.10
10	28.06	4.5	9.31	3.10	34.02	38.06 (1.5)	4.74 (1.75)	4.54	1.10 (7.0)	1.09
12	26.51	4.5	8.98	2.99	34.19	38.51 (1.5)	4.97 (2.0)	4.57	1.13 (7.25)	1.08
16	23.40	4.5	8.32	2，77	34.54	39.40 (1.5)	5.45 (2.0)	4.63	1.21 (8.0)	1.07
22	23.17	4.5	7.33	2.44	35.17	40.73 (1.5)	6.26 (3.25)	4.72	1.28 (14.0)	1.05
不通水冷却				1.78	37.27	46.00 (2.25)	10.92 (3.5)	4.90	1.09 (32.5)	0.96

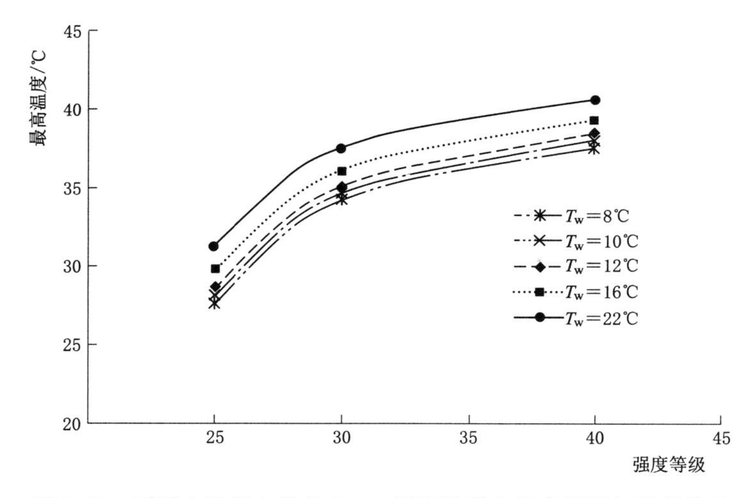

图 8.30　不同水温通水冷却 1.0m 衬砌混凝土最高温度与强度关系

比较分析不同强度衬砌混凝土仿真计算成果可知：

(1) 衬砌混凝土强度增高，内部温度、最大内表温差，及温降产生的拉应力都随之增大（图 8.30～图 8.32），但变化发展规律相同（如图 8.22 与图 8.28 的应力曲线比较）。如 1.0m 厚度 $C_{90}40$ 衬砌混凝土（表 8.13），8℃ 水通水冷却情况，内部最高温度 37.62℃，比 $C_{90}30$ 混凝土（表 8.8）的 34.26℃ 高 3.36℃；最大内表温差 4.53℃，高 1.52℃；最大拉应力为 4.51MPa，大 1.15MPa。通水冷却降温效果增大，1.0m 厚度 $C_{90}40$

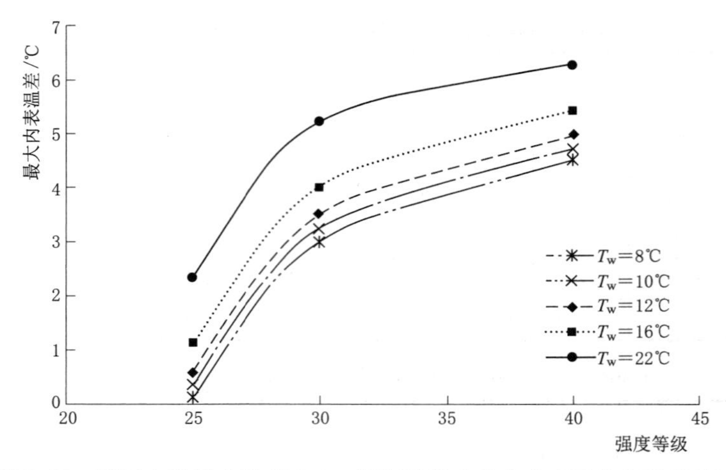

图 8.31　不同水温通水冷却 1.0m 衬砌混凝土最大内表温差与强度关系

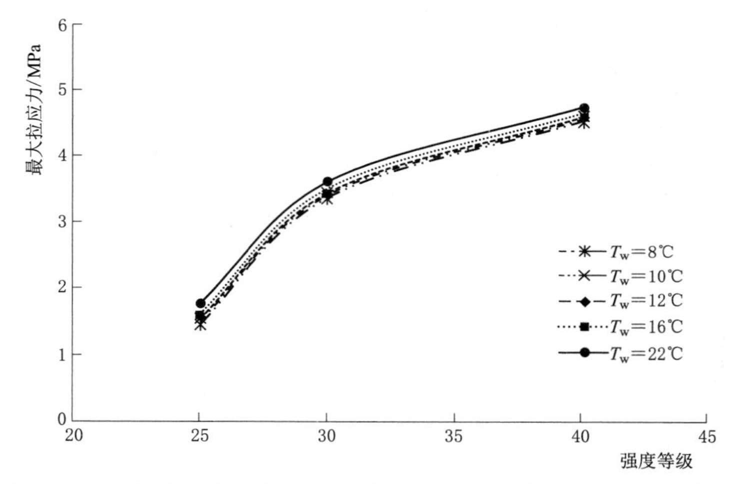

图 8.32　不同水温通水冷却 1.0m 衬砌混凝土最大拉应力与强度关系

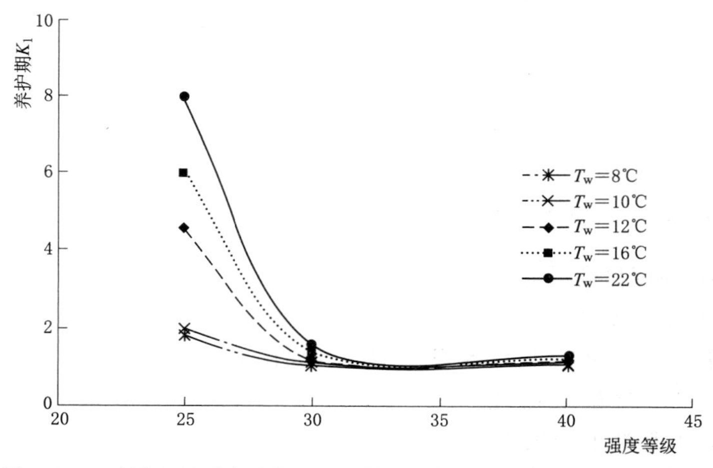

图 8.33　不同水温通水冷却 1.0m 衬砌混凝土养护期 K_1 与强度关系

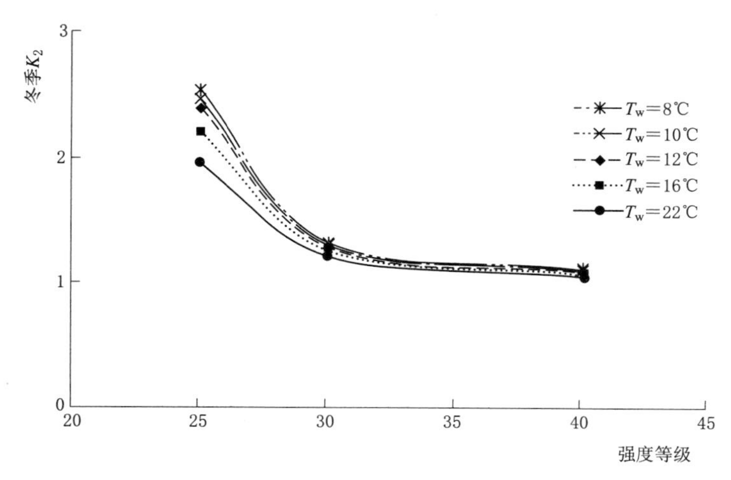

图 8.34 不同水温通水冷却 1.0m 衬砌混凝土冬季 K_2与强度关系

衬砌混凝土 22℃水通水冷却比不通水冷却情况，最高温度降低 5.27℃，大于 C_{90}30 混凝土的 4.78℃；最大内表温差降低 4.66℃，大于 C_{90}30 混凝土的 3.95℃。C_{90}25 低强度混凝土，在 1.0m 较小厚度情况（表 8.12），8℃过低水温情况，导致内部温度温降过快、幅度大，出现内部最高温度 27.65℃反而低于表面 28.08℃，内表温差为负值，值得高度重视。

（2）通水冷却降低拉应力效果（图 8.32）总体相差不大。如 1.0m 厚度衬砌混凝土最大主拉应力（表 8.8、表 8.13），C_{90}40 混凝土 22℃水通水冷却时为 4.72MPa，比不通水冷却时的 4.90MPa 降低 0.18MPa，8～22℃水通水冷却平均降低拉应力效果为 0.015MPa/℃；C_{90}30 混凝土 22℃水通水冷却时为 3.60MPa，比不通水冷却时的 3.79MPa 降低 0.19MPa，8～22℃水通水冷却平均降低拉应力效果为 0.017MPa/℃。C_{90}40 比 C_{90}30 混凝土通水冷却水温降低的效果稍微弱些，可能是因为高强度混凝土热量更大、水温等条件相同带走热量增加度小于水化热增长比。

（3）在提高抗裂安全性效果方面，不同强度在不同水温通水冷却情况抗裂安全系数的历时变化规律一致（图 8.23、图 8.29），强度越高抗裂安全系数越低（图 8.33、图 8.34），在 C_{90}30 有较明显的拐弯，高于 C_{90}30 时随强度降低的幅度较小。但都是养护期 K_1 随水温增高而增大，冬季 K_2 随水温增高而降低。

C_{90}40 混凝土养护期 K_1与水温 T_w关系示于图 8.35。可以看出，1.0m 厚度衬砌混凝土 K_1随 T_w正比增大，但不通水冷却情况介于 16～22℃水之间；1.5m、2.0m 厚度衬砌混凝土 K_1与 T_w为非线性关系，T_w小时 K_1随之增大，在 T_w=16℃水时达到最大值，此后 K_1随之减小。与 C_{90}30 混凝土同样要求必须控制 T_w为合适值，避免温降速率过快导致早期裂缝。但 C_{90}40 混凝土的 K_1值总体而言比 C_{90}30 混凝土要小些，非线性变化范围也小些，见图 8.33。

C_{90}40 混凝土冬季 K_2与水温 T_w关系示于图 8.35。可以看出，不同厚度衬砌混凝土 K_2随 T_w增高而降低，均为线性关系，不通水冷却情况最小。与 C_{90}30 混凝土同样是宜采取尽可能低温水通水冷却。C_{90}40 混凝土的 K_2值比 C_{90}30 混凝土小些（图 8.34），降低单位水温提高抗裂安全系数也小些（分别为 0.0036/℃、0.0064/℃）。

表 8.14　　1.5m 衬砌 C_{90}40 混凝土不同水温通水冷却温控特征值

T_w /℃	ΔT_{cw} /℃	T_j /d	T_{cj} /℃	T_{sd} /(℃/d)	表面 T_{max}/℃	中间 T_{max}/℃	ΔT_{max} /℃	σ_{max} /MPa	养护期 K_1	冬季 K_2
8	30.26	5.5	11.03	2.76	35.90	38.26（1.5）	3.17（3.5）	4.15	1.15（7.25）	1.19
10	28.80	5.5	10.60	2.83	35.98	38.80（1.75）	3.79（3.5）	4.20	1.18（7.5）	1.18
12	27.35	5.5	10.17	2.71	36.06	39.35（1.75）	4.42（3.5）	4.25	1.26（8.5）	1.17
16	24.44	5.5	9.31	2.48	36.22	40.44（1.75）	5.67（3.5）	4.34	1.38（9.25）	1.14
22	22.13	5.5	8.07	2.31	36.53	42.13（2.0）	7.55（3.5）	4.48	1.33（34.25）	1.11
不通水冷却				1.22	37.56	50.00（3.0）	16.0（4.0）	4.88	1.23（34.0）	1.02

表 8.15　　2.0m 衬砌 C_{90}40 混凝土不同水温通水冷却温控特征值

T_w /℃	ΔT_{cw} /℃	T_j /d	T_{cj} /℃	T_{sd} /(℃/d)	表面 T_{max}/℃	中间 T_{max}/℃	ΔT_{max} /℃	σ_{max} /MPa	养护期 K_1	冬季 K_2
8	31.02	6.5	12.04	2.53	37.00	39.02（1.75）	3.24（3.5）	3.86	1.28（9.25）	1.29
10	29.57	6.5	11.51	2.42	37.04	39.57（1.75）	3.96（3.5）	3.91	1.36（9.5）	1.27
12	28.12	6.5	10.97	2.31	37.08	40.12（1.75）	4.68（3.5）	3.96	1.44（9.75）	1.26
16	25.29	6.5	9.98	2.22	37.16	41.29（2.0）	6.17（3.25）	4.07	1.63（10.75）	1.22
22	23.10	6.5	8.54	2.01	37.27	43.10（2.25）	8.41（3.75）	4.22	1.46（34.0）	1.18
不通水冷却				0.79	37.69	52.60（3.75）	19.46（4.75）	4.69	1.06（220）	1.06

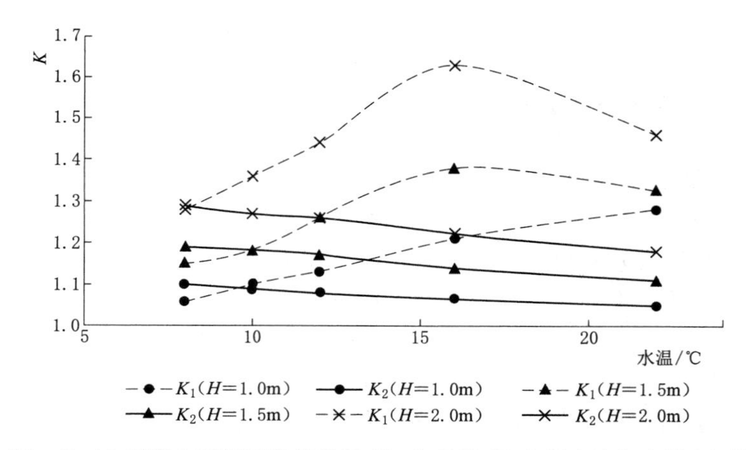

图 8.35　C_{90}40 混凝土不同厚度养护期 K_1 和冬季 K_2 与通水冷却水温 T_w 的关系

（4）水温和中心温降速率优化控制与混凝土强度的关系。进一步整理 C_{90}40 混凝土 1.5m、2.0m 厚度衬砌不同水温通水冷却温控特征值见表 8.14 和表 8.15，将抗裂安全系数 K_1、K_2 与水温 T_w、水温差 ΔT_{cw} 与 T_w 的关系示于图 8.35 和图 8.36，温降速率 T_{sd}（℃/d）与水温 T_w 关系见图 8.37。同样由 K_1（T_w）与 K_2（T_w）两曲线的交点求得综合优化抗裂安全系数 K_y，优化控制水温 T_{wy}、优化控制水温差 ΔT_{wy}，然后由图 8.37 求得优化控制温降速率 V_y，汇总见表 8.16。

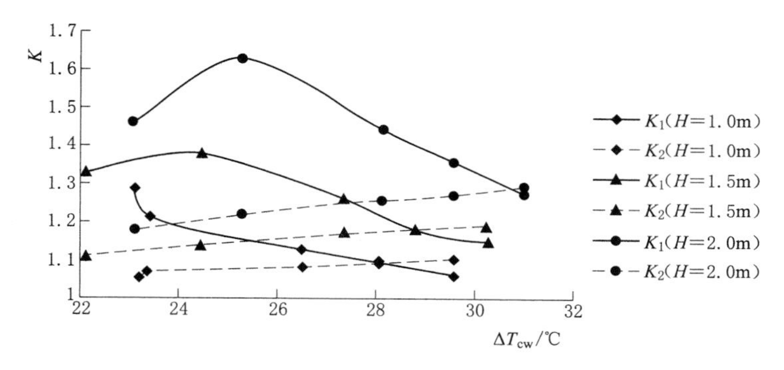

图 8.36 $C_{90}40$ 混凝土养护期 K_1 和冬季 K_2 与通水冷却水温差 ΔT_{cw} 关系

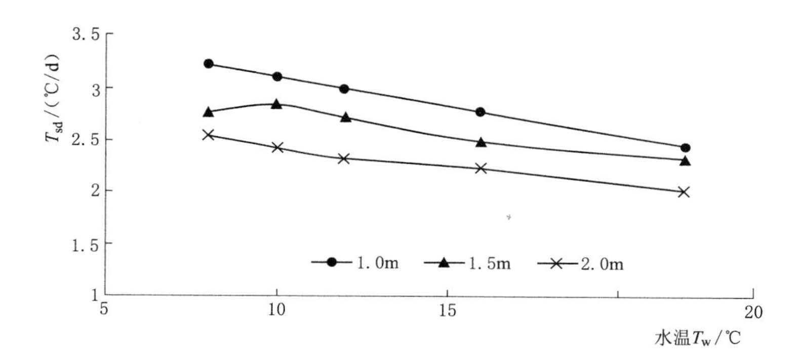

图 8.37 $C_{90}40$ 混凝土温降速率 T_{sd} 与通水冷却水温 T_w 的关系

表 8.16 $C_{90}40$ 不同厚度衬砌混凝土通水冷却温控防裂最优水温和最优温降速率

H/m	K_y	T_w/℃	V_y/(℃/d)	ΔT_{wy}/℃
1.0	1.09	9.6	3.15	28.5
1.5	1.18	10.1	2.80	28.8
2.0	1.29	8.2	2.51	30.8

比较表 8.11 与表 8.16 可知，强度增高，通水冷却最优控制的水温差和温降速率都增大，可以采取更低的水温进行通水冷却。

8.3.3 不同厚度衬砌混凝土通水冷却水温和温降速率优化控制

为便于比较，整理 $C_{90}30$ 混凝土 1.5m 厚度不同水温通水冷却情况温控特征值历时曲线见图 8.38～图 8.40，2.0m 厚度不同水温通水冷却情况中心点抗裂安全系数历时曲线见图 8.41；$C_{90}25$ 混凝土不同厚度不同水温通水冷却情况特征值见表 8.17～表 8.20。并将其中 $C_{90}30$ 混凝土在不同通水冷却水温情况最高温度、最大内表温差、最大拉应力、养护期 K_1 和冬季 K_2 与衬砌厚度的关系示于图 8.42～图 8.46。

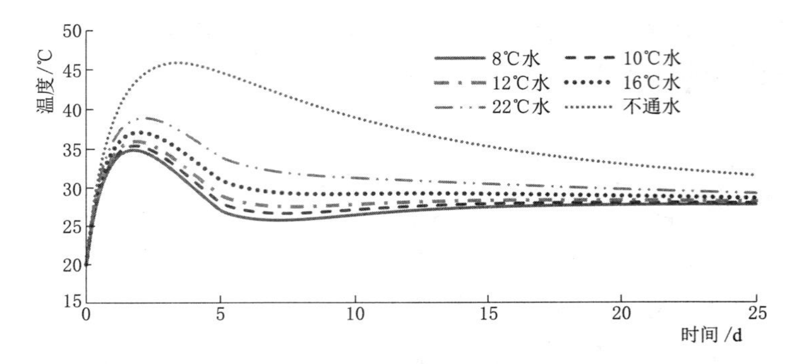

图 8.38　1.5m 厚度 $C_{90}30$ 混凝土不同水温情况内部中心点温度历时曲线

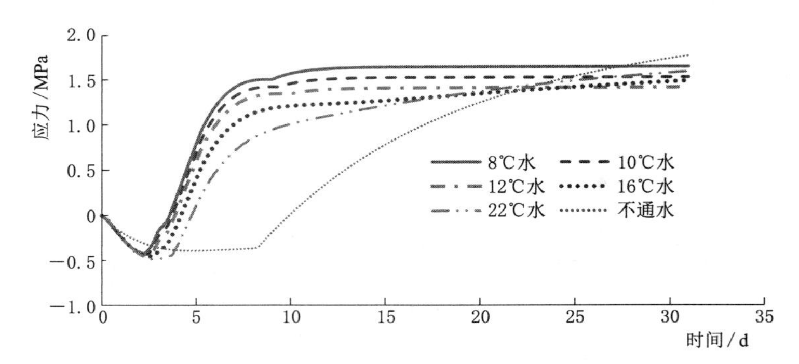

图 8.39　1.5m 厚度 $C_{90}30$ 混凝土不同水温情况内部中心点主应力历时曲线

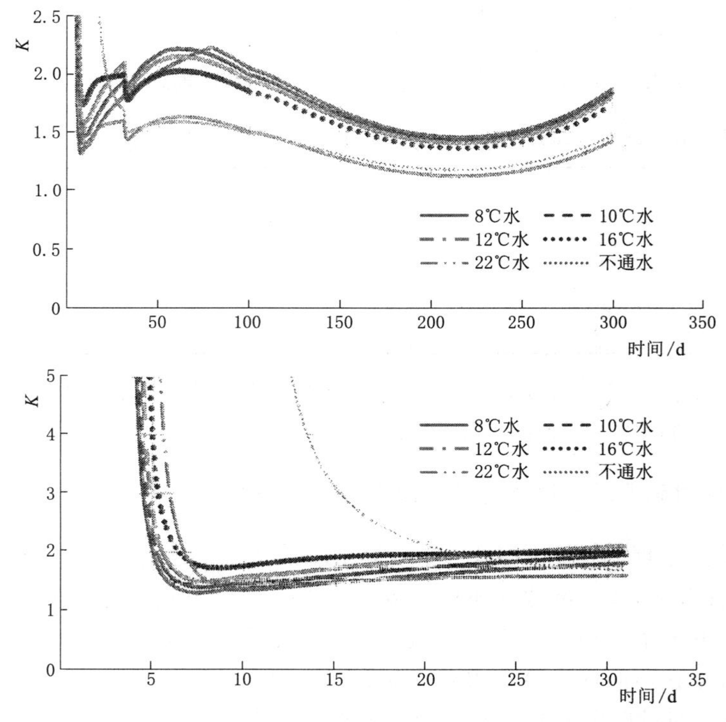

图 8.40　1.5m 厚度 $C_{90}30$ 混凝土不同水温情况内部中心点抗裂安全系数历时曲线

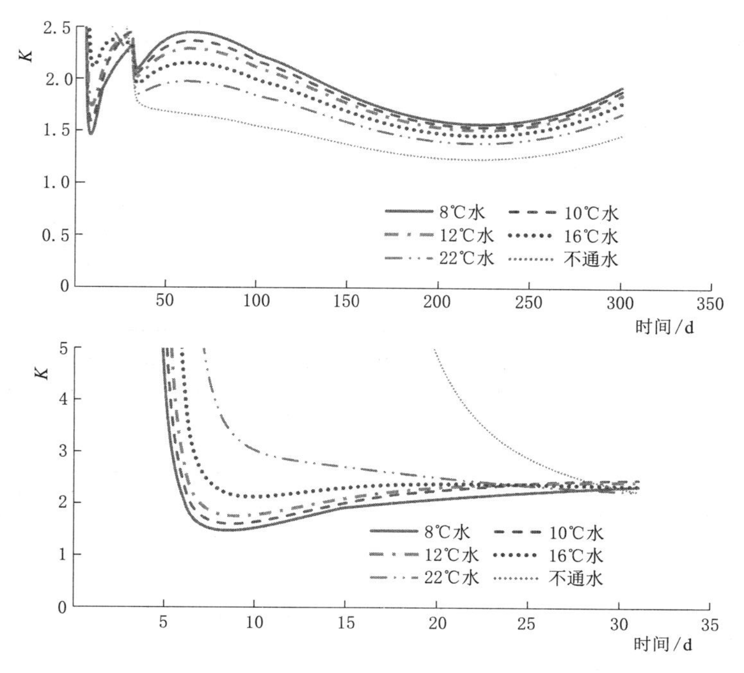

图 8.41 2.0m 厚度 $C_{90}30$ 混凝土不同水温情况内部中心点抗裂安全系数历时曲线

表 8.17 0.8m 厚度 $C_{90}25$ 混凝土不同水温通水冷却方案温控特征值

T_w /℃	ΔT_{cw} /℃	T_{cj} /℃	T_{sd} /(℃/d)	养护期		表面	中间	ΔT_{max} /℃	冬季	
				σ_1/MPa	K_1	T_{max}/℃	T_{max}/℃		σ_{max}/MPa	K_2
8	19.535	4.205	1.682	0.891	1.644	27.754	27.535	1.124	1.698	2.03
10	18.092	3.905	1.562	0.810	1.811	27.768	28.092	1.230	1.737	1.98
12	16.648	3.605	1.442	0.730	2.016	27.793	28.648	1.337	1.775	1.94
16	13.744	3.021	1.343	0.569	2.606	28.363	29.744	1.574	1.852	1.86
22	9.137	2.271	1.009	0.373	4.633	29.299	31.137	2.181	1.967	1.75

注 括号内的数值为施工期抗裂安全系数最小值 K_{min} 发生龄期，下同。

表 8.18 1.2m 厚度 $C_{90}25$ 混凝土不同水温通水冷却方案温控特征值

T_w /℃	ΔT_{cw} /℃	T_{cj} /℃	T_{sd} /(℃/d)	养护期		表面	中间	ΔT_{max} /℃	冬季	
				σ_1/MPa	K_1	T_{max}/℃	T_{max}/℃		σ_{max}/MPa	K_2
8	19.690	5.581	1.595	0.780	2.016	28.732	27.690	−0.038	1.358	2.52
10	18.248	5.146	1.583	0.711	2.216	28.884	28.248	−0.038	1.409	2.44
12	16.824	4.752	1.462	0.641	2.461	29.037	28.824	−0.038	1.460	2.36
16	13.819	3.964	1.220	0.503	3.157	29.408	29.819	0.787	1.563	2.2
22	9.506	2.945	1.071	0.368	5.353	30.007	31.506	2.390	1.717	2.0

表 8.19　　1.5m 厚度 $C_{90}25$ 混凝土不同水温通水冷却方案温控特征值

T_w /℃	ΔT_{cw} /℃	T_{cj} /℃	T_{sd} /(℃/d)	养护期		表面 T_{max}/℃	中间 T_{max}/℃	ΔT_{max} /℃	冬　季	
				σ_1/MPa	K_1				σ_{max}/MPa	K_2
8	19.921	5.975	1.593	0.684	2.374	29.544	27.921	−0.028	1.247	2.74
10	18.367	5.512	1.470	0.622	2.615	29.652	28.367	−0.028	1.306	2.62
12	16.832	5.048	1.346	0.560	2.909	29.761	28.832	−0.028	1.366	2.52
16	13.828	4.189	1.197	0.437	3.752	30.006	29.828	0.536	1.484	2.32
22	9.733	3.033	0.933	0.352	6.105	30.420	31.733	2.452	1.662	2.07

表 8.20　　2.0m 厚度 $C_{90}25$ 混凝土不同水温通水冷却方案温控特征值

T_w /℃	ΔT_{cw} /℃	T_{cj} /℃	T_{sd} /(℃/d)	养护期		表面 T_{max}/℃	中间 T_{max}/℃	ΔT_{max} /℃	冬　季	
				σ_1/MPa	K_1				σ_{max}/MPa	K_2
8	20.134	6.687	1.408	0.546	2.737	30.411	28.134	−0.020	0.837	4.13
10	18.539	6.129	1.290	0.485	2.860	30.465	28.539	−0.020	0.881	3.92
12	16.944	5.598	1.244	0.450	3.411	30.524	28.944	−0.020	0.936	3.69
16	14.063	4.599	1.082	0.355	4.484	30.660	30.063	0.339	1.035	3.34
22	10.088	3.278	0.819	0.297	7.568	30.876	32.088	2.607	1.183	2.92

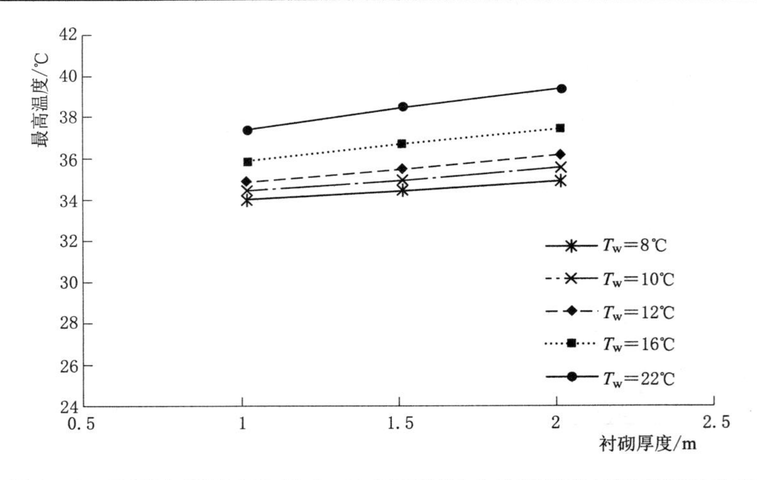

图 8.42　不同水温通水冷却 $C_{90}30$ 衬砌混凝土最高温度与衬砌厚度关系

根据以上计算结果，各温控特征值历时曲线的发展规律一致，与厚度的关系具体分析如下：

（1）衬砌混凝土厚度增大，最高温度 T_{max} 增高（图 8.42）。水温 T_w 越高，T_{max} 越高，随水温增长幅度也越大，如 $C_{90}30$ 衬砌混凝土 T_w = 22℃时增长 2℃/℃，T_w = 8℃时增长 1℃/℃。

（2）衬砌混凝土厚度增大，最大内表温差 ΔT_{max}，水温 T_w 高时 ΔT_{max} 大，水温 T_w 低时 ΔT_{max} 小；$C_{90}30$ 衬砌混凝土在 16～22℃较高水温时随 T_w 增大，8～12℃较低水温时随 T_w 非线性减小（图 8.43）；在 16℃水温时，随水温增高而增大 0.54℃/℃。

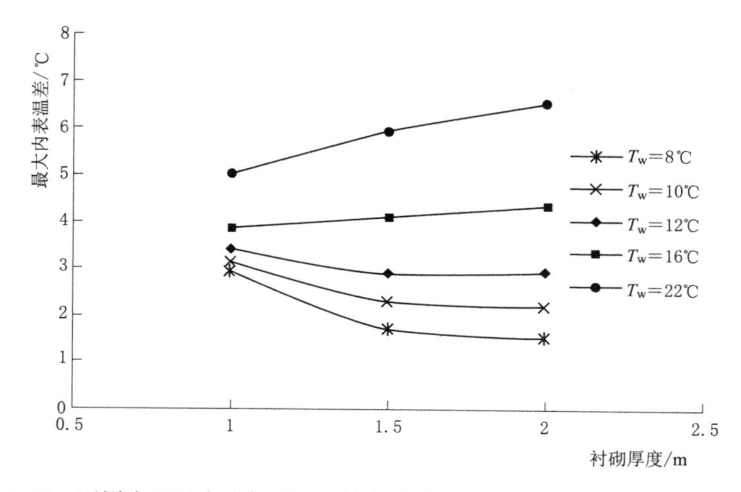

图 8.43 不同水温通水冷却 $C_{90}30$ 衬砌混凝土最大内表温差与衬砌厚度关系

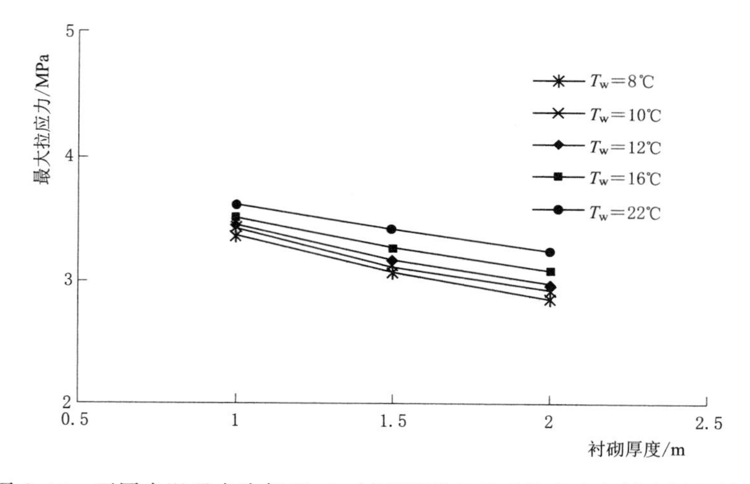

图 8.44 不同水温通水冷却 $C_{90}30$ 衬砌混凝土最大拉应力与衬砌厚度关系

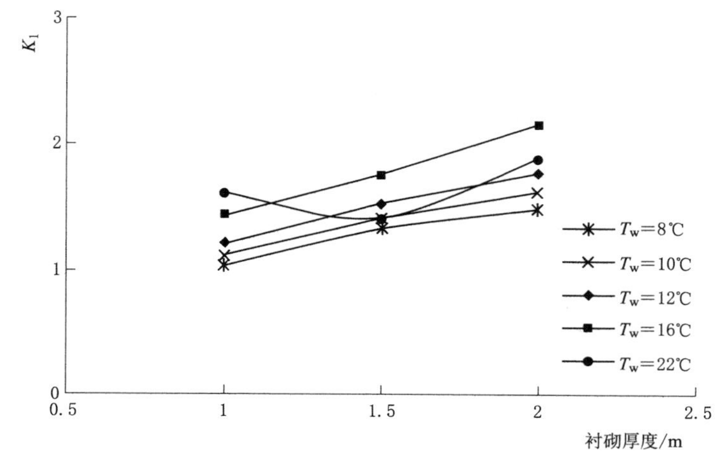

图 8.45 不同水温通水冷却 $C_{90}30$ 衬砌混凝土养护期 K_1 与衬砌厚度关系

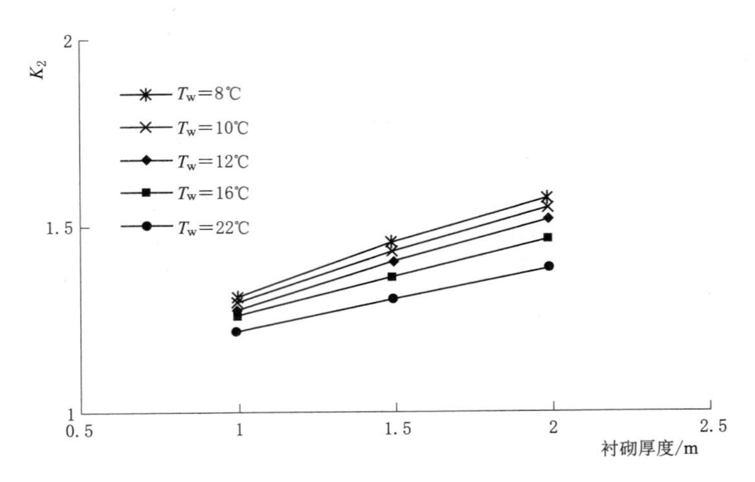

图 8.46　不同水温通水冷却 $C_{90}30$ 衬砌混凝土冬季 K_2 与衬砌厚度关系

(3) 衬砌混凝土厚度增大，最大拉应力 σ_{max} 非线性减小，与 T_{max} 具有良好的对应关系。水温 T_w 越低 σ_{max} 越小，随水温降低幅度也越大，如 $C_{90}30$ 衬砌混凝土 T_w=22℃时减小 0.39MPa/℃，T_w=8℃时减小 0.51MPa/℃。

(4) 养护期 K_1，$C_{90}30$ 衬砌混凝土除 T_w=22℃时为非线性、H=1.5m 时最小外，其余均随衬砌混凝土厚度增大而增大；但是与水温表现为非线性关系，除 1.0m 厚度是在 T_w=22℃时最大外，其余厚度均是在 T_w=16℃时最大。因此，需要选择适宜水温通水冷却。

(5) 冬季 K_2，随衬砌混凝土厚度增大而非线性增大，同时随水温 T_w 降低而增大。如 $C_{90}30$ 衬砌混凝土，1.0m 厚度，T_w=8℃时 K_2=1.3 大于 T_w=22℃时的 1.22；随厚度的增大，T_w=8℃时平均增大 0.27/m，T_w=22℃时平均增大 0.16/m。

(6) 水温和中心温降速率优化控制与厚度的关系。同样整理表 8.12、表 8.17～表 8.20 中 $C_{90}25$ 混凝土养护期 K_1 和冬季 K_2 与水温 T_w、水温差 ΔT_{cw} 的关系示于图 8.47～图 8.49。温降速率 T_{sd}（℃/d）与水温 T_w 的关系见图 8.49，并进一步求得综合优化抗裂安全系数 K_y、水温 T_{wy}、水温差 ΔT_{wy} 和温降速率 V_y，汇总不同厚度 H 衬砌混凝土的优化控制值见表 8.21。

表 8.21　$C_{90}25$ 不同厚度衬砌混凝土通水冷却温控防裂最优水温和最优温降速率

H/m	K_y	T_{wy}/℃	V_y/(℃/d)	ΔT_{wy}/℃
0.8	1.98	11.5	1.48	17.0
1.0	2.12	10.8	1.52	17.7
1.2	2.38	11.8	1.53	17.3
1.5	2.49	12.0	1.47	18.4
2.0	3.59	12.6	1.25	17.5

表 8.11、表 8.16 和表 8.21 表明，厚度增大，通水冷却综合优化抗裂安全系数 K_y 增大，最优控制水温差和温降速率都减小，但 $C_{90}25$ 最优控制水温差相差不大。

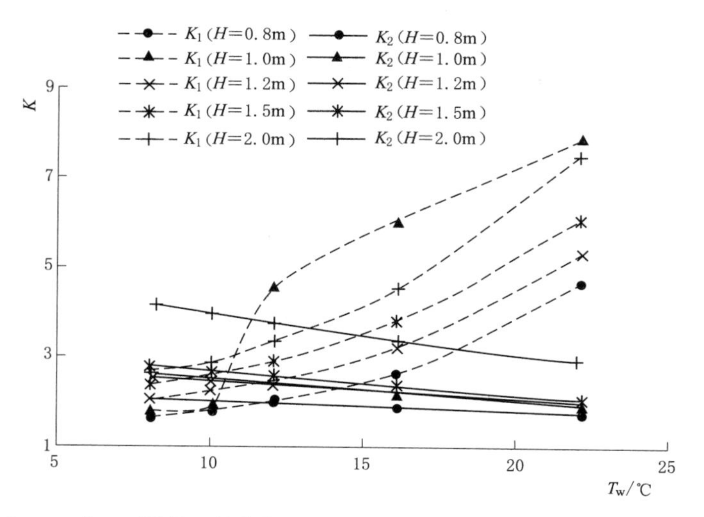

图 8.47 $C_{90}25$ 混凝土养护期 K_1 和冬季 K_2 与通水冷却水温 T_w 的关系

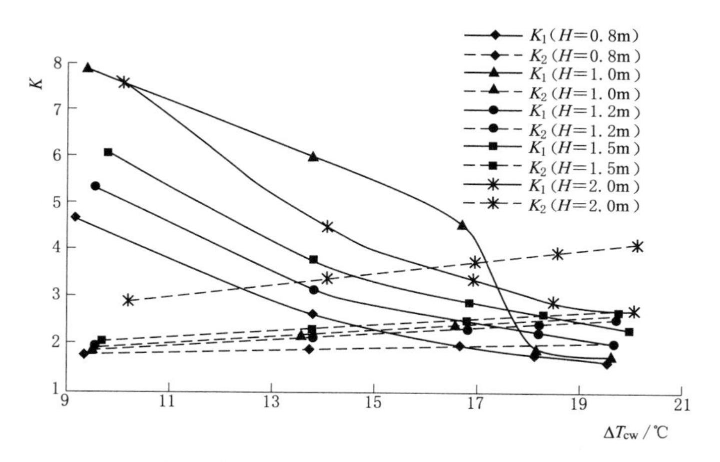

图 8.48 $C_{90}25$ 混凝土养护期 K_1 和冬季 K_2 与通水冷却水温差 ΔT_{cw} 关系

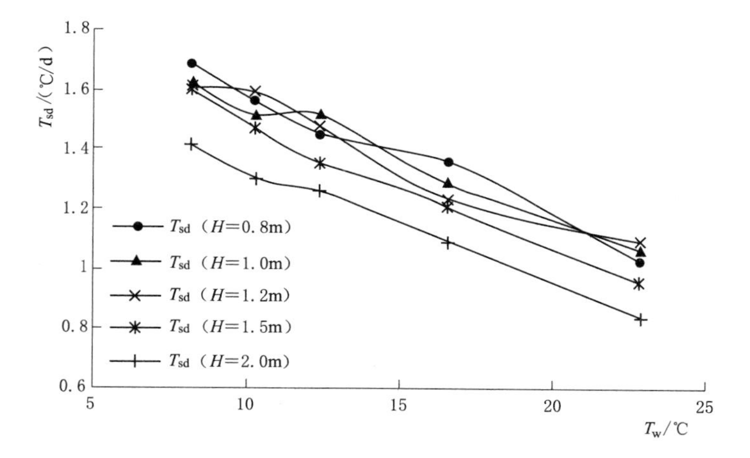

图 8.49 $C_{90}25$ 混凝土温降速率 T_{sd} 与通水冷却水温 T_w 的关系

8.3.4　恒定水温条件通水冷却最优控制水温差与温降速率

根据表8.11、表8.16和表8.21，优化控制水温差ΔT_{wy}和优化控制温降速率V_y与衬砌厚度、强度的关系见图8.50和图8.51，均近似线性关系，同时有交叉影响，进行优化统计分析得

$$\Delta T_{wy}=2.27H+0.65C+0.07HC-0.71H^2-1.69 \tag{8.6}$$

$$V_y=1.08H+0.39C-0.027HC-0.2H^2-0.004C^2-5.97 \tag{8.7}$$

式（8.6）最大绝对误差2.49℃，最大相对误差12.91%。式（8.7）最大绝对误差0.12℃/d，最大相对误差4.59%。

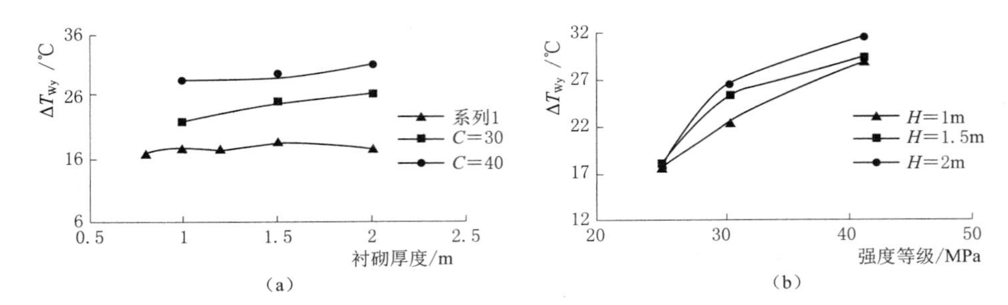

图8.50　优化控制水温差ΔT_{wy}与衬砌厚度、强度的关系

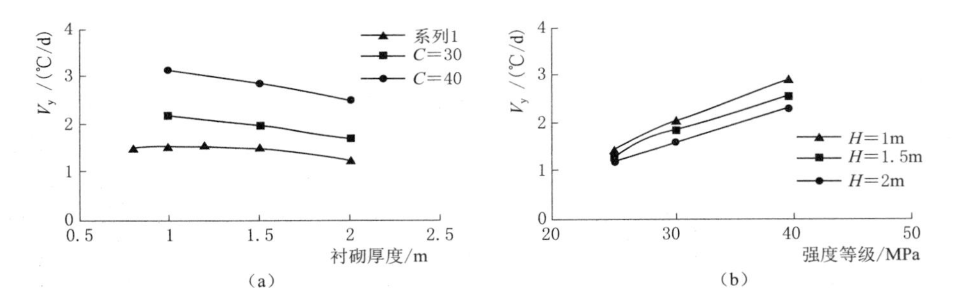

图8.51　优化控制温降速率V_y与衬砌厚度、强度的关系

8.3.5　分段水温通水冷却温控防裂效果

根据以上分析，采取恒定水温通水冷却时，冬季K_2与最高温度T_{max}具有良好的对应关系，通水冷却水温T_w越低，T_{max}、σ_{max}越小，K_2越大；养护期K_1，则是水温T_w越低，温降速率越快，K_1越小。其次，根据8.2节通水冷却时间研究成果，通水冷却最佳时机是混凝土覆盖水管开始至最大内表温差出现后终止，以最经济有效控制最高温度和最大内表温差。在恒定水温情况，如果在最大内表温差发生后立即终止通水冷却，则恰好控制了内部温度不会回升和减小内表温差，不会导致内部温降速率过快。实际工程通水冷却，如果在中心和表面都安装温度计并采取智能控制，则可以实时检测和计算内表温差，可以很好地实现这一管控。但人工管控或者只在中心安装温度计的智能或者自动控制，都不能在现场及时确定最大内表温差是否发生并及时终止通水冷却，总是采取较长些的通水

冷却时间［包括前面推荐的通水冷却时间公式（8.5）］，这时如果水温过低就可能导致温降过快。因此，可以采取分段水温通水冷却，在最大内表温差出现前采取低温水，尽可能降低 T_{max}，取得大的 K_2；最大内表温差出现后采取满足上述最优水温控制要求的较高（甚至更高）温度水，尽可能取得大的 K_1。同样由于最大内表温差是否发生在现场难以及时确定，而最大内表温差一般在最高温度出现后 1～2d 发生，技术人员有足够时间分析和确定正确最高温度发生龄期，并在最大内表温差发生附近采取改换较高水温通水冷却。所以，这里进一步研究采取分段水温通水冷却问题。

对应上述不同强度、不同厚度衬砌混凝土进行分段不同水温通水冷却情况有限元仿真计算。实际通水冷却时间 T_b 不大于 T_{md} 最高温度发生龄期时，8℃制冷水（水温差均大于优化控制水温差 ΔT_{wy}）通水冷却，T_b 大于 T_{md} 后 22℃水（水温差小于 ΔT_{wy}）通水冷却。整理养护期主拉应力 σ_1 和 $K_{min}=\min(K_1, K_2)$ 值见表 8.22。同时将采取 8℃恒定制冷水通水冷却的 σ_1 和 $K_{min}=\min(K_1, K_2)$ 值（实际也是对应养护期 σ_1 的值）列于表 8.22。其中 $C_{90}30$、$C_{90}40$ 混凝土仅整理 K_{min} 值。

表 8.22　　不同通水冷却方案养护期 σ_1 和 K_{min} 值

H/m	$C_{90}25$ 混凝土				$C_{90}30$ 混凝土 K_{min}		$C_{90}40$ 混凝土 K_{min}	
	恒定 8℃水		分段水温		定 8℃水	分段水温	恒定 8℃水	分段水温
	σ_1/MPa	K_{min}	σ_1/MPa	K_{min}				
0.8	0.891	1.64	0.64	1.99				
1.0	0.864	1.80	0.62	2.12	1.03	1.27	1.06	1.09
1.2	0.780	2.02	0.60	2.35				
1.5	0.684	2.37	0.50	2.49	1.31	1.42	1.15	1.18
2.0	0.546	2.74	0.42	3.65	1.46	1.57	1.28	1.29

表 8.22 表明，在通水冷却时间较长（超过最大内表温差发生龄期）情况下，不同强度、不同厚度衬砌混凝土采取分段水温通水冷却，通水冷却期及养护期的最大拉应力明显低于恒定水温通水冷却情况，施工期全过程最小抗裂安全系数 K_{min} 明显提高。因此，人工管控或者只在中心安装温度计的智能或者自动控制通水冷却时，采取分段水温通水冷却，温升阶段（$0 \leqslant T \leqslant T_{md}$）尽可能通低温水（水温差可以大于优化控制水温差 ΔT_{wy}）、温降阶段（$T_{md} < T \leqslant T_j$）通常温水，既有效降低内部最高温度 T_{max} 又有效控制温降速率 T_{sd}，减小通水冷却温降期的拉应力，有效提高最小抗裂安全系数 K_{min}。如果进一步将温降期通水冷却水温 T_w 控制在水温差小于 ΔT_{wy} 时（并相近），则可以获得最佳通水冷却效果。

表 8.22 中，2.0m 厚度 $C_{90}40$ 衬砌混凝土恒定 8℃水温与分段水温通水冷却情况的 K_{min} 相当，是因为 8℃水温通水冷却的水温差恰好基本等于优化水温差（见图 8.35 和表 8.15）。由此进一步说明，在人工管控或者只在中心安装温度计的智能或者自动控制通水冷却时，按优化水温差控制恒定水温通水冷却，则不会发生温降速率过快情况，即优化控制水温差可以作为允许水温差、优化控制温降速率可以作为允许温降速率。由于优化控制水温差和温降速率在高强度时均较大，是否需要取一定的安全系数，有待进一步研究。

8.4　混凝土保湿养护智能闭环控制研究

混凝土浇筑后，表面水分迅速蒸发，内部水分迅速扩散[28-30]，如不及时养护会使已形成凝胶体的水泥颗粒不能充分水化转化为稳定的结晶，从而缺乏足够的黏结力，会在混凝土表面出现片状或粉状脱落。在混凝土尚未具备足够强度时，水分过早蒸发还会产生较大收缩变形，出现干缩裂纹，影响混凝土的耐久性和整体性[31]。对于薄壁衬砌结构，湿度和干缩应力是早期裂缝的重要原因[32]。

施工中，根据结构形式、环境特点和施工条件选用不同的养护方式，会在很大程度上影响混凝土的养护质量，从而影响混凝土的强度和干缩应力[33-37]。虽然施工人员能够认识到混凝土保湿养护的重要性，但由于现场施工要求与环境的差异，混凝土保湿养护没有形成统一的标准（如不同气温、湿度、风速等条件下的养护间隔时间、混凝土面层的湿度等），同时受到施工工期、技术、成本以及技术员责任心等因素的限制，容易导致混凝土保湿养护不到位。因此，一些技术人员和学者开始研究保湿养护的自动化、智能化问题，例如在面板、预制梁、隧洞衬砌混凝土表面或周围安装喷头，采用时控开关按固定间隔时间 t_1、喷淋时间 t_2 进行循环养护[38-40]。徐俊杰[41]按现场喷淋试验确定 t_1、t_2 取值，康建荣等[42]改为脉冲控制仪控制，曹新刚等[43]则是对应不同的环境温度、湿度与风速预先设置不同的水温与 t_1、t_2，这些方案均使得混凝土养护效果得以有效提升。但目前仍然是依赖技术人员对混凝土保湿的人工经验判断，没有明确的混凝土面层湿度标准；也没有能够适应环境温湿度、风速变化，自动计算混凝土面层湿度而实时智能控制 t_1、t_2 两个指标的保湿养护方法。

近几年，智能技术迅速发展和深度应用，已经成为欧美各国各行业布局的重点领域[44-46]和《中国建造2035战略研究》[47]的重点研究方向。众多学者结合行业应用，研究工程建设智能化实用技术[48-52]，从行业需求和特性出发初步构建了智能建造的框架体系[53]和成套技术[54]，推进工程建设与智能技术深度融合已成为大势所趋。因此，针对混凝土保湿养护存在的上述技术问题，基于养护质量要求确定保湿标准，建立混凝土保湿养护数学模型，基于智能建造闭环控制理论提出混凝土保湿养护智能控制方法，从而实现混凝土保湿养护的智能控制。

8.4.1　混凝土智能养护湿度标准探讨

水工混凝土的有关设计和施工规范，对混凝土保湿养护的龄期、水温做出了相关规定[55-59]，比如：《混凝土坝温度控制设计规范》（NB/T 35092—2017）仅要求“宜养护至设计龄期，养护期不宜少于28d”[55]；其他规范要求保持湿润状态、保持混凝土表面湿润、保湿养护等，但都没有对面层混凝土湿度提出具体要求与规定。这样一来，就把湿度控制标准留给了“人为判断”。只有《普通混凝土力学性能试验方法标准》（GB/T 50081—2002）要求标准养护室的湿度达到95%以上[59]。试块进入实验室时的内部和表层湿度都大于95%，内部甚至大于100%，所以在湿度大于95%环境养护的混凝土试块整个养护期的表层湿度都不低于95%。

要实现混凝土保湿养护智能化控制，必须要有湿度控制标准，依赖“人为判断”难以保证养护质量，而且缺乏科学依据。混凝土在自然环境下浇筑完成后，初期内部和表层湿度大于或者等于100%。根据有关研究，混凝土配合比中的水量都大于水化反应需要水量，因此足以保持内部湿度，如果内部的水不向外扩散流失是不需要养护的。水分流失主要是通过混凝土外表面。湿度的传导是非常缓慢的，经过14d后湿度有15%变化的区域只限于距混凝土表层4.8cm范围内，60d后约为8.2cm[32]。所以，在养护过程中混凝土内部仍然富含水分，湿度达到100%甚至更高，而外表层的湿度逐步降低，不能满足水化要求[28-30]。因此养护的主要目的是补充混凝土表层水分，可以借鉴文献［59］要求“标准养护室的湿度达到95%”能够保证试块养护质量的成功经验，将表层湿度不小于95%作为自然环境浇筑混凝土养护的保湿标准。

8.4.2 混凝土表面湿度控制数学模型

混凝土湿度场在第三类边界条件下的求解，边界条件复杂，无法得到精确理论解。马文彬等[60]假定混凝土表面湿度始终等于环境湿度、内部无限远处湿度等于初始湿度，推导获得混凝土内部湿度计算方程。实际上混凝土表面湿度与环境湿度并不一致。Weiss等[61]在Parrott等[62-63]研究的理论基础上推导出混凝土内部湿度场数学模型，同样无法求解混凝土表面湿度场，且试件尺寸相关系数难以确定，也无法判断环境因素对混凝土湿度场影响。

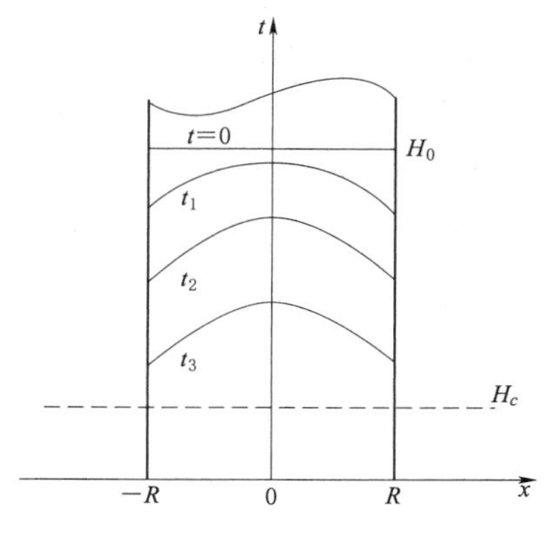

图8.52 混凝土湿度场第三类边界条件扩散模型

朱伯芳[64]选取厚度为$2R$（m）的无限大平板（图8.52），假设初始状态$t=0$时平板内湿度处处相等且为H_0，两侧环境湿度为H_c并保持不变，内部湿度扩散系数为D(m²/h)、表面与环境之间表面水分交换系数为f（当$f\to\infty$时，第三类边界条件转化为第一类边界条件；当$f=0$时，$\frac{\partial H}{\partial n}=0$，转化为绝湿边界），两侧扩散情况相同，湿度分布对称，中心为原点，取平板一半推导了更广泛的第三类边界条件下的理论解，平板任意时间t(h)、任意位置x(m)处的湿度值为

$$H(x,t)=\theta_0\sum_{n=1}^{n=\infty}\frac{2\sin(\gamma_n R)}{\gamma_n R+\sin(\gamma_n R)\cos(\gamma_n R)}\cos(\gamma_n x)\exp(-\gamma_n^2 D_t)+H_c \tag{8.8}$$

令$x=R$，即可得到混凝土表面湿度：

$$H(R,t)=\theta_0\sum_{n=1}^{n=\infty}\frac{2\sin(\gamma_n R)}{\gamma_n R+\sin(\gamma_n R)\cos(\gamma_n R)}\cos(\gamma_n R)\exp(-\gamma_n^2 D_t)+H_c \tag{8.9}$$

$$\theta_n(x,t)=e-\gamma_n^2 D^t[A_n\cos(\gamma_n x)] \tag{8.10}$$

式中：系数$A_n=\frac{2\sin(\gamma_n R)}{\gamma_n R+\sin(\gamma_n R)\ \cos(\gamma_n R)}$；$\theta_0=H_0-H_c$；$\gamma_n$为系列方程式（8.10）的特解；其余符号意义同前。

综合工程应用权威性和广泛适用性，采用 CEB－FIP（90）规范推荐公式计算[65]

$$\frac{D}{D_1}=\alpha+\frac{1-\alpha}{1+[(1-H)/(1-H_p)]^n} \tag{8.11}$$

式中：H 为混凝土内部湿度；D_1 为混凝土饱和状态时的湿度扩散系数；H_p 为 $D=0.5D_1$ 时混凝土湿度；当缺乏试验数据时，参考取值 $H_p=0.8$，系数 $\alpha=0.05$，指数 $n=15$。

同时 D_1 与混凝土强度有一定的函数关系，表示如下：

$$D_1=\frac{D_{1.0}}{f_{ck}/f_{ck0}} \tag{8.12}$$

式中：$D_{1.0}=3.6\times10^{-6}\,\mathrm{m^2/h}$；$f_{ck0}=10\mathrm{MPa}$；轴心抗压强度标准值 $f_{ck}=f_{cm}-8\mathrm{MPa}$，其中 f_{cm} 为平均抗压强度。

式（8.11）和式（8.12）表明，湿度扩散系数 D 与混凝土内部湿度和强度有关。

混凝土表面与环境之间表面水分交换系数为 f，是环境因素对混凝土表面水分损失速度影响的综合反映。采用 GB/T 50081—2002[59]推荐并经试验验证[66]的理论计算公式：

层流：$Re_l<5\times10^5$

$$f=0.644\,\frac{D_a}{l}Re_l^{1/2}S_c^{1/3} \tag{8.13}$$

湍流：$Re_l\geqslant5\times10^5$

$$f=0.0365\,\frac{D_a}{l}(Re_l^{0.8}-A)S_c^{\frac{1}{3}} \tag{8.14}$$

$$D_a=\frac{1.659\times10^{-3}}{p_0}\times\frac{T^{5/2}}{1.8T+441} \tag{8.15}$$

$$Re_l=\frac{lu_0\rho_g}{\mu_g} \tag{8.16}$$

$$S_c=\frac{\mu_g}{\rho_g D_a} \tag{8.17}$$

式中：l 为平板壁面沿风速方向的长度，取为 1m（实际工程中 l 远大于 1m，此处取 1m 为保守估计）；Re_l 为平板壁面雷诺数，对于平板壁面对流传质临界雷诺数通常取 5×10^5；μ_g 为空气的黏滞系数，Pa・s；ρ_g 为空气的密度，kg/m³；u_0 为环境风速，m/s；D_a 为空气湿度扩散系数，与温度和压强有关；p_0 为大气压强，Pa，标准状况下 $p_0=1.013\times10^5\mathrm{Pa}$；$T$ 为水蒸气的热力学温度，K；S_c 为 Schmidt 数；A 为校正系数，取 $A=23377$。

式（8.12）和式（8.13）表明：表面水分交换系数 f 与环境温湿度（T、H_c）、环境风速 u_0 等因素相关，是环境因素对混凝土表面水分损失速度影响的综合反映。

在进行混凝土保湿养护智能控制过程中，通过实时监测环境温湿度（T、H_c）、环境风速（u_0），将混凝土内部湿度、强度代入式（8.10）和式（8.11）计算湿度扩散系数 D；将环境温湿度（T、H_c）、环境风速 u_0 等参数代入式（8.12）～式（8.16）计算表面水分交换系数为 f；最后将 D、f、停止喷淋后的时间 t 及相关参数代入式（8.8）即可实时计算表层混凝土湿度。

必须指出的是，衬砌结构不是厚度为 $2R$ 的无限大平板，存在周边湿度散失影响，导致式（8.8）计算值大于混凝土面实际湿度。但由于厚度与衬砌面尺寸比值很小，近似无限大平板，而且是计算表层湿度，受到周边影响更小，所以误差非常小。

8.4.3 混凝土保湿养护智能控制有关参数

通过混凝土保湿养护进行相关研究[67-69]，其主要参数有：

（1）保湿养护表层混凝土湿度标准 H_s。根据前面的分析取 $H_s=95\%$，有特殊要求的部位适当增大。在智能养护过程中，混凝土表层湿度小于 $H_s=95\%$时再次喷淋养护，始终保持表层湿度不小于 95%。

（2）养护水温 T_w。由于过去大多采取间断性洒水养护，水工混凝土有关规范对于养护水温没有提出要求[55-58]，仅《混凝土养护手册》要求："若淋注于混凝土表面的养护水温度低于混凝土表面温度时，二者间温差不得大于 15℃"。流水养护时，按照 15℃温差控制是较合适的。对于保湿智能养护，采用间断性雾化喷淋制造湿润环境，可以参考混凝土内部温度与环境温度差进行控制。《混凝土养护手册》同时要求"养护期间混凝土的芯部与表层、表层与环境之间的温差不宜超过 20℃"。因此雾化养护水与表层混凝土温差宜小于 20℃，与混凝土芯部温差则可以达到近 40℃。《混凝土结构工程施工规范》（GB 50666—2011）规定"当混凝土表面以内 40～80mm 位置的温度与环境温度的差值小于 25℃时，可结束覆盖养护。覆盖养护结束但尚未到达养护时间要求时，可采用洒水养护方式直至养护结束"[58]。这一要求与"混凝土表层与环境之间的温差不宜超过 20℃"相当。显然，如果能将混凝土芯部与雾化养护水温差控制在小于 25℃，是足够安全的。

以 3 个代表性工程的水工隧洞衬砌混凝土为例（表 8.23），采用常温水养护，水温较高；采取了有效温控措施情况下，允许内部最高温度为 34～44℃；混凝土芯部与养护水温差为 14～23℃，小于 25℃。因此，水工隧洞衬砌混凝土智能保湿养护，不专门进行水温控制。

表 8.23　3 个代表性泄洪洞环境与养护水温度

工程名称	自然气温/℃	洞内气温/℃	江水温度/℃	养护水温/℃	湿度/%	$[T_{max}]$/℃	ΔT_m/℃
溪洛渡	10.6～27.1	12～26	12.2～23.4	12～27	61～87	35～41	23～14
白鹤滩	13.3～27.5	14～27	10.7～22.3	12～25	53～80	34～42	22～17
乌东德	12.3～26.9	16～28	9.9～20.5	12～24	38～73	34～44	21～22

注　表中所列范围值均为冬季、夏季极值月平均；自然气温、江水温、湿度均是当地气象站统计月平均值；洞内气温、养护水温是实测极值；$[T_{max}]$ 是 0.8～1.5m 厚度衬砌混凝土冬季、夏季允许（芯部）最高温度；$\Delta T_m=[T_{max}]-$养护水温。

（3）混凝土保湿养护龄期 Y_d。水工混凝土有关规范[55-58]一般要求"不宜少于 28d，有特殊要求的部位宜适当延长"。

文献［34］研究表明，标准养护和自然养护环境的温湿度、风速等均不同，会在较大程度影响水工长龄期混凝土强度增长规律；而且对硅酸盐水泥混凝土、矿渣硅酸盐水泥混凝土、不同粉煤灰掺量混凝土的影响规律是不同的。无风、温度适宜、湿度大的标准养护环境下，各龄期混凝土的抗压强度增长率均大于自然养护环境下的强度增长率，因而最终强度也更高。

白鹤滩、乌东德水电站属于干热河谷，气温高、湿度低、风大，在此环境的新浇筑混凝土很容易失水收缩甚至产生微裂纹。白鹤滩水电站导流洞洞内气温适中、无风，2013 年冬季浇筑期实测洞内湿度约 60%，有的衬砌混凝土（低热水泥）早期发生了表面龟裂。采用有限元法仿真计算，在叠加温度应力的基础上，洞内湿度 60%～70%情况下，至少需要保湿养护 60d 以上（而且早期仍然显得不足），宜为 90d；70%～80%湿度情况下宜为 60d；湿度达到 90%～95%以上条件下也需要 28d。

综上所述，一方面在保湿养护智能控制过程中需要全面监测环境温湿度和风速，用以反馈混凝土养护湿度，实时控制间隔时间 t_1 和喷淋时间 t_2；另一方面实时调整养护龄期 Y_d，在满足混凝土面层整个养护期湿度不小于 $H_s=95\%$ 的条件下取 $Y_d=28d$。

（4）喷淋标准时间 T_k。指在混凝土养护面湿度不大于 $H_s=95\%$ 时再次喷淋，能够使得混凝土养护面全面湿润，恢复湿度达到 100%的时间。由于各工程结构、环境和养护面大小均不同，宜根据现场喷淋试验确定。另外，喷淋装置的布置，也应该根据现场喷淋试验确定。

8.4.4　混凝土保湿养护智能控制技术方法

根据智能建造闭环控制理论[70]，提高工程质量、节约成本、确保安全的智能控制，是一个“全面感知、真实分析、实时控制、持续优化”的闭环过程，混凝土保湿养护智能闭环控制过程见图 8.53。

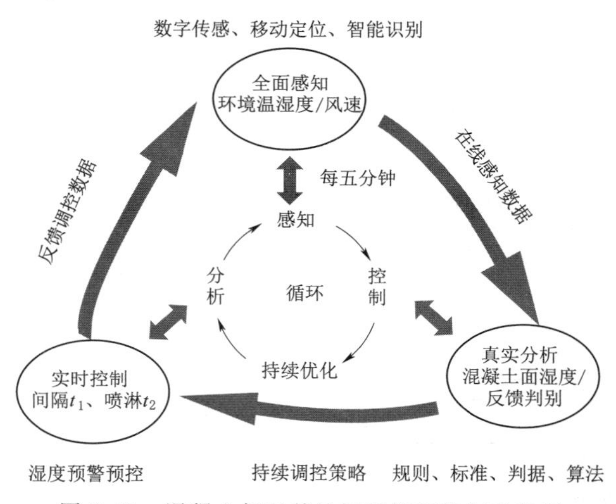

图 8.53　混凝土保湿养护闭环智能控制示意图

这里所说的智能，是把感知物联、通信传输、数据分析以及自动控制等技术，集成融合运用到工程实际场景中，来完成某一过程的闭环控制，以实现相应工程管理目标的活动。针对不同的工程应用场景和建设目标要求，需要相适应的智能控制技术，人工智能是智能化的一种高级形式和技术手段。混凝土保湿养护智能控制，通过传感器感知环境温湿度和风速、智能控制器分析计算混凝土养护面湿度，并控制电磁开关（t_1、t_2）实现保湿养护，完成闭环控制，具体控制系统见图 8.54。由智能控制系统、温湿度和风速采集系统、喷淋养护系统和水电供应系统构成。智能控制系统包括保湿养护智能控制器[71-72]、电磁阀及其连接电缆；温湿度和风速采集系统包括温湿度传感器、风速传感器及其与智能控制器的连接电缆；喷淋养护系统是与电磁阀连接、用于进行喷水养护的装置整体；水电供应系统包括提供智能控制器和电磁阀的供电系统、连接于电磁阀前端提供养护用水的供水系统。

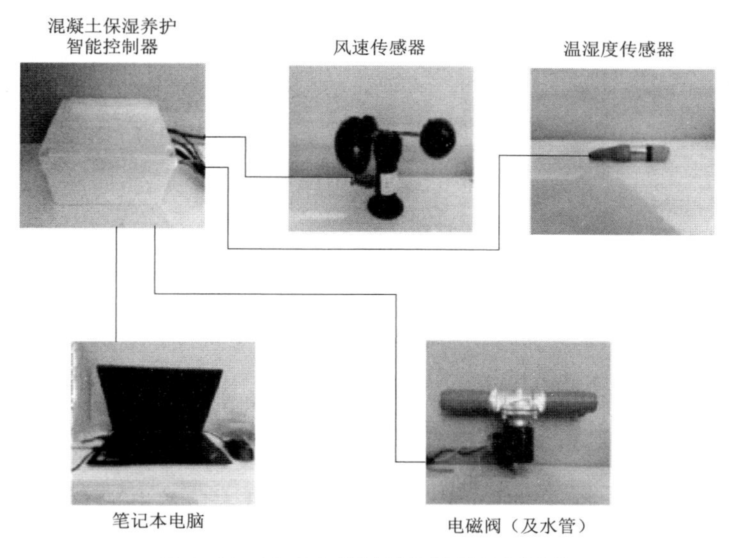

图 8.54 混凝土保湿养护智能控制系统

混凝土保湿养护智能控制的过程是：实时采集环境温湿度和风速，并在线感知、智能识别；智能计算混凝土养护面湿度，并与设备设定湿度控制值比较、判别；实时自动控制电磁阀开关（间隔时间 t_1、喷淋时间 t_2），进行混凝土喷淋养护，控制混凝土面湿度；反馈调控，科学实现混凝土保湿养护（图 8.53）。目标是保持混凝土养护面湿度不小于 95%。在进行保湿养护前，先妥善安装智能控制系统，并全面调试、检验，确定养护参数。保湿养护智能控制实施过程见图 8.55。

（1）启动保湿养护智能控制，智能控制器打开电磁阀，记录初始时刻 T_0，开始喷淋养护，喷淋时间 $t_2=T_k$，令 $i=0$、$n=0$。

（2）智能控制器每隔 5min（不含喷淋时间 T_k）采集并自动记录环境的温度 T、湿度 H_c和风速 $F=u_0$，并在第 i 次停止喷淋后记录采集次数 n。则该次喷淋后至此共计停止喷淋时间 $t=5n/60$。

（3）智能控制器自动计算混凝土表层湿度 H_s。喷淋后瞬间的初始湿度 $H_0=100\%$，停止喷淋时间 $t=5n/60$。将混凝土结构、养护环境、H_0、t 等有关参数代入式（8.8）计算 H_s。

（4）混凝土保湿养护智能控制。如果混凝土表层湿度 $H_s\geqslant 95\%$，则不喷水，返回第 2 步；如果 $H_s\leqslant 95\%$，则反馈预警，智能控制器第 i 次打开电磁阀，喷淋时间 $t_2=T_k$。令 $i=i+1$。记录该次打开电磁阀的时刻 T_i（年月日时分），记录该次间隔养护时间 $t_{1i}=$

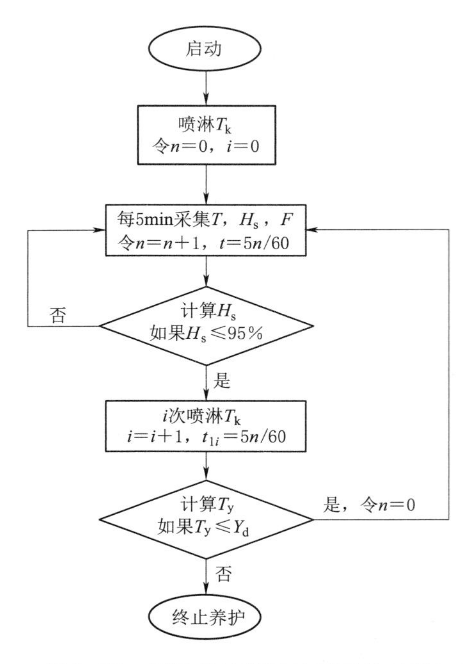

图 8.55　保湿养护智能控制实施过程

$5n/60$(h)。如果遇到不能打开电磁阀喷淋养护等情况，自动报警。

（5）计算已经保湿养护的龄期 T_y。至第 i 次喷水已经累计养护龄期 T_y 为 T_i 与 T_0 的时间差；或者采取累加计算所记录的养护时间的方法，即对至第 i 次时的累计喷淋时间和间隔时间（$T_k/60+t_{1i}$）求和。

（6）关闭电磁阀终止保湿养护。如果 $T_y \leqslant Y_d$，令 $n=0$，再次返回第（2）步，继续保湿养护；如果累计养护时间 $T_y \geqslant Y_d$，则自动断电关闭智能控制器和电磁阀，完成结构混凝土智能控制保湿养护。

8.4.5　应用分析

8.4.5.1　工程概况及系统布置

白鹤滩水电站地处亚热带季风区，日照强、昼夜温差大，冬季干燥、风速大，夏季气温高、降雨多，气温骤降频繁。坝址区多年平均气温 21.9℃，极端最高气温 42.7℃；平均风速 1.9m/s，日极大风速出现 7 级以上年平均 237d。枢纽及其泄洪洞工程概况见第 12 章。泄洪洞的断面大、泄洪流速高达 45m/s 以上、混凝土强度达 $C_{90}40$～$C_{90}60$，且受河谷干热、大风、高温气候影响，混凝土浇筑温控防裂和养护要求极高。

泄洪洞边墙衬砌混凝土养护采用智能控制，其中 2 号洞上平段结构见图 8.56，采用皮带输送浇筑低坍落度 $C_{90}40$ 混凝土。每条泄洪洞使用 1 套保湿养护智能控制系统，随混凝土浇筑、养护逐步推进。供水管利用洞内施工供水管线系统，分区引出，采用电磁阀控制。养护水管沿泄洪洞边墙顶部布置，然后将外径 ϕ30mm 塑料水管正对衬砌边墙壁面沿长度方向每间隔 30cm 均匀钻 ϕ2mm 小孔，使得水流直喷墙面。并在边墙顶部壁面与喷淋水管之间挂设 0.5m 宽度土工布，使水流喷淋于土工布沿边墙均匀流下（图 8.57 和图 8.58）。温湿度传感器、风速传感器安装在养护边墙旁。考虑到施工人员安全，选择低压（12V）电磁阀，管径 ϕ30mm，布置在进水口前端，连接于施工供水管。为保证安全与防水，保湿养护智能控制器（包括外连接计算机）安装在进水口前端，搭制简易棚子（图 8.58）。

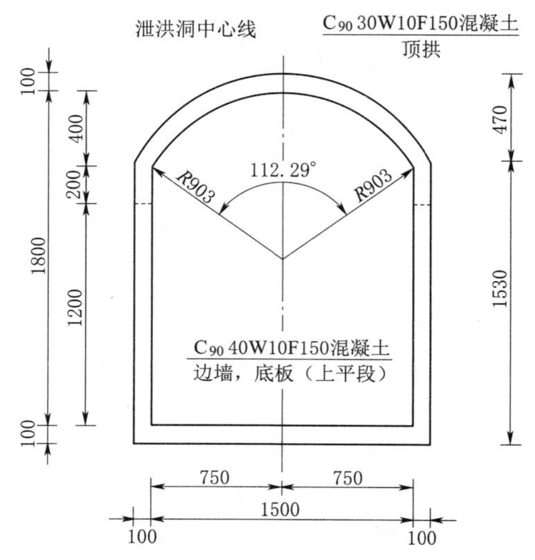

图 8.56　2 号泄洪洞上平段衬砌结构（单位：cm）

8.4.5.2 保湿养护系统调试与确定喷淋标准时间 T_k

每段衬砌混凝土浇筑完成，立即安装该浇筑段喷淋养护系统，将电磁阀电缆与保湿养护智能控制器连接，与该隧洞已经形成的保湿养护系统联网。在拆模后立即进行该浇筑段保湿养护系统调试。

（1）进行保湿养护控制系统的全面检查，一是按照电路安全要求进行电路、电器设备的安全检查，电线连接是否正确无误、有无漏电等；二是供水管、喷淋管布置与安装是否正确无误；三是温湿度、风速传感器布置与安装是否正确无误。

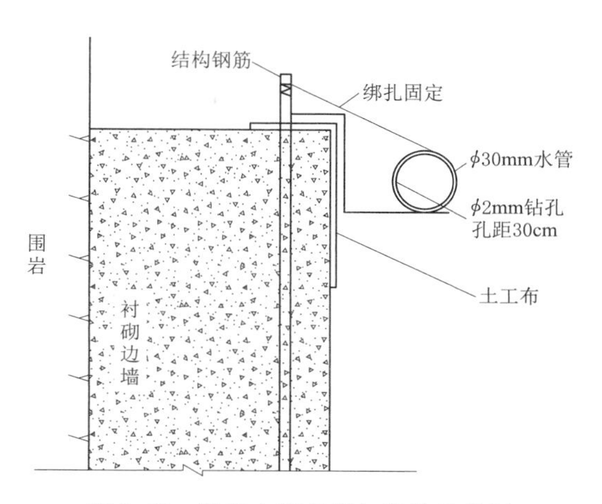

图 8.57 喷淋水管布置与安装示意图

图 8.58 2 号泄洪洞上平段混凝土保湿养护效果

（2）进行保湿养护智能控制效果检查，观察衬砌混凝土表面是否全部足够湿润。根据连续 5 次喷淋效果检查、分析，并适当调整喷淋孔间距与方向（或者补加钻孔），在图 8.57 喷淋水管布置的情况下确定泄洪洞边墙养护每次喷淋标准时间 $T_k=180s$。

（3）进行保湿养护智能控制系统整体性能与安全性检查，确认智能控制器（计算机）、电磁阀等都能够按照事先设计安全、有效运行。

调试完成再次确认后，将该浇筑段喷淋养护系统与保湿养护系统联网，智能控制器打开电磁阀，开始保湿养护正常运行。

8.4.5.3 保湿养护运行效果

设计要求衬砌混凝土连续湿润养护的时间为 90d，如前所述保湿养护表面湿度标准不小于 95%。由于研制设备采用式（8.8）取 $n=5$ 计算湿度存在小于 1% 截断误差，理论及其简化假设与工程实际的差异导致误差，故本智能化养护设备设定湿度控制值取 98%，以利不断反馈、优化修正自然环境养护下设备设定的湿度控制取值，确保混凝土养护面湿度不小于 95%。

2 号泄洪洞上平段某浇筑段于 2018 年 11 月 9 日完成混凝土浇筑，2018 年 11 月 11 日拆模后进行系统调试，验收合格后即开始智能保湿养护。整理 28d 的智能控制成果，即 2018 年 11 月 11 日 10：00 至 2018 年 12 月 9 日 10：00，泄洪洞内部环境参数实测数据和保湿养护智能化控制情况如图 8.59 和图 8.60 所示。由于电磁阀开、关的时间间隔一般都不足 1h，28d 的数据量巨大，图 8.60 只整理了 28d 智能控制器实测的隧洞内部环境温度、湿度、风速曲线。图 8.58 是该浇筑段边墙混凝土智能保湿养护效果照片。根据以上智能检测、保湿养护控制成果以及现场检查情况可知：

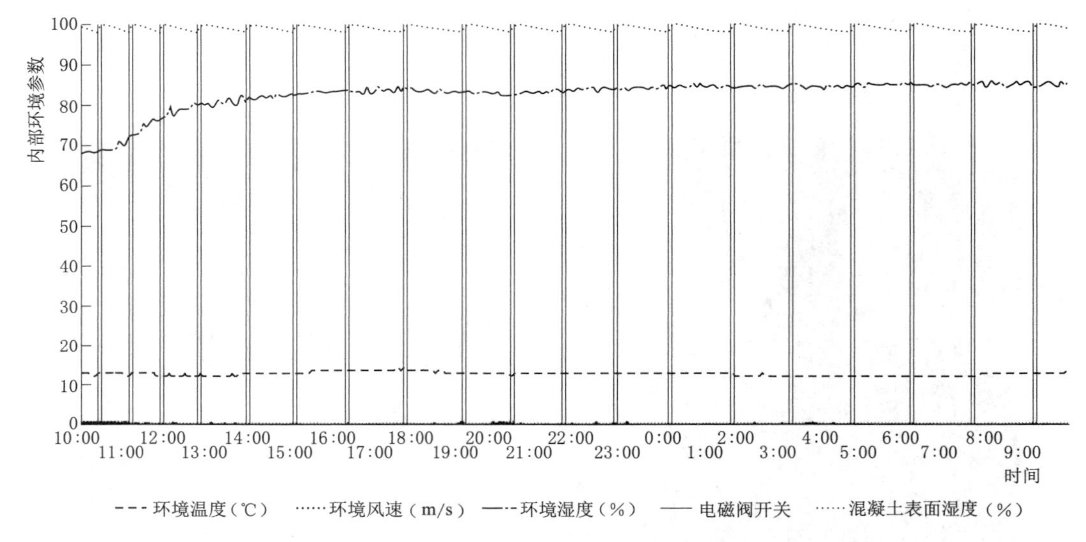

图 8.59　上平段内部环境参数和混凝土表面湿度变化曲线（第 1 天）

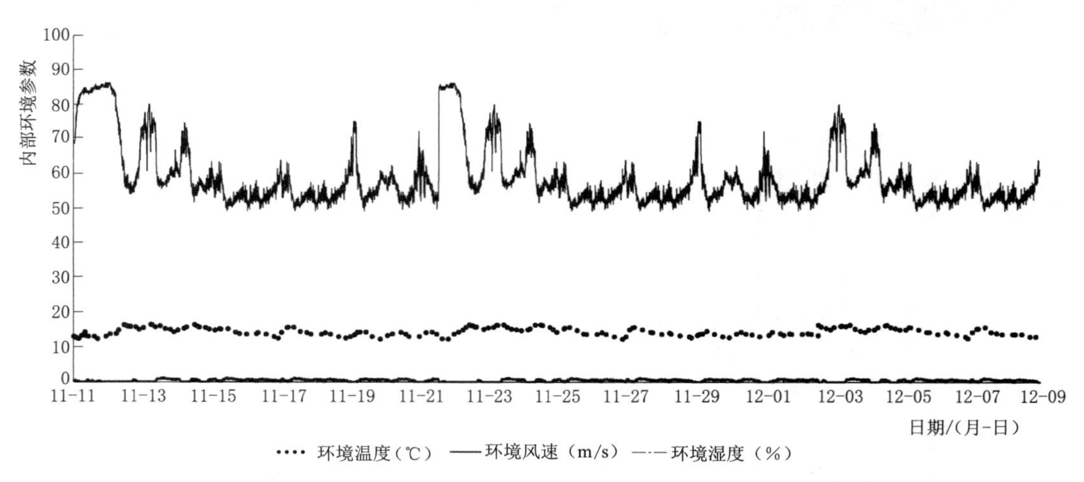

图 8.60　上平段内部环境参数变化曲线（28d）

（1）隧洞内部温度较稳定。由于是11—12月，洞内环境温度在13℃左右。该浇筑段距洞口较远，白天与夜晚的温度基本相当。

（2）隧洞内部湿度变化较大，约50%～85%。湿度变化可能与隧洞内部的施工活动有关，刚拆模开始养护的2d内，临仓混凝土浇筑和本仓养护用水多，湿度较大；后期10d左右的湿度相对较小；而且一般白天湿度大些，夜晚至早晨湿度小些，也是与施工活动白天多、夜晚少有关。

（3）隧洞内部的风速基本为0，即基本无风。

（4）根据以上智能控制器采集隧洞内部环境的温度、湿度、风速，自动计算混凝土养护面湿度，长期在98%以上，保持湿润状态。环境湿度小时，喷淋时间间隔短；湿度大时，间隔时间长；间隔时间（即不喷水时间）都小于1.0h。在停止喷淋期间的再次喷淋前，11次现场人工检测混凝土面层真实湿度96.5%～97.4%，平均96.9%，均大于95%，充分说明在智能控制初期采取适当大于标准值95%进行控制是合适的，下一步宜根据更多的现场检测成果不断优化控制湿度取值。

通过对白鹤滩泄洪洞混凝土采用智能保湿养护技术，有效进行了衬砌混凝土保湿养护，效果良好，形成“镜面”效果（图8.58）。同时有效控制了泄洪洞内混凝土裂缝的产生，经监测检查，各部位未出现温度裂缝和龟裂。

8.5　全过程温度裂缝控制

8.5.1　衬砌混凝土工程建设管理控制

衬砌混凝土温度裂缝控制，事关工程安全、寿命、造价、工期、运营成本，工程建设管理部门必须高度重视，才能贯穿工程设计、混凝土配制、施工、甚至运行初期全过程及其各个方面，实行“主动防裂、实时控制”，才能取得良好效果。工程建设管理中衬砌混凝土温度裂缝控制具体工作应包括以下几个方面：

（1）工程设计阶段。应与设计单位共同研究衬砌混凝土工程设计（包括结构、混凝土、施工3方面设计）中温度裂缝控制问题，提出温度裂缝控制优化设计成果。主持召开专题会议，审查温度裂缝控制优化设计（包括防裂结构优化、混凝土温控防裂优化、施工温控措施优化）专题报告，审定技术方案。工程蓄水与运行建议方案要兼顾混凝土温度裂缝控制。

（2）工程招标阶段。招标文件应有专门的衬砌混凝土温度裂缝控制技术要求和裂缝分类及其缺陷处理技术要求，纳入评标打分，并要求承包商做出全面响应、提出可靠的施工温控措施方案。

（3）工程施工阶段。应做到：①成立温控领导小组，建设管理单位任组长，监理、质量管理与检测、施工、混凝土生产等单位参与和担任副组长，施工单位还应该相应成立混凝土施工温控小组；②混凝土浇筑前，应要求施工单位提出混凝土温控措施方案专题报告，并组织专题会议审查、审定；③应要求提出混凝土施工配合比优化报告，满足和兼顾混凝土温控技术要求，并组织专题会议审查、审定；④定期召开混凝土温控会议，检查、落实混凝土温度裂缝控制技术要求，分析温控检测成果和温度裂缝控制效果，研究可能需要的改进措施方案；⑤总结温度裂缝控制工程经验。

（4）工程运行阶段。要按照设计单位提出的蓄水、运行（特别是初次过水）要求，严格控制，重点防止初次运行过水冷击。

8.5.2　结构设计

衬砌混凝土温度裂缝控制，首先是结构设计优化，注重结构防裂控制优化。衬砌混凝土目前普遍采用 90d 龄期设计，有利于温控防裂。在一些完工后较长时间超过 200d 甚至 360d 的临时工程或者次要工程，建议进一步研究采用 180d 设计强度。在满足结构和运行安全及耐久性要求的前提下，宜采用较低强度等级的混凝土。在此基础上，针对结构设计温度裂缝控制优化，重点是减小内部约束，应做好如下工作：

（1）尽可能减小衬砌厚度，降低内部最高温度和内表温差。

（2）尽量减小断面尺寸或者减小分缝分块尺寸（包括边墙高度、宽度、半径、分缝长度等），对于大断面隧洞边墙宜优先采取边顶拱分开浇筑的方式。

（3）在满足结构安全要求的前提下，不布设过缝钢筋。

（4）混凝土衬砌与围岩之间宜喷 5～10cm 砂浆层，底板混凝土宜先浇筑找平混凝土，圆形断面经过安全论证可以在混凝土衬砌与围岩之间设置薄层（能够有效降低围岩约束又不影响结构功能和安全的砂浆或者其他材料）。

8.5.3　配合比优化和原材料控制

衬砌混凝土温度裂缝控制的重点是混凝土性能优化与温度控制，包括原材料温度控制与质量控制，具体应该重视以下工作：

（1）混凝土性能首先来源于原材料性能，必须高度重视原材料品质控制，控制混凝土细骨料的含水率在 6%以下，且含水率波动幅度小于 2%。

（2）原材料温度控制，是混凝土浇筑温度控制的基础，必须将原材料温度控制在设计要求值，特别是骨料和水泥大宗材料的温度控制，骨料的温度必须是彻底的，不能只是表面温度控制，对成品料仓设置凉棚，堆料高度不低于 6m，确保骨料温度少受日气温变化的影响，出料皮带及骨料罐要设凉棚防雨防晒等。

（3）合理优化掺加提高混凝土性能（特别是温控防裂性能）、降低水化热和发热速率的掺合料与高效外加剂，适当提高粉煤灰掺量（根据粉煤灰质量和配合比优化可以达到 20%～30%），掺加高效减水剂减少水泥用量。

（4）尽可能采用低坍落度混凝土浇筑，增加骨料级配，降低水泥用量。

（5）尽可能采用中热水泥甚至低热水泥。

8.5.4　洞室开挖控制

洞室开挖对衬砌混凝土温控防裂影响，一直没有得到足够认识，但也密切相关。根据仿真计算分析，在其他条件相同的情况下衬砌结构厚度越大，内部温度越高，温控防裂难度越大。因此首先要控制减少超挖，减小实际衬砌厚度。其次是控制平整度，特别是控制过度的突变，减小围岩约束和横向温度梯度。

8.5.5 混凝土施工温控

混凝土施工是混凝土温度裂缝控制的关键阶段，也是实现施工期温度裂缝控制目标的最后控制环节。混凝土温度控制，必须贯穿于组织管理、原材料控制、混凝土生产与运输、混凝土浇筑、保湿养护、表面保护的每一个过程。并应避免早期过水。具体必须做好如下工作。

8.5.5.1 混凝土浇筑施工前准备

（1）应计算分析衬砌混凝土施工至运行全过程的温度场，大型高流速泄洪洞应采用有限元仿真计算分析，确定施工阶段混凝土浇筑体的出机口温度、入仓温度、浇筑温度、最高温度，及温降速率等控制指标，制定相应的温度控制（以下简称温控）技术措施方案。

混凝土温度控制技术措施方案应满足设计要求，内部最高温度应小于设计容许值。

混凝土浇筑的纵横缝设置、分层厚度及浇筑间歇时间等，应符合设计要求。宜结合结构设计、施工组织、温控要求进行洞室衬砌施工分缝分块。

（2）应成立专职温控小组，安排专人负责混凝土各施工环节温控工作。专职温控小组应由技术、质量、试验相关人员组成，并具备一定的专业知识和施工经验。

（3）根据设计技术要求，通过试验优化衬砌混凝土施工配合比，并经施工温控专题会议审定，用于施工。

应优先选择低坍落度混凝土配合比，宜选用水化热低的水泥，并宜掺加粉煤灰、矿渣粉和高性能减水剂，减少水泥用量。

（4）制定施工过程温控检测、检查、检验制度，提出具体方案和技术要求。包括原材料储存、混凝土生产、运输、浇筑和养护施工各个环节。

（5）制定温控专报制度。按建筑物工程制定温控专报制度，包括温控月报、周报，以及不定期报告。发生裂缝或者其他重要事件，应该立即分析研究，提出专题报告。

（6）制定温控专题会议制度。包括阶段性会议、定期会议、专题会议等。发生裂缝或者其他重要事件，应该立即召开专题会议。

8.5.5.2 原材料温度控制

（1）控制水泥、粉煤灰运载工地的入罐或入场温度，满足温控技术措施方案要求。

（2）应控制成品料仓内骨料的温度，应采取下列主要措施：

1）成品料仓宜采用筒仓；料仓除有足够的容积外，宜维持骨料不小于6m的堆料厚度，或取料温度不受日气温变幅的影响。

2）料仓搭设遮阳防雨棚，粗骨料可采取喷雾降温。

3）宜通过地垅取料，采取其他运料方式时应减少转运次数。

（3）拌和水储水池应有防晒设施，储水池至拌和楼的水管应包裹保温材料，水温满足温控技术措施方案要求。

8.5.5.3 混凝土生产过程温度控制

（1）骨料从预冷仓到拌和楼，应采取隔热、保温措施。

（2）衬砌混凝土出机口的温度，应满足温控要求。

（3）应制定混凝土生产过程温度控制方案。降低出机口温度，宜采取下列措施：

1）混凝土的粗骨料可采用风冷、浸水、喷淋冷水等预冷措施。采用风冷时，应防止小石等骨料冻仓。采用水冷时，应有脱水措施，保持含水量稳定。

2）拌和楼宜采用加冰、加制冷水拌和混凝土。加冰时宜采用片冰或冰屑，加冰率不宜超过总水量的 70%。加冰时可适当延长拌和时间。

（4）对混凝土原材料和生产过程中的检查、检验资料，以及混凝土抗压强度和其他试验结果应及时进行统计分析。对于主要的控制检测指标，如水泥强度和凝结时间、粉煤灰细度和需水量比、细骨料的细度模数和表面含水率、粗骨料的超径和逊径、减水剂的减水率、外加剂溶液的浓度、混凝土坍落度、含气量和强度等，应采用管理图反映质量波动状态，并及时反馈。

8.5.5.4　混凝土运输和浇筑过程温度控制

（1）应明确混凝土运输及卸料时间要求。混凝土的运输能力，应满足施工工艺对入仓温度的技术要求。还应与拌和、浇筑能力、仓面具体情况相适应，减少温度回升。

（2）混凝土运输设备应采取隔热、保温、防雨等措施。

（3）浇筑仓内气温高于入仓温度时，混凝土入仓后要及时进行平仓振捣（包括复振），减少热量倒灌，降低温度回升。混凝土出拌和楼至振捣结束，温度回升值不宜超过 5℃。

（4）浇筑仓内气温高于 30℃时，宜采用喷雾或空调降温措施。

8.5.5.5　通水冷却控制混凝土内部温度及其变化过程

（1）通水冷却过程及混凝土温度控制。通水冷却的直接目的是控制混凝土内部最高温度和最大内表温差以及温降过程。通水冷却宜采取智能或者自动化控制技术[73]。无论是人工控制[74-75]还是自动控制，都应该按图 8.61 控制通水冷却与内部温度变化过程。

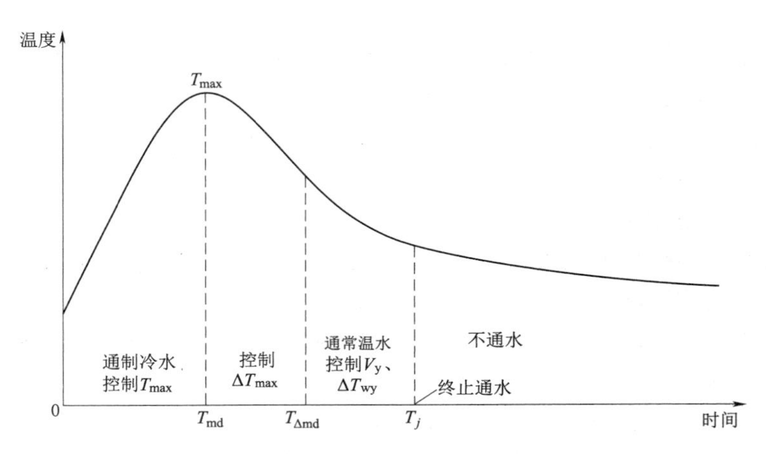

图 8.61　衬砌混凝土温度曲线控制过程示意图

温升阶段（$0 \leqslant T \leqslant T_{md}$），即混凝土内部最高温度 T_{max} 出现之前，尽可能采取制冷水大流量通水冷却，把混凝土内部最高温度 T_{max} 控制在允许最高温度 $[T_{max}]$ 范围，即控制 $T_{max} \leqslant [T_{max}]$。

温降阶段 [$T_{md} < T \leqslant T_j$，T_j 为通水冷却时间]，则控制水温和混凝土温降速率[76]。

严格意义上应进一步分为两个阶段进行通水冷却控制：$T_{md}<T\leqslant T_{\Delta md}$，即混凝土内部最高温度 T_{max} 出现后至最大内表温差 ΔT_{max} 发生前，仍然宜采取制冷水通水冷却，尽可能降低内表温差 ΔT_{max}，在中心和表面都安装温度计并采取智能控制可以很好地实现这一管控；人工管控或者只在中心安装温度计的智能或者自动控制，宜采取常温水通水冷却，控制水温 $T_w\leqslant(T_{max}-\Delta T_{wy})$，温降速率 $T_{sd}\leqslant V_y$。$T_{\Delta md}<T\leqslant T_j$，即混凝土最大内表温差 ΔT_{max} 出现之后至终止通水冷却，严格意义上可以不再通水冷却；人工管控或者只在中心安装温度计的自动控制通水冷却，同样应该采取常温水或者小间隔控制流量，实现控制水温 $T_w\leqslant(T_{max}-\Delta T_{wy})$ 和温降速率 $T_{sd}\leqslant V_y$。

（2）通水冷却水管布置。采用冷却水管控制混凝土温度，冷却水管布置和埋设应符合下列要求：

1）冷却水管布置应根据单元混凝土浇筑方案和工艺流程确定，宜平行于水流方向。间距、排距宜根据温度裂缝控制技术要求确定。一般情况下：衬砌厚度不大于 1.5m 时，在厚度方向单排布置，宜固定在 1/2 厚度，水管间距 1.0～1.5m；厚度大于 2.0m 时，布置单排或 2 排，布置 2 排时宜固定在距过流面 1/3、2/3 厚度，水管间距 1.0～1.5m。进出水口宜集中在一侧，间距不宜小于 50cm。

2）对于浇筑历时较长的仓位，冷却水管宜分区域布置，单根水管长度不宜大于 100m，各区域内冷却水管覆盖后立即通水。预埋冷却水管不能跨越收缩缝和施工缝。

3）混凝土冷却水管可采用高密度聚乙烯冷却水管，水管外直径 ϕ32mm，壁厚 2mm。

4）水管应细心地加以保护，以防止在混凝土浇筑或混凝土浇筑后的其他工作中，以及通水试验中使冷却水管移位或破坏。伸出混凝土的管头应加帽覆盖的方法等予以保护。

5）与各条冷却水管之间的联结应随时有效，能单独控制任意条水管的水流而不影响其他冷却水管的循环水。所有水管的进、出端均应做好清晰的标记以保证整个冷却过程中冷却水能按正确的方向流动。总管的布置应使管头的位置易于调换冷却水管中水流方向。

6）管路在混凝土浇筑的过程中，应有专人维护，以免管路变形或发生堵塞。在埋入混凝土 30～60cm 后，应通水（气）检查，发现问题及时处理。冷却水管在混凝土浇筑过程中若受到破坏，应立即停止浇混凝土直到冷却水管修复并通过试验后方能继续进行。

7）冷却水管表面的油渍等应清除干净。冷却水管固定通过样架筋配合铁丝进行固定，固定点间距不大于 1.0m。裸露的冷却水管应用经监理人同意的方法隔热保温，水管露头应加以保护。

8）水管所有接头应具有水密性，并用 0.35MPa 的静水压力测试，水管埋设前在此压力下接头应不漏水。在混凝土浇筑前，冷却水管应通以不低于 0.2MPa 压力的循环水检查。应用压力表及流量计同时指示管内的阻力情况。

（3）通水冷却时间控制。人工或者自动化控制时，通水时间 T_j 由式（8.5）计算确定[74-75]；智能控制由智能控制器科学确定。

（4）通水冷却水温和中心温降速率控制。温升阶段（$0\leqslant T\leqslant T_{md}$）和温降初期（$T_{md}<T\leqslant T_{\Delta md}$）采取制冷水通水冷却，可以不控制水温和温降速率；中后期温降阶段（$T_{\Delta md}<T\leqslant T_j$），采取常温水通水冷却，水温差按式（8.6）计算优化值 ΔT_{wy} 控制[76]，中心温降速率按式（8.7）计算优化值 V_y 控制。

（5）通水冷却流量控制。冷却水管中水的流速以 0.6m/s 为宜，通水流量宜控制在 1.5～2m³/h，并满足设计要求。水流方向应 12h 调换一次。$T_{\Delta md}<T\leqslant T_j$ 的中后期降温阶段通水流量宜按 0.6m³/h 控制。

（6）通水冷却温度检测。应有专人负责通水冷却工作，通水冷却的时间、水温、流量等需要按照要求记录。及时整理温控成果，报告温控小组。

8.5.5.6　混凝土保温

高温季节，混凝土终凝后可采用表面流水冷却或表面蓄水降温措施。表面流水冷却的仓面宜设置花管喷淋，形成表面流动水层；表面蓄水降温应在混凝土表面形成厚度不小于 5cm 的覆盖水层。

在进入低温、气温骤降频繁的季节前，宜采用保温门、悬挂保温门帘或者挂设防风帘封闭洞室进出口及施工支洞洞口进行地下洞室保温。保温目标是控制冬季洞内最低气温在设计范围。

保温门、悬挂保温门帘或者挂设防风帘封闭洞口外的洞口段衬砌混凝土保温：

（1）在低温季节和气温骤降季节，洞口段衬砌混凝土应进行早期保温。

（2）寒冷地区的老混凝土，其表面保温措施和时间可根据具体情况确定。

（3）模板拆除时间应根据混凝土强度及混凝土的内外温差确定，并应避免在夜间或气温骤降时拆模。在气温较低季节，当预计拆模后有气温骤降，应推迟拆模时间；如必须拆模时，应在拆模的同时采取保护措施。

（4）混凝土侧面保温，应结合模板类型、材料性质等综合考虑，必要时采用模板外贴保温材料。

（5）混凝土表面保温材料及其厚度，应根据不同部位、结构的混凝土内外温度和气候条件，经计算、试验选择确定，并满足设计要求。

（6）28d 龄期内的混凝土，应在气温骤降前进行表面保温，至气温骤降或低温季节结束。

8.5.5.7　保湿养护

（1）衬砌混凝土收仓后 6～18h（或者拆模后）开始进行洒水或喷淋养护，并应连续养护，养护期内始终保持混凝土表面湿润。

（2）衬砌混凝土拆模时间应满足规范要求或通过现场试验数据计算确定。根据计算分析和近些年的工程经验，洞室衬砌边墙混凝土拆模时间夏季宜在浇筑完成 24h 后，冬季宜在浇筑完成 36h 后。顶拱混凝土拆模时间夏季宜在浇筑完成 36h 后，冬季宜在浇筑完成 48h 后。

（3）衬砌混凝土养护，可采取洒水、流水、喷涂养护液等方式。对于边墙混凝土宜优先采取智能化、自动化控制的喷雾或喷淋保湿养护方式。对于无条件进行洒水养护的大型洞室顶部，可以涂保湿养护剂。对于底板可采用土工布＋洒水或者蓄水养护的方式。

（4）养护水温度与混凝土表面温差不宜大于 15℃。流水养护的水温宜高于洞内气温 2℃左右。

（5）保湿养护的持续时间，不宜少于 28d。有特殊要求的部位、粉煤灰掺量大于 20％的衬砌混凝土，宜适当延长养护时间。低热水泥混凝土的保湿养护时间，不宜少于混凝土设计龄期。干热湿度低的地下洞室衬砌混凝土的保湿养护时间，应专门研究。

（6）应专人负责保湿养护工作，并应做好养护及其水温记录。

8.5.5.8 施工温度监测

（1）应对混凝土施工全过程进行温度监测，掌握混凝土温度变化，实现有效控制温度与温度裂缝的目标，并做好记录。

（2）原材料温度、混凝土出机口温度、入仓温度、浇筑温度、冷却水温度、养护水温度和气温，至少应每4h测量1次。

（3）混凝土内部温度可埋设仪器进行监测，并应符合设计要求。如设计没有规定，一般布置在衬砌断面的中间。温度计安装完毕后，应对设备进行校正、观测、并记录仪器设备在工作状态下的初始读数。

（4）每10个浇筑仓选一个仓且每月至少选择1个浇筑仓埋设温度计，每个浇筑仓内埋设1～3支温度计或者每100m^2浇筑面积应不少于1个测点，必要时增设测温计。重点检测衬砌结构断面中心混凝土温度及其历时变化。

（5）混凝土施工的温度控制应以混凝土浇筑温度、内部最高温度、日降温幅度、冷却水温、养护水温等设置温控预警值。

（6）混凝土测温应符合下列规定：

1）宜根据每个测温点被混凝土初次覆盖时的温度确定各测点部位混凝土的入模温度。

2）衬砌结构内部测温点、表面测温点、环境测温点的测温，应与混凝土浇筑、通水冷却、养护过程同步进行。

3）应按测温频率要求及时量测并作好记录。应记录如下内容（但不限于）：混凝土浇筑温度、混凝土内部温度、每条冷却水管的冷却水流量、流向、压力、入口温度、出口温度以及其他测量指标。

温控小组对测温数据及时分析并提出后续温控措施。

4）混凝土内部最高温度取得测值5d后且稳定平滑下降（速率小于0.5℃/d），且与环境温度的差值小于10℃时，可停止测温。

5）当要测量最终的混凝土平均温度时，可以先停止一条冷却水管中的循环水流动2d，然后测量该水管中的水温，其平均值代表该混凝土的平均温度。水管中水温测量，应均匀分段测量5次，用于计算水温平均值；或者用桶集中水管中的循环水，测量其水温。

（7）衬砌混凝土内测温频率应符合下列规定：混凝土最高温度出现前，每4h监测一次，最高温度出现后每12h监测一次，直至停止测温，同时做好环境温度监测。混凝土内部温度监测与通水冷却进出水口温度监测应同步进行。

有条件时，混凝土温度实行自动化实时监测。

（8）对混凝土各施工环节的温控检测资料，应及时进行统计分析。对于主要的控制检测指标，如出机口温度、入仓温度、浇筑温度、混凝土内部温度，以及通水冷却的进出水温、流量等，应采用管理图（表）反映温控质量波动状态和效果，并及时反馈。

8.5.6 工程运行

过早（短龄期）过低温水冷击混凝土容易产生温度裂缝，控制的关键是初次运行。一是要控制初次运行期混凝土龄期，宜大于设计龄期；二是控制过水温度，宜选择在较高温度的尾汛期（如 9 月左右）蓄水，较高温度期初次过水运行。由于泄洪洞一般在完工蓄水后的第二年 4—8 月才会过水，混凝土龄期较长，水温较高，容易满足要求。因此，蓄水和初次运行时间对于发电洞较为重要。

参　考　文　献

[1] 中华人民共和国水利部. 混凝土重力坝设计规范（SL 319—2018）[S]. 北京：中国水利水电出版社，2018.

[2] 中华人民共和国国家发展和改革委员会. 混凝土拱坝设计规范（DL/T 5346—2006）[S]. 北京：中国电力出版社，2007.

[3] 中华人民共和国水利部. 水工混凝土施工规范（SL 677—2014）[S]. 北京：中国水利水电出版社，2014.

[4] 朱伯芳. 小温差早冷却缓慢冷却是混凝土坝水管冷却的新方向 [J]. 水利水电技术，2009，40（1）：44-50.

[5] 朱伯芳. 论混凝土坝的水管冷却 [J]. 水利学报，2010，41（5）：505-513.

[6] 刘俊，黄玮，周伟，等. 大体积混凝土小温差的长期通水冷却 [J]. 武汉大学学报（工学版），2011，44（5）：549-553.

[7] 薛一峰，王琳，张晓飞，等. 碾压混凝土坝小温差的中后期通水冷却 [J]. 水利与建筑工程学报，2019，17（2）：140-144.

[8] 司政，杨丹，黄灵芝，等. 小温差冷却对大体积混凝土温度应力的影响效应 [J]. 应用力学学报，2018，35（5）：1146-1151，1192.

[9] 张国新，刘毅，李松辉，等. "九三一"温度控制模式的研究与实践 [J]. 水力发电学报，2014，33（2）：179-184.

[10] 林鹏，李庆斌，周绍武，等. 大体积混凝土通水冷却智能温度控制方法与系统 [J]. 水利学报，2013，44（8）：950-957.

[11] 王继敏，周厚贵，谭恺炎. 冷却通水智能控制系统及其在锦屏一级拱坝中的应用 [J]. 水利水电科技进展，2017，37（1）：50-54.

[12] 樊启祥，周绍武，林鹏，等. 大型水利水电工程施工智能控制成套技术及应用 [J]. 水利学报，2016，47（07）：916-923，933.

[13] 黄耀英，周绍武，郑东健，等. 混凝土坝中后期通水快速调控研究 [J]. 长江科学院院报，2014，31（12）：92-96.

[14] 廖哲男，魏巍，赵亮，等. 大体积混凝土 BIM 智能温控系统的研究与应用 [J]. 土木建筑与环境工程，2016，38（4）：132-138.

[15] 王雍，段亚辉，黄劲松，等. 三峡永久船闸输水洞衬砌混凝土的温控研究 [J]. 武汉大学学报（工学版），2001（3）：32-36，50.

[16] 张志诚，林义兴，徐云峰，等. 三峡地下电站引水洞衬砌混凝土裂缝成因分析 [J]. 人民长江，2006（2）：9-10，19.

[17] 张志诚，陈绪春，林义兴，等. 三峡工程右岸地下电站引水洞衬砌混凝土施工全过程监测及仿真分析 [J]. 大坝与安全，2005（4）：44-46.

[18] 中华人民共和国国家发展和改革委员会. 水工隧洞设计规范（SL 279—2002）[S]. 北京：中国水利水电出版社，2002.

[19] 樊启祥，段亚辉，等. 水工隧洞衬砌混凝土温控防裂创新与实践 [M]. 北京：中国水利水电出版社，2015.

[20] 王霄，樊义林，段兴平. 白鹤滩水电站导流洞衬砌混凝土温控限裂技术研究 [J]. 水电能源科学，2017，35 (5)：77-81.

[21] 蒋林魁，黄玮，阎士勤. 锦屏一级水电站泄洪洞混凝土温控设计与实施 [J]. 水电站设计，2015，31 (3)：6-9.

[22] 段亚辉，方朝阳，樊启祥，等. 三峡永久船闸输水洞衬砌混凝土施工期温度现场试验研究 [J]. 岩石力学与工程学报，2006 (1)：128-135.

[23] 段亚辉，彭亚，罗刚，等. 门洞形断面衬砌混凝土温度裂缝机理及其发生发展过程 [J]. 武汉大学学报（工学版），2018，51 (10)，847-853.

[24] 段亚辉，樊启祥，段次祎，等. 衬砌混凝土内部温度控制通水冷却自动化方法以及系统：CN110413019A [P]. 2019-11-05.

[25] 焦石磊，段亚辉，张军. 泄洪洞有压段衬砌混凝土温度应力洒水对流系数敏感性分析 [J]. 中国农村水利水电，2012 (9)：115-119.

[26] 方朝阳，段亚辉，三峡永久船闸输水洞衬砌施工期温度与应力监测成果分析 [J]. 武汉大学学报（工学版)，2003，36 (5)：30-34。

[27] 唐忠敏，李松辉，张国新，等. 高混凝土拱坝一期水冷温度对水管周边混凝土的影响 [J]. 中国水利水电科学研究院学报，2010，8 (4)：299-303.

[28] 黄瑜，祁锟，张君. 早龄期混凝土内部湿度发展特征 [J]. 清华大学学报（自然科学版)，2007，047 (3)：309-312.

[29] 黄达海，刘光廷. 混凝土等温传湿过程的试验研究 [J]. 水利学报，2002，33 (6)：96-101.

[30] 马跃先，陈晓光. 水工混凝土的湿度场及干缩应力研究 [J]. 水力发电学报，2008 (3)：38-42.

[31] 董献国. 浅谈养护条件对混凝土强度及耐久性的影响 [J]. 江西建材，2014 (3)：52-53.

[32] 梁建文，刘有志，张国新，等. 水工薄壁混凝土结构湿度及干缩应力非线性有限元分析 [J]. 水利水电技术，2007 (8)：38-41.

[33] 黄耀英，刘钰，高俊，等. 真实环境下早龄期水工混凝土内部相对湿度实验研究 [J]. 应用基础与工程科学学报，2019，27 (4)：744-752.

[34] 何智，方国柱. 对混凝土养护方法的探究 [J]. 低碳世界，2017，174 (36)：207-208.

[35] 姜顺龙，李春洪，等. 养护环境对水工长龄期混凝土强度增长规律的影响 [J]. 水力发电，2016，42 (4)：113-116.

[36] 朱卫明，陈磊，等不同养护方式对大体积粉煤灰混凝土性能的影响 [J]. 粉煤灰综合利用，2015 (3)：20-24.

[37] 任建中，王兴甫. 水工混凝土养护方法选择 [J]. 水利规划与设计，2015 (5)：111-113.

[38] 张正勇，石永刚，张新峰. 面板混凝土人工智能养护新技术 [J]. 四川水利，2019，40 (4)：115-117，120.

[39] 张久军. 一种新型的预制构件混凝土养护方式——“喷淋养护” [J]. 河南建材，2019，000 (4)：307-308.

[40] 周平，仲甡，周自强，等. 隧道二衬混凝土自动喷淋养护系统设计与应用 [J]. 施工技术，2019，48 (S1)：711-714.

[41] 徐俊杰. 铁路连续梁全自动智能养护系统研究与应用解析 [J]. 科技风，2020 (13)：143-144.

[42] 康建荣，陈敏. 白鹤滩水电站泄洪洞混凝土智能保湿养护技术研究 [J]. 四川水利，2019，40 (5)：38-40，50.

[43] 曹新刚，徐宏. 智能化养护技术在铁路预制梁场的设计与应用 [J]. 高速铁路技术，2018，9 (6)：83-86.

[44] U. S. Department of Defense. Vision：Transform the DoD through artificial intelligence [EB/OL]. [2020-04-20]. https：//dodcio. defense. gov/About-DoD-CIO/Organization/JAIC/.

[45] European Commission. Communication artificial intelligence for Europe [EB/OL]. [2020-04-25]. https://ec.europa.eu/digital-single-market/en/news/communication-artificial-intelligence-europe.
[46] BIM WiKi. Digital Built Britain [EB/OL]. [2020-03-19]. http://digital-builtbritain.com/.
[47] 三局工程管理学部办公室. 中国工程院重点咨询项目《中国建造2035战略研究》启动会暨中国工程院院士重庆行系列活动在渝举行 [EB/OL]. [2020-04-07]. http://www.cae.cn/cae/html/main/col110/2019-05/07/20190507142610206746869_1.html.
[48] BARTLETT N W, TOLLEY M T, OVERVELDE J T B, et al. A 3D-printed, functionally graded soft robot powered by combustion [J]. Science, 2015, 349 (6244): 161-165.
[49] ROCHA J C, PASSALIA F J, MATOS F D, et al. A method based on artificial intelligence to fully automatize the evaluation of bovine blastocyst images [J]. Scientific Reports, 2017, 7 (1): 7659.
[50] 钟登华，王飞，吴斌平，等. 从数字大坝到智慧大坝 [J]. 水力发电学报，2015，34 (10): 1-13.
[51] 樊启祥，汪志林，林鹏，等. 混凝土坝智能通水温控技术规范 (Q/CTG 258—2019) [S]. 北京：中国长江三峡集团有限公司，2019.
[52] 樊启祥，黄灿新，蒋小春，等. 水电工程水泥灌浆智能控制方法与系统 [J]. 水利学报，2019，50 (2): 165-174.
[53] 樊启祥，陆佑楣，等. 金沙江水电工程智能建造技术体系研究与实践 [J]. 水利学报，2019，50 (3): 294-304.
[54] 樊启祥，周绍武，林鹏，等. 大型水利水电工程施工智能控制成套技术及应用 [J]. 水利学报，2016，47 (7): 916-923，933.
[55] 国家能源局. 混凝土坝温度控制设计规范 (NB/T 35092—2017) [S]. 北京：中国电力出版社，2017.
[56] 国家能源局. 水工混凝土施工规范 (DL/T 5144—2015) [S]. 北京：中国电力出版社，2015.
[57] 中华人民共和国住房和城乡建设部，中华人民共和国质量监督检验检疫总局. 粉煤灰混凝土应用技术规范 (GB/T 50146—2014) [S]. 北京：中国计划出版社，2014.
[58] 中华人民共和国住房和城乡建设部，中华人民共和国质量监督检验检疫总局. 混凝土结构工程施工规范 (GB 50666—2011) [S]. 北京：中国建筑工业出版社，2011.
[59] 中华人民共和国住房和城乡建设部，中华人民共和国质量监督检验检疫总局. 普通混凝土力学性能试验方法标准 (GB/T 50081—2002) [S]. 北京：中国建筑工业出版社，2002.
[60] 马文彬，李果. 自然气候条件下混凝土内部温湿度响应规律研究 [J]. 混凝土与水泥制品，2007 (2): 18-21.
[61] WEISS W J. Prediction of Early-age Shrinkage Cracking in Concrete [D]. Doctor of Philosophy In Civil Engineering of Northwestern University, 1999.
[62] PARROTT L J. Moisture Profiles in Drying Concrete [J]. Advances in Cement Research, 1998, Vol. 1 (No. 3): 164-170.
[63] PARROTT L J. Factors Influencing Relative Humidity In Concrete [J]. Magazine of Concrete Research, 1991, Vol. 43 (No. 154): 45-52.
[64] 朱伯芳. 大体积混凝土温度应力与温度控制 [M]. 2版. 北京：中国电力出版社，2012.
[65] Committee Euro-international du Beton/Federation International de la Precon-strainte [S]. CEB-FIP model code for concrete structures. Paris, 1990.
[66] 彭智，金南国，金贤玉. 混凝土水分扩散表面因子理论模型与验证 [J]. 浙江大学学报 (工学版)，2010，44 (10): 2010-2015.
[67] 段亚辉，樊启祥，段次祎. 复杂环境混凝土喷淋保湿养护过程实时控制方法：CN107806249B [P].

2019－06－25.
[68] 段亚辉，樊启祥，段次祎. 温湿风耦合作用复杂环境混凝土保湿喷淋养护自动化方法：CN107584644B [P]. 2019－04－05.
[69] 段亚辉，段次祎，温馨. 混凝土保湿喷淋养护温湿风耦合智能化方法：CN107759247B [P]. 2019－09－17.
[70] 樊启祥，林鹏，魏鹏程，等. 智能建造闭环控制理论 [J/OL]. 清华大学学报（自然科学版）：1－11 [2020－07－31]. https：//doi.org/10.16511/j.cnki.qhdxxb.2020.26.023.
[71] 刘海棠，谢雄，练震，等. 基于物联网的浇注混凝土喷淋控制系统：CN209690798U [P]. 2019－11－26.
[72] 刘海棠，谢雄，王均水，等. 一种基于环境参数测量的混凝土浇筑自动喷淋装置：CN209482746U [P]. 2019－10－11.
[73] 段亚辉，樊启祥，段次祎，等. 衬砌混凝土内部温度控制通水冷却自动化方法以及系统：CN110413019A [P]. 2019－11－05.
[74] 段亚辉，段次祎，毛明珠. 掺粉煤灰低发热量衬砌混凝土通水冷却龄期控制方法：CN110569553A [P]. 2019－12－13.
[75] 段亚辉，段次祎. 衬砌混凝土通水冷却龄期控制方法：CN110516285A [P]. 2019－11－29.
[76] 段亚辉，樊启祥，段次祎，方朝阳，付继林，苏立. 衬砌结构混凝土通水冷却水温控制方法：CN110409387A [P]. 2019－11－05.

第9章 三板溪水电站泄洪隧洞衬砌混凝土裂缝成因研究

9.1 概 述

9.1.1 工程概况及泄洪洞设计简况

三板溪水电站是沅水干流的龙头水电站，坝址位于贵州省锦屏县境内，以发电为主，为Ⅰ等大（1）型工程。水库正常蓄水位475.00m，相应库容37.48亿m^3，死水位425.00m，调节库容26.16亿m^3，具有多年调节性能。电站装机容量1000MW。枢纽工程由河床主坝、左岸副坝、左岸溢洪道、左岸泄洪洞、左岸驳运码头、右岸地下引水发电建筑物等组成。主、副坝均为混凝土面板堆石坝，主坝最大坝高185.5m。

泄洪洞由进水渠段、进口闸室段、洞身段、出口明槽和挑流鼻坎段等组成，全长约816m，其中隧洞段水平投影长约691m，为无压城门洞型隧洞，标准断面宽13m，高13.5～20m，最大泄流量约2930m^3/s，最大泄洪流速约42m/s。

泄洪洞围岩岩性为元古界板溪群变余凝灰质砂岩、变余凝灰岩和变余层凝灰岩，岩石致密坚硬。洞身围岩主要为中等风化至微风化Ⅱ、Ⅲ类岩体。

隧洞围岩初期支护采用喷锚支护，根据围岩类别，系统锚杆间排距1.2～1.5m，直径25～32mm，入岩深度5～8m。

隧洞采用钢筋混凝土衬砌，标准洞段厚度：顶拱0.8m，边墙1.0m，底板1.2m；隧洞进出口和地质不良洞段，根据结构计算和构造要求，加厚混凝土衬砌厚度。泄洪洞拱脚以下边墙和底板混凝土强度等级为C40～C45（掺HF的抗冲耐磨混凝土），顶拱混凝土强度等级为C30。隧洞衬砌按限制裂缝开展宽度设计。

围岩固结灌浆：泄洪洞全断面设固结灌浆，孔深3～5m，间排距2～3m。

洞身结构分缝设计：在地质条件明显变化处或掺气设施结构突变处设置结构缝；对围岩地质条件均一的洞身段，只设施工缝，根据已安装的钢模台车长度，浇筑块长度13m；衬砌的环向施工缝面凿毛，钢筋穿过缝面；两侧边墙距底板1.5m处设纵向水平施工缝，缝面设键槽、插筋。

止水、排水设计：防渗帷幕前结构缝设两道止水铜片，防渗帷幕后结构缝设一道止水铜片，施工缝设一道橡胶止水。防渗帷幕后洞内顶拱范围设排水孔。

温控设计指标：泄洪洞混凝土温控指标见表9.1。

混凝土温控防裂措施：要求开挖面平整，避免在结构上造成应力集中；优化混凝土配合比，加强混凝土拌和、运输和浇筑过程中的质量管理，保证混凝土施工质量，提高混凝土抗裂能力；掺用优质外加剂和20%的Ⅰ级粉煤灰，选用中热水泥，降低水化热温升；

采取保温保湿养护。

表 9.1　　不同月份泄洪洞混凝土温控指标表

部位		月份				
		12月至次年2月	3、11	4、10	5、9	6～8
基础约束区	[T_{max}]	24.0	28.0	31.0	33.0	34.0
[T_p]	10.0	14.0	17.0	18.0	18.0	

注　表中 [T_{max}] 表示浇筑块内允许最高温度，[T_p] 表示允许浇筑温度。要求 [T_{max}] 及 [T_p] 均满足要求。[T_p] 值考虑了混凝土中掺粉煤灰。

9.1.2　泄洪洞衬砌混凝土施工

洞身混凝土衬砌施工时段为 2004 年 10 月 15 日至 2005 年 9 月 20 日，采用先底板，再边墙、顶拱的施工顺序。水平施工缝设在距底板 1.5m 的两侧边墙，与洞轴线平行，边墙、顶拱一次浇筑。底板及边墙下部弧形结构采用组合模板施工，边墙与顶拱配置两台钢模台车施工。底板Ⅱ级配泵送混凝土，坍落度控制在 12～19cm。边墙与顶拱衬砌Ⅱ级配泵送混凝土，坍落度控制在 12～14cm。

施工前期，发现每浇筑段两侧边墙在拆模后约 1～3d，各发现有 4 条左右的略倾向上游的裂缝，裂缝间距 2～3m（因底板垫渣，顶拱太高，光线较暗，裂缝不易发现）。针对此情况，设计单位对裂缝成因进行了分析。认为主要为温度裂缝，其成因与围岩强约束、混凝土浇筑温度高（不满足设计温控要求）、拆模时间早、水泥用量偏多、混凝土骨料干缩大、砂石料石粉含量偏大以及浇筑块长度、混凝土坍落度、混凝土入仓方向等因素有关。

在施工过程中，设计单位提出了以下措施：将混凝土强度等级由 C45 调整为 C40；用 52.5 普通水泥替换 42.5 中热水泥（当时无法采购到 52.5 中热水泥），以减少水泥用量，降低水化热；要求对原材料采取降温措施，降低混凝土入仓温度，并选择早晚低温时段浇筑混凝土；预埋冷却水管循环通水；改变混凝土入仓方向；在确保工程总体进度的前提下，延长拆模时间；加强混凝土的初期养护；预埋温度计，监测混凝土内部温度，以便进一步分析裂缝成因。

按照设计单位提出的意见，并参照大坝趾板裂缝较少的经验，为减少温度裂缝的产生，施工承包商陆续采取了如下措施：

(1) 2005 年 5 月 21 日开始，在边顶拱混凝土中埋设 ϕ30 塑料管，对混凝土进行通水冷却。

(2) 2005 年 7 月 26 日开始，将边墙混凝土强度等级由 C45 调整为 C40（HF）抗冲耐磨混凝土。

(3) 用 52.5 普通水泥（315kg/m^3）替代 42.5 中热水泥（426kg/m^3）。

(4) 参照大坝趾板混凝土配合比，在泄 0＋301.60～0＋340.60、泄 0＋258.00～0＋271.00、泄 0＋418.60～0＋431.60 段边顶拱混凝土中掺加膨胀剂。

(5) 参照大坝面板混凝土配合比，在泄 0＋327.60～0＋340.60 段边顶拱混凝土中掺聚丙烯纤维。

(6) 自 2005 年 4 月 26 日第四仓边顶拱浇筑脱模开始，鉴于洞室混凝土养护难度大的特点，在混凝土脱模后即喷洒混凝土养护剂。

因施工承包商未建制冷系统，混凝土入仓温度仍然不满足设计要求，采取上述措施后，衬砌混凝土裂缝仍未得到有效控制。且随着混凝土龄期的增长，裂缝进一步增多，形成类似龟背状的裂缝，既有贯穿性裂缝，也有非贯穿性裂缝。

9.1.3　泄洪洞衬砌混凝土温度观测与裂缝情况

根据 2005 年 4 月专家会议和设计单位要求，加强了施工期泄洪洞衬砌混凝土内部温度观测，选择 5 个断面在边墙内侧、中间、围岩侧共安装 10 支温度计。各温度计观测最高温度和最大温升列于表 9.2，其中 0～672.00m 断面温度计观测衬砌混凝土内部温度历时曲线示于图 9.1。

表 9.2　泄洪洞左边墙实测最高温度和最大温升值　单位：℃

桩号/m	测温计	初始温度	最高温度			最大温升			3d 最大温降		
			内侧	中间	外侧	内侧	中间	外侧	内侧	中间	外侧
0－672.00	T－1，2，3	28.10	54.9	50.8	48.8	26.8	22.7	20.7	14.3	12.9	10.9
0－360.00	T－6，7，8	24.90	60.1	59	52.5	35.2	34.1	27.6			
0－330.00	T－4，5	33.50		71.1	61.7		37.6	28.2		25.5	22.2
0＋018.50	Td－1	18.00		55.6			37.6			6	
0＋033.50	Td－2	17.20		51.5			34.3			6.5	

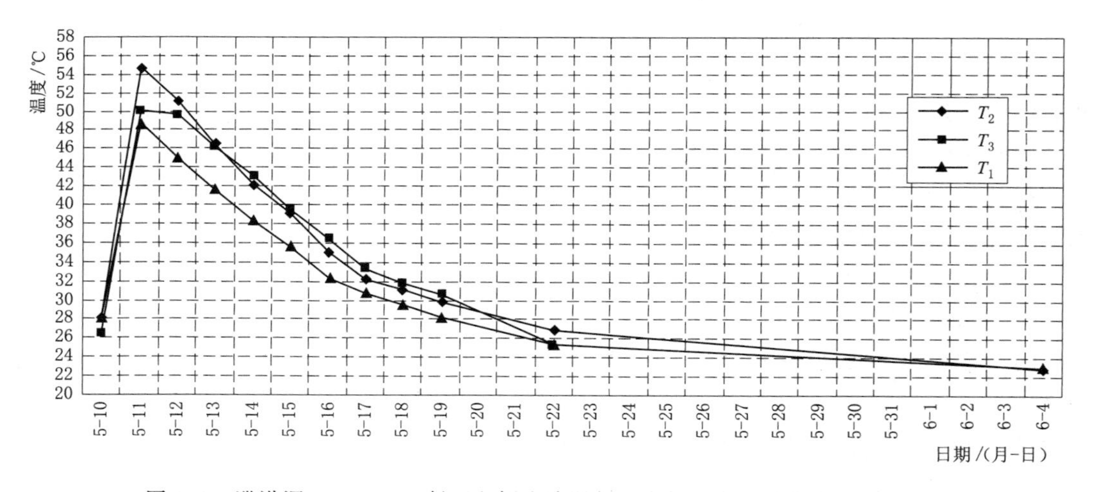

图 9.1　泄洪洞 0－672.00 断面左侧边墙混凝土内部温度历时曲线（2005 年）

T_1—围岩侧温度计；T_2—中间温度计；T_3—内侧温度计

由表 9.2 可以看出，由于无制冷系统，泄洪洞衬砌混凝土的浇筑温度明显过高，最高的达 33.5℃。而且也没有采取通水冷却措施，混凝土的最大温升、内部最高温度都很高，混凝土内部最高温度达 71.1℃，一般都在 50℃以上，3d 最大温降达 25.5℃。从图 9.1 和实际观测成果可知，衬砌混凝土最大内表温差一般在 10℃左右。由于衬砌厚度小，围岩的约束强，如此大而快的温降，必然形成很大的温度应力，而且发生在混凝土浇筑后的第4天左右，混凝土的强度还比较低，能承受的拉应力较小，必然造成混凝土的裂缝。

根据截至2005年9月20日裂缝检查结果，泄洪洞洞身混凝土裂缝500多条，表观上呈龟裂现象（图9.2）。既有贯穿性裂缝，更多的是表面裂缝。其中贯穿性裂缝159条，列于表9.3。

图9.2　泄洪洞衬砌混凝土裂缝情况

表9.3　　泄洪隧洞衬砌混凝土裂缝统计表

工程部位	裂缝数量	备　注
泄洪洞进水塔	2	贯穿裂缝，冒白浆
泄洪洞洞身段	154	边底拱基础强约束区，贯穿裂缝，渗水，冒白浆
泄洪洞出口段	3	缝面干燥，缝宽0.3～0.5mm

针对泄洪洞裂缝多的情况，2005年9月29日，召开了三板溪工程混凝土缺陷处理专题会议，确定了裂缝处理原则、裂缝处理工期要求、裂缝处理灌浆材料。泄洪洞边墙和顶拱裂缝处理于2005年10月25日开始，到2006年1月15日结束。为验证灌浆效果，对裂缝化学灌浆进行了随机取芯检查。在泄0+130.00～泄0+745.00边顶拱范围共取了19个芯，其中12′号和14′号为表面封闭处理，其余为17个化学灌浆处理。从所有取芯来看：12′号和14′号两个表面封闭裂缝，能满足设计要求。灌浆裂缝除1号和9号芯样浆液饱满度较差外，其余灌浆效果均较好，并抽检3个芯样进行了抗压强度试验，3个芯样抗压强度均能达到设计要求。

为探明泄洪洞出现裂缝过多过密的原因，总结经验，为今后类似工程设计采取综合温控防裂措施提供参考，在对现场观测资料进行分析的基础上，采用三维有限元法模拟施工过程与温控措施进行仿真计算研究。

9.1.4 计算分析基本资料

9.1.4.1 环境温度

采用余弦函数公式（7.1）模拟泄洪洞内气温年周期性变化。由于三板溪水电站无泄洪洞内气温观测资料，结合类比气温平均温度值及分布特点，参考溪落渡水电站泄洪洞温控设计洞内气温[1-2]，取 A=19.5℃，B=1.5℃，C=210d。

当地水文气象资料：多年平均气温 16.4℃；月平均最高气温 32.4℃；月平均最低气温 2.2℃；极端最高气温 38.3℃；极端最低气温−8.4℃。

围岩温度：根据过去大量的气象部门实测资料和科研成果表明，地表深 10m 以下取为年平均气温。隧洞表面取各日平均温度，即按式（7.1）计算浇筑混凝土时洞内的空气温度，其间温度按线性插值取值。

9.1.4.2　泄洪洞混凝土施工配合比

根据监理报告提供资料，三板溪泄洪洞泵送混凝土施工配合比列于表 9.4。

表 9.4　　三板溪泄洪洞泵送混凝土施工配合比

混凝土等级	水灰比	砂率/%	每立方材料用量/(kg/m³)										水泥标号
			水泥	粉煤灰	砂	小石	中石	大石	水	NFA 0.8%	DH9 0.6%	HF抗冲耐磨剂 2.2%	
C30	0.40	43.0	356	89	739	399	599	—	178	3.56	2.67		42.5（普）
C40	0.35	41.0	377	94	672	416	623	—	165	—	—	10.362	42.5（中热）
	0.43	39.0	303	76	757	489	707	—	163	—	—		52.5（普）
C45	0.35	38.0	425	110	649	477	582	—	187	—	—		42.5（中热）
	0.35	44.0	315	80	832	583	477	—	138	—	—	8.69	52.5（普）

9.1.4.3　混凝土热学性能

由表 9.4 混凝土施工配合比及试验资料，参照《水工混凝土结构设计规范》（SL/T 191—2008）附录 G 中规定[3]和类似工程经验，计算得到三板溪泄洪洞混凝土的热学参数列于表 9.5。表中 n 值为绝热温升达到最终值一半的时间。

表 9.5　　三板溪泄洪洞混凝土热性能参数

等级	水泥标号	粉煤灰掺量/%	最终绝热温升/℃	密度/(kg/m³)	导热系数/[kJ/(m·d·℃)]	比热/[kJ/(kg·℃)]	导温系数/(m²/d)	n/d
C30	42.5（普）	20	50.43	2355	179.66	0.99	0.077	1.005
C40	42.5（中热）	20	47.42	2340	176.87	0.97	0.078	0.71
	52.5（普）	20	41.88	2490	181.29	0.96	0.075	1.005
C45	42.5（中热）	20	51.08	2425	173.29	0.99	0.072	0.71
	52.5（普）	20	46.38	2420	188.97	0.93	0.084	1.005

9.1.4.4　混凝土力学性能参数

泄洪洞混凝土强度（28d）现场取样试验值统计结果列于表 9.6。由于缺少混凝土弹性模量的试验资料，近似认为混凝土弹性模量不同龄期的变化规律与抗压强度相同，并参考类似工程试验资料和《水利水电工程施工手册 第 3 卷 混凝土工程》[4]，取各强度等级混凝土的力学和弹性模量列于表9.7。

表9.6 混凝土强度（28d）统计表 单位：MPa

等级	抗压强度			抗拉强度		
	最大值	最小值	平均值	最大值	最小值	平均值
C30	42.0	29.1	33.4	2.06	1.79	1.94
C45	58.2	44.1	49.4	2.42	2.04	2.24

表9.7 三板溪混凝土强度和弹性模量

等级	类别	抗压强度/MPa			抗拉强度/MPa			弹性模量/GPa		
		7d	28d	90d	7d	28d	90d	7d	28d	90d
C30	泵送	20.1	33.4	40.9	1.42	1.94	2.52	24.20	31.14	36.16
C40	泵送	26.4	43.9	53.8	1.46	1.99	2.59	31.81	40.94	47.54
C45	泵送	29.73	49.4	60.49	1.64	2.24	2.91	35.79	46.06	53.48

9.1.4.5 混凝土的徐变

混凝土徐变的计算参考朱伯芳《大体积混凝土温度应力与温度控制》推荐用于初步设计的水工混凝土徐变度计算公式[5]：

$$C(t,\tau)=C_1(1+9.20\tau^{-0.45})[1-e^{-0.30(t-\tau)}]+C_2(1+1.70\tau^{-0.45})[1-e^{-0.0050(t-\tau)}] \tag{9.1}$$

式中：$C_1=0.23/E_0$；$C_2=0.52/E_0$；$E_0=1.20E\ (90)$。

9.1.4.6 围岩性能参数

三板溪泄洪洞围岩类别及其特性列于表9.8。由于缺少围岩热力学参数试验资料，参考三峡永久船闸输水隧洞围岩热力学参数值选取，见表9.9。

表9.8 围岩分类及特性表

分类	密度/(g/cm³)	变形模量/GPa	泊松比
Ⅱ	2.72	18.0	0.24
Ⅲ	2.69	7.0	0.27
Ⅳ	2.67	5.0	0.30

表9.9 三峡船闸区围岩热学性能指标

导温系数/(m²/d)	比热/[kJ/(kg·℃)]	导热系数/[kJ/(m·d·℃)]	线膨胀系数/(10⁻⁶/℃)	密度/(kg/m³)
0.084	0.716	161.16	8.5	2680

9.1.4.7 混凝土热学参数的合理性分析

热学参数的合理性最直接的综合反映是温度场计算成果的合理性。而能够说明温度场计算合理性的是计算温度场与施工实际观测温度场的一致性。因为最能体现温度场观测成果的是衬砌混凝土的最高温度，所以整理浇筑温度相当情况的施工实际观测与仿真计算最高温度和最大温升列于表9.10。

表 9.10　　　　　　**观测温度与计算温度比较表**

方案编号	浇筑温度/℃		最高温度/℃		发生时间/d		最大温升/℃			
	观测	计算	观测	计算	观测	计算	观测	计算	误差	百分比/%
1	28.1	28	50.8	55.45	1.25	1.75	22.7	27.45	4.75	20.9
2	24.9	24	59	51.80	1.00	1.75	34.1	27.80	−6.30	−18.5
3	18	18	55.6	46.46	—	1.75	37.6	28.46	−9.14	−24.3
4	24.9	24	59	51.83	1.00	1.75	34.1	27.83	−6.27	−18.4
5	33.5	33	71.1	59.73	1.00	1.75	37.6	26.73	−10.87	−28.9

注　1. 方案 1～方案 4 对应表 9.14 中的方案 1～方案 4 及其计算温度，方案 5 为原配合比标准断面夏季 33℃浇筑及其计算温度。
2. 观测温度与计算温度均取边墙中部厚度方向中间点的温度。
3. 观测温度均在 2005 年 7 月 26 日之前测得，并且根据温度计的安装位置可以知道此结果是原配合比标准断面形式情况下的测量结果。

表中 5 种方案的温控条件与实测条件基本一致，其边墙中间点的最大温升误差值有正有负，且误差百分比均小于 30%，同时考虑到隧洞的超挖、观测误差等方面原因，说明热学参数的选择是合理的。

9.1.5　有限元法仿真计算模型

9.1.5.1　网格剖分

根据设计条件和现场情况，选择圆拱直墙式标准断面（图 9.3）进行三维有限元法仿真计算。在温度场和应力场计算中，泄洪洞沿断面对称中心线都具有对称的几何形状和对称的载荷，因此计算对象可按照对称条件截取。计算模型模拟三段衬砌混凝土浇筑段，前、后两结构段取 1/2 长度，按对称取边界条件，中间段取全长，共 26m；在断面上沿对称轴截开，取横断面左边的 1/2。规定沿洞轴线往洞外为 Z 轴正向，垂直边墙水平向右为 X 轴正向，铅直向上为 Y 轴正向，以此建立三维坐标系。围岩厚度取 3 倍洞径左右，沿

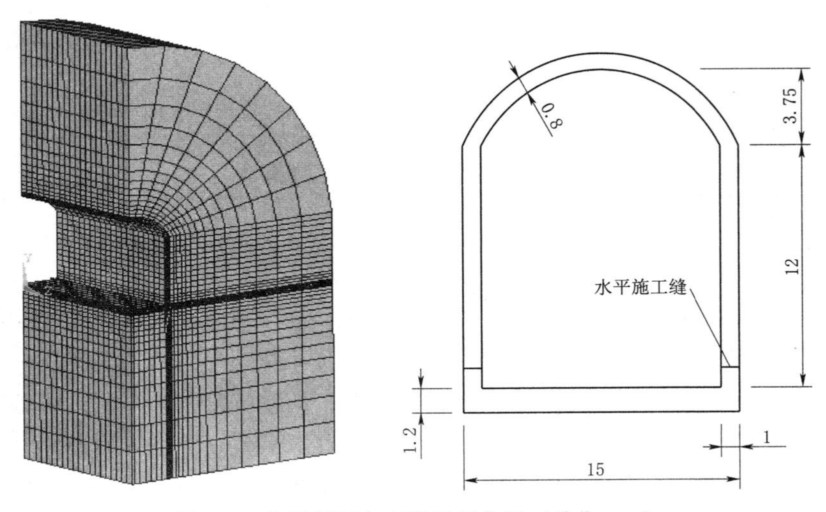

图 9.3　典型断面与有限元网格图（单位：m）

X 轴和 Y 轴围岩厚度均取 30m。岩体和衬砌统一采用空间八节点等参单元，共划分三维块体单元 20636 个，网格模型见图 9.3。环向和水平施工缝采用接触单元模拟，锚杆、纵向钢筋和水平施工缝之间的穿缝钢筋采用 link 单元模拟，如图 9.4 所示。

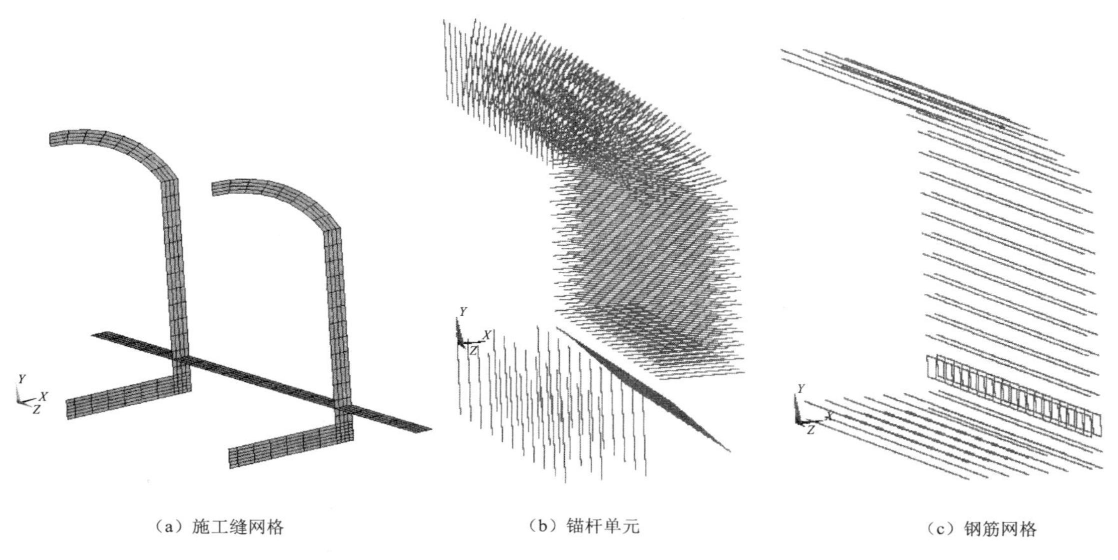

（a）施工缝网格　（b）锚杆单元　（c）钢筋网格

图 9.4　施工缝、锚杆单元和钢筋网格

9.1.5.2　边界条件

衬砌段结构对称面在温度场计算中为绝热边界，应力场计算为法向位移约束；围岩周边距离衬砌段较远，为绝热边界条件和法向约束力学边界条件；模板在拆模前起法向约束作用；模板和衬砌混凝土表面，在温度场计算中需考虑钢模机车和木模板拆模前后对混凝土表面的散热影响，底板和边顶拱端部是木模板、边顶拱表面是光滑钢表面与空气热对流边界条件，拆模后是光滑固体表面与空气热对流边界，拆模前混凝土表面的等效放热系数统一取风速为零时钢表面（光滑）的放热系数 18.46/(m^2 · h · ℃）（有钢模作用，钢模临空面呈箱格状钢勒结构，热交换表面空气流速几乎为 0)，拆模后考虑风速影响，混凝土表面放热系数取为 30.0kJ/(m^2 · h · ℃)。在拆模后用洒水养护时，有洒水养护的表面成为混凝土表面与流水热对流边界，这些边界属于第三类热学边界条件，混凝土表面放热系数取为 31.5kJ/(m^2 · h · ℃)。

在模拟分段、分层浇筑的计算中，前、后两段混凝土在拆模的热学和力学边界，模板拆除之后浇筑下一段混凝土；上、下相邻混凝土界面及混凝土与围岩的胶结面在被混凝土覆盖以前是与空气对流散热的第三类热学边界条件，在应力场计算中该边界为自由的力学边界条件。相邻混凝土浇筑后之前浇筑的混凝土被覆盖，界面上的力学边界或第三类热学边界条件都消失。

9.1.5.3　初始条件

计算温度场时，混凝土单元的初始温度为浇筑温度，岩体的初始温度为地温。计算应力场时，对应初始温度场为零应力场。

9.1.5.4　成果整理特征点选取

有限元分析模型模拟了三段结构混凝土衬砌，重点分析中间结构段混凝土的温度场与应力场。温度场计算成果整理选取图 9.5 所示的 21 个特征点，应力场成果整理 19 个点，其中横断面整理 11 个示于图 9.5（b）。

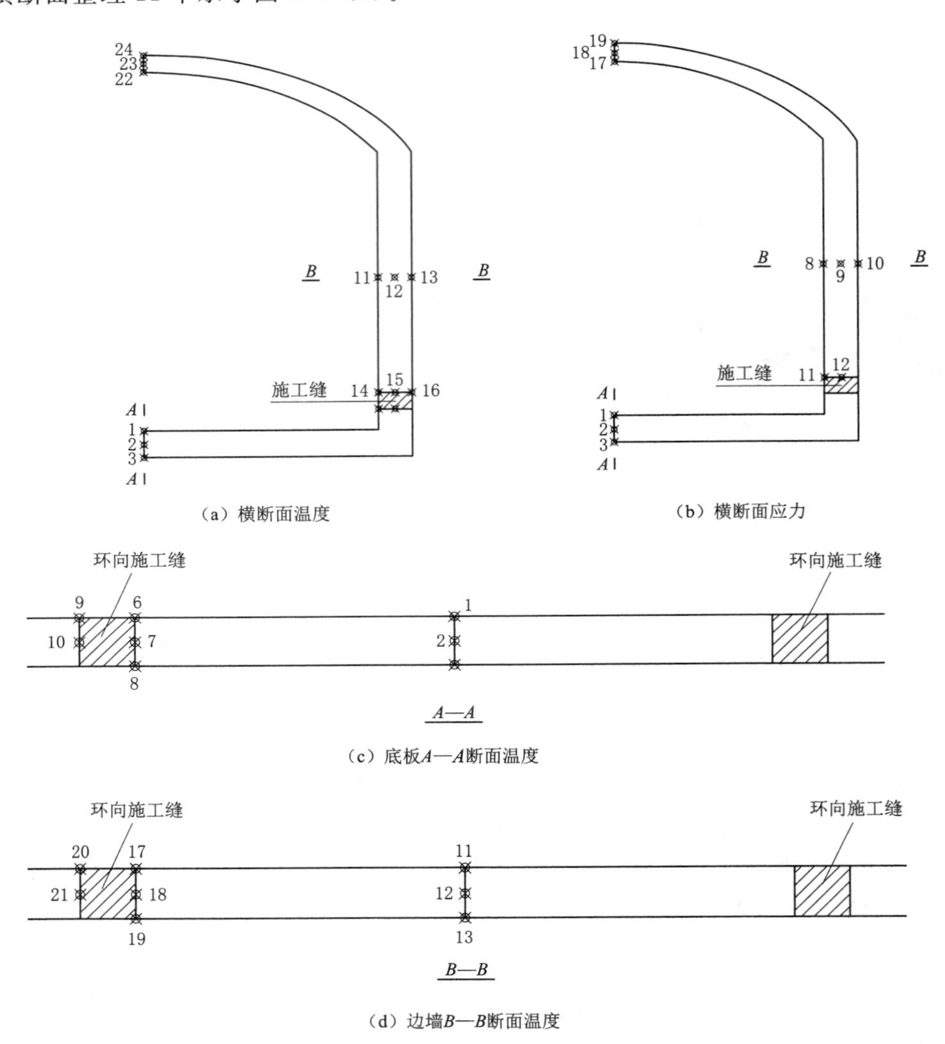

图 9.5　温度场、应力场计算成果整理特征点

9.2　设计条件衬砌混凝土温度和温度应力计算分析

设计单位对泄洪洞衬砌混凝土浇筑，提出温控技术要求见表 9.1。这里先进行设计条件下衬砌混凝土夏季、秋季、冬季浇筑的温度与温度应力仿真计算分析，方案见表 9.11。3 个结构段，底板每 1d 浇筑一块；边顶拱在底板浇筑完成 30d 后浇筑，2d 拆模，亦即每 2d 浇筑一个结构段边顶拱。Ⅱ类围岩区，底板、边墙 C45（42.5 中热水泥）泵送混凝土，

顶拱C30泵送混凝土，钢模板桁车浇筑。

表9.11　设计条件温度与温度应力仿真计算方案

方案编号	浇筑季节	施工日期	浇筑温度/℃	洒水养护/d	水管冷却/d	拆模时间/d
1	夏季	7月1日	18	28	—	2
2	秋季	10月1日	14	28	—	2
3	冬季	1月1日	10	28	—	2

由于裂缝主要集中在边墙和顶拱，重点整理边墙的温度与温度应力成果，温控特征值见表9.12和表9.13，夏季18℃浇筑边墙混凝土温度和温度应力历时曲线见图9.6和图9.7（边墙于31d浇筑，图中历时曲线从31d开始，下同）。

表9.12　边墙特征温度值

方案编号	最高温度与发生时间		最大内表温差与发生时间		最低温度/℃	总温降/℃
	温度/℃	时间/d	温度/℃	时间/d		
1	46.85	1.75	13.79	3.00	18.11	28.74
2	43.21	2.00	12.75	3.00	18.10	25.11
3	39.66	2.00	11.56	3.00	18.10	21.56

表9.13　边墙表面主拉应力特征值

方案编号	最大拉应力/MPa			最小抗裂安全系数	
	7d	28d	冬季	28d	冬季
1	0.34	1.53	1.75	1.46	1.82
2	0.14	1.28	0.37	1.74	8.62
3	0.22	1.20	0.10	1.87	32.0

注　各工况计算获得的等值线图、包络图、特征值表、应力历时曲线结果都可以看出，边墙中部7d、28d、冬季的最大应力值均发生在边墙中部表面特征点8位置，所以表中各工况均为特征点8的应力值和抗裂安全系数，下同。

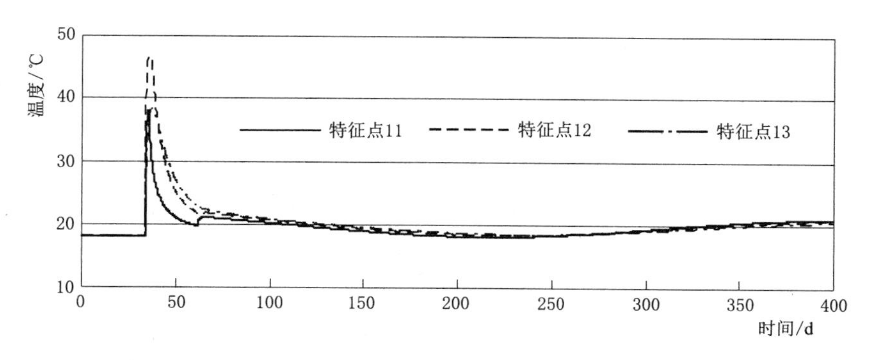

图9.6　夏季18℃浇筑边墙混凝土温度历时曲线

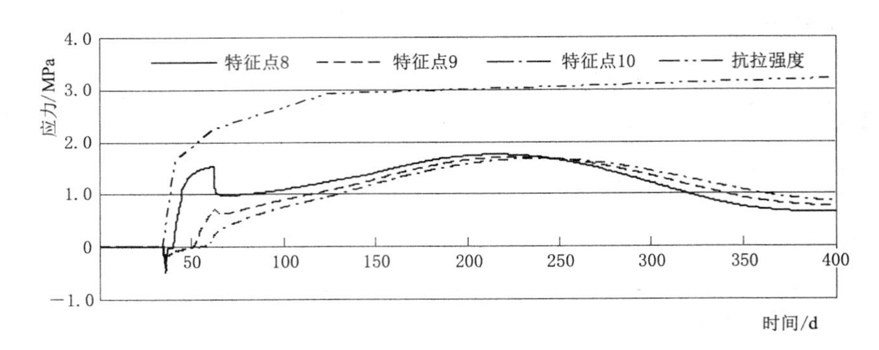

图 9.7　夏季 18℃浇筑边墙混凝土应力历时曲线

根据以上泄洪洞衬砌混凝土设计条件下夏、秋、冬三季温度场和温度应力场的计算成果，可以获得以下结论：

(1) 夏季 18℃浇筑工况下，衬砌混凝土的温度场一般经历了水化热温升、温降和随环境气温周期变化 3 个阶段（图 9.6）。底板、边墙、顶拱中部中间特征点最高温度分别为 48.11℃、46.85℃、40.68℃，对应的最大温升分别为 30.11℃、28.85℃、22.68℃。底板中部内表温差最大，为 16.62℃，发生在底板浇筑后 2.50d。混凝土温度达到最大值后，释放的水化热不断减少、进入温降阶段。28d 混凝土的最大温降，底板为 26.04℃；边墙为 25.83℃；顶拱为 18.95℃。浇后约一个月，衬砌表面温度已基本趋同于洞内气温，开始随气温作周期性（年）变化。开浇后约 210d（次年 2 月），空气温度降到最低值。至此的总温降，底板为 29.81℃、边墙为 28.55℃、顶拱为 22.38℃。

各部位的温度应力变化一般经历了压应力增长、压应力减小、产生拉应力、拉应力平稳增长、拉应力快速增长并达到最大值、拉应力再减小、而后进入随气温周期性变化这样一个过程（图 9.7）。夏季浇筑温度为 18℃时，各特征点的拉应力值较小，抗裂安全系数均大于 1.4（根据当时的混凝土重力坝设计规范，并参考溪洛渡水电站水工衬砌混凝土温控防裂成功经验选取）。根据各代表点第一主应力历时曲线可知，早期和冬季的主拉应力值均未超过混凝土的抗拉强度，而且抗裂安全系数富裕度较大。从应力成果可知，特征点 8 在 28d 龄期时的抗裂安全系数最小，为 1.46，其他特征点早期和冬季的抗裂安全系数都在 1.5 以上。

以上分析表明，夏季施工基本工况当浇筑温度为 18℃时，衬砌混凝土应力未超过混凝土的抗拉强度，能够有效防止温度裂缝的产生。

(2) 秋季 14℃浇筑工况下，底板、边墙、顶拱中部中间特征点最高温度分别为 44.74℃、43.21℃、37.22℃，对应的最大温升分别为 30.74℃、29.21℃、23.22℃。底板中部内表温差最大，为 15.01℃，发生在底板浇筑后 2.50d。28d 最大温降，底板为 23.18℃、边墙为 23.75℃、顶拱为 18.72℃。浇筑约一个月后，衬砌表面温度已基本趋同于洞内气温，开始随气温作周期性（年）变化。开浇后约 120d（次年 2 月），空气温度降到最低值。至此的总温降，底板为 26.44℃、边墙为 24.91℃、顶拱为 18.92℃。

秋季浇筑温度为 14℃时，各特征点早期和冬季的主应力值均未超过混凝土的抗拉强度，而且抗裂安全系数富裕度较大，抗裂安全系数均大于 1.7，能够有效防止裂缝的产生。

(3) 冬季10℃浇筑工况下，底板、边墙、顶拱中部中间特征点最高温度分别为41.17℃、39.66℃、33.85℃，对应的最大温升分别为31.17℃、29.66℃、23.85℃。底板中部内表温差最大，为14.17℃，发生在底板浇筑后2.75d。28d最大温降，底板为21.22℃、边墙为21.36℃、顶拱为16.37℃。约一个月后，衬砌表面温度已基本趋同于洞内气温，开始随气温作周期性（年）变化。约390d（次年2月），空气温度降到最低值。至此的总温降，底板为23.07℃、边墙为21.56℃、顶拱为15.65℃。

冬季浇筑温度为10℃时，各特征点早期和次年冬季的主应力值均未超过混凝土的抗拉强度，抗裂安全系数均大于1.8，能够有效防止裂缝的产生。

9.3 前配合比施工衬砌混凝土温度、温度应力计算分析

9.3.1 温度与温度应力仿真计算

根据施工期温度观测成果，选择在数值上居中的浇筑温度，模拟实际施工过程与围岩条件等，对泄洪洞衬砌混凝土春、夏、秋、冬4个季节浇筑情况进行温度与温度应力仿真计算与抗裂安全性分析。计算模型、混凝土浇筑程序同前，计算方案见表9.14。Ⅱ类围岩区：底板、边墙为C45（42.5中热水泥）混凝土，顶拱为C30混凝土，钢模板采用桁车浇筑。为便于对比分析，根据仿真计算成果，以边墙为代表整理衬砌混凝土特征温度值和表面主拉应力、抗裂安全系数与开裂时间列于表9.15和表9.16。对原配合比施工衬砌混凝土温度、温度应力和裂缝发生发展过程分析，将重点以夏季实际浇筑施工情况为主，其他季节施工的情况仅进行比较分析。

表9.14 施工条件温度与温度应力仿真计算方案

方案编号	施工季节	施工时间	浇筑温度/℃	洒水养护/d	水管冷却	拆模时间/d
1	夏季	7月1日	28	28	—	2
2	秋季	10月1日	24	28	—	2
3	冬季	1月1日	18	28	—	2
4	春季	4月1日	24	28	—	2

表9.15 原配合比混凝土实际施工条件边墙混凝土特征温度值

方案编号	最高温度与发生时间		最大内表温差与发生时间		最低温度/℃	总温降/℃
	温度/℃	时间/d	温度/℃	时间/d		
1	55.45	1.75	18.33	3.00	18.12	37.33
2	51.80	1.75	17.29	3.00	18.11	33.69
3	46.46	1.75	15.20	3.00	18.09	28.37
4	51.83	1.75	17.12	3.00	18.11	33.72

表 9.16　原配合比混凝土实际施工条件边墙表面主拉应力、抗裂安全系数与开裂时间

方案编号	主拉应力/MPa			抗裂安全系数			开裂时间/d
	7d	28d	冬季	7d	28d	冬季	
1	1.43	3.50	4.66	1.15	0.64	0.69	7.5
2	1.23	3.15	3.34	1.34	0.71	0.87	8.5
3	0.98	2.47	2.16	1.67	0.91	1.48	10
4	1.14	2.68	3.39	1.44	0.83	0.94	8.75

9.3.2　夏季浇筑衬砌混凝土温度场变化发展规律

整理底板、边墙和底拱中部各特征点的温度历时曲线示于图 9.8～图 9.10；最高温度和最大内表温差特征值列于表 9.17～表 9.19。

表 9.17　衬砌混凝土特征点最高温度和出现的时间

特征点编号	底板中心 2	边墙中心 12	顶拱中心 23
出现时间/d	1.75	1.75	1.50
温度峰值/℃	56.58	55.45	48.77

表 9.18　衬砌混凝土最大内表温差和出现的时间

特征点编号	1、2	6、7	9、10	11、12	14、15	17、18	22、23
出现时间/d	2.25	2.00	2.00	3.00	2.75	2.75	2.75
温度峰值/℃	21.63	19.78	19.76	18.33	9.67	15.13	13.20

表 9.19　衬砌混凝土施工缝最大温差和出现的时间

特征点编号	6、9	7、10	4、14	5、15	17、20	18、21
出现时间/d	0.50	0.75	0.25	0.25	0.50	0.75
温度峰值/℃	1.54	1.71	4.90	4.51	4.30	2.54

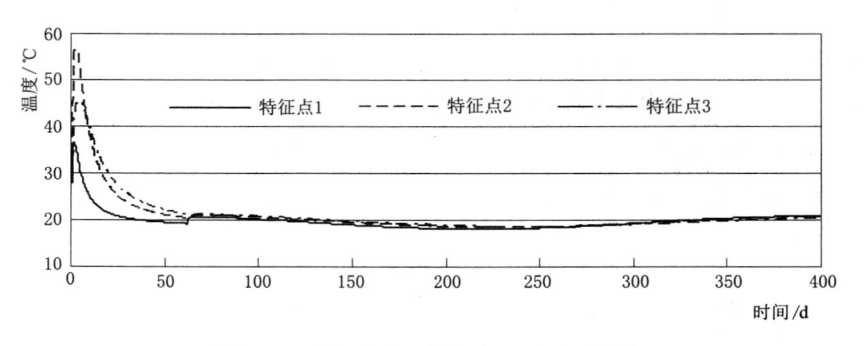

图 9.8　底板混凝土特征点温度历时曲线

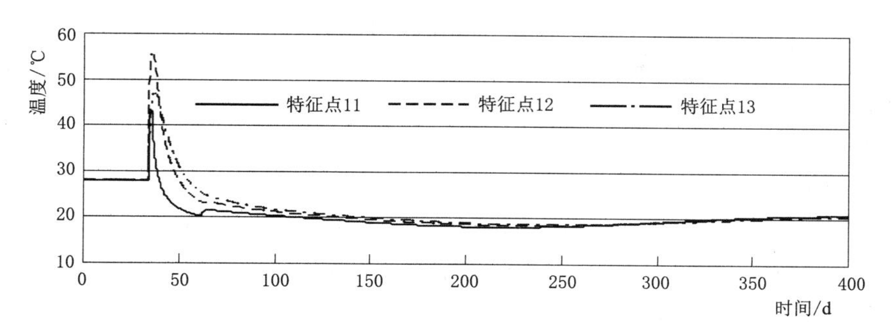

图 9.9　边墙混凝土特征点温度历时曲线

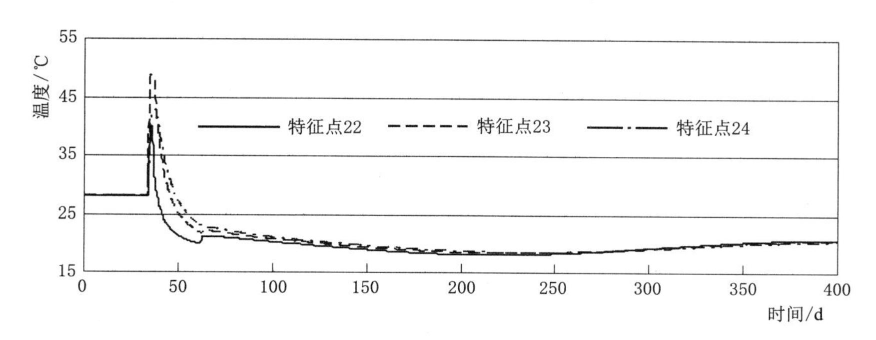

图 9.10　顶拱混凝土特征点温度历时曲线

结果表明，衬砌混凝土温度场的变化发展一般经历了水化热温升、温降和随环境气温周期变化 3 个阶段。

(1) 温升阶段。浇筑完成后，混凝土产生了大量的水化热，早期温度迅速升高。底板、边墙在浇筑后 1.75d 达到最高温度，顶拱在浇筑后 1.5d 达到最高温度。底板中心特征点 2 最高温度 56.58℃，最大温升 28.58℃，与表面特征点 1 最大内表温差 21.63℃，出现在第 2.25d；边墙特征点 12 和顶拱特征点 23 的最高温度分别为 55.45℃、48.77℃，最大温升分别为 27.45℃和 20.77℃，中央与表面最大内表温差分别为 18.33℃和 13.20℃，分别出现在第 3 天和第 2.75 天。由于底板、边墙采用 C45（42.5 中热水泥），底板厚度为 1.2m、边墙为 1.0m，所以底板的最高温度比边墙高出了 1.13℃。顶拱采用 C30 普通混凝土，绝热温升比底板低了 0.65℃，并且厚度仅 0.8m，最高温度低了 7.81℃。实测资料中浇筑温度为 28.1℃时，中间位置最高温度为 50.8℃，最大温升 22.7℃，计算结果大于实测最高温度和最大温升值。根据第 7 章的分析，现场实测值经常存在较大误差，大多低于仿真计算值。而且，在浇筑温度 24℃时，计算结果则低于实测值（详细情况见表 9.2），说明计算值有的低于实测值，有的高于实测值，总体上基本合理。

由于底板的拆模时间为 1d，且模拟时认为拆模之后立即浇筑下一段的混凝土，在环向施工缝的两段混凝土之间存在温差，底板环向施工缝间最大温差为（特征点 7、10 之间）1.71℃，出现时间为中间块浇筑后的 0.75d。由于底板和边顶拱的浇筑时间间隔为 30d。当边顶拱刚浇筑完成后，底板受到边顶拱新混凝土中水化热的影响，水平施工缝上、下层混凝土之间存在温差，特征点 4、14 之间的最大温差为 4.90℃，出现时间为边墙浇筑后的 0.25d。边墙顶拱的拆模时间为 2d，拆模之后立即浇筑下一段混凝土，边墙环向施工缝之间的最大温差为（特征点 17、20 之间）4.30℃，出现时间为中间段浇筑后的 0.5d。混凝土衬砌的洒水养护持续到边墙、顶拱浇筑完后 28d，底板表面特征点 1 出现了约 1.48℃的温度回升，而边墙特征点 11 和顶拱表面特征点 22 在停止洒水养护后也出现了约 1.29℃和 1.30℃的温度回升。

（2）温降阶段。混凝土温度达到最大峰值后，水泥释放的水化热不断减小，而混凝土散发的热量大，当散发热量大于水化热时混凝土进入温降阶段。衬砌表面和中央部位温降速率都较快，与岩体胶结面的温降速率相对较慢；拆模前，衬砌混凝土表面的等效放热系数采用钢模的放热系数，拆模后，由于表面洒水养护等的作用，温降速率随之增大，表面温降曲线明显变陡。计算结果表明，在拆模后 1d 内，边墙的表面特征点 11 温降 8.33℃，顶拱的表面特征点 22 温降 7.41℃；14d 后，由于水化热绝大部分已释放出来，整个衬砌混凝土的温度场开始比较均匀地下降，中央与表面同步温降温差都在 2.0℃以内。28d 底板混凝土的最大温降为 36.12℃，边墙最大温降为 35.23℃，顶拱最大温降为 28.81℃。

（3）随环境气温周期性变化阶段。混凝土浇筑后约一个月，衬砌表面温度已基本趋同于洞内气温，开始随气温作周期性（年）变化。衬砌围岩侧和中央的温度变化一般滞后洞内气温变化。年周期温度变化约等于洞内空气温度变化的温度，即约为 3℃。开浇后约 210d（次年 2 月），衬砌表面达到最低温度约 18.12℃（接近环境最低温度 18℃），衬砌与围岩胶结面的温度约为 18.69℃。至此，底板总温降为 38.46℃，边墙总温降 37.33℃，顶拱总温降为 30.65℃。

9.3.3　夏季浇筑衬砌混凝土温度应力的分布规律

根据计算分析，各部位的温度应力变化一般经历了压应力增长、压应力减小、产生拉应力、拉应力平稳增长、拉应力快速增长并达到最大值、拉应力再减小、而后进入随气温周期性变化这样一个过程。随时间的进程，拉应力区域会发生变化，在不同时间，最大拉应力会出现在不同部位，因而，泄洪洞衬砌混凝土温度应力的分布和变化规律较复杂。这里以边墙为例，将混凝土表面 3d、7d、28d、210d 的主拉应力的等值线、矢量和包络线示于图 9.11～图 9.19，对温度应力的分布规律进行分析。

泄洪洞混凝土衬砌段的底板、边墙和顶拱在 2d 拆模之后，由于中间块（成果整理分析块）与先浇筑块产生温差，首先在靠近先浇筑的一侧出现拉应力，之后拉应力逐渐往中间移动。从边墙 3d 龄期的第一主应力等值线图 9.11 可以看出，边墙左下方（边墙与底板）施工缝位置等值线拉应力最大，为 0.70MPa。此位置节点应力为 0.78MPa，考虑到施工缝面的抗拉强度比混凝土的抗拉强度要低得多，即使按照混凝土 3d 龄期的抗拉强度 0.85MPa 计算，安全系数也只有 1.09，明显不足，说明此部位施工缝在浇筑 3d 后肯定会张开，如果还有部分干缩或者体积变形作用后则很可能已经完全张开。浇筑后第 3 天，底板先浇筑段的左、右侧施工缝位置拉应力最大，为 0.5MPa，此位置节点的第一主应力最大为 0.60MPa，若按照混凝土 3d 龄期的抗拉强度为 0.85MPa 计算，抗裂安全系数 1.42。顶拱浇筑 3d 后，左侧环向施工缝位置拉应力最大，等值线为 0.2MPa，此位置节点的第

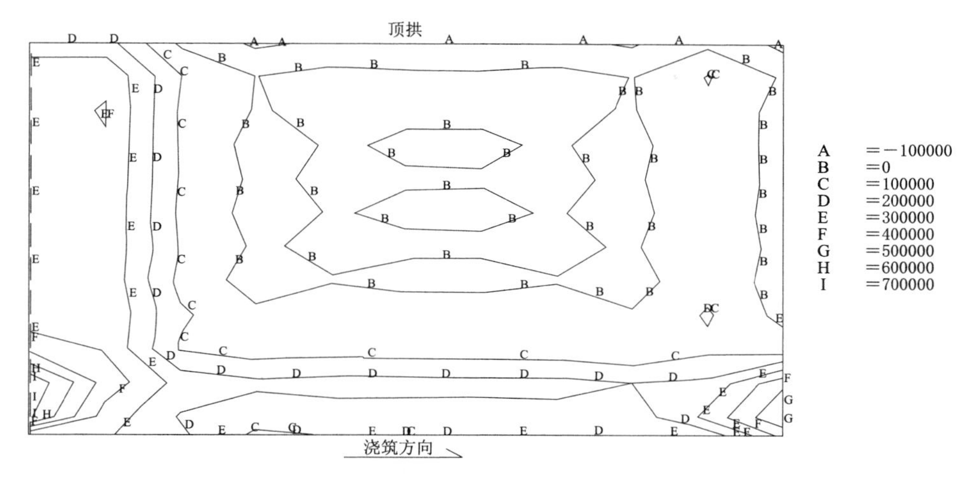

图 9.11　边墙表面 3d 龄期 σ_1 应力等值线图

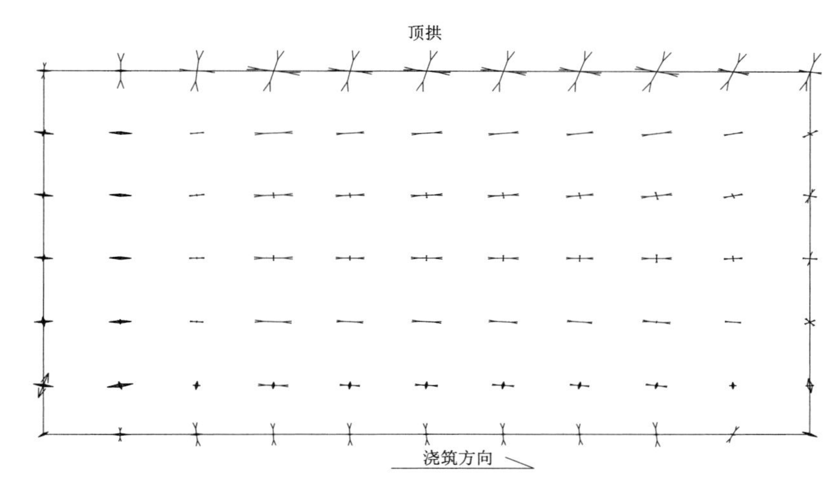

图 9.12　边墙表面 3d 龄期主应力矢量图

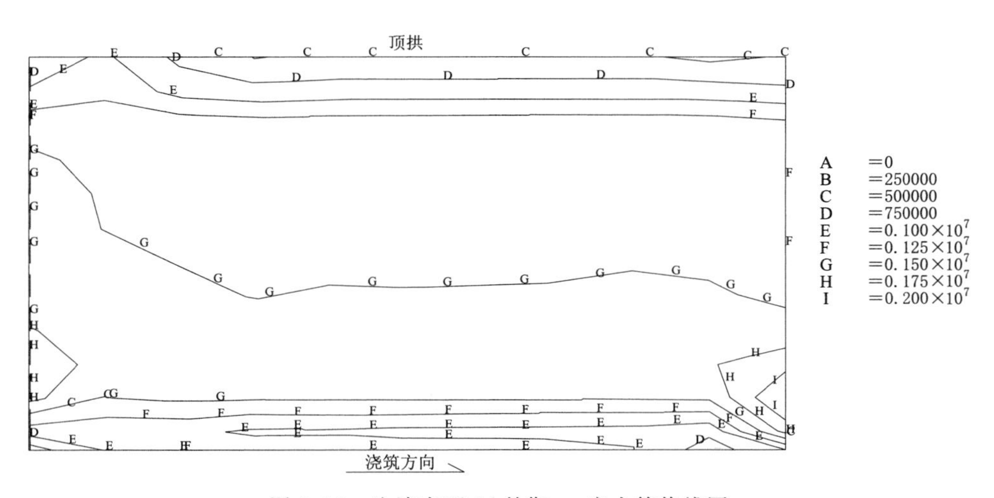

图 9.13　边墙表面 7d 龄期 σ_1 应力等值线图

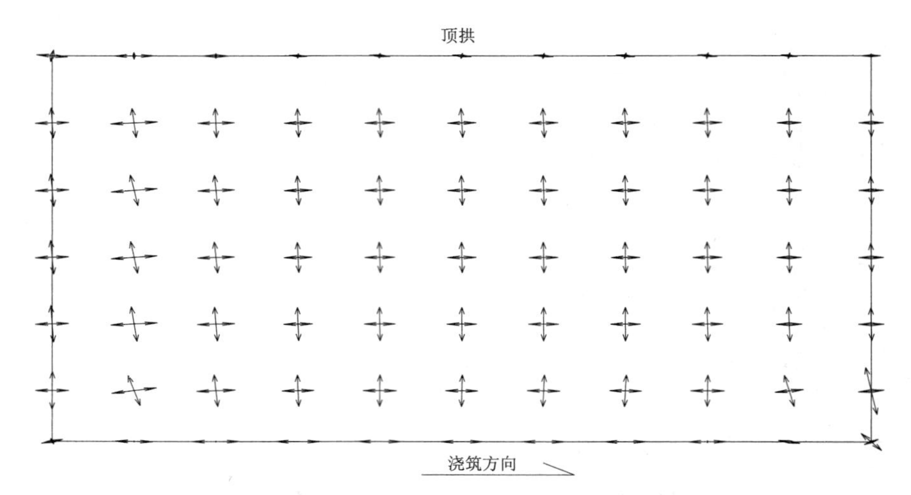

图 9.14　边墙表面 7d 龄期主应力矢量图

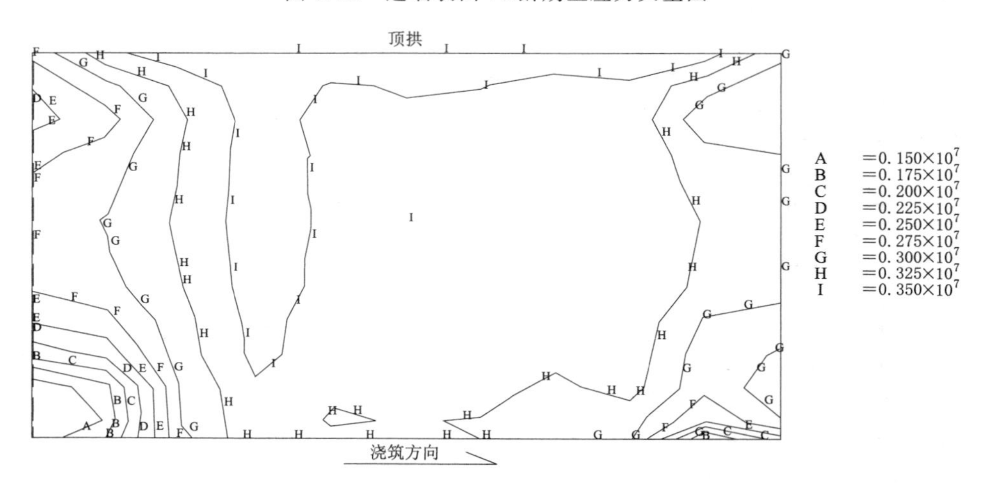

图 9.15　边墙表面 28d 龄期 σ_1 应力等值线图

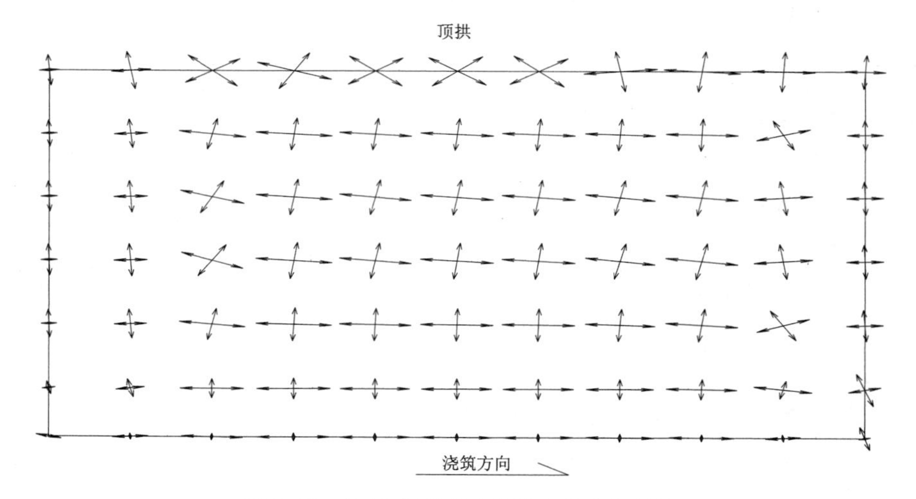

图 9.16　边墙表面 28d 龄期主应力矢量图

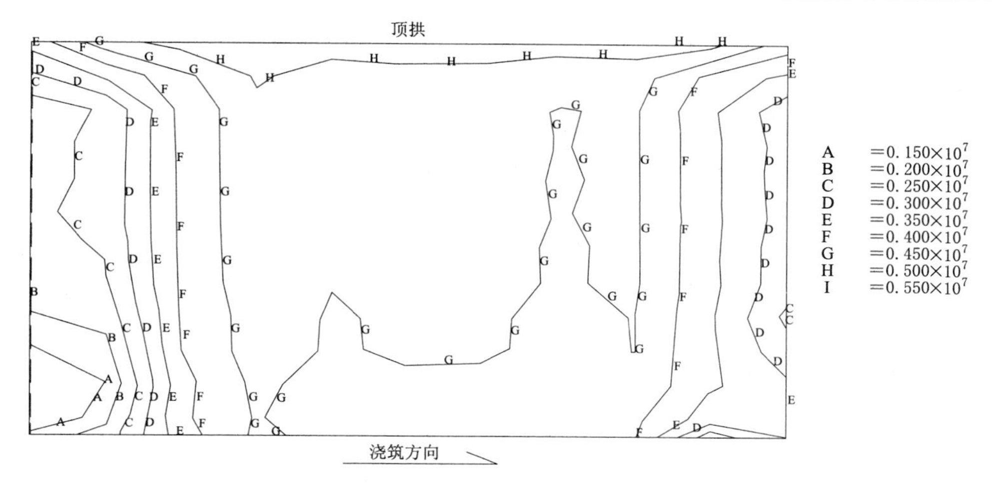

图 9.17　边墙表面 210d 龄期 σ_1 应力等值线图

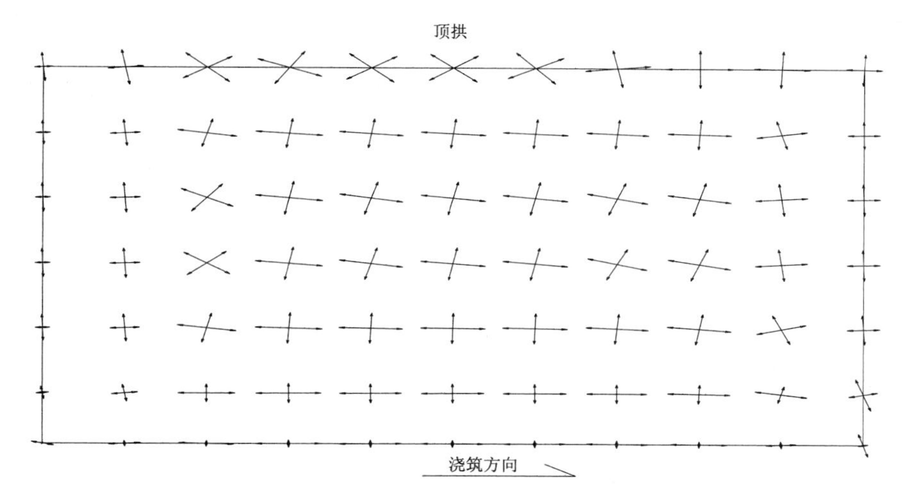

图 9.18　边墙表面 210d 龄期主应力矢量图

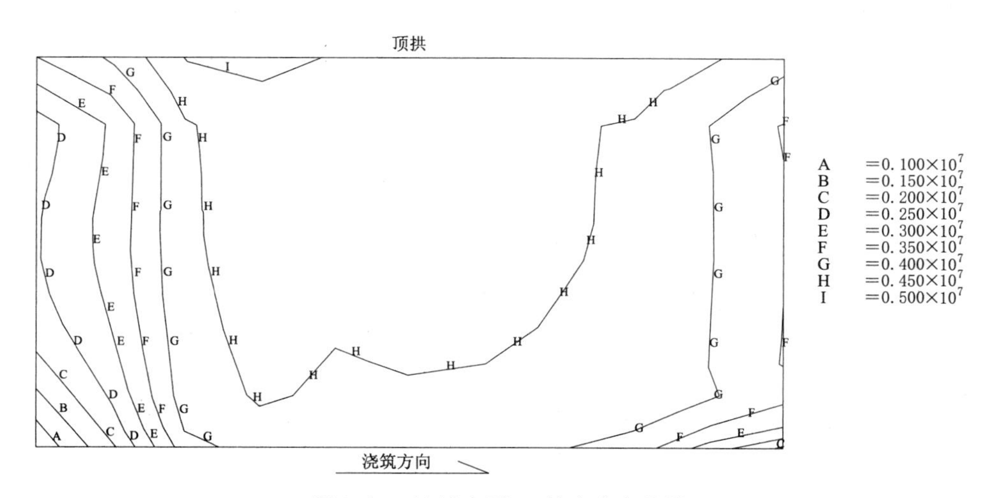

图 9.19　边墙表面 σ_1 拉应力包络线

一主应力最大为 0.24MPa，若按照 C30 混凝土 3d 的抗拉强度 0.79MPa 计算安全系数为 3.29。

中间块浇筑 7d 龄期，底板和边墙表面都为拉应力。从图 9.13 可以看出，第 7 天龄期边墙右下方第一主应力的等值线值最大，为 2.0MPa，即使按照混凝土 7d 龄期的抗拉强度为 1.64MPa，边墙右侧在 7d 龄期也早已开裂，而且边墙的 H、I 等值线超过抗拉强度，G 等值线接近抗拉强度，即大面积均可能发生裂缝。底板左下方和左上方的拉应力等值线值最大，为 1.4MPa，此位置节点的第一主应力最大为 1.43MPa，即使按照混凝土 7d 龄期的抗拉强度 1.64MPa 计算，安全系数也只有 1.15，所以底板先浇端的左右两侧在 7d 龄期有开裂风险。顶拱混凝土的拉应力往中间移动，最大等值线拉应力为 0.7MPa，节点最大第一主应力为 0.75MPa，按照顶拱混凝土 7d 抗拉强度为 1.42MPa 计算安全系数为 1.89。

28d 龄期，底板和边墙表面的中部的拉应力明显比其他位置要大，从图 9.15 可以看出，中部的最大拉应力等值线为 3.50MPa，远大于混凝土 28d 的抗拉强度 2.24MPa，说明边墙的中部早已大面积开裂。从图 9.16 可以看出 28d 龄期混凝土的主拉应力的方向。底板混凝土的主拉应力分布与边墙类似，在 28d 龄期会大面积产生温度裂缝。顶拱混凝土与边墙交界部位出现应力集中，最大应力等值线为 3.20MPa，也明显超过了混凝土的抗拉强度。

210d（冬季）龄期，底板和边墙表面均出现了很大的拉应力，从边墙主拉应力等值线图 9.17 可以看出，边墙与底板、边墙与顶拱的结合部位均出现了很大的应力集中现象，而且底板和边墙中部的拉应力明显比两侧要大。

从边墙表面 σ_1 拉应力包络线图 9.19 可以看出，边墙中部的最大拉应力比两侧要大，在边墙与底板、边墙与顶拱的结合部位的最大拉应力比中部的拉应力更大些，有应力集中现象。

9.3.4　夏季浇筑衬砌混凝土温度应力变化发展规律

夏季浇筑情况，边墙衬砌混凝土特征点的应力历时曲线示于图 9.20～图 9.28，特征点主拉应力和抗裂安全系数列于表 9.20～表 9.22。据此分为 4 个阶段进行衬砌混凝土温度应力变化发展规律分析。

（1）在衬砌混凝土浇筑完成还未拆模的初期，水化热作用使得衬砌混凝土温度不断升高，在模板和围岩的约束作用下，会产生较大的压应力。压应力在断面的分布，从表面到围岩侧逐渐增大。

（2）模板拆除后，混凝土表面和端部的约束释放，表面混凝土 3 个方向的应力迅速地从压应力变化为较大的拉应力。由于表面洒水养护作用，沿厚度方向，表层混凝土散热快，迅速收缩，内部混凝土温降较慢，对表层产生相对约束作用并使之首先出现拉应力，且由于表面温降幅度很大且较快，以至于早期在表面已经产生了较大的拉应力。从图 9.22 可以看出边墙中部表面特征点 8 在浇筑 7.5d 龄期后超过混凝土的抗拉强度（底板和底拱中部表面第一主应力在 8d、11d 龄期超过混凝土的抗拉强度）。说明混凝土边墙中部第 7.5 天已经开裂。从图 9.26 可以看出边墙中间块与先浇块环向施工缝特征点 13 在第 7 天

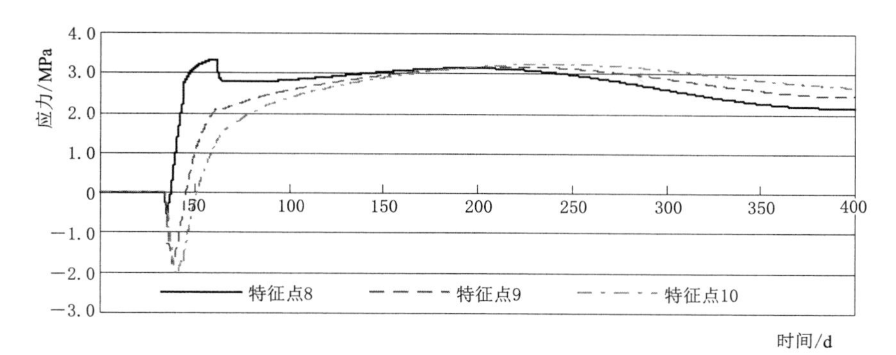

图 9.20 边墙特征点 8、9、10 铅直向应力历时曲线

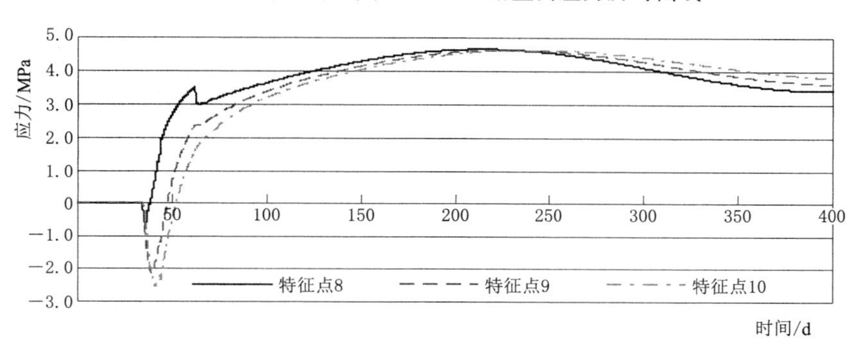

图 9.21 边墙特征点 8、9、10 轴向应力历时曲线

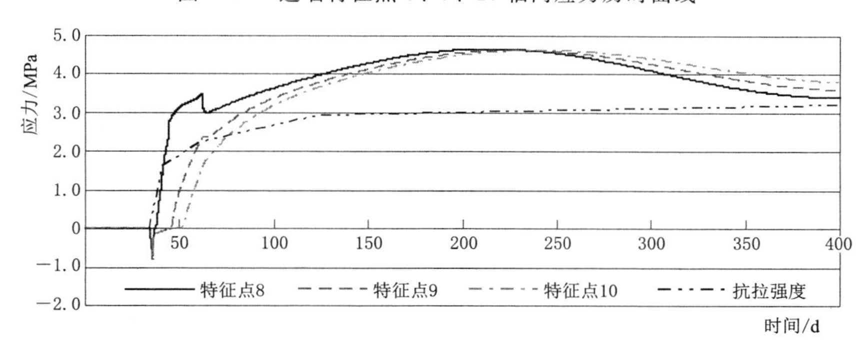

图 9.22 边墙特征点 8、9、10 第一主应力历时曲线

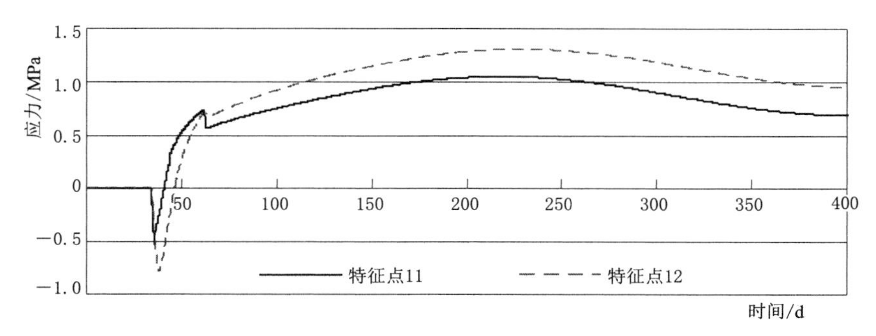

图 9.23 边墙特征点 11、12 铅直向应力历时曲线

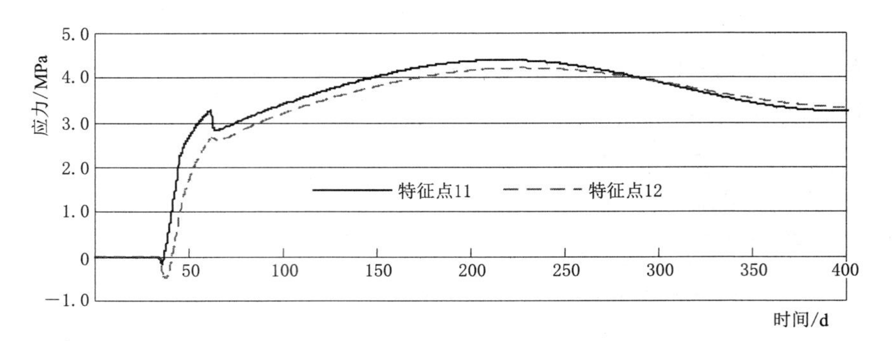

图 9.24　边墙特征点 11、12 轴向应力历时曲线

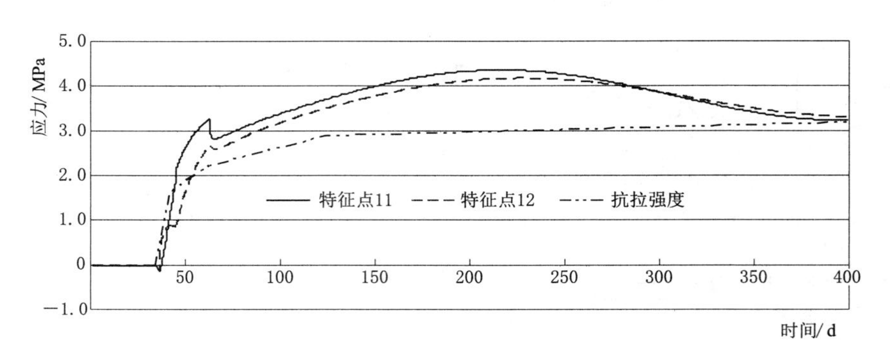

图 9.25　边墙特征点 11、12 第一主应力历时曲线

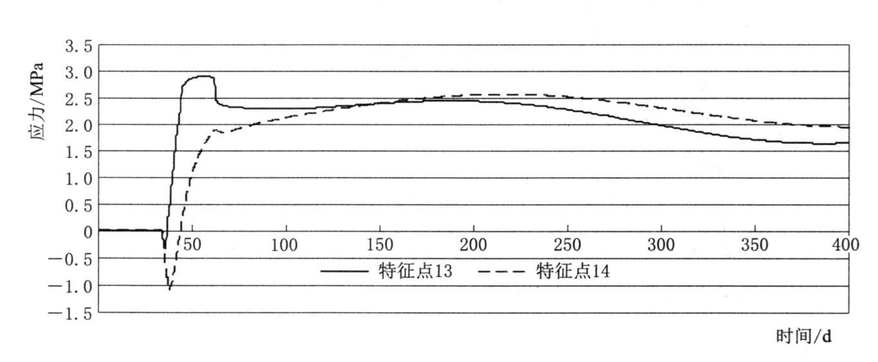

图 9.26　边墙特征点 13、14 铅直向应力历时曲线

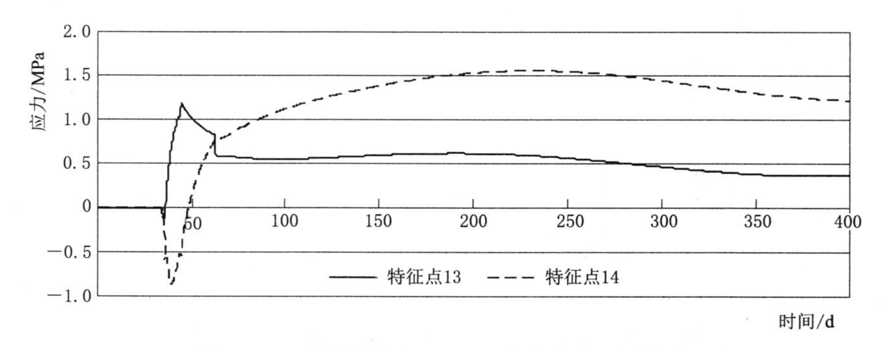

图 9.27　边墙特征点 13、14 轴向应力历时曲线

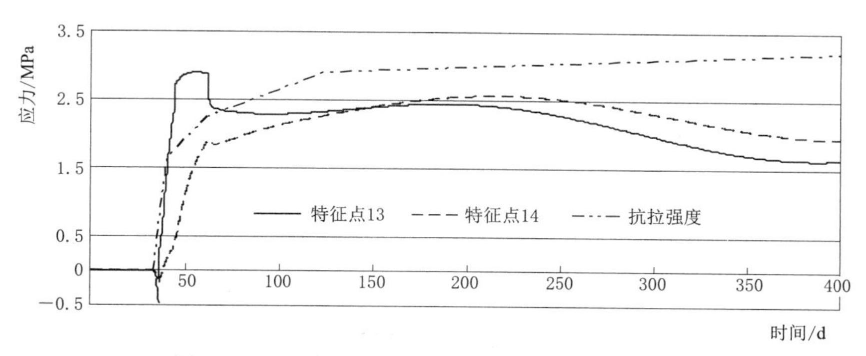

图 9.28　边墙特征点 13、14 第一主应力历时曲线

龄期时，第一主应力已经超过混凝土的抗拉强度，考虑到施工缝面的抗拉强度小于混凝土，所以环向施工缝可能在更早的时间已经开裂。

7d 以后，衬砌混凝土整体温降，在围岩的约束下混凝土的拉应力继续增大，边墙表面特征点 8 在开浇后 28d 第一主应力达到第一次峰值 3.50MPa（图 9.22）。底板表面特征点 1 在开浇后 35d 达到第一次峰值，第一主应力为 4.23MPa。至此，底板和边墙已普遍发生裂缝。之后混凝土的拉应力由于气温仍然较高而开始缓慢下降。

表 9.20　**边墙特征点各龄期铅直向应力**　单位：MPa

龄期/d	特征点								
	8	9	10	11	12	13	14	15	16
3	−0.11	−1.60	−1.22	−0.33	−0.74	0.19	−1.01	−0.23	−1.18
7	1.43	−1.39	−2.04	0.01	−0.61	1.57	−0.70	1.34	−1.40
28	3.34	2.11	1.26	0.74	0.71	2.88	1.86	3.13	1.97
180	3.13	3.16	3.19	1.05	1.29	2.43	2.56	2.78	2.86
max	3.34	3.16	3.23	1.05	1.30	2.90	2.56	3.13	2.86
出现时间/d	61.00	218	239	218	228	54.75	215	61.00	216

表 9.21　**边墙特征点各龄期轴向应力**　单位：MPa

龄期/d	特征点								
	8	9	10	11	12	13	14	15	16
3	−0.28	−1.75	−1.36	0.10	−0.49	0.32	−0.69	−0.13	−1.01
7	0.76	−1.96	−2.54	1.12	−0.07	0.90	−0.80	0.67	−1.26
28	3.49	2.32	1.52	3.30	2.66	0.84	0.74	1.79	1.35
180	4.66	4.59	4.55	4.40	4.19	0.62	1.55	2.16	2.71
max	4.66	4.61	4.62	4.40	4.21	1.20	1.56	2.16	2.72
出现时间/d	214	227	240	216	226	43.25	230	211	227

表 9.22　　边墙特征点各龄期主拉应力和抗裂安全系数

龄期/d	抗拉强度/MPa	主拉应力/MPa					抗裂安全系数				
		8	9	10	11	12	8	9	10	11	12
3	0.85	−0.01	−0.18	−0.15	0.10	0.55	—	—	—	8.52	1.56
7	1.64	1.43	−0.08	−0.09	1.12	0.88	1.15	—	—	1.47	1.86
28	2.24	3.50	2.33	1.53	3.30	2.66	0.64	0.96	1.47	0.68	0.84
90	2.91	3.98	3.78	3.65	3.74	3.52	0.73	0.77	0.80	0.78	0.83
180	3.20	4.66	4.59	4.55	4.40	4.19	0.69	0.70	0.70	0.73	0.76

表 9.23　　边墙特征点各龄期抗裂安全系数

龄期/d	抗拉强度/MPa	主拉应力/MPa				抗裂安全系数			
		13	14	15	16	13	14	15	16
3	0.85	0.33	−0.19	−0.04	0.24	2.56	—	—	3.51
7	1.64	1.58	0.15	1.34	0.20	1.04	10.94	1.23	8.24
28	2.24	2.88	1.87	3.13	1.97	0.78	1.20	0.71	1.14
90	2.91	2.33	2.26	2.65	2.53	1.25	1.29	1.10	1.15
180	3.20	2.43	2.56	2.79	2.87	1.32	1.25	1.15	1.12

（3）在后期（开浇 62d 以后），由于边墙浇筑完 28d 以后停止洒水养护，气温高于混凝土表面温度，混凝土表面有第二次升温的现象，导致衬砌混凝土表面的拉应力有急剧下降的规律。之后混凝土的应力随空气温度周期性变化，在开浇后 210d 左右（次年 2 月 1 日），此时混凝土的轴向拉应力比径向和铅直向要大，边墙表面特征点 8 的轴向拉应力达到了 4.66MPa（图 9.20～图 9.22，表 9.20），底板表面特征点 1 的轴向拉应力达到 4.64MPa，顶拱表面特征点 17 的轴向拉应力达到了 3.47MPa。而且底板、边墙、顶拱各部位中间点和围岩侧应力值均接近表面点应力值，甚至超过表面点应力值。

（4）由表 9.20～表 9.23 可以清楚地看出，衬砌混凝土在 28d 龄期表面点的抗裂安全系数都小于 1.0。边墙中部表面特征点 8 第 7 天的安全系数仅为 1.15。施工缝特征点 11 第 7 天的安全系数为 1.12，安全系数偏小，并且施工缝面的抗拉强度比混凝土要小得多，所以这些位置在第 7 天很可能已经开裂。由于计算中没有考虑早期表面混凝土干缩等因素的影响，所以这些位置可能更早已经出现表面裂缝。开浇 210d，泄洪洞浇筑段中央断面表面点、中间点、围岩侧特征点主拉应力均超过混凝土的抗拉强度，另外施工缝特征点 11、12 均超过混凝土抗拉强度，说明冬季裂缝严重，而且裂缝深度很深。

9.3.5　其他季节浇筑衬砌混凝土温度、温度应力对比分析

根据实际施工情况各季节原配合比衬砌混凝土温度与温度应力仿真计算成果及表 9.15、表 9.16，进行比较分析可知，各季节浇筑衬砌混凝土的温度场的分布、变化发展规律基本是相同的，但温度值有所不同，最高温度、总温降、最大内表温差都是夏

季最大，秋季与春季基本相当。以边墙混凝土为例，最高温度都发生在1.75d龄期，从高到低排列是夏、春、秋、冬，分别为55.45℃、51.83℃、51.80℃、46.46℃，春季比秋季浇筑情况仅高0.03℃；最大内表温差都发生在3d龄期，从高到低排列是夏、秋、春、冬，分别为18.33℃、17.29℃、17.12℃、15.20℃，而是春季比秋季浇筑情况低0.17℃。

各季节浇筑衬砌混凝土的温度应力场的分布、变化发展规律基本是相同的，但应力值有所不同，拉应力都是夏季最大，秋季与春季基本相当。同样以边墙为例进行分析。

(1) 秋季浇筑的情况，在早期拆模后的3d龄期，边墙左下方（边墙与底板）施工缝位置等值线拉应力最大，为0.60MPa，节点应力为0.73MPa，即使按照混凝土3d龄期的抗拉强度0.85MPa计算抗裂安全系数也只有1.16。7d龄期时，边墙表面都为拉应力，中部的主拉应力为1.23MPa，抗裂安全系数为1.34；右下方第一主应力的等值线值最大，为2.10MPa，即使按照混凝土7d龄期的抗拉强度为1.64MPa计算，混凝土也早已开裂。28d龄期，边墙表面的中部的拉应力明显比其他位置要大，主拉应力3.15MPa，抗裂安全系数0.71，说明在此之前已经开裂。120d龄期（冬季），混凝土表面的拉应力与早期（28d）相差不大，边墙表面中部的主拉应力3.34MPa，抗裂安全系数也仅为0.87。

(2) 冬季浇筑的情况，拆模后3d龄期，边墙左下方和右下方施工缝位置等值线数值最大，为0.50MPa，节点应力为0.64MPa和0.54MPa，考虑到施工缝面的抗拉强度比混凝土的抗拉强度要低得多，施工缝此时可能开裂。7d龄期时，边墙表面都为拉应力，中部的主拉应力0.98MPa，抗裂安全系数1.67；右下方施工缝位置第一主应力的等值线值最大，为1.90MPa，即使按照混凝土7d龄期的抗拉强度为1.64MPa，边墙右侧在浇筑7d时也早已开裂。28d龄期，边墙表面中部的拉应力明显比其他部位要大，主拉应力2.47MPa，抗裂安全系数0.91，说明边墙的中部早已开裂。390d（次年冬季）龄期，混凝土表面的拉应力比早期（因为早期是第一年冬季，龄期短，强度低）要小。

(3) 春季浇筑的情况，拆模后3d龄期，边墙左下方施工缝位置主应力等值线数值最大，为0.60MPa，节点应力为0.72MPa，考虑到施工缝面的抗拉强度比混凝土的抗拉强度要低得多，施工缝可能裂开。7d龄期时，边墙表面都为拉应力，中部的主拉应力为1.14MPa，抗裂安全系数为1.44；右下方施工缝位置第一主应力的等值线值最大，为2.0MPa，即使按照混凝土7d龄期的抗拉强度为1.64MPa，边墙右侧在浇筑7d时也早已开裂。28d龄期时，边墙表面中部的拉应力明显较大，主拉应力为2.68MPa，抗裂安全系数为0.83，说明边墙的中部早已开裂。300d（冬季）龄期时，表面均出现了很大的拉应力，中部的主拉应力为3.39MPa，抗裂安全系数为0.94；底板与边墙、边墙与顶拱的结合部位均出现了很大的应力集中现象。

综上所述，各季节浇筑衬砌混凝土的温度与温度应力的分布、变化发展规律、裂缝的产生与发展规律基本都是相同的，温降产生的拉应力从大到小排列和最小抗裂安全系数从小到大的排列都是夏、秋、春、冬，一年四季表现出周期性变化规律。夏季浇筑混凝土的拉应力最大，抗裂安全系数最小，最容易产生温度裂缝。产生温度裂缝的龄期，有早期7～30d（而且7～10d居多）和冬季两个时期。

9.4　前配合比衬砌混凝土温控敏感性分析

9.4.1　敏感性计算分析方案与主要成果

根据现场施工情况和 2005 年 4 月专家会议关于裂缝原因分析与咨询意见，以夏季施工情况为例（28℃浇筑为基础工况），对浇筑温度等 8 个因素（另外，混凝土及其性能由前后配合比反映）进行温度、温度应力敏感性仿真计算分析。夏季 7 月 1 日浇筑混凝土计算方案列于表 9.24。为便于对比分析，以边墙为代表整理衬砌混凝土特征温度值和表面主拉应力、抗裂安全系数与开裂时间列于表 9.25、表 9.26。由于温度和温度应力的分布、变化发展规律不变，限于篇幅，不再整理温度和温度应力的分布与历时曲线。

表 9.24　　夏季施工条件温度与温度应力仿真计算方案

序号	衬砌厚度/m	浇筑温度/℃	洒水养护/d	水管冷却	拆模时间/d	备　注
1	1.0	28	28	—	2	作为比较基础的方案
2	1.0	24	28	—	2	
3	1.0	18	28	—	2	
4	1.0	28	28	—	2	按总干缩率 1/3 计算
5	1.0	28	28	—	2	Ⅲ类围岩模量 7GPa
6	1.5	28	28	—	2	
7	1.5	18	28	有	2	通水冷却 14d
8	1.0	28	28	—	2	分缝长度 10m
9	1.0	28	28	—	4	
10	1.0	28	28	—	7	
11	1.0	28	28	—	7	木模板

表 9.25　　原配合比混凝土实际施工条件边墙混凝土特征温度值

方案编号	最高温度与发生时间		最大内表温差与发生时间		最低温度/℃	总温降/℃
	温度/℃	时间/d	温度/℃	时间/d		
1	55.45	1.75	18.33	3.00	18.12	37.33
2	52.01	1.75	16.51	3.00	18.12	33.89
3	46.85	1.75	13.79	3.00	18.12	28.73
4	55.45	1.75	18.33	3.00	18.12	37.33
5	55.45	1.75	18.33	3.00	18.12	37.33
6	61.61	2.25	26.41	3.50	18.12	43.49
7	50.35	2.50	19.24	3.50	18.12	32.23

注　分缝长度、拆模时间和模板影响计算方案 8～方案 11 没有整理温度成果。

表 9.26 原配合比混凝土实际施工条件边墙表面主拉应力、抗裂安全系数与开裂时间

方案编号	主拉应力/MPa			抗裂安全系数			开裂时间/d
	7d	28d	冬季	7d	28d	冬季	
1	1.43	3.50	4.66	1.15	0.64	0.69	7.5d
2	0.96	2.57	3.41	1.72	0.87	0.94	10.75d
3	0.34	1.53	1.75	4.83	1.46	1.82	无
4	1.70	6.90	—	0.96	0.32	—	6.75d
5	1.55	3.38	4.49	1.06	0.66	0.71	7.25d
6	2.20	3.58	4.44	0.74	0.63	0.72	5.50d
7	0.27	1.36	1.75	5.47	1.46	1.60	无
8	1.42	3.41	4.47	1.15	0.66	0.72	7.5d
9	1.29	3.50	4.65	1.27	064	0.69	8.0d
10	1.21	3.51	4.65	1.48	0.64	0.69	9.0d
11	1.07	3.51	4.64	1.68	0.64	0.69	9.5d

注 1. 7d 拆模方案 3、方案 4 整理第 8 天龄期的应力和抗裂安全系数。
2. 干缩影响只计算 30 天龄期应力。

9.4.2 夏季施工浇筑温度影响分析

降低浇筑温度是降低施工期混凝土内部最高温度的最直接有效的温控措施，设计要求按 18℃控制浇筑温度。但由于现场制冷条件差，衬砌混凝土的浇筑温度高，夏季浇筑时最高达到 33.5℃。为此首先对降低浇筑温度至 24℃、18℃（表 9.23，与方案 1 浇筑温度 28℃比较）的温控效果进行仿真计算。

夏季施工降低浇筑温度至 24℃，浇筑温度降低了 4℃，底板、边墙、顶拱的最高温度分别降低了 3.39℃、3.44℃、3.28℃。由于采用 42.5R 中热水泥混凝土的绝热温升高，特别是达到热量一半的时间 $n=0.71$，在达到最高温度时间 1.75d 已经大部分水化，因此浇筑温度降低混凝土内部最高温度的效果非常明显。同时，降低内表温差的效果也很好，如边墙达到 1.82℃。温度应力场，各特征点的应力值明显减小，抗裂安全系数相应增大。如边墙中部表面 28d 和 180d 龄期的第一主应力分别降低了 0.93MPa 和 1.25MPa，抗裂安全系数增大 0.23～0.25，但仍然小于 1.0，裂缝发生时间有所推迟。同时，施工缝早期的应力值也超过了混凝土的抗拉强度。所以，浇筑温度为 24℃的情况下衬砌混凝土裂缝仍然严重，与实际施工裂缝检查结果一致。

夏季施工降低浇筑温度至 18℃，浇筑温度降低 10℃，底板、边墙、顶拱的最高温度比浇筑温度 28℃工况下分别降低了 8.47℃、8.60℃、8.09℃，底板和边墙最大内表温差分别降低 5.01℃、4.54℃。温度应力场，各特征点的应力值明显减小，抗裂安全系数均大于 1.4。如边墙 28d 和冬季的主拉应力分别为 1.53MPa、1.75MPa，抗裂安全系数达到 1.46、1.82，抗裂安全富裕度较大。

以上分析表明，降低浇筑温度是有效降低混凝土内部最高温度、内部温差、拉应力和提高抗裂安全系数的措施。在原配合比情况下，当浇筑温度降低到 18℃时，能够有效地

防止温度裂缝的产生。但实际施工夏季浇筑温度都在24℃以上，所以夏季浇筑泄洪洞衬砌混凝土基本都产生了温度裂缝。

9.4.3　混凝土干缩作用

三板溪泄洪洞衬砌混凝土的干缩率试验结果，无论是掺SR3还是掺HF或DH3G，混凝土的干缩率都比较大，7d在$-157\times10^{-6}\sim-261\times10^{-6}$之间，28d在$-403\times10^{-6}\sim-587\times10^{-6}$之间，90d在$-500\times10^{-6}\sim-728\times10^{-6}$之间。7d干缩率约为90d的34%，28d干缩率约为90d的81%，说明干缩变形大部分发生在28d之内。因此在此期间混凝土的保湿养护对于防止或减少混凝土产生裂缝是一个重要措施之一。考虑到衬砌混凝土的干缩率相对较大，泄洪洞断面尺寸大养护困难，可能养护不能有效保湿，仍有部分干缩发生，按照混凝土28d内总干缩率的1/3进行（即7d干缩率为-70×10^{-6}，28d干缩率为-165×10^{-6}）仿真计算（表9.23方案4）。边墙温度、温度应力特征值列于表9.24和表9.25。

在计入混凝土部分干缩作用后，衬砌结构混凝土中心和围岩侧的应力值变化不大，表面各特征点（等效）应力大幅度增加。浇筑7d后，底板、边墙、顶拱混凝土表面第一主应力分别增加了0.29MPa、0.27MPa、0.24MPa，抗裂安全系数明显减小，都小于1.0，裂缝出现时间更早。28d龄期时，底板、边墙、顶拱表面应力值均比不考虑干缩时增大了近一倍，如边墙中部表面的第一主应力由3.50MPa增加到6.90MPa。从以上分析可以看出，如果混凝土早期保湿养护不当，干缩作用对前28d的混凝土（尤其是表面）应力影响非常大，是影响早期裂缝出现时间和范围的一个重要原因。

9.4.4　围岩变形模量敏感性分析

泄洪洞穿过山体，轴向长，一般都要穿越不同风化程度、不同节理裂隙发育等不同岩层。为此，方案5取围岩变形模量7GPa计算分析衬砌混凝土应力的影响。表9.25表明，围岩变形模量降低，围岩对衬砌混凝土约束减弱，温降产生的拉应力降低。至冬季，边墙中部表面8降低0.17MPa，底板中部表面降低0.23MPa，底板施工缝位置表面降低1.71MPa。所以对于泄洪洞衬砌混凝土薄壁结构，围岩变形模量越大，对衬砌混凝土结构的约束越强，温降产生的拉应力越大。但表面早期（7d龄期）拉应力，主要是由内表温差产生的，当围岩变形模量越小，反而有所增加。边墙表面第一主应力增加0.12MPa，对应抗裂安全系数由1.15降低到1.06。所以围岩变形模量越小，混凝土表面早期应力增大更容易开裂，而且开裂时间提前；冬季由于围岩约束的减弱，使得应力值有所降低。三板溪泄洪洞，由于无论什么季节施工，早期和冬季的主拉应力都远超过衬砌混凝土的抗拉强度，所以不论是哪类围岩条件下的泄洪洞都发生了大量的裂缝，难以分析与围岩类型的相关性。

9.4.5　不同衬砌厚度敏感性分析

泄洪洞洞身段断面衬砌厚度主要有两种：底板1.2m，边墙1.0m，顶拱0.8m；底板、边墙、顶拱都是1.5m。虽然结构设计是岩性好的衬砌厚度小，岩性差的厚度大，但由于施工分段与岩性可能不完全一致、地质与岩性复杂多变等原因，可能会出现围岩变形模量基本相当区域采用了不同的衬砌厚度的情况。为此，取衬砌厚度1.5m进行温度与温度应力的影响仿真计算分析（表 9.23 中方案 6）。

衬砌厚度增大为 1.5m，底板、边墙、顶拱的最高温度分别增高 5.39℃、6.16℃、7.31℃，底板和边墙的最大内表温差分别增大 8.64℃、8.08℃（边墙施工缝部位达到 10.93℃）。温度应力场，早期的压、拉应力都明显增大，后期（冬季）的拉应力反而有所降低。由于早期内表温差明显增大，边墙表面在 7d 龄期的拉应力明显增大，由 1.43MPa 增大到 2.2MPa；抗裂安全系数仅为 0.74，减小了 0.41。但冬季边墙表面主拉应力降低 0.22MPa。所以，衬砌厚度越大，水化热温升越大，内表最高温度越高，内表温差越大，早期表面拉应力越大，裂缝范围大且出现时间早；冬季时，衬砌混凝土的温度随空气温度的变化而变化，衬砌厚度越厚，围岩对混凝土表面约束作用越小，表面拉应力要小。因此，三板溪泄洪洞衬砌混凝土，无论是厚的还是薄的，都同样发生了大量裂缝。

9.4.6 通水冷却的温控效果

在表 9.24 中方案 6 的基础上，将浇筑温度降低至 18℃，并进行通水冷却，参数列于表 9.27，具体计算方案见表 9.23 中方案 7。

表 9.27　　通水冷却参数

通水温度	水管流量	通水时间	水管布置间距	水管长度	导温系数
17℃	43.2m^3/d	14d	1.5m×1.0m	100m	0.079m^2/d

注　水管间距 1.5m×1.0m 中 1.5m 是指衬砌厚度。

1.5m 厚度衬砌混凝土 18℃浇筑并通水冷却时，底板、边墙、顶拱混凝土内部最高温度比 28℃浇筑（与方案 6 比较）分别降低了 11.09℃、11.26℃、10.48℃，底板、边墙最大内表温差分别降低 7.31℃、7.17℃。温度应力场，温降产生的拉应力值明显减小，抗裂安全系数明显提高，均大于 1.5。如边墙 28d 龄期的主拉应力降低 2.22MPa，抗裂安全系数提高 0.83 达到 1.46；冬季主拉应力降低 2.69MPa，抗裂安全系数提高 0.88 达到 1.6。进一步比较方案 3 在方案 1 基础上仅降低浇筑温度的影响，通水冷却进一步降低拉应力 0.3MPa 左右（28d 龄期）。以上分析表明，浇筑温度降低到 18℃并通水冷却 14d 的情况，衬砌混凝土应力未超过混凝土的抗拉强度，能够有效地防止裂缝的产生。

9.4.7 衬砌结构段分缝长度的影响

由于隧洞衬砌混凝土结构的厚度和长度之比非常小，如标准断面边墙厚度 1.0m，长度 13m，厚度与长度之比为 0.077，所以参照大坝混凝土温控设计有关规定，明显属于强约束混凝土。在水工隧洞设计规范中建议分缝长度为 6～12m，小于三板溪泄洪洞衬砌混凝土分缝长度。因此将结构段分缝长度缩短为 10m 进行温度应力场影响分析（表 9.24 中方案 8）。

结构段分缝长度从 13m 减小为 10m 后，边墙中部表面 7d 龄期的主拉应力减小 0.01MPa，冬季的主拉应力由 4.66MPa 减小至 4.47MPa，减小了 0.19MPa，对应的安全系数由 0.69 增加到 0.72，增加 0.03。早期降低拉应力的效果小于冬季，是因为早期拉应力主要由内表温差产生，内表混凝土约束起主导作用。边墙中部中心和围岩侧在冬季时主应力分别降低 0.11MPa 和 0.16MPa，对应安全系数均增加 0.03。结果表明，结构段分缝长度缩短在一定程度上减小了围岩对混凝土的约束，使得温度应力减小，特别是中部后期应力值减小明显，如果进一步缩短分缝长度，拉应力会进一步降低，可以在一定程度上降低温度裂缝风险。

9.4.8　拆模时间影响

为加快施工进度，泄洪洞衬砌混凝土一般在 2d 龄期左右拆模。拆模会改变衬砌混凝土表面、侧面的热学和力学条件，为此，延长拆模时间计算分析这种热学和力学时间变化对温度与温度应力的影响。计算方案与计算成果见表 9.24～表 9.26。

拆模时间从 2d 延长至 4d，早期 7d 龄期表面的拉应力值有所减小，边墙表面第一主应力减小了 0.14MPa，对应的抗裂安全系数增加了 0.12，边墙施工缝表面第一主应力减小了 0.67MPa，对应的抗裂安全系数增加了 1.12，中间点和围岩侧的拉应力值变化不明显。浇筑 28d 龄期至冬季，延长拆模时间对拉应力影响很小。所以采取延长拆模时间之后混凝土早期施工缝位置表面拉应力降低幅度最大，早期中部表面拉应力也有所降低，但是对于衬砌混凝土中间点和围岩侧以及中后期混凝土应力影响很小。即延长拆模时间可以延缓早期施工缝附近区域表面裂缝的发生时间和程度，在一定程度上也可以减轻所有衬砌混凝土表面裂缝，但对其他部位和其他时间的裂缝的发生和发展影响较小。但仅采取延长拆模时间这种温控措施，并不能有效控制裂缝的产生。

继续延长拆模时间至 7d 之后，早期（7d）的主要表现为压应力。由表 9.25 可以看出边墙中央表面特征点 8 在浇筑 7d 时的第一主应力为－0.38MPa，表现为压应力；浇筑 8d 时的第一主应力为 1.21MPa，比延长拆模时间至 4d 浇筑 7d 时的主应力 1.29MPa 又减小了 0.08MPa，对应的安全系数由 1.27 增加到 1.48（增加了 0.21）。由表 9.25 可以看出边墙施工缝表面特征点 15 在浇筑 7d 时的第一主应力由延长拆模时间至 4d 的 0.70MPa 减小到 0.66MPa（减小了 0.04MPa），对应的安全系数由 2.35 增加到 2.50（增加了 0.15），中间点和围岩侧的拉应力值变化不大。浇筑 28d 以后至冬季，延长拆模时间对拉应力影响很小。因此，继续延长拆模时间可以有效降低早期应力，延缓早期混凝土表面和施工缝附近区域表面裂缝的发生时间和程度，但对其他部位和其他时间的裂缝的发生和发展影响较小，也并不能有效控制冬季裂缝的产生。

9.4.9　模板影响（木模板延长拆模时间至 7d）

三板溪泄洪洞洞口段，由于形状不规则采用木模板施工，拆模时间一般都在 7d 以上，混凝土裂缝较少。为此，计算分析采用木模板、拆模时间 7d 对温度应力的影响。由表 9.25 可以看出，边墙中央表面 7d 龄期主拉应力为－0.38MPa，表现为压应力；8d 龄期主拉应力为 1.07MPa，比钢模板 7d 拆模时的主拉应力 1.21MPa 减小了 0.14MPa，对应的抗裂安全系数由 1.48 增加到 1.68（增加了 0.20）。边墙施工缝表面 7d 龄期主拉应力由钢模板 7d 拆模的 0.66MPa 减小到－0.56MPa 的压应力；8d 龄期主拉应力由 0.61MPa 减小到 0.36MPa（减小了 0.25MPa），对应的抗裂安全系数由 2.95 增加到 5.00（增加了 2.05）。28d 至冬季，木模板延长拆模时间对拉应力影响很小。综上分析表明，采用木模板比钢模板的表面散热系数小，能更好地起到保温作用，减小早期温降速度，能更加有效降低早期混凝土表面拉应力，延缓早期混凝土表面和施工缝附近区域裂缝的发生时间和程度，但对其他部位和其他时间的裂缝的发生和发展影响较小，也并不能有效控制冬季裂缝的产生。由于薄壁衬砌结构混凝土一般早期比冬季的抗裂安全系数要小，即一般早期更容易产生温度裂缝，因此采用木模板和延长拆模时间能够减少温度裂缝，拆模时间越长效果越好，这也就是洞口段采用木模板而且拆模时间长温度裂缝较少的缘故。

9.5 后配合比施工衬砌混凝土温度与温度应力计算分析

2005年7月26日开始，将原设计C45HF混凝土改为C40HF混凝土（边墙），用52.5普通水泥（315kg/m^3）替代42.5中热水泥（426kg/m^3），至2005年9月完工，施工期为高温季节。为此，对标准断面（图9.3）衬砌混凝土夏季7月1日开始28℃浇筑（浇筑程序、进度同前）情况进行仿真计算。Ⅱ类围岩区，底板C45混凝土（52.5普通水泥）、边墙C40HF混凝土（52.5普通水泥），顶拱C30普通混凝土。同时进行了浇筑温度18℃（其余条件不变）温控防裂效果的计算分析。温度与温度应力特征值列于表9.28和表9.29。为便于了解温度裂缝的发展时间和部位，将28℃浇筑情况3d、7d、28d、210d（冬季）的应力等值线和主拉应力包络线示于图9.29～图9.33，应力历时曲线类似。

表9.28　　后配合比施工衬砌混凝土温度特征值

浇筑温度	部位	最高温度与发生时间		最大内表温差与发生时间		最低温度/℃	总温降/℃
		温度/℃	时间/d	温度/℃	时间/d		
28℃	底板	50.12	1.75	17.48	2.25	18.12	31.75
	边墙	47.87	1.75	14.63	3.00	18.12	29.44
	顶拱	48.77	1.50	13.20	2.75	18.12	30.65
18℃	底板	42.08	2.0	12.84	2.75	18.12	
	边墙	39.53	2.00	10.19	3.00	18.12	21.41
	顶拱	40.68	1.75	8.82	2.75	18.12	

表9.29　　后配合比施工衬砌混凝土温度应力特征值

浇筑温度	部位	最大拉应力/MPa			抗裂安全系数/MPa			开裂时间/d
		7d	28d	冬季	7d	28d	冬季	
28℃	底板	1.18	3.51	4.64	1.39	0.64	0.69	8.75
	边墙	1.35	3.52	4.66	1.09	0.57	0.60	7.25
	顶拱	0.52	3.50	3.48	2.76	0.78	0.80	12.0
18℃	底板	0.11	1.27	1.70	14.65	1.76	1.89	无
	边墙	0.27	1.36	1.75	5.41	1.46	1.60	无
	顶拱	0.10	0.97	1.31	14.0	2.0	2.14	无

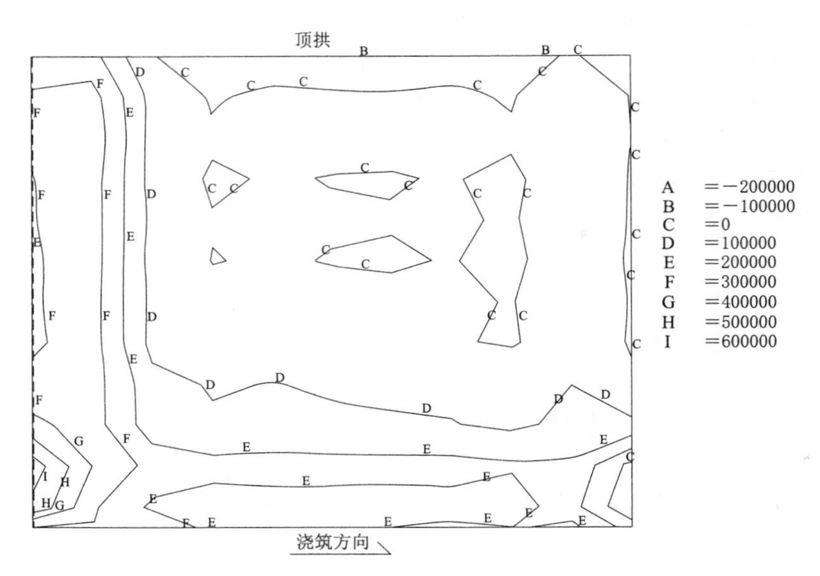

图 9.29　28℃浇筑情况边墙表面 3d 龄期 σ_1 应力等值线图

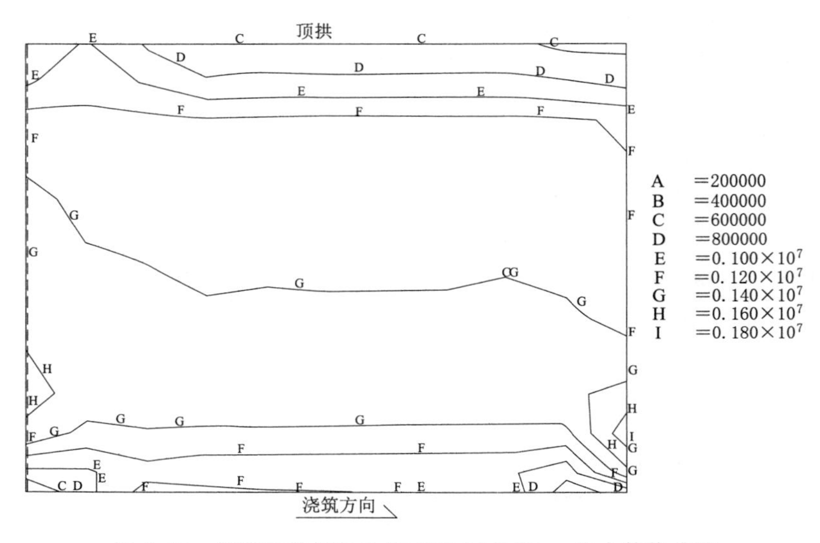

图 9.30　28℃浇筑情况边墙表面 7d 龄期 σ_1 应力等值线图

后配合比夏季施工 28℃浇筑情况，底板、边墙在 1.75d 龄期达到最高温度，分别为 50.12℃、47.87℃，分别比原配合比情况低 6.46℃、7.58℃，降低最高温度的效果明显；顶拱与原配合比情况相同；底板中部内表温差最大，为 17.48℃。28d 混凝土的最大温降，底板为 30.95℃，边墙为 27.79℃，顶拱为 28.81℃。开浇后约 210d（次年 2 月），衬砌表面达到最低温度约 18.12℃（接近环境温度 18℃），底板总温降为 31.75℃，边墙总温降 29.44℃，顶拱总温降为 30.65℃。

温度应力场，底板和边墙衬砌混凝土表面大部分区域拉应力较大，都处于可能开裂状

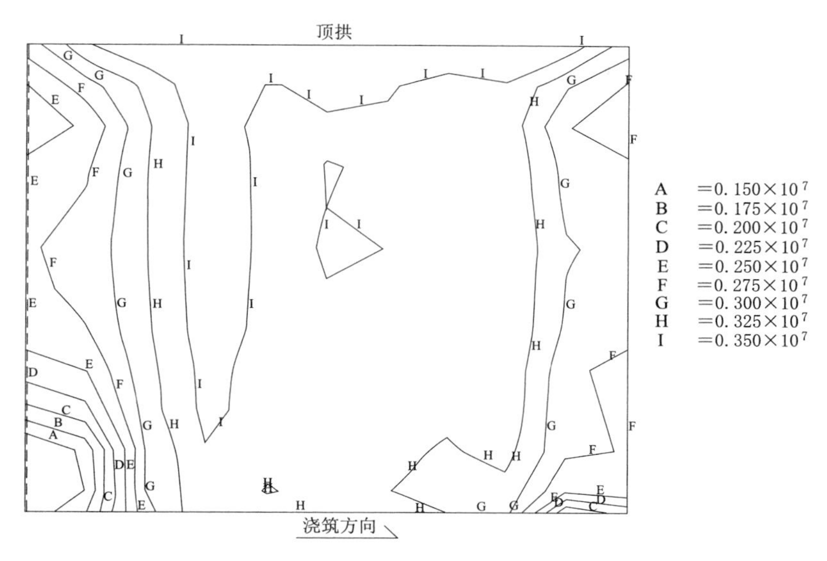

图 9.31 28℃浇筑情况边墙表面 28d 龄期 σ_1 应力等值线图

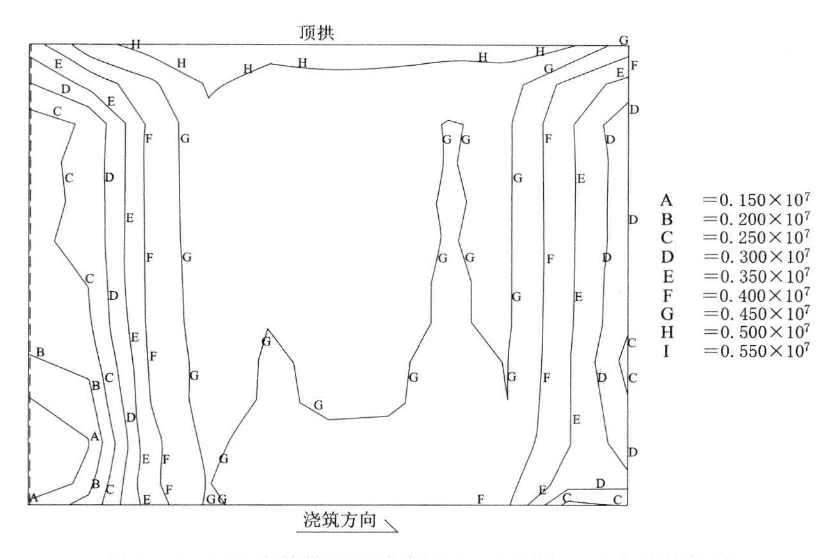

图 9.32 28℃浇筑情况边墙表面 210d 龄期 σ_1 应力等值线图

态，裂缝的产生部位、方向与原配合比夏季浇筑基本工况几乎一样。虽然混凝土绝热温升较原配合比情况小，混凝土温度和早期内表温差也都变小，底板和边墙早期的第一主应力也有所降低，但边墙混凝土改为 C40，抗拉强度降低，所以安全系数较原配合比情况变化不大，有的反而减小。底板中央部位在 8.75d 的拉应力超过混凝土抗拉强度，产生裂缝；边墙则为 7.25d 产生裂缝。底板表面拉应力在 35d 龄期达到第一次峰值 4.09MPa，边墙表面在 28d 龄期达到第一次峰值 3.51MPa。后期混凝土温度主要随空气温度变化，所以混凝土的应力与原配合比情况下数值接近，裂缝发生的面积和深度都没有得到有效控制。

综合以上分析可知，后配合比情况混凝土裂缝发生与发展规律与原配合比情况是一样

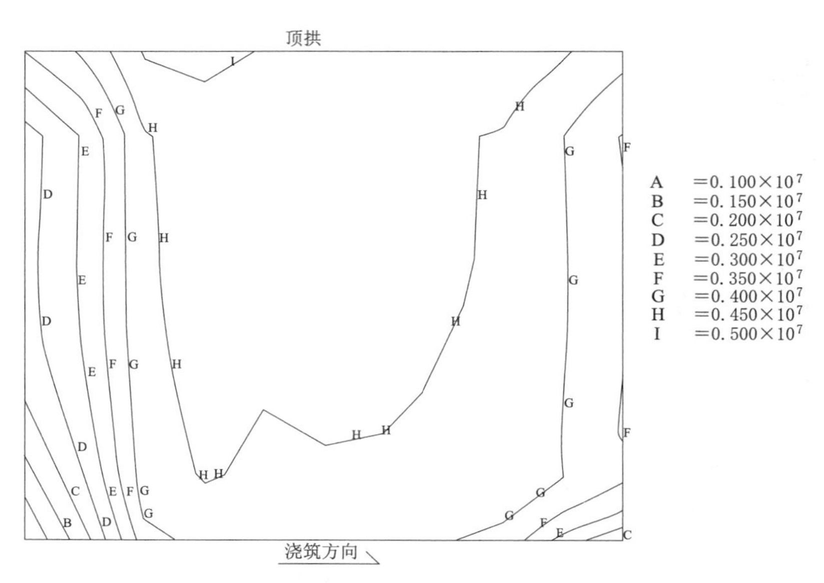

图9.33　28℃浇筑情况边墙表面σ_1应力包络线

的，而且最终裂缝的分布也是杂乱无章的，裂缝数量也是众多的，边墙更换混凝土后拉应力有所减小，但混凝土的抗拉强度的减小，使得某些位置早期的安全系数反而减小，如边墙中部表面在7d龄期的主拉应力降低0.08MPa，但是安全系数反而由1.15减小到1.09。所以更换混凝土的配合比并不能很好地改善温度应力状态，裂缝仍然很严重。

后配合比衬砌混凝土夏季18℃浇筑情况，底板、边墙、顶拱的最高温度比浇筑温度28℃工况分别降低8.04℃、8.04℃、8.09℃，底板、边墙的最大内表温差分别降低5.01℃、4.64℃。温度应力场，拉应力值明显减小，早期和冬季的主应力值均未超过了混凝土的抗拉强度，抗裂安全系数均大于1.4，富裕度较大。以上分析表明，后配合比混凝土18℃浇筑，主拉应力未超过混凝土的抗拉强度，能够有效地防止裂缝的产生。

9.6　泄洪洞衬砌混凝土裂缝机理及其要素影响分析

9.6.1　衬砌混凝土温度裂缝原因及其要素影响

9.6.1.1　强约束是衬砌混凝土产生温度应力的基础条件

泄洪隧洞衬砌混凝土结构，其一是受到围岩的强约束[6-7]。三板溪泄洪洞边墙厚度为1.0～1.5m，底板和顶拱分别为1.2～1.5m和0.85～1.5m，厚度与长度之比为0.065～0.115，显然是属于强约束区混凝土[8]。其二是四周侧面大多是新老混凝土约束面。如边墙底部，受到底板先浇老混凝土约束；第二段左侧受到第一段先浇混凝土的约束，右侧又是第三段的约束面；顶部，如果边墙与顶拱分期浇筑，则存在新老混凝土的约束面，如果连续浇筑则增大边顶拱块体周长，减小厚度与长度比值，也增大该方向的温度拉应力。其三是锚杆约束。为加强围岩的稳定性和围岩与衬砌混凝土的连接，周边布置 ϕ25、间排距 1.2m 的锚杆，一般露头 50cm，浇筑在衬砌混凝土中，即每 1.44m^2 即有一根锚杆深入混凝土内部，将衬砌结构固定在围岩上。其四是还有跨缝钢筋的轴向约束[9]，在轴向使边墙成为无限长固定板。在以上约束下，隧洞衬砌结构近似为固定薄板。

众所周知，约束和温差（包括温降差、内表温差）是产生温度应力的条件[10]，约束越强，温差产生的应力越大。三板溪泄洪洞衬砌混凝土结构在上述约束下，成为近似完全固定的薄板，任何温升、温降或内表温差都会有效产生应力。其约束特性比任何地面大体积混凝土结构都强。而这一特性，在相应的设计规范和过去人们的认识中，并没有得到充分体现和认识。

9.6.1.2　高温升、大而快的温降是产生裂缝的根本原因

泄洪洞衬砌混凝土强度等级为 C40～C45。采用人工砂石料，二级配泵送施工。采用坝道 P.O42.5 中热硅酸盐水泥和韶峰 P.O42.5 中热硅酸盐水泥，后改用韶峰 P.O52.5 普通硅酸盐水泥。胶凝材料用量达 379～535kg，水泥用量达 303～425kg。强度等级高、水泥用量大，致使衬砌混凝土的温升高、内部最高温度高。例如，夏季 28℃浇筑施工，底板、边墙在浇筑后 1.75d 达到最高温度 56.58℃、55.45℃；顶拱在浇筑后 1.5d 达到最高温度 50.8℃（表 9.14）。施工实测最高温度为 50.8℃，最大温升 22.7℃。在浇筑温度为 33℃仿真计算得到的底板、边墙、顶拱最高温度为 60.86℃、59.73℃、55.12℃，最大温升为 27.86℃、26.73℃、22.12℃，现场施工实际观测最高温度为 71.1℃，最大温升 37.6℃。

温升高使得衬砌混凝土具备了大温降的条件，由于衬砌结构薄，当水化热产生的热量小于放热量（包括表面放热和向围岩的传热）即开始温降，而且很快即降到接近环境温度。从而最高温度减去环境最低温度一定是将来的最大温降。因此，温升和最高温度越高，最大温降也越大。而且由于衬砌结构薄，散热快，温升、温降的速度快，早期温降速度快，内表温差大，特别是温差的梯度大。例如，夏季 28℃浇筑仿真计算情况，边墙仅在 1.75d 达到最高温度，最大总温降达 37.33℃，达到最高温度后第一天的最大温降达 8.33℃，在开浇后第 3 天即达到最大内表温差 18.33℃，内表平均温降几何梯度 36.66℃/m。现场实际观测，在夏季浇筑温度为 33℃的情况，1.75d 达到最高温度，最大总温降达 41.61℃，达到最高温度后第一天的最大温降达 9.98℃，在开浇后第 3 天即达到最大内表温差 20.61℃，内表平均温降几何梯度 41.62℃/m。底板中部表面在 8d 龄期主拉应力为 1.73MPa，超过了混凝土抗拉强度，边墙中部表面在浇筑 7.5d 龄期主拉应力为 1.74MPa，超过了混凝土抗拉强度，即这时已大面积产生表面裂缝，甚至部分贯穿裂缝；之后混凝土的拉应力继续增大，底板表面在开浇后 35d 主拉应力达到第一次峰值 4.23MPa，边墙表面在开浇后 28d 主拉应力达到第一次峰值 3.50MPa，都远远超过混凝土的抗拉强度，底板和边墙已普遍发生裂缝。而且这时底板厚度方向中心和围岩侧的主拉应力达到 3.01MPa 和 2.28MPa，边墙厚度方向中心和围岩侧的主应力达到 2.33MPa 和 1.53MPa，至此裂缝已贯穿。至冬季，底板、边墙和顶拱仍大面积处于主拉应力超过混凝土抗拉强度的状态，且中央部位拉应力超过早期（28d），表面、中间、围岩侧主应力值均超过混凝土的抗拉强度。由于早期的表面裂缝，会在降温过程中成为诱导裂缝，一些裂

缝会在这一过程中加深甚至发展为贯通性裂缝。

所以，高温升、大而快的温降是导致裂缝的根本原因，必须采取有效措施降低衬砌混凝土的最高温度，有条件时也可以进一步减缓温降速度，从而减小温降和温降速度，才能有效降低各阶段的拉应力，才能有效防止温度裂缝。

9.6.1.3 浇筑温度过高和水泥及其用量大是温升高的直接因素

在 9.4.2 节中对前配合比情况衬砌混凝土的浇筑温度从 28℃降低至 24℃进行敏感性分析，浇筑温度降低 4℃，衬砌混凝土的最高温度和最大内表温差均有明显降低。底板、边墙、顶拱的最高温度分别降低了 3.39℃、3.44℃、3.28℃，底板、边墙的最大内表温差分别降低 2.01℃、1.82℃。因此，衬砌混凝土的拉应力值明显减小，抗裂安全系数明显增大。如底板中部表面在 28d 和 210d 龄期时的主拉应力分别降低了 0.96MPa 和 1.26MPa，对应安全系数分别增大了 0.43 和 0.39；边墙中部表面在 28d 和 180d 龄期的主拉应力分别降低了 0.93MPa 和 1.25MPa，对应安全系数增大了 0.42 和 0.39。如果浇筑温度降低到 18℃（其他条件不变），浇筑温度降低了 10℃，底板、边墙、顶拱的最高温度分别降低了 8.47℃、8.60℃、8.09℃，底板、边墙最大内表温差分别降低 5.01℃、4.54℃。衬砌混凝土的拉应力值明显减小，抗裂安全系数明显增大。如底板中部表面 28d 和 210d 龄期的主拉应力分别降低了 2.24MPa 和 2.94MPa，对应安全系数分别增大了 1.01 和 1.19；边墙中部表面 28d 和 180d 龄期主拉应力分别降低了 1.97MPa 和 2.91MPa，对应安全系数增大了 0.82 和 1.13，抗裂安全系数都大于 1.4，一般不会产生温度裂缝。

水泥是产生热量的来源，因此，水泥用量大，显然是温升高的直接原因。一般每 10kg 水泥可使混凝土温度升高约 1℃。所以，在实际工程中常是：①在能够满足强度要求的情况下，掺入外加剂，增加坍落度，满足泵送要求，尽可能避免超强；②掺粉煤灰等，增加和易性与坍落度，延缓温升过程，减小最高温度及温升、温降速度；③采用高标号水泥，减少水泥用量；④采用低热水泥，减少发热量，降低最高温度；⑤有的工程还利用后期强度，采用 90d 龄期设计，减少水泥用量等。这些措施，一般是在配合比优化过程中完成，但其效果是十分显著的。例如，在泄洪洞的施工过程中，经多方研究改用韶峰 P.O52.5 普通硅酸盐水泥，而且边墙混凝土将原设计的 C45HF 混凝土改为 C40HF 混凝土减小了水泥用量，浇筑温度同样是 28℃夏季施工的情况，边墙最高温度从 55.45℃降低至 47.87℃，降低了 7.58℃，最大内表温差从 18.33℃降低至 14.63℃，减小了 3.7℃。

综上所述，浇筑温度过高和水泥品种及其用量大是衬砌混凝土温升高和温降大的直接因素，从而也是衬砌混凝土裂缝的直接而最为重要的因素。在施工过程中改用韶峰 P.O52.5 普通硅酸盐水泥、并将边墙原设计的 C45HF 混凝土改为 C40HF 混凝土，毫无疑问是合理的举措。但仅采用此项措施，由 9.5 节中的分析可知，还不能足以防止温度裂缝的发生，即还需进一步采取其他（如降低浇筑温度等）温控措施。由于高速水流泄洪洞运用要求，衬砌混凝土必须有足够的强度，而且上述多数措施主要是配合比优化设计过程中完成的，所以施工过程中降低浇筑温度就显得尤为重要。

9.6.1.4 干缩与养护对温度裂缝的发生与发展具有显著影响

在 9.4.3 节中考虑到三板溪泄洪洞衬砌混凝土的干缩率相对其他工程较大，而且泄洪洞断面大边墙养护困难，难以保证混凝土处在湿润状态，可能有部分干缩发生，或是因为该混凝土的干缩率过大，或是骨料自身收缩等情况下干缩对混凝土应力的影响，按照此混凝土试验干缩率的1/3（即7d干缩率-70×10^{-6}，28d干缩率-165×10^{-6}）进行仿真计算分析。在计入混凝土干缩作用后，混凝土表面各拉应力大幅度增加。浇筑7d后，混凝土表面主拉应力分别增加了0.29MPa、0.27MPa、0.24MPa，抗裂安全系数均小于1.0，说明裂缝出现时间比原来更早，但衬砌混凝土中心和围岩侧应力值变化不大，干缩对混凝土表面影响最大。浇筑28d后，底板、边墙、顶拱表面主拉应力均比不计入干缩增大了近一倍，如边墙中部表面主拉应力由3.50MPa增加到6.90MPa。从以上分析可以看出，如果混凝土早期保湿养护不充分或是骨料自身收缩等，干缩作用对前28d的混凝土（尤其是表面）拉应力产生和裂缝发生具有显著影响，是影响早期温度裂缝出现时间、范围与程度的一个重要原因。

9.6.1.5 模板和拆模时间对早期温度裂缝的发生具有一定影响

在9.4.8节和9.4.9节中对模板和拆模时间影响进行了仿真计算分析。将拆模时间从2d延长到4d，早期（7d）的拉应力值明显减小，边墙中央表面在7d龄期的第一主应力从1.43MPa减小至1.29MPa，减小了0.14MPa，对应的抗裂安全系数增加了0.12，边墙施工缝表面在7d龄期的第一主应力减小了0.67MPa，对应的抗裂安全系数增加了1.12，中间点和围岩侧的拉应力值变化不明显。浇筑28d以后至冬季，延长拆模时间对拉应力影响很小。

延长拆模时间至7d，拆模前主要表现为压应力，拆模后8d龄期迅速转变为拉应力，达到1.21MPa，比4d拆模情况7d龄期的主拉应力1.29MPa又减小了0.08MPa，对应的抗裂安全系数由1.27增加到1.48（增加了0.21）。

采用木模板7d拆模情况，拆模前表现为压应力，8d龄期的第一主应力为1.07MPa，比钢模板7d拆模的主拉应力1.21MPa减小了0.14MPa，对应的抗裂安全系数由1.48增加到1.68（增加了0.20）。浇筑28d以后至冬季，木模板延长拆模时间对拉应力影响很小。

综上所述，延长拆模时间和采用木模板均可有效降低早期拉应力[11]，延缓早期混凝土表面和施工缝附近区域表面裂缝的发生时间和程度，但对其他部位和其他时间的裂缝发生和发展影响较小，也并不能有效控制冬季裂缝的产生。

9.6.1.6 衬砌结构段分缝长度对裂缝的发生与发展具有一定影响

在9.4.7节中将结构段分缝长度从13m减小为10m后，衬砌混凝土的主拉应力值有所降低（特别是后期）。底板中部表面冬季主拉应力由原来的4.64MPa降低至4.46MPa，减小了0.18MPa，对应的抗裂安全系数由0.69增加到0.72，增大了0.03；中心和围岩侧的主应力分别减小了0.13MPa和0.22MPa，对应抗裂安全系数分别增加了0.02和0.03。边墙中部表面在90d龄期的主拉应力由3.98MPa减小至3.82MPa，减小了0.16MPa，对应的抗裂安全系数由0.73增加到0.76，增加了0.03；中心和围岩侧在冬季主应力分别降低了0.11MPa和0.16MPa，对应抗裂安全系数均增加了0.03。从以上分析可以看出，结构段分缝长度缩短后在一定程度上减小了约束[12]，使得温度应力减小（特别是中部后期），降低温度裂缝风险。

9.6.2　温度裂缝机理与发生发展过程

9.6.2.1　温度裂缝机理

根据以上计算分析，三板溪泄洪洞衬砌混凝土发生大量的、杂乱无章分布的、且很多是贯穿性的裂缝，是在强约束、高温升和大而快的温降、自生体积变形（包括干缩和自生体积收缩变形等）等及施工养护、拆模早、结构分缝长、地质条件及施工超挖等综合作用的结果。强约束（包括围岩、新老混凝土、锚杆等）使得衬砌混凝土成为固定薄板，温降和温差产生拉应力的效应得到充分发挥。混凝土高强度、水泥用量大及其品种发热量大、浇筑温度高，使得衬砌混凝土的温升和内部最高温度高，温降大；而衬砌结构厚度小，散热快，使得早期的温降快且内表温差梯度大。由于温降大，在强约束作用下必定产生很大的拉应力，从而导致裂缝的发生、发展甚至贯穿，而早期温降快及内表温差大，使得衬砌混凝土早期就产生了很大的拉应力，在衬砌混凝土早期强度小的条件下，必定很早就产生温度裂缝，这也是薄壁衬砌结构裂缝早且容易早期贯穿的原因[13-14]。拆模过早和衬砌混凝土分缝长度较大，也促使了裂缝的发生发展，前者使得衬砌结构早期拉应力增大，特别是结构分缝与施工缝端附近区域有显著增加；后者则在一定程度增加约束，使后期拉应力有一定增大。由于衬砌混凝土结构的绝大部分区域在 8～28d 的拉应力均超过了混凝土的抗拉强度，从而地质条件（含断层、节理、岩性等不均）不同产生的约束不同、锚杆约束影响、超挖引起的厚度不均或突起体的作用、混凝土强度的离散性（含施工质量的均匀性）等，使得衬砌混凝土的裂缝可能随机地在结构中央区域任意部位发生和发展，形成杂乱无章的裂缝。自生体积变形（包括干缩、养护不当不能完全保湿、骨料自身收缩等），使得衬砌混凝土在早期便可能产生大量（龟背型）浅层裂缝，这些裂缝成为诱导缝，在早期、中后期温降产生的拉应力作用下继续发展和贯穿，使得衬砌混凝土产生了大量看似干缩龟背型裂缝，但又有的贯穿不能认为是干缩裂缝。

9.6.2.2　夏季施工衬砌混凝土温度裂缝发生发展过程[15]

根据计算分析，泄洪洞衬砌混凝土夏季 28℃浇筑情况，大部分区域都处于可能开裂状态。2d 拆模后，先浇混凝土一侧（一期和二期之间）环向施工缝及其附近区域，由于相对中部有新老混凝土约束和温差，以及拆模影响，最早出现较大拉应力。由于此时混凝土的抗拉强度低，施工缝面抗拉强度更低，所以施工缝甚至及其附近区域最先开裂。边墙混凝土在施工缝附近，左下角最先发生裂缝，裂缝方向与洞轴线夹角大约为 80°或者沿缝面发展（图 9.11、图 9.12）。底板混凝土在缝面附近裂缝方向也是沿洞轴线方向，角度非常小。

施工缝张开及其附近区域开裂之后，拉应力及最大拉应力往中部发展。在 7d 之前，二期与三期边墙之间的环向施工缝及附近区域，同样由于新老混凝土约束和温差，以及拆模影响，拉应力也已经超过混凝土的抗拉强度，所以此二期施工缝面在 3～7d 已经开裂。从图 9.13 可以看出右下方施工缝面位置主拉应力与洞轴线方向夹角大约为 80°。7d 龄期底板和边墙中部的主拉应力已经达到较大值，从应力历时曲线可以看出，底板中央部位在 8d 的拉应力超过混凝土抗拉强度，产生裂缝，边墙中部则为 7.5d 产生裂缝（图 9.22），顶拱中部在第 11 天产生裂缝。从 7d 等值线图和矢量图 9.13、图 9.14 可以看出，底板和边墙中部主拉应力方向均垂直于洞轴线方向，裂缝主要沿铅直方向发展。即，裂缝在施工缝附近首先发生，并向中部发展；其次是在中部发展或者新产生裂缝，并垂直轴线发展。

边墙表面在28d龄期达到第一次峰值（3.50MPa），底板表面35d龄期达到第一次峰值（4.23MPa），衬砌混凝土表面大部分区域均超过混凝土的抗拉强度，均大面积处于可能裂缝状态。即边墙混凝土28d龄期（底板35d龄期）前后，裂缝已经可能在中部任意部位发生与发展，加之地质条件和施工质量、混凝土离散性等影响，裂缝可能杂乱无章，而且裂缝深度大，中部大多处于随机可能贯穿裂缝状态。如果养护不足，这时将进一步受到干缩（哪怕是部分）作用，则裂缝更将是杂乱的，甚至带有干缩裂缝的龟背现象，只是裂缝的深度都很大，又不能说是干缩裂缝。

至冬季，底板、边墙和顶拱仍大面积处于主拉应力超过混凝土抗拉强度的状态，且中部拉应力超过早期（28d），而且表面、中间、围岩侧主应力值均超过混凝土的抗拉强度，由于早期的表面裂缝，会在降温过程中成为诱导裂缝，一些裂缝会在这一过程中加深甚至发展为贯通性裂缝。

由以上分析可以了解到，衬砌混凝土的裂缝可能是比较乱的，在每个结构段均可能有大量裂缝发生，且部分是贯穿的，甚至有深发展龟背分布裂缝现象。例如边墙，早期3d左右施工缝张开，一期和二期施工缝附近左下角衬砌混凝土可能产生裂缝；7d左右，边墙的左下、右下、左上角三处均可能产生裂缝；8d左右，中部可能随机产生裂缝，即裂缝可能在任意部位发生与发展；7～28d中部随机发生裂缝，且缝扩展和加深，部分贯穿；至冬季，则中央部位裂缝会进一步扩展和加深，贯穿裂缝进一步增多。

9.6.2.3 不同季节施工的影响

在9.3.5节中分别对秋、冬、春季施工衬砌混凝土的温度与温度应力进行了计算分析。可以看出，不同季节施工衬砌混凝土裂缝发生与发展规律与夏季施工情况是一样的，而且最终裂缝的分布也是杂乱无章的，裂缝数量也是众多的。不同之处主要有：①秋季施工，只是裂缝大面积发生与发展的时间稍晚于夏季施工情况，如底板中央部位在10d左右，比夏季施工情况大约晚2d。②冬季施工，裂缝数量要明显比夏季施工少，大面积发生与发展的时间也要稍晚，如底板在11.75d左右产生裂缝，而且底板和边墙厚度方向中心主拉应力都没有超过混凝土的抗拉强度，裂缝深度没有夏季施工情况大。但必须指出的是，如果计入部分干缩影响，则裂缝数量、分布和深度会与夏季施工一样，多而深。③春季施工，早期裂缝出现的时间、第一次峰值出现的时间、冬季的拉应力量值均与秋季施工相同，但边墙出现第一次峰值时的应力值相差较大，春季施工情况下为2.68MPa，而秋季施工情况下为3.15MPa，而且春季施工顶拱中部主应力没有超过混凝土抗拉强度，但秋季施工中顶拱中部表面出现裂缝。同样，如果计入部分干缩影响，则裂缝数量、分布和深度会与夏季施工一样，多而深。

如果说裂缝与混凝土入仓温度高有关，但泄洪洞施工既经历了冬季，也经历了夏季，各浇筑时段的衬砌混凝土裂缝没有本质区别，也从另一个侧面反映了相对温差是产生裂缝的主要原因。另外，干缩影响可能占有相当大的比重。

9.6.2.4　衬砌厚度（类型）的影响

泄洪洞衬砌设计中，一般根据围岩类型和岩性设计不同的衬砌厚度。根据9.4.4节和9.4.5节的计算分析，围岩变形模量降低，对衬砌混凝土的约束减弱，温降产生的拉应力减小，如边墙中部表面冬季拉应力降低0.17MPa，底板施工缝位置表面降低1.71MPa，温度裂缝风险明显减小。衬砌厚度增大至1.5m（Ⅲ类围岩），衬砌混凝土的最高温度和内部温差明显增大，早期的压、拉应力都明显增大，裂缝范围大且出现时间早，后期（冬季）的拉应力反而有所降低（因为围岩约束作用越小）。因此，三板溪泄洪洞衬砌混凝土，浇筑温度高、混凝土绝热温升高，最高温度和内表温差大，无论是厚的还是薄的，也不论是哪类围岩条件，发生了大量裂缝，看不出与围岩类别、衬砌厚度（类型）的相关性。

9.6.2.5　配合比的影响

2005年7月26日开始，边墙C45HF混凝土调整为C40HF混凝土、用52.5普通水泥（315kg/m^3）替代42.5R中热水泥（426kg/m^3）后，夏季施工情况底板与边墙混凝土最高温度降低6.46℃、7.58℃，温降效果明显，内部温差、主拉应力也随之明显降低。但混凝土抗拉强度也降低，所以抗裂安全系数变化不大，裂缝发生的面积和深度都没有得到有效控制。

9.6.3　泄洪洞衬砌混凝土温控防裂经验与建议

根据以上分析，泄洪洞衬砌混凝土裂缝检查、修补与加固、运行等情况，对泄洪洞衬砌混凝土的温控防裂有以下经验教训和建议。

9.6.3.1　高流速泄洪洞衬砌混凝土施工期温控防裂十分必要

2005年9月，对三板溪泄洪洞衬砌混凝土进行裂缝检查，并召开专家会议，确定处理原则：以结构加固和抗冲耐磨为主；所有贯穿裂缝、洞身段顶拱纵向裂缝都要进行灌浆处理；对不小于0.2mm开度的裂缝，进行化学灌浆处理；对小于0.2mm开度的裂缝，作表面封闭处理；不规则裂缝集中交叉处进行化学灌浆处理；灌浆压力选为0.2～0.4MPa。按照上述处理原则，据不完全统计，处理裂缝约1800m。

考虑到混凝土裂缝导致衬砌结构安全性下降，期望混凝土衬砌与围岩联合受力，设计要求对泄洪洞顶拱回填灌浆、围岩固结灌浆等施工质量进行复查。

根据对泄洪洞泄0+584.00～泄0+671.00段的衬砌脱空检测成果，泄洪洞的边墙及顶拱混凝土衬砌与围岩界面普遍存在轻微空腔，局部脱空较为严重，且周边围岩较为破碎、裂隙较为发育。考虑到泄洪洞衬砌顶拱回填灌浆和固结灌浆施工质量不满足设计要求，不能充分发挥围岩与衬砌联合受力，以及衬砌混凝土裂缝多导致结构安全性下降，为确保泄洪洞的安全运行，经研究，对泄洪洞回填灌浆、固结灌浆进行补充灌浆处理，以充分发挥围岩的自稳作用。处理原则：根据围岩分类及检测成果，对Ⅲ、Ⅳ类围岩的边墙及顶拱全面进行固结及回填灌浆；对Ⅱ类围岩的顶拱进行全面固结及回填灌浆，边墙进行检测型回填及固结灌浆。

自2007年以来，三板溪水电站泄洪洞已经运行十余次，运行良好。由于泄洪洞衬砌混凝土裂缝较多，在运行期，应加强维护与检修。

据初步估算，预计经济损失将超过溪洛渡泄洪洞制冷混凝土＋通水冷却（计入混凝土温控施工单价等全部费用，浇筑温度18℃）温控费57元/m^3。根据9.4.2节和9.4.6节的仿真计算分析，采取18℃浇筑或者18℃浇筑+通水冷却，衬砌混凝土的抗裂安全系数较大，一般不会产生温度裂缝。根据文献［2］1.2节水工隧洞衬砌混凝土温度裂缝的危害分析，施工期温度裂缝会影响工程进度工期、运行期安全性、渗漏性、耐久性与美观。因此，采取有效措施开展泄洪洞衬砌混凝土温控防裂是十分必要的，也是经济有效的。

9.6.3.2 混凝土温控防裂首先应该从设计着手

在满足泄洪洞运行安全的前提下进行结构设计优化，一般对工程投资的影响较小，经常会带来明显的温控防裂效果。结构设计优化，首先是减小约束，如取消跨缝钢筋可以减除端部约束[9]；减小分缝长度可以增大厚度与长度的比例，减小围岩约束[12]。如9.4.7节缩短分缝长度至10m，主拉应力减小0.2MPa左右，如果进一步缩短分缝长度，主拉应力肯定进一步减小。三峡永久船闸地下输水洞在12m长度分缝时都在6m附近产生贯穿裂缝，8m长度分缝并采取综合温控措施后没有裂缝[12]。其次是减小衬砌厚度。围岩稳定由支护维持，衬砌主要防止掉石块、保证水流平顺等。在确保安全前提下减小厚度，可以显著降低混凝土的最高温度和内部温差（9.4.5节），拉应力明显减小，抗裂安全系数明显增大，裂缝风险显著减小。

9.6.3.3 混凝土配合比及其温控防裂性能优化非常重要

混凝土配合比及其温控防裂性能优化是一个十分复杂的科学问题，涉及水泥、砂石骨料、掺合料与外加剂等的品种和它们的综合配比，技术难度大，这里仅从泄洪洞衬砌混凝土温控防裂过程简单说明其重要性。一是水泥，根据前后配合比混凝土施工衬砌混凝土温度与温度应力的计算分析，用52.5R普通水泥替代42.5R中热水泥，水泥用量减少，混凝土绝热温升降低，而且水化反应速度减慢，可以有效降低混凝土内部最高温度；根据多个工程（包括混凝土大坝）经验，采用低热水泥（见第11、第12章）可以进一步明显降低混凝土内部最高温度。二是砂石骨料，不同岩性的砂石骨料的物理力学、热学性能有显著不同，三板溪泄洪洞衬砌混凝土骨料的自生体积变形大与混凝土干缩、表面龟裂有密切的关系。三是掺合料，如增加粉煤灰掺量可以降低绝热温升、减慢水化反应与温升速度、增加混凝土后期强度等，外加纤维可以明显提高混凝土极限拉伸值，等等，都可以提高混凝土的温控抗裂性能。四是外加剂，如不同的外加剂的减水量、泵送性能等都不同，最终将明显影响混凝土的温控防裂性能。五是综合优化，很多混凝土配合比是根据某个强度需要进行配合比优化和选择确定掺合料、外加剂，在泄洪洞衬砌混凝土配合比的优化中较少考虑温控防裂要求。综合以上分析和工程经验表明，结合泄洪洞运行要求，综合强度、耐久、抗渗、抗冲耐磨、温控防裂（不是单纯的抗裂性，包括温控性能、自生体积变形等）以及施工等性能，全面优化确定混凝土配合比对于衬砌混凝土的温控防裂是非常重要的。

9.6.3.4 施工中合理采取综合温控防裂措施是有效的

近些年建设的水工隧洞高强度等级衬砌混凝土，只要没采取有效的温控防裂措施，都产生了较多的温度裂缝[2]。在结构设计和混凝土配合比优化的基础上如果还不能满足温控防裂的要求，则宜在施工中合理采取有效的综合温控防裂措施，也能取得良好的效果。

在施工温控防裂措施中，第一，应该降低浇筑温度。根据9.4.2节的计算分析，每降低浇筑温度1.0℃可以降低混凝土内部最高温度0.8℃左右（与衬砌厚度、没有通水冷却、该混凝土早期水化热温升块有关）；三峡永久船闸输水洞 0.8m 厚度衬砌混凝土温度观测结果，浇筑温度升高 1.0℃的平均温度约升高 0.45℃[16]，都表明降低浇筑温度是降低混凝土内部最高温度最直接有效的温控措施。

第二，必须做好洞口冬季挂帘保温。隧洞开挖贯通后，空气流通，洞内气温接近当地年平均气温变化曲线，洞内冬季气温也较低，如三峡永久船闸和溪洛渡泄洪洞实测冬季最低温度都在 10～12℃[2]。又如白鹤滩导流洞，采取洞口挂帘保温，可以有效提高洞内空气温度 4～6℃。洞内冬季气温提高，可以有效减小衬砌混凝土的总温降和最大主拉应力，防止冬季混凝土温度裂缝，洞口挂帘保温是一项十分有效而又经济的措施。

第三，养护必须做到混凝土表面保湿。衬砌混凝土养护大多采用洒水的方式，近些年建设的水工隧洞断面大，边顶拱养护困难，甚至由于养护人员责任不到位，养护不足，不能做到保湿 28d，就容易产生干缩裂缝。如 9.4.3 的计算分析结果和三板溪泄洪洞的裂缝情况都表明混凝土干缩（包括自生体积变形）的影响是非常大的。溪洛渡泄洪洞的实践表明，采取流水养护方式可以很好地保持混凝土表面湿润，效果良好，但冬季必须不能水温太低。

第四，施工工艺技术改进。溪洛渡泄洪洞衬砌混凝土的温控防裂经验和效果表明，合理增加分块、分层浇筑取得良好的温控防裂效果。如无压段边墙与顶拱分开浇筑、底板超挖部分先浇找平混凝土。

第五，采用低温水进行通水冷却[17-18]。对于薄壁衬砌结构，加之散热快，达到最高温度的龄期短，通水冷却的温降效果远不如大坝等大体积混凝土，但在采取上述其他措施还不能实现温控防裂目标时，采用低温水通水冷却也能有效降低混凝土内部最高温度。如 9.4.6 计算结果，在扣除降低浇筑温度的效果后，通水冷却大约降低内部最高温度 3～4℃。溪洛渡泄洪洞采用制冷水通水冷却，1.0m 厚度衬砌混凝土最高温度降低 4℃左右。虽然通水冷却的费用较高，施工也增加难度，但在没有其他有效措施时，也是十分有效的温控措施。

第六，其他辅助温控措施。如三峡地下水电站在有压引水洞和溪洛渡泄洪洞衬砌混凝土夏季施工中曾经在仓面安装空调降温、加强运输过程保温、做好施工准备和调度减少泵送等待时间等。根据 9.4.8 的计算，适当延长拆模时间可以降低混凝土早期裂缝风险。

9.6.3.5　混凝土质量保证是温控防裂的基础

大量研究表明，混凝土强度是离散的，与施工工艺技术过程有着密切关系。温度裂缝在力学上首先从主拉应力超过抗拉强度的部位发生；主拉应力相当的区域则在强度薄弱的部位开始，同等条件下经常有的产生裂缝有的不产生裂缝。因此，从混凝土拌制、运输到浇筑全过程都要做好混凝土强度质量及其均匀性保障工作。如搅拌过程均匀，运输过程不发生离析，浇筑过程振捣均匀、控制分层时间和水泥等浆液不集中（最好是排除浮浆）等。对于确保混凝土强度和均匀性，减少温度裂缝都是十分重要的。

9.6.3.6　混凝土温控防裂是系统工程，需要系统优化和综合管理

水工隧洞衬砌混凝土温控防裂是一个系统工程，必须是上层决策、设计策划、混凝土优化、施工工艺技术先进落实各个环节都高度重视，措施方面从经济、效果全方位综合优化，其中任何一个环节不能做好、落实，都可能不能确保混凝土质量，不能达到温控防裂

的效果，或者是不经济的，导致工程缺陷和经济损失。

参 考 文 献

[1] 刘强，杨敬，廖桂英. 溪洛渡水电站大型泄洪洞高强度衬砌混凝土温控设计 [J]. 水电站设计，2011，27 (3)：67 - 70.

[2] 樊启祥，段亚辉，等. 水工隧洞衬砌混凝土温控防裂创新与实践 [M]. 北京：中国水利水电出版社，2015.

[3] 中华人民共和国水利部. 水工混凝土结构设计规范 (SL/T 191—2008) [S]. 北京：中国水利水电出版社，2017.

[4] 全国水利水电工程施工技术信息网组编. 水利水电工程施工手册 第3卷 混凝土工程 [M]. 北京：中国电力出版社，2005.

[5] 朱伯芳. 大体积混凝土温度应力与温度控制 [M]. 北京：中国电力出版社，1999.

[6] 郑道宽，段亚辉. 围岩特性对泄洪洞无压段衬砌混凝土温度和温度应力的影响 [J]. 中国农村水利水电，2014 (10)：116 - 119.

[7] 刘亚军，段亚辉，郭杰，陈浩. 导流隧洞衬砌混凝土温度应力围岩变形模量敏感性分析 [J]. 水电能源科学，2007 (5)：77 - 80.

[8] 中华人民共和国水利部. 混凝土重力坝设计规范 (SL 319—2005) [S]. 北京：中国水利水电出版社，2005.

[9] 苏芳，段亚辉. 过缝钢筋对放空洞无压段衬砌混凝土应力影响研究 [J]. 水电能源科学，2011，29 (3)：103 - 106.

[10] 段亚辉，彭亚，罗刚，等. 门洞形断面衬砌混凝土温度裂缝机理及其发生发展过程 [J]. 武汉大学学报 (工学版)，2018，51 (10)，847 - 853.

[11] 黄英豪，段亚辉. 模板材质和拆模时间对衬砌混凝土应力的影响 [J]. 水电能源科学，2010，28 (4)：103 - 106.

[12] 王雍，段亚辉. 三峡工程永久船闸输水洞衬砌混凝土温控研究 [J]. 武汉大学学报，2001，34 (3)：32，36.

[13] 廖波. 小浪底泄洪工程高标号混凝土裂缝产生的原因及防治 [J]. 水利学报，2001 (7)：47 - 50，56.

[14] 张志诚，林义兴，徐云峰，等. 三峡地下电站引水洞衬砌混凝土裂缝成因分析 [J]. 人民长江，2006 (2)：9 - 10，19.

[15] 赵路，冯艳，段亚辉，等. 三板溪泄洪洞衬砌混凝土裂缝发生与发展过程 [J]. 水力发电，2011，37 (9)：35 - 38，67.

[16] 方朝阳，段亚辉. 三峡永久船闸输水洞衬砌施工期温度与应力监测成果分析 [J]. 武汉大学学报 (工学版)，2003 (5)：30 - 34.

[17] 马腾，段亚辉. 通水冷却对隧洞衬砌温度应力的影响 [J]. 人民黄河，2018，40 (1)：133 - 137.

[18] 雷文. 大型泄洪洞抗冲耐磨混凝土通水冷却温控研究 [J]. 四川水力发电，2017，36 (6)：7 - 12.

第 10 章　白鹤滩水电站导流洞衬砌混凝土温度裂缝实时控制研究

10.1 概　　述

10.1.1 导流洞工程概况

白鹤滩水电站施工采用全年断流围堰挡水、隧洞导流的方式。5 条导流隧洞，左岸布置 3 条，右岸布置 2 条，从左岸至右岸依次为 1～5 号导流隧洞，下游段与引水发电系统的尾水隧洞（2～6 号）相结合（图 10.1）。洞身净断面均采用 17.5m×22.5m（宽×高）城门洞形，单洞过水断面面积 369.39m²，钢筋混凝土衬砌。单洞长 1593.91～2019.94m，总长 9009.25m。

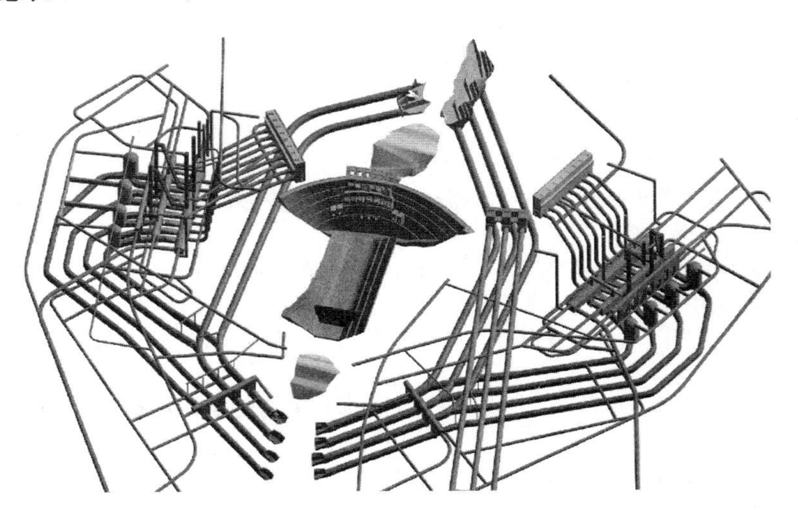

图 10.1　白鹤滩水电站枢纽立体布置

左岸导流洞进口段岩性主要为 P2β41、P2β42 岩流层杏仁状玄武岩、隐晶质～微晶质玄武岩夹角砾熔岩。洞身最大埋深 395～349m，为 P2β22～P2β42 岩流层玄武岩，其中 P2β32 层主要为第二类柱状节理玄武岩，P2β33 层主要为第一类柱状节理玄武岩，P2β24 为厚 0.3～1.75m 的凝灰岩，P2β36 为厚 0.01～1.3m 的凝灰岩。出口区基岩基本裸露，岩性主要为 P2β22、P2β23、P2β31 岩流层隐晶质玄武岩、杏仁状玄武岩、角砾熔岩等。右岸导流洞进口基岩基本裸露，岩性主要为 P2β42、P2β51 岩流层杏仁状玄武岩、隐晶质玄武岩夹角砾熔岩等。埋深 459～518m，岩性为 P2β23、P2β3、P2β4 层角砾熔岩、杏仁状玄武岩、隐晶质玄武岩、第一类柱状节理玄武岩。出口段岩性主要为 P2β23、P2β31 层隐晶质玄武岩、杏仁状玄武岩、角砾熔岩及 P2β24 凝灰岩。

导流隧洞衬砌，除进出口洞段采用 2.0～2.5m 厚度外，其他洞身段采用 1.0～1.5m。底板衬砌采用 C_{90}40W10F150 混凝土，边顶拱采用 C_{90}30W10F150 混凝土，三种典型衬砌类型断面见图 10.2～图 10.4。

基于溪洛渡水电站等导流洞工程运行期检修费用高的经验，考虑到下游段与发电尾水

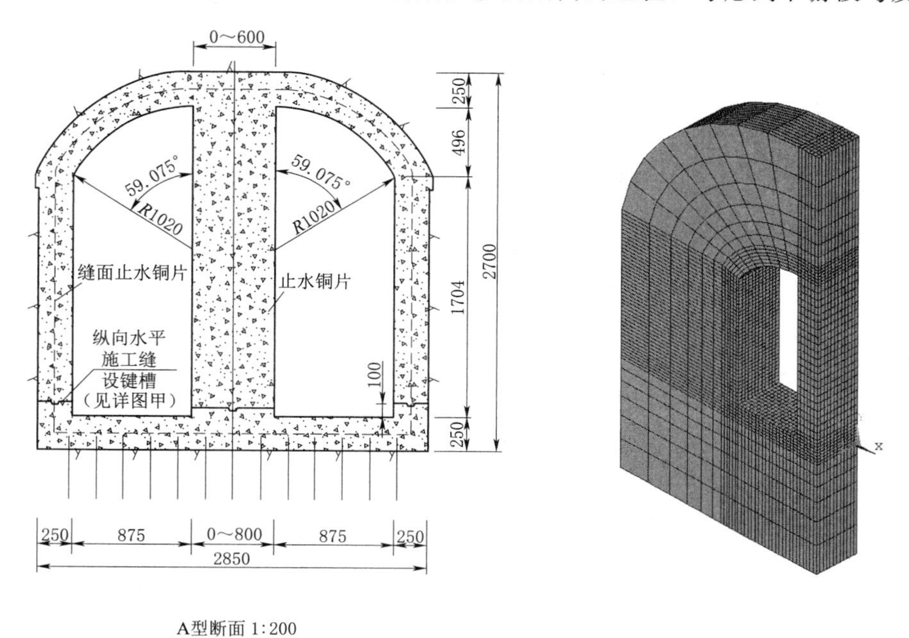

图 10.2　导流洞进口段 A 型衬砌断面与有限元数值模型（单位：cm）

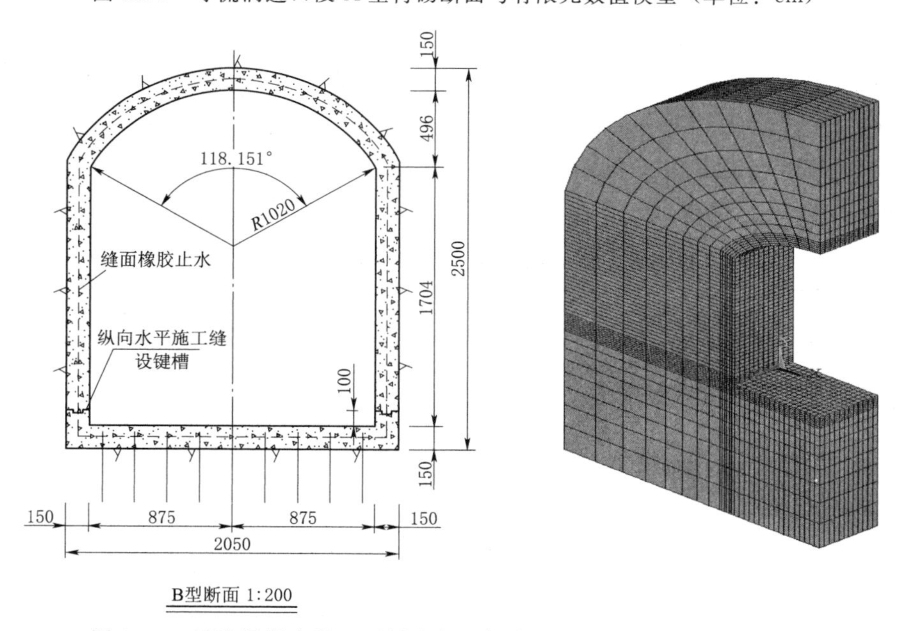

图 10.3　导流洞洞身段 B 型衬砌断面与有限元数值模型（单位：cm）

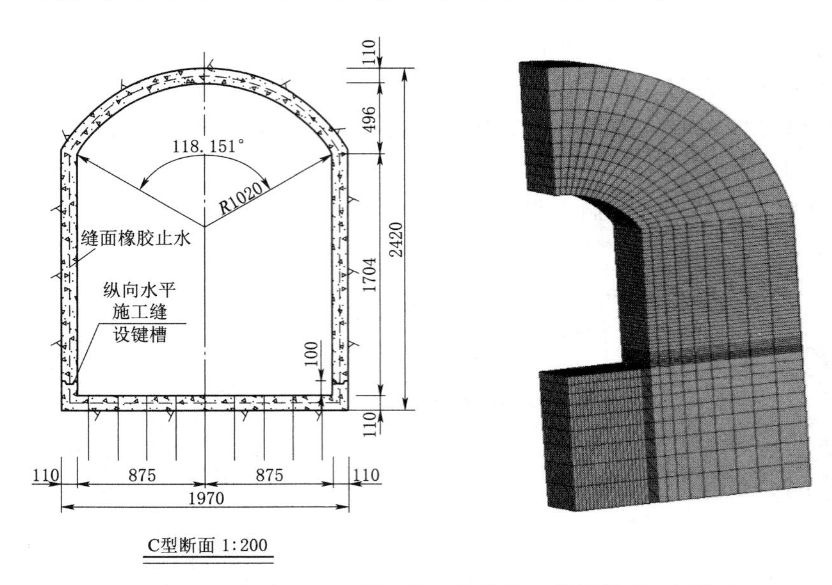

图 10.4　导流洞洞身段 C 型衬砌断面与有限元数值模型（单位：cm）

洞结合部分是永久建筑物，特别是可以为泄洪洞、发电输水洞及其他工程积累低热水泥混凝土温控防裂的经验，对导流洞工程混凝土开展温度裂缝实时控制研究。施工前做好温控方案设计，施工期及时进行温控防裂效果分析、实时优化，系统总结温控防裂效果与经验，确保导流洞衬砌混凝土无危害性温度裂缝。

10.1.2　基本资料与计算参数

10.1.2.1　环境温度

白鹤滩水电站地处亚热带季风区，坝址区多年平均气温 21.9℃，极端气温温差大、昼夜温差变化明显。其中极端最高气温 42.7℃，发生在 9 月，极端最低气温 2.1℃，发生在 12 月。平均水温 17.4℃，平均风速 1.9m/s。坝址处气温等气象要素见表 10.1。根据设计院提供资料，导流洞围岩温度取值为：夏季：25℃；冬季：23℃。导流洞内部空气温度年周期变化采用式（7.1）计算，取 $A=23℃$；$B=3℃$；$C=210\text{d}$。

表 10.1　　白鹤滩气象站气象要素统计表（1994—2009 年）

项目		1月	2月	3月	4月	5月	6月	7月	8月	9月	10月	11月	12月	全年
气温/℃	多年平均	13.3	16.6	20.7	25.5	26.8	26.8	27.5	27.2	24.8	21.6	18.2	14.4	21.95
	极端最高	30.7	35.1	39.6	42.3	42.6	41.5	42.3	41.5	42.7	37.0	34.7	29.8	42.7
	极端最低	1.7	0.8	4.6	7.1	11.5	15.4	15.2	13.1	11.4	10.1	4.5	2.1	0.8
相对湿度/%	多年平均	57	53	53	54	62	75	81	80	80	75	71	62	66
	历年最小	3	4	2	7	11	8	12	15	14	20	20	16	2
风/(m/s)	多年平均	2.4	2.7	2.7	2.5	1.9	1.3	1.1	1.0	1.1	1.4	1.6	2.1	1.8
	最大风速	9.8	10.8	12.8	11.8	8.9	8.8	6.1	6.1	6.2	6.8	8.1	7.2	12.8
	相应风向	SE	SE	S	SE	3个	SE	3个	SE	SE/SS	SE	SE	NW	S

续表

项目		1月	2月	3月	4月	5月	6月	7月	8月	9月	10月	11月	12月	全年
水温/℃	平均	10.7	12.5	15.4	18.7	21.0	22.3	21.8	21.8	20.1	17.9	14.6	11.4	17.4
	最高	12.3	14.9	18.5	20.7	23.6	25.4	24.8	24.3	23.4	20.8	17.6	13.2	25.4
	最低	8.7	10.6	12.4	15.2	17.8	19.5	19.4	18.3	17.1	15.7	11.7	8.9	8.7

10.1.2.2 衬砌混凝土热学参数

导流洞衬砌混凝土配制，在设计阶段为中热水泥，采用设计院根据试验成果推荐值；在施工中主要为低热水泥，采用《金沙江白鹤滩水电站洞室、厂房混凝土配合比设计及性能试验报告（Ⅱ2014064CL）（最终报告）》试验值。混凝土强度等级和热学性能列于表10.2，水化热温升计算采用下式

$$T(t)=\frac{T_0 t}{n+t} \tag{10.1}$$

式中：n 为水化热达到一半的龄期，d；T_0为最终绝热温升,℃。

表 10.2 白鹤滩导流洞衬砌混凝土热学性能

类型	标号	级配	比热/[kJ/(kg・℃)]	导热系数/[kJ/(m・h・℃)]	容重/(kN/m³)	线膨胀系数/(10⁻⁶/℃)	导温系数/(m²/h)	绝热温升	
								T_0/℃	n/d
低热	$C_{90}30$	泵送二级	0.84	4.72	24.43	6.60	0.0021	32.5	1.22
	$C_{90}40$	泵送二级	0.83	4.68	24.21	6.67	0.0021	39.6	1.32
中热	$C_{90}30$	泵送二级	0.84	4.72	25.13	7.5	0.0021	39.59	1.15
	$C_{90}40$	泵送二级	0.83	4.68	25.07	7.5	0.0021	44.25	0.90

10.1.2.3 衬砌混凝土的力学参数

衬砌混凝土的力学性能列于表10.3。混凝土各龄期弹性模量拟合公式

$$E(\tau)=E_0(1-e^{-a\tau^b}) \tag{10.2}$$

式中：τ 为龄期，d；a、b 为公式系数；E_0取1.2E（90d）；E 为混凝土的弹性模量。

表 10.3 衬砌混凝土力学性能

类型	标号	劈裂抗拉强度/MPa				轴拉强度/MPa			极限拉伸值/10⁻⁶			弹性模量/GPa			泊松比
		7d	28d	90d	180d	7d	28d	90d	7d	28d	90d	7d	28d	90d	
低热	$C_{90}30$	0.96	2.03	—	—	1.09	2.10	—	69	86	—	15.3	21.5	26.7	0.17
	$C_{90}40$	1.22	2.25	—	—	1.64	2.53	—	85	96	—	19.8	24.9	29.2	
中热	$C_{90}30$	1.52	1.97	2.83	3.54	1.93	2.43	3.15	80	86	91	23.9	29.2	32.1	0.19
	$C_{90}40$	2.57	2.81	3.59	4.65	2.22	2.7	3.3	89	96	104	20.3	30.9	35.1	0.21

注 90d弹性模量根据《白鹤滩水电站导流洞地热水泥混凝土配合比设计及性能试验》中7d、28d试验值拟合计算。

10.1.2.4 衬砌混凝土的徐变参数

混凝土徐变公式采用函数表达式为

$$C(t,\tau)=C_1(1+9.20\tau^{-0.45})[1-e^{-0.30(t-\tau)}]+C_2(1+1.70\tau^{-0.45})[1-e^{-0.0050(t-\tau)}] \tag{10.3}$$

式中：$C_1=0.23/E_0$，$C_2=0.52/E_0$；t 为持荷时间，d；其余符号意义同前。

10.1.2.5　围岩性能参数

导流洞各类围岩的热学参数取值见表 10.4、物理力学参数见表 10.5。

表 10.4　白鹤滩水电站地下硐室围岩的热学参数

导温系数/(m^2/d)	比热/[kJ/(kg·℃)]	导热系数/[kJ/(m·d·℃)]	线膨胀系数/10^{-6}
0.087	0.85	185.04	6.79

表 10.5　白鹤滩水电站导流洞围岩分类与物理力学参数

类　型	围岩类别	衬砌厚度	密度 ρ_0 /(g/cm^3)	变形模量 E_0/GPa	泊松比 μ
进口段 A 型	Ⅱ	2.5m	2.857	20	0.23
洞身段 B 型断面	Ⅱ	1.5m	2.857	20	0.23
洞身段 C 型断面	Ⅱ	1.1m	2.857	20	0.23

10.1.3　有限元法仿真计算结构段与模型

泄洪洞混凝土衬砌在施工期所受荷载主要为温度载荷、自重以及混凝土徐变变形产生的载荷。自重按施工浇筑过程分层施加，不考虑围岩自重和徐变。计算结构段和有限元模型，见图 10.2～图 10.4。围岩范围径向取 3 倍洞径左右，岩体和衬砌统一采用空间八节点等参单元。结构段模型共划分三维块体单元，A 型为 13752 个、B 型为 12936 个、C 型为 16380 个，衬砌中央横断面处混凝土块体单元尺寸不超过 0.5m。底板与边顶拱之间施工缝处设置接触面单元。各断面有限元仿真计算成果整理代表点示于图 10.5、图 10.6。

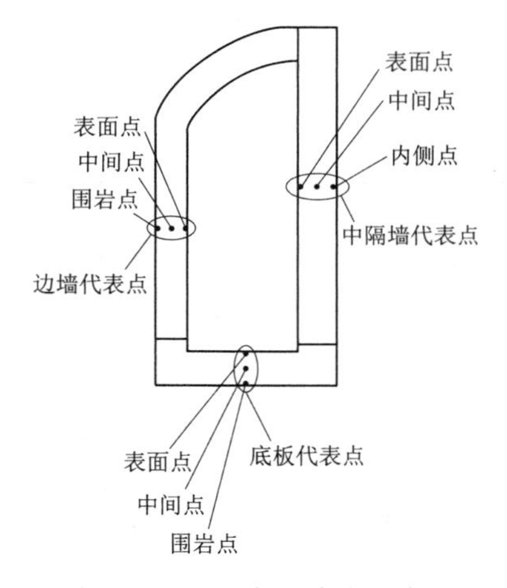

图 10.5　A 型断面代表示意图

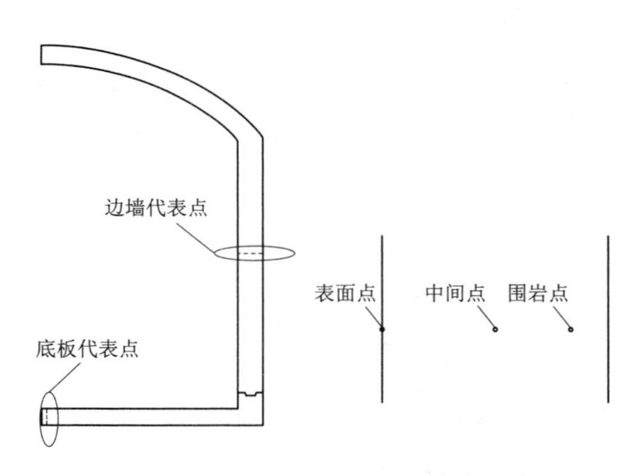

图 10.6　B 型、C 型断面代表点示意图

10.2 设计阶段衬砌（中热）混凝土温控防裂仿真计算分析

设计阶段，华东勘测设计研究院针对中热水泥混凝土开展了混凝土的配合比优化及其性能试验研究，推荐相应混凝土性能见10.1.2节。这里介绍根据设计推荐混凝土性能及其温控防裂要求进行仿真计算的成果。典型衬砌结构施工分缝长度12m。

10.2.1 进口段A型衬砌温控防裂方案计算分析

根据白鹤滩水电站坝址区的气温特点，分高温、低温两个季节进行仿真计算，计算方案列于表10.6。高温季节施工7月1日开始浇筑底板，低温季节1月1日开始浇筑底板，都是31d后浇筑边顶拱，3d拆模，洒水养护28d。

表10.6 A型衬砌混凝土温控防裂计算方案

方案	浇筑		通水冷却				冬季挂帘保温
	季节	温度/℃	水温/℃	时间/d	水管密度/m	通水流量/(m^3/d)	
1	高温	29	—	—	—	—	—
2		18	20	10	双排	48	是
3		16	20	7	双排	48	是
4	低温	15	—	—	—	—	—
5		17	18	7	双排	48	是
6		15	20	7	双排	48	是

注 “双排”指水管布置边墙、中隔墙垂直间距1m、水平两根，底板水平间距1m、铅直两根；养护为当月常温水；保温是指10月15日至次年4月15日挂帘封闭洞口；下同。

通过仿真计算对图10.5的代表点温度与温度应力成果进行整理，各方案温度与温度应力特征值列于表10.7，其中方案1（其余方案曲线类似，不图示）代表点的温度应力历时曲线示于图10.7～图10.9。

表10.7 A型衬砌混凝土各方案温度与温度应力特征值

部位	方案	最高温度/℃	最大内表温差/℃	最小抗裂安全系数	最大主拉力/MPa
边墙	1	58.30	26.07	0.43	7.65
	2	44.35	14.26	1.58	2.18
	3	42.72	13.04	1.95	1.77
底板	1	63.12	30.36	0.43	10.47
	2	48.62	17.72	1.37	3.39
	3	46.86	16.40	1.47	3.20
中隔墙	1	61.60	30.76	0.40	8.34
	2	47.02	17.78	1.29	2.66
	3	42.24	13.48	1.91	1.80

续表

部位	方案	最高温度/℃	最大内表温差/℃	最小抗裂安全系数	最大主拉力/MPa
边墙	4	44.52	26.24	0.85	4.20
	5	40.79	14.20	1.59	1.96
	6	41.41	15.39	1.82	1.78
底板	4	49.21	29.54	0.74	6.30
	5	45.28	17.28	1.32	3.06
	6	44.08	16.70	1.51	2.67
中隔墙	4	47.61	30.54	0.77	4.66
	5	48.19	23.19	1.36	2.67
	6	44.80	20.35	1.79	2.03

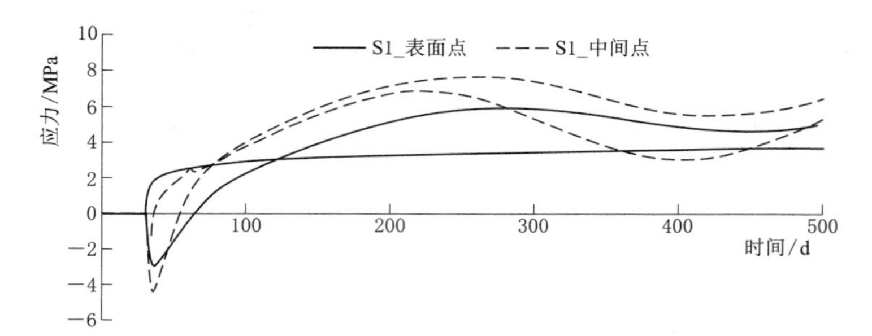

图 10.7　边墙代表点应力历时曲线

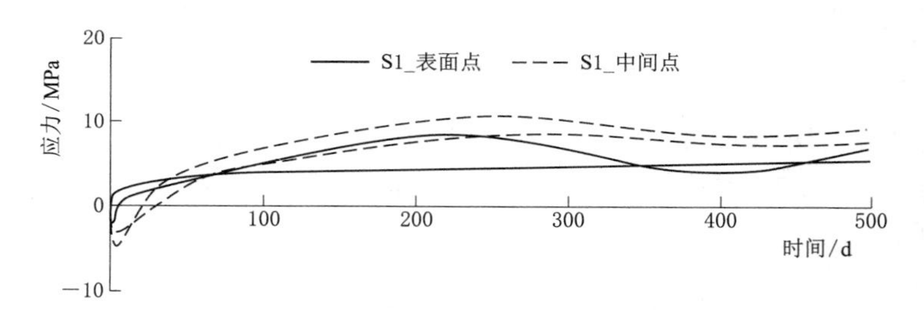

图 10.8　底板代表点应力历时曲线

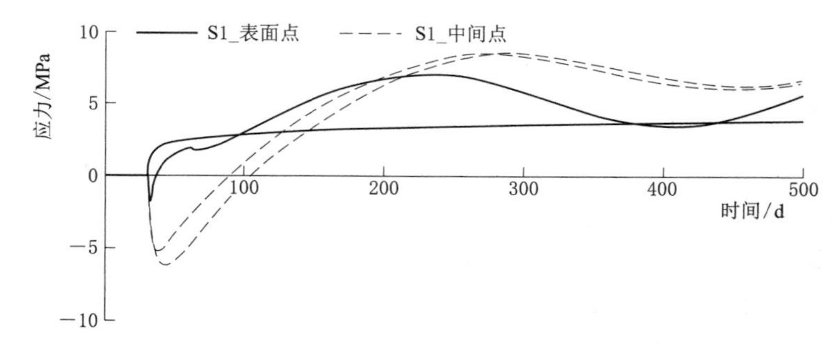

图 10.9　中隔墙代表点应力历时曲线

根据以上A型衬砌混凝土温控仿真计算成果，高温季节施工情况，如果不采取温控措施29℃浇筑（方案1），内部温度很高，温降产生的拉应力很大，势必产生温度裂缝；采用制冷混凝土18℃浇筑（方案2），并用常温水通水冷却，抗裂安全系数按1.5控制（根据设计院要求，并参考重力坝设计规范取小值[1]）时，边墙满足要求，底板和中隔墙不满足，但如果考虑到进口段A型衬砌仅施工期运用可以按抗裂安全系数1.3控制（参考溪洛渡水电站导流洞[2]，下同），则都可以满足要求。低温季节施工情况，15℃浇筑冬季洞口不挂帘保温（方案4）时，温降产生的拉应力很大，势必产生温度裂缝；冬季洞口挂帘保温并进行通水冷却的方案5、方案6基本都可以满足防裂要求，如果考虑到仅施工期运用可以按抗裂安全系数1.3控制预计不需要进行通水冷却也都可以满足要求。

10.2.2 洞身段B型衬砌温控防裂方案计算分析

同样分高温、低温两个季节进行仿真计算，方案列于表10.8。浇筑程序和拆模、养护等同前。各方案温度与温度应力特征值列于表10.9（各方案温度与温度应力历时曲线与10.2.1节类似，不再图示）。

表10.8　　B型衬砌混凝土温控防裂计算方案

方案	浇筑		通水冷却				冬季挂帘保温
	季节	温度/℃	水温/℃	时间/d	水管密度	通水流量/(m^3/d)	
1	高温	29	—	—	—	—	—
2		18	20	10	单排	48	是
3		20/16	16	10	单排	48	是
4	低温	16	—	—	—	—	—
5		16	16	10	单排	48	是
6		15	14	15	单排/双排	48	是

注　通水冷却水管，边墙垂直间距和底板水平间距均1m；方案3中，20/16是指边墙浇筑温度20℃，底板浇筑温度16℃；方案6中底板双排，指厚度方向布置两根水管；其余同上。

表10.9　　B型衬砌混凝土各方案温度与温度应力特征值

部位	方案	最高温度/℃	最大内表温差/℃	最小抗裂安全系数	最大主拉力/MPa
边墙	1	52.03	18.77	0.75	4.40
	2	41.50	11.33	1.67	1.95
	3	42.28	11.44	1.43	2.25
底板	1	56.65	22.18	0.74	5.69
	2	44.74	13.31	1.32	3.05
	3	42.69	11.54	1.58	2.62
边墙	4	40.69	14.83	1.4	2.33
	5	38.84	11.13	1.72	1.74
	6	37.90	10.48	1.93	1.55

续表

部位	方案	最高温度/℃	最大内表温差/℃	最小抗裂安全系数	最大主拉力/MPa
底板	4	44.49	17.04	1.01	3.58
	5	42.45	13.28	1.22	2.85
	6	37.25	9.42	1.53	2.16

根据以上 B 型衬砌混凝土仿真计算成果，高温季节施工情况，如果不采取温控措施 29℃浇筑（方案 1），内部温度很高，温降产生的拉应力大，势必产生温度裂缝；采用制冷混凝土 18℃浇筑（方案 2），并用常温水通水冷却，抗裂安全系数按 1.5 控制时边墙满足要求、底板不满足。但由于 B 型衬砌仅施工期运用，可以按抗裂安全系数 1.3 控制，则都可以满足要求。而且，底板的养护条件好于边墙，根据溪洛渡泄洪洞、导流洞等工程经验，同等条件下底板混凝土基本无裂缝[2]，所以可以采用方案 2（以后推荐温控措施方案和温控标准，均以边墙为基础）。方案 3 虽然底板混凝土抗裂安全系数高些，但底板、边墙采取不同浇筑温度施工较复杂，不便控制。低温季节施工情况，16℃浇筑冬季洞口不挂帘保温（方案 4）时，温降产生的拉应力很大，势必产生温度裂缝；冬季洞口挂帘保温并进行通水冷却的方案 6 可以满足防裂要求；同样考虑到底板养护条件好些和该 B 型衬砌在进口仅施工期运用，可以考虑采用方案 5。

10.2.3　洞身段 C 型衬砌温控防裂方案计算分析

分高温、低温两个季节进行仿真计算，方案列于表 10.10。浇筑程序和拆模、养护等同前。各方案温度与温度应力特征值列于表 10.11。

表 10.10　C 型衬砌混凝土温控防裂计算方案

方案	浇筑		通水冷却				冬季挂帘保温
	季节	温度/℃	水温/℃	时间/d	水管密度/m	通水流量/(m^3/d)	
1	高温	29	—	—	—	—	否
2		18	—	—	—	—	否
3		18	—	—	—	—	是
4		18	7.1	20	1	48	是
5	低温	15	—	—	—	—	否
6		15	1.1	14	1	48	是
7		15	1.1	14	0.7	48	是

表 10.11　C 型衬砌混凝土各方案温度与温度应力特征值

部位	方案	最高温度/℃	最大内表温差/℃	最小抗裂安全系数	最大主拉力/MPa
边墙	1	48.67	13.91	0.76	4.33
	2	41.13	9.82	1.31	2.51
	3	41.13	9.82	1.49	2.12
	4	38.41	7.70	1.74	1.83

续表

部位	方案	最高温度/℃	最大内表温差/℃	最小抗裂安全系数	最大主拉力/MPa
底板	1	53.11	16.49	0.88	4.53
	2	43.66	10.87	1.25	3.49
	3	43.66	10.87	1.25	3.06
	4	40.93	8.49	1.47	2.60
边墙	5	37.22	11.03	1.38	2.13
	6	35.35	7.51	1.86	1.48
	7	34.45	6.82	1.97	1.37
底板	5	40.31	12.13	1.06	3.07
	6	38.28	8.48	1.37	2.29
	7	37.34	7.72	1.47	2.14

根据以上C型衬砌混凝土仿真计算成果，高温季节施工情况，如果不采取温控措施29℃浇筑（方案1），内部温度很高，温降产生的拉应力大，势必产生温度裂缝；对于非结合段，仅施工期运用，抗裂安全系数可以适当放低，可以采用18℃浇筑（方案3）＋冬季挂帘保温的方案；对于结合段，如果要求抗裂安全系数按1.5控制，宜采用方案4，即在方案3的基础上增加通水冷却。低温季节施工情况，15℃浇筑方案5的抗裂安全系数底板较小，但如果增加冬季挂帘保温应该能基本满足要求，非结合段完全可以采用，结合段要求高时可以进一步增加通水冷却，采用方案6、方案7。

10.2.4 推荐混凝土浇筑方案与温控标准

根据导流洞进口段A型、B型和洞身段非结合段C型都仅在施工期运用、只有结合段C型为永久运用的特点，借鉴溪洛渡水电站泄洪洞、导流洞和三峡永久船闸地下输水洞等工程温控经验与温控标准，并结合白鹤滩导流洞施工条件和便于施工的要求，根据前面的计算分析，推荐各结构段衬砌混凝土高温与低温季节浇筑施工温控方案及其最高温度控制标准列于表10.12。

表10.12 推荐浇筑温控方案与最高温度控制标准（设计阶段）

结构段	浇筑季节	部位	浇筑温度/℃	通水温度/℃	通水流量/(m^3/d)	通水时间/d	冷却水管密度/(m×m)	允许最高温度/℃
洞口段A型衬砌	高温季节	边顶拱	18	20	48	10	1.25×1.0	44
		中隔墙	18	20	48	10	1.5×1.0	47
		底板	18	20	48	10	1.25×1.0	48
	低温季节	边顶拱	17	18	48	7	1.25×0.5	42
		中隔墙	17	20	48	7	1.5×1.0	44
		底板	15	20	48	7	1.25×0.5	45

续表

结构段	浇筑季节	部位	浇筑温度/℃	通水温度/℃	通水流量/(m^3/d)	通水时间/d	冷却水管密度/(m×m)	允许最高温度/℃
洞身段B型衬砌	高温季节	边顶拱	18	20	48	10	1.5×1.0	42
		底板	18	20	48	10	1.5×1.0	42
	低温季节	边顶拱	15					39
		底板	15					39
结合段C型衬砌	高温季节	边顶拱	18	20	48	10	1.1×1.0	40
		底板	18	20	48	10	1.1×1.0	40
	低温季节	边顶拱	15	14	48	10	1.1×1.0	37
		底板	15	14	48	10	1.1×1.0	37
非结合段C型衬砌	高温季节	边顶拱	18					43
		底板	18					43
	低温季节	边顶拱	15					39
		底板	15					39

注　以上各推荐温控方案均是10月15日至次年4月15日在洞口挂帘保温；低温季节推荐15℃浇筑，同时表示低于15℃可以自然入仓浇筑。

10.3　低热水泥衬砌混凝土热学参数验证计算

10.3.1　验证计算目的

导流洞施工阶段，白鹤滩工地还不具备制冷条件，借鉴溪洛渡泄洪洞衬砌采用低热水泥混凝土温控防裂取得良好效果的经验，特别是进一步为将来大坝和其他地下工程积累混凝土温控防裂经验，三峡集团公司决定导流洞采用低热水泥混凝土，并由工程试验中心进行相应的配合比和性能试验研究，成果见10.1.2节。

白鹤滩水电站工程建设筹备组及其导流洞建设管理、施工、监理等有关单位，高度重视导流洞混凝土温控防裂问题，在大面积开展混凝土浇筑初期，首先于2013年3月27日在右岸导流隧洞5号导流洞1＋330.44～1＋342.41左半幅进行首仓混凝土底板浇筑试验，检测了混凝土浇筑有关温度数据，为衬砌混凝土大面积浇筑积累经验资料。

由于混凝土浇筑环境（温度、湿度）、施工工艺、质量等，实验室与工程现场有较大差异，会影响混凝土性能，室内试验值经常与工程取样试验值有较大差异。因此，充分利用5号导流洞首仓混凝土浇筑试验温度检测资料，进一步反分析衬砌混凝土的热学参数，复核《白鹤滩水电站导流洞低热水泥混凝土配合比设计及性能试验》对施工现场的适用性，尽可能消除从实验室到施工现场的影响。并最终确定衬砌混凝土热学计算参数，用以实时进行导流洞衬砌混凝土的温控防裂计算。

10.3.2 底板（首仓浇筑试验）混凝土热学参数验证计算

10.3.2.1 现场试验温控实测资料

导流洞C型断面厚度1.1m衬砌混凝土底板使用$C_{90}40$低热混凝土，试验部位选择右岸导流隧洞5号导流洞1+330.44～1+342.41左半幅。2013年3月27日21：10，首仓混凝土底板（试验仓）开始浇筑，预埋冷却水管（间距1.5m），在混凝土浇筑时开始通水冷却。3d龄期拆模板，通水冷却15d，洒水养护28d。截至4月1日20：30，环境温度20.8～25.1℃，进水温度20.3～23.3℃，出水温度20.3～29.8℃，浇筑温度范围为22.8～24.6℃，混凝土最高温度范围为37.2～42.8℃，最高温度出现时间范围为2～3d，通水流量范围为35～38L/min。

浇筑前在仓面安装温度计，并记录初始温度，混凝土浇筑覆盖后，定时对混凝土内部温度监控记录，混凝土内部温度监测典型成果见表10.13，温度曲线见图10.10。温度监测成果表明，混凝土开始浇筑截至2013年3月29日16：35，历时42h，最大温升18.2℃，之后温度呈现下降趋势。

表10.13　5号导流洞底板第一仓混凝土内部温度监测成果表

观测时间	电阻值/Ω	温度/℃	时间间隔/h	温升/℃	备注
2013-3-27 22：30	108.94	23.21	0	—	浇筑前
2013-3-27 23：15	108.85	22.98	1	—	覆盖后
2013-3-27 00：50	109.56	24.82	2	1.84	
2013-3-28 08：55	112.22	31.73	10	8.75	
2013-3-28 16：05	114.34	37.24	18	14.26	
2013-3-29 00：20	114.99	38.92	26	15.94	
2013-3-29 08：50	115.84	41.13	34	18.15	
2013-3-29 16：35	115.86	41.18	42	18.20	
2013-3-30 00：35	115.74	40.87	50	17.89	
2013-3-30 08：45	115.46	40.15	58	17.17	

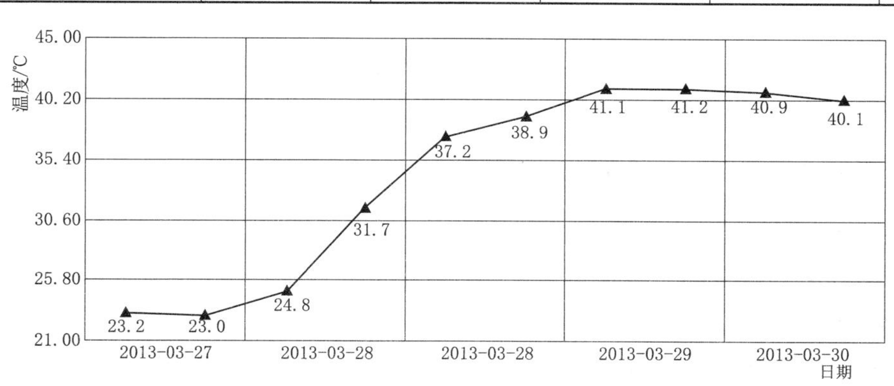

图10.10　5号导流洞底板混凝土内部温度曲线

10.3.2.2　衬砌混凝土绝热温升验证计算

根据现场实测衬砌混凝土温度数据与施工实际情况，概化计算条件为：底板混凝土浇筑温度（选取覆盖后的温度）22.98℃，通水冷却 15d，冷却水温 23.8℃，流量 35L/min，浇筑后 3d 拆模，洒水养护 28d。模拟 5 号导流洞 1＋330.44～1＋342.41 左半幅底板混凝土浇筑过程等进行有限元法仿真计算（参数见 10.1.2 节），整理底板混凝土厚度中心点温度结果见表 10.14，并与观测温度同时示于图 10.11。

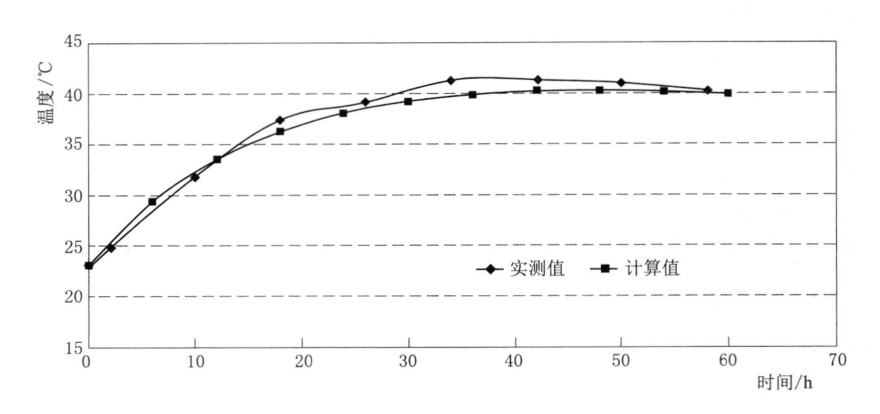

图 10.11　底板混凝土中心点温度计算值与实测值历时曲线

表 10.14　　　　底板混凝土中心点温度计算值

时间/h	0	6	12	18	24	30	36	42	48	54	60
温度/℃	22.98	29.34	33.40	36.14	37.95	39.10	39.77	40.09	40.16	40.04	39.79

由图 10.11 计算结果与现场实测温度比较可以看出：①最高温度：计算值 40.16℃，实测值 41.8℃，相差 1.64℃，误差 4%；②最高温度出现时间：计算值为 48h，实测值为 42h，相差 6h。进一步分析误差原因，浇筑温度应取上层混凝土覆盖前距表面 10cm 深处的温度，即应近似第二层覆盖温度计控制值 24.82℃，则浇筑温度提高 1.84℃，衬砌厚度 1.1m 底板混凝土的最高温度将提高 1.5℃左右。如果考虑浇筑温度取值的影响，则最高温度计算值的温差将非常小。因此，可以认为室内试验底板（低热水泥）混凝土 $C_{90}40$ 热学参数符合现场实际，在下一步施工期温控防裂实时计算分析中直接采用试验参数。

10.3.3　边墙衬砌混凝土热学参数验证计算

10.3.3.1　现场实测温控资料

对边墙衬砌混凝土（$C_{90}30$，低热水泥）热学参数验证计算，取 1 号导流洞 1＋205～1＋220 边顶拱为模拟计算仓位。混凝土开始浇筑的时间，2014 年 1 月 15 日 5：00。混凝土内部起始测量温度，17.05℃。3d 龄期拆模，洒水养护 28d。边墙中上部（后期温度裂缝区域）14m 高度断面中心温度计现场实测温度成果见表 10.15。

表 10.15　　　　**现场实测边顶拱衬砌混凝土内部温度**

测 量 时 间	温度/℃	测 量 时 间	温度/℃	测 量 时 间	温度/℃
2014-01-15 05：00	17.05	2014-02-03 16：00	23.4	2014-01-21 00：00	28.65
2014-01-15 09：00	22.9	2014-02-04 16：00	23.25	2014-01-21 08：00	28.3
2014-01-15 13：00	26.65	2014-02-05 16：00	23.15	2014-01-21 16：00	27.9
2014-01-15 16：30	28.65	2014-02-06 16：00	23	2014-01-22 00：00	27.5
2014-01-15 21：00	30.2	2014-02-07 16：00	22.9	2014-01-22 08：00	27.1
2014-01-16 10：00	32	2014-02-08 16：00	22.75	2014-01-22 16：00	26.75
2014-01-16 15：00	32.6	2014-02-09 16：00	22.55	2014-01-23 00：00	26.45
2014-01-16 20：00	32.7	2014-02-10 16：00	22.45	2014-01-23 08：00	26.15
2014-01-17 01：00	32.75	2014-02-11 16：00	22.35	2014-01-23 16：00	25.85
2014-01-17 06：00	32.8	2014-02-12 16：00	22.3	2014-01-24 16：00	25.55
2014-01-17 11：00	32.7	2014-02-13 16：00	22.2	2014-01-25 16：00	25.25
2014-01-17 16：00	32.6	2014-02-14 16：00	22.1	2014-01-26 16：00	25
2014-01-17 21：00	32.45	2014-02-15 16：00	21.9	2014-01-27 16：00	24.75
2014-01-18 08：00	32.05	2014-02-16 16：00	21.65	2014-01-28 16：00	24.55
2014-01-18 16：00	31.65	2014-02-17 16：00	21.45	2014-01-29 16：00	24.3
2014-01-19 00：00	31.1	2014-02-18 16：00	21.3	2014-01-30 16：00	24.1
2014-01-19 08：00	30.5	2014-02-19 16：00	21.15	2014-01-31 16：00	23.9
2014-01-19 16：00	29.9	2014-02-20 16：00	21.05	2014-02-01 16：00	23.75
2014-01-20 00：00	29.5	2014-02-21 16：00	20.95	2014-02-02 16：00	23.55
2014-01-20 08：00	29.2	2014-01-15 05：00	17.05	2014-02-03 16：00	23.4
2014-01-20 16：00	28.95	2014-01-15 09：00	22.9	2014-02-04 16：00	23.25
2014-01-21 00：00	28.65	2014-01-15 13：00	26.65	2014-02-05 16：00	23.15
2014-01-21 08：00	28.3	2014-01-15 16：30	28.65	2014-02-06 16：00	23
2014-01-21 16：00	27.9	2014-01-15 21：00	30.2	2014-02-07 16：00	22.9
2014-01-22 00：00	27.5	2014-01-16 10：00	32	2014-02-08 16：00	22.75
2014-01-22 08：00	27.1	2014-01-16 15：00	32.6	2014-02-09 16：00	22.55
2014-01-22 16：00	26.75	2014-01-16 20：00	32.7	2014-02-10 16：00	22.45
2014-01-23 00：00	26.45	2014-01-17 01：00	32.75	2014-02-11 16：00	22.35
2014-01-23 08：00	26.15	2014-01-17 06：00	32.8	2014-02-12 16：00	22.3
2014-01-23 16：00	25.85	2014-01-17 11：00	32.7	2014-02-13 16：00	22.2
2014-01-24 16：00	25.55	2014-01-17 16：00	32.6	2014-02-14 16：00	22.1
2014-01-25 16：00	25.25	2014-01-17 21：00	32.45	2014-02-15 16：00	21.9

续表

测 量 时 间	温度/℃	测 量 时 间	温度/℃	测 量 时 间	温度/℃
2014-01-26 16：00	25	2014-01-18 08：00	32.05	2014-02-16 16：00	21.65
2014-01-27 16：00	24.75	2014-01-18 16：00	31.65	2014-02-17 16：00	21.45
2014-01-28 16：00	24.55	2014-01-19 00：00	31.1	2014-02-18 16：00	21.3
2014-01-29 16：00	24.3	2014-01-19 08：00	30.5	2014-02-19 16：00	21.15
2014-01-30 16：00	24.1	2014-01-19 16：00	29.9	2014-02-20 16：00	21.05
2014-01-31 16：00	23.9	2014-01-20 00：00	29.5	2014-02-21 16：00	20.95
2014-02-01 16：00	23.75	2014-01-20 08：00	29.2		
2014-02-02 16：00	23.55	2014-01-20 16：00	28.95		

10.3.3.2　绝热温升验证计算

根据 1 号导流洞 1+205.00～1+220.00 边顶拱衬砌混凝土现场实测温度成果和与施工实际情况，概化有限元法模拟计算条件为：边顶拱衬砌混凝土浇筑温度 17.05℃，不通水冷却，浇筑后 3d 拆模，随后洒水养护 28d。有关参数详见 10.1.2 节，模拟施工过程进行仿真计算。整理边墙中上部 14m 高度断面中心（温度计测点）点温度成果，与温度计实测曲线示于图 10.12，列于表 10.16。

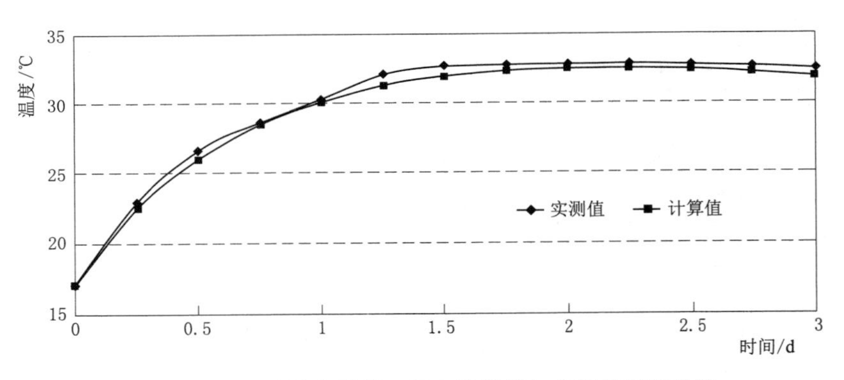

图 10.12　边墙衬砌混凝土温度计算值与实测值历时曲线

表 10.16　　边墙衬砌混凝土温度计算值与实测值

时间/d	实测值/℃	计算值/℃	差值/℃	相对误差/%
0	17.05	17.05	0	0
0.25	22.9	22.43	0.47	2.1
0.5	26.65	26.03	0.62	2.3
0.75	28.65	28.48	0.17	0.6
1	30.2	30.13	0.07	0.2
1.25	32	31.22	0.78	2.3

续表

时间/d	实测值/℃	计算值/℃	差值/℃	相对误差/%
1.5	32.6	31.90	0.70	2.1
1.75	32.7	32.28	0.42	1.2
2	32.75	32.45	0.30	0.9
2.25	32.8	32.45	0.35	1.0
2.5	32.7	32.33	0.37	1.1
2.75	32.6	32.13	0.45	1.4
3	32.45	31.87	0.58	1.8

由以上计算结果与观测值比较可以看出，计算值与实测值最高温度出现时间相同，均在浇筑后2.25d，最高温度计算值与观测值的差小于0.8℃，相对误差小于2.3%。同时采用Matlab软件计算两组温度值的相关系数高达0.999。因此，可以认为边墙衬砌混凝土 $C_{90}30$ 试验测得的热学参数符合现场实际情况，在施工期衬砌混凝土温控防裂实时研究中直接采用试验热学参数。

10.4 施工期衬砌（低热）混凝土温度裂缝控制实时计算分析

为进一步取得低热水泥混凝土温度裂缝控制经验数据，三峡集团公司决定导流洞采用低热水泥混凝土。为此，立即开展导流洞低热水泥混凝土温度裂缝控制实时仿真计算分析。

为便于施工实施，分别对各类型衬砌混凝土春、夏、秋、冬4个季节浇筑情况进行仿真计算，对应开始底板浇筑时间为4月1日、7月1日、10月1日、1月1日，都是31d后浇筑边顶拱，3d拆模，洒水养护28d，典型衬砌结构施工分缝长度12m。洞内气温采用式（7.1）计算，根据溪洛渡泄洪洞气温观测成果，结合白鹤滩水电站当地气温特点，取 $A=23$℃，$B=5$℃，较设计阶段气温值有所改变。

为减少篇幅，仅介绍工程量大而且结合段为永久浇筑的C型衬砌混凝土的温度与温度应力的仿真计算成果。C型衬砌结合段也包括洞内段和出口段。在挂帘封闭洞口保温的情况下，封闭段内洞口空气温度基本与洞内空气温度相当，因此这里仅介绍洞内段的计算成果，洞口段可参考执行。

10.4.1 春季施工洞身段C型衬砌混凝土温度与温度应力分析

春季施工C型衬砌混凝土温控计算方案列于表10.19，整理边墙和底板中间断面各代表点的温度、温度应力和最小抗裂安全系数等特征值汇总列于表10.18、表10.19。

根据计算成果可知：

（1）20℃浇筑的方案1，最小抗裂安全系数分别为1.36、1.09，发生于24d、32.50d，都不能满足设计安全系数1.5（按结合段永久运行）的要求；20℃浇筑+洞口冬季挂帘保温（洞内空气温度不低于20℃条件，下同）的方案2，由于最小抗裂安全系数发

表10.17　　春季温控计算方案

方案	浇筑温度/℃	通水冷却				洞口保温温度/℃
		温度/℃	时间/d	水管密度/(m×m)	通水流量/(m^3/d)	
1	20	—	—	—	—	—
2	20	—	—	—	—	20
3	20	17	10	1.0×1.1	40	20
4	18	17	10	1.0×1.1	40	20
5	16	17	10	1.0×1.1	40	20

表10.18　　春季施工边墙代表点温控特征值

方案	最高温度/℃			最大内表温差/℃	最大拉应力/MPa			最小抗裂安全系数		
	表面点	中间点	围岩点		表面点	中间点	围岩点	表面点	中间点	围岩点
1	30.63	36.9 (2.5)	32.32	8.47 (3.75)	1.55	2.4 (289)	1.63	2.12	1.36 (24)	2.06
2	30.63	36.9 (2.5)	32.32	8.47 (3.75)	1.27	2.19 (329)	1.48	2.19	1.36 (24)	2.3
3	29.76	35.06 (2)	30.67	6.94 (3.75)	1.2	1.95 (329)	1.31	2.19	1.51 (19.75)	2.6
4	29.11	33.83 (2.25)	29.74	6.33 (3.75)	1.09	1.72 (329)	1.12	2.7	1.81 (20.75)	3.03
5	28.53	32.67 (2.5)	28.88	5.74 (3.75)	0.99	1.50 (329)	0.95	3.21	2.22 (259)	3.6

注　括号内数值为相应物理量发生龄期 (d)，下同。

表10.19　　春季施工底板代表点温控特征值

方案	最高温度/℃			最大内表温差/℃	最大拉应力/MPa			最小抗裂安全系数		
	表面点	中间点	围岩点		表面点	中间点	围岩点	表面点	中间点	围岩点
1	30.54	39.54 (2.5)	34.3	11.81 (3.75)	1.46	2.92 (320)	2.14	2.1	1.09 (32.50)	1.65
2	30.54	39.54 (2.5)	34.3	11.81 (3.75)	1.18	2.70 (360)	1.98	2.1	1.09 (32.50)	1.65
3	29.6	37.48 (2)	32.43	10.08 (3.75)	1.08	2.37 (360)	1.73	2.16	1.23 (32.25)	1.86
4	28.94	35.99 (2.25)	30.93	9.22 (3.75)	1.01	2.13 (360)	1.45	2.41	1.39 (32.25)	2.25
5	28.31	34.57 (2.25)	29.52	8.38 (3.75)	0.95	1.90 (360)	1.19	2.71	1.58 (32.25)	2.84

生于早期（冬季保温之前）24d、32.50d，所以仍然分别为1.36、1.09，当然也就都不能满足设计安全系数1.5的要求；20℃浇筑＋通水冷却＋洞口冬季挂帘保温的方案3，边墙和底板混凝土最高温度和最大拉应力明显降低，最小抗裂安全系数提高至1.51、1.23，底板不满足设计安全系数1.5的要求；18℃浇筑＋通水冷却＋洞口冬季挂帘保温的方案4，最小抗裂安全系数分别达到1.81、1.39，但底板仍然不满足要求；16℃浇筑＋通水冷却＋洞口冬季挂帘保温的方案5，边墙和底板最小抗裂安全系数分别达到2.22、1.58，均能满足设计安全系数1.5的要求。

(2) 按照最小抗裂安全系数1.5的要求，边墙在方案3的条件下可以满足要求，最高温度控制标准可取为35℃。底板需要采用方案5才可以满足大于1.5的要求，最高温度控制标准也为35℃。

考虑到两方面因素：①底板采取16℃浇筑，边墙采取20℃浇筑，给施工增加困难；②边墙（特别是顶拱）养护困难，计入体积变形和养护不足的干缩影响，抗裂安全系数比计算值会降低，而底板养护条件好，同等条件下实际抗裂安全系数会高于边墙，建议都可采用18℃浇筑方案，边墙采用方案3、底板采用方案5的其他温控措施不变，最高温度控制标准可为35℃不变。对于非结合段，仅施工期运用，可以适当放宽要求，可以采用方案3，甚至方案2，最高温度控制标准可为37℃。

10.4.2 夏季施工洞身段C型衬砌混凝土温度与温度应力分析

夏季施工仿真计算方案列于表10.20，边墙和底板中间断面各代表点的温度、温度应力、最小抗裂安全系数特征值汇总列于表10.21和表10.22。

表10.20　　夏季温控计算方案

方案	浇筑温度/℃	通水冷却				洞口保温温度/℃
		温度/℃	时间/d	水管密度/(m×m)	通水流量/(m^3/d)	
1	21	—	—	—	—	—
2	19	—	—	—	—	20
3	19	20	10	1.0×1.1	40	20

表10.21　　边墙代表点温控特征值

方案	最高温度/℃			最大内表温差/℃	最大拉应力/MPa			最小抗裂安全系数		
	表面点	中间点	围岩点		表面点	中间点	围岩点	表面点	中间点	围岩点
1	34.13	39.59 (2.75)	36.08	7.65 (4)	1.61	2.28 (239)	1.71	1.79	1.34 (144)	1.87
2	33.51	38.37 (3)	35.11	6.94 (5)	1.51	2.02 (239)	1.51	1.92	1.52 (149)	2.13
3	32.64	36.52 (2.5)	33.49	5.54 (3.75)	1.45	1.82 (239)	1.36	1.99	1.70 (149)	2.37

表10.22　　底板代表点温控特征值

方案	最高温度/℃			最大内表温差/℃	最大拉应力/MPa			最小抗裂安全系数		
	表面点	中间点	围岩点		表面点	中间点	围岩点	表面点	中间点	围岩点
1	35.19	41.63 (2.75)	36.68	9.01 (4)	1.85	2.82 (270)	1.98	1.78	1.21 (175)	1.79
2	34.51	40.05 (2.75)	35.25	8.02 (4)	1.78	2.55 (270)	1.68	1.85	1.34 (175)	2.11
3	33.61	38.13 (2.5)	33.26	6.50 (3.75)	1.72	2.25 (270)	1.45	1.92	1.52 (180)	2.45

根据以上计算成果可知：

(1) 21℃浇筑的方案1，边墙和底板混凝土最小抗裂安全系数分别为1.34、1.21，都不能满足设计安全系数1.5的要求。非结合段可以适当放宽要求时可以考虑采用该方案。

(2) 19℃浇筑+洞口冬季挂帘保温的方案2，边墙和底板混凝土最小抗裂安全系数分别为 1.52、1.34，底板不满足设计安全系数 1.5 的要求。

(3) 19℃浇筑＋通水冷却＋洞口冬季挂帘保温的方案 3，边墙和底板混凝土最小抗裂安全系数分别为 1.70、1.52，都能够满足设计安全系数 1.5 的要求。

(4) 根据以上分析，对于结合段可以采用施工方案 3，相应的最高温度控制标准为 38℃；对于非结合段，可以采用方案 2 施工，相应的最高温度控制标准为 41℃。

10.4.3　秋季施工洞身段 C 型衬砌混凝土温度与温度应力分析

秋季的气温条件与春季相近，参考 10.4.1 节的计算成果，拟定 2 个计算方案列于表 10.23。边墙和底板温度、温度应力、最小抗裂安全系数特征值汇总列于表 10.24 和表 10.25。

表 10.23　　秋季温控计算方案

方案	浇筑温度/℃	通水冷却				洞口保温温度/℃
		温度/℃	时间/d	水管密度/(m×m)	通水流量/(m³/d)	
1	19	—	—	—	—	—
2	19	20	10	1.0×1.1	40	20

表 10.24　　边墙代表点温控特征值

方案	最高温度/℃			最大内表温差/℃	最大拉应力/MPa			最小抗裂安全系数		
	表面点	中间点	围岩点		表面点	中间点	围岩点	表面点	中间点	围岩点
1	31.46	37.64 (2.75)	34.51	8.53 (4)	0.88	1.78 (469)	1.29	2.40	1.50 (31)	2.27
2	30.71	35.98 (2.5)	33.04	7.21 (3.75)	0.83	1.59 (469)	1.15	2.50	1.67 (31)	2.54

表 10.25　　底板代表点温控特征值

方案	最高温度/℃			最大内表温差/℃	最大拉应力/MPa			最小抗裂安全系数		
	表面点	中间点	围岩点		表面点	中间点	围岩点	表面点	中间点	围岩点
1	33.89	39.86 (2.75)	35.00	8.61 (4)	1.27	2.33 (500)	1.50	2.43	1.37 (33)	2.22
2	33.03	37.99 (2.5)	33.08	7.10 (3.75)	1.22	2.06 (500)	1.28	2.57	1.56 (99)	2.61

计算结果表明：19℃浇筑的方案 1，边墙和底板最小抗裂安全系数分别为 1.50、1.37，边墙能够满足设计安全系数 1.5 的要求，底板不满足要求，但非结合段仅在施工期运用，完全可以采用该方案施工；19℃浇筑＋通水冷却＋洞口冬季挂帘保温的方案 2，边墙和底板混凝土最小抗裂安全系数分别为 1.67、1.56，均能够满足大于 1.5 要求。因此，对于结合段按照最小抗裂安全系数 1.5 的要求，可以采用温控方案 2，最高温度控制标准为 37℃；对于结合段可以采用温控方案 1，最高温度控制标准为 39℃。

10.4.4　冬季施工洞身段 C 型衬砌混凝土温度与温度应力分析

冬季施工温控仿真计算方案列于表 10.26，根据以上计算分析，底板温度裂缝控制条件比边墙要容易实现，可以参照边墙执行，这里仅整理边墙中间断面各代表点温度、温度应力、最小抗裂安全系数等温控特征值汇总列于表10.27。

表10.26 冬季温控计算方案表

方案	混凝土浇筑		通水冷却				洒水养护	洞口保温温度/℃
	时间/d	温度/℃	温度/℃	时间/d	水管密度/(m×m)	通水流量/(m^3/d)	时间/d	
1	1.1	20	—	—	—	—	28	20
2	1.1	18	—	—	—	—	28	20
3	1.1	16	—	—	—	—	28	20
4	1.1	14	16	10	1.0×1.1	40	28	20

表10.27 边墙代表点温控特征值汇总表

方案	最高温度/℃			最大内表温差/℃	最大拉应力/MPa			最小抗裂安全系数		
	表面点	中间点	围岩点		表面点	中间点	围岩点	表面点	中间点	围岩点
1	28.53	36.07 (2.25)	31.21	10.02 (3.75)	0.97	2.24 (419)	1.49	1.58	1.01 (28.75)	1.68
2	27.80	34.69 (2.5)	30.21	9.29 (3.75)	0.86	1.98 (419)	1.29	1.83	1.14 (30.25)	1.94
3	27.38	32.68 (2.5)	27.57	7.84 (3.75)	0.85	1.79 (84)	1.10	2.06	1.22 (29.75)	2.23
4	27.53	30.60 (2.5)	26.89	6.67 (3.75)	0.65	1.28 (419)	0.74	2.54	1.71 (31)	3.17

根据以上计算成果可知：方案1～方案3的最小抗裂安全系数分别为1.01、1.14、1.22，都不能满足设计安全系数1.5的要求；方案4为14℃浇筑、通16℃水冷却10d，洞口冬季挂帘保温，保证空气温度不低于20℃条件下，边墙最小抗裂安全系数1.71，能够满足设计安全系数1.5的要求。按照最小抗裂安全系数1.5的要求，推荐温度裂缝控制方案为：14℃浇筑，在中间布置单排间距1.0m水管通16℃水冷却，通水流量40m^3/d，洞口冬季挂帘保温保证空气温度不低于20℃。最高温度控制标准为31℃。

10.4.5 推荐洞身段C型衬砌混凝土温度裂缝控制方案与标准

根据以上计算分析，进一步借鉴溪洛渡水电站泄洪洞、导流洞和三峡永久船闸地下输水洞等工程温控经验与温控标准，并结合白鹤滩导流洞施工条件和便于施工的要求，针对导流洞永久运用C型结合段，按照抗裂安全系数要求值1.5，建议温度裂缝控制方案和容许最高温度控制值列于表10.28。对于C型非结合段，仅在施工期运用，可以按照不控制温度裂缝设计与施工。但为了积累经验，可以采用适当放宽最高温度控制标准的方式，不进行通水冷却，参见表10.29。

考虑到现场情况复杂多变，如隧洞开挖贯通洞内气温降低且不同洞段存在差异、浇筑温度因为自然环境和运输保温等影响引起的变化、运行过水影响等，下面以与发电尾水结合段C型衬砌混凝土为例进行这些要素的敏感性计算分析，为混凝土浇筑实时温控提供参考。

表 10.28　　C 型衬砌混凝土温度裂缝控制方案与标准（结合段）

部位	浇筑季节	浇筑温度/℃	通水温度/℃	通水流量/(m^3/d)	通水时间/d	冷却水管密度/(m×m)	最高温度/℃	备注
边顶拱	春	18	17	40	10	1.0×1.1	35	
	夏	19	20	40	10	1.0×1.1	38	
	秋	19	20	40	10	1.0×1.1	37	
	冬	15	16	40	10	1.0×1.1	32	
底板	春	18	17	40	10	1.0×1.1	35	
	夏	19	20	40	10	1.0×1.1	38	
	秋	19	20	40	10	1.0×1.1	37	
	冬	15	16	40	10	1.0×1.1	32	

注　各温控方案均是当气温低于 20℃时在洞口挂帘保温；低温季节 15℃浇筑同时表示低于 15℃可以自然入仓浇筑。下同。

表 10.29　　C 型衬砌混凝土温度裂缝控制方案与标准（非结合段）

浇筑季节	春季	夏季	秋季	冬季
浇筑温度/℃	19	19	19	15
容许最高温度/℃	37	41	39	34

10.4.6　洞内空气温度影响敏感性分析

根据过去类似工程洞内空气温度观测成果，由于隧洞开挖贯通冬季洞内气温降低，最低年温度仅略高于地面空气温度。如溪洛渡泄洪洞冬季最低气温 12℃左右；三峡永久船闸洞内冬季气温 11℃左右[2]。白鹤滩导流洞开挖贯通后，也将面临洞内空气温度降低的问题。为此，以 C 型衬砌夏季 7 月 1 日开始浇筑底板为例，进行了洞内空气温度改变对衬砌混凝土温度场与应力场影响的发展计算分析。浇筑程序和有关参数与前面夏季施工情况相同，计算方案列于表 10.30。根据溪洛渡泄洪洞、导流洞等工程经验，边墙的温度裂缝控制难度比底板大，整理边墙温度、温度应力、最小抗裂安全系数等特征值汇总列于表 10.31，其中方案 1 与方案 2、方案 3 与方案 4 边墙衬砌混凝土中部断面中间点主拉应力历时曲线示于图 10.13、图 10.14。

表 10.30　　高温季节洞内空气温度影响计算方案

方案	浇筑温度/℃	通水冷却				洒水养护	洞口保温温度/℃	气温变幅/℃
		温度/℃	时间/d	水管密度/(m×m)	通水流量/(m^3/d)	时间/d		
1	21	—	—	—	—	28	—	25±3
2	21	—	—	—	—	28	—	23±5
3	21	20	7	1.0×1.1	40	28	—	23±5
4	21	20	7	1.0×1.1	40	28	—	21±7

表 10.31　　边墙代表点温控特征值汇总表

方案	最高温度/℃			最大内表温差/℃	最大拉应力/MPa			最小抗裂安全系数		
	表面点	中间点	围岩点		表面点	中间点	围岩点	表面点	中间点	围岩点
1	34.13	39.64 (2.75)	36.19	7.70 (4)	1.27	2.00 (230)	1.45	2.41	1.54 (210)	2.16
2	34.14	39.59 (2.75)	36.08	7.65 (4)	1.87	2.48 (230)	1.85	1.63	1.25 (215)	1.70
3	33.47	38.18 (2.5)	34.81	6.55 (3.75)	1.87	2.30 (199)	1.71	1.63	1.35 (189)	1.84
4	33.47	38.14 (2.5)	34.70	6.51 (3.75)	2.48	2.77 (199)	2.11	1.24	1.12 (189)	1.50

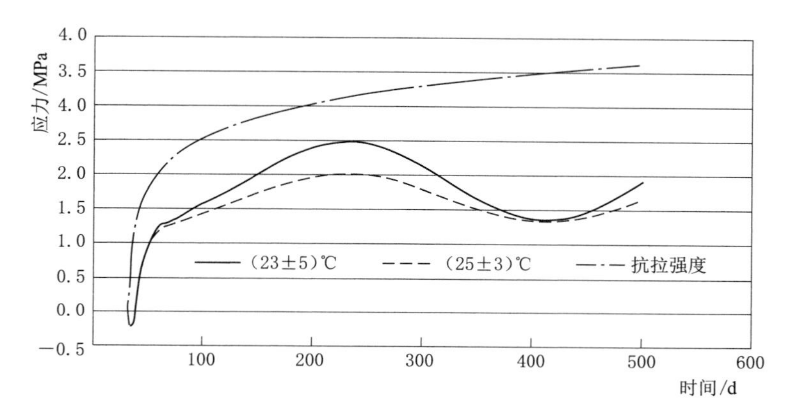

图 10.13　方案 1 和方案 2 边墙中部断面中间点主拉应力历时曲线

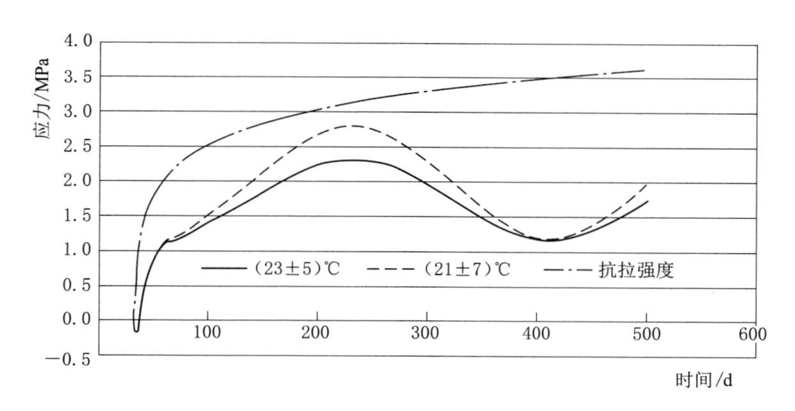

图 10.14　方案 3 和方案 4 边墙中部断面中间点主拉应力历时曲线

根据表 10.31 和图 10.13 和图 10.14 可以看出，衬砌混凝土主拉应力与洞内空气温度密切相关，早期水化热阶段，主拉应力和混凝土内部最高温度与洞内气温差成正比；在早期混凝土水化热温降过后，主拉应力随洞内气温周期性变化，至冬季主拉应力达到最大值，和混凝土内部最高温度与洞内冬季最低气温差成正比。衬砌混凝土的抗裂安全系数与主拉应力值成反比，因此也与洞内空气温度密切相关，冬季空气温度越低抗裂安全系数越小。如方案 2 和方案 1 相比，冬季洞内气温低 4℃，冬季最小抗裂安全系数从 1.54 降低至 1.25，不能满足设计值 1.5 要求，存在裂缝风险；进行了通水冷却的方案 4 和方案 3

相比，冬季洞内气温又降低 4℃，冬季最小抗裂安全系数从 1.35 降低至 1.12，都存在裂缝风险。因此可见，导流洞开挖贯通后，洞内气温降低，主拉应力会明显增大，抗裂安全系数降低，裂缝风险增大，如果同时混凝土内部最高温度高于 40℃，就有可能产生裂缝，要引起高度重视。有效提高导流洞冬季洞内温度的措施是在洞口挂帘保温。

10.4.7　导流洞过水影响

白鹤滩导流洞计划 2014 年 11 月过水，江水温度明显低于洞内空气温度（表 10.1），会对导流洞衬砌混凝土的温度应力带来非常大的影响。根据表 10.1 和围堰挡水后抬高水面、增加水深，库水温度相对稳定些，取导流洞过水平均水温 17℃，年变幅为 8℃。选择 2013 年冬季和 2014 年夏季浇筑 C 型衬砌混凝土进行过水影响计算分析（表 10.32）。浇筑期洞内气温洞内空气温度为（23±5)℃。计算中仅计入温度徐变作用，不计算水力作用。

表 10.32　　冬、夏季浇筑导流洞衬砌混凝土过水影响计算方案

方案	混凝土浇筑		通水冷却				养护		挂帘保温
	日期	温度/℃	温度/℃	时间/d	水管密度/(m×m)	通水流量/(m³/d)	方式	持续时间/d	
1	7.1	19	20	10	1.0×1.1	40	洒水	28	否
2	1.1	14	—	—	—	—	洒水	28	是

由仿真计算成果，整理温度、温度应力和最小抗裂安全系数列于表 10.33，边墙和底板中部断面代表点温度与温度应力历时曲线示于图 10.15～图 10.18。

表 10.33　　衬砌混凝土温度与温度应力特征值过水影响

方案	最高温度/℃		最大内表温差/℃		最大主拉应力/MPa		最小抗裂安全系数		备注
	边墙	底板	边墙	底板	边墙	底板	边墙	底板	
1	36.52	38.13	5.54	6.5	3.61	4.24	1.02	0.93	
2	31.73	34.25	8.92	10.07	3.24	3.83	1.07	0.98	

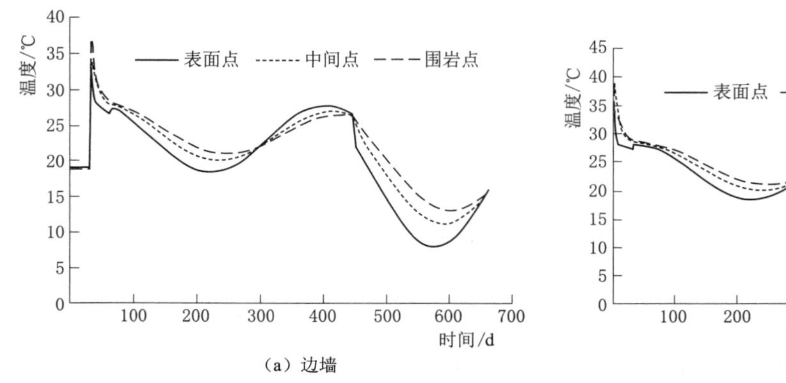

(a) 边墙

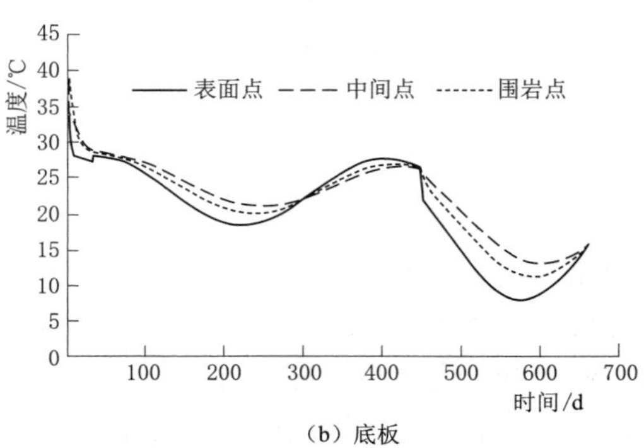

(b) 底板

图 10.15　夏季浇筑衬砌混凝土代表点温度历时曲线

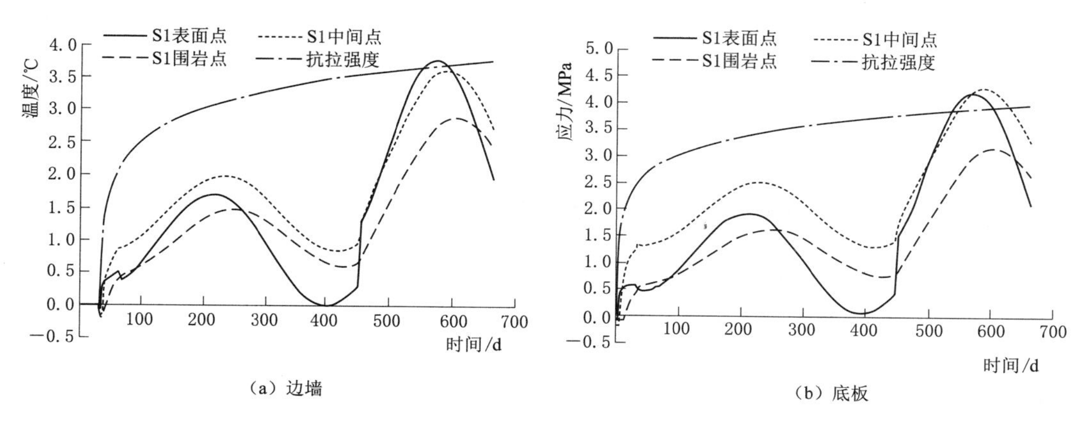

（a）边墙

（b）底板

图 10.16 夏季浇筑衬砌混凝土代表点主拉应力历时曲线

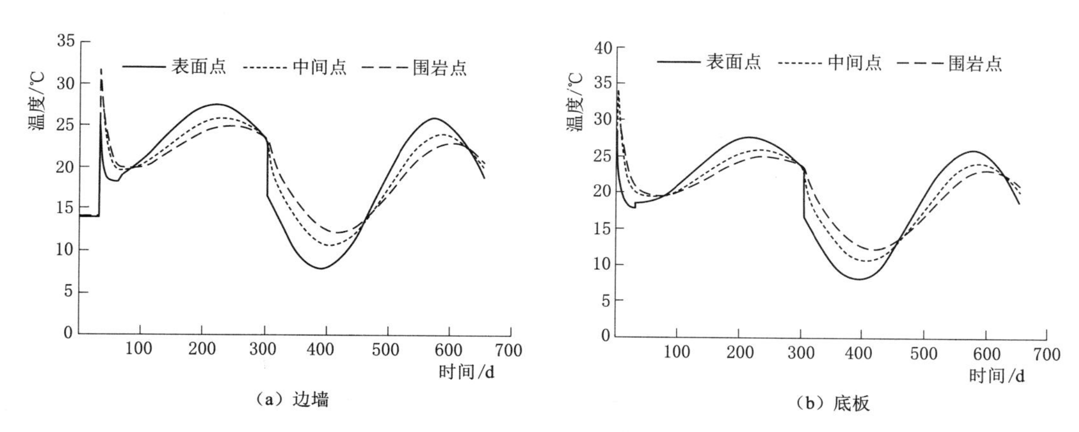

（a）边墙

（b）底板

图 10.17 冬季浇筑衬砌混凝土代表点温度历时曲线

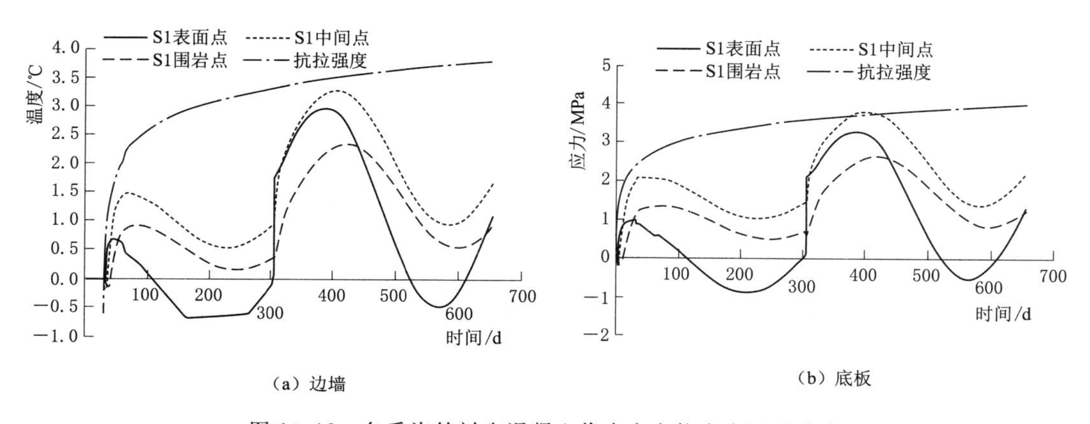

（a）边墙

（b）底板

图 10.18 冬季浇筑衬砌混凝土代表点主拉应力历时曲线

计算结果表明，夏季、冬季浇筑衬砌混凝土在 2014 年 11 月过水时，由于水温低，混凝土内部温度迅速降低，主拉应力迅速增大，抗裂安全系数明显降低，边墙衬砌混凝土的最小抗裂安全系数仅分别为 1.02 和 1.07，底板仅分别为 0.93 和 0.98，产生温度裂缝的可能性极大。必须指出的是，计算中未考虑混凝土湿胀作用和洞内水压力对衬砌混凝土的环向应力作用，并且混凝土后期应力松弛可能比计算值大些，另外底板的保护和养护好于边墙实际温度裂缝少于边墙，考虑这些因素以后，可以知道边墙和底板的抗裂安全系数会大于1.0，但一定小于1.5，裂缝风险大。

10.4.8　秋季施工C型衬砌混凝土浇筑温度影响

白鹤滩水电站导流洞衬砌混凝土C型衬砌在2013年秋季施工的工程量最大，为给施工温度裂缝控制提供参考，开展了浇筑温度的敏感性实时计算分析。根据施工条件，拟定可能的21℃、23℃、25℃3种浇筑温度进行计算。

10.4.8.1　21℃浇筑计算方案

导流洞衬砌混凝土21℃浇筑的计算方案列于表10.34（各方案都按洒水养护28d计算，下同），整理边墙和底板中部断面各代表点的温度、温度应力、最小抗裂安全系数特征值汇总列于表10.35和表10.36。

表10.34　秋季21℃浇筑温控计算方案

方案	通水冷却				洞内气温/℃
	温度/℃	时间/d	水管密度/(m×m)	通水流量/(m^3/d)	
1	—	—	—	—	25±3
2	17	10	1.1×1.0	40	25±3
3	14	10	1.1×1.0	40	25±3
4	14	10	1.1×1.0	40	23±5

表10.35　边墙代表点温控特征值

方案	最高温度/℃			最大内表温差/℃	最大拉应力/MPa			最小抗裂安全系数		
	表面点	中间点	围岩点		表面点	中间点	围岩点	表面点	中间点	围岩点
1	32.13	38.91 (2.75)	35.49	9.24 (4)	0.98	2.03 (469)	1.49	2.04	1.28 (31)	1.95
2	31.15	36.77 (2.25)	33.63	7.51 (3.75)	0.91	1.77 (469)	1.29	2.12	1.46 (31)	2.25
3	30.98	36.42 (2.25)	33.36	7.23 (3.75)	0.90	1.72 (469)	1.26	2.13	1.50 (31)	2.31
4	29.76	36.05 (2)	32.91	8.27 (3.75)	1.32	2.21 (469)	1.67	1.76	1.24 (31)	1.74

表10.36　底板代表点温控特征值

方案	最高温度/℃			最大内表温差/℃	最大拉应力/MPa			最小抗裂安全系数		
	表面点	中间点	围岩点		表面点	中间点	围岩点	表面点	中间点	围岩点
1	34.58	41.45 (2.75)	36.45	9.60 (4)	1.33	2.23 (500)	1.50	2.23	1.20 (33.25)	1.84
2	33.47	39.04 (2.25)	34.10	7.65 (3.75)	1.26	2.50 (500)	1.58	2.48	1.43 (32.50)	2.22
3	33.30	38.68 (2.25)	33.78	7.37 (3.75)	1.24	2.17 (500)	1.45	2.52	1.46 (32.50)	2.29
4	32.68	38.54 (2.25)	33.62	7.94 (3.75)	1.79	2.70 (500)	1.92	1.77	1.20 (110)	1.74

根据以上计算成果可知：21℃浇筑方案 1，最大主拉应力分别为 2.03MPa、2.23MPa，边墙和底板最小抗裂安全系数分别为 1.28、1.20，均不能够满足设计安全系数 1.5 的要求，但非结合段可以采用；增加 17℃通水冷却的方案 2，边墙和底板最小抗裂安全系数分别为 1.46、1.43，接近 1.5，结合段衬砌混凝土可以参考采用；21℃浇筑+14℃通水冷却的方案 3，边墙和底板混凝土最小抗裂安全系数达到 1.50、1.46，边墙能够满足安全系数 1.5 的要求，底板基本满足规范设计要求；考虑到隧洞开挖贯通气温降低，方案 4 在方案 3 的基础上改变洞内空气温度（23±5）℃，最小抗裂安全系数减小为 1.24、1.20，边墙和底板均不能够满足安全系数 1.5 的要求。

综上所述，对于结合段，按照最小抗裂安全系数 1.5 的要求，空气温度变幅为（25±3)℃时，边墙在方案 3 的条件下可以满足要求，即边墙在 21℃浇筑的方案下的推荐温控措施为在中间布置单排间距 1.0m 水管通 14℃水冷却，通水流量 $40m^3/d$，最高温度控制标准为 37℃。考虑到底板养护条件好，同等条件下实际抗裂安全系数会高于边墙，建议底板可采用与边墙相同的温控方案，相应地最高温度控制标准为 39℃。但是，在考虑隧洞开挖贯通洞内空气温度降低（23±5)℃，边墙和底板的最小抗裂安全系数为 1.24 和 1.20，不能满足设计要求，存在裂缝风险。对于非结合段，可以适当放宽要求，即使考虑隧洞开挖贯通也可以采用上述方案 3 和推荐温控标准。

10.4.8.2 23℃浇筑计算方案

衬砌混凝土 23℃浇筑的计算方案列于表 10.37。边墙和底板中部断面各代表点的温度、温度应力、最小抗裂安全系数特征值汇总列于表 10.38 和表 10.39。

表 10.37 秋季 23℃浇筑温度温控计算方案

方案	通水冷却				洞内气温/℃
	温度/℃	时间/d	水管密度/(m×m)	通水流量/(m^3/d)	
1	—	—	—	—	25±3
2	14	10	1.1×1.0	40	25±3
3	14	10	1.1×0.7	40	25±3
4	14	10	1.1×1.0	40	23±5

表 10.38 边墙代表点温控特征值

方案	最高温度/℃			最大内表温差/℃	最大拉应力/MPa			最小抗裂安全系数		
	表面点	中间点	围岩点		表面点	中间点	围岩点	表面点	中间点	围岩点
1	32.81	40.23 (2.5)	36.49	9.95 (3.75)	1.07	2.29 (469)	1.69	1.76	1.12 (31)	1.71
2	31.67	37.69 (2)	34.31	7.86 (3.75)	0.99	1.95 (469)	1.44	1.82	1.30 (31)	2.00
3	31.28	36.88 (2)	33.68	7.19 (3.75)	0.96	1.84 (469)	1.37	1.86	1.38 (31)	2.11
4	30.11	36.55 (1.75)	33.26	8.24 (3.75)	1.38	2.34 (469)	1.78	1.57	1.15 (31)	1.63

表 10.39　　底板代表点温控特征值

方案	最高温度/℃			最大内表温差/℃	最大拉应力/MPa			最小抗裂安全系数		
	表面点	中间点	围岩点		表面点	中间点	围岩点	表面点	中间点	围岩点
1	35.30	43.06 (2.5)	37.95	10.59 (4)	1.40	2.88 (500)	2.10	2.06	1.07 (33)	1.58
2	33.96	40.17 (2)	35.27	8.23 (3.75)	1.30	2.42 (500)	1.73	2.31	1.29 (32.50)	1.92
3	33.53	39.28 (2)	34.51	7.51 (3.75)	1.26	2.28 (500)	1.62	2.41	1.38 (32.25)	2.05
4	38.93	39.16 (2)	34.40	8.09 (3.75)	1.81	2.81 (500)	2.09	1.75	1.16 (99)	1.59

根据以上计算成果可知：23℃浇筑方案 1，边墙和底板衬砌混凝土主拉应力较大，最小抗裂安全系数仅为 1.10、1.07；23℃浇筑+17℃通水冷却的方案 2，边墙和底板衬砌混凝土的最高温度、最大内表温差、最大拉应力有所降低，但最小抗裂安全系数仍然只有 1.30、1.29，不能够满足设计安全系数 1.5 的要求；23℃浇筑+14℃通水冷却的方案 3，最小抗裂安全系数还是只有 1.38、1.38；考虑隧洞开挖贯通洞内气温在方案 2 的基础上降低 (23±5)℃的方案 4，边墙和底板衬砌混凝土最小抗裂安全系数仅为 1.15、1.16。

综上所述，对于结合段，按最小抗裂安全系数 1.5 的要求，以上 4 个方案都不足以使边墙和底板温度裂缝控制满足要求。因此建议实际施工中的浇筑温度要控制在 23℃以下，否则，即使采取通水冷却也难以控制衬砌混凝土温度裂缝。浇筑温度达到 23℃时，必须采用制冷水通水冷却，而且适当加密水管布置。对于非结合段，可以参考采用方案 2 和方案 3。

10.4.8.3　25℃浇筑计算方案

衬砌混凝土 25℃浇筑的方案列于表 10.40。边墙和底板中部断面各代表点的温度、温度应力、最小抗裂安全系数特征值汇总列于表 10.41 和表 10.42。

表 10.40　　秋季 25℃浇筑温控计算方案

方案	通水冷却				空气变幅/℃
	温度/℃	时间/d	水管密度/(m×m)	通水流量/(m³/d)	
1	—	—	—	—	25±3
2	14	10	1.1×1.0	40	25±3
3	14	10	1.1×0.7	40	25±3
4	14	10	1.1×0.7	40	23±5

表 10.41　　边墙代表点温控特征值

方案	最高温度/℃			最大内表温差/℃	最大拉应力/MPa			最小抗裂安全系数		
	表面点	中间点	围岩点		表面点	中间点	围岩点	表面点	中间点	围岩点
1	33.55	41.57 (2.25)	37.50	10.68 (3.75)	1.07	2.29 (469)	1.69	1.54	0.99 (31)	1.51
2	32.37	38.99 (2)	35.28	8.45 (3.75)	1.08	2.19 (469)	1.63	1.58	1.16 (31)	1.76
3	31.99	38.16 (1.75)	34.64	7.76 (3.75)	1.04	2.07 (469)	1.55	1.61	1.18 (10)	1.85
4	30.86	37.88 (1.75)	34.22	8.82 (3.75)	1.47	2.57 (469)	1.97	1.39	1.03 (31)	1.48

表 10.42 底板代表点温控特征值

方案	最高温度/℃			最大内表温差/℃	最大拉应力/MPa			最小抗裂安全系数		
	表面点	中间点	围岩点		表面点	中间点	围岩点	表面点	中间点	围岩点
1	36.02	44.69（2.5）	39.49	11.60（4）	1.40	2.88（500）	2.10	1.91	0.97（32.75）	1.37
2	34.66	41.71（2）	36.81	9.09（3.75）	1.35	2.66（500）	2.00	2.10	1.15（32.25）	1.65
3	34.21	40.75（2）	36.04	8.33（3.75）	1.32	2.51（500）	1.89	2.18	1.23（32.25）	1.75
4	33.62	40.63（2）	35.94	8.91（3.75）	1.87	3.04（500）	2.36	1.70	1.06（99）	1.41

以上计算结果表明，各计算方案的最小抗裂安全系数，边墙仅分别为 0.99、1.16、1.18、1.03，底板仅分别为 0.97、1.15、1.23、1.06，都不能满足大于 1.5 的要求，即导流洞结合段衬砌混凝土施工的浇筑温度不宜达到 25℃，否则即使采用制冷水通水冷却也难以控制温度裂缝风险。但对于非结合段，可以考虑在浇筑温度达到 25℃，采用制冷水通水冷的方案。施工中可以根据情况选择仓位。

10.4.9 低热衬砌混凝土温控标准与措施方案建议

综合 A 型、B 型衬砌结构混凝土仿真计算成果和以上分析，将最终推荐导流洞衬砌混凝土容许内部最高温度汇总列于表 10.43。其中的 A 型、B 型均为非结合段。相应的温控措施方案为：①10 月 15 日至次年 4 月 15 日封闭洞口保温；②浇筑温度，3—10 月为 18℃，其余月份为 16℃且低于 16℃时可以自然入仓；③3—10 月浇筑进口段 A 型和结合段 C 型的边墙、底板衬砌混凝土通常温水冷却 15d（水管布置：厚度方向 A 型均匀布置双排、C 型单排，宽度方向间距均为 1.0m），各型衬砌冬季浇筑和各月浇筑非结合段 B 型、C 型衬砌混凝土均不通水冷却。

表 10.43 导流洞衬砌混凝土容许内部最高温度

衬砌类型	5—8 月	3 月、4 月、9 月、10 月	1 月、2 月、11 月、12 月
A 型	45	43	40
B 型	42	40	37
C 型（非结合段）	40	38	34
C 型（结合段）	38	36	32

比较表 10.43 与表 10.12 和以上建议温控措施，可以认识到：

（1）施工阶段隧洞开挖贯通，洞内气温下降，衬砌混凝土容许内部最高温度随之下降。由于主要是冬季下降幅度大，所以各类型衬砌混凝土冬季容许最高温度降低幅度大。

（2）低热水泥混凝土的发热量低些，各类型衬砌混凝土浇筑要求采取的温控措施可以宽松些，大多可以不通水冷却。

导流洞衬砌混凝土浇筑，可以参照以上建议采取温控措施控制内部最高温度。实施过程中，如果遇到浇筑温度超标，可以参照 10.4.8 节计算成果实时调整通水冷却参数，以确保温度裂缝控制目标。

10.5　衬砌混凝土实时温度裂缝控制效果分析

10.5.1　衬砌混凝土温控设计技术要求

根据导流洞进口段 A、B 型和洞身 C 型非结合段都仅在施工期运用，只有 C 型结合段为永久运用的特点；依据计算分析成果和有关设计规范；借鉴溪洛渡水电站泄洪洞、导流洞和三峡永久船闸地下输水洞等工程温度裂缝控制经验与温控标准；围绕为将来白鹤滩水电站泄洪洞等地下工程和大坝温度裂缝控制积累经验；结合白鹤滩导流洞施工条件和便于施工的要求等；确定非结合段混凝土按限裂结构设计、结合段衬砌混凝土按防裂设计。具体提出如下（当时为中热水泥混凝土）温控技术要求：

（1）导流洞工程招标文件要求：导流洞洞身段在 2—11 月容许浇筑温度为 18℃，1 月与 12 月容许浇筑温度为 18～20℃；导流洞与尾水结合段全年容许浇筑温度为 18℃。

（2）通水冷却要求为：通水流量 25L/min，冷却通水 15d；混凝土温度与通水温差不超过 25℃。

（3）导流洞上游段混凝土内部全年容许最高温度不大于 45℃，导流隧洞与发电尾水隧洞结合段混凝土内部全年容许最高温度不大于 40℃。

（4）混凝土内外温差控制不大于 15℃。

（5）混凝土生产系统提供出机口温度不大于 14℃的商品混凝土。

（6）混凝土体型检测按《水电水利工程施工测量规范》（DL/T 5173—2012）执行。

10.5.2　衬砌混凝土温度控制与防裂综合措施

导流洞衬砌混凝土采用“先底板、后边顶拱”的顺序施工。底板及其以上 60cm 矮边墙为第 1 层，底板 60cm 以上边墙及顶拱为第 2 层，详见图 10.19。底板连续浇筑与多仓位跳仓浇筑相结合，边顶拱跟进的施工方法。底板混凝土均应在钢筋台车行走至该段前 7d 完成浇筑。

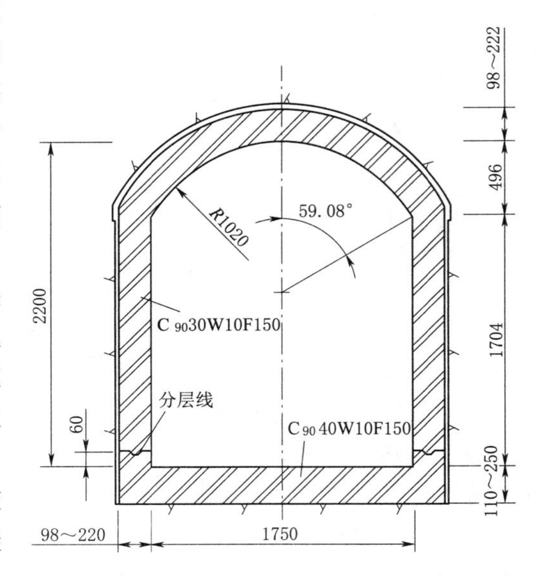

图 10.19　导流洞洞身衬砌混凝土浇筑分层图（单位：cm）

导流洞衬砌混凝土施工温控措施主要是按设计要求控制混凝土的浇筑温度和最高温度，从控制混凝土水化热、降低混凝土浇筑温度、通水冷却、表面养护等几个方面采取措施进行控制，以尽可能减少混凝土裂缝。

（1）控制混凝土水化热。采用发热量较低的水泥和减少单位水泥用量，是降低混凝土水化热的最有效措施。具体如下：

1）根据白鹤滩工程建设筹备组 2013 年

第34期《白鹤滩水电站左右岸导流隧洞工程衬砌混凝土温控防裂专题会会议纪要》，本工程温控混凝土主要采用低热水泥。

2）导流洞结合段边墙衬砌采用常态混凝土，改善级配设计，尽可能加大骨料粒径，从而减少水泥用量。

3）在混凝土中掺加高效外加剂和一级粉煤灰，减少水泥用量。

4）底板采用布料机入仓，采用低流态混凝土浇筑。

（2）降低混凝土浇筑温度。降低混凝土浇筑温度主要从减少混凝土运输和浇筑过程中温升等方面进行控制。

1）防阳隔热设施：根据本工程混凝土运输距离远的特点，采取在混凝土运输汽车车厢顶部设可移动式帆布遮阳棚，在混凝土运输车辆箱体上安装泡沫板保温装置等。

2）加强管理，保证交通畅通，加快施工速度。通过加强管理，尽量避免交通堵塞，减少等待卸车时间或者卸料入仓时间，避免多次转料入仓。若混凝土罐车因故需要等待，应尽量安排在洞内等待。

3）避开高温时段浇筑：白天高温时段做浇筑前准备，尽量安排在下午16：00至次日上午10：00左右进行浇筑。

4）高温季节，由于日晒或者车辆自身运行导致车辆温度升高，对车辆进行降温处理，如在拌和楼用冷水冲洗罐车罐体，以降低罐体表面温度。

5）混凝土浇筑工作面温度较高时可通过喷雾降低工作面环境温度，或者在浇筑工作面布置空调机或通风机来降低工作面环境温度，减少混凝土浇筑过程中温度倒灌；

6）混凝土入仓后应及时平仓振捣，减少混凝土暴露时间，防止外界环境温度倒灌。

（3）通水冷却。混凝土初期冷却采用预埋冷却水管、通冷却水降温的方式进行。根据白鹤滩工程建设筹备组2013年第34期《白鹤滩水电站左右岸导流隧洞工程衬砌混凝土温控防裂专题会会议纪要》，导流洞洞身及尾水闸门井的底板、边墙初期通冷却水按照矮边墙以上6m、进水口闸门井高程622.0m以下考虑。通水冷却采用江水。

仓内冷却水管埋设。埋设部位：导流洞洞身及尾水闸门井的底板、边墙初期通冷却水按照矮边墙以上6m考虑。底板冷却水管垂直导流洞轴线布置，间距100cm；矮边墙以上6m顺轴线方向布置，布置间距150cm；边墙部分冷却水管固定在外层钢筋网上、底板冷却水管布置在两层钢筋网的中部，采用ϕ12架立筋固定。水管距离施工缝或结构缝1m。冷却水管采用ϕ32 PE塑料管，壁厚2mm，单根冷却水管的长度不得超过250m。所有水管的进、出端均做好清晰的标记以保证整个冷却过程中冷却水能按正确的方向流动。总管的布置位置易于调换冷却水管中水流方向。冷却水流的方向每24h调换一次，同时做好水压、每盘冷却水管进水端和出水端水流的流量和温度。

通水冷却。开仓前按照要求埋设好冷却水管，冷却水管的出水需进行妥善引排，便于集中抽排。需要检查水管是否漏水，如有漏水需要进行处理或更换。混凝土浇筑覆盖冷却水管后进行通水冷却，根据试验确定衬砌混凝土通水时间为15d，通水流量为1.0～1.5m^3/h左右。通水水温不大于18℃，混凝土温度与水温之差不超过25℃，冷却时混凝土日降温幅度不应超过1℃，冷却水流的方向每24h调换一次。2013年10月26日后设计取消预埋冷却通水管。

混凝土表面养护。混凝土拆模后即开始表面流水养护。底板采用麻袋覆盖保水、蓄水或人工洒水方式养护；边顶拱采用 ϕ32 塑料管，每隔 20～30cm 钻 ϕ1 左右的小孔，用膨胀螺栓固定架（养护完成后拆除，膨胀螺栓孔采用 M30 预缩砂浆进行回填）固定在起拱线上，按照 15L/min 左右的通水流量进行养护。白天实行不间断流水养护，夜间（20：00—6：00）实行间断流水养护，即流水 1h，保持湿润 1h，而当气温超过 25℃时必须不间断养护，养护时间不少于 28d；顶拱花管养护不到的部位采用人工喷水方式养护。另外，高温季节在导流洞进出口部位混凝土养护时，在导流洞进出口挂橡胶门帘，防止洞外高温空气大量倒灌至洞内。

（4）混凝土温控管理。

1）温度观测的内容包括：混凝土出机口温度、入仓温度、浇筑温度、内部温度和冷却水进、出口温度、气温以及洞室温度等。温度计等计量仪表按有关规定进行率定，合格后方可使用。

2）通水冷却检测内容包括：进水水温、出水水温、流量等，检测的结果必须现场如实记录。

3）在混凝土浇筑现场观测混凝土入仓温度、浇筑温度和洞室温度，观测仪器为差阻式电子测温仪和玻璃棒式温度计，观测频率 1 次/4h。

4）混凝土内部预埋温度计采用差阻式电子温度计，型号为 DW－1。

温度计埋设方式：温度计预埋位置在结构的形心附近。底板每仓布置 3 支温度计，分别距顶面 20cm、55cm、90cm，见图 10.20。边顶拱每仓埋设 3 支温度计，分别埋设在距矮边墙 3m（有冷却水管）、起拱线附近（二级配混凝土）、顶拱（可能采用自密实混凝土），均埋设在衬砌混凝土中部。

温度计观测频次：混凝土内部温度观测，在混凝土开仓浇筑后到混凝土出现最高温度前（或前 4d），观测频率 1 次/4h；混凝土内部最高温度出现以后 1 次/8h；第 8 天以后，1 次/24h。

5）遇到气温骤变等特殊情况时，适当增加温度观测次数。

6）安排专人按照上述要求进行相关观测及数据记录、整理、汇编，按照监理工程师要求定期上报。

10.5.3　洞内空气温度和湿度统计分析

（1）洞内空气温度统计分析。对于导流洞，自 2013 年 8 月 28 日至 2014 年 4 月 17 日共进行了 262 组洞内气温检测，具体成果和分析见 7.2.5 节。成果表明，导流洞开挖贯通后，自然环境沿河向主气流顺畅进出隧洞，使得洞内气温显著降低。冬季封闭洞口保温，可以明显使得洞内最低温度提高。在 12 月开始封闭洞口保温的情况，冬季最低温度提高了 2.66℃，如果提前在 10 月中旬开始封闭洞口保温，则冬季最低温度统计平均值还将进一步提高，预计可提高 3～4℃。

（2）洞内空气湿度统计分析。为分析干缩和洞内湿度对衬砌混凝土温控防裂的影响，于 2014 年 2 月 19—21 日对导流洞空气湿度进行了检测，结果列于表 10.44。检测结果表明，导流洞内空气较干燥，湿度平均值仅为 60%左右。与表 10.1 比较说明，湿度观测成

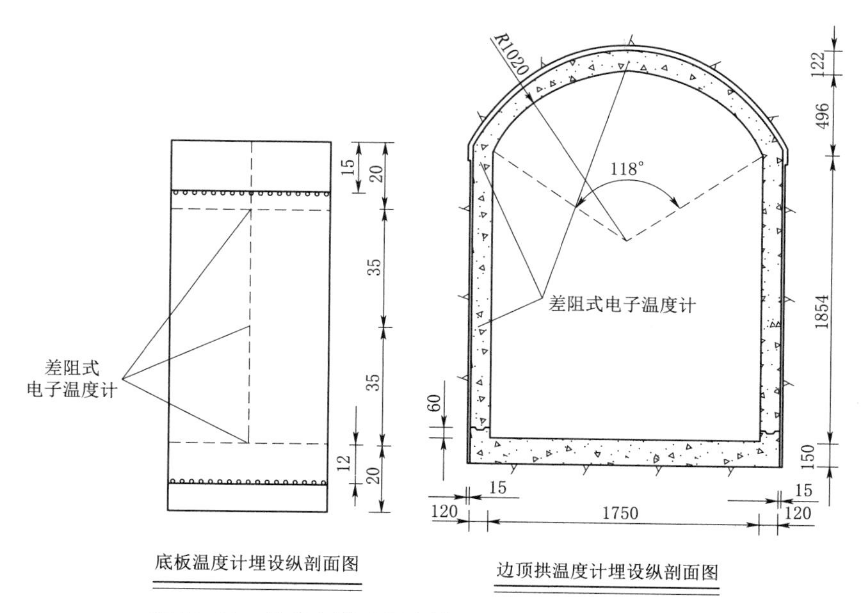

图 10.20　差动电阻式温度计埋设示意图（单位：cm）

果是合理的，与当地 12 月多年平均湿度相当。

10.5.4　衬砌混凝土观测温度统计分析

为及时有效进行衬砌混凝土温度控制，施工单位对衬砌混凝土环境温度、入仓温度、浇筑温度、内部最高温度等进行了系统观测，左右两岸共观测 205 组数据。其中衬砌混凝土浇筑温度、最高温度与浇筑时间的关系示于图 10.21 和图 10.22。考虑到裂缝均发生在边墙，因此只整理了边顶拱的各项数据。

表 10.44　导流洞空气湿度检测结果

检测时间	进口	中部	出口
2014－02－19 20：00	61.0	60.0	66.0
2014－02－20 02：00	63.0	62.0	68.0
2014－02－20 20：00	62.0	61.0	66.0
2014－02－21 02：00	58.0	60.0	64.0
2014－02－21 14：00	57.0	61.5	52.5
平均值	60.2	60.9	65.3

以上观测成果表明，右岸导流洞衬砌混凝土的浇筑温度和最高温度在 5 月最高，浇筑温度最高达 28.9℃，混凝土最高温度达 51.6℃；此后均逐步降低，至 8 月中旬，浇筑温度大多控制在 20℃以下，混凝土最高温度在 35～45℃之间。至冬季（2014 年 2 月），浇筑温度逐步降低至 17℃左右，最高温度 35～40℃。其中右岸导流洞衬砌混凝土在 2014 年 1 月 27 日和 28 日两仓最高温度达到 49.8℃和 51.0℃，而且历时曲线一直保持升温态势，显然不符合规律，观测异常。

左岸导流洞衬砌混凝土，浇筑温度和内部最高温度出现在 9 月初，浇筑温度最大值为 27.2℃，内部最高温度为 48.2℃。此前，浇筑温度在 15～24℃之间，内部最高温度在 35～43℃之间。11 月之后，浇筑温度和内部最高温度明显降低，分别在 15～20℃、28～35℃之间。

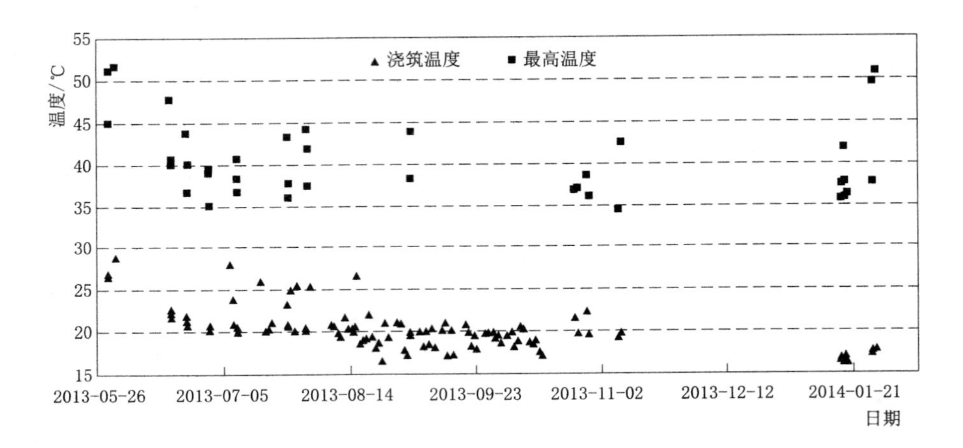

图 10.21　右岸导流洞边顶拱混凝土浇筑温度、最高温度散点图

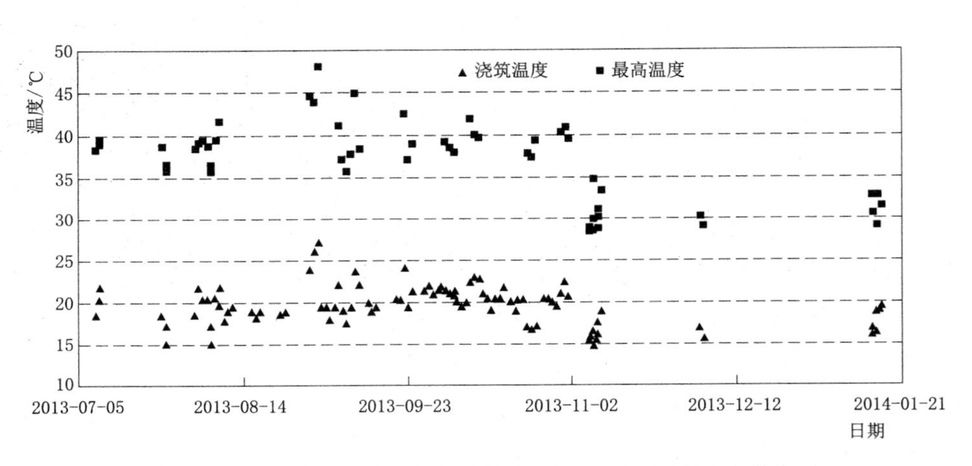

图 10.22　左岸导流洞边顶拱混凝土浇筑温度、最高温度散点图

分别将左右岸衬砌混凝土最高温升汇总示于图 10.23 和图 10.24，可以看出：①右岸衬砌混凝土的温升值大于左岸；②高温季节的温升值大于低温季节；③洞口挂帘保温后，洞内气温升高，温升值也随之增大。

为具体分析导流洞结合段、非结合段混凝土温控防裂效果，以左岸导流洞衬砌混凝土温度检测详细情况介绍和分析如下。

10.5.4.1　左岸导流洞混凝土仓面温度检测

自 2013 年 5 月 6 日至 6 月 10 日及 2014 年 1 月 26 日至 2 月 15 日（采用常温混凝土）左岸导流洞工程共浇筑 64 仓，现场测温检测 1002 次，检测结果见表 10.45。统计结果表明，混凝土入仓温度最高 28.2℃，最低 17.2℃，平均 23.9℃；浇筑温度最高 29.7℃，最低 16.4℃（小于入仓温度最低值，说明有监测误差），平均 25.2℃。由于拌和系统生产的是常温混凝土，出机口超温严重（设计要求 14℃），导致仓面混凝土浇筑温度全部超出设计标准（18℃）。

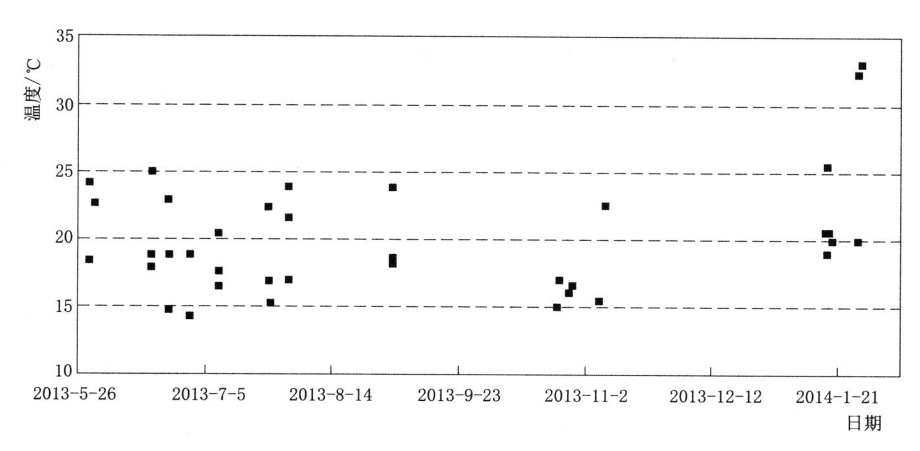

图 10.23　右岸导流洞边顶拱衬砌混凝土最高温升散点图

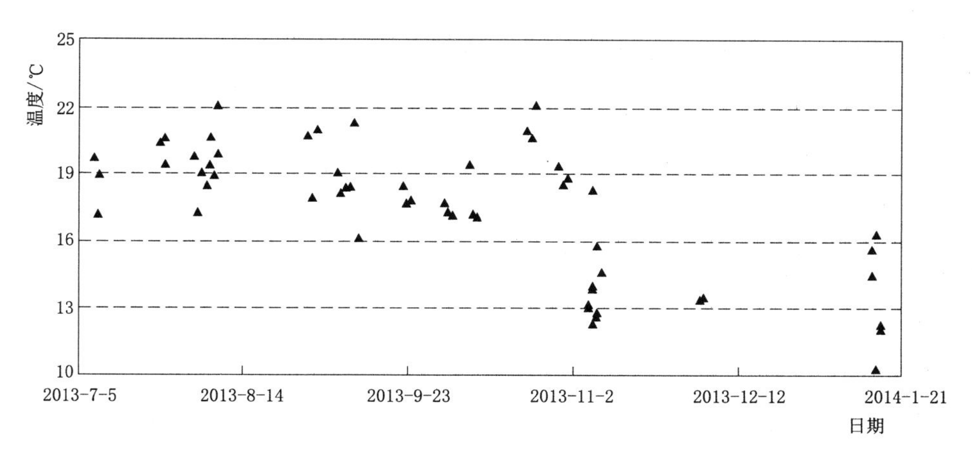

图 10.24　左岸导流洞边顶拱衬砌混凝土最高温升散点图

表 10.45　　左岸导流洞工程仓面混凝土温度检测统计表（常温）

分部工程名称	工程部位	检测仓数	抽测次数	环境温度/℃		入仓温度/℃		浇筑温度/℃			合格率/%	备注
				最低	最高	最低	最高	最低	最高	平均		
导流洞进口	闸井	2	36	6.0	31.0	23.5	24.5	25.3	26.0	25.7	0	
1号导流洞洞身上段	底板	8	70	21.0	28.8	23.9	28.2	25.8	29.7	27.3	0	
	边顶拱	6	144	17.5	27.6	23.3	27.6	24.6	27.8	25.5	0	
1号导流洞洞身结合段	底板	2	15	20.4	29.1	23.4	27.5	25.7	29.5	27.7	0	
	边顶拱	4	96	16.5	27.4	23.6	28.1	24.9	29.2	26.2	0	
2号导流洞洞身上段	底板	7	35	20.2	21.7	23.1	27.7	26.0	29.0	28.5	0	
	边顶拱	8	192	18.2	20.9	24.1	27.9	25.3	28.7	26.2	0	
2号导流洞洞身结合段	底板	2	12	16.7	18.3	19.1	26.5	24.4	27.3	25.7	0	
	边顶拱	4	96	17.8	20.6	18.3	26.2	16.4	27.5	22.0	0	

续表

分部工程名称	工程部位	检测仓数	抽测次数	环境温度/℃		入仓温度/℃		浇筑温度/℃			合格率/%	备注
				最低	最高	最低	最高	最低	最高	平均		
3 号导流洞洞身上段	底板	1	6	8.4	19.4	18.9	24.7	20.3	26.5	23.7	0	
	边顶拱	7	144	12.5	21.6	17.5	25.4	19.0	26.7	22.6	0	
3 号导流洞洞身结合段	底板	1	6	8.6	21.4	17.2	22.3	19.1	24.0	20.6	0	
	边顶拱	3	72	9.3	26.7	18.1	24.5	19.7	27.5	23.3	0	
尾水闸门室	岩台梁	8	72	20.0	29.0	23.0	27.4	25.5	28.6	26.1	0	
导流洞出口	明渠	1	6	5.5	30.2	24.0	28.0	25.5	27.3	26.4	0	

自 2013 年 6 月 11 日（开始采用预冷混凝土）至 2014 年 1 月 25 日以及 2014 年 2 月 16 日至 3 月 31 日，左岸导流洞工程共浇筑 1044 仓，现场测温检测 25065 次，检测结果见表 10.46。混凝土入仓温度最高 21.5℃，最低 13.8℃，平均 14.8℃。浇筑温度最高 22.5℃，最低 14.6℃，平均 16.8℃，合格率都在 95%以上。

表 10.46　　左岸导流隧洞工程仓面混凝土温度检测统计表（预冷）

分部工程名称	工程部位	检测仓数	抽测次数	环境温度/℃		入仓温度/℃		浇筑温度/℃			合格率/%	备注
				最低	最高	最低	最高	最低	最高	平均		
导流洞进口	1 号闸井	19	385	6.2	35.5	15.6	21.5	16.1	22.0	17.4	97.3	
	2 号闸井	25	381	5.5	36.0	15.4	20.9	16.5	22.5	17.2	97.8	
	3 号闸井	26	464	5.5	35.5	14.5	20.5	16.3	21.5	17.5	96.7	
1 号导流洞洞身上段	底板	148	3996	7.0	29.5	14.4	18.2	14.6	20.0	17.1	96.9	
	边顶拱	102	2448	6.5	29.0	14.5	18.0	14.9	19.7	16.5	97.7	
1 号导流洞洞身结合段	底板	45	1215	6.5	29.4	14.7	18.3	14.9	20.0	16.4	97.6	
	边顶拱	29	870	7.3	28.5	14.6	18.5	15.2	19.7	17.2	97.7	
2 号导流洞洞身上段	底板	135	4050	7.3	29.3	14.6	16.5	15.2	18.7	16.7	98.3	
	边顶拱	90	2430	7.7	29.5	14.5	18.8	15.2	19.5	17.0	99.2	
2 号导流洞洞身结合段	底板	42	504	7.9	21.3	13.8	17.5	14.7	18.6	16.7	97.4	
	边顶拱	26	936	8.1	27.3	14.6	16.2	15.6	17.8	16.3	98.6	
3 号导流洞洞身上段	底板	143	1716	6.3	22.1	14.9	16.9	15.8	18.2	17.2	97.7	
	边顶拱	96	2736	7.2	27.1	15.1	17.1	16.2	18.9	16.7	98.3	
3 号导流洞洞身结合段	底板	38	1026	7.4	28.8	14.5	18.4	15.3	20.0	16.4	98.3	
	边顶拱	20	540	7.9	28.8	14.7	18.7	15.4	19.5	16.1	96.2	
尾水闸门室	岩台梁	34	432	8.5	27.6	14.5	18.2	15.2	19.5	16.5	95.7	
	闸井	26	936	9.0	28.1	14.1	18.3	15.7	19.4	16.8	95.8	

10.5.4.2　左岸导流洞混凝土通水冷却检测

自 2013 年 5 月 6 日至 10 月 26 日左岸导流洞混凝土采用埋设冷却通水管辅助温

控（2013 年 10 月 26 日设计通知冬季取消预埋冷却通水管），期间共埋设冷却管路 524 仓，现场测温检测 26446 次，检测结果见表 10.47。通水期平均降温速率小于 1℃/d，进出水温度、流量等满足通水要求。通水冷却有效地削减了左岸导流洞工程浇筑段的水化热温升，减少了混凝土内外温差，降低了浇筑段的温度应力。

表 10.47　　左岸导流隧洞工程混凝土通水冷却温度检测表

工程名称	工程部位	气温/℃	水管组数/组	检测次数	进水温度/℃	出水温度/℃	通水流量/(L/min)	平均降温速率/(℃/d)	通水历时/d	备注
导流洞进口	1 号闸井	14.5～29.5	22	545	17～24.5	17.5～36	21.8～27.5	0.66	25	
	2 号闸井	13～35.5	25	672	16.5～23.5	22.5～38	22.0～28.0	0.59	25	
	3 号闸井	12.5～36	30	755	17.5～24	22～37.5	23.1～27.3	0.61	25	
1 号导流洞洞身上段及结合段	底板	14.8～28	126	7563	18～23.5	19～29.5	20.8～27.1	0.70	15	
	边顶拱	14.5～29	72	4321	18.3～24.5	19.2～28.5	20.6～26.1	0.75	15	
2 号导流洞洞身上段及结合段	底板	14.5～27.5	95	5707	17.5～23.2	19～28	22.5～27.0	0.68	15	
	边顶拱	15～29.0	56	3355	17.9～24.0	19.5～29	22.3～26	0.80	15	
3 号导流洞洞身上段及结合段	底板	14.5～29.4	76	2736	18～23.5	19～27	22.7～27	0.65	15	
	边顶拱	14～29	22	792	18.3～23.7	19.3～27.5	22.2～27.5	0.62	15	

10.5.4.3　左岸导流洞混凝土内部温度检测

自 2013 年 5 月 6 日至 2013 年 6 月 10 日左岸导流洞工程混凝土埋设温度计 13 支，2013 年 6 月 10 日至 2013 年 10 月 26 日混凝土埋设温度计 141 支，2013 年 10 月 26 日至今埋设温度计 23 支，温度计埋设涉及仓号 85 个，共埋设温度计 177 支，检测结果见表 10.48。结果表明，由于 2013 年 5 月拌制的常温混凝土，出机口温度较高，导致混凝土内部温度超标，2013 年 6 月 10 日之后开始拌制低温混凝土，混凝土内部温度满足设计指标。从结构段来看，导流洞结合段混凝土内部最高温度都没有超过 40℃设计标准。

表 10.48　　左岸导流洞工程混凝土内部温度统计表

时间分段	分部工程名称	工程部位	温度计数量/支	内部观测最高温度/℃	最高温升/℃	最高温升历时/h	超温率/%
2013-03-25—2013-06-10	尾水闸门室	3 号闸井	2	52.5	25.4	40	100
	1 号导流洞洞身上段	底板	10	39.75～48.15	11.25～19.9	24～48	30
	2 号导流洞洞身上段	底板	1	48.25	22.30	31	100

续表

时间分段	分部工程名称	工程部位	温度计数量/支	内部观测最高温度/℃	最高温升/℃	最高温升历时/h	超温率/%
2013-06-10—2013-10-26	导流洞进口	1 号闸井	17	40.5～49.9	25.1～36.7	42～105	11.8
		2 号闸井	28	41.3～48.8	23～33.3	37～108	17.9
		3 号闸井	22	39.4～48.9	25.4～36.6	40～116	9.1
	1 号导流洞洞身上段	底板	3	41.25～46.25	21.1～28.7	25～58	33.3
		边顶拱	15	35.8～48.2	17.25～25.6	39～100	6.7
	2 号导流洞洞身上段	底板	6	39.6～47.65	21.7～29.2	41～68	16.7
		边顶拱	3	37.9～45.0	16.25～25.15	88～107	0
	3 号导流洞洞身上段	底板	32	35.8～46.85	18.9～29.6	36～89	31.2
		边顶拱	15	37.4～42.5	19.7～25.5	30～75	0
2013-10-26—2014-03-31	1 号导流洞洞身上段	边顶拱	13	28.5～32.95	10.45～16.45	32～83	0
	1 号导流洞洞身结合段	边顶拱	2	29.0～33.55	12.85～14.7	46～54	0
	2 号导流洞洞身上段	边顶拱	4	28.75～31.2	13.4～15.8	57～98	0
	2 号导流洞洞身结合段	边顶拱	2	28.95～34.8	13.2～18.3	47～52	0
	3 号导流洞洞身上段	边顶拱	2	29.4～39.2	16.9～19.7	48～75	0

10.5.5 衬砌混凝土裂缝情况

10.5.5.1 左岸导流洞混凝土表面裂缝检查

设计裂缝处理标准：导流洞洞身上段裂缝宽度不小于 0.3mm，导流洞洞身结合段裂缝宽度不小于 0.2mm，需采取化学灌浆进行处理。

截至导流洞工程竣工验收，左岸导流洞洞身结合段混凝土共检查发现裂缝 18 条，详见表 10.49，全部位于导流洞边墙部位，裂缝宽度 0.3～0.5mm，长度 2.3～10.3m，深度为 0.34～0.72m，裂缝发现时混凝土龄期为 18～158d。

10.5.5.2 右岸导流洞混凝土裂缝检查

截至 2014 年 3 月 31 日，右岸导流洞共检查发现边墙混凝土裂缝 15 条（洞身段不小于 0.3mm，尾水结合段不小于 0.2mm），裂缝主要集中在边墙 3.5～7m 范围，呈水平状或顺流向分布。裂缝统计详细情况见表 10.50。

表 10.49 **左岸导流隧洞工程混凝土裂缝检查统计表**

分部工程名称	工程部位	裂缝编号	起止桩号	距底板/m	裂缝特征			发现时间/(年-月-日)	发现裂缝时龄期/d	处理方法简述
					缝宽/mm	缝深/m	缝长/m			
1号导流洞洞身上段	右边墙	20-1	0+285～0+292.5	15.5	0.48	0.52	7.5	2013-12-03	25	化学灌浆，缝口封闭处理
	左边墙	26-1	0+375～0+379.5	11.0	0.3	0.61	4.5	2013-12-03	44	
	右边墙	27-1	0+396～0+405	11.9	0.32	0.68	9.0	2013-12-03	48	
	右边墙	40-1	0+585～0+591.4	12.5	0.35	0.47	6.4	2013-11-13	76	
	右边墙	40-2	0+585～0+588.4	8.4	0.35	0.38	3.4	2014-02-27	158	
	右边墙	47-1	0+690～0+697.5	12.3	0.31	0.34	7.5	2013-11-14	47	
	右边墙	56-1	0+815～0+823.2	14.8	0.3	0.57	8.2	2013-12-06	30	
1号导流洞洞身结合段	左边墙	13-1	1+729～1+731.3	15.5	0.3	0.39	2.3	2013-12-06	32	
2号导流洞洞身上段	右边墙	37-1	0+549.9～0+555	4.8	0.4	0.54	5.1	2013-11-17	66	
	右边墙	37-2	0+540～0+548.5	9.0	0.3	0.47	8.5	2014-01-27	135	
	右边墙	38-1	0+559.7～0+570	8.55	0.3	0.43	10.3	2013-11-21	67	
	右边墙	39-1	0+570.8～0+577.9	10.5	0.3	0.61	7.9	2014-01-27	129	
	左边墙	51-1	0+741～0+750.2	6.5	0.36	0.36	9.2	2014-01-10	37	
	左边墙	64-1	0+936～0+943.5	11.4	0.4	0.72	7.5	2013-11-22	52	
	右边墙	64-2	0+947～0+951.8	13.4	0.3	0.4	4.8	2014-01-27	118	
3号导流洞洞身上段	左边墙	31-1	0+452～0+455.6	8.7	0.5	0.35	3.6	2017-01-28	86	
	左边墙	60-1	0+947～0+955	8.2	0.3	0.47	3.3	2014-01-28	92	
3号导流洞洞身结合段	左边墙	3-1	1+396～1+401.6	15.2	0.33	0.60	5.6	2013-11-05	18	

表 10.50 **右岸导流洞混凝土裂缝检查统计表**

部 位	裂缝起始高度	裂缝特征			发现裂缝时间/(年-月-日)	发现裂缝时混凝土龄期/d
		缝宽/mm	缝深/m	缝长/m		
4号导 0+322.23～0+334.92	左边墙高度 6m	0.37	0.62	1.8	2013-10-01	35
4号导 0+284.16～0+296.85	右边墙高 3.5m	0.37	0.67	1.8	2013-11-02	83
	左边墙高度 4m	0.37	0.64	1.2	2013-11-02	83
4号导 1+077.11～1+088.87	左边墙高度 4m	0.45	0.31	3	2013-11-08	75
4号导 1+030.07～1+041.83	右边墙高度 6m	0.4	0.42	5	2013-11-06	98
4号导 1+041.83～1+053.59	右边墙高度 6m	0.32	0.34	2	2013-11-08	91
4号导 1+124.15～1+135.91	左边墙高度 4m	0.3	0.32	4	2013-11-07	52
4号导 1+537.73～1+549.61	右边墙高度 7.5m	0.22	0.25	4.5	2014-03-04	115
	右边墙高度 9.7m	0.23	0.35	2.0	2014-03-04	115
	左边墙高度 11.8m	0.25	0.25	4.0	2014-03-04	115

续表

部　位	裂缝起始高度	裂缝特征			发现裂缝时间/(年-月-日)	发现裂缝时混凝土龄期/d
		缝宽/mm	缝深/m	缝长/m		
4 号导 1+339.31～1+351.46	左边墙高度 8m	0.26	0.27	5.2	2014-02-04	147
5 号导 0+300.95～0+312.66	左边墙高度 7m	0.32	0.46	12	2013-11-06	71
5 号导 0+312.66～0+325.35	右边墙高 9.5m	0.31	0.33	12	2014-02-02	139
5 号导 1+809.92～1+821.67	左边墙高度 5m	0.26	0.21	8.7	2014-03-05	102
5 号导 1+833.42～1+845.17	右边墙高度 7.1m	0.27	0.29	4.3	2014-03-05	95

10.5.5.3　导流洞裂缝处理

裂缝处理严格按化灌处理措施进行，处理前先进行裂缝化灌处理现场试验，通过筹备组、监理、设计和施工方的多次现场查勘、会议分析讨论，一致同意此裂缝化灌处理方案。

导流洞衬砌侧墙、底板裂缝处理工艺流程：查缝定位→刻槽及缝面清理→布设灌浆盒→封缝→洗缝→灌浆→缝面清理→表面封闭。

裂缝化灌步骤：①沿着裂缝进行人工刻槽，用钢丝刷、磨光机对裂缝及两侧混凝土表面打磨，跨缝打磨宽度 15cm，去除表面附着物及其他杂物，扫清结构面浮土，用压缩空气彻底吹净缝面；②沿裂缝骑缝布设灌浆盒，视缝宽情况间隔 20～30cm 布置一个灌浆盒；用 HK-EQ 环氧胶泥粘贴灌浆盒，灌浆盒跨缝粘贴密实；③将暴露于结构面的缝口用压缩空气吹净浮土，并用棉纱擦拭干净，用封缝材料封闭所有缝口；④封缝材料固结后，采用压缩空气逐孔清缝，反复多次将附着于孔壁及缝口的粉尘清除干净，确保灌浆通道畅通，对需要的缝段辅以清洗剂在灌浆前对裂缝压力清洗，同时检查密封情况，如发现密闭不严则需重新密封；⑤采用纯压式灌浆，化灌最高压力不超过 0.4MPa，根据缝的类别（干缝和湿缝）不同，起灌压力也有所不同，如干缝起灌压力为 0.2MPa，湿缝为 0.1MPa。当灌浆压力为 0.4MPa，进浆量接近于 0，稳压 10min 结束灌浆。侧墙混凝土干缝采用 HK-KG-10 低黏度改性环氧灌浆材料，按照要求的产品配合比配浆，并在要求的时间内完成使用。底板混凝土湿缝采用 HK-G-2（环保型）低黏度改性环氧灌浆材料，按照要求的产品配合比配浆，并在要求的时间内完成使用。

质量检查采用钻孔取芯做强度试验和检查孔压水试验，检查孔透水率 $q \geqslant 0.1$Lu，质量合格。从已化灌部位芯样看，原裂缝已被浆液充分填充，缝内无脱空，芯样完整，黏结密实，处理有效，见图 10.25。

图 10.25　导流洞混凝土裂缝化灌芯样

10.5.6　衬砌混凝土温度裂缝控制效果综合分析

三峡集团公司及其白鹤滩工程建设筹备组，在导流洞混凝土浇筑前组织成立温控领导小组，各施工单位也成立专门的温控组，专门领导和组织实施混凝土温度裂缝控制工作。在浇筑初期进行了专门的现场浇筑试验，进行了温度裂缝控制分析、事先计算分析和经验交流，在此基础上再开始导流洞混凝土浇筑，进行温度观测和实时计算分析，不断总结分析，加强混凝土温控，防裂工作取得显著成效。进一步将导流洞衬砌混凝土裂缝情况分洞段统计列于表10.51。根据以上温控检测、裂缝检查及其统计分析和有关计算分析，对导流洞衬砌混凝土温度裂缝控制效果有如下认识。

表10.51　导流洞衬砌混凝土裂缝统计分析

部　位	总仓数	裂缝仓数	裂缝条数	条/m	裂缝仓位率
1号导流洞	134	8	8	0.004	0.06
2号导流洞	119	6	7	0.004	0.05
3号导流洞	108	3	3	0.002	0.03
4号导流洞	138	8	11	0.007	0.06
5号导流洞	163	4	4	0.002	0.025
总计	662	29	33	0.0037	0.044

注　导流洞结合段仅1号和3号各有1条裂缝。

(1) 衬砌混凝土温度控制效果良好。混凝土浇筑温度控制，由于早期拌合楼的混凝土制冷和温控条件较差，采用常温混凝土，入仓温度和浇筑温度一般都超温；2013年6月10日以后采用制冷混凝土浇筑，浇筑温度合格率达到95%以上。由于加强了通水冷却和现场温控，混凝土内部最高温度得到有效控制。早期常温浇筑混凝土，超温比例仍然较大，达到30%～100%；2013年6月10日至10月26日采用预冷混凝土浇筑，超温率0～33.3%；2013年10月26日至次年3月31日采用预冷混凝土浇筑并取消通水冷却，由于气温降低，浇筑温度降低，混凝土内部最高温度都没有超过设计允许值。导流洞尾水结合段，都在2013年6月10日以后浇筑，混凝土内部最高温度都没有超过设计容许40℃标准。

(2) 衬砌混凝土裂缝控制效果好。通过对导流洞衬砌混凝土裂缝的普查、精查，发现导流洞衬砌混凝土有一定的裂缝，但总体上规模小，0.2mm以上的裂缝少。导流洞混凝土共有29仓发现0.2～0.3mm以上的裂缝33条，其中左岸18条，右岸15条。有裂缝的仓位平均小于5%，最多裂缝的1号导流洞也仅6%。其中的尾水结合段仅1号和3号导流洞各有1条裂缝。情况表明，裂缝数量、宽度和长度比国内类似工程明显较少，而且远低于浇筑温度的超温率，特别是5条导流洞永久工程尾水结合段总共仅2条裂缝，混凝土裂缝控制取得良好效果。

(3) 通水冷却对温度裂缝控制取得良好效果。通水冷却、水温、流量、降温速率等得到良好控制，高温季节浇筑混凝土，边墙6m以下部分全部进行了通水冷却，仅极个别仓位在该区域发现有裂缝，衬砌混凝土最高温度得到了有效控制，超温率低，说明通水冷却对温度裂缝控制取得良好效果。

（4）洞口冬季挂帘保温取得良好效果。根据洞内空气温度的统计分析，2013 年 12 月以前由于没有挂帘保温，洞内气温迅速下降，12 月 20 日实测洞内气温已低至 13～14℃，部分衬砌结构混凝土在此次寒潮期产生裂缝。筹备组召开了专门的温控防裂讨论会，研究裂缝原因，加强了温控，特别是采取了洞口挂帘保温措施。此后的低温季节，洞内气温反而是上升态势（图 7.8）。根据统计分析（表 7.9），冬季洞口挂帘保温至少使洞内最低气温提高了 2～3℃（如果 12 月不挂帘保温，气温将继续下降，计入此趋势，效果在 3℃以上），对减少混凝土裂缝取得良好效果。

10.6　衬砌混凝土裂缝原因分析与温度裂缝控制经验建议

白鹤滩导流洞衬砌混凝土温度裂缝控制取得良好效果，裂缝很少。但为总结经验，为后期大坝、泄洪洞等工程建设和国内类似工程温度裂缝控制提供参考，对导流洞衬砌混凝土的裂缝原因结合实际情况采用有限元法进行仿真计算分析。

10.6.1　夏季浇筑衬砌混凝土温度与温度应力计算分析

根据导流洞衬砌混凝土裂缝检查和温度检测成果的分析，最早在 10—11 月发现裂缝，混凝土都是在 7—9 月浇筑的，后来陆续发现 10 月至次年 2 月浇筑仓位有的发生裂缝。因此以 C 型衬砌为例分别模拟 7 月与 9 月浇筑段（包括右岸 12m 和左岸 15m 长结构段）进行温度应力计算分析。根据温度观测成果，7—9 月混凝土浇筑温度多在 20℃左右，个别值近 28℃，拟定边墙 7 月 1 日 22℃、24℃、26℃、28℃开始浇筑 4 个方案，洞内气温采用实时计算时最新实际测温资料，截至 2014 年 2 月统计拟合公式（$A=21.3$℃，$B=6.669$℃）。边墙 6m 以下通江水冷却，水管间距 1.5m，通水时间 15d，洒水养护 28d，6m 以上部位不通水冷却。

因为裂缝出现的部位大多集中在边墙，因此在边墙 3m 与 8m 断面处选取代表点进行分析。各代表性断面温度与温度应力特征值汇总列于表 10.52，并整理可能裂缝时的洞内空气温度及与该温度对应的时间列于表 10.53。为分析可能裂缝的部位、方向，将浇筑温度为 24℃情况各应力分量和不同高度的值于表 10.52，最大拉应力和最小抗裂安全系数与边墙高度、浇筑温度的关系示于图 10.26～图 10.29。

表 10.52　　　典型断面温控防裂计算特征值

浇筑温度/℃	高程部位	最高温度/℃	最大应力分量值			最小抗裂安全系数		
			第一主应力/MPa	y 方向应力/MPa	z 方向应力/MPa	最小值	龄期/d	对应洞内气温/℃
24	3m 断面	40.31	3.12	3.00	3.12	1.02	219	14.7
	8m 断面	41.12	3.25	3.25	3.17	0.98	214	14.7
	13m 断面	41.13	3.47	3.46	3.21	0.92	219	14.7
	16m 断面	40.89	4.05	3.72	3.51	0.79	229	15

续表

浇筑温度/℃	高程部位	最高温度/℃	最大应力分量值			最小抗裂安全系数		
			第一主应力/MPa	y 方向应力/MPa	z 方向应力/MPa	最小值	龄期/d	对应洞内气温/℃
26	3m 断面	41.60	3.36	—	—	0.95	229	15
	8m 断面	42.46	3.50	—	—	0.91	214	14.7
28	3m 断面	42.89	3.59	—	—	0.89	219	14.7
	8m 断面	43.90	3.71	—	—	0.86	219	14.7
22	3m 断面	39.06	2.88	—	—	1.11	219	14.7
	8m 断面	39.81	3.00	—	—	1.06	214	14.7

表 10.53　　混凝土裂缝时间与洞内气温关系分析

浇筑温度/℃	部位	最高温度/℃	龄期/d	日期	对应洞内气温/℃
24	8m 断面	41.12	184	2013-01-02	15.2
	13m 断面	41.13	164	2013-12-12	16.7
	16m 断面	40.89	139	2013-11-17	19.1
26	3m 断面	41.60	174	2013-12-22	15.9
	8m 断面	42.46	129	2013-11-17	19
28	3m 断面	42.89	149	2013-12-07	17
	8m 断面	43.90	139	2013-11-27	18

注　龄期为抗裂安全系数等于 1 的龄期，日期为与该龄期对应的具体日期，对应洞内气温为根据该日期由上述统计拟合公式计算的洞内空气温度。

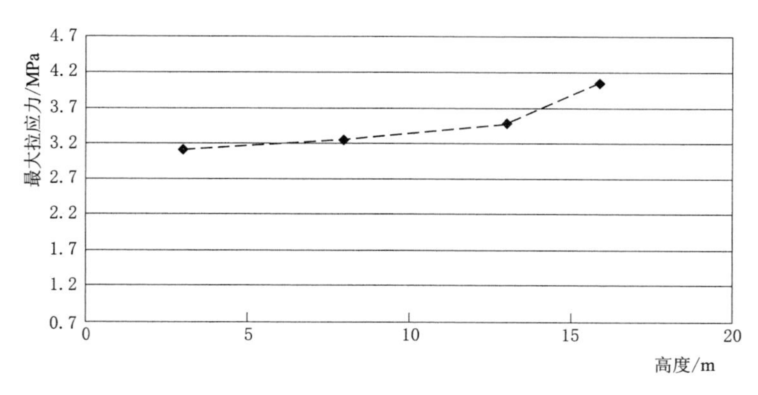

图 10.26　最大拉应力与边墙高度关系

由以上计算结果可以看出：

(1) 边墙最大拉应力和最小安全系数均出现在中上部 8～16m 不通水冷却区域，容易产生裂缝；6m 以下通水冷却区域拉应力要小些，说明通水冷却效果明显，当然也与其是结构下部（非中部）有关。

(2) 边墙中上部不通水冷却区域的 3 个断面 8m、13m、16m，随着高度的增加最小

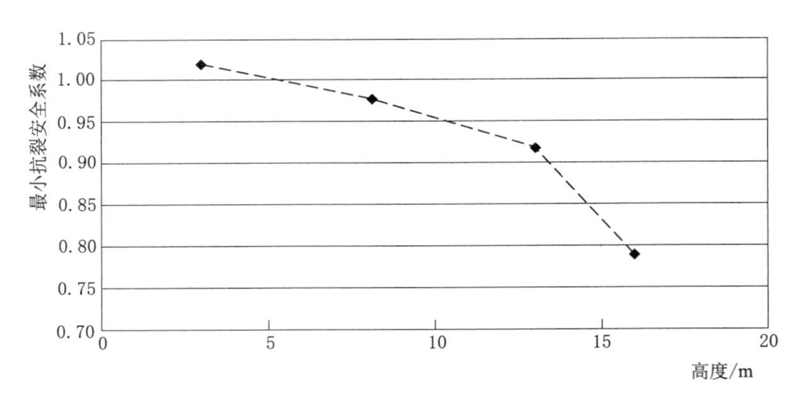

图 10.27　最小抗裂安全系数与边墙高度关系

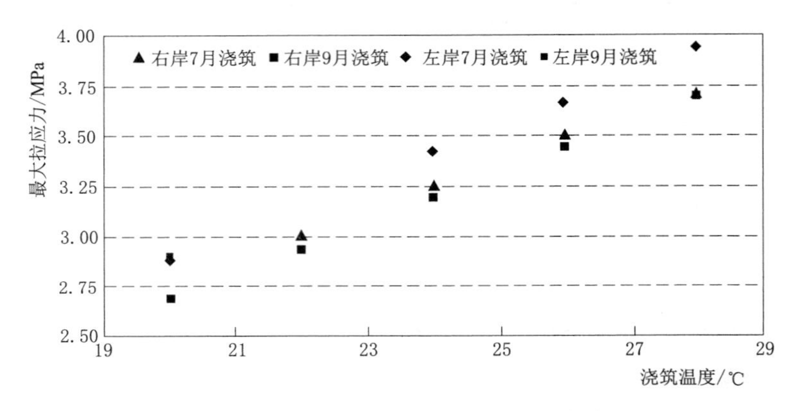

图 10.28　最大拉应力与浇筑温度关系

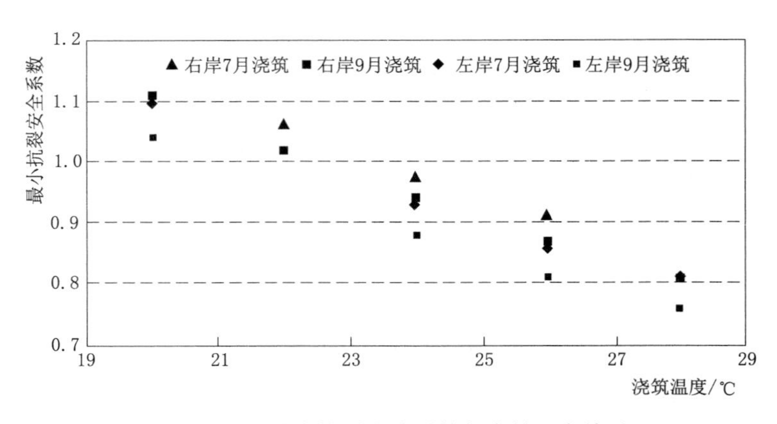

图 10.29　最小抗裂安全系数与浇筑温度关系

抗裂安全系数降低，预测裂缝产生的时间也相对早些，即边墙较高的部位（边墙中上部）最先产生裂缝。

（3）在拉应力最大的区域（8～16m 高度），最大拉应力与 y 方向应力接近，所以实际发生的裂缝主要表现为水平方向（垂直 y 方向），而且中部 6～13m 基本都是水平，随着高度的增大 13～16m 区域裂缝斜向发展。

（4）拉应力最大和抗裂安全系数最小的时间段，一是早期 10～30d，二是冬季气温下降期。对于白鹤滩导流洞衬砌混凝土，由于冬季贯通后气温下降幅度大，抗裂安全系数最小值大多发生在冬季，即温度裂缝控制受气温下降控制，即使是 7 月浇筑的混凝土，也主要是在 11—12 月由于气温降低至 15～19℃才发生裂缝。

综合以上分析表明，衬砌混凝土可能产生温度裂缝的混凝土内部最高温度大约在 41℃以上；区域是边墙中上部 8～16m 风险最大；方向主要表现为水平，而且中部 6～13m 主要为水平，随着高度的增大 13～16m 区域主要为倾斜；时间是 11—12 月气温骤降期（15～19℃），与现场检测裂缝情况全部吻合。

10.6.2 秋季浇筑影响

根据裂缝精查情况，10 月和 11 月浇筑混凝土有相对较多部位产生裂缝。因此，分别对左岸 10 月、11 月和右岸 10 月浇筑衬砌混凝土进行温度与温度应力计算分析，计算方案见表 10.54。浇筑条件分别按照产生裂缝仓号的实际施工情况，并将计算结果与实际的裂缝检查情况进行对比分析，从而对裂缝产生的原因进行分析。根据有限元模拟计算，将针对精查仓衬砌混凝土裂缝计算分析特征值与洞内气温关系分析汇总于表 10.55 和表 10.56。

表 10.54　秋季浇筑衬砌混凝土温控计算方案

序号	部位	混凝土浇筑		洒水养护		通水冷却			
		时间/(月-日)	温度/℃	开始时间/(月-日)	持续时间/d	开始时间/(月-日)	持续时间/d	温度/℃	水管间距/m
1	右岸	10-01	19	10-04	15	10-19	15	27	1.5
2	左岸	10-01	20	10-04	15	10-19	15	27	1.5
3	左岸	11-01	17	11-04	15	—	—	—	—

表 10.55　秋季浇筑衬砌混凝土温控特征值

序号	部位	浇筑时间	浇筑温度/℃	高程部位	最高温度/℃	第一主应力/MPa	最小抗裂安全系数		
							最小值	龄期	对应气温/℃
1	右岸	10 月	19	3m 断面	36.68	2.46	1.17	124	14.6
				8m 断面	37.59	2.54	1.13	119	14.6
2	左岸	10 月	20	3m 断面	36.86	2.79	1.03	124	14.6
				8m 断面	37.85	2.86	1.01	119	14.6
3	左岸	11 月	17	3m 断面	34.91	2.59	1.10	84	14.6
				8m 断面	34.88	2.53	1.12	84	14.6

表 10.56　　秋季浇筑衬砌混凝土可能温度裂缝与洞内气温关系

浇筑温度/℃	部位	最高温度/℃	龄期/d	日期	对应气温/℃
20	3m 断面	36.86	124	2014-02-02	14.6
	8m 断面	37.85	119	2014-01-27	14.6

根据以上计算结果和混凝土裂缝检查情况可以看出：

(1) 秋季浇筑衬砌混凝土的温度裂缝，可能产生于 20℃以上浇筑结构段，混凝土内部最高温度达 38℃以上，发生裂缝的时间是洞内气温 14.6℃左右对应的时间。

(2) 11 月 17℃浇筑条件下，仿真计算混凝土内部最高温度（约 35℃）与现场浇筑混凝土实测最高温度（29.95～36.14℃）基本一致。

(3) 10 月 19℃浇筑，计算最高温度 37.59℃，现场实测 17.75℃浇筑时为 38.4℃，略高于计算值。左岸 10 月 20℃浇筑条件下，实际裂缝出现时间为 2013 年 12 月，计算预计裂缝时间为 2014 年 1 月。时间有差异的原因在于，预计洞内气温 14.6℃，实测洞内气温最低值在 2013 年 11 月底至 12 月初已经出现，导致裂缝提前发生。所以，预计温度裂缝的洞内气温 14.6℃与实际是相符的。一方面说明裂缝与 2013 年 11 月洞内气温骤降有关；另一方面干缩及体积收缩变形影响也可能促使裂缝提前发生。

10.6.3　分缝长度影响

白鹤滩水电站导流洞，左岸采取分缝长度 15m 浇筑，右岸采取分缝长度 12m 浇筑。为此，相应进行左岸分缝长度 15m 不同浇筑温度的仿真计算，温度和温度应力等特征值列于表 10.57、表 10.58。

表 10.57　　左岸缝长 15m 衬砌混凝土温控计算特征值

浇筑温度/℃	高程部位	最高温度/℃	第一主应力/MPa	最小抗裂安全系数		
				最小值	龄期/d	对应洞内气温/℃
24	3m 断面	40.02	3.38	0.94	219	14.7
	8m 断面	40.82	3.42	0.93	219	14.7
26	3m 断面	41.32	3.64	0.88	219	14.7
	8m 断面	42.20	3.68	0.86	219	14.7
28	3m 断面	42.64	3.88	0.82	219	14.7
	8m 断面	43.60	3.95	0.81	219	14.7
20	3m 断面	37.51	2.88	1.11	224	14.7
	8m 断面	38.18	2.89	1.10	219	14.7

表 10.58　　左岸缝长 15m 衬砌混凝土可能裂缝时间与洞内气温关系

浇筑温度/℃	部位	最高温度/℃	龄期/d	日期	对应洞内气温/℃
24	3m 断面	40.02	174	2013-12-22	15.9
	8m 断面	40.82	169	2013-12-17	16.3

续表

浇筑温度/℃	部位	最高温度/℃	龄期/d	日期	对应洞内气温/℃
26	3m 断面	41.32	149	2013-11-30	17.7
	8m 断面	42.20	144	2013-11-25	18.2
28	3m 断面	42.64	129	2013-11-10	19.8
	8m 断面	43.60	119	2013-11-01	20.9

以上计算成果与表 10.52 和表 10.53 特征值比较分析可知，在浇筑温度为 22～28℃时，分缝长度增加 3m 的左岸衬砌混凝土，温降产生的拉应力增大（0.11～0.31MPa），抗裂安全系数减小（0.04～0.08），大约相当于浇筑温度提高 2℃（最高温度升高 1～1.5℃）的作用。而且浇筑温度越高，分缝长度对应力和抗裂安全系数的影响越大，如右岸 7 月 22℃浇筑时，8m 高度断面的影响分别为拉应力增大 0.11MPa、抗裂安全系数减小 0.04，28℃浇筑时的影响分别为拉应力增大 0.24MPa、抗裂安全系数减小 0.05。因此，衬砌结构分缝长度越大，衬砌厚度与长度的比值越小，围岩对衬砌混凝土的约束越强，同等条件下温降产生的拉应力越大，抗裂安全系数越小，越容易产生温度裂缝，与导流洞衬砌混凝土裂缝统计结果（左岸多于右岸）一致。

10.6.4 洞内空气温度影响

根据以上各阶段的计算分析，在设计、施工、导流洞开挖贯通各阶段洞内气温取值和实际观测值是不同的，而且表现出冬季气温不断降低和变幅不断增大的趋势。为此，以 9 月 26℃浇筑方案为例，仅改变洞内气温变化曲线进行温度与温度应力仿真计算，以对比分析洞内气温的影响和洞口挂帘保温防裂效果。不同气温条件下衬砌混凝土温度与温度应力特征值汇总列于表 10.59 和表 10.60。

表 10.59　不同洞内气温条件衬砌混凝土温度、温度应力计算特征值

方案编号	年平均气温/℃	气温变幅/℃	高程部位	最高温度/℃	第一主应力/MPa	最小抗裂安全系数		
						最小值	龄期/d	对应气温/℃
1	21.3	6.669	3m 断面	41.88	3.35	0.90	154	14.7
			8m 断面	42.77	3.45	0.87	149	14.7
2	20.85	8.24	3m 断面	42.15	3.60	0.84	154	14.7
			8m 断面	43.09	3.67	0.82	149	14.7
3	23.43	8.245	3m 断面	42.06	3.28	0.89	134	15
			8m 断面	42.99	3.40	0.86	129	15
4	22.15	7.566	3m 断面	41.97	3.35	0.88	159	14.7
			8m 断面	42.89	3.46	0.85	139	13.5

表 10.60　　不同洞内气温条件衬砌混凝土裂缝与洞内气温关系分析

方案编号	部位	最高温度/℃	龄期/d	日期	对应气温/℃
1	3m 断面	41.88	79	2013-11-20	18.8
	8m 断面	42.77	80	2013-11-21	18.8
2	3m 断面	42.15	69	2013-11-08	20
	8m 断面	43.09	51	2013-10-21	22.1
3	3m 断面	42.06	63	2013-11-02	20.6
	8m 断面	42.99	43	2013-10-13	21.7
4	3m 断面	41.97	68	2013-11-07	19.75
	8m 断面	42.89	44	2013-10-14	22

由以上计算结果可以看出：

(1) 浇筑时洞内气温越高，衬砌混凝土的最高温度越高。如方案 2 计算衬砌混凝土最高温度为 43.09℃，方案 1 计算最高温度为 42.77℃，低 0.32℃。

(2) 冬季气温越低，同等条件下衬砌混凝土冬季的最大拉应力越大，抗裂安全系数越小。如方案 2 冬季最低气温为 12.61℃，最大拉应力为 3.67MPa，最小抗裂安全系数为 0.82；冬季采取挂帘保温后的方案 3 冬季最低气温为 15.185℃，最大拉应力为 3.4MPa，小 0.27MPa，最小抗裂安全系数为 0.86，提高 0.04。

综上所述，洞内气温直接影响衬砌混凝土施工期温度、温度应力和温度裂缝控制效果。衬砌混凝土内部最高温度与浇筑时洞内气温成正比；最大拉应力主要与冬季最低气温成反比；最小抗裂安全系数主要与冬季最低气温成正比。冬季洞口挂帘保温可以有效增高洞内最低气温，提高衬砌混凝土的最小抗裂安全系数，有利于温度裂缝控制，是一项十分有效的经济的措施，白鹤滩导流洞取得了成功的经验。导流洞开挖贯通增大空气温度变幅和降低冬季洞内气温，对混凝土温度的影响主要体现在低温季节的温降幅度，对夏季浇筑混凝土最高温度的影响较小；边墙拉应力最大的时期一般都是在低温季节，温度变幅增大，低温季节洞内气温降低，使得拉应力增加，抗裂安全系数降低。

10.6.5　衬砌混凝土干缩影响

白鹤滩导流洞边墙 $C_{90}30$ 衬砌混凝土干缩应变试验结果示于图 10.30。试验结果表明，随龄期发展，混凝土干缩率逐渐增加，早期增长速率快，至 90d 龄期，干缩率发展曲线趋于平缓，干缩基本不再增加。

由于干缩应变试验是在保持 60%湿度的环境下进行的，与现场 2014 年 2 月洞内实测湿度相当，采用应变法进行干缩影响仿真计算。计算时假定洒水养护保湿（100%湿度）可以避免干缩发生，不计干缩应变影响；不养护，则计入全部干缩应变量影响。由于干缩主要是导致混凝土表面裂缝，因而仅对混凝土表面应变与抗裂安全系数进行整理分析。

以右岸导流洞 C 型 1.1m 厚断面洞身段 9 月施工，分别进行养护时间为 0d、7d、15d、28d、60d 共 5 个养护时间（干缩）方案对主应变影响的变化规律。混凝土从 9 月 1 日开始浇筑，浇筑温度为 20℃，通 20℃的水冷却 10d，底板采用 $C_{90}40$ 泵送混凝土，边顶

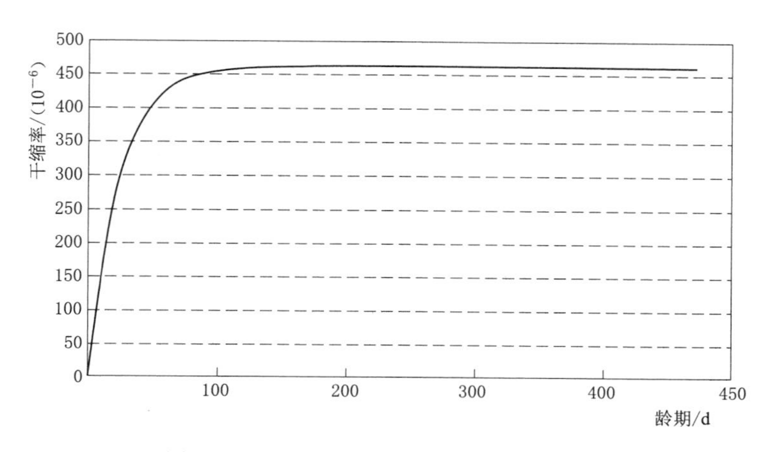

图 10.30　$C_{90}30$ 衬砌混凝土干缩试验曲线

拱采用 $C_{90}30$ 泵送混凝土，先浇筑底板，开浇 3d 后拆模，底板和边顶拱浇筑的间隔期取 31d，浇筑段长为 12m，仅改变养护的时间进行计算分析。整理各计算方案边墙衬砌混凝土表面最大应变和最小抗裂安全系数列于表 10.61。

表 10.61　　　　不同养护时间混凝土表面最大应变和最小抗裂安全系数

养护时间/d	最大应变		最小抗裂安全系数		起裂龄期/d
	主应变/(10^{-6})	龄期/d	最小值	龄期/d	
0	494.00	154	0.23	69	6
7	386.84	154	0.29	104	14.25
15	298.54	154	0.39	119	24.5
28	207.14	154	0.56	134	44
60	117.28	154	1.00	144	135

注　起裂龄期指抗裂安全系数降低至 1.0 的混凝土龄期。

根据以上计算成果可以看出：

(1) 混凝土干缩率在前两个月比较明显，后期干缩率稍有增大，干缩容易导致混凝土表面裂缝或者仅是微裂纹。

(2) 在不养护（方案 1）的条件下，表面点应变从拆模开始受干缩的影响急剧增大，对应表面最小抗裂安全系数仅为 0.23，在龄期为 6d 时起裂，产生表面微裂纹（必须指出的是，没有考虑混凝土拌合加入水量的作用，实际抗裂安全系数会大些，裂缝时间会晚些，下同）。

(3) 保湿养护 7d（方案 2）情况，最小抗裂安全系数为 0.29，在龄期为 14.25d 时起裂，产生表面微裂纹。

(4) 保湿养护 15d（方案 3）情况，最小抗裂安全系数为 0.39，在龄期为 24.5d 起裂，产生表面微裂纹。结合现场施工实际养护 14d 左右，表面裂缝检查多在 20～28d 发生，与计算预测表面裂缝时间比较一致。

(5) 保湿养护 28d（方案 4）情况，最小抗裂安全系数为 0.56，在龄期为 44d 起裂，产生表面微裂纹。

(6) 保湿养护60d (方案5) 情况，混凝土应变受干缩影响较小，对应的最小抗裂安全系数为1.00。

(7) 养护时间越短，干缩作用越大，越容易产生表面干缩裂缝。

(8) 与不计入干缩成果相比，干缩会导致表面混凝土抗裂安全系数显著降低，在60%湿度环境保湿养护60d表面抗裂安全系数也仅为1.0，仍然小于该计算方案情况内部点温降产生拉应力最小抗裂安全系数1.11。因此，如果洞内空气的湿度仅60%，则洒水保湿养护时间需要60d以上。

必须指出的是，养护不足产生的表面微裂纹，如果后期温降不大，不会导致温度裂缝，这些微裂纹可能自愈或者不会形成较大宽度的裂缝，基本都不在表10.49和表10.50的统计中。

10.6.6 断面尺寸影响

采用溪洛渡泄洪洞无压段的断面尺寸[2]，对比分析不同断面尺寸对衬砌混凝土温度与温度应力影响。计算采用7月24℃浇筑方案，分缝长度12m，其余条件与10.6.1节相同。不同断面尺寸温控计算特征值对比见表10.62。

表10.62 不同断面尺寸衬砌混凝土温控特征值

断面	高程部位	最高温度/℃	第一主应力/MPa	最小抗裂安全系数		
				最小值	龄期/d	对应气温/℃
溪洛渡泄洪洞断面	3m断面	40.38	2.90	1.11	224	15
	8m断面	41.12	3.15	1.02	214	14.7
白鹤滩导流洞断面	3m断面	40.31	3.12	1.02	219	14.7
	8m断面	41.12	3.25	0.98	214	14.7

由表10.62可以看出，溪洛渡泄洪洞断面边墙高度低2m，最高温度变化很小，第一主应力小0.1～0.2MPa，最小抗裂安全系数大0.04～0.09。因此断面尺寸越小产生裂缝的可能性越低。即白鹤滩导流洞，由于断面尺寸比溪洛渡泄洪洞大，同等条件温降产生的拉应力增大，裂缝风险增大。

10.6.7 洞内空气湿度的影响

图10.30中混凝土干缩试验曲线是在空气湿度为60%的条件下获得的。白鹤滩水电站导流洞冬季空气湿度较低，在60%左右甚至更低，夏季湿度较大，可达到80%甚至更大。为了探讨空气湿度对混凝土干缩和防裂的影响，补充进行空气湿度为70%、80%、90%条件下保湿养护的仿真计算分析。

依据右岸导流洞混凝土产生裂缝仓号的实际浇筑情况，按照9月1日开始浇筑，浇筑温度为20℃，通20℃的水冷却10d，底板采用$C_{90}40$泵送混凝土，边顶拱采用$C_{90}30$泵送混凝土，先浇筑底板，开浇3d后拆模，洒水养护7d、15d、28d、60d，底板和边顶拱浇筑的间隔期取31d，浇筑段长为12m。

根据仿真计算分析，整理中间断面代表点表面主应变历史曲线，其中保湿养护60d混凝土表面主应变历史曲线见图10.31，特征值列于表10.63。

表10.63 空气湿度对混凝土表面防裂的计算结果

浇筑温度/℃	空气湿度/%	养护时间/d	最大应变分量值		最小抗裂安全系数		出现裂缝时间（抗裂安全系数为1的龄期）/d
			主应变/(10^{-6})	龄期/d	最小值	龄期/d	
20	60	7	386.84	154	0.29	104	14.25
		15	298.54	154	0.39	119	24.5
		28	207.14	154	0.56	134	45
		60	117.28	154	1.00	144	135
	70	7	336.66	154	0.34	114	15
		15	263.20	154	0.44	124	25.75
		28	187.18	154	0.62	134	48
		60	112.42	154	1.04	144	—
	80	7	276.81	154	0.42	119	16.5
		15	221.07	154	0.52	129	28.5
		28	163.37	154	0.71	139	56
		60	106.64	154	1.09	144	—
	90	7	207.31	154	0.56	129	20.75
		15	172.13	154	0.67	134	41
		28	135.72	154	0.86	139	80
		60	99.92	154	1.17	144	—

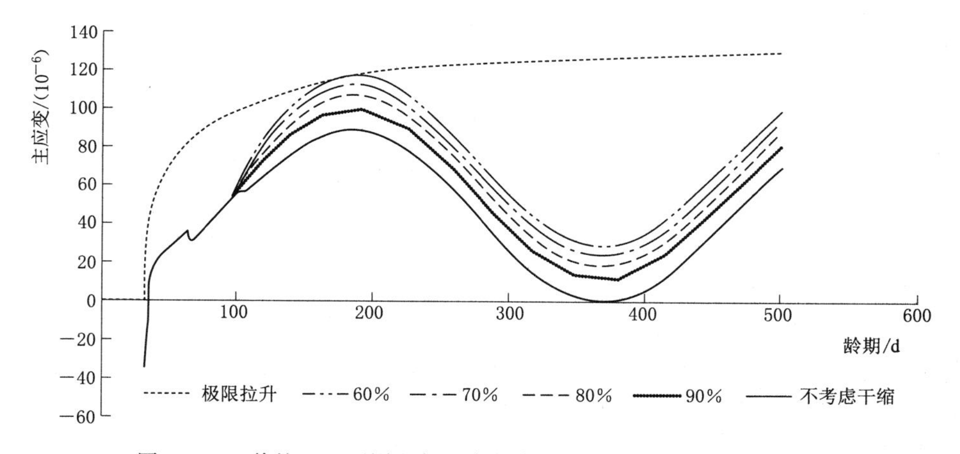

图10.31 养护60d不同空气湿度状态混凝土表面主应变历时曲线

分析以上计算成果发现，空气湿度对混凝土的干缩和表面裂缝有非常大的影响。随着空气湿度增加，干缩作用逐渐减小，但养护时间太短时干缩作用仍然较大。冬季空气干燥，混凝土干缩更加明显，因而在冬季施工，更应注重混凝土的保湿养护，适当延长混凝土养护时间。根据计算分析，对于右岸 12m 长衬砌结构低热水泥混凝土，冬季宜采用 60d 洒水保湿养护；在夏季湿度达到 95%时可采用 28d 流水或洒水保湿养护。

10.6.8　裂缝原因综合分析

导流洞衬砌混凝土裂缝原因分析是十分复杂的，与结构断面尺寸、混凝土性能、温度、施工工艺与技术、地质条件和环境因素等都密切相关。这里在温控仿真计算和主要因素影响敏感性分析的基础上结合现场实际情况对裂缝原因进行综合分析。

（1）温度作用是裂缝的最主要因素。导流洞衬砌是在围岩等强约束下的薄壁结构（见第 5、第 9 章），在早期快而大的温降或者冬季大幅度温降作用下很容易产生温度裂缝。2013 年 11 月初导流洞陆续开挖贯通，恰好进入低温季节和遇上偶然的寒潮天气，洞内气温迅速降低，实测最低洞内气温最小值 13～14℃，降温幅度明显较大且降温迅速。在此温降期，早期浇筑衬砌混凝土的最高温度有的较高，超过 45℃，根据对 7 月、9 月、10 月浇筑衬砌混凝土温度应力计算分析，最高温度超过 41℃的混凝土在如此低的温度环境即可能发生温度裂缝；如果是 10 月底和 11 月初新浇筑混凝土，龄期较短，强度较低，大幅度的迅速温降也极易产生裂缝。所以，衬砌混凝土现场裂缝检查表现出大多是 11 月前后发生裂缝。此后进入冬季，有的结构段混凝土内部温度高，而洞内气温低，新浇筑衬砌混凝土温升后的温降幅度大，容易产生早期裂缝，也有部分结构段产生了温度裂缝。以上分析和裂缝检查结果表明，衬砌混凝土裂缝与有的结构段混凝土内部最高温度高、洞内气温低密切相关。

可能裂缝的部位。根据 10.6.1 节对右岸 7 月 24℃浇筑衬砌混凝土边墙各断面温度应力计算分析，由于边墙 6m 以下通水冷却有效控制了内部最高温度、温度梯度与温降拉应力增长，而边顶拱整体浇筑边墙顶部约束强，8m 以上区域的拉应力较大，且随着边墙高度的增加，最大拉应力随之增加，最小抗裂安全系数随之降低，最大拉应力出现在 16m 高度，为 4.05MPa，即裂缝主要出现在边墙中上部（8～16m 范围），与现场检查情况一致。

可能裂缝方向。根据 10.6.1 节右岸 7 月 24℃浇筑衬砌混凝土边墙计算成果：8～16m 高度 3 个断面中间点 x、y、z 3 个方向应力曲线和温度应力特征值表可以看出，铅直 y 方向应力最大，基本等于（中间部位 8～13m 高度区域是等于，两水管中间是约等于）最大主拉压力，而裂缝垂直最大主拉压力，所以中部 8～13m 裂缝主要沿水平方向发展，上部以水平为主、部分斜向。所以，现场混凝土裂缝大多水平方向发展。

可能裂缝阶段与裂缝时间。根据前面各部分仿真计算分析，特别是可能裂缝的时间分析表，左、右岸边顶拱 9 月以前浇筑的衬砌混凝土，当最高温度在 41℃以上时即有较大的产生裂缝的可能性，由于白鹤滩导流洞开挖贯通（11 月）即进入冬季，温降幅度大，导致拉应力显著增大，抗裂安全系数明显降低，发生裂缝时间主要集中在低温季节初期即 11 月与 12 月，其对应的洞内气温在 20℃以下（第一次骤降阶段）。对于 9 月浇筑左岸 15m 衬砌混凝土，最高温度达 43℃以上的，由于结构段长度增大进一步减小抗裂安全系数，发生在 14～28d 的可能性大，温升相对低些的发生在低温季节的可能性大些。如：夏季浇筑温度高的，最高温度在 43℃以上的可能发生在早期，40～42℃的可能在低温季节初期。总体情况应该是以发生于低温季节 11—12 月为主，仅个别最高温度特别高的可能发生在早期，与现场检查裂缝发生时间也是一致的。对比洞内气温影响敏感性计算结果可以看出，采用至2014年4月洞内温度拟合公式计算衬砌混凝土的最小抗裂安全系数较之前（至2013年12月温度观测数据拟合公式）有所提高，说明洞口挂帘保温措施起到了良好作用。

对于左、右岸边顶拱10月与11月浇筑的衬砌混凝土，可能发生裂缝的时间主要集中在低温季节（现场观测洞内最低气温期在12月初期）；对于12月和1月浇筑衬砌混凝土，可能发生裂缝的时间为早期14～28d。因此，其可能发生裂缝的时间都是在低温季节。实际裂缝时间与计算分析的裂缝时间非常一致。

浇筑温度直接影响衬砌混凝土内部最高温度，与温度裂缝密切相关。根据计算分析，降低浇筑温度可以有效降低内部最高温度、最大拉应力，提高抗裂安全系数。每降低浇筑温度1℃，可降低最高温度0.6～0.7℃，降低最大拉应力0.12MPa左右，提高最小抗裂安全系数0.03～0.04。即降低浇筑温度是温度裂缝控制的有效措施。

根据以上计算，比较3m和8m断面成果可以看出，通水冷却可以有效降低混凝土内部最高温度（1.1m厚衬砌平均2℃左右）和最大拉应力（0.3MPa左右），提高抗裂安全系数（0.1左右）。最大拉应力在边墙高度方向上移。从现场裂缝情况来看，6m以下的裂缝基本得到有效控制。即通水冷却是温度裂缝控制的有效措施。

（2）空气干燥，干缩作用大，施工养护有较大影响。白鹤滩水电站地处干热河谷，雨水少，空气干燥，多年平均湿度53%～81%，历年最小值仅2%。2014年2月实测导流洞空气湿度仅60%左右（与冬季雨少、干燥、导流洞贯通后风大等环境因素密切相关），在此干燥环境，混凝土干缩量大，而且早期干缩迅速发展，而低热水泥混凝土早期抗裂性能又相对较低些，90d龄期以前干缩率大（图10.30），养护不足易产生早期表面干缩裂缝或者微裂纹。例如，在养护15d的情况下，23d左右时很容易产生表面裂缝，且干燥的冬季比湿度大的夏季更容易表面裂缝，这些现象都与现场非常一致。

根据初步计算分析，养护时间越短，干缩作用越大，越容易产生表面裂缝，而且裂缝时间越早，延长养护时间可以有效防止和减少干缩裂缝；60%湿度环境保湿养护60d，表面抗裂安全系数为1.0（右岸），仍然不足，且小于不计入干缩条件最小抗裂安全系数1.11和1.04，即在干燥环境养护60d仍然不够。对于低热水泥混凝土在60%湿度时保湿养护时间宜达到60d以上，95%湿度环境也需要28d。因此，如果养护时间短或者不能得到保障，干缩量大，容易产生表面干缩裂缝。

（3）结构尺寸和分缝长度有较大的影响。导流洞断面尺寸大，特别是高度大，主应力以铅直应力分量为主，容易产生水平向裂缝（与现场一致）。根据对左右岸（12～15m长度）和边顶拱分期浇筑的计算成果来看，断面尺寸大、分缝长度大明显增大了裂缝可能性。

（4）其他影响。由于加快施工要求，拆模时间短，拆模后表面温度迅速下降，对短龄期边墙顶部混凝土裂缝风险增加（边顶拱相交部位表面微裂纹可能与此有关）。其他方面，如施工振捣密实性、均匀性、浮浆集中等也有一定关系。但这些仅是判断，尚需要进一步调查分析。

10.6.9 衬砌混凝土温度裂缝控制经验与建议

根据白鹤滩导流洞衬砌混凝土温度裂缝控制取得成功经验和以上分析，提出如下几点经验建议，供下一步施工和以后类似工程温度裂缝控制参考。

（1）加强低温季节封闭洞口保温。低温季节封闭洞口保温，可以有效提高洞内空气温度2～4℃以上，减小基础温差，防止和降低冬季混凝土温度裂缝风险。保温时间宜以10月中旬至4月中旬，洞内最低温度18～20℃控制为宜（此建议与此前导流洞、泄洪洞等地下工程温度裂缝控制措施建议一致），这样可以提高洞内气温4～6℃，效果好于采用通水冷却。可以借鉴水电站发电厂保温的经验，保温（甚至可以采用改进的门式结构）标准化、时间标准化（10月中旬至4月中旬）。花较少的保温费用，换取温控措施要求的降低（减少通水冷却等其他温控措施）以减少温控费是值得的。

（2）加强养护，保持混凝土表面湿润。干缩对混凝土表面裂缝作用大，湿度极大地影响着混凝土干缩作用。

低热水泥混凝土的早期养护非常重要。根据计算，应视洞内湿度不同而保障不同养护的龄期。根据初步分析，60%～70%的湿度需要约60d养护，95%以上湿度需28d养护。由于可能存在计算误差，宜进一步根据现场养护试验研究确定不同湿度的养护期。由于不同工程所在地、不同月份、不同的工地环境洞内空气湿度都是不同的，不同的工程结构和混凝土品种需要的养护期也是不同的。因此建议，各个工程都要通过计算分析确定混凝土在不同湿度条件需要的养护期，施工期开展湿度检测（与温度检测同时进行），因时因地开展合理有效的保湿养护。

保湿养护，宜标准化、智能化，在人工费用高、甚至有的人责任心不足的当代，显得尤为重要。

（3）推广低热水泥混凝土的应用，提高温度裂缝控制效果。根据低热水泥混凝土在导流洞衬砌混凝土中的应用情况，结合溪洛渡泄洪洞的应用经验，低热水泥较之中热水泥混凝土，衬砌混凝土最高温度降低4℃左右，裂缝明显减少，建议在其他工程中推广应用。但必须指出的是，低热水泥混凝土在60%湿度条件下，需要60d以上的保湿养护，其干缩是否大于中热水泥混凝土、早期强度是否低些，有待进一步深入研究。

（4）加强温控，降低混凝土内部最高温度。混凝土最高温度与温度裂缝密切相关。因为洞内气温各月是变化的，因此各月也应该采取不同的最高温度控制值。对于低温季节洞内空气温度低的地下工程，要求进一步降低混凝土最高温度，需要进一步加强温控。

（5）减小浇筑块尺寸和分缝长度。对于断面尺寸大、边墙高度大的衬砌结构，宜适当缩短分缝长度，一般以9m左右为宜，边顶拱宜采取分期浇筑方式。综合采取缩短分缝长度和边顶拱分期浇筑，抗裂安全系数可提高0.2左右（相当甚至大于通水冷却效果），对温度裂缝控制十分有利。

参 考 文 献

[1] 中华人民共和国水利部. 混凝土重力坝设计规范（SL 319—2005）[S]. 北京：中国水利水电出版社，2018.

[2] 樊启祥，段亚辉，等. 水工隧洞衬砌混凝土温控防裂创新与实践 [M]. 北京：中国水利水电出版社，2015.

第 11 章　乌东德水电站隧洞衬砌混凝土温度裂缝实时控制

11.1　工程概况与基本资料

11.1.1　工程概况

乌东德水电站以发电为主，兼顾防洪、航运和拦沙等作用。电站装机容量10200MW，混凝土双曲拱坝，采用坝身泄洪为主岸边泄洪洞为辅的方式。

三条泄洪洞均采用圆形有压洞后接无压门洞形隧洞，由进水口、有压洞段、工作闸门室、无压洞段、出口段、消能水垫塘组成，出口采用挑流消能。泄洪洞进口段包括引水渠及进水塔两部分。有压洞为内径 14m 圆形断面，温控计算代表结构衬砌厚度为 0.8m、1.0m，$C_{90}30$ 混凝土，洞周围岩分别为Ⅱ、Ⅲ类，见图 11.1。无压洞段断面为城门洞形，衬砌后断面尺寸 14m×18m（图 11.2）。泄洪洞缓坡段设计有 0.8m、1.0m 和 1.5m 3 种衬砌结构厚度，底板和边墙为 $C_{90}35$ 抗冲耐磨混凝土，顶拱为 $C_{90}30$ 混凝土；陡坡段设计有 0.8m 和 1.0m 两种衬砌厚度，底板和边墙为 $C_{90}40$ 抗冲耐磨混凝土，顶拱为 $C_{90}30$ 混凝土。

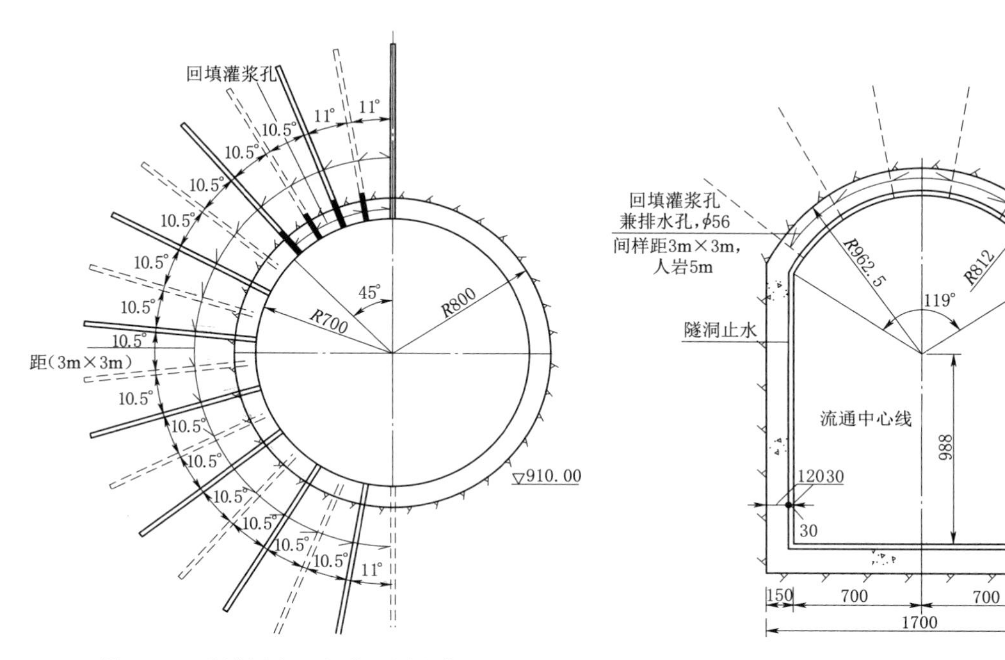

图 11.1　泄洪洞有压段典型衬砌断面

图 11.2　泄洪洞无压段典型衬砌断面（单位：mm）

电站厂房采用两岸各布置 6 台机组的地下式厂房，均靠河侧布置。两岸引水发电系统均由进水口、引水隧洞、主厂房、安装场、主变洞、电缆竖井、尾水隧洞、尾水调压室、尾水平台、尾水渠、出线场和交通洞等组成。引水系统采用单机单洞，尾水系统采取两机一洞，主厂房、主变洞、调压室三大洞室平行布置。

引水洞包括上平段、上弯段、竖井段、下弯段和下平段。左岸 1～6 号引水隧洞内径为 13.00m，开挖直径为 14.50～15.50m。右岸 7～12 号引水隧洞内径均为 12.00m，开挖直径为 14.00m。左、右岸引水隧洞上平段、上弯段钢筋混凝土衬砌厚主要分为 1.0m、1.5m 两种厚度类型；竖井段混凝土衬砌厚 1.0m；下弯段及下平段采用钢衬，衬砌混凝土厚 1.0m。引水洞有压段典型断面见图 11.3。

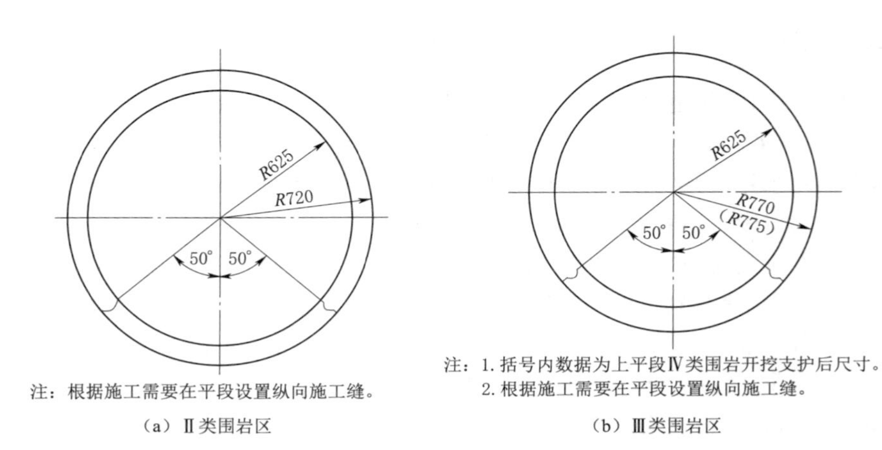

图 11.3　右岸电站引水洞有压段典型衬砌断面

尾水隧洞分两部组成，调压室前采用一机一洞平行布置，开挖断面 14m×23.1m；调压室后采用两机一洞。左岸 1 号、2 号尾水隧洞与导流洞结合段分别长 334.2m、278.8m；左岸 3 号尾水隧洞长 577.4m，不与导流洞结合。右岸 5 号、6 号尾水隧洞长分别为 528.6m、582.5m，其中与导流洞结合段分别长 132.3m、193.8m；右岸 4 号尾水隧洞长 478.6m，不与导流洞结合，采用圆拱直墙形断面，开挖断面为 18.00m×24.00m～19.00m×27.00m（宽×高）。典型断面有：Ⅱ类围岩衬砌结构厚度为 1.0m 或 1.5m；Ⅲ类围岩衬砌结构厚度为 1.2m 或 1.5m；Ⅳ类围岩衬砌结构厚度为 1.5m。

11.1.2　温控设计技术要求

乌东德水电站地处金沙江干热河谷，早晚温差大、气温高、蒸发量大，承包人应根据地下电站建筑物分缝分块尺寸、混凝土配合比、设计容许最高温度（表 11.1）及有关温控措施等要求，进行详细、周密的温度控制措施研究和设计。

承包人应采取必要的措施，在浇筑和养护的全过程对混凝土进行温度控制，避免混凝土开裂，可采用的措施包括（不限于）：

（1）混凝土原材料质量控制及配合比优化。

1）控制混凝土细骨料的含水率 6％以下，且含水率波动幅度小于 2％。对成品料仓设置凉棚，成品料仓堆料高度不低于6m，确保骨料温度少受日气温变化的影响；出料皮带及骨料罐要设凉棚防雨防晒等。

表11.1 地下电站混凝土设计容许最高温度 单位：℃

部位		12月、1月	2月、11月	3月、10月	4月、9月	5—8月
进水塔	底板	32	34	35	35	35
	侧墙（高程922.00m）以下	32	34	37	40	40
	侧墙（高程922.00m）以上	32	34	37	40	42
衬砌混凝土	洞口50m范围	38	39	40	41	42
	洞口50m以上	40	41	42	43	44

2）优化混凝土配合比，降低混凝土胶凝材料用量；加强施工管理，提高施工工艺，改善混凝土性能，提高混凝土防裂性能。

3）在满足混凝土强度、耐久性、和易性以及混凝土浇筑质量等设计要求的前提下，经监理人批准，尽量采用较大骨料粒径，改善混凝土骨料级配。

（2）合理安排混凝土施工程序和施工进度。合理安排混凝土施工程序和施工进度是防止基础贯穿裂缝，减少表面裂缝的主要措施之一。应合理安排混凝土施工程序和施工进度，并努力提高施工管理水平。

（3）控制混凝土内部最高温度。

1）承包人应采取必要的温控措施，使建筑物实际出现的最高温度不超过设计容许最高温度。其有效措施包括降低混凝土浇筑温度、减少胶凝材料水化热温升、初期通水等。同时应选择典型浇筑块埋设温度计或测温管对混凝土内部温度进行监测，并每周将监测结果向监理人书面通报。

2）混凝土生产系统承包人将根据本合同承包人的混凝土浇筑进度，提供满足出机口温度要求的拌制混凝土。本合同承包人负责出机口之后的混凝土运输、入仓浇筑和养护期间的混凝土温度控制。

3）根据计算成果分析，乌东德水工隧洞衬砌混凝土浇筑温度按表11.2控制。

表11.2 各部位混凝土浇筑温度控制表 单位：℃

部位		12月、1月	2月、11月	3月、10月	4月、9月	5月、8月
进水塔	底板	自然入仓	自然入仓	18		
	高程922.00m以下侧墙	自然入仓	自然入仓	18	20	20
	高程922.00m以上侧墙	自然入仓	自然入仓	18	20	22
衬砌混凝土	洞口50m范围	自然入仓	自然入仓	18	20	20
	洞内50m以上	自然入仓	自然入仓	18	20	22

4）为控制混凝土的入仓温度，运输混凝土工具应有隔热遮阳措施，缩短混凝土暴晒时间，减少混凝土运输浇筑过程中的温度回升。

5）尽量避免高温时段浇筑混凝土，应充分利用低温季节和早晚及夜间气温低的时段浇筑。

（4）合理控制浇筑层厚和层间间歇期。底板和基础约束区混凝土浇筑层厚一般为 1.5～2.0m，脱离约束区的边墙及中墩浇筑层厚可采用 3.0m 浇筑层厚。对基础约束区和重要结构部位，应做到短间歇均匀上升。

各部位混凝土浇筑时，如果已入仓的混凝土浇筑温度不能满足有关要求时，应立即通知监理人，根据监理人指示进行处理，并立即采取有效措施控制混凝土浇筑温度。

引水洞和尾水洞衬砌厚度大于或等于 1.5m（含超挖）的衬砌混凝土，如果实测温度不能满足设计容许最高温度，也需要埋冷却水管通水冷却。

（5）混凝土养护。应针对本工程建筑物的不同情况，选用洒水或薄膜进行养护，采用薄膜养护应征得监理人批准。

1）采用洒水养护，应在混凝土浇筑完毕后 6～18h 内开始进行，其养护期时间不少于 28d，有特殊要求的部位，应延长养护时间。大体积混凝土的水平施工缝则应养护到浇筑上层混凝土为止；混凝土侧面及隧洞衬砌混凝土则应喷水养护，使表面保持湿润状态。

2）薄膜养护：在混凝土表面涂刷一层养护剂，形成保水薄膜，涂料应不影响混凝土质量。在狭窄地段施工时，使用薄膜养护应注意防止工人中毒。还需继续浇筑的混凝土面不得采用薄膜养护。

11.1.3　衬砌混凝土温控基本资料

（1）环境温度。依据禄劝县气象站、巧家气象站（四川省宁南县）和会理气象站气象资料，根据与高程的关系转换至乌东德坝址气象要素与水温见表 11.3。根据设计院提供的温度资料，洞内环境温度取值为：夏季最高温度 28℃，冬季最低温度 14.0℃。气温的年周期变化过程采用余弦函数公式（7.1）计算，平均温度 A=21℃、变幅 B=7℃、C=210d。根据设计院提供的围岩温度资料，泄洪洞、发电洞围岩多年平均温度取值为 22.2℃。

表 11.3　乌东德水电站环境温度

月份	1	2	3	4	5	6	7	8	9	10	11	12
气温/℃	12.3	15.5	20.7	24.7	26.3	25.9	26.9	26.5	23.5	20.0	16.4	12.8
地温/℃	13.6	17.7	23.8	29.3	31.3	29.9	31.0	31.3	27.1	22.7	18.6	14.2
水温/℃	9.89	11.7	14.6	17.3	19.5	20.5	20.0	20.4	19.0	16.5	13.6	10.7

（2）混凝土的热学参数。乌东德水电站衬砌结构采用低热水泥混凝土浇筑，热学性能依据试验和现场温度观测成果反分析确定见表 11.4。混凝土水化热温升计算采用式（10.1）计算。

（3）混凝土的力学参数。衬砌结构低热水泥混凝土力学性能见表 11.5。

11.1.4　围岩性能

围岩的容重、泊松比、变形模量等力学参数，见表 11.6。

表 11.4　泄洪洞、发电洞衬砌低热水泥混凝土热学性能

使用部位		标　号	比热/[kJ/(kg·℃)]	导热系数/[kJ/(m·h·℃)]	容重/(kN/m^3)	线膨胀系数/(10^{-6}/℃)	导温系数/(m^2/h)	绝热温升	
								T_0/℃	n/d
无压段	顶拱	C_{90}30（二）/泵	0.84	4.72	24.20	6.60	0.0021	38.61	1.22
	顶拱	C_{90}30（一）自密实	0.84	4.72	24.20	6.60	0.0021	52.2	1.22
	缓坡边墙	C_{90}35（二）抗冲磨/泵	0.83	4.68	24.35	6.67	0.0021	42.5	1.20
	缓坡底板	C_{90}35（二）抗冲磨	0.83	4.68	24.35	6.67	0.0021	37.3	1.27
	陡坡边墙	C_{90}40（二）抗冲磨/泵	0.83	4.68	24.50	6.67	0.0021	45.2	1.30
	陡坡底板	C_{90}40（二）抗冲磨	0.83	4.68	24.50	6.67	0.0021	40.8	1.50
有压	顶拱	C_{90}30（二）/泵	0.84	4.72	24.20	6.60	0.0021	38.61	1.22
	底拱	C_{90}30（二）/(100～120mm)	0.84	4.72	24.20	6.60	0.0021	34.38	1.22
发电洞	顶拱	C_{90}30（二）/泵	0.84	4.72	24.20	6.60	0.0021	38.61	1.22
	底拱	C_{90}30（二）/(100～120mm)	0.84	4.72	24.20	6.60	0.0021	34.38	1.22
	溢流表面	C_{90}25（二）/(100～120mm)	0.84	4.72	24.00	6.60	0.0021	31.14	1.17
	溢流表面	C_{90}25（三）/(50～70mm)	0.84	4.72	24.00	6.60	0.0021	25.92	1.17

表 11.5　乌东德泄洪洞衬砌低热水泥混凝土力学参数

使用部位		标　号	抗压强度/MPa		极限拉伸值/(10^{-6})		轴拉强度/MPa		轴拉弹模/(10^4MPa)	
			28d	90d	28d	90d	28d	90d	28d	90d
无压段	顶拱	C_{90}30（二）/泵	34.51	48.88	101.6	119	3.556	4.684	3.702	4.434
	缓坡边墙	C_{90}35（二）抗冲磨/泵	44.48	51.28	113.41	128.01	3.61	4.51	4.134	4.829
	缓坡底板	C_{90}35（二）抗冲磨	43.03	53.57	100.80	107.79	3.75	4.13	3.960	4.857
	陡坡边墙	C_{90}40（二）抗冲磨/泵	50.81	58.95	121.74	136.66	3.91	4.84	4.699	5.476
	陡坡底板	C_{90}40（二）抗冲磨	50.29	61.23	105.74	110.61	4.01	4.30	4.241	5.162
有压段	顶拱	C_{90}30（二）/泵	34.51	48.88	101.6	119	3.556	4.684	3.702	4.434
	底拱	C_{90}30（二）/(100～120mm)	34.02	49.71	99.4	121.2	3.66	4.47	3.746	4.396
发电洞	顶拱	C_{90}30（二）/泵	34.51	48.88	101.6	119	3.556	4.684	3.702	4.434
	底拱	C_{90}30（二）/(100～120mm)	34.02	49.71	99.4	121.2	3.66	4.47	3.746	4.396

表 11.6　乌东德水电站地下硐室围岩分类及物理力学参数

围岩类别	密度/(g/cm^3)	变形模量 E_0/GPa	泊松比 μ
Ⅱ	2.750	32	0.22
Ⅲ	2.740	20	0.25
Ⅳ	2.730	10	0.35

11.2　泄洪洞衬砌混凝土温控仿真计算分析

11.2.1　有压段 1.0m 厚度衬砌混凝土

泄洪洞洞身有压缓坡段圆形断面 1.0m 厚度衬砌结构见图 11.1，沿轴线方向每隔 10m 设置环向施工分缝，Ⅲ类围岩，$C_{90}30$ 低热水泥混凝土。有限元仿真计算，以冬季 1 月 1 日、夏季 7 月 1 日浇筑混凝土为例，对于采取通水冷却的方案时间都是 7d、流量 $48m^3/d$（下同）。冬季浇筑计算方案见表 11.7。整理顶拱和底板混凝土内部最高温度 T_{max}、最大内表温差 ΔT_{max}、最大拉应力 σ_{max}、最小抗裂安全系数 K_{min} 温控特征值汇总列于表 11.8 和表 11.9。表中：T_0 为浇筑温度；通水冷却在结构厚度中心布置，间距 1.0m，水温为 T_w；保温温度为冬季 10 月 15 日至次年 4 月 15 日封闭洞口保温使得最低温度达到的值。

表 11.7　有压段 1.0m 厚度衬砌冬季浇筑混凝土温控计算方案

方案	T_0/℃	T_w/℃	保温温度/℃
1	18	—	—
2	16	—	—
3	16	—	18
4	16	12	18
5	16	12	20
6	16	—	20

表 11.8　有压段 1.0m 厚度衬砌冬季浇筑顶拱混凝土代表点温控特征值

方案	最高温度/℃			最大内表温差/℃	最大拉应力/MPa			最小抗裂安全系数		
	表面点	中间点	围岩点		表面点	中间点	围岩点	表面点	中间点	围岩点
1	31.58	36.12(2.25)	32.27	6.43(4.5)	3.29	3.90(384)	3.02	1.33	1.19(26.75)	1.64
2	30.38	34.47(2.25)	30.52	5.88(4.5)	2.98	3.50(384)	2.60	1.45	1.30(26.5)	1.85
3	32.00	35.09(2.5)	30.75	4.68(4.5)	2.49	2.95(429)	2.15	1.65	1.47(31)	2.18
4	30.28	32.84(2.0)	28.84	3.78(4.25)	2.13	2.51(64)	1.82	1.87	1.69(29)	2.51
5	31.03	33.09(2.0)	28.90	3.15(4.25)	1.91	2.24(84)	1.56	2.08	1.87(28.5)	2.88
6	32.85	35.43(2.0)	30.87	4.07(4.5)	2.21	2.68(84)	1.90	1.80	1.61(30.75)	2.45

注　括号内数值为相应物理量发生龄期（d），下同。

表 11.9　有压段 1.0m 厚度衬砌冬季浇筑底拱混凝土代表点温控特征值

方案	最高温度/℃			最大内表温差/℃	最大拉应力/MPa			最小抗裂安全系数		
	表面点	中间点	围岩点		表面点	中间点	围岩点	表面点	中间点	围岩点
1	30.06	33.64(2)	29.45	5.31(4.5)	2.95	3.33(33.25)	2.39	1.31	1.23(32.25)	1.83
2	28.93	32.31(2.25)	28.48	5.02(4.5)	2.72	3.06(33.25)	2.18	1.45	1.34(32.25)	2.00
3	30.30	32.89(2.25)	28.78	4.01(4.5)	2.26	2.59(33.25)	1.77	1.75	1.58(32.25)	2.42
4	28.73	30.87(2)	27.07	3.19(4.25)	1.96	2.26(32.75)	1.49	1.97	1.82(32.00)	2.78
5	29.51	31.16(2)	27.21	2.59(4.25)	1.75	2.03(32.75)	1.30	2.23	2.02(32.25)	3.17
6	31.17	33.28(2.5)	28.98	3.43(4.5)	2.06	2.37(33.5)	1.53	1.94	1.73(32.5)	2.70

根据以上成果，对有压段 1.0m 厚度衬砌混凝土冬季浇筑各计算方案的温控特性有如下认识：

（1）T_{max}、σ_{max}、K_{min}综合反映了衬砌混凝土的温控特性，以后称之为温控特征值。3 个温控特征值都发生在结构中心 1/2 厚度中间，所以以后仅整理结构中心的 3 个温控特征值进行温控分析。而且由于边顶拱浇筑范围（环向长度）远大于底拱，σ_{max}更大、K_{min}更小，所以进行温控特征值和裂缝控制分析时以边顶拱为例。

（2）T_{max}一般出现在 2～2.5d，与溪洛渡泄洪洞实测结果一致[1]。18℃浇筑没有通水冷却情况的 T_{max}为 36.12℃，降低浇筑温度，可以有效降低 T_{max}，没通水冷却情况降低 0.825℃/℃；12℃水通水冷却可降低 2～2.5℃；冬季封闭洞口保温，提高了冬季浇筑混凝土期洞内温度 4℃，使得 T_{max}升高 0.6℃左右。

（3）ΔT_{max}一般在 3～6.5℃之间，但由于厚度小，平均温度梯度达到 6～13℃/m。一般出现在早期，4.25～4.5d，T_{max}出现后 2d 左右，容易产生表面温度裂缝。降低浇筑温度、通水冷却、保温提高浇筑期环境温度，都使得 ΔT_{max}降低，对防止表面裂缝也有利。

（4）施工期 σ_{max}一般出现在冬季洞内最低气温期，对于冬季浇筑混凝土多发生在当年冬季或者第二年冬季。18℃浇筑没有通水冷却情况的 σ_{max}达到 3.9MPa，降低浇筑温度、通水冷却、保温提高冬季洞内最低温度，都使得 σ_{max}降低，对防止温度裂缝非常有利。

（5）施工期 K_{min}一般出现在当年冬季洞内最低气温期，28d 龄期左右，所以冬季浇筑混凝土容易产生早期温度裂缝。18℃浇筑没有通水冷却情况的 K_{min}为 1.19，不能满足抗裂要求。降低浇筑温度、通水冷却、保温提高冬季洞内最低温度，都使得 K_{min}增大，有益于防止温度裂缝。

（6）温度裂缝控制措施方案、温度控制标准均以边顶拱进行分析。最小抗裂安全系数控制值，参考大坝混凝土温度裂缝控制抗裂安全系数要求，一方面特大型水电站泄洪洞属于重要建筑物，另一方面考虑到是施工期温度裂缝控制，结合溪洛渡泄洪洞衬砌混凝土温控防裂经验，衬砌混凝土宜取为 1.6。根据乌东德水电站地下工程低温期温度监测成果，特别是导流洞衬砌混凝土施工期洞内温度观测成果，施工期采取封闭洞口保温，冬季最低温度可以达到 18℃甚至更高些。结合现场施工条件和经济性要求，推荐方案 4 或者方案 6 为施工温控措施方案，进行施工实时温度控制。即浇筑温度为 16℃，12℃水通水冷却，冬季封闭洞口保温使得洞内冬季最低温度在 18℃；或者不需要通水冷却，冬季封闭洞口保温使得洞内冬季最低温度在 20℃。

对于容许最高温度控制标准，对应上述两个施工温控措施方案，由于通水冷却使得内部 T_{max}降低，应该按照 33℃控制；而保温使得内部 T_{max}升高，应该按照 35℃控制。因此，作为最高温度控制设计标准应为 33℃。在施工实时控制中，如果冬季保温效果很好，达到最低温度 T_{min}在 20℃以上，监理批准，可以按照 35℃控制。在冬季衬砌混凝土浇筑温度控制中，以后的温控措施方案推荐和设计容许最高温度控制标准建议，均按此方法。

据此可以认识到，对于厚度较小的薄壁衬砌结构，采取通水冷却降低内部最高温度一般在 2℃左右，如果采取高标准的冬季封闭洞口保温提高洞内 T_{min}气温 2℃，可以同样达到控制温度裂缝的效果。而且，保温可以通过简单的检测控制全隧洞温度 T_{min}值，保证率高，效果好，只需要洞口封闭保温费用较低；而通水冷却费用高，据溪洛渡泄洪洞的经验达到 50 元/m^3，降温的保证率较低，有的还小于 1.0℃。因此，对于水工隧洞衬砌混凝土，宜采取封闭洞口的保温、尽可能避免或者减少采取通水冷却措施。

泄洪洞有压段 1.0m 厚度混凝土夏季浇筑，仿真计算方案见表 11.10。整理各方案边顶拱衬砌混凝土 3 个温控特征值和底拱最小抗裂安全系数 K_{2min}见表 11.10。由于 3 个温控特征值发生龄期及其规律同冬季浇筑混凝土情况，没有整理；如前所述，温控防裂条件由边顶拱控制，所以仅整理底拱最小抗裂安全系数 K_{2min}作为比较。

表 11.10　　有压段 1.0m 衬砌混凝土夏季浇筑温控仿真计算成果

方案	T_0/℃	T_w/℃	保温温度/℃	T_{max}/℃	σ_{max}/MPa	K_{min}	K_{2min}
1	18	—	—	38.73	4.26	1.45	1.68
2	18	—	18	38.73	3.63	1.73	1.96
3	18	22	18	37.95	3.55	1.77	2.03
4	18	14	18	37.02	3.36	1.88	2.15

按照边顶拱衬砌混凝土 $K_{min} \geqslant 1.6$ 的要求，结合工程浇筑混凝土的条件以及统一冬季洞内保温标准拟定为 18℃，根据表 11.10 的成果，推荐温控方案 2 或者方案 3（即高温季节 18℃浇筑，冬季 10 月中旬至 4 月中旬封闭洞口保温达到最低气温 18℃，采取常温水 22℃通水冷却或者不通水冷却），后面将结合其他各结构段温控防裂要求全工程综合统一确定。最高温度控制标准为 38℃。

11.2.2　有压段 0.8m 厚度衬砌混凝土

泄洪洞有压缓坡段，圆形断面，衬砌厚度 0.8m（图 11.1），Ⅱ类围岩，$C_{90}30$ 低热水泥混凝土。整理有限元法仿真计算边顶拱衬砌混凝土温控特征值和底拱最小抗裂安全系数 K_{2min}列于表 11.11。

表 11.11　　有压段 0.8m 衬砌混凝土浇筑温控仿真计算成果

浇筑期	方案	T_0/℃	T_w/℃	保温温度/℃	T_{max}/℃	σ_{max}/MPa	K_{min}	K_{2min}
冬季浇筑	1	18	—	—	36.60	4.23	1.10	1.13
	2	16	—	—	34.94	3.80	1.20	1.22
	3	16	—	18	35.55	3.22	1.35	1.44
	4	16	12	18	32.85	2.64	1.60	1.70
	5	16	12	20	33.09	2.34	1.77	1.90
	6	16	—	20	35.86	2.91	1.47	1.57
夏季浇筑	7	18	—	—	35.42	4.13	1.24	1.30
	8	18	—	16	35.42	3.83	1.35	1.40
	9	18	—	18	35.42	3.37	1.49	1.60
	10	18	12	18	33.74	2.96	1.71	1.88

根据表11.11计算成果，以边顶拱衬砌混凝土K_{min}≥1.6为控制标准，推荐温控方案为：低温季节浇筑混凝土方案4：浇筑温度为16℃，12℃（常温水）通水冷却7d；高温季节浇筑混凝土方案10：浇筑温度为18℃，通12℃制冷水冷却7d；无论什么时期浇筑衬砌混凝土，统一10月中旬至4月中旬封闭洞口保温，保持洞内最低温度达到18℃。最高温度控制标准：高温季节浇筑混凝土为35℃；低温季节浇筑为32℃。

11.2.3　泄洪洞缓坡段各厚度衬砌混凝土

泄洪洞缓坡段结构图见图11.2，底板和边墙为$C_{90}35$抗冲耐磨低热水泥混凝土，顶拱为$C_{90}30$低热混凝土，Ⅱ类围岩区0.8m、Ⅲ类围岩区1.0m、Ⅳ类围岩区1.5m厚度衬砌混凝土仿真计算方案与成果见表11.12～表11.14。

表11.12　缓坡段0.8m衬砌混凝土浇筑温控仿真计算成果

浇筑期	方案	T_0/℃	T_w/℃	保温温度/℃	T_{max}/℃	σ_{max}/MPa	K_{min}	K_{2min}
冬季1月1日浇筑	1	18	—	—	35.42	4.13	1.24	1.30
	2	16	—	—	34.22	3.83	1.35	1.40
	3	16	—	18	34.9	3.37	1.49	1.60
	4	16	12	18	32.74	2.96	1.71	1.88
夏季7月1日浇筑	5	18	—	—	40.95	4.86	1.26	1.51
	6	18	—		40.95	4.11	1.49	1.60
	7	18	22	18	38.98	3.80	1.62	1.74
	8	18	12	18	38.02	3.62	1.70	1.83

表11.13　缓坡段1.0m衬砌混凝土浇筑温控仿真计算成果

浇筑期	方案	T_0/℃	T_w/℃	保温温度/℃	T_{max}/℃	σ_{max}/MPa	K_{min}	K_{2min}
冬季1月1日浇筑	1	18	—	—	38.21	4.25	1.23	1.18
	2	16	—	—	36.91	3.94	1.34	1.27
	3	16	—	18	37.56	3.47	1.47	1.43
	4	16	12	18	35.14	3.12	1.64	1.64
夏季7月1日浇筑	5	18	—	—	42.98	4.24	1.45	1.56
	6	18	—		42.98	3.68	1.64	1.77
	7	18	22	18	40.85	3.46	1.75	1.90

表11.14　缓坡段1.5m衬砌混凝土浇筑温控仿真计算成果

浇筑期	方案	T_0/℃	T_w/℃	保温温度/℃	T_{max}/℃	σ_{max}/MPa	K_{min}	K_{2min}
冬季1月1日浇筑	1	18	—	—	43.38	3.92	1.44	1.29
	2	16	—	—	41.86	3.60	1.58	1.41
	3	16	—	18	42.33	3.19	1.73	1.58
	4	16	12	18	39.51	2.96	1.87	1.75
夏季7月1日浇筑	5	18	—		46.73	3.30	1.87	1.84
	6	18	—	18	46.73	2.96	2.11	2.02

同样以边墙抗裂安全系数达到 1.6 控制进行分析。根据表 11.12～表 11.14 的成果可以认识到：

（1）泄洪洞缓坡段 0.8m 厚度衬砌混凝土，冬季浇筑采取 16℃浇筑＋常温水 12℃通水冷却温控措施，10 月中旬至 4 月中旬封闭洞口保温使得洞内气温 T_{min}大于 18℃。比较有压段温控技术成果，也可以采取 10 月中旬至 4 月中旬封闭洞口保温使 T_{min}大于 20℃，16℃浇筑，不通水冷却的措施方案。推荐最高温度控制标准为 33℃。同样，如果施工中冬季检测保温使 T_{min}高于 20℃，则可以不通水冷却，监理可以批准最高温度控制标准为 35℃（即升高 2℃，以后不再说明）。夏季浇筑，推荐采取温控方案：浇筑温度 18℃＋通 22℃常温水通水冷却，10 月中旬至 4 月中旬封闭洞口保温至 T_{min}达到 18℃。最高温度控制标准为 38℃。

（2）缓坡段 1.0m 厚度衬砌混凝土冬季浇筑，采取 16℃浇筑＋常温水 12℃通水冷却温控措施，10 月中旬至 4 月中旬封闭洞口保温使得洞内气温 T_{min}高于 18℃（同样，也可以封闭洞口保温使 T_{min}大于 20℃，16℃浇筑，不通水冷却）。推荐最高温度控制标准为 35℃。夏季浇筑，采取温控方案：浇筑温度 18℃＋22℃常温水通水冷却，冬季封闭洞口保温至 T_{min}达到 18℃。推荐最高温度控制标准为 41℃。

（3）缓坡段 1.5m 厚度衬砌混凝土，冬季 16℃浇筑、夏季 18℃浇筑，10 月中旬至 4 月中旬封闭洞口保温使洞内气温 T_{min}高于 18℃。推荐最高温度控制标准：冬季为 41℃，夏季为 45℃。

11.2.4　泄洪洞陡坡段各厚度衬砌混凝土

泄洪洞无压陡坡段，城门洞形断面（图 11.2），Ⅱ类围岩区衬砌厚度 0.8m，Ⅲ类围岩区衬砌厚度 1.0m，底板和边墙为 $C_{90}40$ 低热抗冲耐磨混凝土，顶拱为 $C_{90}30$ 低热混凝土，仿真计算方案和温控特征值见表 11.15。

表 11.15　　陡坡段 0.8m 衬砌混凝土浇筑温控仿真计算成果

浇筑期	方案	T_0/℃	T_w/℃	保温温度/℃	T_{max}/℃	σ_{max}/MPa	K_{min}	K_{2min}
冬季 1月 1日 浇筑	1	18	—	—	36.07	3.89	1.18	1.17
	2	16	—	—	34.89	3.64	1.27	1.26
	3	16	—	18	35.69	3.19	1.41	1.46
	4	16	12	18	33.74	2.85	1.58	1.66
	5	16	12	20	33.68	2.54	1.75	1.86
夏季 7月 1日 浇筑	6	18	—	—	41.75	4.46	1.27	1.36
	7	18	—		41.75	3.78	1.49	1.64
	8	18	22	18	39.67	3.49	1.62	1.77
	9	18	14	18	38.67	3.33	1.70	1.87

以 K_{min}不小于 1.6 为控制标准，推荐温控措施方案：0.8m 厚度衬砌混凝土低温季节浇筑，16℃浇筑＋通 12℃水冷却 7d；夏季浇筑温度 18℃＋常温水 22℃通常温水冷却 7d；均需要 10 月中旬至 4 月中旬封闭洞口保温使洞内气温 T_{min}大于 18℃。最高温度控制标

准：冬季34℃，夏季39℃。

表 11.16　陡坡段 1.0m 衬砌混凝土浇筑温控仿真计算成果

浇筑期	方案	T_0/℃	T_w/℃	保温温度/℃	T_{max}/℃	σ_{max}/MPa	K_{min}	K_{2min}
冬季1月1日浇筑	1	18	—	—	39.02	4.05	1.16	1.09
	2	16	—	—	37.75	3.73	1.27	1.19
	3	16	—	18	38.41	3.30	1.39	1.35
	4	16	12	18	35.86	2.96	1.55	1.54
	5	16	12	20	36.13	2.70	1.68	1.67
夏季7月1日浇筑	6	18	—	—	43.92	4.08	1.39	1.54
	7	18	—	16	43.92	3.55	1.56	1.74
	8	18	22	18	41.66	3.30	1.68	1.91
	9	18	12	18	40.65	3.17	1.75	2.03

1.0m厚度衬砌混凝土温控措施方案，低温季节浇筑，16℃浇筑＋通12℃水冷却7d；夏季浇筑温度18℃＋常温水22℃通常温水冷却7d；均需要10月中旬至4月中旬封闭洞口保温使洞内气温 T_{min} 大于18℃。最高温度控制标准：冬季35℃，夏季41℃。

11.2.5　泄洪洞进出口 1.0m 厚度衬砌混凝土

隧洞进出口的气温一般冬季低于洞内，即使是在混凝土浇筑施工期冬季封闭洞口保温，由于洞口固定困难，溪洛渡泄洪洞等也是在距离洞口50m左右的洞内安装封闭设施，所以需要按照自然环境气温（但不考虑日照等）进行温控仿真计算。泄洪洞进出口衬砌厚度1.0m，Ⅲ类围岩，进口为圆形断面衬砌结构见图11.1，出口为城门洞型断面见图11.2。洞口取洞外自然环境表12.3气温，年平均温度 $A=19.6$℃，气温年变幅 $B=7.3$℃。仿真计算方案和温控特征值整理见表11.17和表11.18。

表 11.17　进口 1.0m 衬砌混凝土浇筑温控仿真计算成果

浇筑期	方案	T_0/℃	T_w/℃	保温	T_{max}/℃	σ_{max}/MPa	K_{min}	K_{2min}
冬季1月1日浇筑	1	18	—	—	35.60	3.81	1.20	1.23
	2	16	—	—	34.26	3.50	1.30	1.33
	3	16	—	保温	34.26)	3.77	1.39	1.51
	4	16	12	保温	32.16	3.23	1.58	1.72
	5	14	12	保温	30.90	2.98	1.72	1.89
夏季7月1日浇筑	6	18	—	—	40.36	5.05	1.23	1.41
	7	18	—	保温	40.38	4.64	1.35	1.57
	8	18	14	保温	37.39	4.08	1.53	1.77
	9	16	14	保温	36.35	3.84	1.63	1.89
	10	14	14	保温	35.36	3.60	1.74	2.03

注　保温为10月15日至次年4月15日覆盖保温被保温，下同。

表 11.18　　出口 1.0m 衬砌混凝土浇筑温控仿真计算成果

浇筑期	方案	T_0/℃	T_w/℃	保温	T_{max}/℃	σ_{max}/MPa	K_{min}	K_{2min}
冬季1月1日浇筑	1	16	—	—	38.00	4.17	1.12	1.10
	2	16	—	保温	37.70	4.09	1.26	1.18
	3	16	12	保温	35.32	3.69	1.41	1.25
	4	14	12	保温	34.09	3.43	1.53	1.36
	5	12	12	保温	32.93	3.17	1.67	1.59
夏季7月1日浇筑	6	18	—	—	43.86	4.46	1.27	1.33
	7	18	—	保温	42.53	3.96	1.44	1.52
	8	18	22	保温	40.07	3.67	1.55	1.62
	9	18	14	保温	38.94	3.52	1.62	1.72

根据表 11.17 和表 11.18 的成果，对进出口段衬砌混凝土温控有如下认识：

（1）进口段 1.0m 衬砌与有压段 1.0m 洞内衬砌混凝土浇筑温控仿真计算成果相比，在冬季浇筑混凝土期环境温度更低些，所以内部最高温度 T_{max} 低些，但最大拉应力 σ_{max} 却大些，K_{min} 小些，即同等情况浇筑混凝土更容易产生温度裂缝。

（2）进口段 1.0m 衬砌混凝土，以 K_{min} 不小于 1.6 为控制标准，低温季节浇筑混凝土推荐温控措施方案：浇筑温度 16℃＋通 12℃水冷却 7d，10 月中旬至 4 月中旬在混凝土表面覆盖保温被保温。冬季施工顶拱混凝土最高温度控制标准为 32℃。

（3）进口段 1.0m 衬砌夏季浇筑混凝土，推荐温控措施方案：浇筑温度 16～18℃，通 14℃水冷却 7d，10 月中旬至 4 月中旬混凝土表面覆盖保温被保温。最高温度控制标准为 36℃。

（4）出口段 1.0m 衬砌低温浇筑混凝土，推荐温控措施方案：浇筑温度 14℃＋通 12℃水冷却 7d，10 月中旬至 4 月中旬用保温被覆盖混凝土表面保温。最高温度控制标准为 34℃。夏季浇筑混凝土推荐温控措施方案：浇筑温度 18℃＋通 14℃水冷却 7d，10 月中旬到 4 月中旬用保温被覆盖混凝土表面保温。最高温度控制标准为 39℃。

11.2.6　推荐温度裂缝控制措施方案与控制标准

通过以上有限元仿真计算成果，汇总泄洪洞各结构部位衬砌混凝土容许最高温度 T_{max} 列于表 11.19。2—4 月、9—11 月浇筑混凝土的 T_{max}，在其间插值。衬砌混凝土浇筑温控措施，由以上计算分析和设计技术要求，考虑到便于施工和统一调度，根据三峡集团公司已经建成的溪洛渡、向家坝地下工程和白鹤滩、乌东德导流洞工程的经验，有如下建议：

（1）混凝土夏季出机口温度 14℃、浇筑温度 18℃，冬季低于 16℃可以自然入仓（计算中按照浇筑温度 16℃考虑）。

（2）通水冷却，可以采用常温水（水温见表 11.3），考虑到工程的重要性而且制冷水效果明显较好些，在可能的情况下尽可能采用制冷水通水冷却。

（3）冬季（10 月中旬至次年 4 月中旬）封闭所有的洞口，对洞内进行保温，保温目标是使得洞内冬季最低气温 T_{min} 不低于 18℃，进水塔、水垫塘等地面建筑物和洞口（封闭保温外）混凝土采用保温被覆盖保温，无论是洞内混凝土还是洞外暴露面混凝土必须保温经过一个冬季。

（4）混凝土浇筑后，保湿养护至少60d，如果洞内空气湿度低于60%则保湿养护时间宜大多90d。

在此（浇筑温度和冬季保温、保湿养护等）条件下，根据上述有限元法计算分析，泄洪洞各工程部位混凝土温度裂缝控制需要通水冷却的情况列于表11.9。

表11.19　泄洪洞衬砌混凝土容许最高温度与温控措施　单位：℃

工程部位	岩体分类	容许最高温度/℃		通水冷却	
		5—8月	12月、1月	高温季节	冬季
进口有压段1.0m	Ⅲ	36	32	制冷水	常温水
有压段0.8m	Ⅱ	36	32	制冷水	常温水
有压段1.0 m	Ⅲ	38	34	常温水	
缓坡段0.8m	Ⅱ	38	34	常温水	常温水
缓坡段1.0m	Ⅲ	41	36	常温水	
缓坡段1.5m	Ⅳ	45	41		
陡坡段0.8m	Ⅱ	39	34	常温水	常温水
陡坡段1.0m	Ⅲ	41	36	常温水	
陡坡段1.5m	Ⅳ	45	41		
出口陡坡段1.0m	Ⅲ	38	34	制冷水	常温水

表11.19详细给出了泄洪洞不同岩体区域各种衬砌厚度在不同季节浇筑混凝土的温控措施和容许最高温度，可供施工实时控制中采用。最高温度控制值与设计容许最高温度相比，更详细、科学体现了围岩和衬砌厚度不同的约束作用。必须说明的是，如果冬季封闭洞口使洞内最低气温达到20℃，则常温水通水冷却可取消，制冷水通水冷却可改为常温水。

11.3 衬砌混凝土温度控制强约束法计算分析

11.3.1 容许最高温度计算[2-3]

如上所述，衬砌混凝土的准稳定温度 T_f，施工期近似为洞内多年月或者旬平均温度的最小值，乌东德泄洪洞洞内段根据有限元仿真计算推荐温控措施方案取为冬季封闭洞口保温温度 $T_f=18℃$；运行期，考虑到一般在4月底或者5—9月泄洪，取4月底隧洞进水口表层平均水温，根据表11.3为 $T_f=18℃$。发电洞，施工期同样取 $T_f=18℃$。运行期，根据11.5节水库水温计算，平均水温15.15℃，最低水温10℃。地温无热源，多年平均温度22.2℃。因此，运行期稳定温度由运行水温控制。这里考虑施工期温度裂缝控制，并结合11.5.4节发电洞过水运行计算分析建议，在选择推荐10月初次过水发电情况，可以取 $T_f=18℃$。

对于泄洪洞、发电洞各结构段不同厚度衬砌混凝土，采用式（7.31）和式（7.32）分别计算容许基础温差 ΔT，结果见表11.20～表11.23。其中：衬砌结构段施工分缝长度为9m；城门洞型断面边顶拱混凝土一次浇筑；各结构段的环向长度均按衬砌后外部长度计算。计算容许基础温差 ΔT 和容许最高温度 T_{max}，取夏季最高温度期和冬季最低温度期浇筑混凝土，浇筑期洞内气温 T_a，夏季最高28℃，冬季最低18℃（保温）。容许最高温度 $T_{max}=\Delta T+T_f$ 见表11.20～表11.23。

表11.20　式（7.31）计算泄洪洞衬砌混凝土 ΔT 和 $[T_{max}]$

部位	H/m	W/m	C/MPa	E/GPa	夏季浇筑/℃		冬季浇筑/℃		$[T_{max}]$ 取值/℃	
					ΔT	$[T_{max}]$	ΔT	$[T_{max}]$	夏季	冬季
有压	0.8	17.2	$C_{90}30$	32	19.22	37.22	15.52	33.52	37	33.5
	1.0	17.2	$C_{90}30$	20	21.34	39.34	17.64	35.64	39.5	35.5
缓坡段	0.8	20.8	$C_{90}35$	32	19.58	37.58	15.88	33.88	37.5	34
	1.0	20.8	$C_{90}35$	20	21.76	39.76	18.06	35.06	40	35
	1.5	20.8	$C_{90}35$	10	24.59	42.59	20.89	38.89	43	39
陡坡段	0.8	20.8	$C_{90}40$	32	19.83	37.83	16.13	34.13	38	34
	1.0	20.8	$C_{90}40$	20	22.01	40.01	18.31	36.31	40	36.5
	1.5	20.8	$C_{90}40$	10	24.84	42.84	21.84	39.84	43	40

表11.21　式（7.32）计算泄洪洞衬砌混凝土 ΔT 和 $[T_{max}]$

部位	H/m	W/m	C/MPa	E/GPa	夏季浇筑		冬季浇筑		$[T_{max}]$ 取值	
					ΔT/℃	$[T_{max}]$	ΔT/℃	$[T_{max}]$	夏季	冬季
有压	0.8	17.2	$C_{90}30$	32	19.18	37.18	15.18	33.18	37	33
	1.0	17.2	$C_{90}30$	20	21.36	39.36	17.36	35.36	39.5	35.5
缓坡段	0.8	20.8	$C_{90}35$	32	19.57	37.57	15.57	33.57	37.5	33.5
	1.0	20.8	$C_{90}35$	20	21.84	39.84	17.84	35.84	40	36
	1.5	20.8	$C_{90}35$	10	25.05	43.05	21.05	39.05	43	39
陡坡段	0.8	20.8	$C_{90}40$	32	19.82	37.82	15.82	33.82	38	34
	1.0	20.8	$C_{90}40$	20	22.09	40.09	18.09	36.09	40	36
	1.5	20.8	$C_{90}40$	10	25.30	43.3	21.30	39.3	43.5	39.5

表11.22　式（7.31）计算发电洞衬砌混凝土 ΔT 和 $[T_{max}]$

部位	H/m	围岩类别	H_0/m	C/MPa	E/GPa	夏季浇筑		冬季浇筑		$[T_{max}]$ 取值	
						ΔT/℃	$[T_{max}]$	ΔT/℃	$[T_{max}]$	夏季	冬季
有压	1.0	Ⅲ	6.5	30	20	21.67	39.67	17.97	35.97	40	36
	1.5	Ⅳ	6.5	30	10	24.40	42.40	20.70	38.70	42.5	39
尾水洞	1.5	Ⅱ	25	30	32	20.60	38.60	16.90	34.90	39	35
	1.0	Ⅲ	24.3	30	32	19.36	37.36	15.66	33.66	37.5	34
	1.5	Ⅲ	25	30	20	22.16	40.16	18.46	36.46	40	36.5
	1.5	Ⅳ	25	30	10	23.66	41.66	19.76	37.66	41.5	37.5
	1.2	Ⅲ	24.6	30	20	21.42	39.42	17.72	35.72	39.5	36

表 11.23　　式（7.32）计算发电洞衬砌混凝土 ΔT 和 $[T_{max}]$

部位	H/m	围岩类别	H_0/m	C/MPa	E/GPa	夏季浇筑		冬季浇筑		$[T_{max}]$ 取值	
						ΔT/℃	$[T_{max}]$	ΔT/℃	$[T_{max}]$	夏季	冬季
有压	1.0	Ⅲ	6.5	30	20	21.80	39.80	17.80	35.80	40	36
	1.5	Ⅳ	6.5	30	10	24.88	42.88	20.88	38.88	43	39
尾水洞	1.5	Ⅱ	25	30	32	21.00	39.00	17.00	35.00	39	35
	1.0	Ⅲ	24.3	30	32	19.37	37.37	15.37	33.37	37.5	33.5
	1.5	Ⅲ	25	30	20	22.44	40.44	18.44	36.44	40.5	36.5
	1.5	Ⅳ	25	30	10	23.64	41.64	19.64	37.64	41.5	37.5
	1.2	Ⅲ	24.6	30	20	21.47	39.47	17.47	35.47	39.5	35.5

表 11.20 与表 11.21 比较，表 11.22 与表 11.23 比较，可以看出式（7.31）与式（7.32）计算容许基础温差仅有的相差 0.5℃，大多数是相同的。

泄洪洞衬砌混凝土容许最高温度，表 11.20 和表 11.21 中式（7.31）和式（7.32）计算值与表 11.19（参见表 7.24）的有限元法推荐值相比，在小厚度情况高 0.5～1.5℃，大厚度情况低 0.5～1.5℃；夏季浇筑混凝土平均低 0.56℃，冬季公式（7.31）平均误差为 0℃，式（7.32）平均误差低 0.25℃。可见，两个公式计算值与有限元法推荐值相当。

根据溪洛渡（见文献［1］）、白鹤滩（见第 12 章）、乌东德（比较表 11.1 与表 11.19）等多个水电站水工隧洞衬砌混凝土温控防裂经验，采用有限元法仿真计算推荐允许最高温度都是小厚度的低较多，温控措施要求很严，施工中难以满足要求，大厚度的则相反。因此，式（7.31）和式（7.32）适当提高小厚度允许最高温度、放宽温控措施要求与施工实际情况较符合。

11.3.2　衬砌混凝土温控措施方案计算分析

实际工程施工中，冬季的环境温度低，浇筑温度相对能够较好控制；夏季的环境温度高，而且运输过程经常受到日照的影响，浇筑温度相对难以控制，大多高于 18℃。如：溪洛渡水电站泄洪洞衬砌混凝土，是国内第一个全面采取制冷混凝土浇筑的水工隧洞，5—9 月的浇筑温度在 16.5～23℃之间[1]，平均为 19.89℃。乌东德水电站泄洪洞衬砌混凝土，共进行 43 组浇筑温度检测，在 16.15～28.62℃之间，平均 21.07℃。即使是冬季浇筑混凝土也都在 16℃以上。通水冷却水温，溪洛渡泄洪洞衬砌混凝土[1]，无压段边墙 13.8～26.3℃，平均 21.97℃；龙落尾段边墙 16.2～25.9℃，平均为 21.5℃。

乌东德水电站工程所在地的同期气温一般高于溪洛渡水电站 2℃以上，泄洪洞、发电洞衬砌混凝土温控措施方案，结合气温条件、溪洛渡工程经验和有限元仿真计算推荐方案拟定。夏季施工：方案 1 为 18℃浇筑，方案 2 为 18℃浇筑＋22℃通水冷却，方案 3 为 18℃浇筑＋12℃通水冷却，方案 4 为 21℃浇筑＋22℃通水冷却；冬季施工：方案 5 为 16℃浇筑，方案 6 为 16℃浇筑＋12℃通水冷却，方案 7 为 18℃浇筑；施工期冬季均封闭洞口保温，使得洞内最低气温 T_{min} 达到 18℃以上。各结构段各厚度衬砌混凝土均以洞内气温 28℃夏季最高期、冬季 18℃（保温温度）最低期浇筑，分别采取式（5.1）和式（7.15）计算[4-5]各拟定温控措施方案浇筑混凝土内部最高温度 T_{max}，结果列于表 11.24～表 11.27。乌东德泄洪洞、发电洞衬砌结构采用低热水泥混凝土，计算 T_{max} 时强度等级 C 乘以 0.75 系数，常数项减 1.0℃。

表 11.24　式（5.1）计算泄洪洞衬砌混凝土各温控措施方案内部最高温度 T_{max}

结构段	H/m	内部最高温度 T_{max}/℃							推荐温控措施方案	
		方案 1	方案 2	方案 3	方案 4	方案 5	方案 6	方案 7	夏季	冬季
有压段	0.8	36.44	35.27	34.37	37.17	31.58	29.78	33.00	4	7
	1.0	37.77	36.24	35.06	38.14	33.32	30.89	34.74	4	7
缓坡段	0.8	36.77	35.59	34.69	37.49	31.90	30.11	33.33	4	7
	1.0	38.13	36.60	35.42	38.49	33.68	31.25	35.10	4	7
	1.5	41.53	39.10	37.23	41.00	38.11	34.10	39.54	4	7
陡坡段	0.8	37.09	35.92	35.02	37.82	32.22	30.43	33.65	4	7
	1.0	38.49	36.96	35.78	38.85	34.04	31.61	35.46	4	7
	1.5	41.97	39.54	37.68	41.44	38.56	34.55	39.99	4	7

表 11.25　式（7.15）计算泄洪洞衬砌混凝土各温控措施方案内部最高温度 T_{max}

结构段	H/m	内部最高温度 T_{max}/℃							推荐温控措施方案	
		方案 1	方案 2	方案 3	方案 4	方案 5	方案 6	方案 7	夏季	冬季
有压段	0.8	35.54	34.30	33.35	36.16	31.06	29.59	32.70	4	7
	1.0	36.58	35.29	34.30	37.15	32.21	30.64	33.85	4	7
缓坡段	0.8	35.82	34.59	33.64	36.45	31.35	29.88	32.99	4	7
	1.0	36.86	35.57	34.58	37.43	32.49	30.92	34.13	4	7
	1.5	39.46	38.03	36.93	39.89	35.35	33.52	36.99	4	7
陡坡段	0.8	36.10	34.87	33.92	36.73	31.63	30.16	33.27	4	7
	1.0	37.14	35.85	34.86	37.71	32.77	31.20	34.41	4	7
	1.5	39.73	38.30	37.19	40.16	35.61	33.79	37.25	4	7

表 11.26　式（5.1）计算发电洞衬砌混凝土各温控措施方案内部最高温度 T_{max}

结构段	H/m	围岩类别	内部最高温度 T_{max}/℃							推荐温控措施方案	
			方案 1	方案 2	方案 3	方案 4	方案 5	方案 6	方案 7	夏季	冬季
有压段	1.0	Ⅲ	37.77	36.24	35.06	38.14	33.32	30.89	34.74	1(4)	7
	1.5	Ⅳ	41.09	38.66	36.79	40.56	37.68	33.66	39.10	1(4)	7
尾水洞	1.0	Ⅲ	37.77	36.24	35.06	38.14	33.32	30.89	34.74	1(4)	7
	1.5	Ⅱ	41.09	38.66	36.79	40.56	37.68	33.66	39.10	3	6
	1.5	Ⅲ	41.09	38.66	36.79	40.56	37.68	33.66	39.10	4	7
	1.5	Ⅳ	41.09	38.66	36.79	40.56	37.68	33.66	39.10	4	7
	1.2	Ⅲ	39.10	37.21	35.75	39.10	35.06	32.00	36.49	4	7

表 11.27　式（7.15）计算发电洞衬砌混凝土各温控措施方案内部最高温度 T_{max}

结构段	H/m	围岩类别	内部最高温度 T_{max}/℃							推荐温控措施方案	
			方案 1	方案 2	方案 3	方案 4	方案 5	方案 6	方案 7	夏季	冬季
有压段	1.0	Ⅲ	36.58	35.29	34.30	37.15	32.21	30.64	33.85	1(4)	7
	1.5	Ⅳ	39.19	37.76	36.66	39.62	35.08	33.25	36.72	1(4)	7
尾水洞	1.0	Ⅲ	36.58	35.29	34.30	37.15	32.21	30.64	33.85	1(4)	7
	1.5	Ⅱ	39.19	37.76	36.66	39.62	35.08	33.25	36.72	3	6
	1.5	Ⅲ	39.19	37.76	36.66	39.62	35.08	33.25	36.72	4(1)	7
	1.5	Ⅳ	39.19	37.76	36.66	39.62	35.08	33.25	36.72	4(1)	7
	1.2	Ⅲ	37.63	36.28	35.24	38.14	33.36	31.68	35.00	4(1)	7

根据表 11.24～表 11.27 的结果，在冬季封闭洞口保温至最低温度 18℃情况下，推荐泄洪洞、发电洞衬砌混凝土浇筑的温控防裂措施如下：

（1）冬季浇筑泄洪洞、发电尾水洞衬砌混凝土，Ⅱ类围岩区 1.5m 厚度需要 18℃浇筑＋常温水通水冷却，其余均可以采取 18℃浇筑不通水冷却的方案，16℃以下可以自然入仓浇筑。

（2）夏季衬砌浇筑，发电尾水洞Ⅱ类围岩区 1.5m 厚度需要 18℃浇筑＋制冷水通水冷却，其余厚度结构在方案 1、方案 2、方案 4 均可以满足要求，考虑到夏季气温高浇筑温度控制较困难，推荐采取方案 4：21℃浇筑＋22℃常温水通水冷却。

（3）衬砌混凝土内部最高温度 T_{max}，式（5.1）计算值一般稍高于式（7.15），小厚度情况高 0.5℃左右，大厚度情况高 0.5～2.5℃（通水冷却情况相差很小）。

乌东德水电站泄洪洞、发电洞衬砌混凝土施工中，冬季浇筑混凝土没有采取通水冷却措施，夏季浇筑大多采取常温水通水冷却措施，部分没有通水冷却，与上述公式计算推荐温控措施方案完全一致。

11.4　衬砌混凝土施工期温度裂缝控制措施方案 K 值法设计

在第 5、第 6 章分别基于有限元法仿真成果统计分析获得城门洞形边墙、圆形断面边顶拱衬砌混凝土施工期最小抗裂安全系数 K_{min} 计算式（5.5）和式（6.3）。对于具体工程衬砌混凝土，结合实际情况拟定若干施工温控措施方案，将结构、混凝土、温控措施等参数代入式（5.5）和式（6.3）计算施工期最小抗裂安全系数 K_{min}；在满足 K_{min} 不小于 [K] 的条件下，根据经济、简单、可行原则选择优化的温控防裂措施方案。由于是通过计算施工期 K_{min}，在满足 K_{min} 不小于 [K] 的条件下优化温控防裂措施方案设计，简称为 K 值法[6-9]。其中，城门洞形边墙高度计算，边顶拱分开浇筑时为浇筑直墙高度，边顶拱整体浇筑时，取为直墙高度＋1/4 顶拱弧线总长度。

抗裂安全系数 [K] 标准，至今没有相应的规范标准，根据在溪洛渡泄洪洞采用有限元仿真计算温控防裂措施方案的经验，特别是对衬砌结构混凝土施工期 K_{min} 计算结果，没有发生温度裂缝的 K_{min} 一般为 1.1～1.4（按抗拉强度回归值与拉应力比值计算为 1.2～1.6）[1]，对于乌东德高流速泄洪洞和发电引水洞工程建议与有限元法要求值一致取 $[K]=1.6$；对于发电尾水洞建议适当放宽至 $[K]=1.3$。

对泄洪洞、发电洞衬砌混凝土温控措施方案，同样结合有限元仿真计算及其推荐方案拟定。夏季施工：方案 1 为 18℃浇筑，方案 2 为 18℃浇筑＋22℃通水冷却，方案 3 为 18℃浇筑＋12℃通水冷却，方案 4 为 21℃浇筑＋22℃通水冷却；冬季施工：方案 5 为 16℃浇筑，方案 6 为 16℃浇筑＋12℃通水冷却，方案 7 为 18℃浇筑；施工期冬季均封闭洞口保温，使得洞内最低气温 T_{min} 达到 18℃。各结构段各厚度衬砌混凝土均以洞内气温夏季最高期、冬季最低期浇筑，分别采用式（5.5）和式（6.3）计算上述拟定温控措施方案施工期最小抗裂安全系数 K_{min}，结果列于表 11.28 和表 11.29。

表 11.28　泄洪洞衬砌混凝土各温控措施方案最小抗裂安全系数 K_{min}

结构段	H/m	最小抗裂安全系数 K_{min}							推荐温控措施方案	
		方案 1	方案 2	方案 3	方案 4	方案 5	方案 6	方案 7	夏季	冬季
有压段	0.8	1.54	1.63	1.71	1.54	1.54	1.71	1.48	2	5
	1.0	1.56	1.66	1.74	1.57	1.56	1.74	1.50	2(4)	5
缓坡段	0.8	1.56	1.62	1.66	1.50	1.64	1.75	1.57	2	5
	1.0	1.50	1.57	1.63	1.46	1.58	1.71	1.51	2	5
	1.5	1.58	1.67	1.75	1.58	1.64	1.82	1.59	2	5
陡坡段	0.8	1.52	1.57	1.61	1.45	1.61	1.70	1.53	2	5
	1.0	1.47	1.53	1.57	1.42	1.55	1.66	1.48	2	5
	1.5	1.54	1.63	1.69	1.54	1.61	1.77	1.55	2	5

表 11.29　发电洞衬砌混凝土各温控措施方案最小抗裂安全系数 K_{min}

结构段	H/m	围岩类别	最小抗裂安全系数 K_{min}							推荐温控措施方案	
			方案 1	方案 2	方案 3	方案 4	方案 5	方案 6	方案 7	夏季	冬季
有压段	1.0	Ⅲ	1.60	1.70	1.77	1.60	1.60	1.77	1.54	4	5
	1.5	Ⅳ	1.69	1.79	1.87	1.69	1.69	1.86	1.62	4	5(7)
尾水洞	1.0	Ⅲ	1.46	1.55	1.61	1.44	1.54	1.70	1.47	4	5(7)
	1.5	Ⅱ	1.43	1.52	1.59	1.42	1.50	1.67	1.44	1	5(7)
	1.5	Ⅲ	1.38	1.49	1.57	1.40	1.44	1.65	1.39	1	5(7)
	1.5	Ⅳ	1.37	1.48	1.56	1.39	1.43	1.64	1.38	1	5(7)
	1.2	Ⅲ	1.54	1.65	1.73	1.55	1.60	1.80	1.55	1	5(7)

根据表 11.28 和表 11.29 计算成果，泄洪洞衬砌结构可以统一采取夏季 18℃浇筑＋22℃通水冷却、冬季 16℃浇筑（自然入仓，不通水冷却）的温控措施方案；发电洞可以统一采取夏季 21℃浇筑＋22℃通水冷却（尾水洞可以采取 18℃浇筑，不通水冷却）、

冬季16℃浇筑（自然入仓，不通水冷却。尾水洞可以放宽至18℃浇筑）的温控措施方案。

温控措施方案，K 值法推荐的与11.3节强约束法基本一致，同时与乌东德水电站泄洪洞、发电洞衬砌混凝土施工中实际采取温控措施一致。

11.5　衬砌混凝土过水运行温控防裂仿真计算分析

11.5.1　过水水温

泄洪洞是水库的泄洪建筑物，起到在汛期来临前泄洪以保持防洪库容的作用。以一些大型水电站实际泄洪情况为参考，泄洪时间一般持续数天，过水时间在汛期来临前和汛期。由于汛期5—10月水温高于汛期前4月，取4月持续30d过水进行有限元仿真计算。4月过水水温取表11.3中水温略低值，即4月初为16℃、4月底至5月初为18℃。

发电洞过水水温，根据《混凝土拱坝设计规范》（SL 282—2003）估算方法，引水隧洞进口高程处的水温变化曲线

$$T_a=A+B\cos\left\{\frac{2\pi}{365}[t-\tau_0-\varepsilon(y)]\right\}\tag{11.1}$$

式中：T_a 为 t 时刻的平均水温；A 为多年平均水温；B 为多年平均水温年变幅；τ_0 为气温年变化周期的初始相位；$\varepsilon(y)$ 为水温年周期变化过程与气温年周期变化过程的相位差。

乌东德水电站正常蓄水位975m高程，引水隧洞高程分别为919.25m与923.25m。坝顶高程975m，最大坝高270m。多年平均气温20.9℃，最高月平均气温26.9℃（7月），最低月平均气温12.3℃（1月）。水电站的纬度为北纬26.3°，低于北纬30°，按照规范取 τ_0 为6.7月，即201d。根据以上参数可以计算得 A 为12.87℃，B 为2.305℃，$\varepsilon(y)$ 为66.075d。

发电尾水隧洞过水水温，采用余弦曲线计算，根据表11.3取年平均温度为15.145℃，水温年变幅为5.255℃。式（11.1）中 A 为15.145℃，B 为5.255℃，τ_0 为201d，$\varepsilon(y)=0$d。

11.5.2　泄洪洞衬砌混凝土过水运行

过水运行仿真计算，对应有限元法推荐施工温控防裂措施方案（具体情况见表11.30），4月和5月计算过水期衬砌混凝土抗裂安全系数见表11.30。其中冬季施工均为16℃浇筑，夏季施工均为18℃浇筑，均冬季封闭洞口保温至洞内最低气温18℃。夏季、冬季浇筑混凝土均在第2年过水，即混凝土龄期大于180d。

计算成果表明，无论什么厚度、无论是高温还是低温季节浇筑混凝土，在4—5月过水前混凝土温度、温度变化不受过水影响；过水期，混凝土表面温度瞬间从空气温度变为过水水温16℃（5月为18℃），中间点和围岩点温度逐渐降低，慢慢接近表面温度，趋于过水水温。

表 11.30　　泄洪洞衬砌混凝土过水运行抗裂安全特性

工程部位	高温季节浇筑 K_{min}				冬季浇筑 K_{min}			
	通水冷却	4 月过水	5 月过水	施工期	通水冷却	16℃过水	18℃过水	施工期
有压段 0.8m	12℃通水	1.41	1.63	1.58		1.78	2.05	1.38
有压段 1.0m	22℃通水	1.54	1.79	1.34	12℃通水	1.66	1.93	1.63
缓坡段 0.8m	12℃通水	1.71	1.95	1.87		1.49	1.73	1.46
缓坡段 1.0m	22℃通水	1.89	2.03	1.93	12℃通水	1.71	1.97	1.67
陡坡段 0.8m	22℃通水	1.36	1.55	1.50		1.44	1.66	1.41
陡坡段 1.0m	22℃通水	1.53	1.67	1.62	12℃通水	1.59	1.82	1.54
陡坡段 1.5m	22℃通水	1.92	2.09	2.04		1.66	1.90	1.61

注　施工期是指没有过水之前。

温度应力：由于在冬季洞内气温低于 18℃时采取封闭洞口的保温措施，在水温为 16℃的 4 月过水期内，最大拉应力有明显增大；水温为 18℃的 5 月，则仅因为混凝土弹性模量增大导致相同温降时的拉应力有小幅度增长。

最小抗裂安全系数、冬季浇筑混凝土的防裂都是受到施工期控制，4—5 月过水情况的抗裂安全系数都大于施工期。夏季浇筑混凝土，由于冬季封闭洞口保温（18℃）后 4 月 1 日过 16℃水，拉应力较大，抗裂安全系数比施工期有所减小，0.8m 厚度衬砌混凝土的 K_{min}=1.36，相对较小；5 月过水（水温为 18℃），仅因为混凝土弹性模量增大导致相同温降时的拉应力有小幅度增长，由于强度也增长，抗裂安全系数一般稍大于施工期，能够满足抗裂要求。

综合以上分析，由于 4 月以后气温较高，包括汛期（5—9 月）泄洪水，衬砌混凝土抗裂安全系数较大，能够满足抗裂安全性要求，不会产生温度裂缝。同时，为满足预泄水量作为防洪库容，可以安排在汛期到来之前的 4 月中旬以后，抗裂安全性也能够满足要求。所以，温控防裂仿真计算推荐泄洪洞各结构段衬砌混凝土温控防裂措施方案，在 4 月预泄水量以及汛期过水运行情况，不会发生温度裂缝，可以实现全过程温度裂缝控制目标。

11.5.3　发电洞衬砌混凝土过水运行

发电洞衬砌混凝土过水运行，也是对应有限元法推荐施工温控防裂措施方案（见表 11.31，限于篇幅没有详细介绍仿真计算成果），冬季施工 16℃浇筑，夏季施工 18℃浇筑，冬季封闭洞口保温至洞内最低气温 18℃。夏季、冬季浇筑混凝土均在第 2 年 3 月 1 日开始过水，即混凝土龄期大于 180d。引水洞、尾水洞代表性结构厚度衬砌混凝土过水情况最小抗裂安全系数见表 11.31，并将抗裂安全系数相对较小的引水洞边顶拱 1.0m 厚度衬砌混凝土温度、温度应力历时曲线示于图 11.4～图 11.7。图中曲线的时间坐标从第 31d 开始，是先浇筑底拱混凝土，31d 后浇筑边顶拱混凝土。

过水不影响混凝土此前温度和温度应力。3 月过水期，混凝土表面瞬间变为过水水温，拉应力迅速增大。混凝土围岩侧温度受到地温的影响，降低速度相对较慢，一般稍高

表 11.31 发电洞衬砌混凝土过水运行抗裂安全特性

工程部位	高温季节浇筑 K_{min}			冬季浇筑 K_{min}		
	通水冷却	3月1日过水	施工期/d	通水冷却	3月1日过水	施工期/d
引水洞 1.0m	22℃通水	1.30	1.59	12℃通水	1.59	1.63
引水洞 1.5m	22℃通水	1.68	2.07		1.79	1.81
尾水 1.0m	22℃通水	1.34	1.76	12℃通水	1.56	1.56
尾水 1.2m	22℃通水	1.63	1.77		1.52	1.52
尾水 1.5m	22℃通水	1.58	2.00		1.65	1.65
尾水 1.5m	22℃通水	1.90	2.41		1.89	1.86

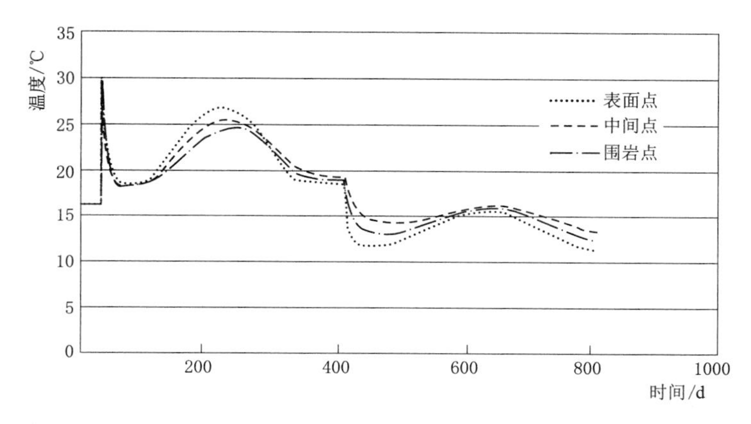

图 11.4 边顶拱 1.0m 厚度冬季浇筑衬砌混凝土代表点温度历时曲线

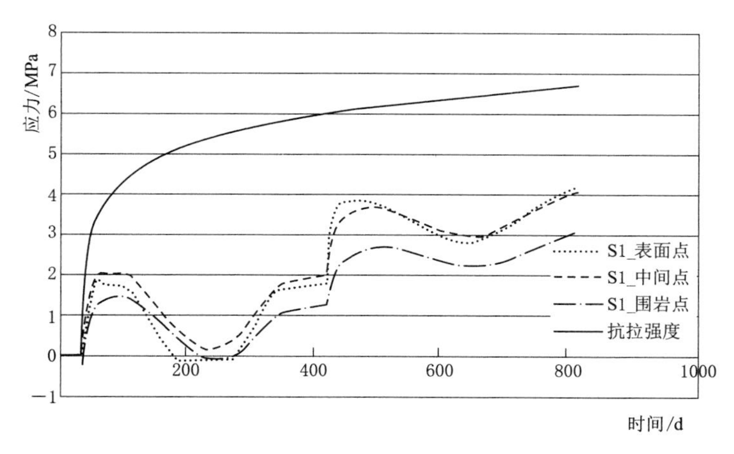

图 11.5 边顶拱 1.0m 厚度冬季浇筑衬砌混凝土第一主应力历时曲线

于表面温度，至冬季最低水温期大约低于表面 3.0℃，即中心（也即平均值）温度大约低于表面 1.5℃（图 11.4、图 11.6，厚度大的衬砌结构这一差值大些）。

3 月过水水温低于冬季洞内气温（封闭洞口保温时为 18℃），过水期拉应力明显增大。

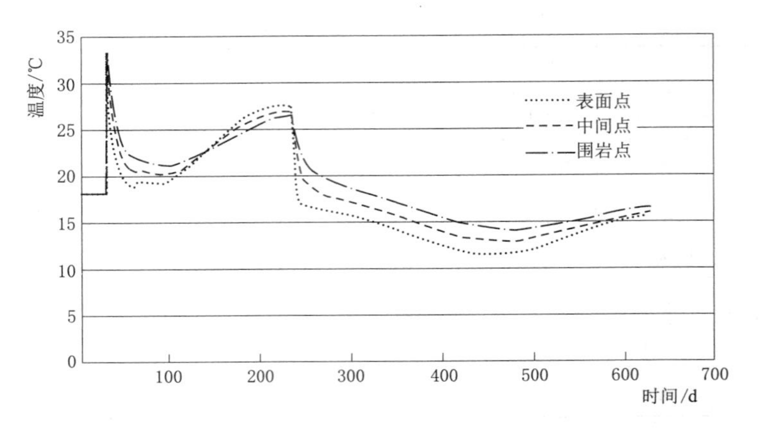

图 11.6　边顶拱 1.0m 厚度夏季浇筑衬砌混凝土代表点温度历时曲线

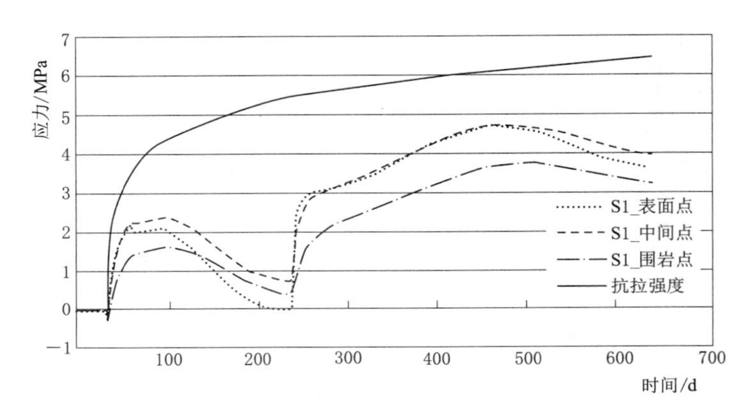

图 11.7　边顶拱 1.0m 厚度夏季浇筑衬砌混凝土第一主应力历时曲线

在整个过水期，拉应力随水温周期变化。

从衬砌混凝土浇筑季节来看，冬季浇筑混凝土的抗裂安全系数，基本上都是受到施工期控制，过水期的抗裂安全系数要大些（表 11.24 中仅引水洞 1.0m 厚度衬砌混凝土施工期 K_{min}=1.63，略大于过水期 K_{min}=1.59）；夏季浇筑混凝土，3 月低温期过水期 K_{min} 小于施工期的值，即温控防裂受过水期控制。

从衬砌结构厚度角度来看，坚硬完整岩体区的衬砌结构厚度小，受到围岩约束强，厚度小的衬砌结构混凝土，施工期和过水期的拉应力都大些，抗裂安全系数都小些。因此，同等温控措施条件下，厚度小的衬砌混凝土施工期和运行期都更容易产生温度裂缝。结合前面浇筑季节分析，衬砌厚度小的夏季浇筑衬砌混凝土的抗裂安全系数最小，最容易产生温度裂缝。如表 11.24 中，整个发电洞是引水洞 1.0m 厚度夏季浇筑混凝土过水期 K_{min}=1.3 最小（其次是尾水洞 1.0m 厚度衬砌 K_{min}=1.34）。

综上所述，冬季浇筑衬砌混凝土和厚度大的衬砌结构混凝土，过水期的抗裂安全系数较大，满足抗裂安全性要求，不会产生温度裂缝。高温季节浇筑的 1.0m 厚度小的衬砌结构混凝土，冬季过水期抗裂安全系数较小，最小值为 1.30，如果考虑应力松弛基本不会发生温度裂缝。因此，发电洞衬砌混凝土采取推荐温控措施方案施工，可以实现施工至运行全过程温度裂缝控制目标。

11.5.4　衬砌混凝土过水运行与全过程温度裂缝控制建议

衬砌混凝土的温度裂缝控制，是从浇筑施工至运行全生命周期问题。根据以上泄洪洞、发电洞过水运行有限元仿真计算分析，对其施工至运行期全过程温度裂缝控制有如下认识和建议。

(1) 过水运行期的温度裂缝控制，由于混凝土有应力松弛等效应，只要第1年过水期不发生温度裂缝，后期也就不会有温度裂缝。第1年初次过水，衬砌混凝土刚经历了冬季保温期，如果龄期较短，水温比洞内冬季最低温度低，则过水期温度应力会增大，可能导致温度裂缝，要高度重视。但如果初次过水选择在高于或者基本等于洞内冬季最低气温的月份，则是否发生温度裂缝由施工期控制。一方面说明衬砌混凝土温度裂缝控制是一个施工至运行期全生命周期问题，进行温控防裂设计要计算施工期和过水运行期；另一方面要做好初次过水运行规划，防止首次运行发生冷击温度裂缝。

根据溪洛渡等大型水电站泄洪洞、发电洞施工期洞内气温检测成果和过水运行的经验，以及上述计算分析成果，施工期洞内气温虽然较自然环境高而且稳定，但冬季最低温度也较低。如溪洛渡水电站自然环境气温月平均最小值为10.6℃，水温月平均最小值为12℃，洞内气温统计平均最低值为12.59℃（实测值小于10℃，与洞外一致），与水温相当。所以，这种情况即使是初次过水一般也不会产生新的温度裂缝。溪洛渡泄洪洞、发电洞过水运行检查结果也是没有产生新的温度裂缝。乌东德水电站在溪洛渡水电站上游，自然环境气温月平均最小值为12.3℃，高些；水温月平均最小值为9.89℃，低些；洞内气温最低值为14～16℃（根据导流洞实测），高些，而且冬季封闭洞口保温提高至最低温度18℃左右，与4月下旬、10月上旬自然环境平均温度相当，所以宜选择在4月或者10月上旬初次过水。

(2) 从衬砌混凝土浇筑季节来看，冬季洞内气温也较低，在与洞内最低温度 T_{min} 相当的月份（乌东德水电站为3月）过水情况，抗裂安全系数不会低于施工期，温控防裂受施工期控制，过水期（龄期增长，抗拉强度增长）的抗裂安全系数要大些；夏季浇筑混凝土，在自然环境温度低的3月过水 K_{min} 小于施工期值，即温控防裂受过水期控制。也即，高温期浇筑混凝土更要求过水期的水温要高些。

(3) 从衬砌结构厚度角度来看，坚硬完整岩体区的衬砌结构厚度小，受到围岩约束强，厚度小的衬砌结构混凝土，过水期的拉应力都大些（如果是同样的温控措施，则施工期也是厚度小的拉应力大），抗裂安全系数都小些。因此，厚度小的衬砌结构混凝土施工期和运行期都更容易产生温度裂缝，是施工期至运行期全生命周期温度裂缝控制的关键。

(4) 从水工隧洞用途角度来看，泄洪洞运行一般在4月预泄、汛期5—9月泄洪，水温较高，初次运行产生温度裂缝的可能性很小；而发电洞全年运行，如果选择在较低温度期初次过水则可能产生冷击温度裂缝，需要做好初次运行温控设计。乌东德水电站泄洪洞，一般都在4—9月泄洪，衬砌混凝土抗裂安全系数较大，不会产生温度裂缝，能够实现全过程温度裂缝控制目标。发电洞，如果在12月至次年3月初次过水则有产生温度裂缝风险，宜选择在 4—11 月初次发电运行。

综上所述，建议水利水电枢纽工程选择在尾汛期蓄水，利用尾汛基本蓄满水库，在水温较高的 10—11 月发电过水运行。这样，蓄水效果好，即使有少量多余水量或者小的洪水也可以通过泄洪洞和大坝溢洪道泄水确保大坝安全，泄洪洞和发电洞等初次过水的水温较高有利于温控防裂，取得各方面都最优的效果[10]。

11.6　拖模浇筑长分段底板衬砌混凝土温度裂缝控制

乌东德水电站泄洪洞衬砌混凝土浇筑，采取先浇筑边顶拱后浇筑底板的顺序。底板混凝土浇筑，工期较为紧张。混凝土沿洞底浇筑，立模、浇筑、平仓、养护等简单，具备快速施工条件。采用较长的分缝长度甚至连续性浇筑底板混凝土，有助于减少施工分缝干扰、加快施工进度、提升工程经济效益。但分缝长度大，约束增强，混凝土结构容易产生温度裂缝。在溪洛渡泄洪洞底板混凝土浇筑中，曾经采取连续 60m 拖模浇筑，各段底板混凝土均产生条数不等的温度裂缝。

根据施工进度，乌东德水电站泄洪洞底板衬砌混凝土需要在高流速区陡坡段和龙落尾段采取拖模连续浇筑，如果产生较多贯穿性温度裂缝，这些裂缝还可能交叉，可能会威胁泄洪洞安全运行。因此，需要研究新的施工工艺技术，在拖模连续浇筑混凝土的同时避免产生危害性温度裂缝。

11.6.1　分缝长度对衬砌混凝土温控防裂特性影响

计算结构段以泄洪洞无压陡坡段（图 11.2）为例，衬砌厚度 1.0m，Ⅲ类围岩，底板为 $C_{90}40$ 低热抗冲耐磨混凝土。分别建立了分缝长度为 9m、15m、30m、60m 的计算模型，其中 60m 分缝长度模型见图 11.8。根据施工浇筑速度每半天浇筑 3m，模型划分为每 3m 一个浇筑段，依次激活模拟浇筑过程。

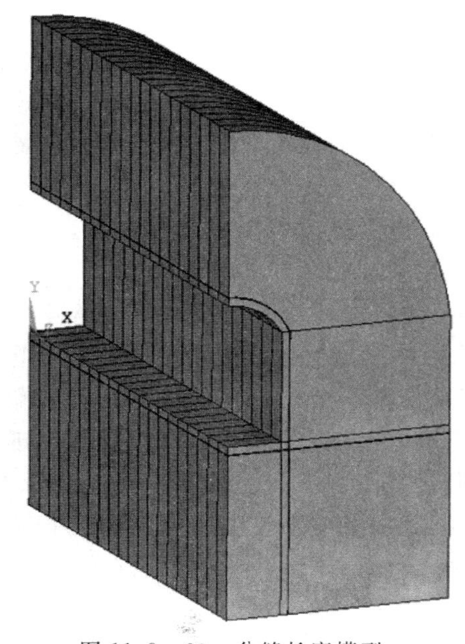

图 11.8　60m 分缝长度模型

根据施工进度安排，底板混凝土在 2018 年冬季浇筑，以 1 月 1 日开始浇筑为例进行仿真计算。对各分缝长度底板衬砌混凝土分别进行 5 个温控措施方案计算，见表 11.32。整理每 3m 块中心断面 1/2 厚度各方案对应 5 个方案的温控特征值（T_{max}、σ_{max}、K_{min}），将 30m 分缝长度底板混凝土温控特征值沿长度变化曲线示于图 11.9～图 11.11，不同分缝长度在各温控方案情况的温控特征值列于表 11.32。水平轴为浇筑块编号，每浇筑块 3m 长度。各方案的 T_{max} 仅在表 11.32 中列出一个，是因为各分缝长度情况的值基本相等。温控特征值 σ_{max}、K_{min} 与分缝长度的关系见图 11.12 和图 11.13。

表 11.32 底板混凝土不同分缝长度情况计算方案与温控特征值

方案	浇筑温度/℃	通水温度/℃	冬季保温/℃	最大拉应力/MPa				最小抗裂安全系数				T_{max}/℃
				9m	15m	30m	60m	9m	15m	30m	60m	
1	18	—	—	3.36	3.77	4.07	4.07	1.13	1.06	0.95	0.95	35.43
2	16	—	—	3.09	3.47	3.77	3.75	1.24	1.16	1.03	1.03	34.03
3	16	—	18	2.82	3.15	3.46	3.44	1.36	1.28	1.14	1.13	34.55
4	16	12	18	2.50	2.77	3.04	3.21	1.54	1.45	1.28	1.28	32.54
5	16	12	20	2.37	2.57	2.86	2.85	1.63	1.55	1.36	1.36	32.81

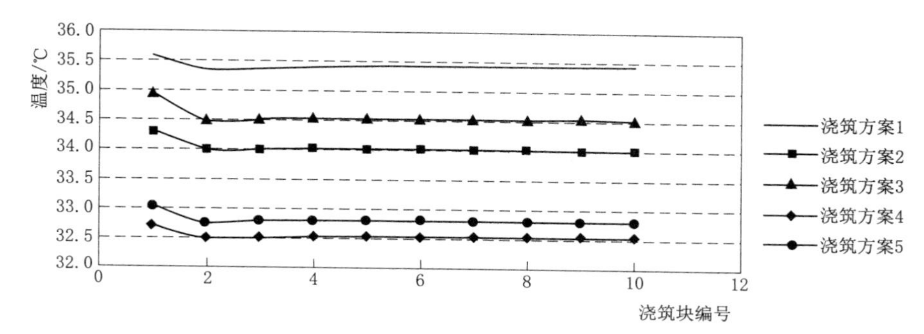

图 11.9 分缝长度 30m 底板混凝土 T_{max} 沿洞轴线分布

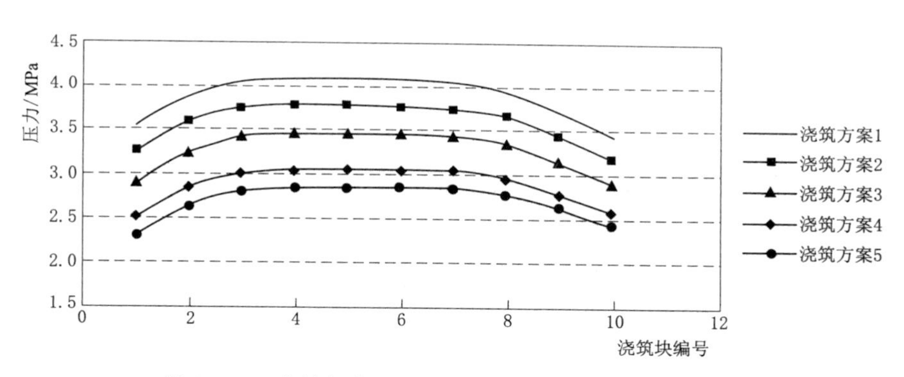

图 11.10 分缝长度 30m 底板混凝土 σ_{max} 沿洞轴线分布

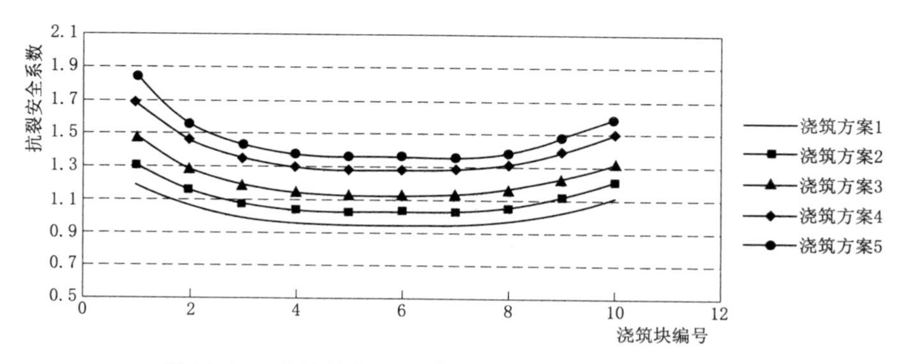

图 11.11 分缝长度 30m 底板混凝土 K_{min} 沿洞轴线分布

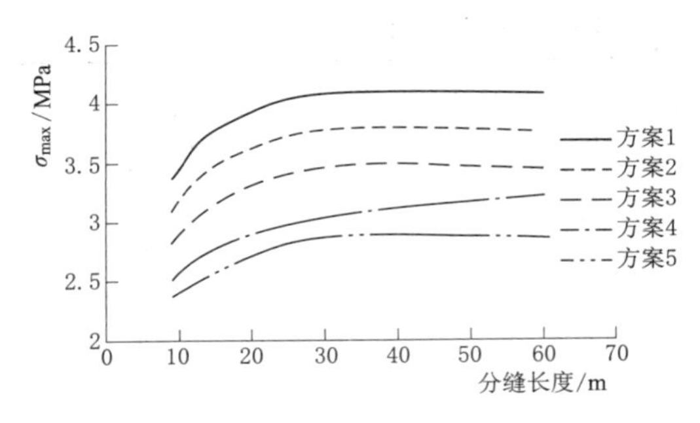

图 11.12　底板混凝土 σ_{max}与分缝长度的关系

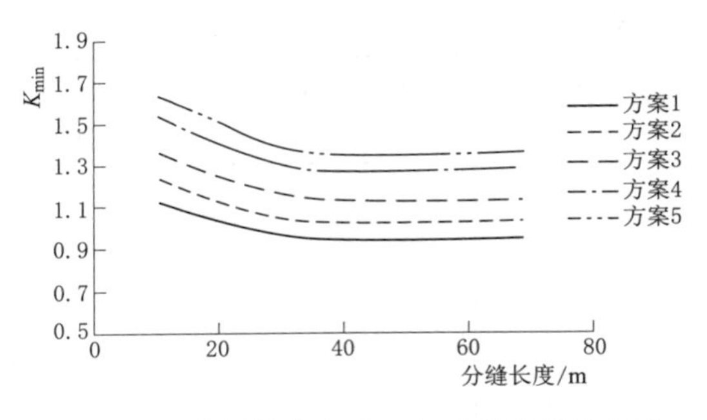

图 11.13　底板混凝土 K_{min}与分缝长度的关系

以上计算成果表明：

(1) 内部最高温度 T_{max}沿分缝长度方向，两端部散热面增加稍微低些，距端部大约 4.5m 后各截面温度场分布基本相同，T_{max}值基本相等，所以不同分缝长度较高中心 T_{max}值基本相等。

(2) 最大拉应力 σ_{max}沿分缝长度方向，两端部应力小些，距端部大约 6.0m 后各截面应力场分布基本相同，σ_{max}值基本相等。由于分缝长度越大，对中心的约束越强，中心拉应力也越大。随着分缝长度的增大，应力非线性增长，在不同温控方案情况平均增大 0.0094～0.0139MPa/m。当分缝长度达到 30m 以上（厚度与长度比值小于 0.03），拉应力基本不再增大（图 11.10 和图 11.12）。

(3) 最小抗裂安全系数 K_{min}与拉应力具有良好的对应关系。沿分缝长度方向，两端部大些，距端部大约 6.0m 后各截面抗裂安全系数基本相等。分缝长度越大，对中心的约束越强，中心抗裂安全系数越小，在不同温控方案情况减小 0.0035～0.0053/m。随着分缝长度的增大，抗裂安全系数非线性减小，当分缝长度达到 30m 以上（厚度与长度比值小于 0.03），抗裂安全系数基本不再减小（图 11.11 和图 11.13）。

综上所述，衬砌混凝土施工期温控防裂特性，分缝长度小于 30m（H/L 大于 0.03）时，长度越大，拉应力越大，抗裂安全系数越小，对温控防裂越不利。当长度大于 30m（H/L 小于 0.03），则增加长度对温控防裂特性基本没有影响。根据以上计算分析，泄洪洞底板混凝土冬季浇筑宜采取与边顶拱同样的长度 9.0m 分缝长度，采取与边墙同样的温控措施方案浇筑。

11.6.2　底部 0.9m 预留缝+上部 0.1m 拖模连续浇筑温控特性分析

为满足加快混凝土浇筑进度要求，同时避免产生温度裂缝，并与前期浇筑边顶拱混凝土分缝分块保持一致性，发挥拖模浇筑技术优越性加快施工进度，设计如下分缝分块结构和混凝土浇筑工艺：

(1) 沿洞轴线分缝长度 9m，与边顶拱浇筑分缝分块一致。

(2) 分缝结构，1.0m 厚度底板的下部 0.9m 预留永久横缝，按设计横缝设置止水结构等，面层 0.1m 预留可连续拖模浇筑。

(3) 混凝土拖模连续浇筑，可以采用拖模按 9m 的倍数长度连续浇筑。

根据底板结构及其边界约束特性和实际混凝土浇筑安排，建立18m长度底板浇筑模型。即两个9m长度浇筑块，两结构块之间设置横缝结构及止水，预留0.1m拖模层。同样进行表11.32中5个温控措施方案的有限元仿真计算。由于横缝0.1m面层混凝土在早期温降（6d龄期左右）阶段拉裂（见后面的分析），与下部0.9m共同形成完整横缝，形成各自为9.0m长度底板衬砌结构，所以整理9m长度结构中心温控特征值见表11.33。由于T_{max}与上述9.0m分缝长度混凝土没有变化，没有列出。同时，将9.0m处横缝上部0.1m面层中心的σ_{max}、K_{min}以及其$K=1.0$的龄期d_{k1}（即横缝面层拉裂龄期）也列于表11.33。

表11.33　预留缝0.1m面层拖模连续浇筑底板混凝土温控特征值

方案	最大拉应力 σ_{max}/MPa			最小抗裂安全系数 K_{min}			面层中心		
	表面点	中间点	围岩点	表面点	中间点	围岩点	σ_{max}/MPa	K_{min}	d_{k1}/d
1	3.29	3.50	2.10	1.17	1.09	1.86	8.18	0.47	5.0
2	3.05	3.23	1.90	1.27	1.19	2.07	7.59	0.51	5.25
3	2.70	2.94	1.77	1.44	1.31	2.20	6.78	0.57	7.25
4	2.37	2.61	1.57	1.62	1.48	2.49	5.92	0.65	7.00
5	2.19	2.48	1.52	1.74	1.56	2.60	5.49	0.70	7.50

过缝面层在底板混凝土表面，水化热温升后的温降初期表面温降快，表面收缩受到内部约束而产生拉应力。又由于面层厚度小，拉应力集中，在5～7d产生拉应力超过混凝土抗拉强度而拉裂，仅0.1m厚度的面层迅速断裂与下部0.9m预留缝联通，形成完整永久横缝。

在5～7d早期形成完整永久横缝形成后，连续浇筑长底板成为分缝长度9m的块体。所以这些9m长度的底板与通常分缝9m长度浇筑底板的内部应力基本一致，在各温控方案情况的最大拉应力、最小抗裂安全系数都基本相等，见表11.25和表11.26，抗裂安全性也相同。因此，可以采取原先分缝9m长度底板同样的温控措施浇筑混凝土。

11.6.3 拖模连续浇筑长分段底板混凝土实施效果

泄洪洞无压陡坡段流速高，边顶拱浇筑完成，具备连续浇筑条件。为加快施工进度，并避免产生危害性温度裂缝，底板采取“拖模连续浇筑”：沿洞轴线分缝长度9m与边顶拱浇筑分缝分块一致，1.0m厚度底板的下部0.9m为永久横缝，设置止水结构（图11.14）等，面层预留0.1m按9m倍数长度连续拖模浇筑，如图11.15所示。

图11.14　底板0.9m设置永久横缝止水结构

图 11.15　泄洪洞无压陡坡段拖模连续浇筑

图 11.16　拖模连续浇筑混凝土效果

左岸 1～3 号泄洪洞洞身无压陡坡段底板混凝土全部采取“拖模连续浇筑”，按浇筑温度低于 16℃控制，不通水冷却，冬季封闭洞口保温，保持洞内最低温度不低于 18℃，于 2018 年冬季浇筑并完成，混凝土表面效果如图 11.16 所示。2018 年 11 月 21 日施工单位专题报告左岸 1～3 号泄洪洞洞身无压陡坡段混凝土常规缺陷检查结果，存在少量麻面、气泡等表面缺陷。2019 年 7 月进行裂缝普查，未发现裂缝。

11.7　衬砌混凝土温度裂缝实时控制效果

乌东德水电站泄洪洞、发电洞混凝土浇筑于 2016 年 5 月开始，2020 年 1 月完成泄洪洞挑流鼻坎混凝土浇筑（部分发电洞于后期完工，如部分尾水改建段至 2020 年底完工）。有关建设单位对混凝土温度裂缝控制高度重视，长江设计公司乌东德设代处在 2015 年 6 月 30 日发出《关于提交乌东德水电站地下电站混凝土施工技术要求的函》（长乌设施〔2015〕02 号），详细条款见 11.1.2 节。武汉大学于 2015 年 6 月开始“乌东德水电站地下水工混凝土温度裂缝实时控制应用研究”，采用有限元法仿真计算和强约束法进行了泄洪洞和发电洞衬砌混凝土温控防裂计算分析，提出措施方案建议。2018 年 1 月开始《复杂条件下乌东德水电站地下水工混凝土温控防裂控制关键技术研究》，全面参与和深入开展地下水工混凝土温度裂缝实时控制。各方共同努力，温控标准进一步完善，措施实时细化精准，技术不断进步，逐步取得无危害性温度裂缝的效果。

11.7.1 技术要求精准完善

综合前面有限元仿真和强约束法等计算分析，根据乌东德水电站工程实际情况，并参考有关类似工程经验，建议各地下工程及其结构部位混凝土施工期容许最高温度列于表11.34。

表11.34 地下工程混凝土施工期容许最高温度 单位:℃

工程部位		5—9月	3月、4月、10月、11月	12月、1月、2月	备注
进水塔	底板、边墙	40	38	36	强约束区
	塔体下部	42	40	38	弱约束区
	塔体上部	42	40	38	非约束区
泄洪洞	进口有压段1.0m	37	34	34	
	有压段0.8m	37	34	32	
	有压段1.0m	38	35	33	
	缓坡段0.8m	38	35	33	
	缓坡段1.0m	39	37	35	
	陡坡段0.8m	38	35	33	
	陡坡段1.0m	39	37	35	
	陡坡段1.5m	42	39	37	
	出口陡坡段1.0m	39	36	34	
发电洞	进口有压段1.0m	37	35	33	
	有压段1.0m	37	35	33	
	有压段1.5m	42	39	37	
	尾水1.0m	39	37	35	
	尾水1.5m	42	39	37	
	尾水1.2m	40	38	36	
	出口尾水1.5m	42	39	36	

考虑到便于施工和统一调度，根据三峡集团公司已经建成的溪洛渡、向家坝地下工程和白鹤滩、乌东德导流洞工程的经验，有如下建议：

（1）混凝土夏季出机口温度14℃、浇筑温度18℃，冬季低于16℃可以自然入仓，按照浇筑温度16℃考虑。

（2）通水冷却，可以采用常温水，考虑到工程的重要性而且制冷水效果明显较好些，在可能的情况下尽可能采用制冷水通水冷却。

（3）冬季（10月中旬至次年4月中旬）封闭所有的洞口，对洞内进行保温，保温目标是使得洞内气温宜不低于18℃，进水塔、水垫塘等地面建筑物和洞口（封闭保温段外）混凝土采用保温被覆盖保温，无论是洞内混凝土还是洞外暴露面混凝土必须保温经过一个冬季。

(4) 混凝土浇筑后，保湿养护 60d 以上，必须保持表面湿润。

在此温控措施条件下，各地下工程部位混凝土温度裂缝控制需要通水冷却的情况列于表 11.35。

表 11.35　　地下工程混凝土施工期通水冷却部位

工程部位		高温、次高温季节	冬季
进水塔	底板、边墙	通水冷却	
	塔体下部	通水冷却（约束区的大体积）	
	塔体上部		
泄洪洞	进口有压段 1.0m	通水冷却，制冷水	通水冷却
	有压段 0.8m	通水冷却，制冷水	
	有压段 1.0m	通水冷却	通水冷却
	缓坡段 0.8m	通水冷却，制冷水	
	缓坡段 1.0m	通水冷却	通水冷却
	陡坡段 0.8m	通水冷却	
	陡坡段 1.0m	通水冷却	通水冷却
	陡坡段 1.5m	通水冷却	
	出口陡坡段 1.0m	通水冷却，制冷水	通水冷却
发电洞	进口有压段 1.0m	通水冷却	
	有压段 1.0m	通水冷却	
	有压段 1.5m	通水冷却	
	尾水 1.0m	通水冷却	
	尾水 1.5m	通水冷却	
	尾水 1.2m	通水冷却	
	出口尾水 1.5m		Ⅳ类围岩

对于隧洞，如果冬季在洞口能够采取更严格的高标准封闭洞口保温，使得洞内冬季最低气温在 20℃以上，则可以全部取消通水冷却。在施工过程中，宜进行洞内气温与湿度观测，经济合理调整温控措施方案。

参考有限元法仿真计算成果，设计对进水塔部分混凝土温度控制标准进行了调整［长乌设枢（技）通字〔2017〕第 04 号《关于地下电站和泄洪洞混凝土施工补充技术要求的通知》］，见表 11.36，并微调浇筑温度要求，见表 11.37。

表 11.36　　调整后进水塔混凝土设计容许最高温度　　单位：℃

部位		1月、12月	2月、11月	3月、10月	4月、9月	5—8月
进水塔	底板及高程 916.00m 以下侧墙	34	36	36	36	36
	高程 916.00～932.00m 侧墙	34	36	37	39	39
	高程 932.00m 以上侧墙及上部结构	34	36	37	40	42

表 11.37　各部位混凝土浇筑温度控制表　单位:℃

部位		12月、1月	2月、11月	3月、10月	4月、9月	5月、8月
进水塔	底板高程961.00m以下侧墙	自然入仓	自然入仓	18		
	高程916.00～932.00m侧墙	自然入仓	自然入仓	18	20	20
	高程932.00m以上结构	自然入仓	自然入仓	18	20	22
衬砌混凝土	洞口50m范围	自然入仓	自然入仓	18	18	20
	洞内50m以上	自然入仓	自然入仓	18	20	22

11.7.2 措施细化，技术进步

（1）养护龄期调整。乌东德水电站地处干热河谷，日照强烈，昼夜温差悬殊，高温低湿环境混凝土容易产生裂缝。依据水工混凝土相关规范，设计要求洒水养护28d（见11.1.2节）。2018年1月20日，监理组织施工单位一起对泄洪洞无压段衬砌混凝土裂缝进行普查，2号、3号泄洪洞在两浇筑仓结构缝附近发现浅表裂缝，在结构缝边发起，大多呈水平状发展。裂缝长度一般在1.0m左右，仅有1条达到2.6m，其余都小于2m；宽度在0.1mm左右，个别达到0.2～0.3mm；深度都小于10cm。因此，裂缝属于量少、规模小的表面裂缝。

2018年3月6日，工程建设部泄洪洞项目部主任彭作为主持在建设部办公楼会议室召开“衬砌混凝土温控防裂专题”会议。武汉大学、长江勘测规划设计研究有限责任公司、三峡发展监理、葛洲坝施工局等单位参加。根据武汉大学采用有限元法仿真计算，分析了裂缝的原因和干热河谷低热水泥混凝土保湿养护要求，提出白鹤滩水电站混凝土全部保湿养护60d。2018年4月23日，长江勘测规划设计研究有限责任公司乌东德水电站勘测设计项目现场设计代表处发出《关于乌东德水电站混凝土养护时间调整的通知》[长乌设施（设一）通字〔2018〕第08号]。2018年5月17日，再次讨论60d养护效果，葛洲坝施工局汇报衬砌混凝土采取60d养护后一直没有再发生表面裂缝。

（2）冬季浇筑常温混凝土实时控制。2018年11月底由于制冷混凝土拌合楼拆迁，需要采用常温混凝土浇筑衬砌混凝土。通过仿真计算，提出了综合采取通水冷却和冬季严格封闭洞口保温使得最低温度在18℃以上的温控措施方案，施工采用。

（3）底板拖模连续浇筑。泄洪洞无压陡坡段流速高，边顶拱浇筑完成，具备连续浇筑条件。为加快施工进度，并避免产生危害性温度裂缝，研究了“底板拖模技术条件下长分段结构温度裂缝控制”技术方案（见11.6节）：沿洞轴线分缝长度9m与边顶拱浇筑分缝分块一致，1.0m厚度底板的下部0.9m预留永久横缝，按设计横缝设置止水结构等，面层0.1m预留，采用拖模按9m的倍数长度连续浇筑。2018年11月21日专题报告，在施工中采用，取得无温度裂缝效果。

11.7.3 逐步取得无危害性温度裂缝的效果

（1）左岸发电洞工程混凝土。截至2020年2月29日，混凝土入仓、浇筑温度共检测9444次，结果见表11.38，满足技术要求。最高温度监测，共77仓埋设温度计99支，测

温管 36 组。混凝土内部最高温度在 21.86～41.81℃，最高温度历时 1～8d，平均 2.55d。其中衬砌结构混凝土温控检测结果见表 11.39。表中容许最高温度，按浇筑月份取设计当月容许最高温度。地下电站 5～6 号引水洞、5～6 号尾水支洞、3 号尾水主洞共埋设 8 组冷却管道，冷却通水共检测 405 次，进水温度、出水温度、流量和闷温数据全部符合设计要求，符合比例 100%。检测结果见表 11.40。

表 11.38　　左岸地下电站混凝土入仓及浇筑温度检测结果统计表

抽检地点	抽样地点	温控要求/℃	检测次数/次	最大值/℃	最小值/℃	平均值/℃	合格率/%
左岸 850 系统	机口	常温土	21	28.0	8.0	19.6	—
		≤14℃	171	14.0	9.0	13.6	100
左岸 880 系统	机口	常温	15	25.0	11.0	18.9	—
		≤14℃	61	14.0	10.0	13.3	100
混凝土浇筑仓	仓面	常温	88	25.8	14.0	16.4	—
		≤14℃	473	17.3	12.7	13.7	—

表 11.39　　左岸地下电站工程混凝土内部最高温度检测结果统计

工程部位	编号	混凝土强度	浇筑时间/（年-月-日）	最高温度/℃	温升/℃	温升历时/d	容许最高温度/℃
5 号洞上平段第 5 段	T36	$C_{90}30$	2016-07-18	37.52	17.19	2.50	44
5 号上平段第 9 仓	T46	$C_{90}30$	2016-08-20	36.04	13.92	2.00	44
5 号上平渐变边顶拱	T95	$C_{90}30$	2017-12-22	36.46	15.89	2.33	38
5 号引水竖井第 2 仓	T96	$C_{90}30$	2018-01-26	36.28	9.95	3.00	40
6 号洞上平段第 3 段	T25	$C_{90}30$	2016-02-26	36.20	6.15	2.17	39
6 号洞上平段第 3 段	T26	$C_{90}30$	2016-02-26	37.73	7.9	1.17	39
6 号上平段第 10 仓	T56	$C_{90}30$	2016-10-20	37.76	16.41	2.00	42
6 号下弯第 1 段	T77	$C_{90}30$	2017-04-07	32.85	10.23	2.00	43
6 号下弯第 1 段	T78	$C_{90}30$	2017-04-07	33.63	8.41	2.00	43
6 号下平第 2 段	T88	$C_{90}30$	2017-07-14	34.48	16.07	2.33	44
6 号下平第 2 段底板	T89	$C_{90}30$	2017-07-12	37.99	18.36	2.17	44
3 号尾水洞 49 仓底板	T62	$C_{90}30$	2016-12-01	36.43	13.89	2.00	40
3 号尾水洞第 2 仓底板	T84	$C_{90}30$	2017-06-18	43.42	14.67	2.38	44
3 号尾水洞底板 27 仓	Tc41	$C_{90}30$	2017-03-28	32.67	7.81	3	42
3 号尾水洞底板 27 仓	Tc42	$C_{90}30$	2017-03-28	31.60	6.04	2.33	42

左岸地下电站混凝土存在的缺陷为表面缺陷，无对混凝土结构构件的受力性能或安装使用性能有决定性影响的严重缺陷，无温度裂缝。表面缺陷主要有错台、挂帘、蜂窝、外露钢筋头。混凝土存在的表面缺陷已按设计技术要求及批复的施工方案处理完成，质量符

合设计要求。混凝土缺陷处理质量检查验收完成。

表 11.40 左岸地下电站混凝土冷却通水检测结果统计

部位	检测组数	进水温度/℃				出水温度/℃				平均温差/℃	流量/(L/min)				通水历时/d
		测次	最大	最小	平均	测次	最大	最小	平均		测次	最大	最小	平均	
5号尾水支洞	3	120	24.6	16.3	21.7	120	25.9	17.1	21.3	2.2	120	35	18	25.7	12
6号尾水支洞	3	180	24.4	16.7	21.3	180	25.3	17.3	21.8	2.1	180	35	18	25.8	12
3号尾水主洞	2	105	19.1	17.5	18.5	105	21.9	17.8	20.4	2.6	105	35	20	28.0	10

（2）右岸发电洞工程混凝土。右岸地下电站混凝土入仓、浇筑温度见表 11.41，冷却通水记录汇总见表 11.42，各部位内部温度监测统计结果见表 11.43。

表 11.41 右岸引水发电系统工程入仓温度及浇筑温度统计表

工程部位	抽测次数	环境温度/℃		入仓温度/℃		浇筑温度/℃			备注
		最低	最高	最低	最高	最低	最高	平均	
右岸地厂	4320	10.2	39.8	13.1	19.5	13.5	20.4	17.9	

表 11.42 右岸引水发电系统工程冷却通水汇总表

部位	仓次	观测次数/次	最高进水温度/℃	最低进水温度/℃	最高出水温度/℃	最低出水温度/℃	流量/(L/min)
进水塔	134	24150	25.6	13.1	31.9	14.7	25～37
7号、8号引水洞	6	639	22.3	16.2	28.9	21.8	25～37
尾水出口	2	180	20.5	16.9	35.1	20.2	25

表 11.43 右岸引水发电系统工程混凝土内部最高温度统计表

部位	监测组数	内部最高温度/℃		超温/℃		合格组数	合格率/%	备注
		最大值	最小值	最大值	最小值			
进水塔	71	38.8	30.5	—	—	71	100	
8号尾水支洞	1	39.8	—	—	—	1	100	
4号尾水主洞	10	39.7	31.5	—	—	10	100	

缺陷检测，没有发现温度裂缝。表面不平整、错台、挂帘，麻面、气泡、局部蜂窝、表面孔洞及外露拉筋头等已按《乌东德水电站引水发电建筑物混凝土缺陷处理技术要求》处理完成，处理后外观质量满足设计要求。

混凝土工程共完成单元工程质量评定 2638 个，全部合格，其中优良 2469 个，优良率 93.6%。

（3）泄洪洞工程混凝土温控检测。截至 2020 年 6 月 30 日，泄洪洞工程混凝土出机口温度共检测 4388 组（其中温控混凝土 4177 组），数据统计见表 11.44。

表 11.44　　泄洪洞工程混凝土出机口温度检测结果统计表

温控要求	类别	抽检地点	检测组数	最大值/℃	最小值/℃	平均值/℃	合格率/%
≤14	混凝土温度	机口	4177	25.0	9.6	15.4	96.4
—	混凝土温度	机口	387	24.5	13.0	17.6	—

1）进口段混凝土温控检测。仓面温度检测。对泄洪洞 1 号进水塔环境温度、混凝土入仓温度、浇筑温度共检测 37 仓、296 次，入仓温度最高 16.5℃，最低 13.6℃；浇筑温度最高 21.8℃，最低 14.3℃。对泄洪洞 2 号进水塔浇筑的混凝土环境温度、入仓温度、浇筑温度共检测 37 仓、284 次，入仓温度最高 16.7℃，最低 13.9℃；浇筑温度最高 22.1℃，最低 14.5℃。对泄洪洞 3 号进水塔浇筑的混凝土环境温度、入仓温度、浇筑温度共检测 37 仓、282 次，入仓温度最高 17.5℃，最低 14.1℃；浇筑温度最高 21.2℃，最低 14.6℃。均符合设计温控要求。混凝土内部温度检测。泄洪进水塔施工期温度监测共监测 8 仓，埋设 13 支温度计，混凝土内部最高温度 35.94℃，满足设计容许最高温度，符合率 100%。

2）有压段混凝土温控检测。仓面温度检测。对 1～3 号泄洪洞有压进口渐变段的混凝土环境温度、入仓温度、浇筑温度共检测 42 仓、336 次，混凝土入仓温度最高 16.1℃，最低 10.9℃；浇筑温度最高 18.9℃，最低 12.3℃。对 1 号泄洪洞有压段衬砌混凝土环境温度、入仓温度、浇筑温度共检测 135 仓、540 次，混凝土入仓温度最高 20.4℃，最低 13.5℃；浇筑温度最高 21.7℃，最低 14.1℃。对 2 号泄洪洞有压段衬砌混凝土环境温度、入仓温度、浇筑温度共检测 130 仓、510 次，混凝土入仓温度最高 21.1℃，最低 13.9℃；浇筑温度最高 21.9℃，最低 14.4℃。对 3 号泄洪洞有压段衬砌混凝土环境温度、入仓温度、浇筑温度共检测 135 仓、516 次，混凝土入仓温度最高 20.8℃，最低 13.7℃；浇筑温度最高 21.9℃，最低 14.2℃。对 1 号泄洪洞有压出口渐变段的混凝土环境温度、入仓温度、浇筑温度共检测 12 仓、120 次，混凝土入仓温度最高 18.1℃，最低 12.9℃；浇筑温度最高 19.1℃，最低 13.5℃。对 2 号泄洪洞有压出口渐变段的混凝土环境温度、入仓温度、浇筑温度共检测 12 仓、110 次，混凝土入仓温度最高 18.2℃，最低 13.1℃；浇筑温度最高 19.2℃，最低 14.0℃。对 3 号泄洪洞有压出口渐变段的混凝土环境温度、入仓温度、浇筑温度共检测 12 仓、120 次，混凝土入仓温度最高 17.7℃，最低 13.9℃；浇筑温度最高 19.5℃，最低 14.3℃。均符合设计温控要求。混凝土内部温度检测，1～3 号泄洪洞有压段施工期温度监测共监测 19 仓，埋设 26 支温度计，内部最高温度 41.86℃，其中一仓 1 支温度计超温 2.15℃，其他 18 仓 25 支温度计测温满足设计允许最高温度，符合率 96.2%。

3）无压缓坡段混凝土温控检测。仓面温度检测。对 1 号泄洪洞无压缓坡段的混凝土环境温度、入仓温度、浇筑温度共检测 68 仓、788 次，混凝土入仓温度最高 18.9℃，最低 13.1℃；浇筑温度最高 20.0℃，最低 13.9℃。对 2 号泄洪洞无压缓坡段的混凝土环境温度、入仓温度、浇筑温度共检测 70 仓、780 次，混凝土入仓温度最高 18.1℃，最低 12.9℃；浇筑温度最高 20.3℃，最低 13.5℃。对 3 号泄洪洞无压缓坡段的混凝土环境温度、入仓温度、浇筑温度共检测 70 仓、808 次，混凝土入仓温度最高 18.4℃，最低 12.2℃；浇筑温度最高 20.2℃，最低 13.1℃。符合设计温控要求。混凝土内部温度检测，

1～3号泄洪洞无压缓坡段施工期温度监测共监测20仓，埋设36支温度计，混凝土内部最高温度47.91℃，最低温度29.27℃，其中一仓温度超标4.91℃，其余35支温度计测温满足设计允许最高温度，符合率97.2%。

4）无压陡坡段混凝土温控检测。仓面温度检测。对1号泄洪洞洞身无压陡坡段的混凝土环境温度、入仓温度、浇筑温度共检测40仓、410次，混凝土入仓温度最高19.5℃，最低13.8℃；浇筑温度最高20.5℃，最低14.5℃。对2号泄洪洞洞身无压陡坡段的混凝土环境温度、入仓温度、浇筑温度共检测40仓、390次，混凝土入仓温度最高19.1℃，最低13.2℃；浇筑温度最高20.1℃，最低14.1℃。对3号泄洪洞洞身无压陡坡段的混凝土环境温度、入仓温度、浇筑温度共检测40仓、420次，混凝土入仓温度最高19.1℃，最低13.5℃；浇筑温度最高20.1℃，最低14.7℃。符合设计温控要求。混凝土内部温度检测，1～3号泄洪洞洞身无压陡坡段施工期温度监测共监测7仓，埋设13支温度计，混凝土内部最高温度37.57℃，最低温度30.41℃，温度计测温满足设计允许最高温度，符合率100%。

5）出口段混凝土温控检测。仓面温度检测，对泄洪洞出口高程895.5m以下混凝土环境温度、入仓温度、浇筑温度共检测98仓、1488次，混凝土入仓温度最高18.5℃，最低13.2℃；浇筑温度最高20.8℃，最低14.2℃，符合设计温控要求。

混凝土内部温度检测，泄洪洞出口高程895.5m以下施工期温度监测共监测4仓，埋设5支温度计，混凝土内部最高温度40.33℃，最低温度32.2℃，其中有一仓温度超标2.33℃，其余4支温度计测温满足设计容许最高温度，符合率80.0%。超温主要原因是由于该时段内850拌和楼停止生产温控混凝土，入仓温度偏高影响。超温仓位外观检查未发现裂缝，后续混凝土部位仓次埋设冷却水管进行了通水冷却。

（4）泄洪洞工程混凝土裂缝检查及处理。泄洪洞工程常规缺陷检查，存在混凝土缺陷主要为麻面、气泡密集错台、表面缺损、小孔洞、外露钢筋头及管件头等表面缺陷，无对混凝土结构构件受力性能或安装使用性能有决定性影响的严重缺陷。常规缺陷1027个单元，按设计技术要求及批复的处理施工方案实施完成。

由于泄洪洞工程混凝土强度相对发电洞工程高些，早期施工温控防裂经验不足，有的部位发生了裂缝。监理组织参建4方于2018年1月、3月、6月、8月和2019年6月、12月对泄洪洞工程各结构段混凝土进行了裂缝普查，有压段、无压陡坡段、出口和水垫塘均无裂缝，仅进水塔底板和3号无压缓坡段底板有少量裂缝。

1）泄洪洞。1～3号泄洪洞进水塔发现底板共有14条裂缝，见表11.45。针对泄洪洞进水塔底板存在的裂缝，施工局于2019年2月报送《泄洪洞进水塔底板裂缝处理措施》（葛乌局泄1技字〔2019〕11号）。2019年9—10月按照《关于对泄洪洞进水塔底板裂缝进行处理的通知》（长乌设枢（坝）通字〔2019〕第3-01号）及《关于报送"泄洪洞进水塔底板裂缝处理措施"的函》（葛乌局泄1技字〔2019〕第011号）的相关要求组织进行了裂缝复查及处理。

2）泄洪洞无压缓坡段。1～2号无压缓坡段未发现裂缝，3号无压缓坡段底板存在21条表面裂纹，统计见表11.46。已于2019年12月按相关技术要求组织进行了裂缝处理，处理结果满足设计要求。

表 11.45　　　　泄洪洞进水口混凝土裂缝检查情况统计表

部　位	裂缝编号	裂缝长度/m	裂缝宽度/mm	裂缝深度/m	裂缝类别
1 号进水塔底板	①	8.7	0.3	1.6～1.8	Ⅲ
1 号进水塔底板	②	24.2	0.28	1.2	Ⅲ
1 号进水塔底板	③	6.2	0.3	1.2	Ⅱ
1 号进水塔底板	④	7.0	0.28	1.2～1.8	Ⅲ
2 号进水塔底板	①	8.9	0.33	1.6	Ⅲ
2 号进水塔底板	②	24.2	0.45	1.2～1.6	Ⅲ
2 号进水塔底板	③	24.2	0.4	1.2～2.0	Ⅲ
2 号进水塔底板	④	17.6	0.26	1.6	Ⅲ
2 号进水塔底板	⑤	9.55	0.3	1.2	Ⅲ
3 号进水塔底板	①	24.8	0.33	1.2～1.4	Ⅲ
3 号进水塔底板	②	24.2	0.24	2.4～2.8	Ⅲ
3 号进水塔底板	③	9.8	0.26	1.0	Ⅲ
3 号进水塔底板	④	6.1	0.31	1.0～2.8	Ⅲ
3 号进水塔底板	⑤	1.2	0.13	1.0～2.8	Ⅰ

表 11.46　　　　泄洪洞无压缓坡段混凝土裂缝检查及处理情况统计表

部　位	裂缝编号	裂缝长度/m	裂缝宽度/mm	裂缝深度/m	处理情况
底板 11 单元	1	9.4	0.20	—	已处理
底板 11 单元	2	9	0.22	—	已处理
底板 12 单元	3	9	0.29	—	已处理
底板 13 单元	4	9.1	0.29	—	已处理
底板 18 单元	5	9	0.28	—	已处理
底板 19 单元	6	9	0.33	—	已处理
底板 19 单元	7	9	0.36	—	已处理
底板 20 单元	8	9	0.29	—	已处理
底板 20 单元	9	9	0.50	—	已处理
底板 22 单元	10	9.1	0.29	—	已处理
底板 22 单元	11	9	0.30	—	已处理
底板 23 单元	12	9	0.36	—	已处理
底板 24 单元	13	6.5	0.24	—	已处理
底板 24 单元	14	9	0.22	—	已处理
底板 25 单元	15	9	0.34	—	已处理

续表

部　位	裂缝编号	裂缝长度/m	裂缝宽度/mm	裂缝深度/m	处理情况
底板 26 单元	16	9	0.23	—	已处理
底板 27 单元	17	9	0.41	—	已处理
底板 27 单元	18	9	0.25	—	已处理
底板 28 单元	19	9	0.37	—	已处理
底板 29 单元	20	9	0.28	—	已处理
底板 35 单元	21	3.6	0.24		已处理

参 考 文 献

[1] 樊启祥，段亚辉，等. 水工隧洞衬砌混凝土温控防裂创新与实践［M］. 北京：中国水利水电出版社，2015.

[2] 段亚辉，樊启祥. 一种圆形断面衬砌混凝土施工期允许最高温度的计算方法：CN105354359B［P］. 2019-03-19.

[3] 段亚辉，樊启祥. 一种门洞形断面衬砌混凝土施工期允许最高温度的计算方法：CN105677939B［P］. 2019-03-19.

[4] 段亚辉，樊启祥. 一种圆形断面衬砌混凝土施工期内部最高温度的计算方法：CN105260531B［P］. 2019-03-19.

[5] 段亚辉，段次祎. 衬砌结构低热水泥混凝土的温控防裂方法：CN110414046A［P］. 2019-11-05.

[6] 段亚辉，段次祎，毛明珠. 端部自由衬砌板混凝土温度裂缝控制抗裂 K 值设计方法：CN110569551A［P］. 2019-12-13.

[7] 段亚辉，樊启祥，段次祎，等. 圆形断面衬砌混凝土温度裂缝控制抗裂安全系数设计方法：CN109992832A［P］. 2019-07-09.

[8] 段亚辉，樊启祥，段次祎，等. 隧洞底板衬砌混凝土温度裂缝控制抗裂 K 值设计方法：CN109885914A［P］. 2019-06-14.

[9] 段亚辉，樊启祥，段次祎，等. 隧洞底板衬砌混凝土温控防裂拉应力 K 值控制设计方法：CN109815614A［P］. 2019-05-28.

[10] 王麒琳，段亚辉，彭亚，等. 白鹤滩发电尾水洞衬砌混凝土过水运行温控防裂研究［J］. 中国农村水利水电，2019（1）：137-141，147.

第12章 白鹤滩水电站隧洞衬砌混凝土温度裂缝实时控制

12.1 工程概况与基本资料

12.1.1 工程概况

白鹤滩水电站位于金沙江下游四川省宁南县和云南省巧家县境内，是长江开发治理的控制性工程，以发电为主，兼顾防洪，并有拦沙、发展库区航运和改善下游通航条件等综合利用功能，是西电东送骨干电源点之一。电站装机容量16000MW，多年平均发电量624.43亿kW·h。电站水库总库容206.27亿m^3。枢纽工程由拦河坝、泄洪消能建筑物和引水发电系统等主要建筑物组成。泄洪设施包括大坝的6个表孔、7个深孔和左岸的3条泄洪隧洞。

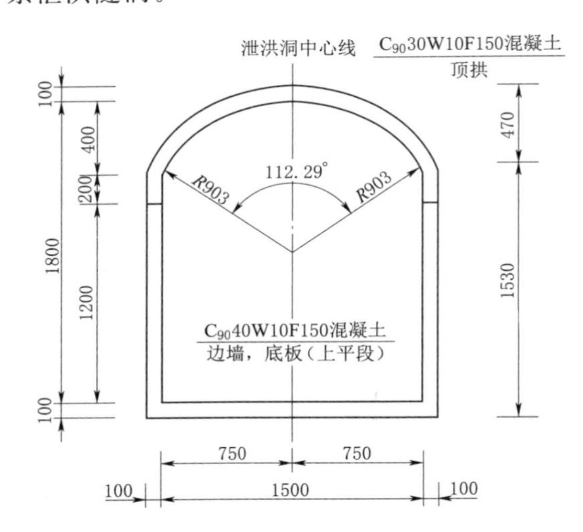

图12.1 泄洪洞典型衬砌结构断面（单位：cm）

3条无压泄洪洞布置在左岸，由进水口（闸门室）、无压缓坡段、龙落尾段和出口挑流鼻坎组成。泄洪洞进水口位于发电进水口与大坝之间，采用岸塔式结构。泄洪洞无压段为城门洞形，Ⅱ～Ⅴ类不同围岩区衬砌厚度为1.0m、1.2m、1.5m、2.5m，衬砌后的断面尺寸相同，典型结构断面见图12.1。衬砌结构的底板和边墙为$C_{90}40$低热混凝土，顶拱为$C_{90}30$低热混凝土，分缝长度12m。

龙落尾段也是城门洞形断面，Ⅱ类围岩区衬砌厚度为1.2m，Ⅳ类围岩区衬砌厚度为1.5m，衬砌后的断面底宽从与无压段衔接的15.0m到出口为16.5m，典型结构断面见图12.2。底板和边墙为$C_{90}60$低热硅粉混凝土，顶拱为$C_{90}30$低热混凝土，分缝长度12m。

地下厂房系统采用首部开发方案，分别对称布置在左、右两岸，厂房内各安装8台水轮发电机组。引水隧洞采用单机单管供水，尾水系统为2台机共用一条尾水隧洞的方式，左、右两岸各布置4条尾水隧洞，其中左岸3条、右岸2条结合导流洞布置。输水系统由进水塔、引水隧洞、尾水隧洞、尾水调压室等设施组成。

进水塔采用分层取水式形式，进水口拦污栅和闸门井集中布置。引水隧洞由渐变段、上平段、渐缩段、上弯段、竖井段、下弯段及下平段组成。其中渐变段、上平段及渐缩段采用钢筋混凝土衬砌，混凝土类型为 $C_{90}25$；上弯段、竖井段、下弯段及下平段采用钢板衬砌。渐变段采用平坡布置，轴线垂直于进水塔，由矩形断面渐变为圆形断面；上平段采用圆形断面，有 0.8m 和 1.0m 两种不同衬砌厚度（图 12.3）。

尾水隧洞为城门洞形钢筋混凝土衬砌，混凝土类型为 $C_{90}25$，最大过水断面尺寸为 17.5m×22m。检修闸门室上游段为Ⅱ类围岩，衬砌厚度为 1.0m；检修闸门室下游洞段（出口 30m 段除外）为Ⅲ类围岩，衬砌厚度 1.5m；出口 30m 段尾水隧洞为Ⅳ类围岩，衬砌厚度有 2m、2.5m 和 3.0m 3 种；分缝长度均为 12m，见图 12.4。其中 3 个衬砌厚度为 1.0m 断面，在温控防裂措施方案研究时，只取不与导流洞结合的断面最大的进行。

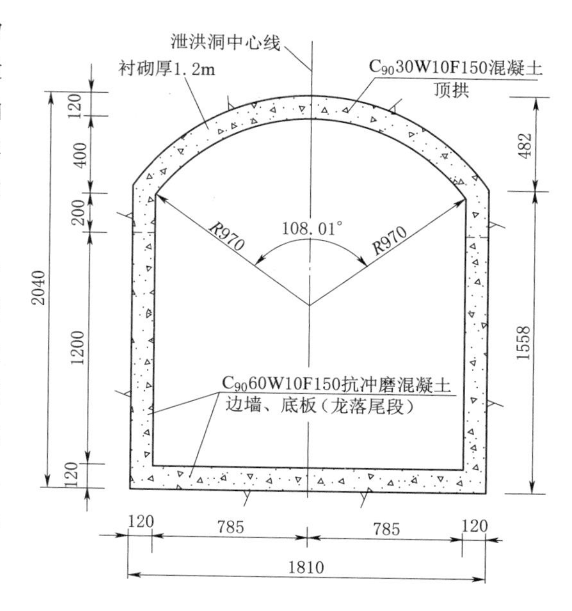

图 12.2 泄洪洞龙落尾典型衬砌断面（单位：cm）

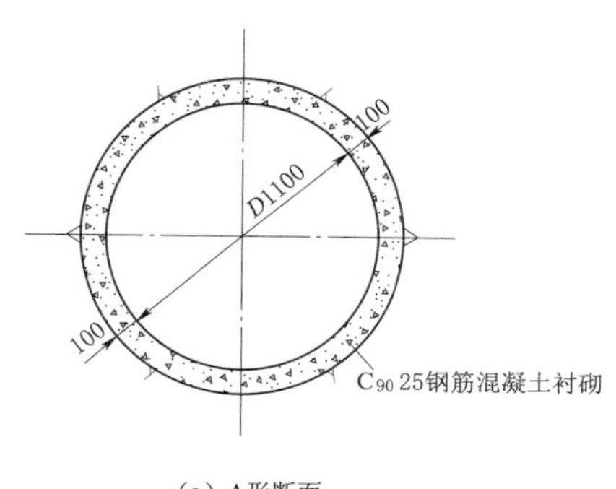

(a) A形断面

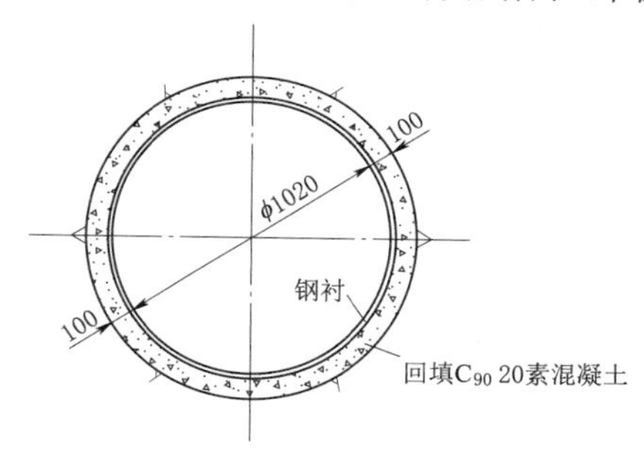

(b) C形断面

图 12.3 引水隧洞衬砌结构断面（单位：cm）

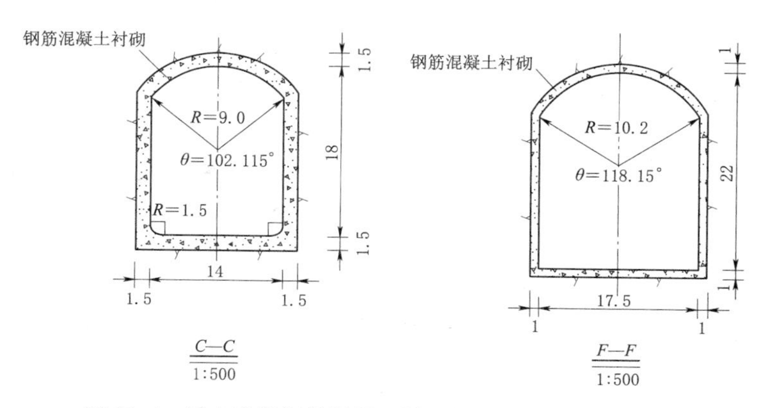

图 12.4 尾水隧洞钢筋混凝土衬砌结构断面（单位：cm）

12.1.2　衬砌混凝土温控（招标阶段）设计技术要求

在借鉴溪洛渡地下工程混凝土温控防裂经验的基础上，白鹤滩水电站在招标文件就明确了衬砌混凝土温控技术要求。

（1）衬砌设计容许最高温度。承包人应根据施工图纸所示的建筑物分缝、分块尺寸、混凝土容许最高温度及有关温度控制要求，编制详细的温度控制措施，作为专项技术文件列入混凝土施工措施计划报送监理人审批。混凝土的浇筑温度和最高温度均应满足本招标文件和施工图纸的规定。在施工中应通过试验建立混凝土出机口温度与现场浇筑温度之间的关系，并采取有效措施减少混凝土运送过程中的温升。泄洪洞和引水发电系统衬砌混凝土容许设计最高温度，4—9 月浇筑为 40℃，10 月至次年 3 月为 38℃。

（2）温控措施要求。承包人应采取必要的措施，在浇筑和养护的全过程对混凝土进行温度控制，避免混凝土开裂，可采用的措施包括（不限于）：

1）优化混凝土配合比、提高混凝土抗裂能力。配合比设计和混凝土施工时，除满足标号及抗冻、抗渗、极限拉伸值等主要设计指标外，还应满足施工匀质性指标和强度保证率。同时应加强施工管理，提高施工工艺，改善混凝土性能，提高混凝土抗裂能力。

2）合理安排混凝土施工程序和施工进度。应合理安排混凝土施工程序和施工进度，并努力提高施工管理水平。

3）控制混凝土内部最高温度。其有效措施包括降低混凝土浇筑温度、减少胶凝材料水化热温升、初期通水等。同时应选择典型浇筑块埋设温度计或测温管对混凝土内部温度进行监测，并每周将监测结果向监理人书面通报。

混凝土生产系统承包人将根据本合同承包人的混凝土浇筑进度，提供满足出机口温度要求的拌制混凝土。本合同承包人负责出机口之后的混凝土运输、入仓浇筑和养护期间的混凝土温度控制。根据计算成果分析，白鹤滩地下电站各部位衬砌混凝土浇筑温度建议按 4—9 月 20℃，10 月至次年 3 月 18℃控制。

为控制混凝土的入仓温度，运输混凝土工具应有隔热遮阳措施，缩短混凝土暴晒时间，减少混凝土运输浇筑过程中的温度回升。尽量避免高温时段浇筑混凝土，应充分利用低温季节和早晚及夜间气温低的时段浇筑。实际施工中允许浇筑温度和容许最高温度的控制标准，应按照选定的水泥品种和混凝土配合比及其试验成果，根据具体结构部位和施工条件进一步分析论证后确定。

各部位混凝土浇筑时，如果已入仓的混凝土浇筑温度不能满足有关要求时，应立即通知监理人，根据监理人指示进行处理，并立即采取有效措施控制混凝土浇筑温度。

（3）分缝分块。衬砌混凝土采用分段浇筑时，分段长度一般为 6～12m，最大不超过 15m。在施工中，综合溪洛渡泄洪洞和白鹤滩导流洞衬砌混凝土浇筑的经验，根据实时计算分析建议，采取分段长度 12m、底板（或者顶拱）与边顶拱分期浇筑。泄洪洞城门洞形断面边墙与顶拱衬砌混凝土再次分期浇筑。

（4）冷却水管埋设。4—9 月浇筑流道衬砌混凝土需要埋设冷却水管。冷却水管沿水流方向埋设，水管层距、间距均为 1.5m，衬砌厚度为 3.0m 厚时，埋设两排冷却水管。混凝土冷却水管可采用高密度聚乙烯冷却水管，高密度聚乙烯冷却水管外直径 $\phi 32$，壁厚

2mm。冷却水管表面的油渍等应清除干净。循环冷却水管的单根长度一般不宜超过250m。预埋冷却水管不能跨越收缩缝。

混凝土仓面冷却水管布置应按监理人批准的承包人的设计图纸所示或监理人的指示进行，供水干支管的布置、联结及保温由承包人根据工地情况确定，但必须经监理人批准。混凝土的稳定温度，混凝土降温速度、冷却程序以及温度监测方法均应按本节设计技术要求有关规定或监理人指示进行。

所有管道均按监理人批准的方式，用金属件拉紧或支撑固定。水管的所有接头应具有水密性，在有监理人在场的情况下清洗干净，并用0.35MPa的静水进行压力测试，水管埋设前在此压力下接头应不漏水。在混凝土浇筑前，冷却水管中应通以不低于0.2MPa压力的循环水检查。应用压力表及流量计同时指示管内的阻力情况。水管应细心地加以保护，以防止在混凝土浇筑或混凝土浇筑后的其他工作中，以及管子试验中使冷却水管移位或破坏。伸出混凝土的管头应加帽覆盖的方法等予以保护。

与各条冷却水管之间的联结应随时有效，并能快速安装和拆除，同时要能可靠控制每条水管的水流而不影响其他冷却水管的循环水。所有水管的进、出端均应做好清晰的标记以保证整个冷却过程中冷却水能按正确的方向流动。总管的布置应使管头的位置易于调换冷却水管中水流方向。冷却水流的方向每24h调换一次。承包人应保持书面记录，并每周向监理人上报以下记录：水压、每盘冷却水管进水端和出水端水流的流量和温度。

管路在混凝土浇筑过程中，应有专人维护，以免管路变形或发生堵塞。在埋入混凝土30～60cm后，应通水（气）检查，发现问题，应及时处理。冷却水管在混凝土浇筑过程中若受到任何破坏，应立即停止浇混凝土直到冷却水管修复并通过试验后方能继续进行。

（5）通水要求。通水一般通18℃制冷水或清洁江水（江水水温不超过22℃），混凝土温度与冷却水之间温差不超过25℃，冷却时混凝土日降温幅度不应超过1℃，水流方向应每天改变一次，使混凝土块体均匀冷却。通水历时7～20d。

（6）混凝土拆模时间。低热水泥混凝土早期强度较低，过早拆模对混凝土温控防裂和结构安全不利。拆模时混凝土强度不得低于5MPa。外界气温和浇筑温度对混凝土强度发展有较大影响，承包人应通过现场试验确定不同季节拆模时间，并报监理人批准后实施，但拆模时间均不得少于36h。

（7）混凝土表面保护。在混凝土工程验收之前要保护好所有混凝土，以防损坏。在低温季节、气温骤降季节和气温日变幅大的季节，进出口建筑物混凝土及洞口50m范围内衬砌混凝土应进行早期表面保护以防发生裂缝。已浇好的底板等薄板（壁）建筑物，其顶（侧）面宜保护到过水前。有关孔洞的进出口在进入低温季节前应封闭。浇筑块的棱角和突出部分应加强保护。各部位具体保温要求如下：

1）保温材料：应选择保温效果好且便于施工的材料。保温后混凝土表面等效放热系数：大体积混凝土$\beta\leqslant$10～15kJ/(m^2·h·℃)，结构混凝土$\beta\leqslant$5～10kJ/(m^2·h·℃)。

2）隧洞洞口50m范围以内的保温要求：10月至次年3月浇筑的混凝土浇完拆模后立即设施工期的永久保温层，4—9月浇筑的混凝土，10月初设置施工期的永久保护层。施工期的永久保温指保温至工程运行前，保温后混凝土表面等效放热系数取值取1）中下限值。

3）每年10月至次年3月，应将隧洞及其他所有孔洞进出口采取有效措施进行临时保温封堵。

4）当日平均气温在2～3d内连续下降超过（含等于）6℃时，隧洞洞口50m范围以内的28d龄期内混凝土表面（顶、侧面）必须进行表面保温保护。这些部位的混凝土在低温季节（如拆模后混凝土表面温降可能超过6～9℃）以及气温骤降期间，应推迟拆模时间，否则须在拆模后立即采取其他表面保温措施。

（8）混凝土养护。应针对工程建筑物的不同情况，选用洒水或薄膜进行养护，采用薄膜养护应征得监理人批准。采用洒水养护，应在混凝土浇筑完毕后6～18h内开始进行，其养护期时间不少于28d，有特殊要求的部位，应延长养护时间。混凝土侧面及隧洞衬砌混凝土则应喷水养护，使表面保持湿润状态。薄膜养护：在混凝土表面涂刷一层养护剂，形成保水薄膜，涂料应不影响混凝土质量。

施工中，2016年1月设计单位编制的《白鹤滩水电站输水系统混凝土及灌浆施工技术要求》明确了除主厂房岩锚梁和蜗壳层（及以下）以外的引水系统的混凝土温控要求，增加了尾调底部分岔段的容许最高温度4—9月按40℃控制，10月至次年3月按39℃控制，允许浇筑温度4—9月按20℃控制，10月至次年3月按18℃控制（12月、1月自然入仓）。其他要求均同上。

12.1.3　衬砌混凝土温控计算分析基本资料

（1）环境温度。白鹤滩无压泄洪洞衬砌混白鹤滩水电站地处亚热带季风区，极端气温温差大、昼夜温差变化明显。环境气温、水温、湿度见表10.1。洞内气温的年周期变化过程采用式（7.1）计算。根据设计院提供的温度资料，在设计阶段，泄洪洞洞内温度取值为20～26℃，地下厂房环境温度取值为22～27℃；施工实时控制阶段，根据导流洞施工期实测洞内气温年变化及冬季封闭洞口保温效果取值为14～26℃。洞口部位取表10.1自然环境温度多年平均值13.5～27.5℃。

围岩温度，根据浙江华东建设工程有限公司岩土测试中心于2006年6月至2007年9月在白鹤滩水电站地下厂房探洞开展的地温观测成果（表12.1），取值为23～25℃。

表12.1　地下厂房探洞地温观测成果

编　号	埋深/m	最低温度		最高温度		温差/℃	平均值/℃
		温度/℃	日期/(年-月-日)	温度/℃	日期/(年-月-日)		
PD61-T1	主洞510	25.50	2007-1-8	25.85	2007-1-16	0.30	25.63
PD61-T2	主洞710	25.45	2006-7-28	25.70	2007-8-30	0.25	25.52
PD61-T3	3号支洞163	24.50	2007-1-16	24.95	2007-4-29	0.45	24.79
PD62-T1	主洞400	25.45	2006-7-15	25.85	2006-9-22	0.40	25.51
PD62-T2	主洞697	25.75	2006-8-5	25.90	2007-4-20	0.25	25.85
PD62-T3	3号支洞200	24.30	2007-1-5	24.75	2007-5-15	0.45	24.58

(2) 混凝土性能。泄洪洞、发电洞衬砌混凝土均采用低热水泥混凝土浇筑，各性能参数来自《金沙江白鹤滩水电站洞室、厂房混凝土配合比设计及性能试验报告（Ⅱ2014064CL）（最终报告）》。衬砌混凝土水化热温升采用式（10.1）计算，热学性能见表12.2。衬砌混凝土的力学性能见表12.3。

表 12.2　隧洞衬砌低热混凝土热学性能

标号	坍落度/mm	级配	比热/[kJ/(kg·℃)]	导热系数/[kJ/(m·h·℃)]	容重/(kN/m³)	线膨胀系数/(10⁻⁶/℃)	导温系数/(m²/h)	绝热温升/℃	
								T_0	n
$C_{90}25$	75	常态二级	0.84	4.72	24.42	6.6	0.0023	27.4	1.17
	145	泵送二级	0.84	4.72	24.42	6.6	0.0023	32.91	1.17
	73	常态三级	0.84	4.72	24.42	6.6	0.0023	23.7	1.17
$C_{90}30$	150	泵送二级	0.833	4.9	24.21	6.74	0.0021	31.5	1.22
$C_{90}40$	70	常态三级	0.83	4.68	24.4	6.81	0.0021	31.2	1.5
	120	泵送三级	0.83	4.68	24.21	6.67	0.0021	39.6	1.32
$C_{90}60$	70	常态三级	0.801	5.78	24.4	7.6	0.0026	47.55	1.28
	120	泵送三级	0.83	4.68	24.21	6.67	0.0021	48.4	1.32

表 12.3　衬砌低热混凝土力学性能

标号	坍落度/mm	劈裂抗拉强度/MPa			轴拉强度/MPa		极限拉伸值/(10⁻⁶)			弹性模量/GPa		
		7d	28d	90d	28d	90d	7d	28d	90d	7d	28d	90d
$C_{90}25$	75	1.63	2.56	2.86	2.81	3.05	45	78	92	18.2	23.9	30.2
	145	1.79	2.88	3.02	2.92	3.26	68	83	105	14.1	23.5	29.2
	73	2.05	3.02	3.27	2.87	3.16	68	83	100	15.1	23	29.4
$C_{90}30$	150	0.93	1.87	2.85	2.43	3.3	58	87	98	16.1	24.5	29.5
$C_{90}40$	70	1.32	2.95	3.79	2.43	3.59	70	90	103	20.1	27.8	31.8
	120	1.584	2.7	3.63	2.53	—	80	96	—	19.8	24.9	29.2
$C_{90}60$	70	1.936	3.827	4.44	4.18	4.34	81	106	115	23.9	36.2	38.6
	120	2.264	3.875	4.44	3.53	4.22	80	105	113	28.3	36.9	38.6

(3) 岩体物理力学性能参数。不同类别岩体的密度、泊松比、变形模量见表12.4。

表 12.4　白鹤滩水电站地下硐室围岩分类及物理力学性能

围岩类别	密度 ρ_0/(g/cm³)	弹性模量 E_0/GPa	泊松比 μ
Ⅰ	2.9	30	0.21
Ⅱ	2.86	20	0.23
Ⅲ	2.75	15	0.25
Ⅳ	2.7	9	0.29
Ⅴ	2.65	2	0.31

12.2　泄洪洞衬砌混凝土温度裂缝控制仿真计算

12.2.1　无压段1.0m衬砌混凝土

泄洪洞洞身上平段（图12.1）衬砌厚度为1.0m，沿轴线每隔12m设置环向施工缝，Ⅱ类围岩，底板和边墙为$C_{90}40$低热混凝土，顶拱为$C_{90}30$低热混凝土，保湿养护90d。进行高温季节7月1日、冬季1月1日浇筑底板，31d后浇筑边墙并进行不同温控措施方案的仿真计算，整理温控特征值见表12.5和表12.6。保温为冬季10月15日至次年4月15日封闭洞口保温使得最低温度达到的值，通水冷却水管间距均为1.5m（下同）。

根据白鹤滩水电站导流洞施工期洞内气温检测成果，泄洪洞施工期通过封闭洞口保温，可以达到冬季最低温度$T_{min}=16℃$。为此，在分析推荐温控措施方案时统一保温标准定为$T_{min}=16℃$，并均以边墙衬砌混凝土抗裂安全系数K_{min}不小于1.6推荐温控措施和允许最高温度。

表12.5　无压段1.0m衬砌混凝土低温季节浇筑方案与温控特征值

方案	温控措施			底板			边墙		
	T_0/℃	T_w/℃	保温/℃	T_{max}	σ_{max}/MPa	K_{min}	T_{max}	σ_{max}/MPa	K_{min}
1	16	—	-	30.08	2.03	1.38	33.46	2.17	1.38
2	16	—	16	30.32	1.87	1.51	33.78	2.01	1.46
3	16	—	18	30.69	1.72	1.66	34.12	1.82	1.59
4	16	11	16	28.37	1.63	1.71	31.52	1.76	1.65
5	16	11	18	28.64	1.47	1.92	31.79	1.61	1.83

综合底板、边墙低温季节浇筑混凝土的抗裂安全性，宜推荐方案3为施工温控方案。如果冬季保温只能达到$T_{min}=16℃$，则要求采取方案4：浇筑温度为16℃，通11℃常温水冷却7d，在10月中旬至4月中旬，当洞内气温低于16℃时封闭洞口保温。借鉴溪洛渡泄洪洞经验采用$K_{min}=1.5$要求，则采用方案2施工最为经济。边墙最高温度控制值宜取为34℃。

表12.6　无压段1.0m衬砌混凝土高温季节浇筑方案与温控特征值

方案	温控措施			底板			边墙		
	T_0/℃	T_w/℃	保温/℃	T_{max}	σ_{max}/MPa	K_{min}	T_{max}	σ_{max}/MPa	K_{min}
1	18	—	—	35.97	2.32	1.97	39.42	2.69	1.59
2	18	—	16	35.97	2.13	2.17	39.42	2.49	1.71
3	18	—	18	35.97	1.88	2.42	39.42	2.25	1.86
4	18	22	16	34.17	1.97	2.30	37.27	2.30	1.86

根据表12.6边墙衬砌混凝土抗裂安全性。高温季节施工可以采用方案2：浇筑温度18℃，不通水冷却，10月中旬到次年4月中旬封闭洞口保温至$T_{min}=16$℃。考虑到夏季浇筑混凝土一般浇筑温度难以控制在18℃以内，因此，施工中宜采取通水冷却措施（方案4）。夏季施工过程中，边墙最高温度控制值宜为39℃。

12.2.2　无压段1.5m衬砌混凝土

泄洪洞无压缓坡段，Ⅳ类围岩1.5m厚度城门洞形断面，底板和边墙为$C_{90}40$低热混凝土，顶拱$C_{90}30$低热混凝土，保湿养护90d。进行高温季节7月1日、冬季1月1日浇筑底板，31d后浇筑边墙不同温控措施方案（表12.7）的仿真计算（以下类同），整理温控特征值见表12.7。

表12.7　无压段1.5m衬砌混凝土浇筑方案与温控特征值

浇筑期	方案	温控措施			底　板			边　墙		
		T_0/℃	T_w/℃	保温/℃	T_{max}	σ_{max}/MPa	K_{min}	T_{max}	σ_{max}/MPa	K_{min}
冬季	1	16	—	-	33.82	2.56	1.26	37.84	2.60	1.31
	2	16	—	16	33.99	2.40	1.36	38.07	2.43	1.38
	3	16	—	18	34.25	2.22	1.48	38.30	2.27	1.51
	4	16	11	16	31.70	2.16	1.51	35.41	2.19	1.51
	5	16	11	18	31.89	1.98	1.66	35.58	2.06	1.67
夏季	6	18	—	-	38.54	2.43	1.88	42.61	2.85	1.50
	7	18	—	16	38.54	2.24	2.00	42.61	2.67	1.61
	8	18	—	18	38.54	2.03	2.15	42.61	2.44	1.73
	9	18	20	16	36.51	2.10	2.16	40.19	2.49	1.73

同样以边墙衬砌混凝土最小抗裂安全系数K_{min}不小于1.6为控制标准，根据表12.7要求低温季节温控方案5：浇筑温度为16℃，通常温水冷却7d，10月中旬到次年4月中旬封闭洞口至$T_{min}=18$℃。但施工难度大，结合溪洛渡泄洪洞经验，考虑到冬季浇筑温度控制可靠性强，可以采取16℃以下自然入仓通常温水冷却方案，冬季保温至$T_{min}=16$℃。冬季施工边墙最高温度控制值为36℃。

高温季节浇筑混凝土，推荐温控方案7可以满足K_{min}不小于1.6要求。考虑到夏季施工浇筑温度控制18℃有难度，宜采取通常温水冷却，冬季封闭洞口保温至$T_{min}=16$℃。边墙最高温度控制值为41℃。

12.2.3　龙落尾段1.2m衬砌混凝土

泄洪洞龙落尾段有4种断面，衬砌结构厚度1.2m、$C_{90}60$低热混凝土强度都相同，仅断面尺寸有较小差别，衬砌后宽度在15～16.5m变化，对温控防裂影响不大。因此，仅对其中Ⅱ类围岩一个断面进行温控防裂措施方案计算分析。顶拱为$C_{90}30$混凝土。整理温控特征值见表12.8。

表 12.8　　龙落尾 1.2m 衬砌混凝土浇筑方案与温控特征值

浇筑期	方案	温控措施			底　板			边　墙		
		T_0/℃	T_w/℃	保温/℃	T_{max}	σ_{max}/MPa	K_{min}	T_{max}	σ_{max}/MPa	K_{min}
冬季	1	16	—	-	36.40	2.81	1.57	39.11	2.81	1.63
	2	16	—	16	36.66	2.50	1.76	39.43	2.64	1.66
	3	16	—	18	37.04	2.37	1.75	39.76	2.45	1.76
	4	16	11	16	34.29	2.15	1.93	36.63	2.26	1.94
	5	16	11	18	34.60	2.02	2.06	36.89	2.06	2.08
夏季	6	18	—	-	42.43	3.73	1.32	44.96	3.84	1.26
	7	18	—	16	42.43	3.46	1.44	44.96	3.59	1.35
	8	18	—	18	42.43	3.13	1.58	44.96	3.29	1.47
	9	18	20	16	40.20	3.19	1.56	42.30	3.27	1.53
	10	18	20	18	40.20	2.87	1.73	42.30	2.97	1.64

按照 K_{min}不小于 1.6 要求，冬季浇筑推荐方案 2：浇筑温度为 16℃，不通水冷却，冬季封闭洞口保温至 T_{min}=16℃。边墙最高温度控制值为 38℃。高温季节浇筑推荐方案 9：浇筑温度为 18℃，常温水通水冷却，冬季封闭洞口保温至 T_{min}=16℃。边墙最高温度控制值为 42℃。

12.2.4　龙落尾段 1.5m 衬砌混凝土

泄洪洞龙落尾段，Ⅳ类围岩 1.5m 厚度城门洞形断面衬砌底板和边墙为 C_{90}60 低热硅粉混凝土，顶拱为 C_{90}30 混凝土。计算方案和整理成果见表 12.9。

表 12.9　　龙落尾 1.5m 衬砌混凝土浇筑方案与温控特征值

浇筑期	方案	温控措施			底　板			边　墙		
		T_0/℃	T_w/℃	保温/℃	T_{max}	σ_{max}/MPa	K_{min}	T_{max}	σ_{max}/MPa	K_{min}
冬季	1	16	—	-	41.87	3.74	1.16	44.78	3.07	1.57
	2	16	—	16	42.07	3.59	1.22	45.01	2.94	1.58
	3	16	—	18	42.36	3.42	1.27	45.24	2.76	1.65
	4	16	11	16	39.28	3.16	1.38	42.61	2.44	1.73
	5	16	11	18	39.49	2.98	1.46	41.70	2.58	1.79
	6	16	11	18	37.50	2.68	1.61	39.60	2.16	2.10
夏季	7	18	—	—	46.79	4.24	1.16	49.50	4.24	1.16
	8	18	—	16	46.79	4.03	1.22	49.50	4.03	1.22
	9	18	—	18	46.79	3.77	1.29	49.50	3.77	1.29
	10	18	20	16	44.24	3.68	1.34	46.44	3.68	1.34
	11	18	12	16	40.91	2.95	1.66	42.75	2.95	1.66

根据边墙衬砌混凝土满足 K_{min}不小于 1.6 要求，冬季浇筑混凝土推荐方案 2：浇筑温度为 16℃，冬季封闭洞口保温至 T_{min}=16℃。边墙最高温度控制值为 40℃。高温季节施

工方案 11：浇筑温度为 18℃，通制冷水 12℃冷却，冬季封闭洞口保温至 T_{min}＝16℃。边墙最高温度控制值为 44℃。

12.3　发电输水系统衬砌混凝土温度裂缝控制仿真计算

12.3.1　引水隧洞衬砌混凝土

引水发电隧洞圆形断面，有 0.8m、1.0m 衬砌厚度，分缝长度 12m，Ⅱ类围岩，衬砌结构的底拱、边顶拱均为 $C_{90}25$ 低热混凝土。同样分为高温季节 7 月 1 日、冬季 1 月 1 日浇筑底拱，31d 后浇筑边顶拱，保湿养护 90d 的不同温控措施方案仿真计算。整理计算方案、温控特征值见表 12.10 和表 12.11。通水冷却情况，水管间距均为 1.5m，通水流量为 48 m^3/d。

表 12.10　　引水洞 0.8m 衬砌混凝土计算方案与温控特征值

浇筑期	方案	温控措施			底拱			边顶拱		
		T_0/℃	T_w/℃	保温/℃	T_{max}	σ_{max}/MPa	K_{min}	T_{max}	σ_{max}/MPa	K_{min}
高温	1	20	—	—	36.14	2.22	1.46	39.17	2.41	1.45
	2	20	—	16	36.14	2.03	1.59	39.17	2.23	1.58
	3	20	22	16	34.66	1.88	1.72	37.36	2.06	1.71
	4	20	22	16	34.66	1.87	1.73	37.36	2.04	1.73
	5	20	12	16	33.44	1.76	1.85	36.13	1.94	1.82
低温	6	18	—	—	30.84	2.02	1.49	33.58	1.88	1.91
	7	18	—	16	31.02	1.87	1.62	33.86	1.79	1.94
	8	18	22	16	30.32	1.78	1.70	32.86	1.69	2.08
	9	18	12	16	29.29	1.63	1.85	31.82	1.56	2.27
	10	20	—	16	32.42	2.06	1.46	35.21	1.92	1.80

同样以边顶拱衬砌混凝土最小抗裂安全系数 K_{min}不小于 1.6 的要求，进行温控防裂措施方案分析。根据表 12.10，0.8m 厚度引水洞衬砌混凝土高温季节浇筑，推荐方案 3，浇筑温度为 20℃（宜统一为 18℃），通常温水冷却。最高温度控制值为 38℃。低温季节浇筑混凝土温控推荐方案为方案 7：浇筑温度为 18℃（低于 16℃自然入仓），不通水冷却。最高温度控制值为 35℃。冬季封闭洞口保温 T_{min}＝16℃。

表 12.11　　引水洞 1.0m 衬砌混凝土计算方案与温控特征值

浇筑期	方案	温控措施			边顶拱		
		T_0/℃	T_w/℃	保温/℃	T_{max}/℃	σ_{max}/MPa	K_{min}
低温	1	18	—	—	33.93	1.37	2.35
	2	20	—	—	35.62	1.52	2.15
	3	22	—	—	37.31	1.67	1.99

续表

浇筑期	方案	温控措施			边顶拱		
		T_0/℃	T_w/℃	保温/℃	T_{max}/℃	σ_{max}/MPa	K_{min}
高温	4	20	—	—	37.97	1.81	1.93
	5	20	—	16	37.97	1.71	2.07
	6	22	—	16	39.56	1.85	1.91

根据表12.11（底拱采用常态混凝土，大多是边顶拱裂缝多于底板，表中只列出边顶拱的温控特征值），1.0m厚度引水洞衬砌混凝土低温、高温季节，浇筑温度18～22℃都能够满足温控要求，不需要通水冷却。考虑到全工程统一，高温季节采取18℃浇筑，低温季节低于16℃可以自然入仓浇筑，冬季封闭洞口保温 $T_{min}=16℃$。混凝土最高温度控制值，低温季节为36℃，高温季节为39℃。

12.3.2　尾水隧洞衬砌混凝土

尾水洞城门洞形断面，分缝长度为12m，Ⅱ、Ⅲ、Ⅳ、Ⅴ类围岩区衬砌厚度分别为1.0m、1.5m、2.0m、2.5m和3.0m（图12.4），底板、边墙、顶拱均为 $C_{90}25$ 低热混凝土，仿真计算方案和温控特征值见表12.12～表12.16。

表12.12　　尾水洞1.0m衬砌混凝土计算方案与温控特征值

浇筑期	方案	温控措施			底板			边墙		
		T_0/℃	T_w/℃	保温/℃	T_{max}	σ_{max}/MPa	K_{min}	T_{max}	σ_{max}/MPa	K_{min}
高温	1	20	—	—	36.14	2.22	1.46	39.17	2.41	1.45
	2	20	—	16	36.14	2.03	1.59	39.17	2.23	1.58
	3	20	22	16	34.66	1.88	1.72	37.36	2.06	1.71
	4	20	22	16	34.66	1.87	1.73	37.36	2.04	1.73
	5	20	12	16	33.44	1.76	1.85	36.13	1.94	1.82
低温	6	18	—	—	30.84	2.02	1.49	33.58	1.88	1.91
	7	18	—	16	31.02	1.87	1.62	33.86	1.79	1.94
	8	18	22	16	30.32	1.78	1.70	32.86	1.69	2.08
	9	18	12	16	29.29	1.63	1.85	31.82	1.56	2.27
	10	20	—	16	32.42	2.06	1.46	35.21	1.92	1.80

表12.13　　尾水洞1.5m衬砌混凝土计算方案与温控特征值

季节	方案	温控措施			底板			边墙		
		T_0/℃	T_w/℃	保温/℃	T_{max}	σ_{max}/MPa	K_{min}	T_{max}	σ_{max}/MPa	K_{min}
冬季	1	18	—	—	34.26	2.22	1.40	37.64	2.01	1.83
	2	18	—	16	34.39	2.09	1.49	37.84	1.92	1.85
	3	18	22	16	33.43	1.99	1.56	36.55	1.82	1.97
	4	18	12	16	32.37	1.87	1.66	35.45	1.72	2.10

续表

季节	方案	温控措施			底板			边墙		
		T_0/℃	T_w/℃	保温/℃	T_{max}	σ_{max}/MPa	K_{min}	T_{max}	σ_{max}/MPa	K_{min}
夏季	5	20	—	—	38.55	2.15	1.51	42.16	1.96	1.78
	6	20	—	16	38.55	2.01	1.62	42.16	1.85	1.91
	7	22	—	16	40.00	2.22	1.46	43.59	1.99	1.78

表 12.14　尾水洞 2.0m 衬砌混凝土计算方案与温控特征值

季节	方案	温控措施			底板			边墙		
		T_0/℃	T_w/℃	保温/℃	T_{max}	σ_{max}/MPa	K_{min}	T_{max}	σ_{max}/MPa	K_{min}
冬季	1	18	—	—	35.54	1.94	1.59	40.35	1.58	2.26
	2	18	—	16	36.64	1.84	1.67	40.50	1.53	2.32
	3	20	—	16	38.34	2.04	1.50	42.16	1.67	2.12
夏季	4	20	—	—	40.22	1.61	2.02	44.22	1.32	2.68
	5	22	—	—	41.81	1.81	1.79	45.78	1.44	2.44
	6	28	—	—	46.76	2.43	1.34	50.63	1.83	1.93

表 12.15　尾水洞 2.5m 衬砌混凝土计算方案与温控特征值

季节	方案	温控措施			底板			边墙		
		T_0/℃	T_w/℃	保温/℃	T_{max}	σ_{max}/MPa	K_{min}	T_{max}	σ_{max}/MPa	K_{min}
冬季	1	20	—	—	39.89	2.17	1.46	43.98	1.75	2.06
	2	20	—	16	39.97	2.07	1.51	44.08	1.69	2.12
	3	20	22	16	38.49	1.99	1.57	42.21	1.62	2.22
	4	20	12	16	37.45	1.92	1.63	41.13	1.57	2.30
夏季	5	20	—	—	41.42	1.57	2.09	45.69	1.19	2.99
	6	22	—	—	43.10	1.78	1.84	47.35	1.32	2.70
	7	28	—	—	48.29	2.40	1.36	52.44	1.70	2.09

表 12.16　尾水洞 3.0m 衬砌混凝土计算方案与温控特征值

浇筑期	方案	温控措施			底板			边墙		
		T_0/℃	T_w/℃	保温/℃	T_{max}	σ_{max}/MPa	K_{min}	T_{max}	σ_{max}/MPa	K_{min}
高温	1	20	—	—	42.32	1.50	2.19	46.79	1.22	2.95
	2	22	—	—	44.07	1.70	1.93	48.51	1.35	2.66
	3	28	—	—	49.41	2.31	1.42	53.79	1.75	2.05
低温	4	20	—	—	41.10	2.12	1.51	45.42	1.64	2.22
	5	20	—	16	41.16	2.03	1.57	45.50	1.57	2.31
	6	20	22	16	39.54	1.95	1.62	43.44	1.50	2.40

尾水洞衬砌混凝土抗裂安全性，按照运行安全要求可以适当放宽。考虑到白鹤滩水电站属于巨型工程，而且低强度衬砌混凝土各方案抗裂安全系数较大，统一按发电洞衬砌混凝土要求取 $[K]=1.6$。仍然以边墙为控制条件推荐温控措施方案。

1.0m 厚度衬砌混凝土，高温季节温控推荐方案为 3（同时考虑到方案 2 的 K 值基本满足要求），浇筑温度为 18℃，常温水通水冷却，最高温度控制值为 39℃；低温季节温控推荐方案，浇筑温度为 18℃（冬季自然入仓），不通水冷却，最高温度控制值为 35℃。

1.5m 厚度衬砌混凝土，高温季节浇筑温控方案，浇筑温度为 18～20℃，常温水通水冷却，最高温度控制值为 42℃；低温季节温控方案，浇筑温度为 18℃（冬季自然入仓），不通水冷却，最高温度控制值为 38℃。

2.0m 厚度衬砌混凝土，高温季节浇筑温控方案，浇筑温度为 18～20℃，不需要通水冷却，最高温度控制值为 45℃；低温季节温控方案，浇筑温度为 18℃（冬季自然入仓），不通水冷却，最高温度控制值为 41℃。

2.5m 厚度衬砌混凝土，高温季节浇筑温控方案，浇筑温度为 18～20℃，不需要通水冷却，最高温度控制值为 48℃；低温季节温控方案，浇筑温度为 18℃（冬季自然入仓），不通水冷却，最高温度控制值为 44℃。

3.0m 厚度衬砌混凝土，高温季节浇筑温控方案，浇筑温度为 18～20℃，不需要通水冷却，最高温度控制值为 51℃；低温季节温控方案，浇筑温度为 18℃（冬季自然入仓），不通水冷却，最高温度控制值为 47℃。

12.4　衬砌混凝土温度控制强约束法计算分析

12.4.1　泄洪洞衬砌混凝土施工期温控

白鹤滩泄洪洞为无压城门洞形断面，衬砌混凝土分 3 期浇筑：边墙、顶拱、底板。根据溪洛渡泄洪洞等衬砌混凝土温控防裂经验，仅对边墙衬砌混凝土进行温度裂缝控制设计。

（1）容许最高温度计算。白鹤滩水电站泄洪洞衬砌混凝土施工期的准稳定温度 T_f 根据有限元仿真计算推荐温控措施方案取为冬季封闭洞口保温温度 16℃。运行期 4 月隧洞进水口表层平均水温可以达到 18℃，5—8 月水温更高，因此，温控防裂由施工期控制，即准稳定温度应该取施工期冬季封闭洞口保温温度 $T_f=16℃$。

对于泄洪洞各结构段不同厚度衬砌混凝土，采用式（7.31）和式（7.32）计算容许基础温差，结果见表 12.17 和表 12.18。其中衬砌结构尺寸见图 12.1、图 12.2，城门洞形断面边顶拱分开浇筑，边墙高度 12m，H_0 等于边墙高度 12m＋底板厚度。施工分缝长度 12m。取夏季最高温度期和冬季最低温度期浇筑混凝土为代表，浇筑期洞内气温 T_a 夏季最高为 26℃、冬季最低气温为 16℃（保温），计算容许基础温差 ΔT 和容许最高温度 $[T_{max}]$ 见表 12.17 和表 12.18。为了便于与有限元法建议值比较分析，$[T_{max}]$ 取值保留 0.5℃小数值。

表 12.17 式（7.31）计算泄洪洞衬砌混凝土容许基础温差 ΔT 和容许最高温度［T_{max}］

部位	H/m	H_0/m	C/MPa	E/GPa	夏季浇筑/℃		冬季浇筑/℃		［T_{max}］取值/℃	
					ΔT	［T_{max}］	ΔT	［T_{max}］	夏季	冬季
无压	1.0	13	$C_{90}40$	20	21.92	37.92	18.22	34.22	38	34
	1.5	13.5	$C_{90}40$	9	25.18	41.18	21.48	37.48	41	37.5
	2.5	14.5	$C_{90}40$	9	29.62	45.62	25.92	41.92	45.5	42
龙落尾	1.2	13.2	$C_{90}60$	20	23.66	39.66	19.96	35.96	39.5	36
	1.5	13.5	$C_{90}60$	9	24.75	40.75	21.05	37.05	41	37

表 12.18 式（7.32）计算泄洪洞衬砌混凝土容许基础温差 ΔT 和容许最高温度［T_{max}］

部位	H/m	H_0/m	C/MPa	E/GPa	夏季浇筑/℃		冬季浇筑/℃		［T_{max}］取值/℃	
					ΔT	［T_{max}］	ΔT	［T_{max}］	夏季	冬季
无压	1.0	13	$C_{90}40$	20	22.14	38.14	18.14	34.14	38	34
	1.5	13.5	$C_{90}40$	9	25.88	41.88	21.88	37.88	42	38
	2.5	14.5	$C_{90}40$	9	31.41	47.41	27.41	43.41	47.5	43.5
龙落尾	1.2	13.2	$C_{90}60$	20	24.12	40.12	20.12	36.12	40	36
	1.5	13.5	$C_{90}60$	9	25.56	41.56	21.56	37.56	41.5	37.5

根据溪洛渡泄洪洞及一些工程衬砌混凝土温控防裂经验，比较表 12.17 和表 12.18，可以认识到：两个公式计算容许基础温差 ΔT 和容许最高温度［T_{max}］基本相当，在衬砌厚度达到 1.5m 以上时，式（7.32）的计算值开始大一些。厚度越大，两者的差值越大。根据第 5～7 章的计算分析和溪洛渡泄洪洞等大量工程衬砌混凝土温控防裂计算经验，特别是表 7.27 分析结果［T_{max}］随厚度增大应该在 5.0℃左右；而且白鹤滩泄洪洞衬砌结构厚度大的围岩 E 小，式（7.32）计算［T_{max}］值随厚度增加的幅度在 5.0℃左右，是很合理的，而且计算［T_{max}］值与有限元法推荐［T_{max}］值比式（7.31）更接近。

（2）温控措施方案计算分析。泄洪洞衬砌低热混凝土温控措施方案，借鉴溪洛渡泄洪洞衬砌混凝土温控经验，结合有限元仿真计算及其推荐方案拟定。夏季施工：方案 1 为 18℃浇筑，方案 2 为 18℃浇筑＋22℃通水冷却，方案 3 为 18℃浇筑＋12℃通水冷却，方案 4 为 21℃浇筑＋22℃通水冷却；冬季施工：方案 5 为 16℃浇筑，方案 6 为 16℃浇筑＋12℃通水冷却，方案 7 为 18℃浇筑；施工期冬季均封闭洞口保温，使得洞内最低气温 T_{min} 达到 16℃以上。其中，方案 4 拟定夏季浇筑温度 21℃，是因为溪洛渡泄洪洞在全面采取制冷混凝土浇筑情况下[1]，5—9 月的浇筑温度在 16.5～23℃，平均 19.89℃，而白鹤滩水电站的气温环境比溪洛渡水电站高 2℃左右。也因为白鹤滩冬季气温高于溪洛渡，方案 7 拟定冬季浇筑温度 18℃进行计算。各结构段各厚度衬砌混凝土均以洞内气温夏季最高期、冬季最低期浇筑，分别采用式（5.1）和式（7.15）计算上述拟定温控措施方案泄洪洞衬砌（低热）混凝土内部最高温度 T_{max}，结果列于表

12.19 和表 12.20。

表 12.19　　泄洪洞衬砌混凝土各温控措施方案及内部最高温度［式（5.1）］

结构段	H /m	各方案内部最高温度 T_{max}/℃							推荐温控方案	
		方案 1	方案 2	方案 3	方案 4	方案 5	方案 6	方案 7	夏季	冬季
无压段	1.0	37.49	35.96	34.78	37.85	33.04	30.61	34.46	4	7
	1.5	40.98	38.56	36.69	40.45	37.57	33.56	39.00	4	5 (7)
	2.5	47.98	43.75	40.51	45.65	46.64	39.45	48.06	2 (4)	6
龙落尾	1.2	40.25	38.36	36.91	40.26	36.22	33.16	37.64	4	5 (7)
	1.5	42.50	40.07	38.21	41.97	39.09	35.08	40.52	2 (4)	5

表 12.20　　泄洪洞衬砌混凝土各温控措施方案及内部最高温度［式（7.15）］

结构段	H /m	内部最高温度 T_{max}/℃							推荐温控方案	
		方案 1	方案 2	方案 3	方案 4	方案 5	方案 6	方案 7	夏季	冬季
无压段	1.0	36.01	34.72	33.73	36.58	31.64	30.07	33.28	4	7
	1.5	38.86	37.43	36.32	39.28	34.74	32.92	36.38	4	7
	2.5	44.55	42.84	41.51	44.69	40.95	38.62	42.59	4	7
龙落尾	1.2	38.28	36.93	35.90	38.79	34.01	32.34	35.65	4	7
	1.5	39.97	38.53	37.43	40.39	35.85	34.02	37.49	4	7

根据表 12.19 和表 12.20 的计算成果，并依据表 12.17 和表 12.18 计算［T_{max}］值，有如下认识：

（1）结合夏季和冬季浇筑温度控制水平和白鹤滩水电站地区气温年变化，推荐高温、次高温季节（3—11 月）采取 18～21℃浇筑＋22℃常温水通水冷却措施方案；冬季 12 月至次年 2 月采取 18℃（低于 18℃自然入仓）浇筑方案。都需要冬季 10 月中旬至 4 月中旬封闭洞口保温，保持洞内最低温度至 16℃。推荐温控措施方案与实际工程施工及其控制效果完全一致。

（2）衬砌混凝土内部最高温度计算，式（5.1）和式（7.15）与容许最高温度计算式（7.32）和式（7.31）均比较配套，其中式（7.15）稍微更好一些，推荐温控措施方案与现场实施情况更一致。

12.4.2　发电洞衬砌混凝土施工期温控

发电洞包括引水洞和尾水洞。引水洞为圆形断面，只对边顶拱进行温度裂缝控制设计计算。尾水洞为无压城门洞形断面，衬砌混凝土分 3 期浇筑：底板边墙与顶拱，仅对边墙衬砌混凝土进行温度裂缝控制设计计算。

（1）容许最高温度计算。各结构段不同厚度衬砌混凝土，采用式（7.31）和式（7.32）计算容许基础温差，并取准稳定温度 T_f＝16℃计算容许最高温度［T_{max}］，结果见表 12.21 和表 12.22。

表 12.21 发电洞衬砌混凝土容许基础温差 ΔT 和容许最高温度 [T_{max}] [式 (7.31)]

部位	H/m	H_0/m	C/MPa	E/GPa	夏季浇筑		冬季浇筑		[T_{max}] 取值	
					ΔT/℃	[T_{max}]	ΔT/℃	[T_{max}]	夏季	冬季
有压	0.8	6.5	25	20	20.36	36.36	16.66	32.66	36.5	32.5
	1.0	6.5	25	20	21.07	37.07	17.37	33.37	37	33.5
尾水洞	1.0	16	25	15	21.58	37.58	17.88	33.88	37.5	34
	1.5	16	25	15	23.41	39.41	19.71	35.71	39.5	36
	2.0	16	25	9	26.01	42.01	22.31	38.31	42	38.5
	2.5	16	25	2	28.75	44.75	25.05	41.05	45	41
	3.0	16	25	2	30.58	46.58	26.88	42.88	46.5	43

表 12.22 发电洞衬砌混凝土容许基础温差 ΔT 和容许最高温度 [T_{max}] [式 (7.32)]

部位	H/m	H_0/m	C/MPa	E/GPa	夏季浇筑		冬季浇筑		[T_{max}] 取值	
					ΔT/℃	[T_{max}]	ΔT/℃	[T_{max}]	夏季	冬季
有压	0.8	6.5	25	20	20.33	36.33	16.33	32.33	36.5	32.5
	1.0	6.5	25	20	21.26	37.26	17.26	33.26	37.5	33.5
尾水洞	1.0	16	25	15	21.67	37.67	17.67	33.67	37.5	33.5
	1.5	16	25	15	24.08	40.08	20.08	36.08	40	36
	2.0	16	25	9	27.22	43.22	23.22	39.22	43	39
	2.5	16	25	2	30.47	46.47	26.47	42.47	46.5	42.5
	3.0	16	25	2	32.88	48.88	28.88	44.88	49	45

表 12.21 和表 12.22 结果表明，发电洞衬砌混凝土容许基础温差 ΔT 和容许最高温度 [T_{max}] 计算值的规律与泄洪洞一致，两个公式计算值基本相当，在厚度达到 1.5m 以上时，式 (7.32) 的计算值开始大一些，总体而言式 (7.32) 计算 [T_{max}] 值更合理些。

(2) 温控措施方案计算分析。温控措施方案同样拟定，夏季施工：方案 1 为 18℃浇筑，方案 2 为 18℃浇筑+22℃通水冷却，方案 3 为 18℃浇筑+12℃通水冷却，方案 4 为 21℃浇筑+22℃通水冷却；冬季施工：方案 5 为 16℃浇筑，方案 6 为 16℃浇筑+12℃通水冷却，方案 7 为 18℃浇筑；施工期冬季均封闭洞口保温，使得洞内最低气温 T_{min} 达到 16℃以上。各结构段各厚度衬砌混凝土洞内气温夏季最高期、冬季最低期浇筑，分别采用式 (5.1) 和式 (7.15) 计算拟定温控措施方案泄洪洞衬砌（低热）混凝土内部最高温度 T_{max}，结果列于表 12.23 和表 12.24。

比较发电洞与泄洪洞衬砌混凝土温控防裂措施方案计算分析，并考虑到工程统一施工的方便，温控措施方案宜推荐：高温、次高温季节（3—11 月）采取 21℃浇筑+22℃常温水通水冷却措施方案，或 18℃浇筑（不通水冷却）方案；冬季 12 月至次年 2 月采取 18℃（自然入仓）浇筑方案。都需要冬季 10 月中旬至 4 月中旬封闭洞口保温，保持洞内最低温度至 16℃。推荐温控措施方案与实际工程施工及其控制效果完全一致。

表12.23　　发电洞衬砌混凝土各温控措施方案内部最高温度［式（5.1）］

结构段	H /m	内部最高温度 T_{max}/℃							推荐温控方案	
		方案1	方案2	方案3	方案4	方案5	方案6	方案7	夏季	冬季
有压	0.8	35.21	34.04	33.14	35.94	30.35	28.56	31.77	4	7
	1.0	36.54	35.01	33.83	36.90	32.09	29.66	33.51	4	7
尾水洞	1.0	36.54	35.01	33.83	36.90	32.09	29.66	33.51	4	7
	1.5	39.84	37.42	35.55	39.31	36.43	32.42	37.86	4	5
	2.0	43.15	39.83	37.27	41.73	40.78	35.18	42.20	4	5（6）
	2.5	46.46	42.24	38.99	44.14	45.12	37.93	46.55	4	5（6）
	3.0	49.77	44.65	40.71	46.55	49.47	40.69	50.89	4	5（6）

表12.24　　发电洞衬砌混凝土各温控措施方案内部最高温度［式（7.15）］

结构段	H /m	内部最高温度 T_{max}/℃							推荐温控方案	
		方案1	方案2	方案3	方案4	方案5	方案6	方案7	夏季	冬季
有压	0.8	34.00	32.77	31.82	34.63	29.53	28.06	31.17	1（4）	7
	1.0	35.15	33.86	32.87	35.72	30.78	29.21	32.42	1（4）	7
尾水洞	1.0	35.15	33.86	32.87	35.72	30.78	29.21	32.42	1（4）	7
	1.5	38.03	36.60	35.49	38.45	33.91	32.09	35.55	1（4）	7
	2.0	40.90	39.33	38.12	41.19	37.04	34.96	38.68	1（4）	7
	2.5	43.78	42.06	40.74	43.92	40.17	37.84	41.81	1（4）	7
	3.0	46.65	44.79	43.36	46.65	43.30	40.72	44.94	1（4）	7

衬砌混凝土内部最高温度计算，式（5.1）在衬砌厚度较大（2.0m以上）时冬季浇筑混凝土情况计算 T_{max} 值偏大；式（7.15）与容许最高温度计算公式（7.31）和式（7.32）均比较配套，推荐温控措施方案与现场实施情况更一致。

12.5　衬砌混凝土温控防裂措施方案K值法设计

对于泄洪洞、发电洞工程衬砌混凝土，结合实际情况拟定若干施工温控措施方案，将结构、混凝土、温控措施等参数代入式（5.5）和式（6.3）计算施工期最小抗裂安全系数 K_{min}。高流速泄洪洞、发电引水洞工程取［K］＝1.6；发电尾水洞［K］值可适当放宽。

同样结合有限元仿真计算及其推荐方案拟定。夏季施工：方案1为18℃浇筑，方案2为18℃浇筑＋22℃通水冷却，方案3为18℃浇筑＋12℃通水冷却，方案4为21℃浇筑＋22℃通水冷却；冬季施工：方案5为16℃浇筑，方案6为16℃浇筑＋12℃通水冷却，方案7为18℃浇筑；施工期冬季均封闭洞口保温，使得洞内最低气温 T_{min} 达到6℃以上。各结构段各厚度衬砌混凝土均以洞内气温夏季最高期、冬季最低期浇筑，分别采取上述拟定温控措施方案进行混凝土施工期最小抗裂安全系数 K_{min} 计算，结果列于表12.25和表12.26。

表 12.25 泄洪洞衬砌混凝土各温控措施方案最小抗裂安全系数 K_{min}

结构段	H /m	最小抗裂安全系数 K_{min}							推荐温控方案	
		方案 1	方案 2	方案 3	方案 4	方案 5	方案 6	方案 7	夏季	冬季
无压段	1.0	1.31	1.37	1.41	1.26	1.43	1.54	1.36	3	6
	1.5	1.41	1.49	1.56	1.40	1.52	1.67	1.47	3	5
	2.5	1.47	1.60	1.70	1.54	1.55	1.79	1.52	2	5
龙落尾	1.2	1.20	1.22	1.23	1.12	1.32	1.35	1.26	3	6
	1.5	1.28	1.31	1.33	1.22	1.39	1.45	1.33	3	6

表 12.26 发电洞衬砌混凝土各温控措施方案最小抗裂安全系数 K_{min}

结构段	H /m	最小抗裂安全系数 K_{min}							推荐温控方案	
		方案 1	方案 2	方案 3	方案 4	方案 5	方案 6	方案 7	夏季	冬季
有压	0.8	1.40	1.50	1.58	1.41	1.52	1.70	1.47	3	6
	1.0	1.44	1.54	1.62	1.45	1.57	1.74	1.50	3	6
尾水洞	1.0	1.38	1.50	1.60	1.41	1.49	1.71	1.44	2 (4)	5 (7)
	1.5	1.38	1.50	1.60	1.35	1.49	1.71	1.38	2 (4)	5 (7)
	2.0	1.43	1.58	1.69	1.50	1.53	1.79	1.49	2 (4)	5 (7)
	2.5	1.58	1.75	1.88	1.70	1.67	1.98	1.64	4	7
	3.0	1.51	1.70	1.85	1.66	1.58	1.93	1.56	4	7

根据表 12.25 和表 12.26 计算成果，并结合实际工程施工温控效果可知：

(1) 对于高强度衬砌混凝土，采用式 (5.5) 计算抗裂安全系数偏小。

(2) 对于低热水泥衬砌混凝土，内部最高温度同样情况比中热混凝土低 2.0～4.0℃，内部抗裂安全系数应该提高 0.1～0.2，采用式 (5.5) 和式 (6.3) 计算表 12.25 和表 12.26 值没有计入这一效果。

(3) 推荐温控措施方案，综合以上成果和低热水泥混凝土的特点，泄洪洞无压段 1.0m、龙落尾段衬砌结构采取夏季 18℃浇筑＋制冷水通水冷却、冬季 16℃浇筑＋常温水通水冷却；泄洪洞无压段 1.5m、2.5m 软弱围岩区大厚度衬砌结构采取夏季 18℃浇筑＋常温水通水冷却、冬季 16℃浇筑；发电洞可以统一采取夏季 21℃浇筑＋22℃通水冷却（或 18℃浇筑）、冬季 16℃浇筑（自然入仓，不通水冷却）的温控措施方案。均需冬季封闭洞口保温至最低温度 16℃。推荐温控措施方案，与有限元法基本一致，温控要求较严格。

12.6 大型水工隧洞顶拱混凝土拆模时间研究

12.6.1 概述

大型水工隧洞衬砌混凝土浇筑多采用钢模板台车，造价高。衬砌混凝土浇筑完成后，必须等待混凝土达到足够强度才能拆除，再安装浇筑下一仓。如果能缩短拆模时间，将极大程度加快混凝土浇筑进度，节省工程投资。

大型水工隧洞顶拱混凝土浇筑模板台车属于拱形结构承重模板，跨度多在 8m 以上。规范[1-4]要求，现浇混凝土结构的模板拆除时的混凝土强度应符合设计要求；当设计无具体要求时，混凝土强度应不小于 100%强度标准值。文献［1］补充条款要求：经计算及试验复核，混凝土结构的实际强度已能承受自重及其他实际荷载时，可提前拆模。在低温季节施工的混凝土的模板，其拆除应满足混凝土温控防裂要求。文献［3］补充条款要求：应根据混凝土强度及混凝土的内外温差确定，并应避免在夜间或气温骤降时拆模。文献［4］补充条款要求：混凝土浇筑体表面与大气温差不应大于 20℃；当模板作为保温养护措施的一部分时，其拆模时间应根据温控要求确定。

白鹤滩、溪洛渡、乌东德等大型水电站的水工隧洞均是采用 90d 龄期设计强度，要达到不小于 100%强度标准值才拆模板，显然不能满足施工进度和经济性要求。大量的工程（表 12.27）实践表明，衬砌混凝土承重模板的拆模时间可以提前到 12～36h。

表 12.27　　部分大型水工隧洞顶拱混凝土浇筑拆模时间

工程名称	隧洞型式	断面尺寸	衬砌厚度/m	拆模时间/h
二滩水电站引水隧洞	圆形	9m（直径）	0.8	12
二滩水电站泄洪隧洞	城门洞形	13m×13.5m（宽×高）	1.0	24
拉西瓦水电站尾水洞	圆形	17.5m（直径）	0.8	18
巴基斯坦杜伯华水电站引水隧洞	马蹄形	3.2m（最大跨度）	0.3~0.4	12~14
甘肃黑河宝瓶水电站引水隧洞	圆形	5.8m（直径）	—	16
南水北调穿黄隧洞	圆形	7m（直径）	0.45	24
美纳斯水电站引水隧洞	马蹄形	4.5m×4.5m（宽×高）	—	15
乌东德水电站泄洪洞	城门洞形	14m×18m（宽×高）	0.8~1.5	24
三峡水利枢纽永久船闸输水洞	城门洞形	7m×9m（宽×高）	0.8	36
溪洛渡水电站导流洞	城门洞形	18m×22.3m（宽×高）	1.0	24
白鹤滩水电站导流洞	城门洞形	17.5m×22.5m（宽×高）	1.1～2.5	18~24

注　拆模时间从浇筑完成后开始计时。

12.6.2　泄洪洞衬砌混凝土短龄期抗压强度与安全系数计算

2017 年 12 月至 2018 年 4 月对已浇筑顶拱混凝土取样，进行短龄期抗压强度试验，结果见表 12.28。

表 12.28　　泄洪洞衬砌 $C_{90}25$ 混凝土试块抗压强度试验成果

部位	级配	抗压强度/MPa	龄期	取样时间
1 号顶拱 4 单元	二级配	13.0	7d	2017-12-22
	一级配	13.0		
	自密实	11.2		
1 号顶拱 5 单元	二级配	3.3	24h	2017-12-30
		4.0	36h	
		6.0	48h	

续表

部　位	级配	抗压强度/MPa	龄期	取样时间
3号顶拱11单元	二级配	1.8	24h	2017-12-29
		3.2	36h	
		4.2	48h	
3号顶拱4单元	二级配	4.5	1d	2017-10-25
		7.6	2d	
		9.6	3d	
		17.1	7d	
3号顶拱19单元	二级配	5.4	36h	2018-03-31
		5.8		
	一级配	6.4		
		6.3		
	自密实	5.4		
		5.6		

对于表12.28中强度试验值，按照《混凝土结构工程施工质量验收规范》(GB 50204—2015)[5]和《混凝土强度检验评定标准》(GB/T 50107—2010)[6]的规定计算代表值和强度标准值。进行抗压强度标准值拟合，结果见图12.5～图12.7。

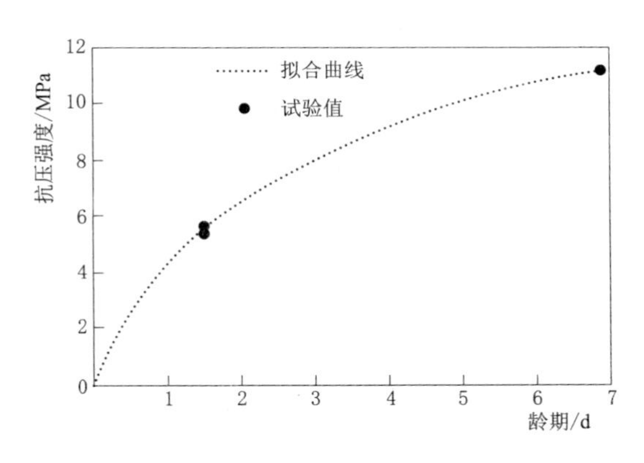

图12.5　自密实混凝土抗压强度拟合曲线

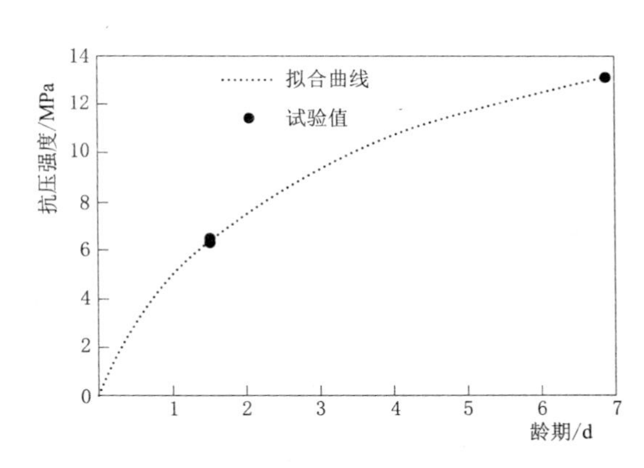

图12.6　一级配混凝土抗压强度拟合曲线

衬砌混凝土抗拉安全系数的计算

$$\text{抗拉安全系数}=\frac{\text{抗拉强度}}{\text{混凝土的拉应力}} \tag{12.1}$$

式中：抗拉强度，在荷载作用下一般取轴拉强度计算。

对于无轴拉强度的试验资料，根据有关经验成果和文献报道，抗拉强度约为抗压强度的1/10，从偏安全的角度出发，这里取抗压强度的1/12作为抗拉强度，用以计算抗拉安全系数。关于地下工程混凝土施工期应力的抗拉安全系数最小值标准问题，目前水利水电方面的有关规范还没有明确的规定。拱坝只有容许最大拉应力要求，不便于进行施工期拉

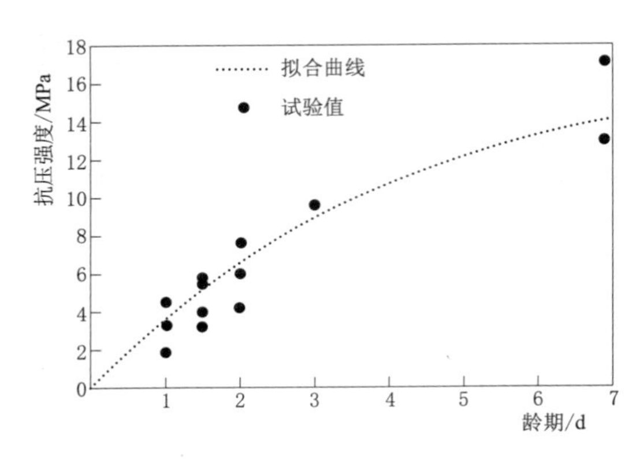

图 12.7　二级配混凝土抗压强度拟合曲线

应力控制。参考《混凝土重力坝设计规范》(SL 319—2018)[7] 规定"当局部混凝土有抗拉要求时，抗拉安全系数应不小于 4.0"。

混凝土在温度应力作用下抗裂安全系数计算，在式（12.1）中取抗拉强度＝弹性模量×极限拉伸值。隧洞顶拱中部大约 30°角范围采用自密实混凝土浇筑、顶拱两侧圆弧采用一级配混凝土，无极限拉伸值试验资料，取抗压强度的 1/12 作为抗拉强度。顶拱两侧拱座（铅直边墙）采用二级配混凝土，弹性模量和极限拉伸值见 12.1.3 节。水工隧洞衬砌混凝土抗裂安全系数最小值标准问题，目前水利水电方面的有关规范还没有明确的规定，结合建筑物特点和施工期防裂要求参考文献［7－8］取 1.5。

混凝土抗压安全系数为抗压强度与压应力的比值。抗压强度取立方体抗压强度标准值。抗压安全系数最小值标准，同样参考文献［8］取 4.0。

12.6.3　有限元仿真计算分析

考虑到顶拱衬砌结构的厚度越小，断面尺寸越大，自重作用下的应力越大，要求的拆模时间越长，以泄洪洞 1.0m 厚度衬砌结构（图 12.1）为例。环向施工分缝长度 12m，Ⅱ类围岩，顶拱为 $C_{90}30$ 低热混凝土。规定沿洞轴线往洞外为 z 轴正向。围岩范围径向取 3 倍洞径左右。岩体和衬砌统一采用空间八节点等参单元，结构段模型共划分三维块体单元 8346 个，衬砌中央横断面处混凝土块体单元尺寸不超过 0.5m。衬砌横断面网格模型和成果整理代表点见图 12.8。

因为：①混凝土浇筑顶拱难以完全无缝隙；②自重和温度应力或者混凝土收缩作用也会导致顶拱混凝土与围岩接触面张开，出现缝隙；③拆模与混凝土养护期没有进行回填灌浆；④在顶拱混凝土与围岩接触面有缝隙条件下计算衬砌顶拱混凝土拉应力更大，需要拆模时间更长。所以，计算分析中取顶拱混凝土与围岩接触面张开，出现缝隙，铅直段与围岩完全紧密结合，建立有限元模型。

计入自重和温度荷载，共进行拆模龄期为 12h、24h、36h、48h、60h、72h、84h 共 7 个方案有限元仿真计算。

12.6.4　应力安全性分析与拆模时间建议

12.6.4.1　温度场与拆模时间的关系

整理不同拆模时间混凝土温度与温度应力特征值见表 12.29，其中 24h 拆模方案 2 顶拱混凝土早期温度和内表温差历时曲线见图 12.9、内部最高温度 T_{max} 和最大内表温差 ΔT_{max} 与拆模时间关系见图 12.10。表中：T 为拆模时间（h）；ΔT_{max} 括号内数值为最大内表温差发生龄期（d）；σ_1、K_1 为拆模时拱顶中截面表面点拉应力和抗裂安全系数（计

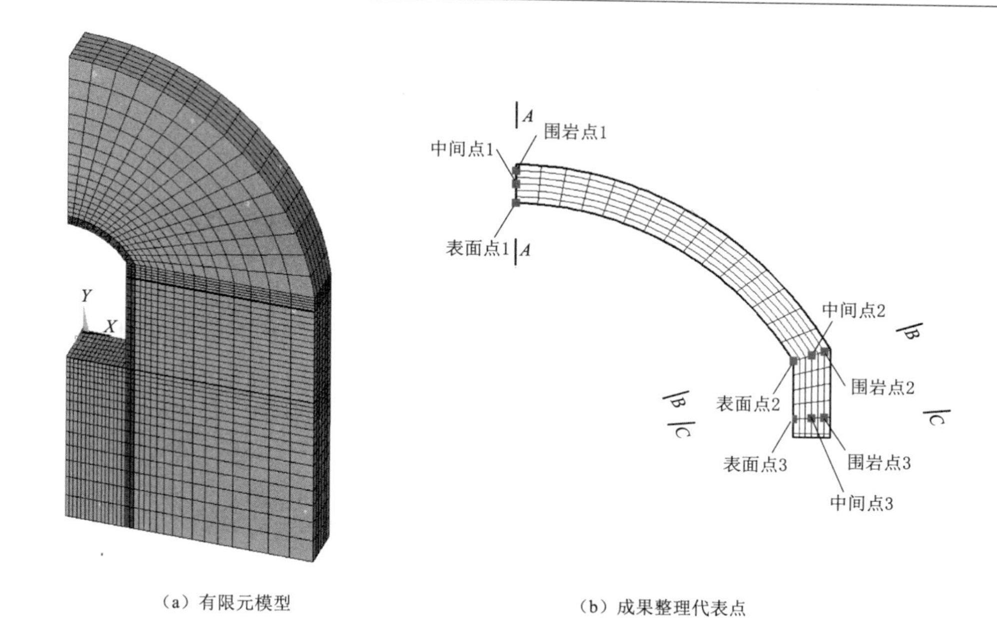

(a) 有限元模型　　(b) 成果整理代表点

图 12.8 有限元模型和成果整理代表点

入自重与温度作用）；σ_y、K_y为拆模时拱座压应力和抗压安全系数。由于 $B—B$ 断面处于顶拱一级配与拱座二级配混凝土边界线，取两者计算 K_y值小的二级配混凝土成果。

表 12.29　不同拆模时间混凝土温度与温度应力特征值

T/h	12	24	36	48	60	72	84
T_{max}/℃	33.63 (2)	33.76 (2)	33.89 (2)	33.98 (2.25)	34.00 (2.25)	34.00 (2.25)	34.00 (2.25)
ΔT_{max}/℃	8.06 (2.25)	8.09 (2.25)	8.07 (2.5)	7.93 (2.75)	7.65 (3)	7.28 (3.5)	6.83 (4)
σ_1/MPa	0.14	0.17	0.20	0.22	0.23	0.21	0.18
K_1	3.65	3.14	2.87	2.80	2.91	3.36	4.20
σ_y/MPa	0.45	0.51	0.53	0.54	0.52	0.50	0.48
K_y	4.48	7.51	10.07	12.58	15.18	17.95	20.71

注　σ_y为最大压应力，表中数值为绝对值；括号内数值为该物理量发生龄期，d。

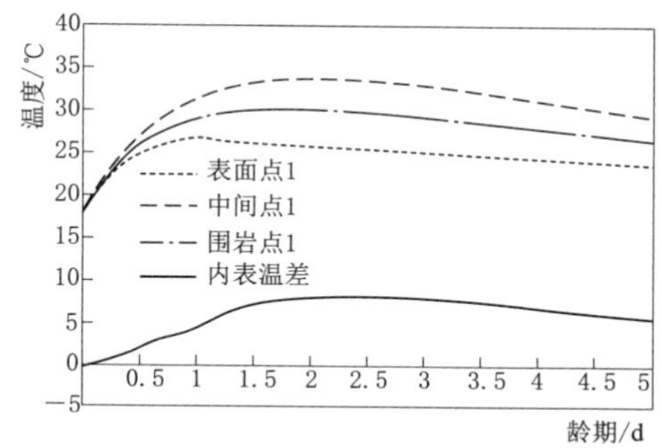

图 12.9　顶拱 $A—A$ 断面代表点温度和内表温差历时曲线

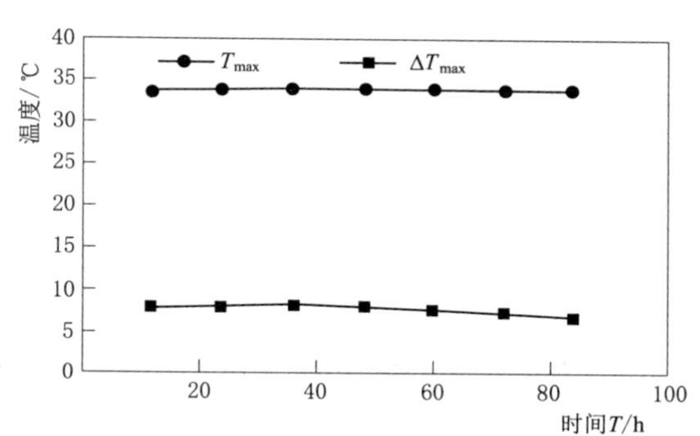

图 12.10　顶拱混凝土内部最高温度和最大内表温差与拆模时间关系

结果表明，内部最高温度 T_{max} = 33.63～34.0℃，发生龄期 T_{md} = 2～4d。随着拆模时间的延长，T_{max}有小幅增长，T_{md}增大，当拆模时间不小于 T_{md}时不再改变。最大内表温差 ΔT_{max} = 8.06～6.83℃，发生龄期 $T_{\Delta md}$ = 2.25～4d。随着拆模时间的延长，ΔT_{max}减小，$T_{\Delta md}$增大，当拆模时间不小于 T_{md}时不再改变。$T_{\Delta md}$一般稍大于 T_{md}。因此，拆模时间在 4d 左右对减小内表温差较为有利。

12.6.4.2　顶拱表面混凝土拉应力及其安全性与拆模时间的关系

整理 24h 拆模方案 2 顶拱混凝土 A—A 断面代表点第一主应力历时曲线见图 12.11，拆模时拱顶中截面表面点拉应力 σ_1和抗裂安全系数 K_1与拆模时间关系见图 12.12 和图 12.13。

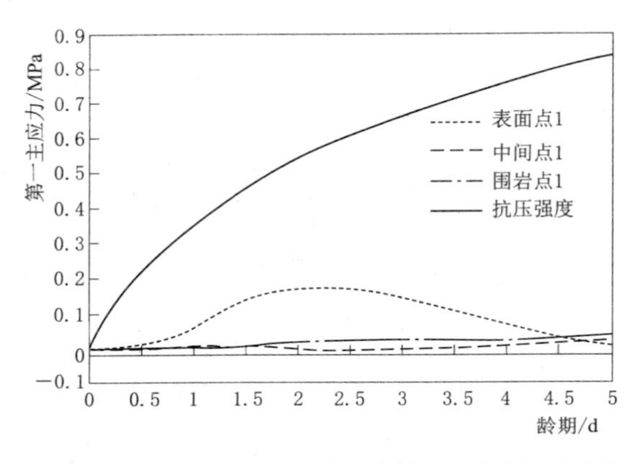

图 12.11　顶拱 A—A 断面代表点第一主应力历时曲线

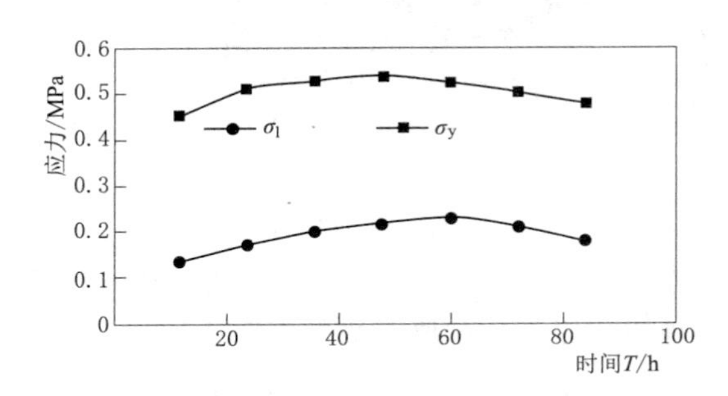

图 12.12　混凝土拉、压应力与拆模时间关系

图 12.11 表明，受到内表温差作用，早期表面拉应力大于内部，而且出现在 ΔT_{max}发生龄期 $T_{\Delta md}$。拆模时拱顶中截面表面点拉应力 σ_1 = 0.14～0.23MPa，出现龄期与 $T_{\Delta md}$对应，与拆模时间密切相关。拆模时间短时，σ_1随其延长而增大，在 60h 拆模时达到最大值 0.23MPa；此后随拆模时间延长而减小。拆模时拱顶中截面表面点抗裂安全系数 K_1 = 3.65～4.2，与 σ_1具有良好的对应关系。拆模时间短时，K_1随其延长而减小，在 48h 拆模时达到最小值 2.8；此后随拆模时间延长而增大，至 84h 达到 4.2。

K_1最小值，如果按温度应力抗裂要求，12h 以上拆模均大于 2.8，是足够的；但如果按自重作用要求大于 4.0，则需要达到 84h。由于 K_1计算包括了自重和温度应力，自重产生拱顶中截面表面点拉应力的最大值为 0.05MPa，占早期表面拉应力比大约 25%，考虑到拆模时混凝土与钢模板有较小的黏结力，拆模会产生拉应力，因此综合安全系数控制在 3.0 较合适。考虑到 K_1在 48h 拆模为最小值 2.8，3d（72h）拆模达到 3.36，所以建议拆模时间宜选择在 72h，如果适当延长则对防止早期表面裂缝更有利。

12.6.4.3　拱座压应力及其安全性与拆模时间的关系

在 3 个截面中，拱座起始 B—B 断面混凝土的压应力最大，整理 24h 拆模方案 2 代表点第三主应力历时曲线见图 12.14，拆模时拱座最大压应力 σ_y和抗压安全系数 K_y与拆模时间关系见图 12.12 和图 12.13。图 12.14 中抗压强度 1 为一级配混凝土的值，抗压强度 2 为二级配混凝土的值。

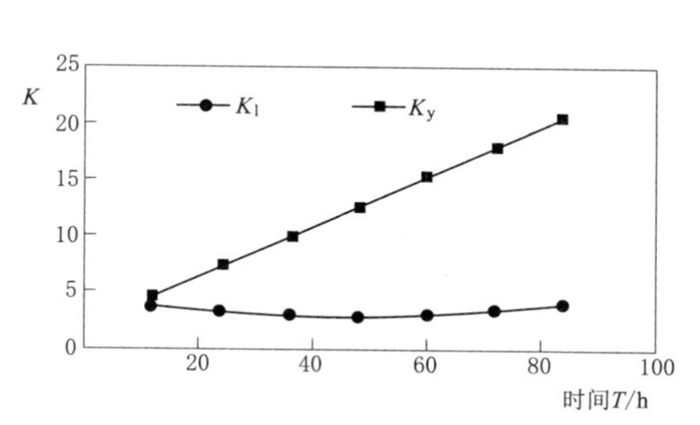

图 12.13 混凝土拉、压应力安全系数与拆模时间关系

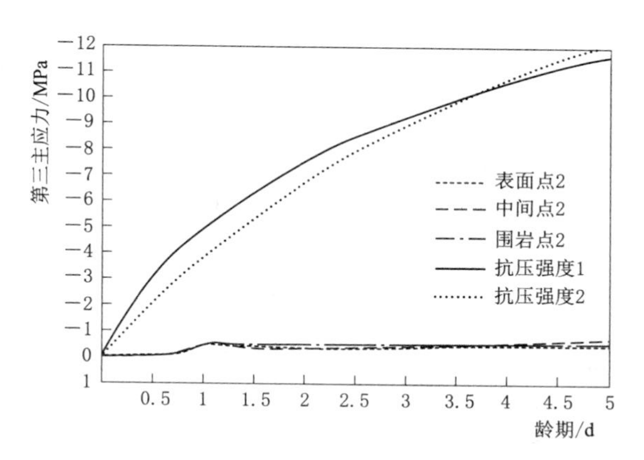

图 12.14 拱座 B—B 断面代表点第三主应力历时曲线

图 12.14 表明，在 1d 左右压应力达到 0.5MPa 左右，后期受到温度应力的影响，仅有较小的变化。拆模时拱座压应力 $\sigma_y=0.45\sim0.54$MPa，因为受到温度应力的影响，与拆模时间有一定的关系。拆模时间短时，σ_y随其延长而增大，在 48h 拆模时达到最大值 0.54MPa；此后随拆模时间延长而减小。由于 σ_y变化很小，而强度增长很快，所以 12h 拆模时拱座抗压安全系数 $K_y=4.48$，为最小值。显然，如果更早拆模，K_y更小。所以，但从抗压安全角度来看，不早于 12h 拆模即可满足要求。

综上所述，顶拱混凝土在自重和温度作用的早期应力并不是很大，从施工进度的角度考虑，建议拆模时间控制在 72h。

必须指出的是，在以上的分析中，未考虑钢筋骨架及其焊接在系统锚杆上对混凝土的吊拉作用[9]，但也没有计入拆模时混凝土与钢模板黏结会导致顶拱混凝土受拉作用。另外，不同混凝土的初凝、终凝时间和强度发展过程有很大的差异。因此，最终拆模时间宜通过现场浇筑试验确定。

12.7 衬砌混凝土过水运行温控防裂影响研究

12.7.1 过水水温

过水水温的确定与第 11 章相同，这里仅简单介绍结果。

（1）泄洪洞过水水温。根据表 12.1，当地 3 月底水温 16℃，4 月水温 18℃。泄洪洞过水运行一般在 4—9 月，水温较高，取 3 月水温 16℃过水运行计算。

（2）发电洞尾水段过水水温。尾水段过水水温与水库水温、下游河道水温都有关。根据朱伯芳院士的库水温度计算基本公式和表 12.1 江水水温，取发电洞尾水水温的平均温度 17.4℃、年变幅为 5.8℃，年变化采用余弦计算。

（3）发电洞引水洞过水水温。根据白鹤滩水电站大坝和水库特性，依据《混凝土拱坝设计规范》（SL 282—2018）计算发电洞取水口水温年变化：

$$T_a = 19.8 + 6.5\cos\left[\frac{2\pi}{365}(t - 204 - 33.9)\right] \quad (12.2)$$

12.7.2　泄洪洞衬砌混凝土

对应 12.2 节温控计算泄洪洞衬砌结构段，以边墙在高温和低温季节推荐温控方案浇筑混凝土进行过水运行温控特性仿真计算。即：上平段 1.0m 厚度衬砌夏季施工，8 月 1 日浇筑混凝土，18℃浇筑＋通 12℃制冷水冷却；冬季施工，2 月 1 日浇筑混凝土，16℃浇筑＋12℃水通水冷却。上平段 1.5m、龙落尾 1.2m 和 1.5m 衬砌夏季施工，8 月 1 日浇筑混凝土，18℃浇筑＋通 22℃水冷却；冬季施工，2 月 1 日 16℃浇筑混凝土。均在 3 月底过 16℃水运行仿真计算。整理施工期、过水运行期温度应力与最小抗裂安全系数值见表 12.30。

表 12.30　　泄洪洞衬砌混凝土过水运行期温度应力和抗裂安全系数

结构段	夏季浇筑施工期		夏季浇筑过水期		冬季浇筑施工期		冬季浇筑过水期	
	σ_{max}/MPa	K_{min}	σ_{max}/MPa	K_{min}	σ_{max}/MPa	K_{min}	σ_{max}/MPa	K_{min}
无压段 1.0m	2.63	1.61	2.59	1.68	1.81	1.54	1.84	1.54
无压段 1.5m	2.24	1.89	2.28	1.89	1.85	1.63	2.02	1.63
龙落尾 1.2m	2.91	1.71	3.18	1.57	2.78	1.73	2.77	1.76
龙落尾 1.5m	2.50	2.0	2.71	1.85	2.16	2.21	2.38	2.18

根据以上成果，过水运行对泄洪洞上平段、龙落尾段衬砌混凝土温度、温度应力影响规律是一致的。

（1）无论什么厚度，无论是高温还是低温季节浇筑，在 4 月过水运行，过水前混凝土温度、温度应力变化不受影响，所以没有列出内部最高温度值；过水期，混凝土表面温度直接从空气温度变为过水水温 16℃，中间点和围岩点温度逐渐降低，慢慢接近表面温度，趋于过水水温。

（2）拉应力，由于在冬季洞内气温低于 16℃时采取封闭洞口的保温措施，过水水温为 16℃的情况，仅因为混凝土龄期增长变形模量增大导致相同温降时的拉应力有小幅度增长。由于强度也增长，最小抗裂安全系数基本相当。

（3）泄洪洞衬砌混凝土的最小抗裂安全系数，在 3 月底以后过水运行仅上平段 1.0m 厚度边墙冬季浇筑情况施工期、运行期均为 1.54 相对最小，基本满足要求。

（4）综合以上分析，由于 4 月以后气温较高，包括汛期（5—9 月）泄泻洪水，按照推荐温控措施方案施工的衬砌混凝土抗裂安全系数较大，满足抗裂安全性要求，不会产生温度裂缝。同时，为满足预泄水量作为防洪库容，可以安排在汛期到来之前的 4 月，抗裂安全性也满足要求。所以，温控防裂仿真计算推荐泄洪洞衬砌混凝土温控防裂措施方案，在 4 月预泄水量，以及汛期过水运行情况，不会发生温度裂缝，可以实现全过程温度裂缝控制目标。

12.7.3 引水洞1.0m衬砌混凝土

发电引水洞浇筑边顶拱温控措施方案，高温季节：8月1日18℃浇筑，12℃制冷水通水冷却；低温季节，2月1日16℃浇筑；均流水养护90d，冬季封闭洞口保温至16℃。均为次年1月1日开始过水运行。整理各计算方案温度应力和最小抗裂安全系数见表12.31。

表12.31　发电引水洞衬砌混凝土过水运行期温度应力和抗裂安全系数

浇筑季节	施工期			运行期	
	T_{max}/℃	σ_{max}/MPa	K_{min}	σ_{max}/MPa	K_{min}
高温季节	33.59	1.31	2.42	1.89	1.77
低温季节	29.44	1.19	1.77	1.74	1.77

计算结果表明：过水运行期不影响衬砌混凝土施工期温度场、温度应力场，混凝土内部最高温度以及出现龄期不变。过水工况下，各代表点的最大拉应力有明显升高。高温、低温季节浇筑混凝土，在第2年1月1日过低温水运行，最小安全系数为1.77，满足全过程控制温度裂缝要求。同时，可以认识到：低温期（1月1日）的水温低，低于施工期冬季最低洞内温度，混凝土最大拉应力会增大。如果浇筑混凝土在第2年低温期（1月1日）过水，由于龄期也短，则会降低抗裂安全系数；如果龄期长些，则尽管应力增大抗裂安全系数也不会减小（也包括以后每年过水抗裂安全性也都满足要求）。因此建议，如果第2年第1次过水运行，建议选择在高温或者次高温期（水温高于16℃）比较有利。

12.7.4 发电尾水洞衬砌混凝土[10]

发电尾水洞衬砌混凝土过水影响的计算分析，由于厚度大的2.0m、2.5m衬砌结构施工采取温控措施方案的抗裂安全系数较大，即富裕度大，即使过水温度有所降低，其抗裂安全系数仍然会较大，能够满足抗裂要求。所以，仅对厚度较小的1.0m、1.5m衬砌结构进行过水影响仿真计算。

发电尾水洞浇筑边墙温控措施方案，1.0m厚度衬砌，高温季节8月1日20℃浇筑+22℃制冷水通水冷却；低温季节2月1日18℃浇筑；1.5m厚度衬砌，高温季节8月1日18℃浇筑，低温季节2月1日16℃浇筑；均流水养护90d，冬季封闭洞口保温至16℃。均为次年1月1日开始过水运行。整理各计算方案温度应力和最小抗裂安全系数见表12.32。

表12.32　发电尾水洞衬砌混凝土过水运行期温度应力和抗裂安全系数

厚度/m	夏季浇筑施工期		夏季浇筑过水期		冬季浇筑施工期		冬季浇筑过水期	
	σ_{max}/MPa	K_{min}	σ_{max}/MPa	K_{min}	σ_{max}/MPa	K_{min}	σ_{max}/MPa	K_{min}
1.0	2.08	1.78	2.63	1.40	1.93	1.79	2.38	1.64
1.5	1.70	2.18	1.95	1.89	1.86	2.03	2.04	1.92

计算结果表明，过水温度低，拉应力明显增大，抗裂安全系数降低幅度大。但由于尾水洞衬砌混凝土强度较低，仅 1.0m 厚度衬砌高温季节浇筑混凝土，过水运行期最小抗裂安全系数 1.4，其余情况 K_{min} 均大于 1.6。根据建筑物等级和运行安全性要求，K_{min} 大于 1.4 是允许的。即尾水洞衬砌混凝土采取推荐温控措施方案浇筑施工，满足施工期至运行期全过程控制温度裂缝要求。当然，为了增大衬砌混凝土抗裂安全性，建议第 1 次过水运行选择在高温或者次高温期比较有利（水温高于 16℃）。

12.8　衬砌混凝土温度裂缝实时控制效果

白鹤滩水电站泄洪洞、发电洞混凝土浇筑于 2016 年 6 月开始，2020 年 12 月完成泄洪洞挑流鼻坎混凝土浇筑（部分发电洞于后期完工）。三峡集团公司高度重视混凝土温度裂缝控制，原招标设计借鉴溪洛渡水电站采用中热水泥成功温控防裂经验，武汉大学于 2013 年 04 月受中国水电顾问集团华东勘测设计研究院委托进行“白鹤滩水电站招标阶段地下工程大体积混凝土温控研究”。为解决干热河谷混凝土裂缝问题，三峡集团公司决定采用低热水泥混凝土，并在导流洞工程全面采用为大坝和泄洪洞等永久工程积累经验（见第 10 章）。在此基础上，2015 年 6 月开始“白鹤滩水电站地下工程衬砌混凝土温度裂缝控制研究”，采用有限元法仿真计算和强约束法进行了泄洪洞和发电洞衬砌混凝土温控防裂计算分析，提出措施方案建议。2016 年 12 月三峡集团公司委托开展低热水泥混凝土应用条件下“金沙江白鹤滩水电站泄洪洞常态混凝土温控措施深化研究（合同编号：BHT/0649）”，2018 年 1 月开始《复杂条件下白鹤滩水电站地下水工混凝土温控防裂控制关键技术研究》（合同编号：JG/18040B），全面参与和深入开展地下水工衬砌混凝土温度裂缝实时控制。

12.8.1　温控标准与技术要求不断完善

招标阶段，原设计采用中热水泥混凝土。设计容许最高温度见表 12.33。浇筑温度控制标准，4—9 月为 20℃，10 月至次年 3 月为 18℃。

表 12.33　水工隧洞混凝土设计容许最高温度（中热水泥）　单位：℃

部位		4—9 月	10 月至次年 3 月
进水塔	底板	42	40
	上部结构	45	42
衬砌混凝土	衬砌混凝土	40	38

进入施工阶段，修改采用低热水泥混凝土。通过进一步研究，提出设计容许最高温度见表 12.34。浇筑温度控制标准，4—9 月为 18℃，10 月至次年 3 月为 15℃。

表 12.34　水工隧洞混凝土设计容许最高温度（低热水泥）　单位：℃

部位		4—9 月	10 月至次年 3 月
进水塔	底板	42	40
	上部结构	45	42

续表

部位			4—9月	10月至次年3月
衬砌混凝土	厚度1.0～1.2m	底板、边墙 $C_{90}40$	39	37
		顶拱 $C_{90}30$	37	35
	厚度1.5～2.5m	底板、边墙 $C_{90}40$	40	39
		顶拱 $C_{90}30$	39	38

通过前面计算分析，根据白鹤滩水电站工程实际情况，重点依据有限元法、强约束法和 K 值方法的成果，并参考有关类似工程经验，提出泄洪洞、发电洞地下工程混凝土容许最高温度建议值列于表12.35。

表12.35　泄洪洞、发电洞混凝土容许最高温度　单位：℃

部位		5—9月	3月、4月、10月、11月	12月、1月、2月	备注
进水塔	底板、边墙	41	39	37	强约束区
	塔体下部	42	40	38	弱约束区
	塔体上部	42	40	38	非约束区
发电引水洞	有压段0.8m	38	37	35	
	有压段1.0m	39	37	36	
发电尾水洞	尾水1.0m	39	37	35	
	尾水1.5m	41	40	38	
	尾水2.0m	43	42	40	
	尾水2.5m	45	43	41	
	尾水3.0m	47	45	43	
尾水调压井	分流墩	45	43	40	
	井身1.5m	36	35	34	
泄洪洞	上平段1.0m	38	36	34	
	上平段1.5m	40	38	36	
	上平段2.5m	41	39	37	
	龙落尾1.2m	40	38	36	
	龙落尾1.5m	41	39	37	

考虑到便于施工和统一调度，根据三峡集团公司已经建成的三峡、溪洛渡、向家坝地下水工隧洞和白鹤滩、乌东德导流洞工程的经验，建议泄洪洞、发电输水系统混凝土温度裂缝控制措施方案如下：

(1) 混凝土夏季出机口温度14℃、浇筑温度18℃，冬季自然入仓，按照浇筑温度不高于16℃控制。

(2) 通水冷却，可以采用常温水，考虑到工程的重要性而且制冷水效果明显较好些，在可能的情况下尽可能采用制冷水通水冷却。

(3) 冬季（10月中旬至次年4月中旬）封闭所有的洞口，对洞内进行保温，保温目标是使得洞内气温不低于16℃，在封闭保温外的洞口段和进水塔等地面建筑物采用保温被覆盖保温（保温覆盖范围为当年浇筑混凝土）。

(4) 混凝土浇筑后，保湿养护不少于60d，最好是90d（设计全面要求90d），必须保持表面湿润。

在此温控条件下，根据上述计算分析，各地下工程部位混凝土温度裂缝控制措施和需要通水冷却的情况列于表12.36。根据计算分析，对于隧洞，如果冬季在洞口能够采取更严格的高标准封闭洞口保温，使得洞内冬季最低气温在18℃以上，则可以取消通水冷却。

表12.36　泄洪洞、发电洞混凝土施工温控措施

部位		高温、次高温季节	冬季	备注
进水塔	底板、边墙	通水冷却		强约束区
	塔体下部	通水冷却（约束区大体积）		弱约束区
	塔体上部			非约束区
发电引水洞	有压段0.8m	通水冷却（制冷水）		
	有压段1.0m	通水冷却		
发电尾水洞	尾水1.0m	通水冷却（制冷水）		
	尾水1.5m	通水冷却		
	尾水2.0m	通水冷却		
	尾水2.5m	通水冷却		
	尾水3.0m	通水冷却		
尾水调压井	分流墩	通水冷却		
	井身1.5m	通水冷却（制冷水）		
泄洪洞	上平段1.0m	通制冷水冷却	通水冷却	
	上平段1.5m	通制冷水冷却		
	上平段2.5m	通制冷水冷却（2排，高度间距1m）	通水冷却	
	龙落尾1.2m	通制冷水冷却		
	龙落尾1.5m	通制冷水冷却		

12.8.2　温度控制综合施工措施

控制混凝土的浇筑温度和最高温度，从控制混凝土水化热、入仓温度、通水冷却、表面保护、综合管理等方面采取综合措施。

(1) 控制混凝土水化热。优化混凝土配合比，减少水泥用量；选用低热硅酸盐水泥，掺用优质粉煤灰和高效减水剂；浇筑低坍落度混凝土，底板、边墙混凝土入仓坍落度控制在5～8cm，顶拱泵送混凝土入仓坍落度控制在11～16cm；采用商品混凝土，出机口温度14℃控制。

(2) 控制混凝土入仓温度。采用出机口14℃商品混凝土，加强施工管理，提前规划混凝土运输路线，尽量缩短运输时间，减少转运；加强混凝土运输车辆管理，避免车辆运输混乱，确保混凝土浇筑有序进行；混凝土拌合物运输，采取遮阳布等遮阳隔热措施，避免长时间暴晒或防雨，当外界气温高于23℃时，还应在装料前间断性地对车厢外侧进行必要的洒水降温，以降低车厢内的温度；合理调配车辆，避免出现现场等车待料导致混凝土升温，缩短混凝土运输时间。

（3）控制混凝土浇筑温度。入仓后及时进行平仓振捣，加快覆盖速度，缩短暴露时间；气温较高时，对仓面进行喷雾或空调降温，以降低混凝土仓内环境温度。

（4）通水冷却。制冷水站，按3条泄洪洞高峰期6台钢模台车同时施工，平均单仓浇筑6d、通水15～20d计算。按照各类型衬砌断面施工进度和交叉作业平均计算，每条泄洪洞配置一台制冷能力40m³/h的冷却机组，根据洞身浇筑桩号移动式设计布置。冷却水管平行于水流方向布置，埋设在厚度中间，衬砌厚度不大于1.5m时，间距1.0m单排布置；厚度2.0m及以上时，间距0.75～1.0m布置2排，排距1.0m。冷却水管采用高密度聚乙烯PVC管，外径ϕ32mm，壁厚2mm。通水冷却流量控制在1.5～2.0m³/h，水流方向每24h改变一次。进水口水温控制在12～18℃制冷水，与混凝土内部最高温度差小于25℃，日降温幅度小于1.0℃。混凝土下料开始通水冷却，通水时间15～20d，通水结束时混凝土内部温度不超过25℃。通水冷却工作结束，及时进行灌浆回填。

（5）混凝土表面保护。隧洞进口段50m范围，拆模后立即覆盖厚度3cm聚乙烯保温被30d。已经浇筑好的混凝土，到10月初当洞口温度低于23℃时也应及时覆盖保温材料。每年10月至次年3月，隧洞（包括施工支洞、通风洞等）进出口采取封闭保温，减少洞内空气流动，见图1.13。

（6）混凝土温控监测。为验证施工期混凝土温度是否满足设计要求，采用埋设在混凝土中的电阻式温度计进行混凝土的测量工作。每10个浇筑仓选一个仓，且各个建筑物每月至少选择1个浇筑仓埋设温度计，每个浇筑仓内埋设3支温度计，必要时增设测温计。施工过程中，每4h测量一次温度混凝土出机口温度、入仓温度、浇筑温度、气温，以及通水冷却水温、流量、流向、压力、入口温度、出口温度。温度计埋设后3d以内，每隔4h测1次，之后每天观测3次，直至混凝土达到最高温度为止。5d后每天观测1次，持续一旬。再往后每两天观测1次，持续1月，其余时段每月观测一次。

（7）混凝土温控管理。为做好混凝土温控工作，成立专门的温控小组，由专人负责温控技术，检查和监督现场温控实施、落实情况，负责温控资料、报表的整编与总结。建立有效的预警制度，高温季节浇筑仓号混凝土的浇筑温度达到设计容许值时预警。督促质量部门加强出机口温度检测、混凝土运输控制；高温季节仓内停料30min预警。督促加快浇筑进度，混凝土尽快入仓；通水冷却过程中，当混凝土内部温度距设计容许最高温度4℃时预警，加大通水流量，更换进水方向，并在仓面进行流水养护；距容许最高温度2℃时，启动快速反应机制，通知温控小组研究处置；秋冬季节，生产部门关注气温变化情况，遇日平均气温在2～3d内连续下降6～8℃时预警，质量部组织责任单位检查保温情况，对未保温的部位立即进行保温，对脱落的保温材料及时恢复；低温季节，仓位间歇期达到12d时预警，及时安排仓位浇筑。

发电输水隧洞衬砌混凝土浇筑温度控制措施与泄洪洞基本相当，只是12月、1月采取自然入仓浇筑，较少采取通水冷却。

12.8.3　温度控制施工措施实时精准细化

（1）低热水泥混凝土应用。借鉴和总结导流洞工程采用低热水泥混凝土成功温控防裂的经验，并进一步针对泄洪洞工程衬砌混凝土进行仿真计算，对采用低热水泥进行衬砌混凝土浇筑的温控防裂方案进行了论证。三峡集团公司通过综合科学论证和经验总结，白鹤滩和乌东德水电站全面采用低热水泥混凝土浇筑。

（2）边墙、底板浇筑低坍落度混凝土。借鉴溪洛渡泄洪洞底板浇筑常态低坍落度混凝土基本无裂缝的成功经验[11]，施工单位与厂家合作研制了边墙浇筑低坍落度系统，通过仿真计算论证了低坍落度混凝土温控防裂优越性，在白鹤滩水电站泄洪洞底板、边墙全面采用 5～8cm 低坍落度混凝土浇筑。

（3）施工温控措施实时细化。在探明衬砌结构混凝土温度裂缝机理的基础上[12]，对于泄洪洞、发电洞进水塔、洞身、尾水洞各结构段，通过仿真计算研究了混凝土施工至运行全生命周期温度裂缝控制措施方案，包括结构施工分缝分块、混凝土配合比优化、浇筑施工及其温控措施、初次蓄水与运行控制等[10,13-17]，采纳应用取得明显效果。

（4）沿缝边浅表裂纹原因分析与措施改进。2018 年 3 月，泄洪洞边墙有的部位发现少量乌龟背状细微裂纹（无宽度，喷洒水可见）；2019 年 3 月，泄洪洞和发电洞上平段边墙施工缝两侧首次发现竖向细微裂纹（类似乌东德水电站泄洪洞，见第 11 章）。结合导流洞浅表微裂纹分析和泄洪洞混凝土浇筑施工过程分析，通过有限元仿真计算研究，一致认为与白鹤滩水电站地处干热河谷、混凝土温控、拆模时间、设备碰撞等有关，在改进相关施工工艺、温控措施并加强保湿养护后后期无裂缝发生。

（5）拆模时间优化，加快施工进度。泄洪洞采取边顶拱分期浇筑，2019 年 5 月开始进入顶拱混凝土浇筑高峰，拆模时间成为进度和经济性控制的关键。依据 12.6 节仿真计算研究成果，通过现场浇筑试验，全面采取 3d 左右拆模时间进行顶拱混凝土浇筑。

12.8.4　温度裂缝控制技术不断进步

（1）保湿养护智能控制。2017 年 11 月提出混凝土保湿养护智能控制的思想[18]，并在白鹤滩工程建设部进行了交流并着手申请相关发明专利[19-22]，2018 年 3 月 8 日，彭亚主任主持在工程建设部召开会议，重点讨论了混凝土保湿养护智能化、通水冷却自动化方法，并在 2 号泄洪洞和办公楼凉台分别进行洞内、洞外环境初次喷淋保湿养护试验（图 12.15）。2018 年 5 月在 2 号泄洪洞现场应用喷淋保湿养护，2018 年 11 月完成了设备现场应用检验，推广应用[18,23]。

（2）通水冷却智能控制。2018 年 3 月在白鹤滩建设部交流讨论了通水冷却自动化方法并着手申请相关发明专利[24-28]，2018 年 5 月在 3 号泄洪洞开展通水冷却自动化现场试验初次成功。2018 年 11 月 7—22 日，在泄洪洞 2 号、3 号完成了设备现场检验与应用。2019 年 3 月，王孝海主任主持在建设部重点研究“通水冷却参数、温控防裂设计公式等”在泄洪洞、发电洞衬砌混凝土浇筑中全面验证事宜。5 月详细讨论了验证公式的实用条件、验证方案、试验现场安排。包括：通水冷却时间、允许基础温差和最高温度、混凝土内部最高温度估算、最小抗裂安全系数估算等。在 1 号洞、2 号洞全面验证取得成功。

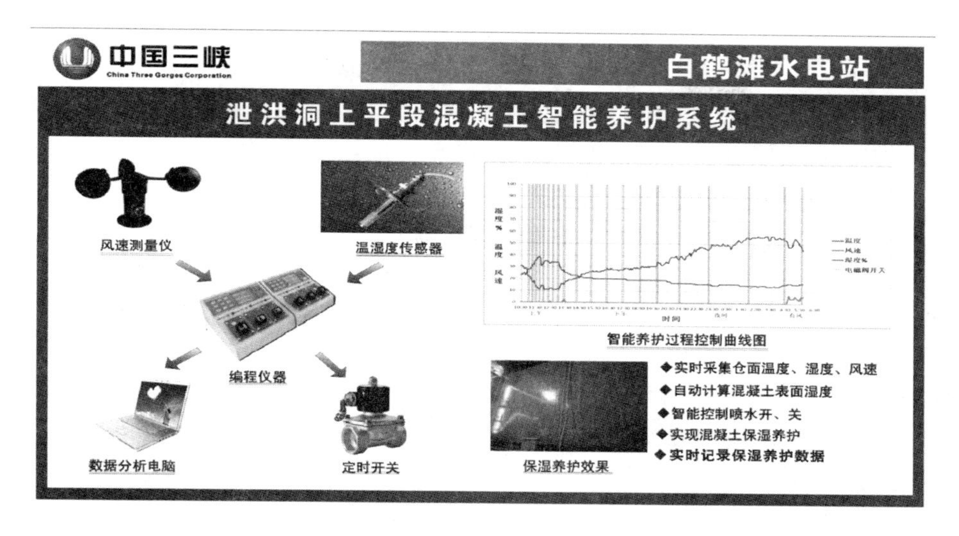

图 12.15 混凝土保湿养护初次试验展示

(3) 隧洞保温标准化。总结和借鉴导流洞冬季封闭洞口保温明显提高冬季洞内最低温度取得良好温控防裂效果的经验，2017 年在泄洪洞、发电洞混凝土开始浇筑前就提出“冬季实施标准化严格封闭洞口保温”，应用（图 1.13）效果明显。

(4) 温度裂缝控制措施方案设计方法。借鉴强约束法概念明确、计算简单的优势，借助有限元法能够全面模拟结构、混凝土性能、围岩与温度环境、施工温控措施等进行巨量交叉参数仿真计算，总结实际工程检测温控数据和温度裂缝控制成功经验，统计获得衬砌混凝土内部最高温度和基础容许温差计算公式、最大拉应力和最小抗裂安全系数等估算公式，并经过实际工程检验率定，提出衬砌混凝土温度裂缝控制的强约束法、抗裂安全系数设计方法[29-45]。在乌东德、白鹤滩水电站水工隧洞衬砌混凝土温度裂缝实时控制中运用，辅助有限元法仿真计算和施工检测控制，取得显著效果。

12.8.5 衬砌混凝土温控效果良好

通过地厂和泄洪洞两个工程部全面收集了地下电站发电洞和泄洪洞衬砌混凝土内部最高温度观测成果（图 7.13）。结果表明：

(1) 浇筑温度得到有效控制。仅高温季节浇筑的 3 号泄洪洞 1、4 单元边墙浇筑温度超过 18℃设计要求，最高值也仅 18.75℃，其余均满足设计要求。

(2) 泄洪洞衬砌混凝土全部进行了通水冷却，水温控制良好。全部采用制冷水通水冷却，水温 12.8～16.4℃，冬季低些，全部低于 18℃设计要求。水温与最高温度差值一般都小于 25℃，少量在 25～30℃。

(3) 混凝土内部最高温度得到有效控制。1.5m 厚度以下衬砌结构混凝土内部最高温度都小于 40℃，仅高温季节浇筑洞口 2.5m 厚度 6 个结构段超过 40℃，最大值达到 43.8℃。最高温度的最小值仅 29.75℃。监测有 6 个结构段超过设计容许值 40℃，但超过本报告推荐 2.5m 厚度结构段容许值 41℃的仅 3 个结构段。

12.8.6　温度裂缝控制效果显著

由于白鹤滩水电站水工隧洞衬砌混凝土采用低热水泥，而且采取了有效的综合温控措施，温度裂缝得到有效控制，仅 2018 年 3 月在泄洪洞上平段 91、92、93 单元边墙施工缝两侧首次发现竖向细微裂纹和少量乌龟背状细微裂纹（图 12.16），其余部位和结构段均无裂缝。根据工程建设部组织相关参建单位和有限元仿真计算分析，都不是结构裂缝和温度裂缝，只是浅表微裂纹。产生微裂纹的原因，与季节性环境温度、湿度变化密切相关；也与养护可能存在非常小的局部漏缺、钢筋过缝和缝面凿毛处理使施工缝两侧混凝土局部应力集中等有关。另外，钢模台车为了确保缝边不会有错台而过大施压，先浇筑块的龄期短、强度低、缝边临空，在此大压力作用下产生应力集中和局部较大拉应力，会产生沿缝边的竖直裂缝（与现场裂缝吻合）。

白鹤滩水电站水工隧洞衬砌结构，综合采取边顶拱分开浇筑减小分缝分块尺寸、采用制冷低热水泥混凝土浇筑、智能控制制冷水通水冷却、冬季严格封闭洞口保温、智能控制喷淋保湿养护 90d 等综合温控措施，并严格过程控制管理，全部温度指标得到非常有效的控制，浇筑混凝土实现无危害性温度裂缝光面效果（图 12.17）。

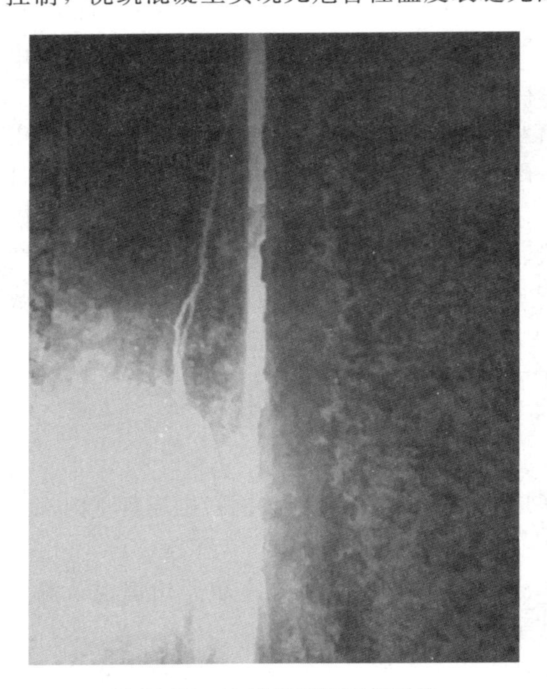

图 12.16　边墙施工缝两侧裂纹

图 12.17　白鹤滩水电站泄洪洞边墙混凝土浇筑与光面效果

参　考　文　献

[1]　国家能源局. 水电水利工程模板施工规范（DL/T 5110—2013）［M］. 北京：中国电力出版

社，2013.
[2] 中华人民共和国水利部. 水工混凝土施工规范（SL 677—2014）[M]. 北京：中国水利水电出版社，2014.
[3] 中华人民共和国住房和城乡建设部. 混凝土结构工程施工规范（GB 50666—2011）[M]. 北京：中国建筑工业出版社，2012.
[4] 中华人民共和国住房和城乡建设部. 大体积混凝土施工规范（GB 50496—2018）[M]. 北京：中国计划出版社，2018.
[5] 中华人民共和国住房和城乡建设部. 混凝土结构工程施工质量验收规范（GB 50204—2015）[M]. 北京：中国建筑工业出版社，2015.
[6] 中华人民共和国住房和城乡建设部. 混凝土强度检验评定标准（GB/T 50107—2010）[M]. 北京：中国建筑工业出版社，2010.
[7] 中华人民共和国水利部. 混凝土重力坝设计规范（SL 319—2018）[M]. 北京：中国水利水电出版社，2018.
[8] 中华人民共和国水利部. 混凝土拱坝设计规范（SL 282—2018）[M]. 北京：中国水利水电出版社，2018.
[9] 康建荣，刘凡，陈敏. 白鹤滩泄洪洞大跨度顶拱衬砌混凝土拆模时间分析 [J]. 四川水利，2020，41（4）：9-13，19.
[10] 王麒琳，段亚辉，彭亚，等. 白鹤滩发电尾水洞衬砌混凝土过水运行温控防裂研究 [J]. 中国农村水利水电，2019（1）：137-141，147.
[11] 樊启祥，段亚辉，等. 水工隧洞衬砌混凝土温控防裂创新与实践 [M]. 北京：中国水利水电出版社，2015.
[12] 段亚辉，彭亚，罗刚，等. 门洞形断面衬砌混凝土温度裂缝机理及其发生发展过程 [J]. 武汉大学学报（工学版），2018，51（10）：847-853.
[13] 雷璇，段亚辉，李超. 不同结构形式水工隧洞温控特性分析 [J]. 中国农村水利水电，2017（12）：180-184，188.
[14] 肖照阳，段亚辉. 白鹤滩输水系统进水塔底板混凝土温控特性分析 [J]. 水力发电学报，2017，36（8）：94-103.
[15] 温馨，段亚辉，喻鹏. 白鹤滩进水塔底板混凝土多层浇筑秋季施工温控方案优选 [J]. 中国农村水利水电，2017（2）：154-158，162.
[16] 程洁铃，段亚辉，刘琨. 温度裂缝对水工隧洞安全运行的影响分析 [J]. 中国水运（下半月），2015，15（8）：332-334.
[17] 焦石磊，马霄航，段亚辉. 有压泄洪洞衬砌混凝土热学参数反演分析 [J]. 中国农村水利水电，2015（6）：142-146.
[18] 樊启祥，段亚辉，王业震，等. 混凝土保湿养护智能闭环控制研究 [J/OL]. 清华大学学报（自然科学版），2021，61（07）：671-680.
[19] 段亚辉，段次祎，温馨. 混凝土保湿喷淋养护温湿风耦合智能化方法：CN107759247B [P]. 2019-09-17.
[20] 段亚辉，樊启祥，段次祎. 复杂环境混凝土喷淋保湿养护过程实时控制方法：CN107806249B [P]. 2019-06-25.
[21] 段亚辉，樊启祥，段次祎. 温湿风耦合作用复杂环境混凝土保湿喷淋养护自动化方法：CN107584644B [P]. 2019-04-05.
[22] 段亚辉，段次祎，温馨. 复杂环境结构混凝土养护和表面湿度快速计算方法：CN107571386B [P]. 2019-03-19.
[23] 康建荣，陈敏. 白鹤滩水电站泄洪洞混凝土智能保湿养护技术研究 [J]. 四川水利，2019，

40（5）：38 - 40，50.
［24］马腾，段亚辉. 通水冷却对隧洞衬砌温度应力的影响［J］. 人民黄河，2018，40（1）：133 - 137.
［25］段亚辉，樊启祥，段次祎，等. 衬砌结构混凝土通水冷却水温控制方法：CN110409387B［P］. 2019 - 11 - 05.
［26］段亚辉，樊启祥，段次祎，等. 衬砌混凝土内部温度控制通水冷却自动化方法以及系统：CN110413019B［P］. 2019 - 11 - 05.
［27］段亚辉，段次祎. 衬砌混凝土通水冷却龄期控制方法：CN110516285A［P］. 2019 - 11 - 29.
［28］段亚辉，段次祎，毛明珠. 掺粉煤灰低发热量衬砌混凝土通水冷却龄期控制方法：CN110569553A［P］. 2019 - 12 - 13.
［29］段亚辉，樊启祥，方朝阳，等. 隧洞底板衬砌混凝土温控防裂温度应力控制快速设计方法：CN109837873B［P］. 2020 - 10 - 30.
［30］段亚辉，段次祎，毛明珠. 端部自由衬砌板混凝土温度裂缝控制抗裂 K 值设计方法：CN110569551A［P］. 2019 - 12 - 13.
［31］段亚辉，段次祎，喻鹏. 端部自由衬砌板混凝土温控防裂拉应力 K 值控制设计方法：CN110569552A［P］. 2019 - 12 - 13.
［32］段亚辉，段次祎. 衬砌结构中热水泥混凝土的温控防裂方法：CN110457738A［P］. 2019 - 11 - 15.
［33］段亚辉，段次祎. 衬砌结构低热水泥混凝土的温控防裂方法：CN110414046A［P］. 2019 - 11 - 05.
［34］段亚辉，樊启祥，段次祎，等. 圆形断面衬砌混凝土温度裂缝控制抗裂安全系数设计方法：CN109992832A［P］. 2019 - 07 - 09.
［35］段亚辉，樊启祥，段次祎，等. 圆形断面衬砌混凝土温控防裂拉应力安全系数控制设计方法：CN109992833A［P］. 2019 - 07 - 09.
［36］段亚辉，樊启祥，方朝阳，等. 门洞形断面衬砌混凝土温控防裂拉应力安全系数控制设计方法：CN109977480A［P］. 2019 - 07 - 05.
［37］段亚辉，樊启祥，方朝阳，等. 门洞形断面衬砌边墙混凝土温度裂缝控制的抗裂安全系数设计方法：CN109918763A［P］. 2019 - 06 - 21.
［38］段亚辉，樊启祥，段次祎，等. 隧洞底板衬砌混凝土温度裂缝控制抗裂 K 值设计方法：CN109885914A［P］. 2019 - 06 - 14.
［39］段亚辉，樊启祥，段次祎，等. 隧洞底板衬砌混凝土温控防裂拉应力 K 值控制设计方法：CN109815614A［P］. 2019 - 05 - 28.
［40］段亚辉，樊启祥. 一种圆形断面衬砌混凝土施工期内部最高温度的计算方法：CN105260531B［P］. 2019 - 03 - 19.
［41］段亚辉，樊启祥. 一种圆形断面衬砌混凝土施工期允许最高温度的计算方法：CN105354359B［P］. 2019 - 03 - 19.
［42］段亚辉，樊启祥. 一种门洞形断面衬砌混凝土施工期允许最高温度的计算方法：CN105677939B［P］. 2019 - 03 - 19.
［43］段亚辉，樊启祥. 一种用于门洞形断面结构衬砌混凝土温控防裂设计计算方法：CN105672187A［P］. 2016 - 06 - 15.
［44］段亚辉，樊启祥. 一种圆形断面衬砌混凝土施工期内部最高温度的计算方法：CN105260531A［P］. 2016 - 01 - 20.
［45］段亚辉，樊启祥. 一种用于圆形断面结构衬砌混凝土温控防裂设计计算方法：CN105155542A［P］. 2015 - 12 - 16.